LANDSCHAFT PLANEN

LANDSCHAFT PLANEN

DIMENSIONEN, ELEMENTE, TYPOLOGIEN

ASTRID ZIMMERMANN

Birkhäuser
Basel

LANDSCHAFT PLANEN

1 Einleitung

Planungsprozesse müssen eine Vielzahl von Ansprüchen und Wünschen einbeziehen. Neben den gestalterischen und konzeptionellen Aspekten fließen oftmals Maßvorgaben und Kennwerte in die Entwurfsaufgabe ein. Diese können einerseits als Inspirationsquelle ein Ausgangspunkt für das Wie eines Entwurfs sein, andererseits in einem Abwägungsprozess in das beabsichtigte Konzept integriert werden. In beiden Fällen kommt es zu einem Wechselspiel von Bedingen und Ausschließen, von logischen Konsequenzen und unvermeidbaren Widersprüchen. Diese auszutarieren und den optimalen Mittelweg zu finden ist Aufgabe des Planers.

Manche praktischen Erfordernisse, wie beispielsweise die effektive Ableitung des Niederschlagswassers von Wegeflächen, können die gestalterische Freiheit einschränken. Aber vor dem Hintergrund klimatischer Veränderungen und zunehmenden Auftretens von Starkregenereignissen kommt der Planer nicht um ein großzügiges und auch in Extremsituationen ausreichendes Regenwassermanagement herum, soll die Benutzbarkeit und Dauerhaftigkeit einer Freianlage gewährleistet sein.

Einsparungen werden nicht ausschließlich durch einen rein wirtschaftlichen Ansatz erreicht, wie etwa durch eine günstige Materialwahl oder eine spezifische, angepasste Bauweise. Die Berücksichtigung soziokultureller Aspekte wirkt sich langfristig ebenso auf die ökonomische Nachhaltigkeit aus. Durch die Berücksichtigung der Bedürfnisse möglichst vieler potenzieller Nutzergruppen oder die Anpassungsfähigkeit der Anlage an zukünftige Nutzungsanforderungen bleibt eine Freianlage über die anfängliche Nutzung hinaus interessant und attraktiv für unterschiedliche Nutzergruppen. Das führt zu mehr Akzeptanz und Wertschätzung und in der Folge zu weniger Vandalismus und Umbaumaßnahmen in der Zukunft.

„Design für alle" ist hier gefragt und geht über die Ansprüche von Barrierefreiheit hinaus. Es setzt sich mit den Bedürfnissen aller Menschen auseinander. Im Fokus steht dabei sicher auch die Erschließung eines Raumes oder einer Fläche für Menschen mit Einschränkungen. Neben Rollstuhlfahrern gehören hierzu Personen mit Geh-, Hör- oder Sehbehinderungen, Schwangere und Erwachsene in Begleitung von Kleinkindern oder mit Kinderwagen. Aber auch für Radfahrer können zum Beispiel Treppen eine unzumutbare und unüberwindbare Barriere darstellen. Daher sollen die Anforderungen der unterschiedlichen Personengruppen – über die baurechtlich vorgeschriebenen Maßnahmen hinaus – betrachtet und ihre Berücksichtigung zumindest erörtert werden.

Das bedeutet umgekehrt, in den Fällen, in denen nur spezifische Nutzergruppen zu erwarten sind, müssen keine allumfassenden Maßnahmen vorgesehen werden. So kommt eine Skateanlage mit Bänken ohne Rücken- und Seitenlehnen aus. Auf einem Spielplatz für Kleinkinder dagegen ist mit älteren Aufsichts- oder Begleitpersonen zu rechnen, die ein Bedürfnis nach komfortablen Sitzgelegenheiten haben.

Barrierefreiheit und Nachhaltigkeit in Freianlagen zielen neben Fortbewegungsqualitäten und Zugänglichkeit auch auf die vielseitige Nutzbarkeit. Ziel der Gestaltung sollte dabei keine Uniformierung des Freiraums sein, sondern eine differenzierende Wahrnehmung der Unterschiedlichkeit von Menschen, die in angemessener Weise und unter Abwägung aller Einflussfaktoren berücksichtigt wird. Die allgemein gehaltenen Hinweise des European Concept for Accessibility (ECA) für eine allen zugängliche Umwelt können im Planungsprozess eine Hilfestellung sein.

Tab. 1.1 Empfehlungen für die Zugänglichkeit, aus: ECA für Verwaltungen – Europäisches Konzept für Zugänglichkeit (Hrsg.: Europäisches Institut Design für Alle in Deutschland e. V. (EDAD) / Fürst Donnersmarck-Stiftung zu Berlin)
Englische Originalversion: ECA for Administrations, 2008 (Hrsg: EuCAN – European Concept for Accessibility Network)

Eine zugängliche Umwelt muss daher wie folgt beschaffen sein:	
1. Respektierend: Eine zugängliche Umwelt soll die Vielfalt der Nutzer respektieren; niemand soll sich ausgegrenzt fühlen und jeder soll sie erreichen können. **2. Sicher:** Eine zugängliche Umwelt soll keine Risiken für Nutzer beinhalten; daher müssen alle Elemente, aus denen die bauliche Umwelt besteht, unter Berücksichtigung von Sicherheit gestaltet sein (rutschfeste Böden, keine herausstehenden Teile etc.). **3. Gesund:** Eine zugängliche Umwelt soll kein Gesundheitsrisiko darstellen und soll für Menschen, die an bestimmten Krankheiten oder Allergien leiden, keine Probleme verursachen. Sie soll vielmehr eine gesunde Nutzung fördern.	**5. Verständlich:** Alle Nutzer sollen sich ohne Schwierigkeiten in einem gegebenen Raum orientieren können. Dafür muss Folgendes erfüllt sein: Informationen müssen klar und die räumliche Gliederung schlüssig sein. a) Klare Informationen bedeutet: Symbole benutzen, die in verschiedenen Ländern gemeinsam gültig sind, und Wörter oder Abkürzungen aus der lokalen Sprache vermeiden, die zu Missverständnissen führen könnten. Zum Beispiel steht der Buchstabe C auf Wasserhähnen im Englischen für cold (kalt), im Spanischen jedoch für caliente (heiß, also genau das Gegenteil). b) Die räumliche Aufteilung soll schlüssig und funktionell sein, nicht ausgrenzend oder ausschließend. c) Angebote müssen mindestens durch zwei der Sinne (Hören, Sehen, Fühlen) wahrnehmbar bzw. erlebbar sein („Zwei-Kanal-Prinzip").
4. Funktionell: Eine zugängliche Umwelt soll so gestaltet sein, dass eine beabsichtigte Funktion unproblematisch und ohne Schwierigkeiten ausgeübt werden kann.	**6. Ästhetisch:** Das Ergebnis soll ästhetisch ansprechend sein. Dadurch wird eher Akzeptanz geschaffen (immer unter Beachtung der vorigen fünf Punkte).

Die ökologischen Zielsetzungen einer nachhaltigen Planung sollten ebenfalls in einer frühen Entwurfsphase bedacht werden; so können frühzeitig die Weichen für eine Ressourcenschonung und Minimierung der Umweltbelastungen gestellt werden. Die grundsätzlich positive Auswirkung von Grünflächen (bspw. Bindung des Treibhausgases CO_2, klimatische Ausgleichsfunktion durch Herabsetzung der Temperatur im wärmebelasteten Siedlungsraum durch Verdunstungskühle oder die Staubbindung an Blattoberflächen von Gehölzen) sollten nicht durch unnötige Bodenbewegungen oder einen hohen Versiegelungsgrad konterkariert werden.

Die Wahl der Materialien und dabei die Berücksichtigung ihrer Wiederverwendbarkeit, Recyclingfähigkeit oder gefahrlosen Entsorgungsmöglichkeit sind ebenso wichtige Aspekte nachhaltigen Bauens. Dies gilt gleichfalls für die Dauerhaftigkeit der Baustoffe, die in Abhängigkeit von ihrer jeweiligen Nutzung und Beanspruchung sehr unterschiedlich sein kann. Die Relation der Investitionskosten zur erwarteten beziehungsweise gewünschten Lebensdauer der realisierten Freianlage sollte dabei im Interesse des Bauherrn gewahrt bleiben.

Aufgabe des Planers ist es also, die Spielräume zwischen örtlichen Gegebenheiten, subjektiven Interessen und funktionalen Anforderungen sowie den rechtlichen und sicherheitstechnischen Vorgaben, den gestalterischen Ideen und wirtschaftlichen Aspekten zuerkennen und auszuloten. Die rechtzeitige Berücksichtigung möglichst vieler Anforderungen befördert einen optimalen Planungsprozess und führt zu einer – in jedem Sinne – nachhaltigen Außenanlage, sofern das Projekt so zur Ausführung kommt. Der Begriff „Nachhaltigkeit“ ist somit bei einem landschaftsarchitektonischen Entwurf berechtigt, der neben gestalterischen und ökonomischen auch ökologische und soziokulturelle Aspekte integriert und deren Qualität dauerhaft sichert.

Eine Vielzahl an Maßvorgaben und Kennwerten begleitet nahezu jeden Entwurfsprozess. Häufig wirken sie sich raum- oder gestaltbildend auf den Entwurf aus. Bei der späteren Nutzung gewährleisten sie Funktionalität und Sicherheit einer Freianlage. Je früher die relevanten Maße in den Planungsprozess einbezogen werden, desto besser lassen sie sich mit einer Entwurfsidee verbinden. Spätere Änderungsaufwände oder Planungsmängel können so vermieden werden.

Landschaft planen ist als Werkzeug und Planungshilfe konzipiert, die den Prozess des landschaftsarchitektonischen Entwerfens begleiten. Konsequent gibt das Buch dem Planer ein durchdachtes Planungsinstrument an die Hand, in dem sich zwei Hauptkapitel gegenüber stehen: „Elemente“ und „Typologien“, zwischen denen der Planer je nach Betrachtungsmaßstab flexibel hin und her wechseln kann. Alle planungsrelevanten Informationen werden hierfür detailliert, übersichtlich und im Zusammenhang in Text und Abbildungen erläutert: die relevanten Maßvorgaben, Abmessungen, Kennwerte und Richtlinien. Aspekte der Barrierefreiheit und altersspezifische Regularien finden sich in den jeweiligen Kapiteln und Themenkomplexen.

Im Kapitel *Elemente* sind die grundlegenden Größen wie Klima und Höhenplanung sowie allgemein gültige Abmessungen und Normgrößen der Freiraumelemente wie Wege, Stellplätze, Einfriedungen oder Gehölze zusammengestellt, die für viele Freiraumtypologien Gültigkeit besitzen. Im Kapitel *Typologien* werden die unterschiedlichen Freiraumtypologien und ihre spezifischen Anforderungen, die über die allgemein gültigen Grenzwerte und Mindeststandards hinausgehen (zum Beispiel bei Spielplätzen und Kindergärten) sowie Kennwerte und Abmessungen bei Sonderflächen wie Sport- oder Freizeitanlagen beschreiben.

Flankiert werden diese beiden Hauptkapitel durch das Einleitungskapitel *Maßstab Mensch*, das die menschlichen Proportionen und Grundmaße beschreibt. Aspekte der Wahrnehmung des Menschen in seiner Umwelt und die im Siedlungskontext relevanten Bedarfsgrößen für Freianlagen werden dargestellt, und durch das *Nachschlagewerk* am Schluss des Buches, in dem sich grundlegende Informationen über Einheitensysteme, Winkelmaße und ästhetische Bezugsgrößen sowie städtebauliche Kennwerte, ergänzt durch Angaben zu relevanten Regelwerken und zitierte sowie weiterführende Literaturangaben finden.

Soweit entsprechende Regelungen vorliegen, sind europäische oder internationale Regelungen die Datengrundlage. In Bereichen, die abweichende Regelungen auf nationaler Ebene haben, ist die deutsche Normung und Gesetzgebung die Basis. Im Einzelfall wird diese durch Regelungen anderer Länder ergänzt.

Da es mitunter unterschiedliche Festlegungen auf regionaler oder kommunaler Ebene gibt, lassen sich nicht immer allgemeingültige Aussagen treffen. Die hier aufgeführten Angaben sind dann als Orientierungswerte zu verstehen.

Das sehr weitreichende Feld der Pflanzenverwendung wird in diesem Rahmen nur auszugsweise behandelt. Schwerpunkte liegen auf der Betrachtung von Gehölzen und dem bauwerksbezogenen Pflanzeneinsatz.

2 Maßstab Mensch

2.1 Grundmaße des Menschen

2.1 Grundmaße des Menschen

Nahezu jeder Gestalter legt bei der Planung seiner Vorhaben in irgendeiner Form den menschlichen Maßstab zugrunde. Dabei kann es sich sowohl um den Menschen und seine Proportionen handeln als auch um Aspekte der sinnlichen und sozialen Wahrnehmung. Während das menschliche Maß die Gestalt des einzelnen Objekts formt, stellen die Parameter der visuellen und auditiven Wahrnehmung eine Basis für die Raumbildung dar.

Menschliche Proportionen und Grundmaße

Mit der Anthropometrie, der Vermessung des Menschen, beschäftigten sich bereits eine Vielzahl an Wissenschaftlern, Künstlern, Architekten, Ingenieuren, Philosophen und Pädagogen – oftmals in Personalunion. Vitruv, Leonardo da Vinci, Albrecht Dürer, Le Corbusier und Adolf Zeising gingen den natürlichen oder göttlichen Gesetzmäßigkeiten des menschlichen Körpers nach.

Sie fanden diese in der Fügung des menschlichen Körpers in geometrische Formen beziehungsweise in der Teilung einzelner Gliedmaße des Menschen, die dem Goldenen Schnitt folgt, und in deren Beziehungen zueinander. Versuche, diese Gesetzmäßigkeiten auf die Architektur zu übertragen und damit ein harmonisches und zugleich funktional auf die Proportionen des Menschen abgestimmtes Maß zu finden, wurden in der gesamten Kulturgeschichte des Menschen unternommen.

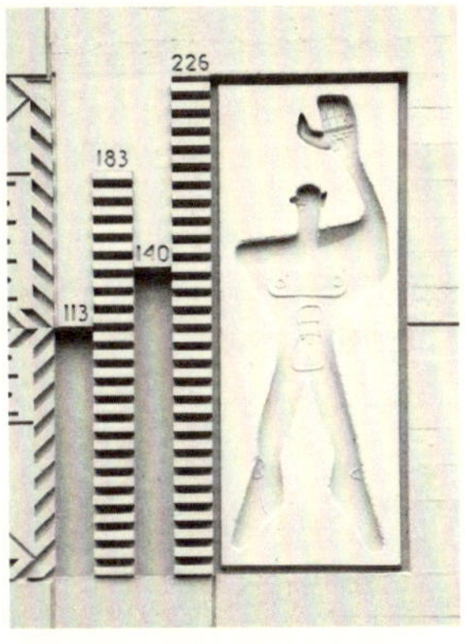

Abb. 2.1.1 Proportionen des Menschen am Beispiel des Modulor von Le Corbusier (Fassadenrelief an einem Gebäude in Berlin-Westend)

Eine der bekanntesten Proportionsstudien ist die von Le Corbusier. Mit dem „Modulor", dem die Proportionen des menschlichen Körpers und der Goldene Schnitt zugrunde liegen, versuchte Le Corbusier, der Architektur eine am Maß des Menschen orientierte mathematische Ordnung zu geben. Funktionale und ästhetische Überlegungen schmolzen hierbei zu einem Ganzen zusammen und bildeten den gestalterischen Ausgangspunkt für das Schaffen Le Corbusiers. → Kap. 5 Nachschlagewerk – Maße und Einheiten

Dennoch kann der Mensch keine starre Bezugsgröße darstellen. Zwar sind bestimmte Gesetzmäßigkeiten und Proportionen erkennbar und kehren immer wieder, doch genauso belegen einzelne Studien immer wieder auch Abweichungen von der Norm. Bereits die Unterschiedlichkeit der Menschen aufgrund ihres Alters, Geschlechts oder ihrer Herkunft macht dies deutlich. Im weltweiten Vergleich ergeben sich heute Abweichungen von 15–25 cm bei der durchschnittlichen Körpergröße, die Differenz zwischen Mann und Frau beträgt im Durchschnitt etwa 10 cm. Dies zu berücksichtigen, kann im nutzungsspezifischen Kontext sinnvoll sein und ist auch vor dem Hintergrund weltweiter Planungsaufgaben relevant. Gemäß der Idee eines „Designs für alle" („Design for all") wird hier zusätzlich die menschliche Vielfalt in jeglicher Ausprägung berücksichtigt und versucht, die (gebaute) Umwelt für alle Menschen barrierefrei und somit bequem nutzbar und sicher zu machen.

Als Hilfestellung für die Planung dienen zunächst Grundmaße, die immer nur einen Durchschnittswert menschlicher Maße wiedergeben können und deshalb auch kreativ und bewusst eingesetzt werden sollten. Für die Dimensionierung von Spiel- und Bewegungsräumen oder die Gestaltung von Sitzmöglichkeiten stellen sie die grundlegenden Orientierungswerte dar, die nach Bedarf und unter Berücksichtigung der zu erwartenden Nutzung modifiziert werden können. → Abb. 2.1.2 und 2.1.4

Die Festlegung beispielsweise auf eine Standardsitzhöhe stellt einen Kompromiss zwischen Praktikabilität und Funktionalität dar. Im Regelfall ausreichend, sollte von einem solchen Standard jedoch abgewichen werden, um spezifische Nutzungsanforderungen zu erfüllen. Die punktuelle Anordnung von Bänken mit einer von der Norm abweichenden Sitzhöhe von 0,30 m zur Nutzung durch kleinwüchsige Menschen ist dafür ein Beispiel und wird vor dem Hintergrund vielfältiger Gleichstellungsbemühungen zunehmend von der Ausnahme zur Regel werden (vgl. Entwurf der DIN 18040-3).

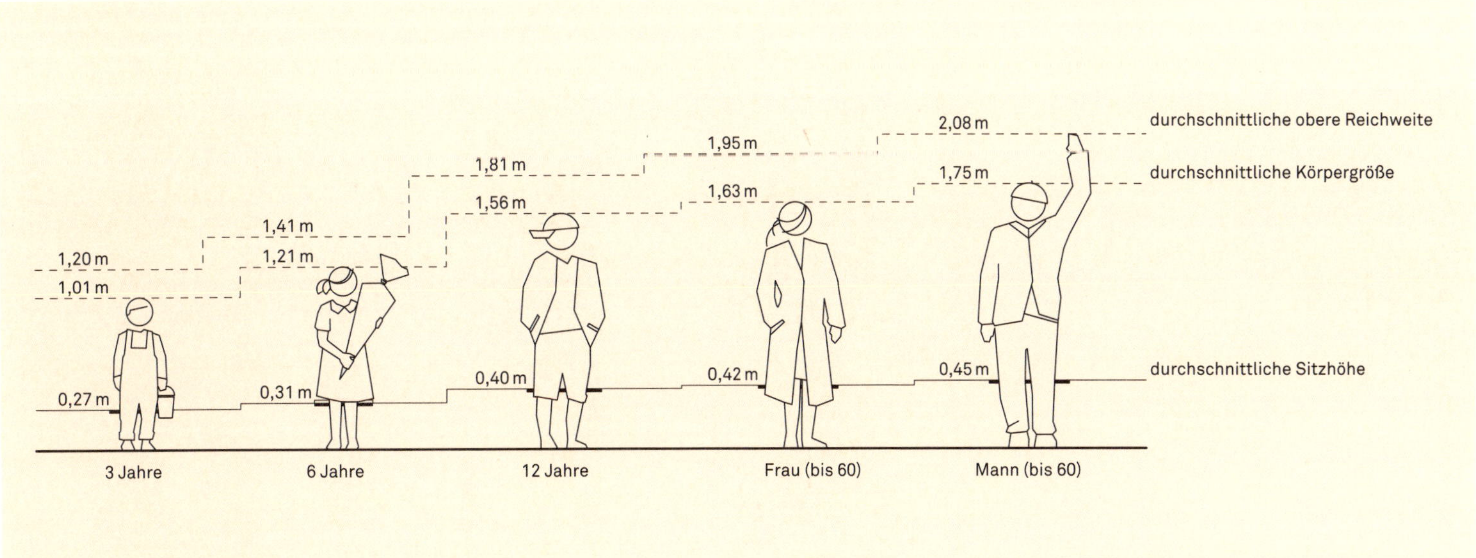

Abb. 2.1.2 Das menschliche Maß – Größe nach Altersgruppen

Abb. 2.1.3 „Generationen-Sitzbank“ mit unterschiedlichen Sitzhöhen

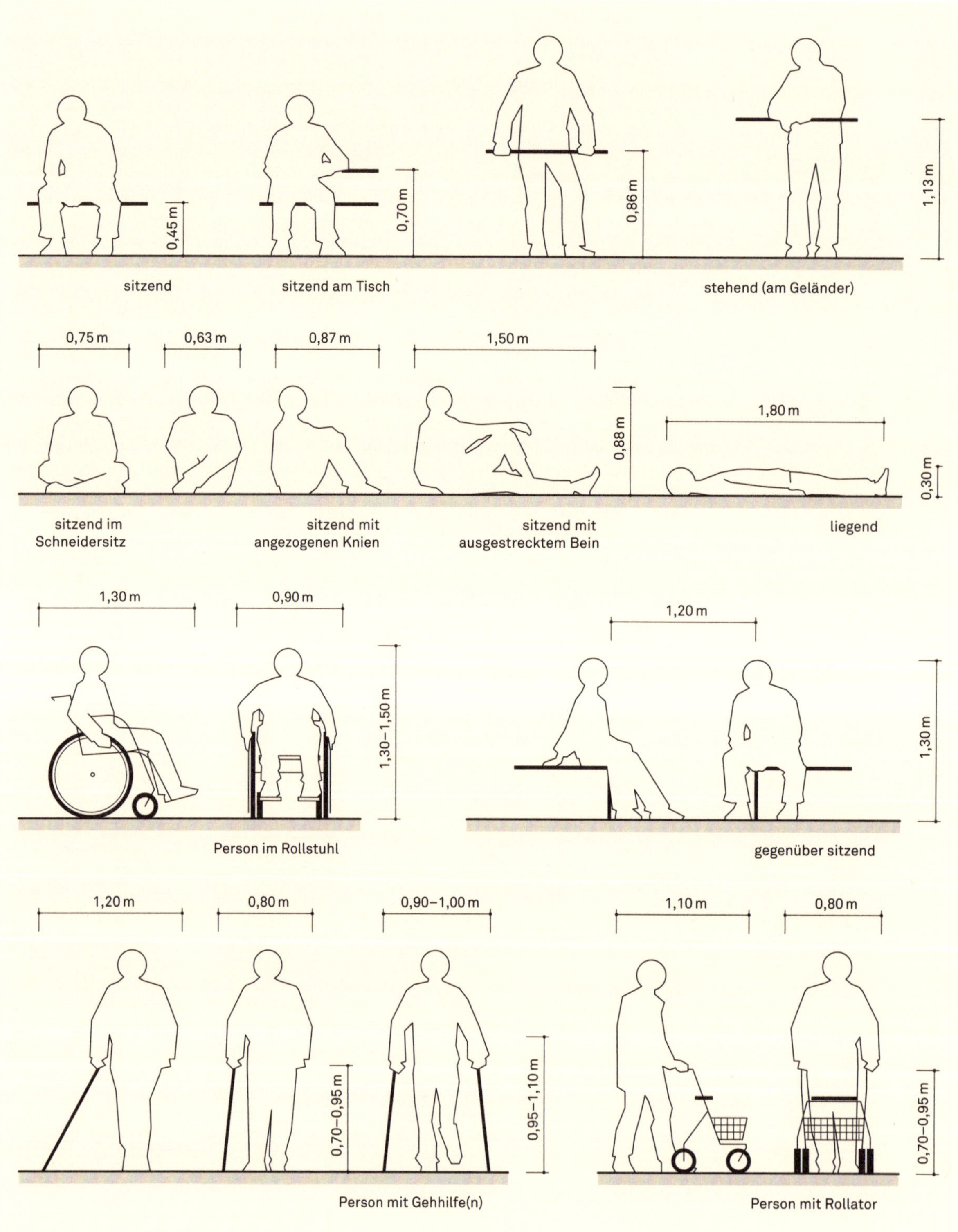

Abb. 2.1.4 Das menschliche Maß – Abmessungen im Sitzen und Stehen

Distanzen der Wahrnehmung

Das Seh- und Hörvermögen bestimmt das Miteinander der Menschen und ihre Interaktion im Raum. Mit zunehmender Entfernung werden Details schlechter wahrgenommen, ebenso wie Gesprochenes oder Geräusche schlechter verstanden werden. Diese „Distanzen der Wahrnehmung" sind wichtige Parameter bei der räumlichen Gestaltung von Freiräumen, da sie die Abstände und die Anordnung funktionaler Bereiche zueinander mitbestimmen. Ihre Wirkungsweise im stadträumlichen Kontext und ihre Bedeutung für den öffentlichen Raum hat Jan Gehl bereits 1971 ausführlich beschrieben. → Abb. 2.1.5–2.1.6

Die sprachliche Kommunikation setzt eine gewisse räumliche Nähe zueinander voraus. Die Gesprächsdistanz, also die Entfernung, in der eine direkte Kommunikation zwischen zwei Individuen möglich ist, beträgt dabei bis zu 7 m. Sie kann durch Lärmquellen im Umfeld aber stark beeinträchtigt werden. Kommunikationsstörungen treten bereits ab einer Lautstärke der Nebengeräusche von 55 dB(A) auf. Bei einer dauerhaften Beschallung mit Werten über 65 dB(A) können außerdem gesundheitliche Schädigungen auftreten. Ist mit derartigen Lärmbeeinträchtigungen zu rechnen, müssen bestimmte Mindestabstände zur Lärmquelle eingehalten oder entsprechende Lärmschutzmaßnahmen (→ Kap. 3.6) vorgesehen werden. → Abb. 2.1.7–2.1.8

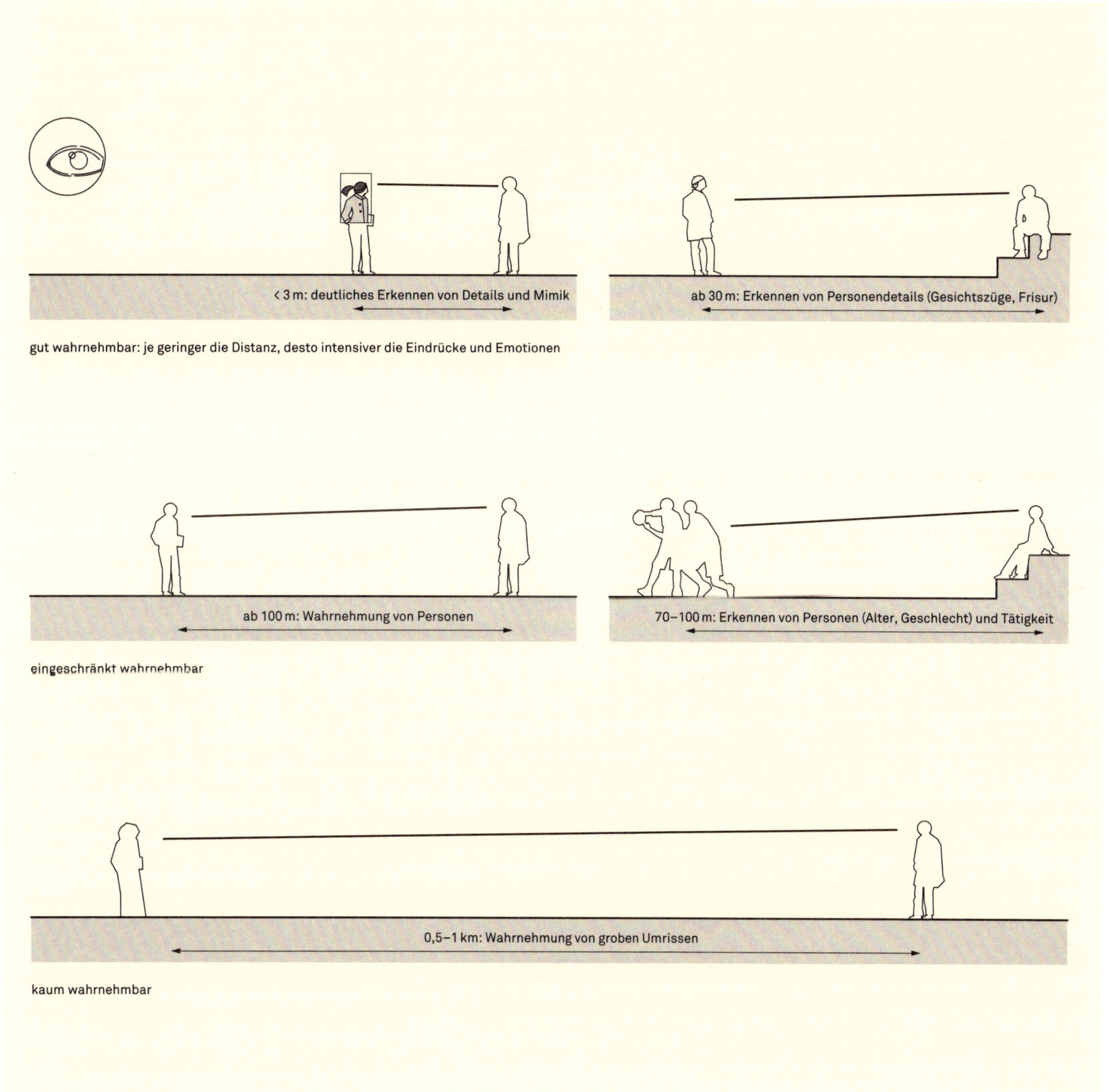

Abb. 2.1.5 Distanz der Wahrnehmung – Sehen (nach J. Gehl, „Life between buildings", 1987)

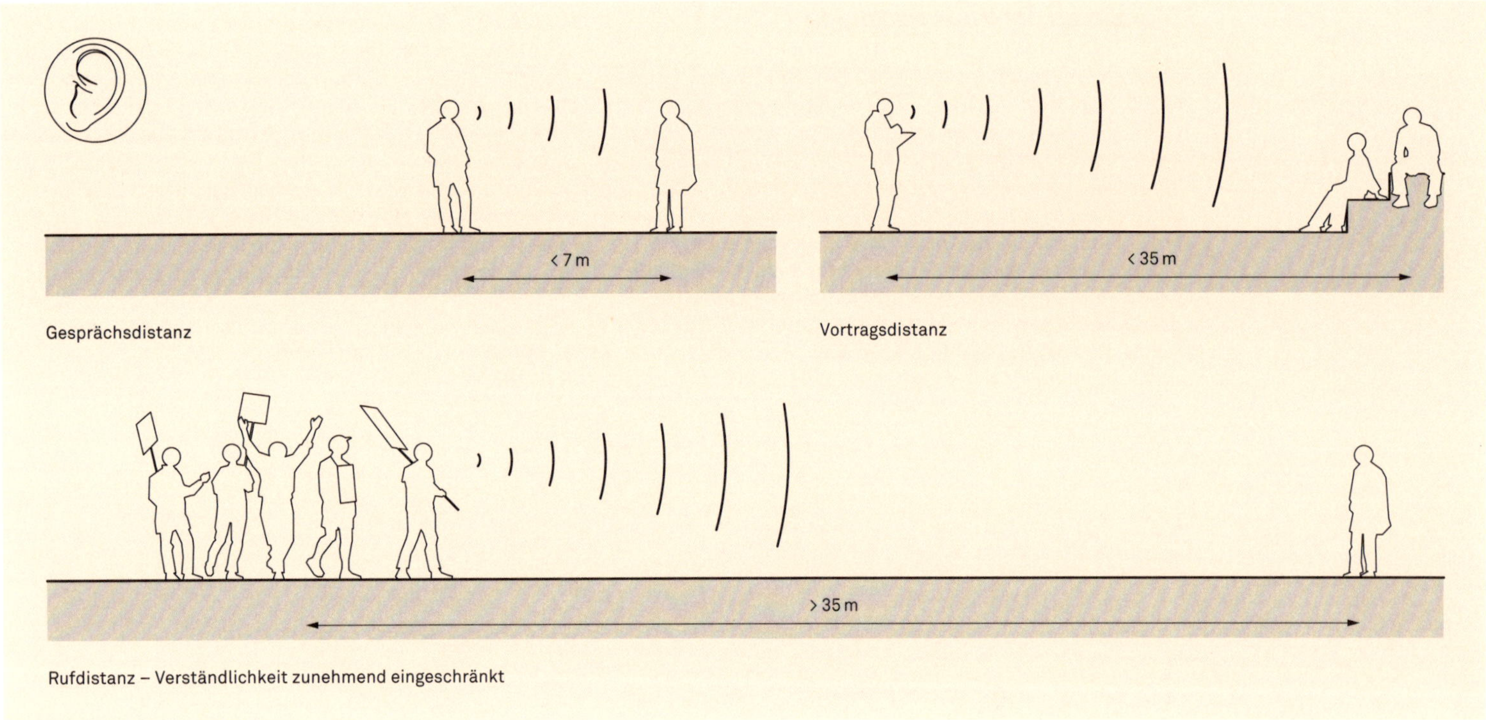

Abb. 2.1.6 Distanz der Wahrnehmung – Hören (nach J. Gehl, „Life between buildings", 1987)

Wahrnehmung	Grenzwerte	Wirkung	Lautsärke in dB(A)	Lärmquelle
schmerzhaft		ab 120 dB(A) Schmerzschwelle, Gehörschädigung nach kurzer Zeit möglich	130	Flugzeugtriebwerk
			120	Wasserfall
unerträglich		ab 85 dB(A) Schädigungsbereich, Gefährdung des Gehörs nach Arbeitsstättenverordnung (8 Std./Tag)	110	
			108	Freibäder (800–1000 Besucher)
			100	
			95	Skateanlage (Halfpipe/Bowl), Vorbeifahrt Skater auf Asphalt Rasenmäher/Freischneider/Laubbläser (gesetzliche Pegelgrenze)
			90	Bolzplatz, Lkw-Fahrgeräusch in 5 m Abstand, Zugdurchfahrt
			85	Rasenmäher/Freischneider/Laubbläser (umweltfreundlich)
laut	65 dB(A) Grenzwert für Gewerbegebiete 55 dB(A) Grenzwert für Wohngebiete (tagsüber)*	ab 65 dB(A) erhöhtes Risiko für Herz-/Kreislauferkrankungen Kommunikationsstörungen	80	Motorrad, Schreien, Kinderlärm
			75	Fahrradklingel (genormte Mindestlautstärke)
			70	Pkw in 10 m Abstand
			65	Hauptverkehrsstraße nachts
			60	Froschquaken, normales Gespräch
			55	
leise			50	leichter Regen, Vogelgezwitscher, Hintergrundschall in der Stadt
			40	ruhige Wohnstraße
			30	Flüstern
			25	
			20	Blätterrascheln
			10	extreme Ruhe, in Städten nicht mehr vorhanden
still		0 dB = Hörschwelle	0	

Abb. 2.1.7 Lärmquellen und ihre Wirkung (Angaben entsprechen durchschnittlichen Werten, Schalldruckpegel abhängig vom Abstand zur Geräuschquelle
* gem. TA Lärm und 18005-1 Beiblatt 1)

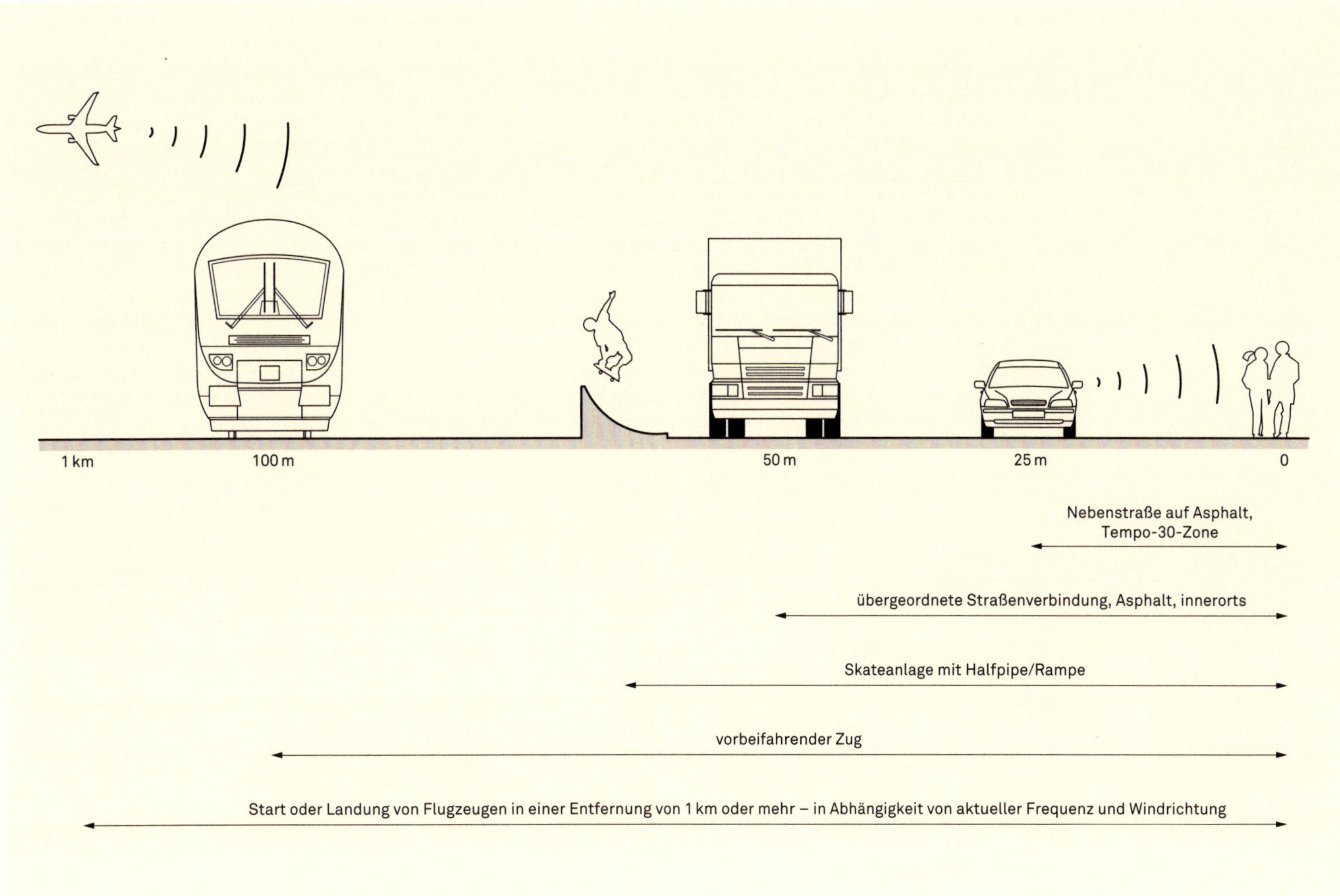

Abb. 2.1.8 Distanz der Wahrnehmung – Kommunikationsstörungen durch Lärmimmissionen (bei einem Schwellenwert für Kommunikationsstörungen = 55 dB(A))

Distanzzonen

Unter „sozialer Distanz" wird in der Psychologie die subjektiv erlebte Entfernung zu einer Person oder Gruppe verstanden. Sie wird durch das Geschlecht sowie die kulturelle oder soziale Herkunft beeinflusst (vgl. u. a. Bogardus). Edward T. Hall hat den Begriff für eine bestimmte räumliche Distanz zwischen Personen verwendet, die miteinander sprechen. Er definierte 1966 in seiner Publikation „The Hidden Dimension" vier „Distanzzonen". Diese umfassen die intime, die persönliche, die soziale sowie die öffentliche Distanz. Eine intime Distanz kommt nur bei einander sehr vertrauten Personen zustande. Die persönliche Zone setzt im Regelfall ebenfalls eine Art der Vertrautheit oder wenigstens ein berechtigtes Interesse beispielsweise im Rahmen von gesellschaftlichen Anlässen voraus. In öffentlichen Verkehrsmitteln, im Kinosaal oder auf Tribünenplätzen wird diese Distanz ebenfalls toleriert. Die soziale Distanz stellt jene Entfernung dar, die bei der Kommunikation zwischen Individuen eingehalten wird, die gezwungenermaßen in Kontakt treten oder sich noch fremd sind. Es handelt sich hierbei häufig um die Abwicklung unpersönlicher Geschäfte oder um die gewollte Formalisierung einer Begegnung. Die öffentliche Distanz nehmen wir schließlich gegenüber unbekannten Gruppen und Fremden ein.

Die Distanzzonen sind vor dem persönlichen oder kulturellen Hintergrund einer Person beziehungsweise einer Gruppe oder der spezifischen Situation zu sehen, weshalb die Abstände variabel formuliert sind. → Abb. 2.1.9

Zusätzlich zur Distanzzone können räumliche Faktoren soziale Kontakte befördern oder behindern. Die Anordnung von Elementen im Außenraum und die topografische Gestaltung bewirken oder befördern soziale Kontakte oder Begegnungen sogar. → Abb. 2.1.10

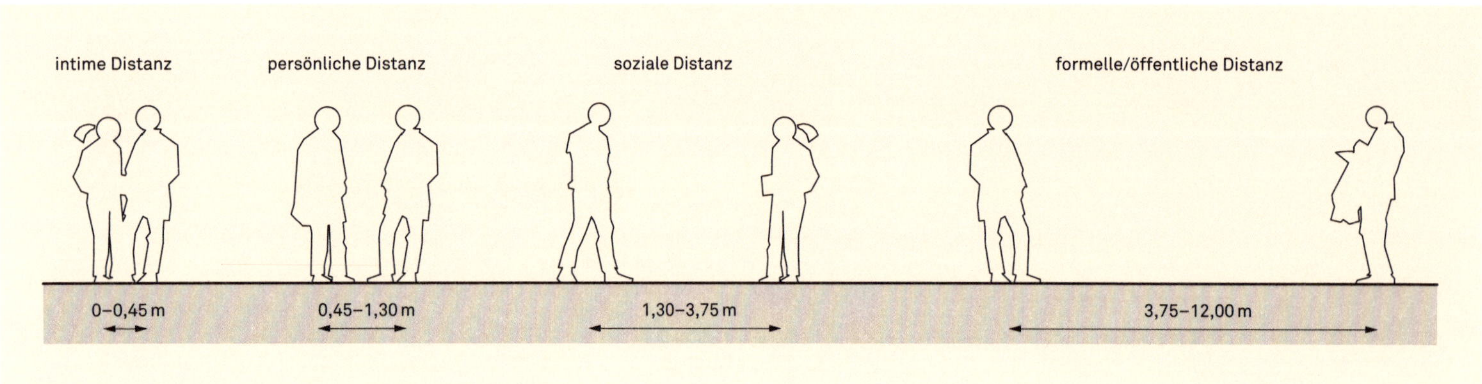

Abb. 2.1.9 Distanzzonen (nach Edward T. Hall: The Hidden Dimension)

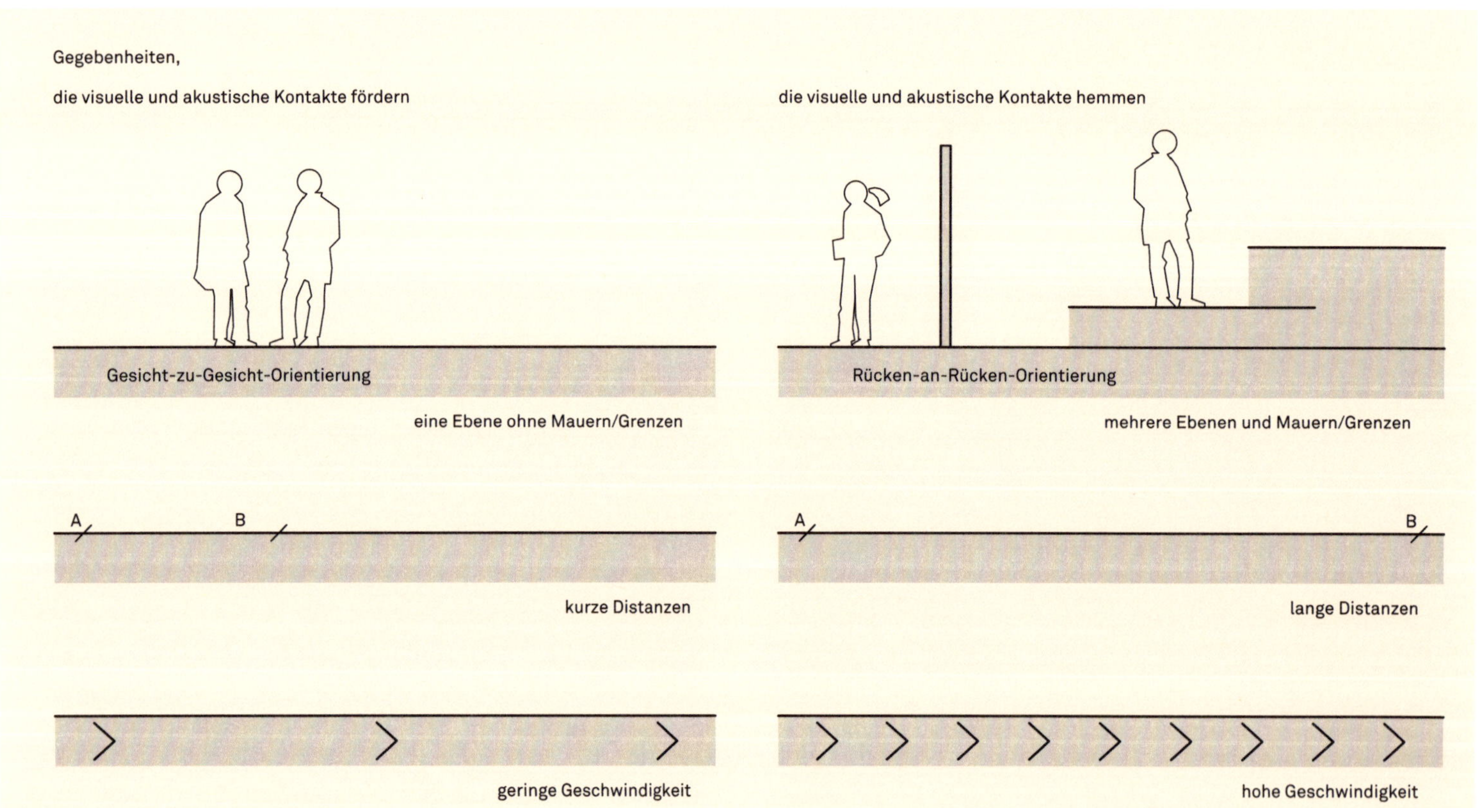

Abb. 2.1.10 Raumwahrnehmung – Einfluss unterschiedlicher Gegebenheiten auf die visuellen und akustischen Kontakte (nach J. Gehl, „Life between buildings", 1987)

Orientierung und Sehvermögen

Weitere wichtige Bezugsgröße im Planungskontext sind das Gesichtsfeld und das Blickfeld des Menschen. Das Gesichtsfeld beschreibt den vom menschlichen Auge erfassbaren Raum.

Das Blickfeld umfasst den Bereich, in dem scharfes Sehen möglich ist. Bei weitestmöglicher Augenbewegung und bei unbewegter Kopfhaltung kann innerhalb eines Bereichs von etwa 120° in der Horizontalen und 60° in der Vertikalen scharf gesehen werden. → Abb. 2.1.11

Hinweisschilder und Schriftzüge sollten in ihrer Gestaltung, Anbringung und Platzierung eine gute und schnelle Lesbarkeit ermöglichen. Neben einer ausreichenden Kontrastierung der Informationsinhalte sollte eine angemessene Schriftgröße zum Einsatz kommen. Dabei ist der Sichtbereich der jeweiligen Zielgruppe zu berücksichtigen. Bei stehenden Personen (Durchschnittsgröße) liegt dieser bei einer Höhe von etwa 1,6 m und bei Rollstuhlfahrern etwa bei 1,2 m. → Abb. 2.1.12 und Tab. 2.1.1

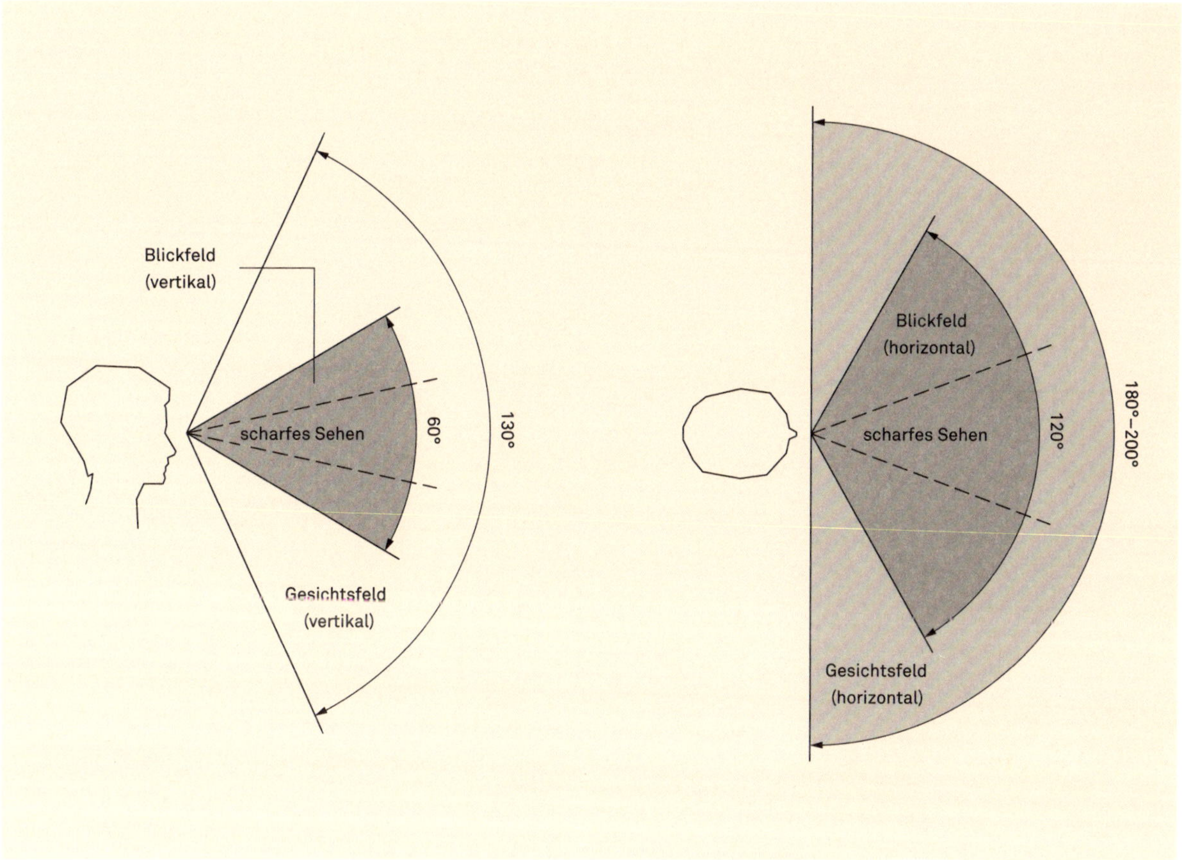

Abb. 2.1.11 Das Gesichtsfeld/ Blickfeld des Menschen

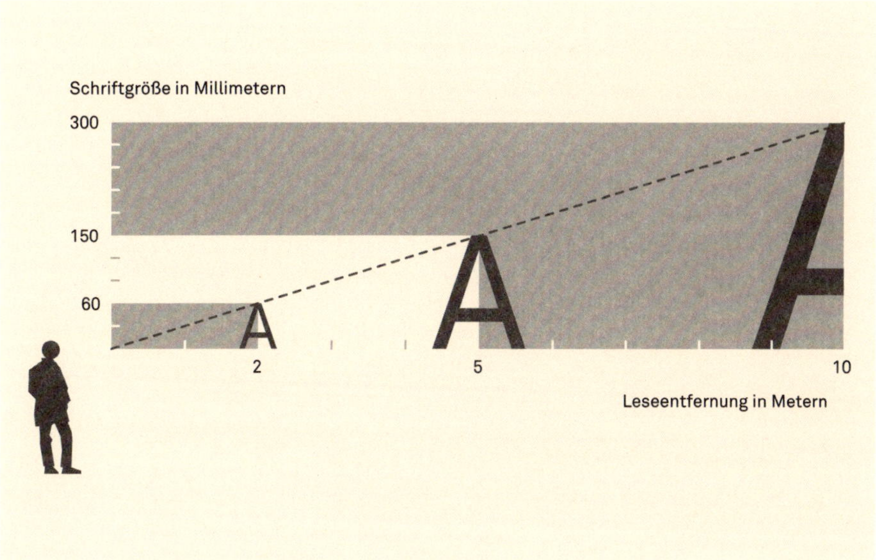

Abb. 2.1.12 Schriftgröße in Abhängigkeit zur Leseentfernung (Quelle: Barrierefreies Bauen für alle, Stadt Graz, 2006)

Entfernung, aus der Schrift noch erkannt werden soll	Schriftgröße bei 1°–2° Sehwinkel
30 m	52–104 cm
25 m	44–87 cm
20 m	35–70 cm
15 m	26–52 cm
10 m	17–35 cm
5 m	9–18 cm
2 m	3,5–7 cm
1 m	1,8–13,5 cm
0,3 m	0,5–1 cm
0,3 m	0,4–0,9 cm

Tab. 2.1.1 Empfohlene Schriftgrößen im öffentlichen Raum (Quelle: Verbesserung von visuellen Informationen im öffentlichen Raum, Bundesministerium für Gesundheit, 1996)

2 Maßstab Mensch
2.2 Bedarfsgrößen

2.2 Bedarfsgrößen

Städtische Freiräume

Für die Planung von Freiräumen gibt es keine übergeordneten Vorgaben in Bezug auf Größe und Anzahl der jeweiligen Grünflächen. In den einzelnen Ländern oder Kommunen werden jedoch teilweise Richtwerte oder Mindestgrößen vorgegeben.

In Abhängigkeit von städtebaulicher Situation sowie Art und Frequenz der Nutzung sind diese den örtlichen Gegebenheiten anzupassen. Ausnahmen stellen allgemein anerkannte Bedarfszahlen für Spiel- und Sportflächen dar. Die folgenden Bedarfszahlen können, unter Berücksichtigung möglicher lokaler Vorschriften, als Richtwerte herangezogen werden.

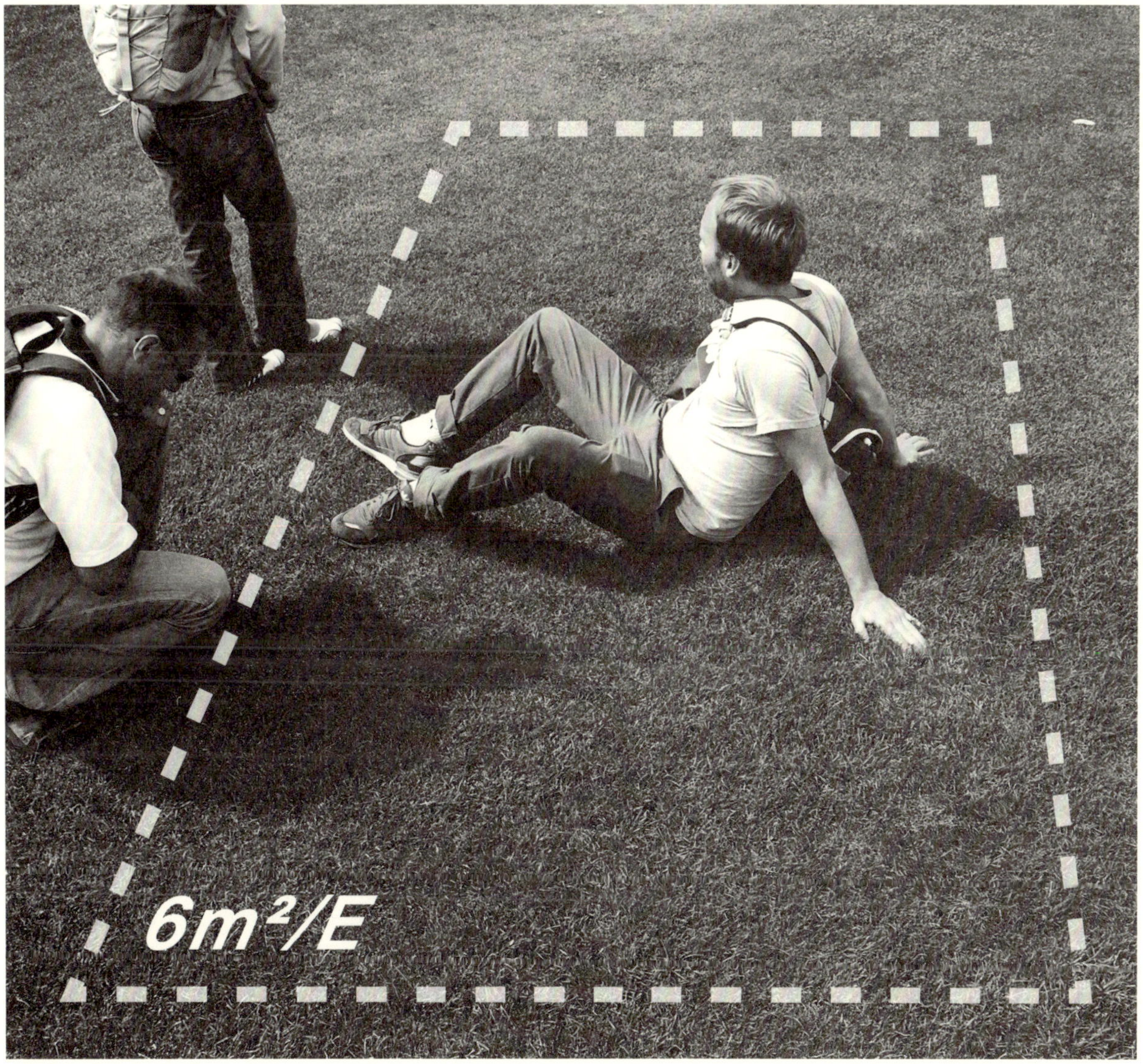

Abb. 2.2.1 Wie viel Freiraum braucht der Mensch? Richtwerte können eine Orientierung bei der Planung bieten, die konkrete Bedarfsermittlung aber nur selten ersetzen.

Freiraum/Bezugsgröße	Richtwert/Bedarfszahlen	Mindestgröße	Erläuterung
Allgemein öffentliche Freiräume			
Parkanlagen/Grünflächen • Wohnungsnah (wohnungsbezogen)	6 m^2/E [1] 3,5–4 m^2/E [2]	1 ha 2000 m^2 5000 m^2 (Berlin)	• Bis 500 m Fußwegentfernung • Insbesondere Kinderspielplätze, Freiräume im Geschosswohnungswohnbau, Mietergärten
• Wohngebietsbezogen	3–6 m^2/E [2]	10 000 m^2	• Kleinere Parks, Stadtgrünplätze, Jugendspielplätze
• Siedlungsnah	7 m^2/E	10 ha	• Stadtteilparks • 1000 m Fußwegentfernung
• Stadtteilbezogen	7–8 m^2/E [2]	5 ha	• Stadtteilparks, Teile von Grünzügen
• Übergeordnet	7 m^2/E	75 ha	• Bezirksparks, bis 5 km Fahrbereich ÖPNV
Parkanlagen	6–7 m^2/E [3] 8 m^2/E bei GFZ 0,2 $\leq$ 15 m^2/E bei GFZ 1,0	2–25 ha [2] (Stadtgrün 0,5 ha; Stadtgarten 0,1–0,2 ha)	
Zweckgebundene öffentliche Freiräume			
Gesamtbedarf Spiel- und Sportflächen • Bis 2500 Einwohner • 2500–10 000 Einwohner • Über 10 000 Einwohner • Stadtteilbezogen	4 m^2/E (D) 3,5 m^2/E (A) 5,0 m^2/E 3,5 m^2/E 2,5 m^2/E 3,5 m^2/E [2]	6 ha	• Nettofläche = sportlich nutzbare Fläche • Bezirkssportanlagen (Bsp.)
Sportplätze	6 m^2/E brutto [1]		• Auf das gesamte Stadtgebiet bezogen, Sportflächen ohne Hallen
Sporthallen	0,2 m^2/E Nettofläche [3]		
Freibäder/Badegewässer	1 m^2/E [1] oder 0,05–0,15 m^2 Wasserfläche/E [3]		• Auf das gesamte Stadtgebiet bezogen, öffentliche und private Bäder
Spielflächen allgemein (DIN 18034) • Wohnungsnah, in offener Bauweise • Wohnungsnah in geschlossener Bauweise • Siedlungsnah • Übergeordnet		500 m^2 5000 m^2 Bei großflächigen, naturnahen Bereichen bis 10 000 m^2 10 000 m^2	• Flächen umfassen in der Regel mehrere Spielbereiche
Spielflächen für Kinder bis 5/6 Jahre	Mind. 30 m^2 [2] 0,75 m^2/E; 0,50 m^2/E netto; 60–225 m^2 Bruttofläche; 40–50 m^2 nutzbare Spielfläche [3]		
Spielflächen für Kinder von 6–12 Jahren	mind. 500 m^2 [2] 0,75 m^2/E; 0,50 m^2/E netto [3] 675–1200 m^2 Bruttofläche		
Spielflächen für Jugendliche ab 12 Jahren	0,75 m^2/E 0,5 m^2/E netto 800–3750 m^2 Bruttofläche 1 m^2/E Mittelwert [3]		
Spielflächen für Erwachsene	1,5 m^2/E		
Friedhofsflächen	5 m^2/E 3,5–5,0 m^2/E		• Auf das gesamte Stadtgebiet bezogen, staatliche und konfessionelle Friedhöfe
Parkplätze	1 Parkplatz auf 1,1–1,2 Wohneinheiten		

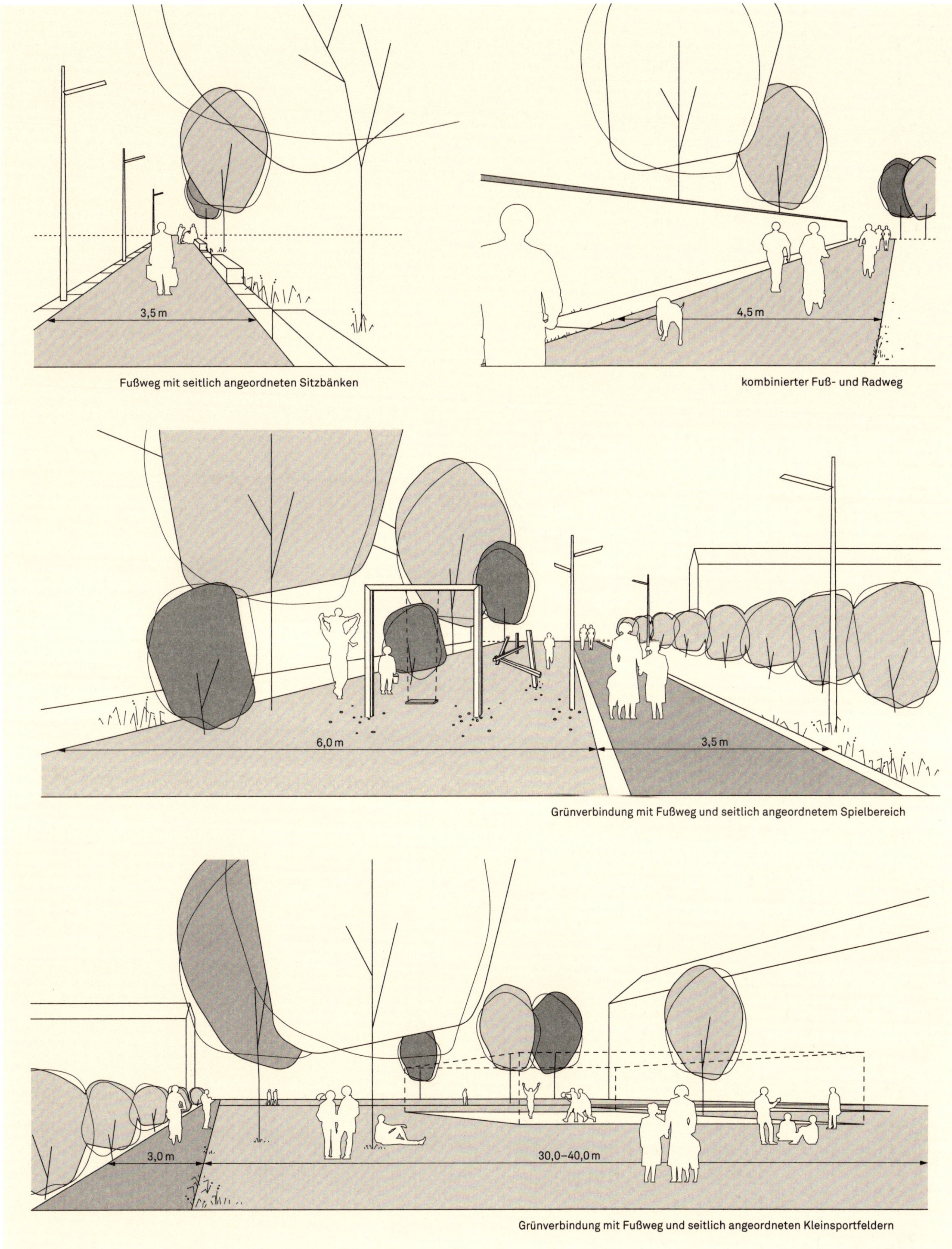

Fußweg mit seitlich angeordneten Sitzbänken

kombinierter Fuß- und Radweg

Grünverbindung mit Fußweg und seitlich angeordnetem Spielbereich

Grünverbindung mit Fußweg und seitlich angeordneten Kleinsportfeldern

Abb. 2.2.2 Beispiele für Breiten von Grünverbindungen

3 Elemente
3.1 Klima und Exposition

3.1 Klima und Exposition

Das Klima stellt einen wesentlichen Aspekt bei der Auswahl der Pflanzen für eine Freianlage dar. Neben der grundsätzlichen regionalen Zuordnung, zum Beispiel zu den entsprechenden Winterhärtezonen, können sich auf lokaler Ebene durch weitere Faktoren mikroklimatische Besonderheiten ergeben. Abfließende Kaltluft, Berg- oder Tallagen und dem Wind zu- oder abgewandte Seiten wirken sich dabei auf das für viele Pflanzen relevante Kleinklima aus. Diese Parameter sollten bei der gestalterischen Umsetzung einer Freianlage Berücksichtigung finden, beispielsweise durch bewusste Nutzung geschützter Bereiche für Aufenthaltsflächen oder den gezielten Einsatz von Mauern als Schutzmaßnahme.

Ähnliches gilt für die Exposition eines Standortes auf der sonnen- oder windabgewandten oder -zugewandten Seite. Hanglagen und das Vorhandensein von Gebäuden oder hohen Gehölzen im direkten Umfeld können besonders sonnenexponierte oder – umgekehrt – schattige Standorte hervorbringen und die Wasserversorgung beeinflussen.

Die Grenzen für den (landwirtschaftlich relevanten) Anbau von Wein, Oliven und Datteln liegen viel weiter südlich als die Kultur dieser Pflanzen. Durch die Ausnutzung des Mikroklimas und die Verwendung widerstandsfähiger Arten oder Sorten sind Anbaugebiete jenseits der eigentlichen Standortamplitude auch in nördlichen Regionen möglich.

Die nördlichsten Weinbaugebiete Europas liegen in Hablingbo auf Gotland in Schweden und in Sabile in Lettland. Deutschlands nördlichster Olivenhain liegt bei Köln. Das vergleichsweise milde Klima in Großbritannien ermöglicht ebenfalls eine erfolgreiche Kultivierung von Olivenbäumen, die hier besonders in den südlichen und westlichen Regionen, an der Küste und in städtischer Umgebung gedeihen. Die landwirtschaftliche Nutzung der Dattel in Nordafrika wird durch die Nutzung des Baums als Straßen- und Parkbaum im gesamten Mittelmeerraum und in milden Lagen Großbritanniens erweitert. → Abb. 3.1.1

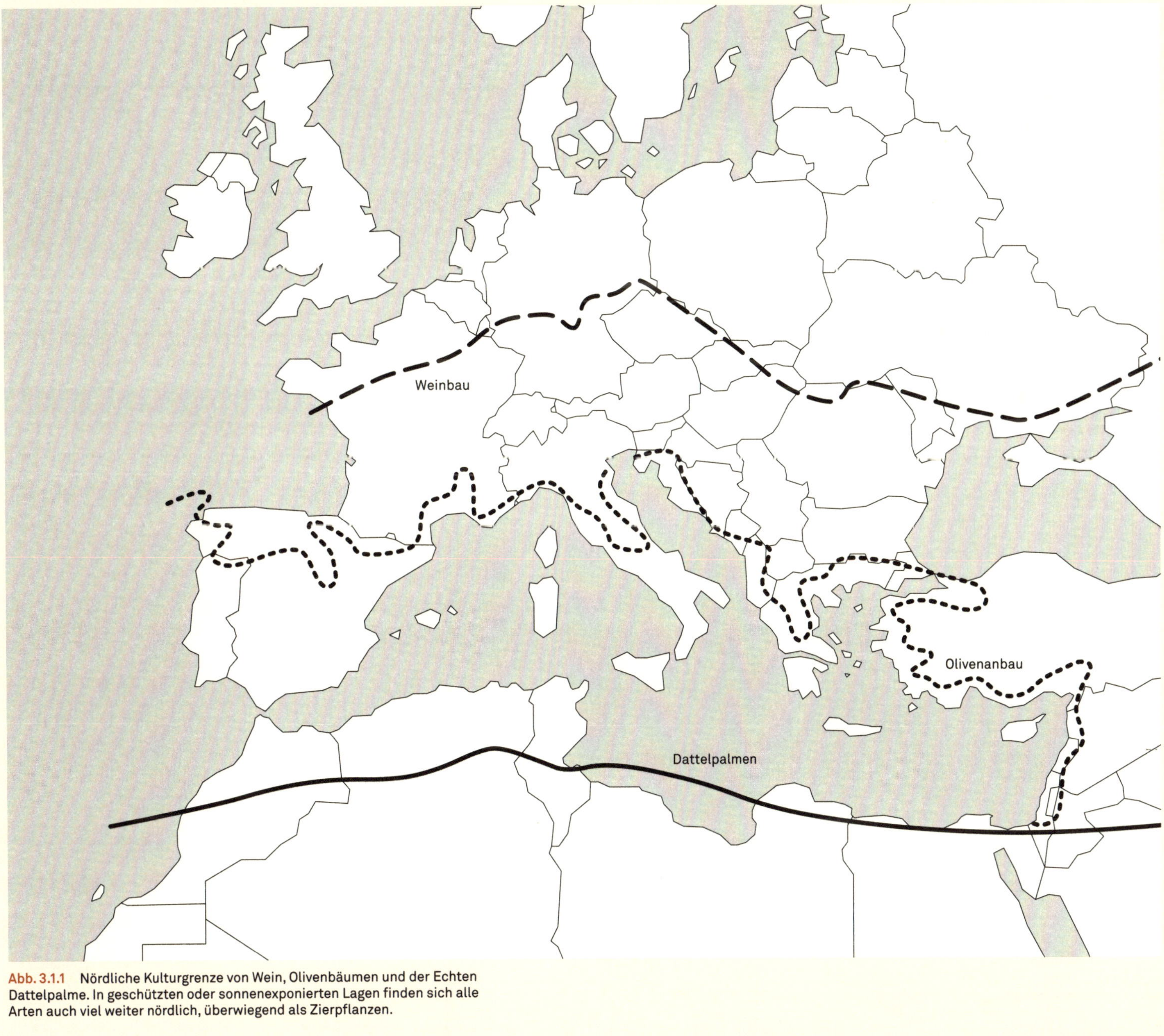

Abb. 3.1.1 Nördliche Kulturgrenze von Wein, Olivenbäumen und der Echten Dattelpalme. In geschützten oder sonnenexponierten Lagen finden sich alle Arten auch viel weiter nördlich, überwiegend als Zierpflanzen.

Standort

Winterhärtezonen

Die Standortamplitude vieler Pflanzen in Bezug auf die klimatischen Verhältnisse ist, insbesondere bei Gehölzen, häufig sehr breit angelegt. Diese Tatsache wird dann noch verstärkt, wenn die Pflanzen in einer gepflegten Grünfläche nicht – wie am natürlichen Standort – dem Konkurrenzdruck durch andere Pflanzen ausgesetzt sind. Ein wesentlicher begrenzender Faktor sind neben den Niederschlags-, Grundwasser- und Bodenverhältnissen die Temperaturverhältnisse. Für eine übergeordnete Einordnung einer Region in Winterhärtezonen kann → Abb. 3.1.2 eine erste Übersicht geben.

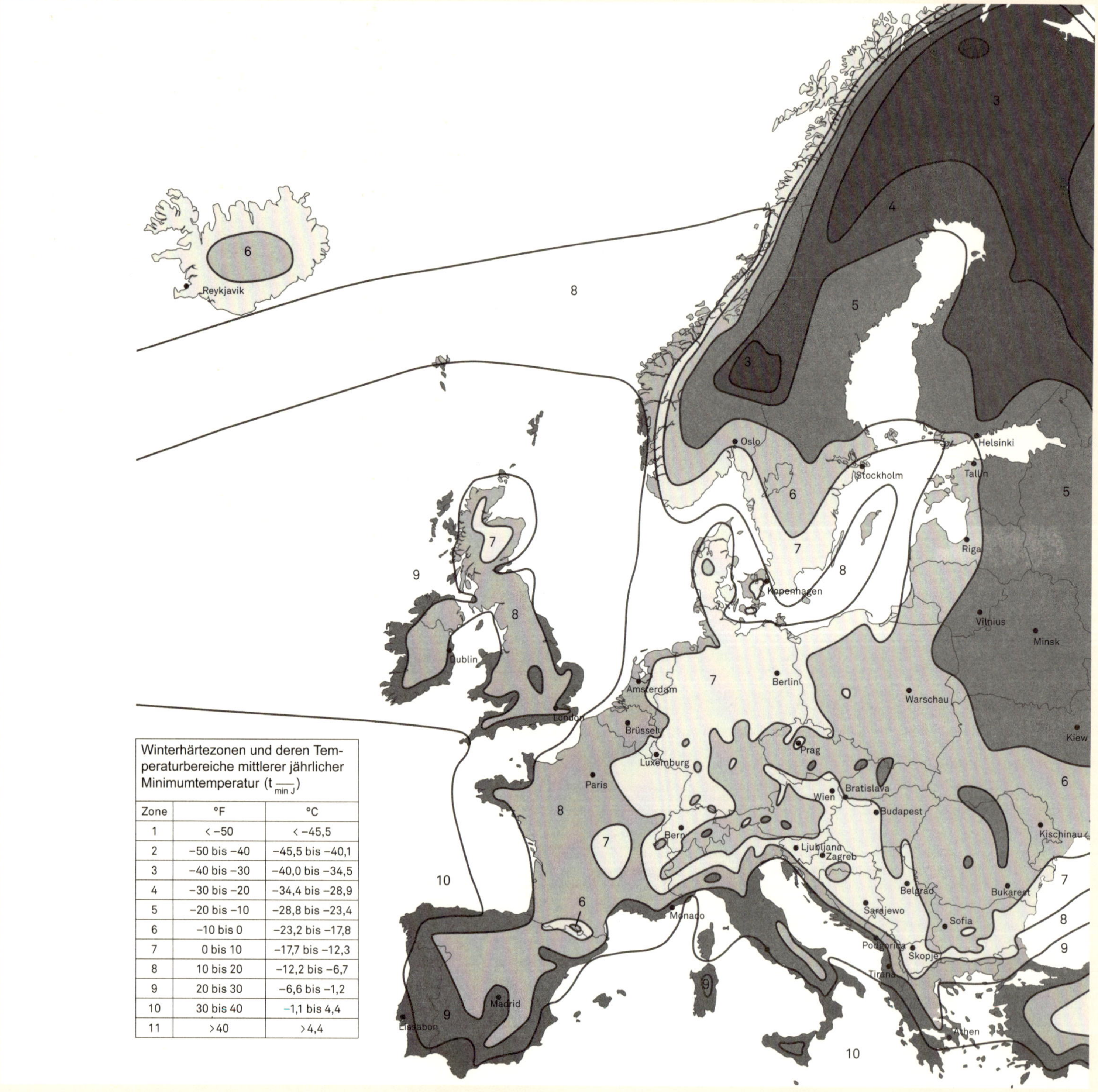

Winterhärtezonen und deren Temperaturbereiche mittlerer jährlicher Minimumtemperatur ($t_{\overline{min\ J}}$)

Zone	°F	°C
1	< –50	< –45,5
2	–50 bis –40	–45,5 bis –40,1
3	–40 bis –30	–40,0 bis –34,5
4	–30 bis –20	–34,4 bis –28,9
5	–20 bis –10	–28,8 bis –23,4
6	–10 bis 0	–23,2 bis –17,8
7	0 bis 10	–17,7 bis –12,3
8	10 bis 20	–12,2 bis –6,7
9	20 bis 30	–6,6 bis –1,2
10	30 bis 40	–1,1 bis 4,4
11	>40	>4,4

Abb. 3.1.2 Winterhärtezonen in Europa (nach W. Heinze und D. Schreiber, 1984)

Kaltluftabfluss

Situationsbedingt können kleinräumig sehr unterschiedliche klimatische Verhältnisse entstehen. In Hanglagen erzeugt der Kaltluftabfluss vielfach sehr unterschiedliche Temperaturverhältnisse auf begrenztem Raum. Die Kaltluft fließt für gewöhnlich nach unten ab und staut sich im Tal. Hierdurch können Temperaturdifferenzen von mehreren Grad Celsius zwischen den höher gelegenen Hanglagen und dem Talraum auftreten. Talsohlen sind somit häufig spätfrostgefährdete Bereiche. In Mulden sickert die Kaltluft in Schichten aus, sodass auch hier recht große Temperaturunterschiede möglich sind. Durch Barrieren, in Form von Mauern, Gebäuden oder dichten Windschutzhecken etwa, kann sich die Kaltluft am Hang stauen und hier kleine Kälteinseln mit höherer Spätfrostgefahr bilden. → Abb. 3.1.3 Gleichzeitig werden die dahinterliegenden Bereiche geschützt. Am Mikrostandort entstehen so geschützte Standorte für empfindliche Pflanzen. → Abb. 3.1.4

In innerstädtischen Tallagen dagegen wird der Effekt des Kaltluftabflusses häufig positive Wirkung haben, insbesondere dann, wenn dadurch Luftaustauschprozesse befördert werden und eine Abkühlung dieser Lagen erzielt wird.

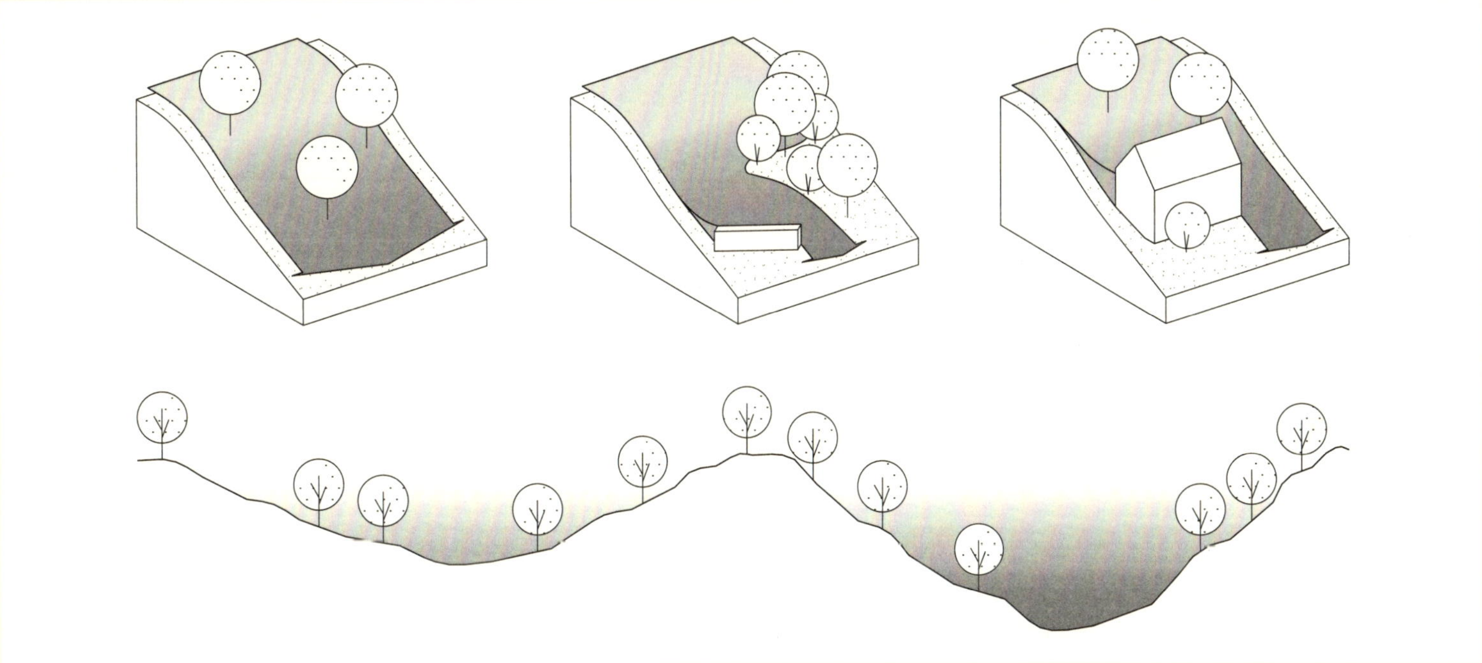

Abb. 3.1.3 Abfluss und Ansammlung von Kaltluft an Hindernissen und im Tal

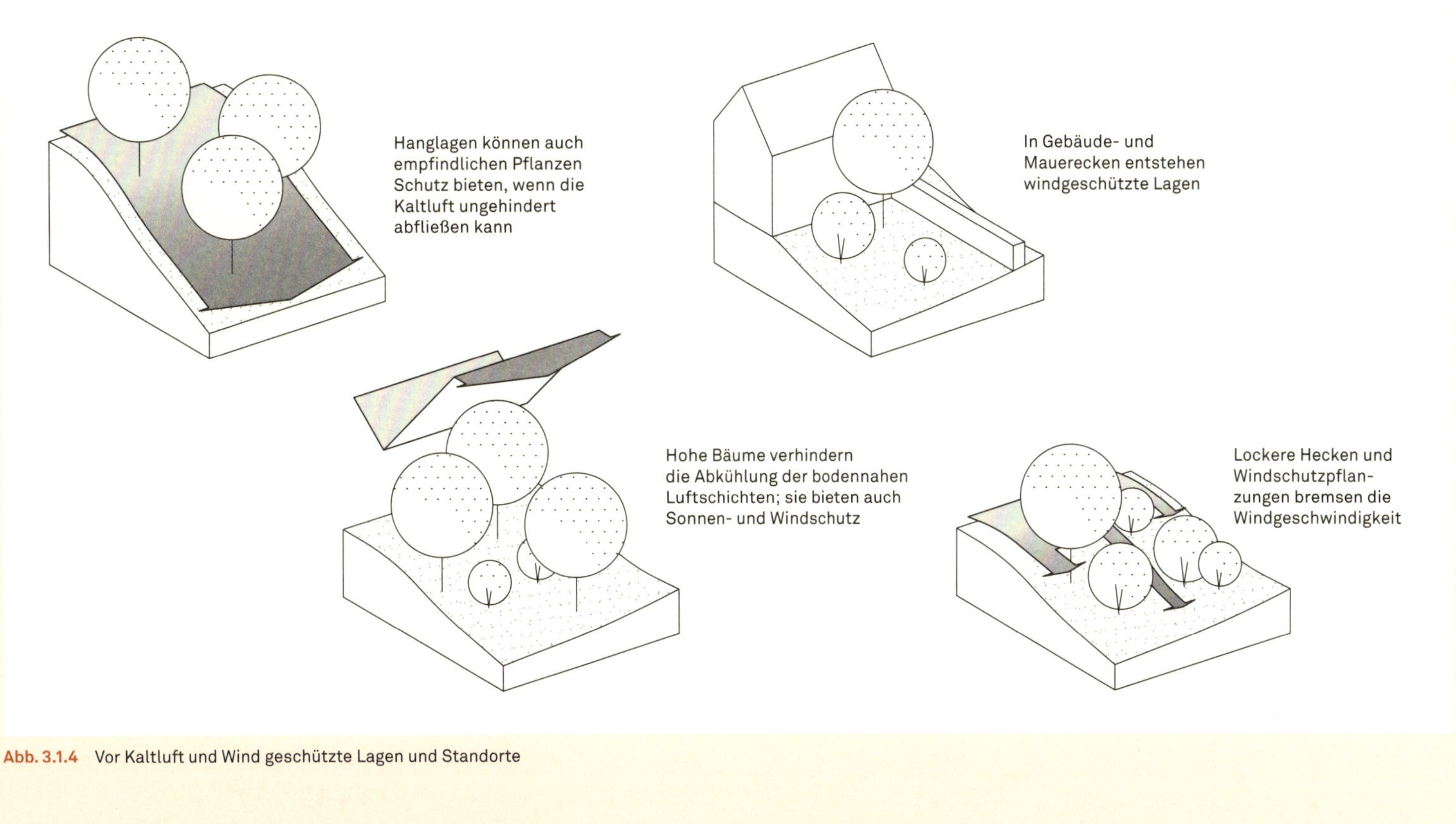

Abb. 3.1.4 Vor Kaltluft und Wind geschützte Lagen und Standorte

Windexposition

Bei Bauwerken oder Gehölzgruppen wirkt sich die Lage einer Fläche in Bezug auf die Windrichtung in verschiedener Hinsicht auf das Mikroklima aus: Der Windschatten bietet zum einen Schutz vor Kaltluft, bringt jedoch einen Wassermangel mit sich, der an regenreichen Standorten durchaus von Vorteil sein kann. An der windzugewandten Seite ergibt sich daraus ein erhöhter Bedarf für die Wasserableitung oder Drainage. Durch gezielte Pflanzenauswahl kann auf den Wassermangel (oder -überschuss) sinnvoll reagiert werden. → Abb. 3.1.5

Windgeschwindigkeit und Windzirkulation werden durch das Relief sowie die Anordnung und Höhe von Bauwerken beeinflusst. Während auf Bergkuppen mit einem Anstieg der Windgeschwindigkeit zu rechnen ist, zeichnen sich Tallagen durch verminderte Windgeschwindigkeiten gegenüber ebenen Lagen aus. → Abb. 3.1.6

Im städtischen Kontext fällt die durchschnittliche Windgeschwindigkeit durch die „Rauigkeit" der Stadtoberfläche bis zu 20 %, stellenweise sogar bis zu 30 % geringer aus als in der offenen Landschaft, was sich vor allem in einer Zunahme der Windstillen äußert. Negative Folge dieses Effekts kann allerdings ein verringerter Luftaustausch sein. Eine weitere negative Wirkungsweise kann im Bereich von hohen Gebäuden durch Wirbelbildung oder durch die Kanalisierungseffekte in Straßenschluchten auftreten. Beide führen zu Zugerscheinungen, die die Aufenthaltsqualität im Freiraum vermindern und zu Nutzungseinschränkungen führen können. Durch eine eher niedrige und dichte Bebauung kann die Wirbelbildung minimiert werden. → Abb. 3.1.7

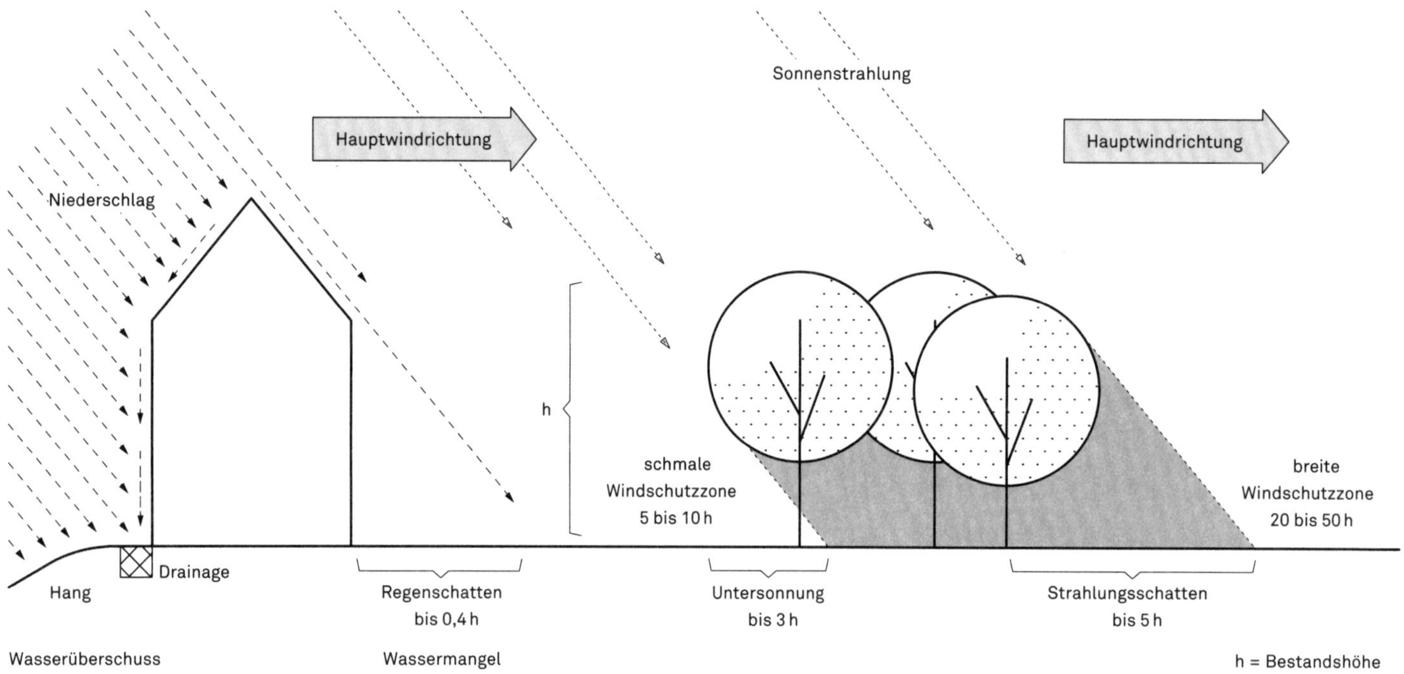

Abb. 3.1.5 Einfluss der Windexposition und Sonnenstrahlung auf das Mikroklima an Bauwerken und Gehölzgruppen

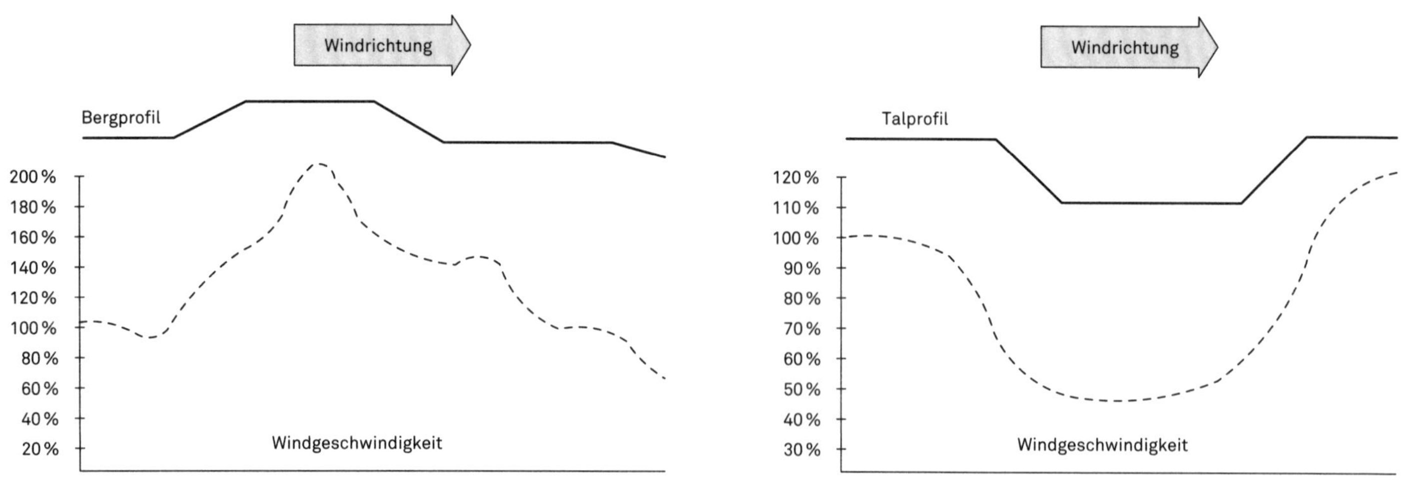

Abb. 3.1.6 Wirkung des Reliefs auf die Windgeschwindigkeit, 100 % = reliefunbeeinflusste Windgeschwindigkeit (nach Flemming, 1987)

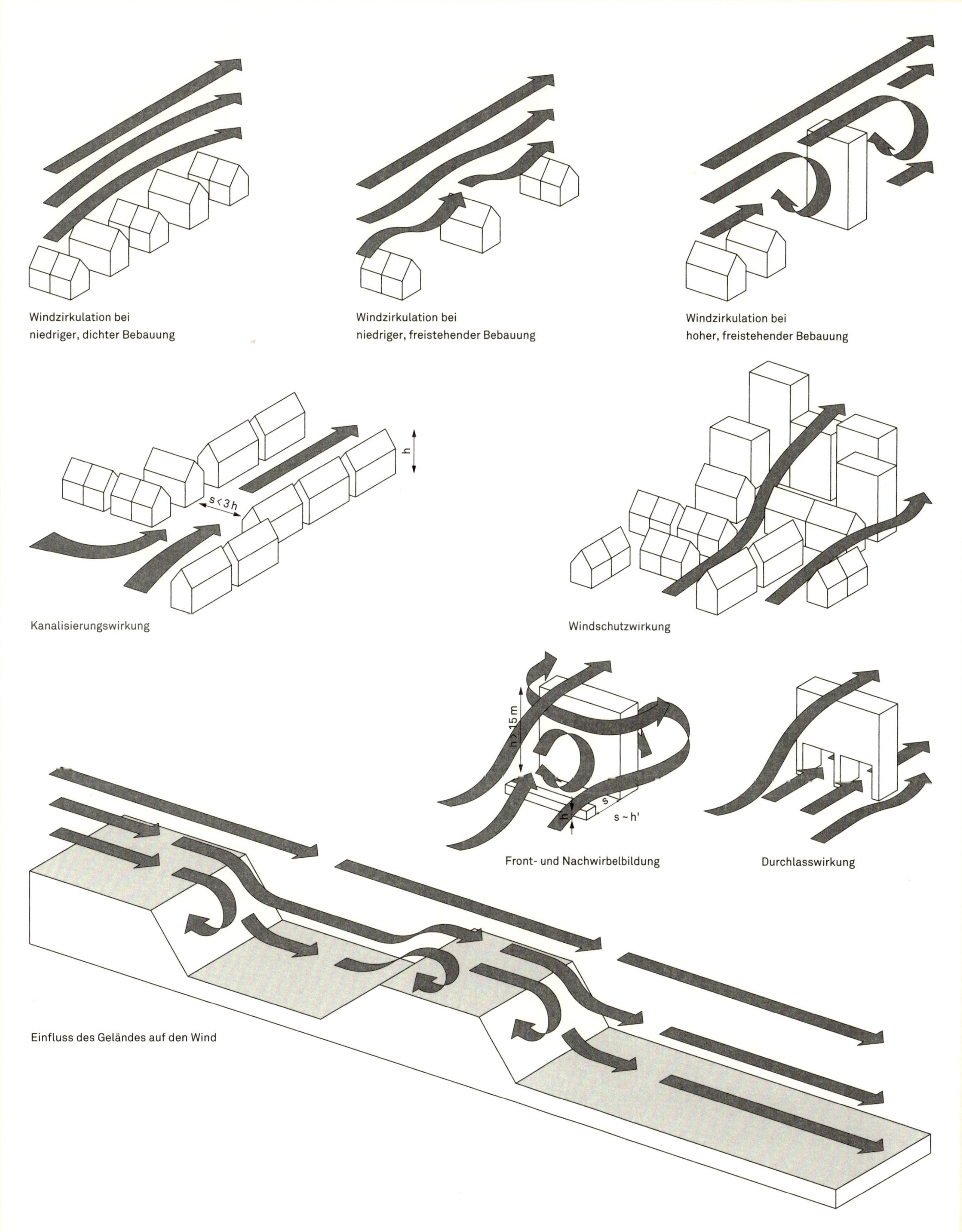

Abb. 3.1.7 Einfluss von Höhe und Anordnung der Gebäude auf die Windzirkulation

Sonneneinstrahlung

Die Ausnutzung der verstärkten Strahlungsintensität der Sonne am Hang oder an einer Mauer lässt für einige Pflanzen optimale Bedingungen entstehen; hier wird die erhöhte Wärmestrahlung insbesondere im Frühjahr und Herbst ausgenutzt. Der verminderte Einstrahlungswinkel der Sonne in der Übergangszeit wird durch die Schräglage des Hangs oder die Vertikale der Wand ausgeglichen und die Wärmestrahlung optimal ausgenutzt. Dieses Prinzip kommt bei der Anlage von Weinbergen am Hang oder der Anordnung von Obstspalieren und sonstiger Fassadenbegrünung an exponierten Mauern zur Anwendung.

Wärmestrahlung

Im unmittelbaren Umfeld von Bauwerken, Gehölzen und Hängen ergibt sich eine Wärmezustrahlung, die sich aus der stärker strahlenden Oberfläche des Körpers im Gegensatz zum schwächer strahlenden Himmel ergibt. Je höher der Anteil der abstrahlenden Fläche im Vergleich zur Himmelsfläche ist, desto größer der Effekt. → Tab. 3.1.1 Im unmittelbaren Umfeld von Wänden oder Gehölzen ist die Temperatur dadurch erhöht, sodass beispielsweise die Reifbildung vermindert oder die Schneeschmelze beschleunigt wird. Bei bedecktem Himmel wird der Effekt abgemildert, da die Wolkentropfen mehr Wärmestrahlung zur Erde senden als der wolkenlose Himmel.

Abb. 3.1.8 Sonneneinstrahlung (nach Häckel, 1989)

Tab. 3.1.1 Einfluss der Umgebung auf die Wärmezustrahlung (nach Häckel, 1989)

	Höhenwinkel der Umgebung					
	10°	20°	30°	45°	60°	90°
	> zunehmende Körperoberfläche bei abnehmender Himmelsfläche					
Mulde	2%	8%	21%	45%	60%	90%
Hang	1%	5%	10%	20%	33%	50%
Wand, Waldrand, Mauer	1%	2%	5%	12%	23%	40%
Straße an der Hauswand	14%	26%	38%	55%	70%	100%

Rückstrahlvermögen von Flächen

Beim Auftreffen auf einen Körper wird die Sonnenstrahlung absorbiert und führt zu einer Erwärmung der Oberfläche. Das Maß für das Rückstrahlvermögen einer Oberfläche wird mit Albedo bezeichnet. Dunkle Oberflächen wie Asphalt strahlen weniger Wärme zurück und erwärmen sich daher stärker als beispielsweise helle Betonoberflächen. Gleiches gilt für Böden: Während Sandböden 20–40 % reflektieren, sind es bei schweren Humusböden nur 5–20 %; „dunkle" Böden erwärmen sich schneller als helle Böden.

Die Reflexionseigenschaft heller Flächen kommt auch beim Schutz von Bäumen zum Einsatz: Im ausklingenden Winter kann die Sonneneinstrahlung auf der dunklen Rinde zu einer starken Erwärmung führen. So entstehen große Temperaturunterschiede zur unbesonnten und noch kalten Stammrückseite, die zu enormen Spannungen führen können. Folge sind Risse in der Rinde, die den Baum nachhaltig schädigen können. Durch das Kalken der Bäume kann die Reflexion der Stammoberfläche gesteigert und die Erwärmung minimiert werden, sodass zu große Spannungen vermieden werden. Durch die reduzierte Erwärmung können außerdem ein zu früher Blütenaustrieb und infolgedessen Spätfrostschäden verhindert werden.

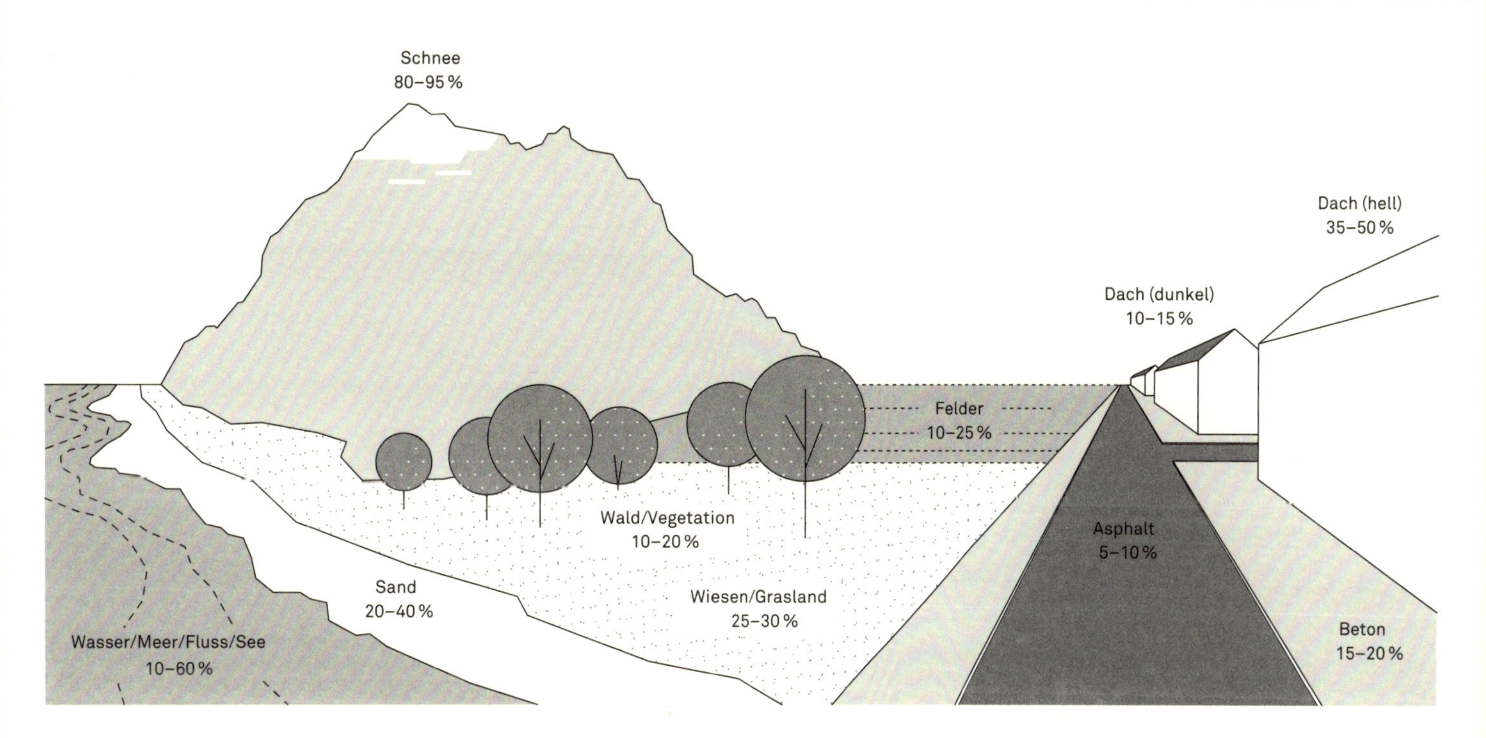

Abb. 3.1.9 Albedo-Effekt verschiedener Oberflächen

Sonne und Schattenräume

Je nach Klimazone, Jahres- oder Tageszeit bieten besonnte oder schattige Bereiche den bevorzugten Aufenthaltsort für Menschen. Dies macht die Anordnung bestimmter Nutzungen in bestimmten Bereichen notwendig und bietet gleichzeitig die Möglichkeit, die Nutzung eines Freiraums über Sonnen- und Schattenräume zu steuern. Für Aufenthaltsbereiche sind normalerweise sowohl sonnige als auch schattige Stellen vorzusehen. Insbesondere in der sommerlichen Mittagszeit sind vollsonnige Plätze nur eingeschränkt nutzbar. Die Ausprägung des Schattens selbst kann durch unterschiedlich dichte Schattendächer und mehr oder weniger lichte Baumschatten gesteuert werden.

Kenntnisse über die schattigen Bereiche einer Freianlage im Tages- und Jahresverlauf geben wichtige Hinweise für die Zonierung und die Pflanzenauswahl. Entsprechend der Bauaufgabe sowie der Nutzung und Exposition einer Freianlage in Bezug auf umgebende Bauwerke muss über die Erfordernis und den Umfang einer Schattenstudie entschieden werden. Um die unterschiedliche Schattenwirkung zu verschiedenen Jahreszeiten einschätzen zu können, ist es in der Regel sinnvoll, den Schattenwurf zur Sommer- und Wintersonnenwende (21. Juni und 21. Dezember) sowie zur Tagundnachtgleiche (21. März und 23. September) für verschiedene Uhrzeiten zu ermitteln.

Es gibt unterschiedliche Methoden, eine Schattenstudie zu erstellen. Grundsätzlich erfolgt die Berechnung des Schattenwurfs mithilfe des Kotangens. Erleichtert wird die Berechnung unter Verwendung vorgefertigter Schattenwurfdiagramme oder mittels eines CAD-Programms über die Sonnenstand-/Lichtfunktion beim 3D-Rendering.

Für die Ermittlung von Ausrichtung und Länge des Schattenwurfs sind grundsätzlich der Standort (Angabe des Breitengrads, ggf. auch des Längengrads), die Uhrzeit oder der Sonneneinfallswinkel und die Höhe des schattenwerfenden Objekts erforderlich.

Es werden immer die Werte für die höchsten (Eck-) Punkte eines Objekts oder Bauwerks ermittelt. Bei einem Haus mit rechteckigem Grundriss und Giebeldach müssen sechs Punkte errechnet werden, bei einer Fahnenstange dagegen nur einer. → Abb. 3.1.17 und 3.1.16 Für jede abweichende Uhrzeit und Jahreszeit muss eine neue Berechnung durchgeführt werden.

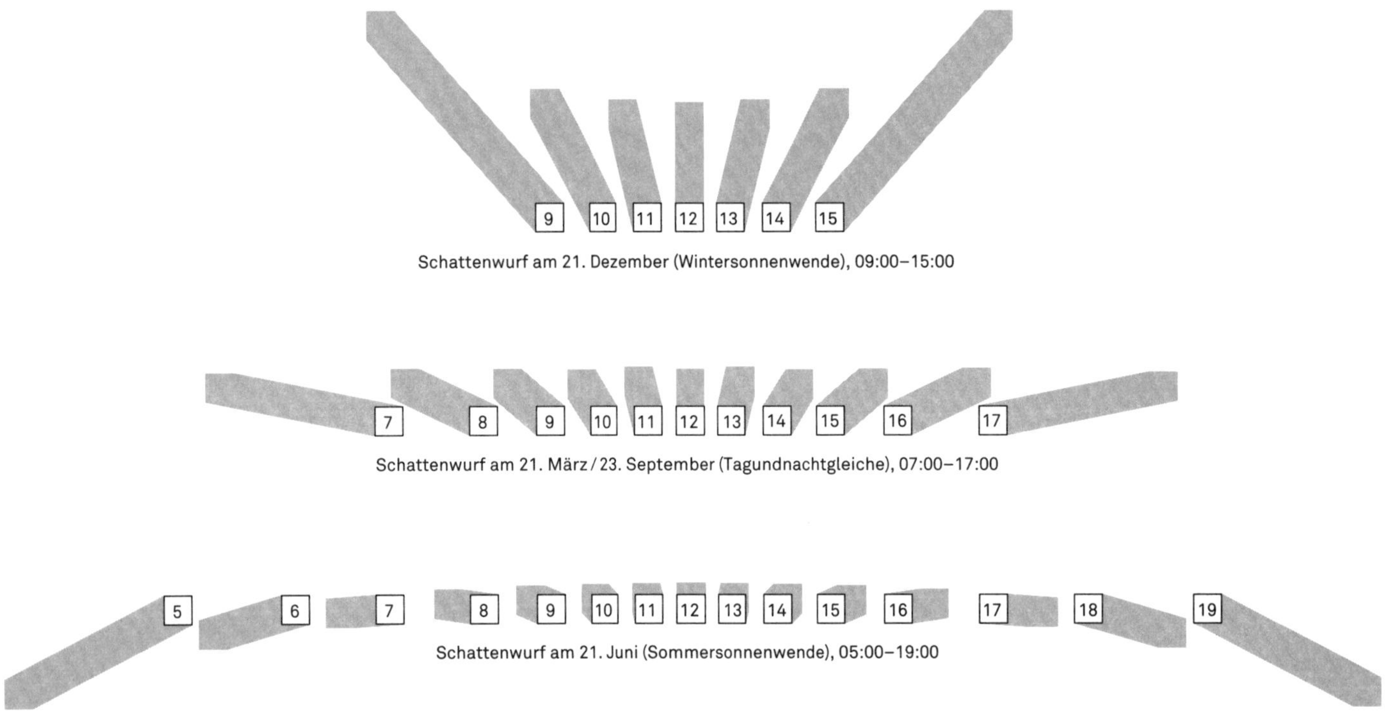

Abb. 3.1.10 Schattendiagramm eines Kubus von 2 × 2 × 2 m: Darstellung des Schattenwurfs am 21. Juni, am 21. Dezember sowie am 21. März und 23. September in Mitteleuropa

Brechnung der Schattenlänge mittels Kotangens

Die Schattenlänge kann mithilfe der Formel zur Berechnung der Seitenverhältnisse in einem rechtwinkligen Dreieck errechnet werden. Dabei ist die Schattenlänge **s** (Ankathete b) gleich dem Kotangens der Sonnenhöhe **cot α** multipliziert mit der Höhe des Objektes **h** (Gegenkathete). → Abb. 3.1.11

Zur Ermittlung von s wird zum einen die Höhe des Objekts und zum anderen die Sonnenhöhe, also der Winkel, mit dem die Sonnenstrahlen auf die Erde treffen, benötigt. Dieser kann errechnet oder – der Einfachheit halber – Tabellen entnommen werden.

Ihren Höchststand erreicht die Sonne, wenn sie genau im Süden steht: um 12 Uhr mittags (hierbei ist die Abweichung der Sommerzeit von der Normalzeit zu beachten). Diesen Mittagswinkel kann man sehr gut selbst errechnen:

Am Vor- oder Nachmittag werden die Schatten besonders lang, sodass für diese Zeiten ein Schattendiagramm besonders interessant ist.

Der Azimutwinkel gibt die Abweichung von der absoluten Südausrichtung an → Abb. 3.1.12; westliche Sonnenstände, also die Nachmittagsstunden, werden als positiver Wert und die östlichen, also die Vormittagsstunden, werden als negativer Wert angegeben.

Die Tabelle → Tab. 3.1.2 zeigt für unterschiedliche Breitengrade die Sonneneinfallswinkel (Sonnenhöhe = H) und die Abweichung von der Nord-Süd-Achse für unterschiedliche Uhrzeiten an.

Datum	Berechnung der Sonnenhöhe Höhen- oder Einfallswinkel α
21.3. und 23.9.	α = 90° – geografische Breite
21.6.	α = 90° – geografische Breite +23,5°
21.12.	α = 90° – geografische Breite –23,5°

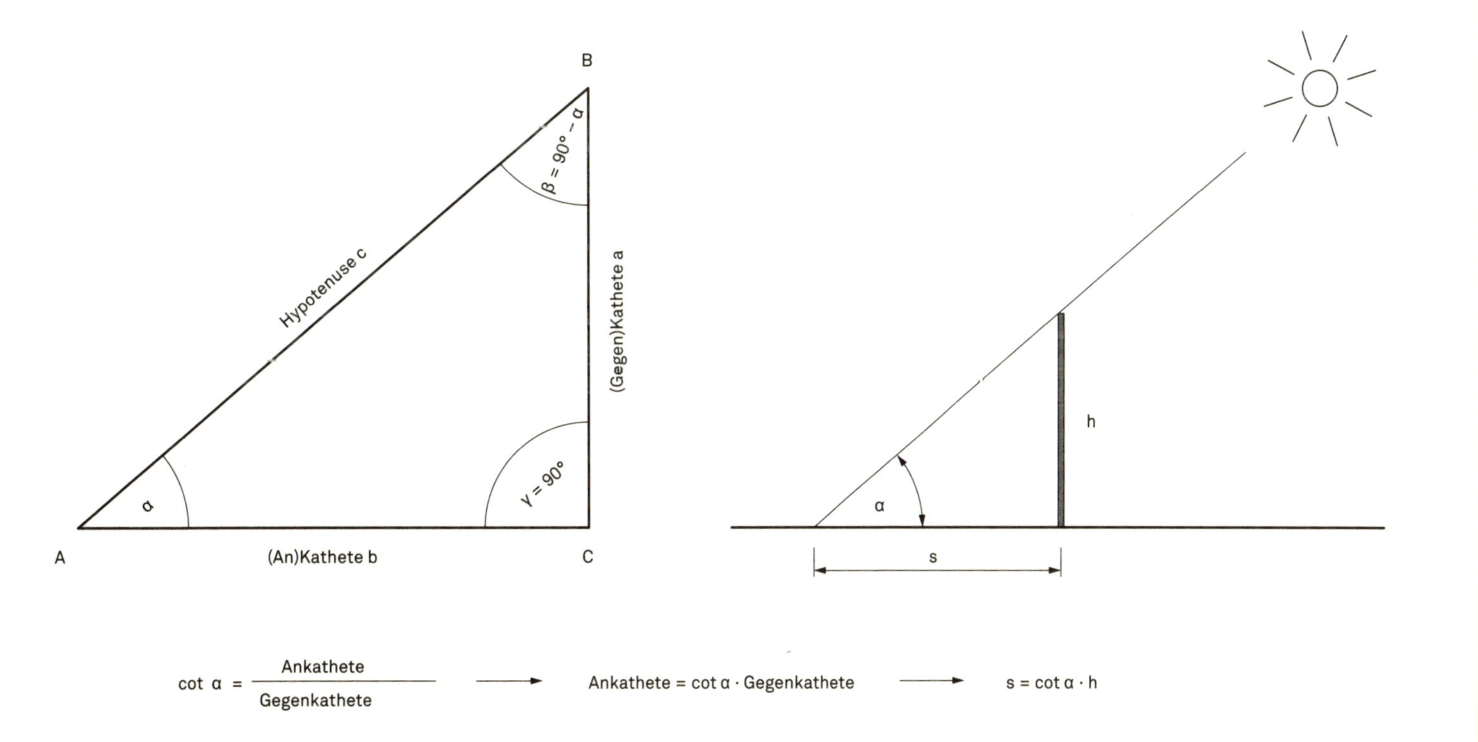

Abb. 3.1.11 Rechtwinkliges Dreieck und Formel zur Ermittlung der Ankathete als Grundlage für die Ermittlung der Schattenlänge mithilfe des Kotangens

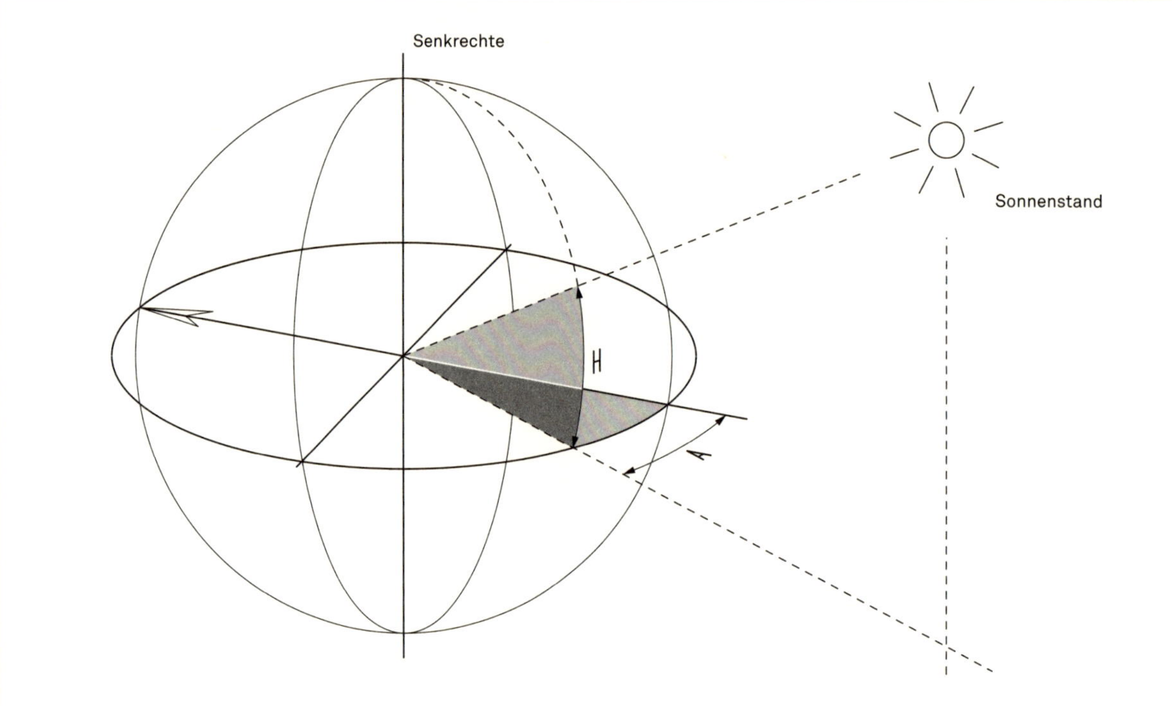

Abb. 3.1.12 Azimut und Sonnenhöhe: A (Azimut) = Abweichung des Sonnenstandes von der Nord-Süd-Achse, H = Höhenwinkel (Sonnenhöhe)

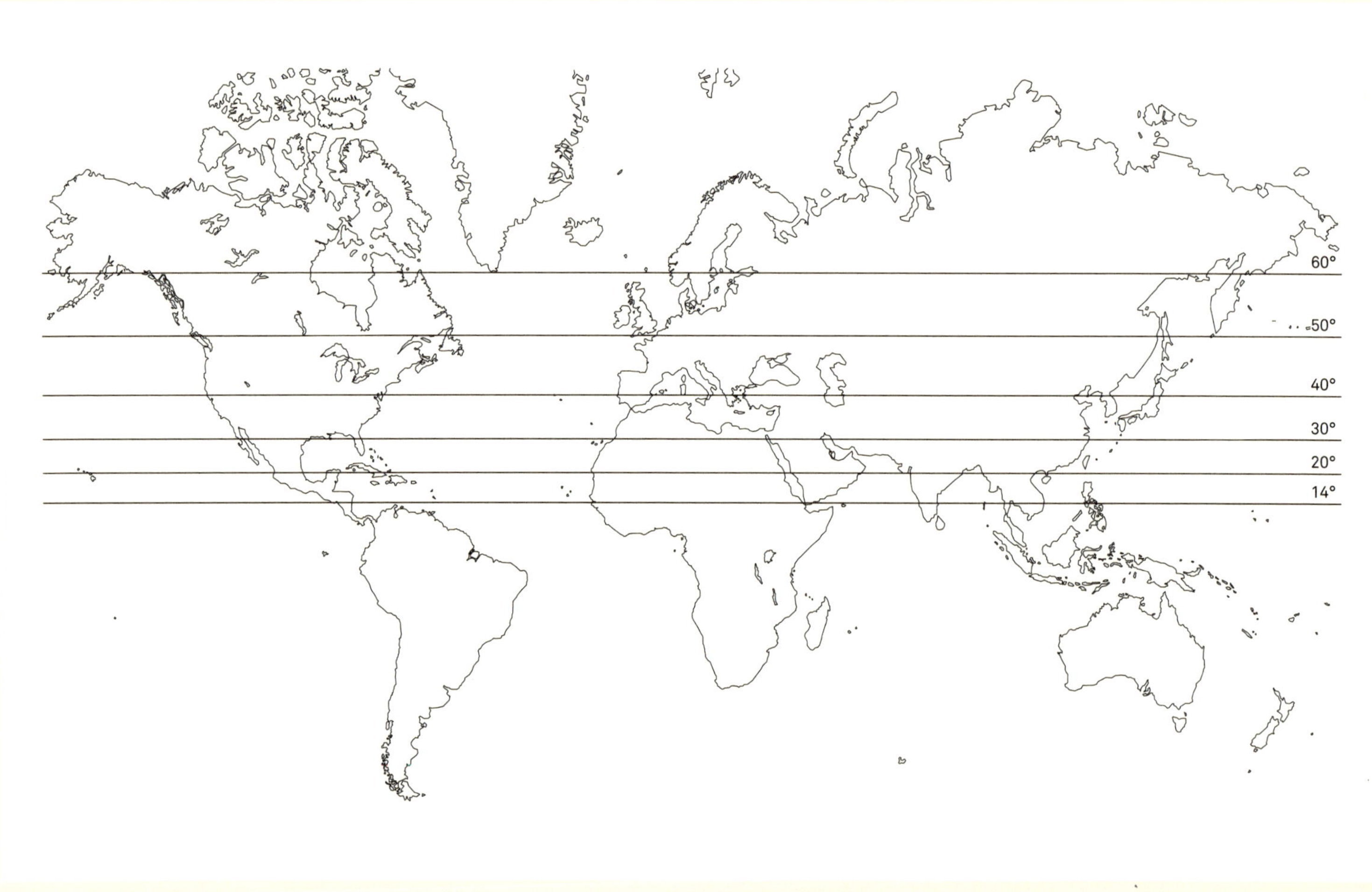

Abb. 3.1.13 Unterschiedliche Breitengrade der Nordhalbkugel

Geografische Breite		Azimute und Sonnenhöhen am 21. März und 21. September				Azimute und Sonnenhöhen am 21. Juni				Azimute und Sonnenhöhen am 21. Dezember			
		6h 18h	8h 16h	9h 15h	12h	6h 18h	8h 16h	9h 15h	12h	6h 18h	8h 16h	9h 15h	12h
14°	A	±90,0	±81,8	76,3	0,0	±112,9	±109,1	±109,5	180,0	*	±58,0	±50,0	0,0
	H	0,0	29,0	43,3	76,0	5,5	32,8	46,5	80,6		20,4	32,2	52,6
20°	A	±90,0	±78,7	±71,0	0,0	±112,2	±105,1	±103,2	180,0	*	±56,3	±47,4	0,0
	H	0,0	28,4	41,6	70,0	7,8	34,6	48,2	86,6		17,2	28,3	46,6
24°	A	±90,0	±76,7	±67,7	0,0	±111,7	±102,6	±99,3	0,0	*	±55,3	±45,9	0,0
	H	0,0	27,2	40,2	66,0	9,3	35,5	48,9	89,4		14,9	25,5	42,6
30°	A	±90,0	±74,0	±63,3	0,0	±110,6	±98,0	±92,7	0,0	*	±54,1	±44,1	0,0
	H	0,0	25,7	37,7	60,0	11,5	36,0	49,5	83,0		11,4	21,2	36,6
32°	A	±90,0	±73,0	±62,1	0,0	±110,2	±96,5	±90,0	0,0	*	±53,8	±43,6	0,0
	H	0,0	25,1	36,9	58,0	12,2	36,9	49,6	81,4		10,3	19,8	34,6
34°	A	±90,0	±72,1	±60,8	0,0	±109,8	±95,8	±87,5	0,0	*	±53,6	±43,1	0,0
	H	0,0	24,5	35,9	56,0	12,8	37,0	49,5	79,4		9,1	18,4	32,6
36°	A	±90,0	±71,3	±59,5	0,0	±109,4	±94,1	±85,6	0,0	*	±53,4	±42,7	0,0
	H	0,0	23,9	34,9	54,0	13,5	37,2	49,4	77,4		7,9	16,9	30,6
38°	A	±90,0	±70,5	±58,4	0,0	±108,8	±92,6	±82,2	0,0	*	±53,1	±42,3	0,0
	H	0,0	23,2	33,9	52,0	14,2	37,3	49,1	75,4		6,7	15,4	28,6
40°	A	±90,0	±69,6	±57,3	0,0	±108,3	±90,0	±80,0	0,0	*	±53,0	±41,9	0,0
	H	0,0	22,5	32,8	50,0	14,8	37,4	48,8	73,4		5,5	13,9	26,6
42°	A	±90,0	±68,8	±56,2	0,0	±108,0	±90,0	±77,8	0,0	*	±52,8	±41,6	0,0
	H	0,0	21,8	31,7	48,0	15,4	37,4	48,4	71,4		4,3	12,5	24,6
44°	A	±90,0	±68,2	±55,1	0,0	±107,4	±87,4	±75,4	0,0	*	±52,7	±41,4	0,0
	H	0,0	21,1	30,5	46,0	16,0	37,3	47,9	69,4		3,1	11,0	22,6
46°	A	±90,0	±67,4	±54,1	0,0	±106,9	±85,9	±73,4	0,0	*	±52,6	±41,1	0,0
	H	0,0	20,3	29,4	44,0	16,6	37,2	47,4	67,4		1,9	9,5	20,6
48°	A	±90,0	±66,7	±53,3	0,0	±106,2	±84,9	±71,6	0,0	*	±52,6	±40,9	0,0
	H	0,0	19,5	28,2	42,0	17,2	37,1	46,9	65,4		0,6	7,9	18,6
50°	A	±90,0	±66,1	±52,5	0,0	±105,6	±83,6	±69,8	0,0	*	*	±40,7	0,0
	H	0,0	18,8	27,0	40,0	17,8	36,9	46,2	63,4			6,4	16,6
52°	A	±90,0	±65,5	±51,8	0,0	±105,0	±82,0	±67,9	0,0	*	*	±40,6	0,0
	H	0,0	17,9	25,8	38,0	18,3	36,6	45,5	61,4			4,9	14,6
54°	A	±90,0	±64,9	±50,9	0,0	±104,5	±80,4	±65,9	0,0	*	*	±40,5	0,0
	H	0,0	17,1	24,6	36,0	18,8	36,3	44,7	59,4			3,4	12,6
56°	A	±90,0	±64,4	±50,3	0,0	±103,7	±78,8	±64,0	0,0	*	*	±40,5	0,0
	H	0,0	16,2	23,3	34,0	19,3	35,9	43,8	57,4			1,9	10,6
58°	A	±90,0	±63,9	±49,7	0,0	±103,0	±77,1	±62,3	0,0	*	*	±40,4	0,0
	H	0,0	15,4	22,0	32,0	19,7	35,4	42,9	55,4			0,4	8,6
60°	A	±90,0	±63,5	±49,1	0,0	±114,5	±75,9	±61,0	0,0	*	*	*	0,0
	H	0,0	14,5	20,7	30,0	13,1	35,0	42,1	53,4				6,6

* kein Schattenwurf, da sich zum genannten Zeitpunkt der Standort noch vor Sonnenaufgang bzw. nach Sonnenuntergang befindet

Tab. 3.1.2 Azimut (A) und Sonnenhöhe (H) zu verschiedenen Jahres- und Tageszeiten nach Breitengraden (nach W. Zonn, in: Twarowski, 1962)

Zeitzonen und tatsächlicher Sonnenstand

Da die Sonne ihren Höchststand je nach Längengrad zu einem anderen Zeitpunkt erreicht, die Uhrzeit sich aber an einer bestimmten Zeitzone orientiert, sind Werte, die aus Tabellen und grafischen Grundlagen übernommen werden, immer auf den definierten Meridian (Längengrad) der Zeitzone bezogen. Eine Zeitzone von einer Stunde Unterschied beruht auf der Abweichung von 15° Länge. Ein Ort, der nicht genau auf diesem Meridian liegt, hat seinen tatsächlichen Sonnenhöchststand also etwas früher oder später. Die Mitteleuropäische Normalzeit (MEZ), die für viele europäische Länder gilt, bezieht sich auf die mittlere Sonnenzeit auf dem 15. Meridian. Dieser verläuft unter anderem durch die Städte

- Motala in Schweden
- Gudhjem auf Bornholm in Dänemark
- Görlitz/Zgorzelec in Deutschland/Polen
- Jindřichův Hradec in Tschechien
- Gmünd in Österreich
- Catania auf Sizilien.

Daher beträgt die Abweichung von der MEZ in München tatsächlich also etwa 20 Minuten.

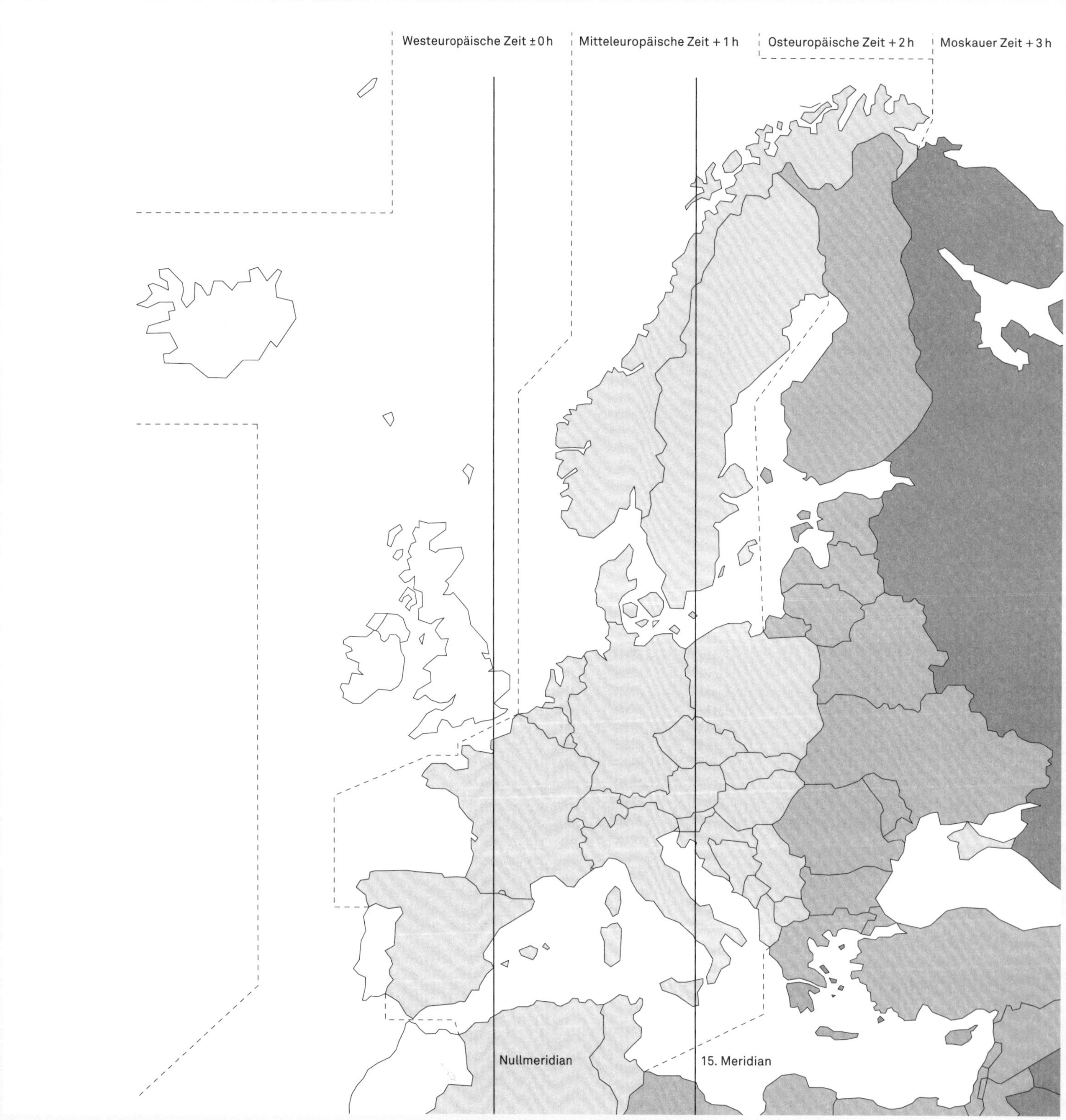

Abb. 3.1.14 Zeitzonen in Europa und ihre Lage zum Nullmeridian und zum 15. Meridian

Berechnung der Schattenlänge mittels Diagramm

Mithilfe eines Schattendiagramms lassen sich die Schattenlängen vereinfacht ermitteln. Häckel erstellte dazu ein Diagramm, dessen Bezugspunkt mit 50° nördlicher Breite die Stadt Mainz ist. Das Diagramm ermöglicht für ausgewählte Daten das Ablesen der zur Konstruktion notwendigen Parameter wie Datum, Tageszeit, Multiplikationsfaktor zur Berechnung der Schattenlänge und Ausrichtung des Schattens.

Das Diagramm verdeutlicht zudem, welche Bereiche zu keiner Zeit des Jahres in den Schatten fallen (schraffierte Bereiche oben und unten). Der hellgraue Bereich hingegen liegt „zu irgendeinem Zeitpunkt des Jahres im Schatten". Begrenzt wird die Schattenzone durch die Sonnenbahnen des 20. Dezember (annähernd Wintersonnenwende) und des 20. Juni (annähernd Sommersonnenwende).

Grundlage für die Berechnung eines Punktes bildet eine (imaginäre) Stange, die es sich im Mittelpunkt des Diagramms vorzustellen gilt. Konzentrische Kreise (1–10) stellen den Multiplikationsfaktor für die Berechnung der Schattenlänge dar. Sieben Sonnenbahnen ermöglichen eine Betrachtung des Schattenverlaufs über das Jahr und zu jeder vollen Stunde. Die am äußeren Rand des Diagramms vermerkten Gradzahlen verdeutlichen die Ausrichtung des Schattens.

Nach → Abb. 3.1.16 ergibt sich beispielsweise der Schattenwurf einer Fahnenstange um 8:00 Uhr aus der Verbindung von Mittelpunkt und Schnittpunkt der Sonnenbahn mit der Zeitgeraden. Der Schnittpunkt liegt dabei genau auf dem Kreis 2, das heißt der Schatten ist um 8:00 Uhr exakt zwei Mal so lang wie sein Original.

Abschließend lässt sich aus der Verlängerung der Konstruktionsgeraden die Ausrichtung des Schattens am äußeren Rand des Diagramms ablesen.

Dem Konstruktionsschema folgend, wirft eine 4 m hohe (Fahnen-)Stange am 20. April um 8:00 Uhr einen 8 m langen Schatten in Richtung Westnordwest (~290°), um 13:00 Uhr einen etwa 3,2 m langen Schatten in Richtung Nordnordost (~20°) und um 17:00 Uhr einen etwa 13,6 m langen Schatten in Richtung Ostnordost (~85°).

Bei der Darstellung körperhafter Schatten, beispielsweise von Gebäuden, steht die im Mittelpunkt angenommene Stange für die Gebäudekanten bzw. Eckpunkte eines Gebäudes. Durch die Verbindung der Schattenpunkte entsteht im letzten Schritt der volle Schattenwurf.

Um die Inhalte des vorliegenden Diagramms schneller in eine Planung umsetzen zu können, lassen sich in → Tab. 3.1.3 die zur Konstruktion notwendigen Parameter auf einen Blick ablesen.

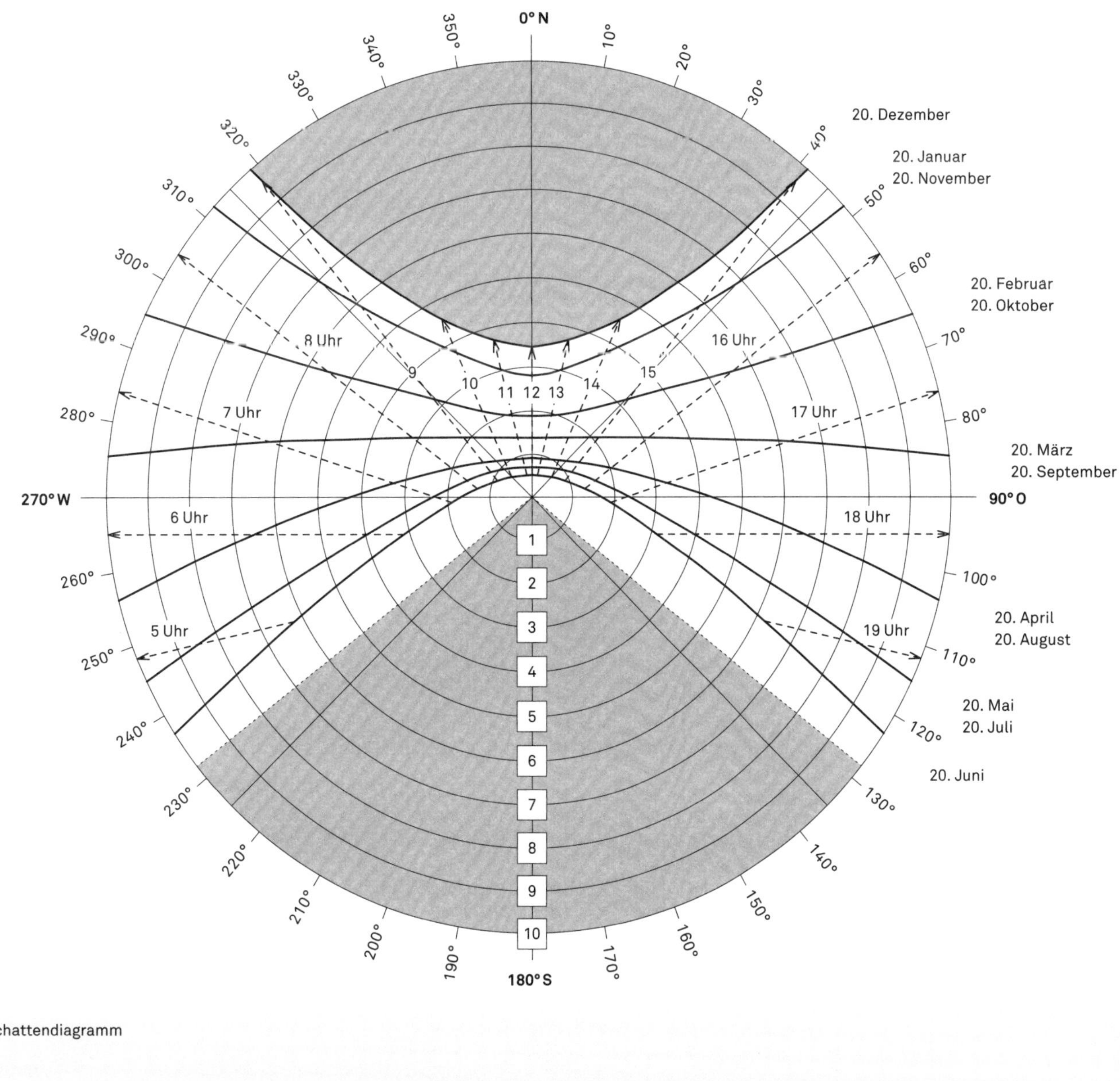

Abb. 3.1.15 Schattendiagramm

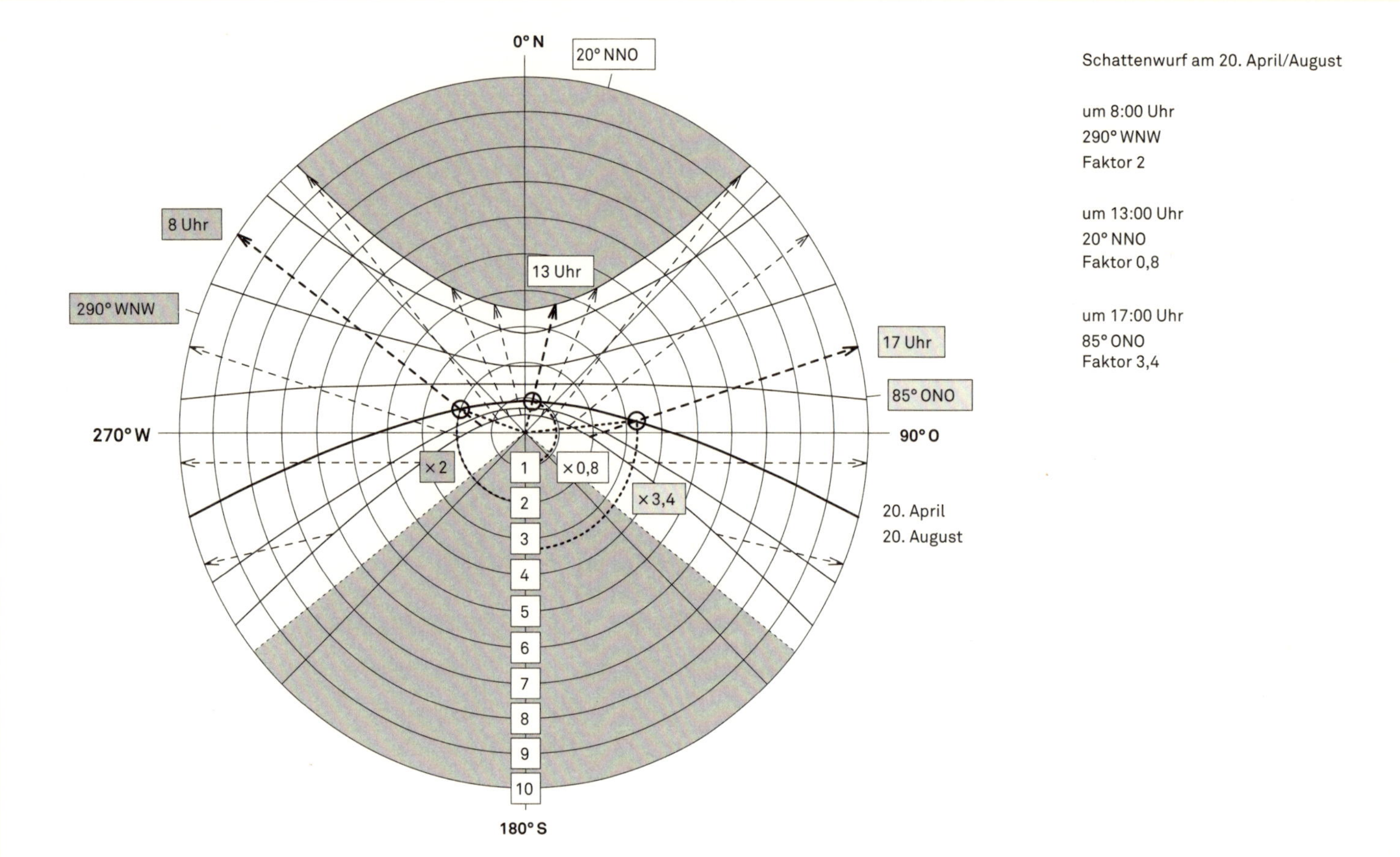

Abb. 3.1.16 Beispiel Schattenwurf einer 4 m hohen (Fahnen-)Stange am 20. April / 20. August um 8:00 Uhr, 13:00 Uhr und 17:00 Uhr (die drei Uhrzeiten sind mit einem Kreis markiert)

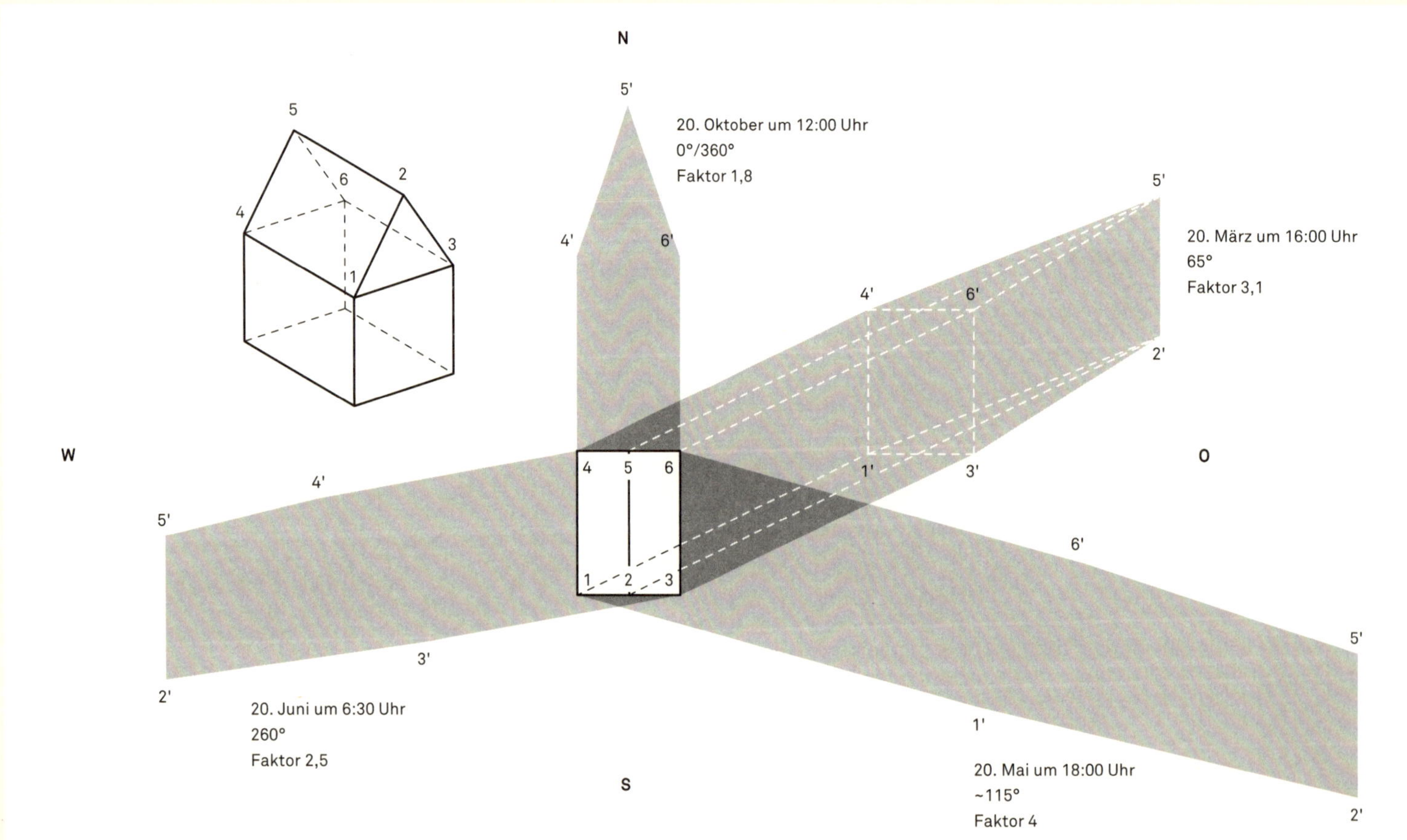

Abb. 3.1.17 Beispiel Schattenwurf eines Gebäudes zu unterschiedlichen Jahres- und Tageszeiten, unter Angabe der Richtung und des Faktors zur Berechnung der Schattenlänge (nach Häckel, 1989)

Datum/Tageszeit	Multiplikationsfaktor	Ausrichtung	Multiplikationsfaktor	Ausrichtung	Multiplikationsfaktor	Ausrichtung
	Sonnenbahn am 20. Juni		Sonnenbahn am 20. März/20. September		Sonnenbahn am 20. März/20. September	
5:00	6,4	243°				
6:00	3,1	254°				
7:00	1,8	266°	6,2	281°		
8:00	1,3	278°	3,1	295°		
9:00	0,8	293°	2	310°	9	318°
10:00	0,5	315°	1,5	327°	4,5	332°
11:00	0,4	346°	1,4	346°	3,7	346°
12:00	0,4	0°/360°	1,3	0°/360°	3,5	0°/360°
13:00	0,4	14°	1,4	14°	3,7	14°
14:00	0,5	45°	1,5	33°	4,5	28°
15:00	0,8	67°	2	50°	9	42°
16:00	1,3	82°	3,1	65°		
17:00	1,8	94°	6,2	79°		
18:00	3,1	106°				
19:00	6,4	117°				

Tab. 3.1.3 Erforderliche Parameter zur Erstellung eines Schattendiagramms für ausgewählte Uhrzeiten und Daten sowie einen Standort bei 50° nördlicher Breite: Mainz (Deutschland), Lizard Point (Südengland), Portage la Prairie (Kanada), Ulan-Gom (Mongolei), Kharko (Ukraine)

3 Elemente

3.2 Höhenplanung, Treppen und Rampen

3.2 Höhenplanung, Treppen und Rampen

Grundlage für jeden Entwurf in der Landschaftsarchitektur ist die Auseinandersetzung mit der vorgefundenen Höhensituation. Selbst im flachen Gelände können leichte Geländemodellierungen erforderlich werden, um die Entwässerung zu gewährleisten. Oftmals werden aufgrund größerer Höhenunterschiede weitergehende Höhenplanungen erforderlich, die die Anlage von Mauern, Treppen oder Rampen umfassen und umfangreiche Bodenarbeiten nach sich ziehen können.

Mit dem „Baustoff" Boden steht der Landschaftsarchitektur ein äußerst formbares Material zur Verfügung, das zur Umsetzung des Entwurfs eingesetzt werden kann. Jedoch sollten Eingriffe in intakte Bodenstrukturen so gering wie möglich gehalten werden, um die Funktionsfähigkeit des Bodens nicht zu beeinträchtigen. Ziel einer nachhaltigen Planung ist es daher, Schäden an der Bodenstruktur aufgrund von Bodenbewegungen und Verdichtungen möglichst zu vermeiden. Die Geländemodellierung erfolgt dann idealerweise unter Ausnutzung und Weiterentwicklung des vorgefundenen Reliefs.

Einen wesentlichen ökonomischen Aspekt bei der Geländemodellierung stellt die Anlieferung oder Abfuhr größerer Mengen an Boden dar. Aus diesem Grund sollte im Rahmen einer Baumaßnahme ein Ausgleich zwischen Bodenabtrag und Bodenauftrag angestrebt werden.

Neben der gestalterischen Planung muss die funktionsorientierte Höhenplanung frühzeitig einsetzen, um alle vorgesehenen Nutzungen im Entwurfsgebiet zu berücksichtigen. Auch muss – soweit erforderlich – eine barrierefreie Erschließung geschaffen werden, die sich in die Gestaltungssprache des Entwurfs integriert. Orte mit größeren Höhenunterschieden müssen, um die Begeh- und Befahrbarkeit durch sämtliche Nutzer und Nutzerinnen zu gewährleisten, durch den Einsatz von Rampen, Stufenwegen oder Treppen erschlossen werden. Dies macht eine dezidierte Höhenplanung erforderlich.

Art und Umfang der Maßnahmen sind abhängig von Funktion und Standort des Freiraums. Soweit keine rechtlichen Vorgaben bestehen, wie unter anderem für die Erschließung von öffentlichen Gebäuden oder Veranstaltungsorten, sollte immer ein Abwägungsprozess erfolgen, der die Art und Weise der Erschließung auf Grundlage der zu erwartenden Nutzergruppen festlegt.

Der minimierte Eingriff, der die topografischen Gegebenheiten angemessen berücksichtigt, ist Ausdruck eines ökonomisch wie ökologisch behutsamen Umgangs mit Boden. Dieser kann Zeichen eines nachhaltigen und zugleich kreativen Gestaltungsprozesses sein.

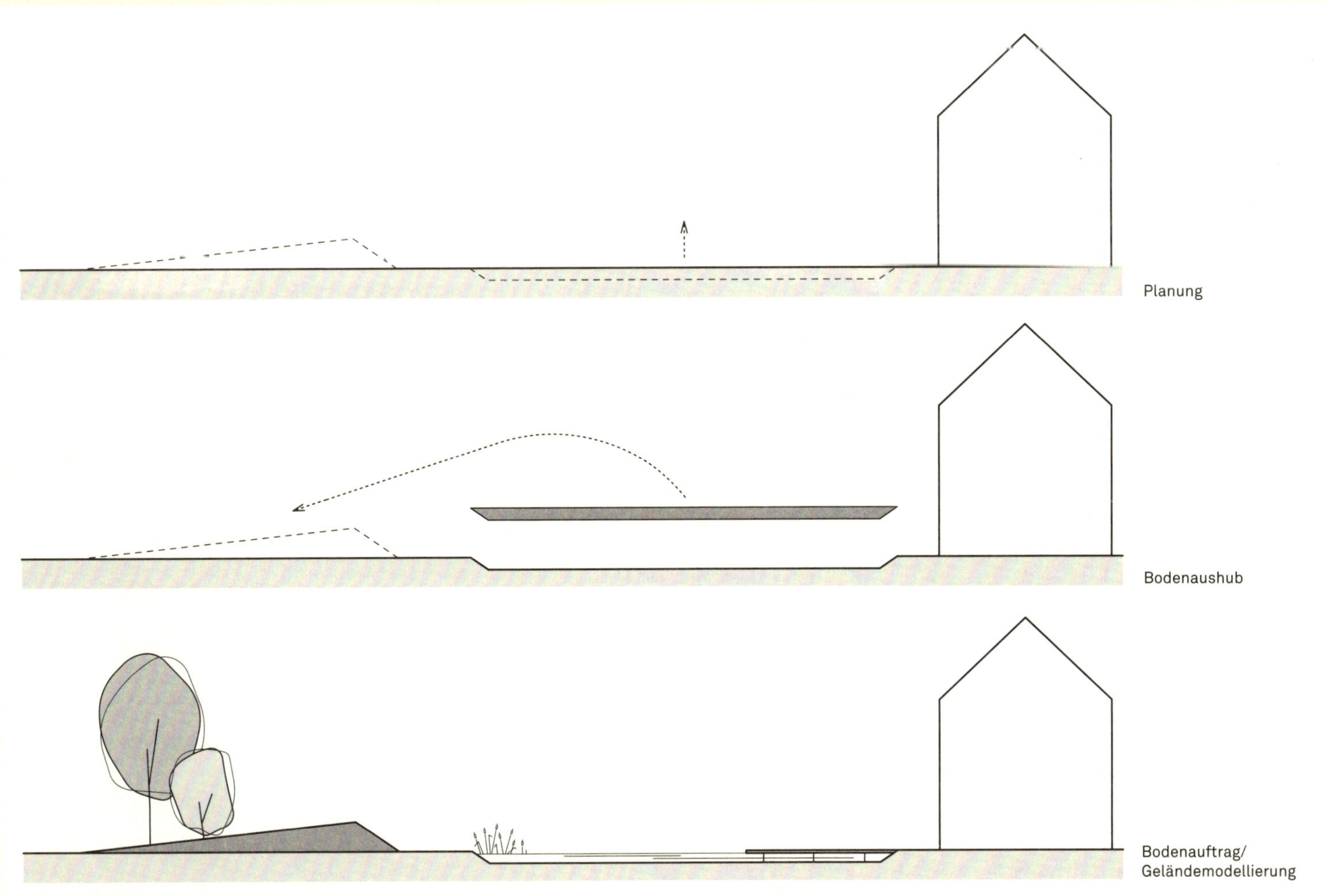

Abb. 3.2.1 Ressourcen- und kostensparende Geländemodellierung durch Ausgleich zwischen Bodenabtrag und Bodenauftrag

Standort

Höhenbezug

Höhen werden mittels Höhenpunkten und in Metern angegeben. Durch ein Höhenbezugssystem werden die Geländehöhen landesweit einheitlich festgelegt. Der Nullpunkt wird in den meisten Ländern durch den mittleren Meerwasserspiegel an einem festgelegten Standort definiert. → Tab. 3.2.1

Als Bezugspunkt für die Höhenmessung im Gelände dienen Höhenfestpunkte. Diese sind in bebauten Gebieten im Abstand von 300–500 m meistens an gut zugänglichen Gebäudesockeln zu finden und bilden den Ausgangspunkt für die Vermesserhöhen.

Vermesserpläne mit den so ermittelten Bestandshöhen stellen in der Regel die Grundlage für ein Bauvorhaben dar. Liegen keine derartigen Vermessergrundlagen vor und handelt es sich um kleinere Bauvorhaben, kann auch eine Bezugshöhe selbst festgelegt werden. Es sollte sich dabei um einen unveränderbaren, markanten und gut zugänglichen Punkt handeln, zum Beispiel eine Treppenstufe, einen Kanaldeckel oder die Erdgeschossebene eines Bestandsgebäudes. Um Negativwerte zu vermeiden, wird dieser individuelle Bezugspunkt anstelle eines Nullwertes einem höheren positiven Wert gleichgesetzt. Dies gilt insbesondere, wenn auf den Hochbau Bezug genommen wird. Hier wird in der Planung grundsätzlich der Fertigfußboden der Erdgeschossebene als Nullwert definiert. → Abb. 3.2.2

Land	Bezeichnung	Abkürzung	Pegel als Bezugsgröße	Null-Ebene im Vergleich zu DHHN92
Deutschland (DHHN92)	Meter über Normalhöhennull*	m. ü. HNH	Amsterdam	0
Österreich	Meter über Adria	m ü. Adria	Triest 1875	–34 cm
Schweiz, Liechtenstein (LN02)	Meter über Meer	m ü. M.	Vom Pegel Marseille abgeleitet > Referenzpunkt ist der Repère Pierre du Niton im Genfer See (373,6 m über Pegel Marseille)	–32 cm
Belgien	meter boven Oostends Peil	m O. P.	Ostende	–32 cm
Dänemark				–2 cm
Frankreich (NGF-IGN69)	mètres au-dessus du niveau de la mer	m	Marseille	–50 cm
Großbritannien	meters above sea level	m ASL/m a. s. l.	Newlyn	
Italien	metri sul livello del mare	m s. l. m.	Genua	–35 cm
Luxemburg				+1 cm
Niederlande	meter boven/onder NAP	m NAP	Amsterdam	–1 cm
Polen	metry nad poziomem morza	m n. p. m.	Kronstadt	+14 cm
Spanien	metros sobre el nivel del mar	msnm	Alicante	–39 cm
Tschechien	metrů nad mořem	m n. m.		+13 cm

* 1993 im Zuge der Wiedervereinigung in ganz Deutschland eingeführt, davor DHHN12/m ü. Nn (West) und SNN76/m ü. Hn (Ost)

Tab. 3.2.1 Amtliche Höhenbezugssysteme Europas

Bestands- und Planungshöhen

Grundlage für jede Höhenplanung ist die genaue Kenntnis über die Höhensituation. Hierfür sollten die entsprechenden Bestandspläne vorliegen.

Bestandshöhen, die in ihrer Lage nicht veränderbar sind, können sich einschränkend auf die Planung auswirken. Es gehören dazu:

- Höhen im Wurzelbereich von Bestandsbäumen
- Anschlusshöhen an angrenzende Grundstücke und Straßen
- Bestands- und Planungshöhen von angrenzenden Gebäuden und anderen Bauwerken
- Mindestüberdeckungen bei Bestandsleitungen/-rohren je nach Erfordernis (z. B. Frostfreiheit, Belastbarkeit)

Zur Verdeutlichung der jeweiligen Höhensituation (Bestand oder Planung) kann – insbesondere in bewegtem Gelände – auf Grundlage der vorliegenden Vermesserhöhen beziehungsweise der Planungshöhen ein Höhenlinienplan oder ein Höhenmodell respektive ein digitales Geländemodell angefertigt werden.

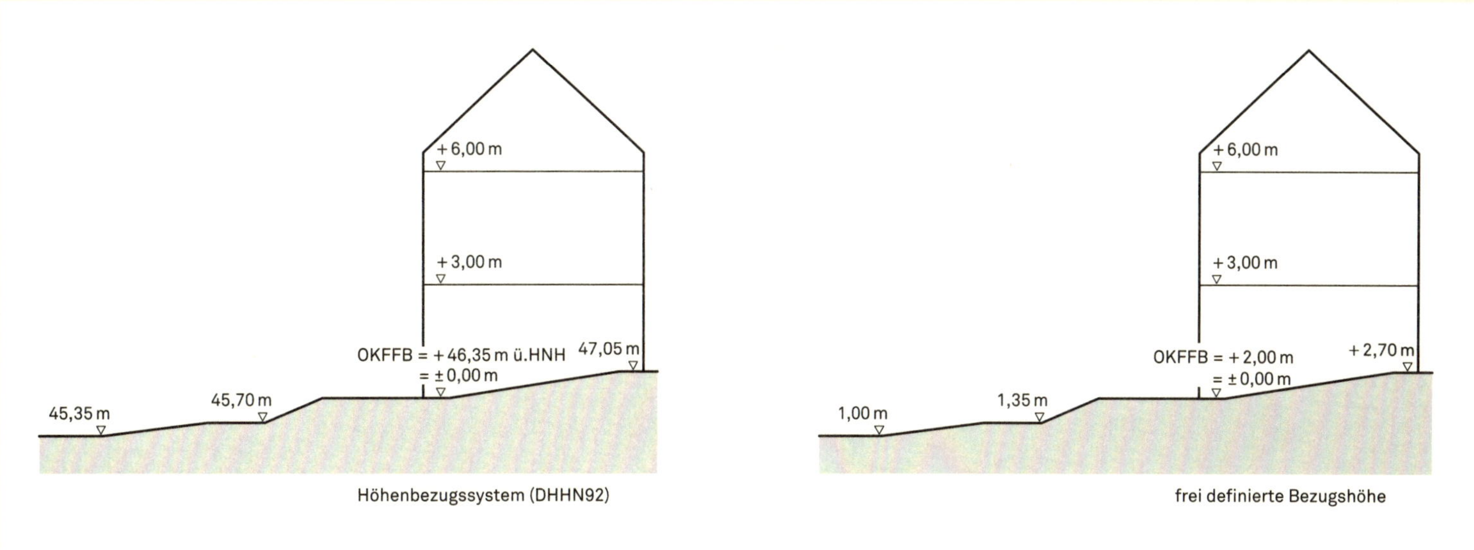

Abb. 3.2.2 Planungshöhen basierend auf einem Höhenbezugssystem und auf einer frei definierten Bezugshöhe

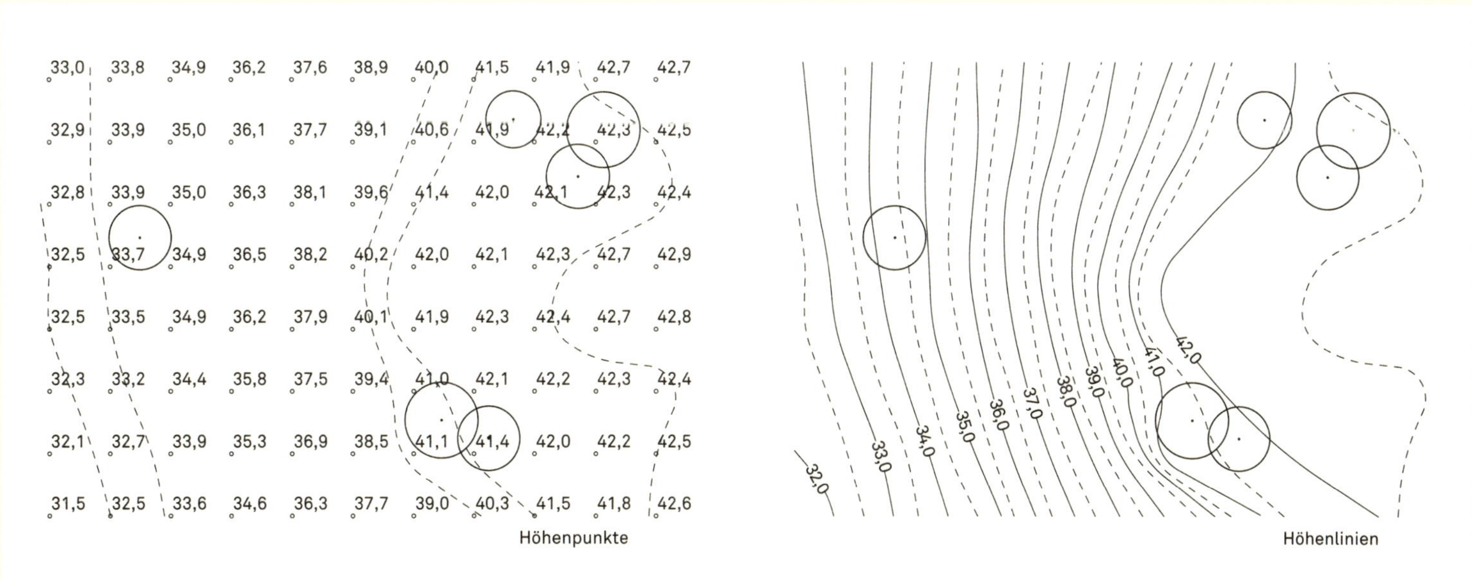

Abb. 3.2.3 Darstellung der Geländesituation mittels Höhenpunkten und Höhenlinien

Entwässerung

Ein wesentlicher Aspekt bei der Höhenplanung ist die Entwässerung der Geländeflächen. Wasser sucht sich naturgemäß den kürzesten Weg nach unten und wird sich am tiefsten Punkt eines Geländes sammeln. In der Natur entstehen hierbei Wasserläufe und an Tiefpunkten sowie im Bereich undurchlässiger Bodenschichten Feuchtgebiete und Gewässer. Entsprechend sind in Freianlagen Entwässerungsrinnen, Bodenabläufe, Mulden oder Regenwassersammelteiche an den Tiefpunkten zu platzieren, die das abfließende Regenwasser optimal aufnehmen und ableiten können. Durch die Geländemodellierung kann der Wasserabfluss gesteuert werden.

Insbesondere von befestigten Flächen sind Niederschläge auf direktem Wege abzuführen, um eine witterungsunabhängige, gefahrlose Benutzung der Flächen zu gewährleisten. Auch wird dadurch eine Schädigung vorhandener Gebäude durch eindringendes Wasser verhindert. Im bewegten wie auch im flachen Gelände stellt dies hohe Anforderungen an die Planung und sollte daher von Anfang an berücksichtigt werden.

Ziel der Entwässerungsplanung ist, das Regenwasser von Wegeflächen schnellstmöglich abzuleiten und von Bauwerken wegzuführen. Im Regelfall darf das Wasser nicht auf angrenzende Straßen oder benachbarte Grundstücke geleitet werden. In vielen Kommunen wird eine Versickerung der Niederschläge auf dem Grundstück gefordert, andernfalls wird eine Niederschlagsabgabe fällig. Hierfür sind entsprechende Versickerungseinrichtungen einzuplanen. → **Kap. 3.9, Tab. 3.9.2 und 3.9.6** Die Planung der Entwässerung erfolgt unter Berücksichtigung der Mindest- und Maximalgefälle (→ **Tab. 3.2.2**), für Sportfelder gelten dabei spezifische Vorgaben. → **Abb. 3.2.5 und 3.2.2**

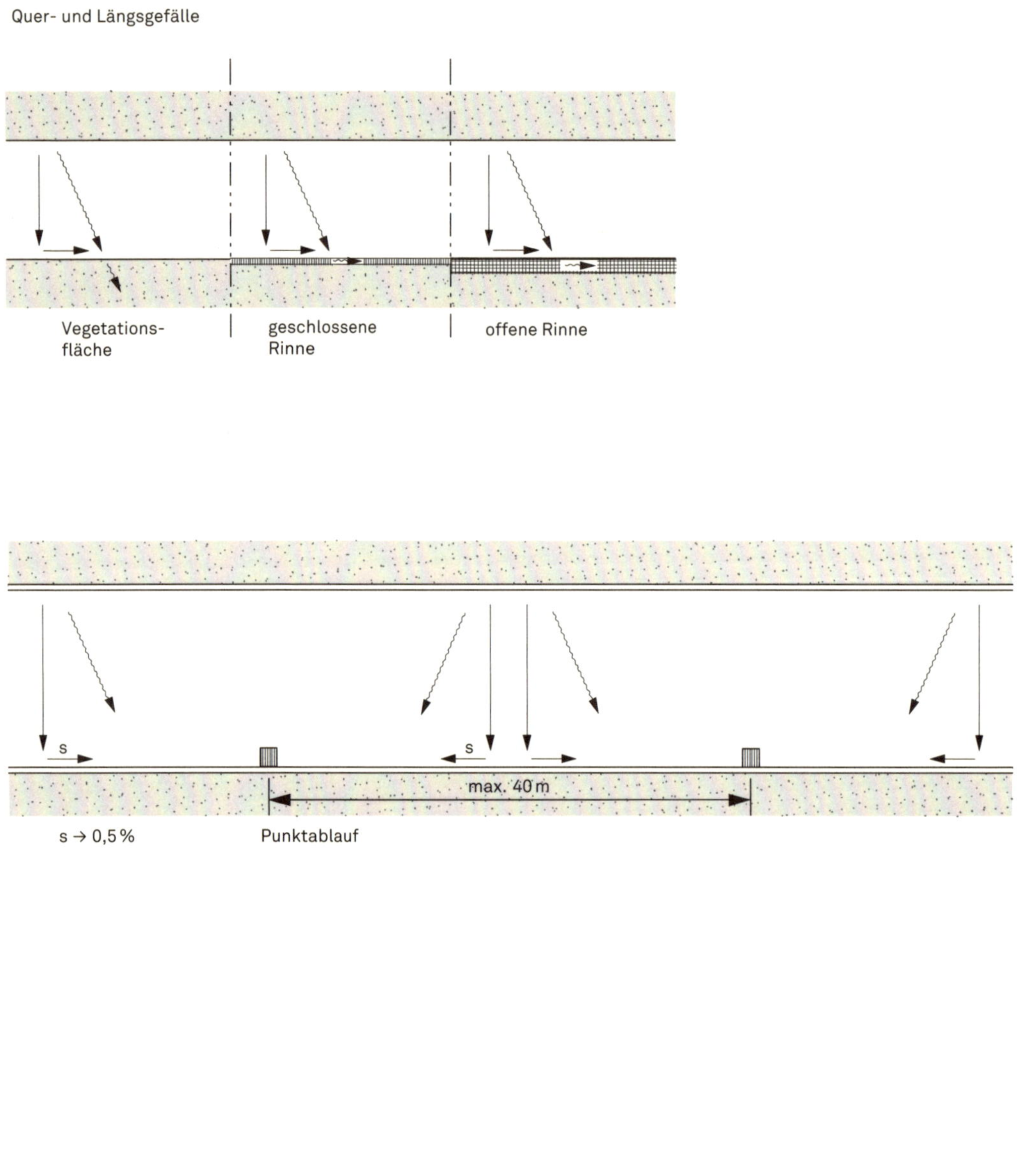

Abb. 3.2.4 Beispiele für lineare Entwässerung

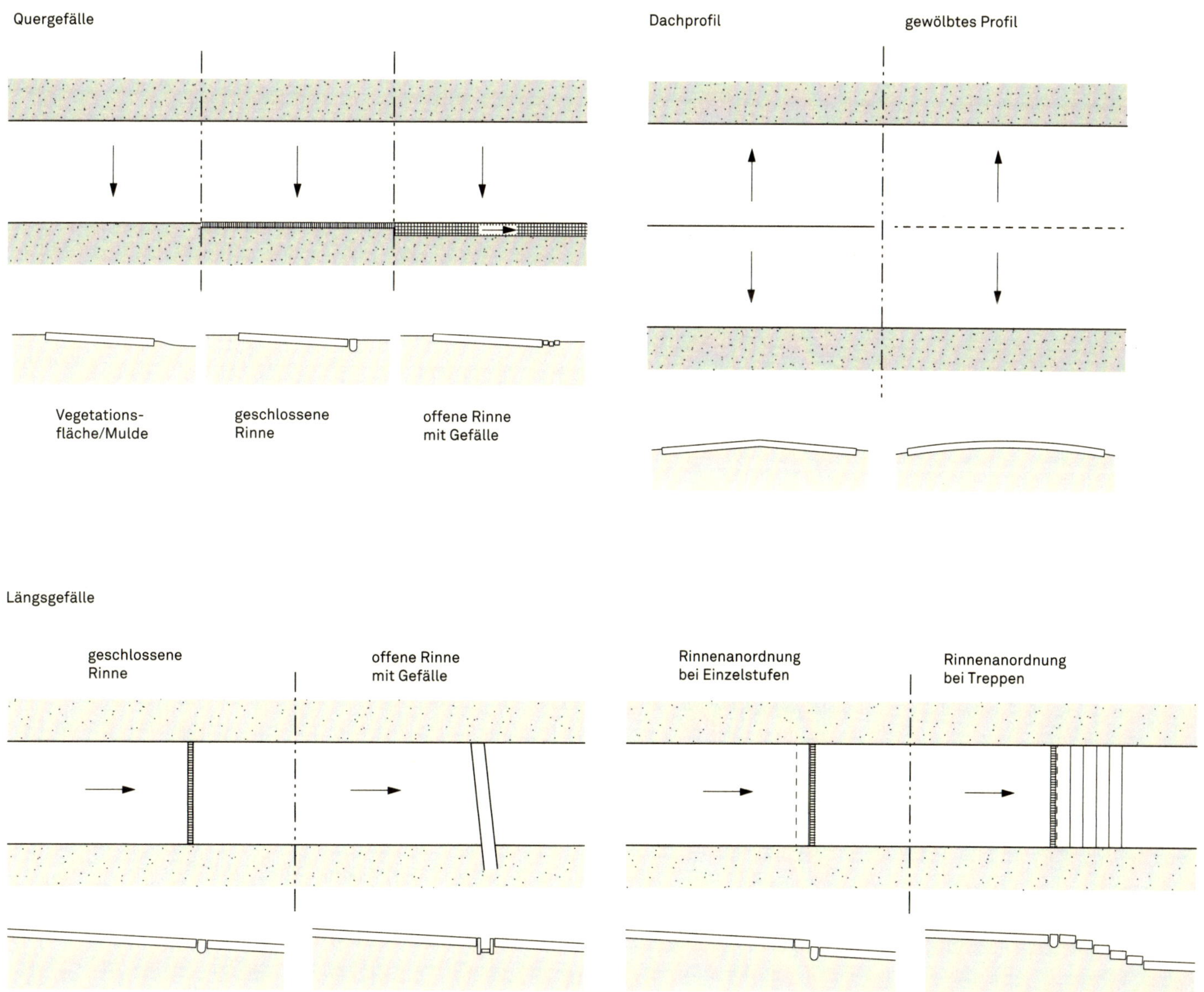
Quergefälle
Vegetations-
fläche/Mulde
geschlossene
Rinne
offene Rinne
mit Gefälle
Dachprofil
gewölbtes Profil
Längsgefälle
geschlossene
Rinne
offene Rinne
mit Gefälle
Rinnenanordnung
bei Einzelstufen
Rinnenanordnung
bei Treppen

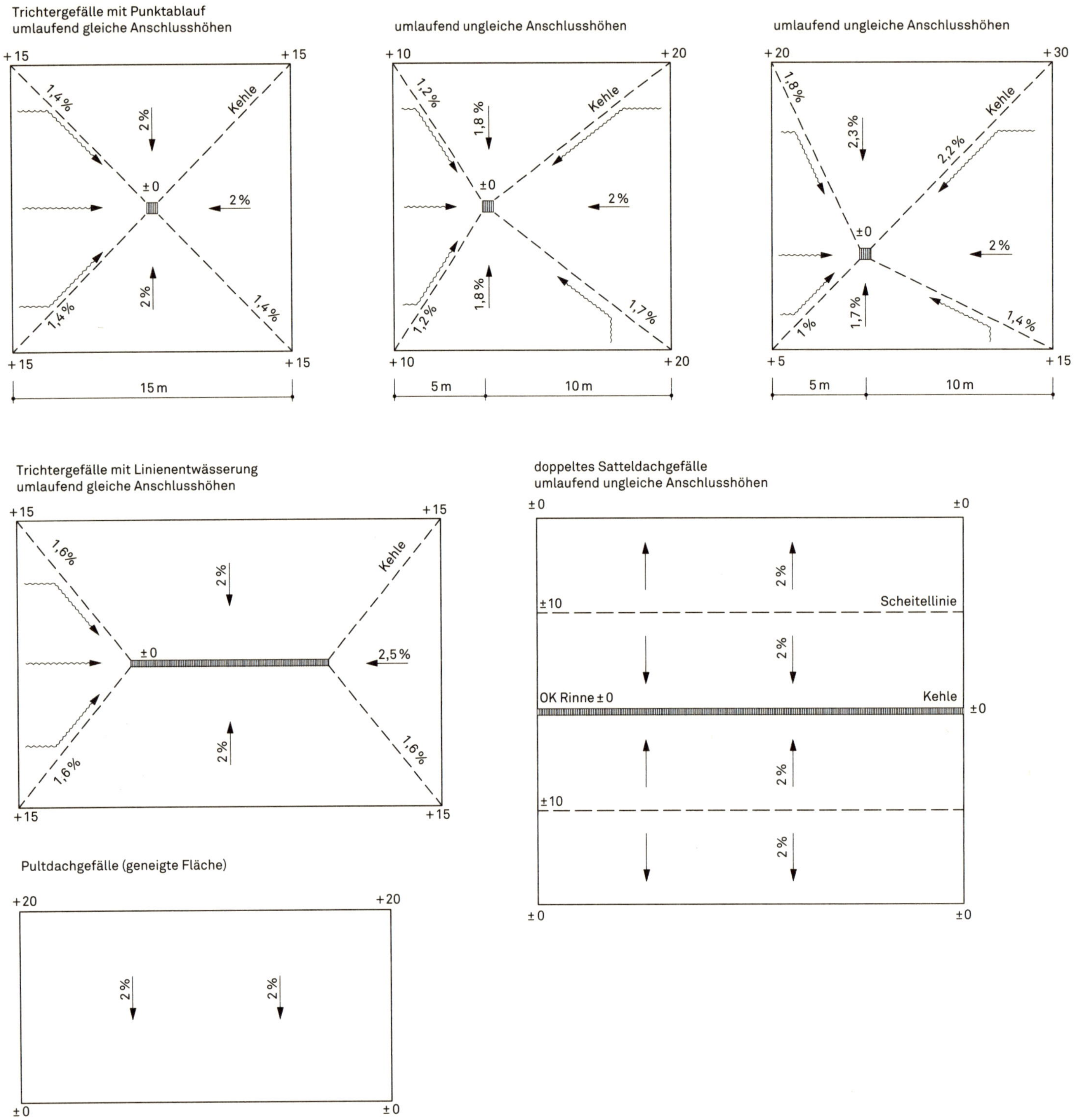

Abb. 3.2.5 Beispiele für die Entwässerung von Platzflächen und Sportplätzen

Walmdachgefälle
umlaufend gleiche Anschlusshöhen

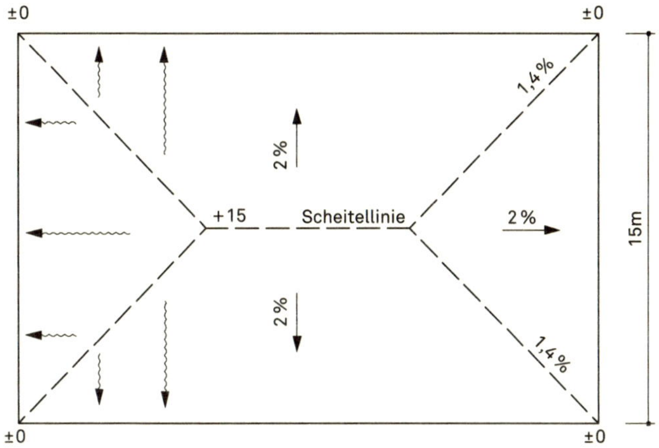

umlaufend ungleiche Anschlusshöhen

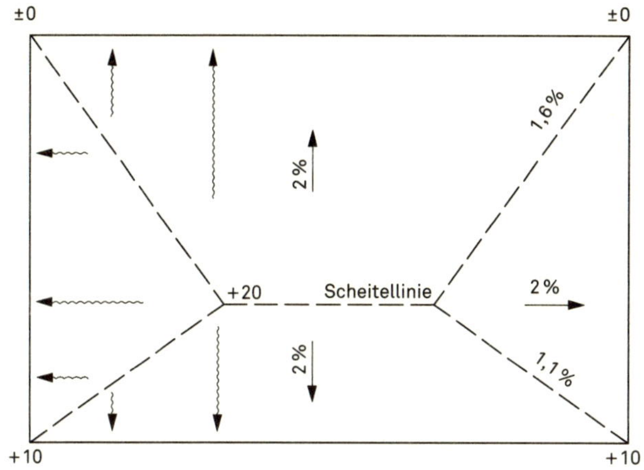

Rasenfußballplatz mit Walmdachgefälle

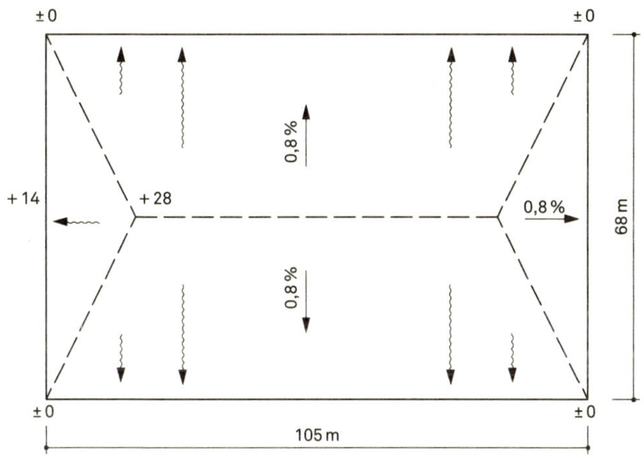

Rasenfußballplatz mit Krüppelwalmdachgefälle

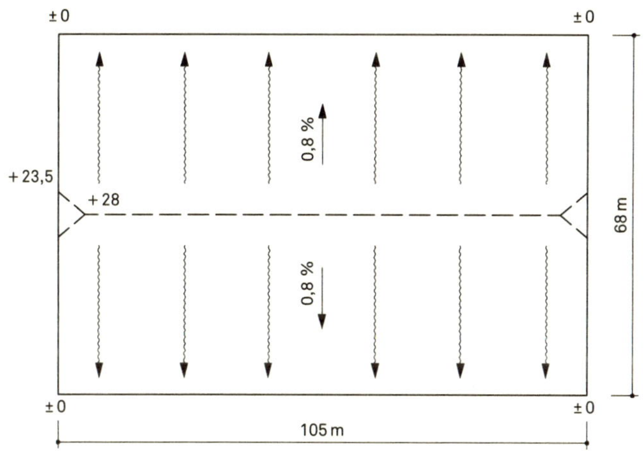

Tennisspielfeld, Tenne, mit Pultdachgefälle

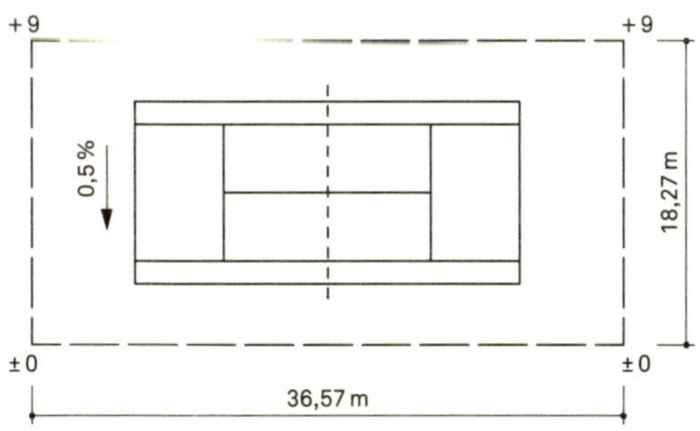

Abmessungen und Kennwerte

Böschungen

Aus dem Neigungswinkel einer Böschung ergeben sich unterschiedliche Möglichkeiten der Nutzung und Möglichkeiten beziehungsweise Erfordernisse für die Oberflächenbefestigung. → Abb. 3.2.5

Gefälle und Geländeneigung

Je nach Oberfläche und Nutzung ergeben sich unterschiedliche Grenzwerte für das Gefälle auf Wegen, Plätzen sowie Sport- und Nutzrasen. Um eine zügige Ableitung des Wassers und damit die Verkehrssicherheit zu gewährleisten, muss ein Mindestgefälle auf allen begeh- oder befahrbaren Flächen hergestellt werden. Dieses ist in erster Linie von der Bodenbelagsart abhängig. Die maximale Neigung wird hingegen eher durch die Nutzung vorgegeben: Zu starke Querneigung auf Wegeflächen kann beispielsweise das Begehen oder Befahren beeinträchtigen. Die maximale Neigung einer Rasenböschung wird hingegen durch die Intensität der potenziellen Nutzung und den erforderlichen Einsatz von Maschinen begrenzt.

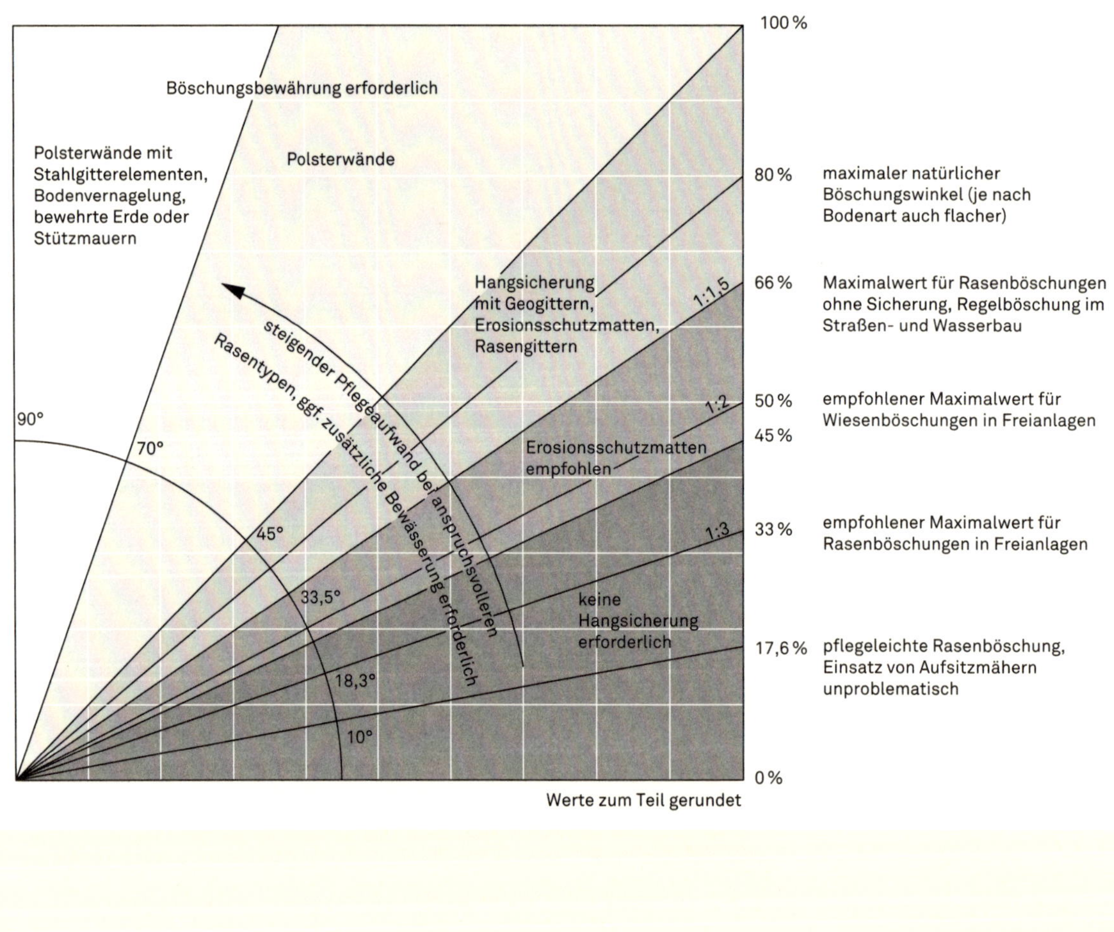

Abb. 3.2.6 Nutzungstypen und Befestigungsart in Abhängigkeit von der Böschungsneigung

Oberfläche/Nutzungstyp	Mindestgefälle	Maximalgefälle	Anmerkungen	Regelwerk
Nach Oberfläche				
Beton- und Asphaltdecke	1,5%		≥2,5% bei Straßen	
Betonstein- und Klinkerpflaster	2,5%	–	Querneigung	DIN 18318
Natursteinpflaster	3%			
Beton- und Natursteinplatten	2%			
Wassergebundene und andere ungebundene Wegedecken	3% (2%)	5%		
Versickerungsfähige Beläge (Pflaster mit Splitt- oder Rasenfuge, Rasengitter etc.)	1%	5%		FLL-Richtlinie „Begrünbare Flächenbefestigungen"
Nach Nutzungstyp				
Öffentliche Erschließungsstraßen (bis 50 km/h), Längsneigung	–	8% (12%)		RASt 06
Im Bereich von Knotenpunkten	–	4%		
Querneigung bei öffentlichen Verkehrsflächen				
Beton- und Asphaltdecken	2,5%	Im Regelfall 5%	Falls Querneigung nicht eingehalten werden kann: Schrägneigung ≥ 2%	RAS-Ew*
Pflasterdecken	3%		Falls Querneigung nicht eingehalten werden kann: Schrägneigung ≥ 3%	
Rampen und Zufahrten zu Garagen, Parkhäusern und Stellplätzen	–	15% (Kurze Rampen max. 20%)	Bei Neigungswechsel ab einer Differenz von 8% Ausrundung oder Abflachung erforderlich → Abb. 3.3.14 Rampenquerneigung sollte vermieden werden, max. 2% zur Entwässerung	EAR 05
Fußwege, Längsneigung	–	12% (15%)	Auf kurzen Abschnitten 15%, im Höchstfall 20%, alternativ oder parallel können Rampentreppen angelegt werden	
Fußwege, Querneigung	–	Im Regelfall 2,5%		EFA 02
Radwege, Längsneigung	–	6% (5% bei Deckschichten ohne Bindemittel)	Breitenbedarf erhöht; bei mehr als 3% Gefälle ist eine asymmetrische Querschnittsaufteilung sinnvoll	ERA 10
Radwege, Querneigung	2,5%	≤4%	Bei geringer Ebenheit, z. B. bei wassergebundenen Decken, sollte die Querneigung von 2,5% auf 3% erhöht werden	ERA 10
Wege für Inlineskater, Längsneigung	–	12%	Für ungeübte Läufer können längere Strecken mit ≥ 3% bereits eine Leistungsgrenze darstellen	Deutsche Verkehrswacht e. V.
Barrierefreie Wege und Plätze, Längsneigung	–	≤3%	Auf kurzen Abschnitten auch ≤ 8% möglich	DIN 18040-1
	–	≤4%	Max. Länge 4%	DIN 18040-1
	–	≤6%	Mind. alle 10 m ein Zwischenpodest mit max. 3% Neigung	DIN 18040-1
Barrierefreie Wege, Querneigung	–	≤2%	Gem. DIN 18040-1 ≤2,5%; max. 6% im Verlauf von Grundstückszufahrten; bei Rampenläufen keine Querneigung	DIN 18024-1 u. 18040-1
Sitzplätze insb. mit Tischaufstellung (z. B. Terrassen)	1%	2%		
Sportplätze	0,5%	1%	Mit Tennen-/Kunstrasenbelag ≥ 0,8%	DIN 18035-4
Tennisplätze	0,5%	0,5%		DIN 18035-5
Rasenspielfeld	1%	5%		
Rasenflächen	1%	–		
Rasenböschungen in Freianlagen	–	33%		

* ERA: Empfehlungen für Radverkehrsanlagen; RAS-Ew: Richtlinie für die Anlage von Straßen – Teil: Entwässerung

Tab. 3.2.2 Empfohlene Mindest- und Maximalgefälle auf Wegen, Plätzen und Nutzrasenflächen in Abhängigkeit von Oberfläche und Nutzung

Abb. 3.2.7 Eine Kombination von Stufenweg und Rampe ermöglicht die Wahl zwischen der stufenlosen Nutzung der Rampe z.B. mit Fahrrad oder Kinderwagen und der weniger beschwerlichen Variante von Stufe und Podest im Wechsel

Rampen und Treppen

Ab einer Steigung von etwa 18 % werden Rampen durch Treppen ersetzt. Da sich aber bereits Steigungen ab 10 % auf längeren Strecken beschwerlich auswirken, können hier Stufenwege zum Einsatz kommen. Diese sind in ihrer Gestaltung sehr flexibel, da sich sowohl Stufenhöhen als auch die Neigung der verbindenden Podeste variieren lassen. Zur barrierefreien Nutzung für Rollstuhlfahrer, Kinderwägen oder Rollatoren ist die Anlage von Rampen jedoch unverzichtbar. → Abb. 3.2.7, Abb. 3.2.8 und Tab. 3.2.3

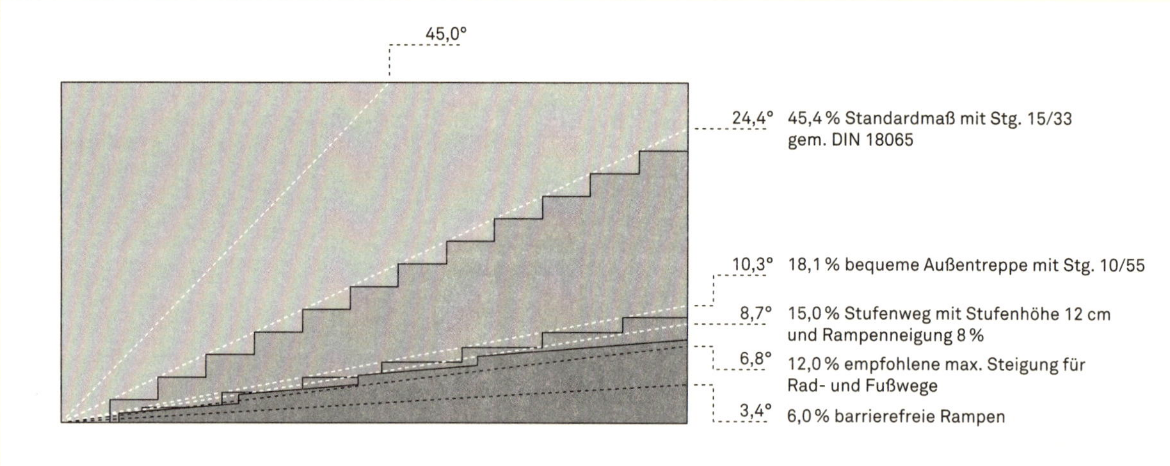

Abb. 3.2.8 Ausgewählte Steigungen von Rampen und Treppen

Tab. 3.2.3 Maße von Stufenwegen (nach Mader, 2004)

Planungsgrößen	Geländeneigung	Neigung der Zwischenpodeste	Podestlänge	Stufenhöhe
1 Zwischenschritt auf jedem zweiten Podest	26 %	12 %	83 cm	12 cm
	24 %	11 %	85 cm	11 cm
	22 %	10 %	89 cm	11 cm
2 Zwischenschritte auf jedem Podest	20 %	12 %	175 cm	14 cm
	19 %	11 %	180 cm	14 cm
	17 %	10 %	185 cm	13 cm
	15 %	8 %	190 cm	12 cm
	13 %	7,5 %	200 cm	11 cm

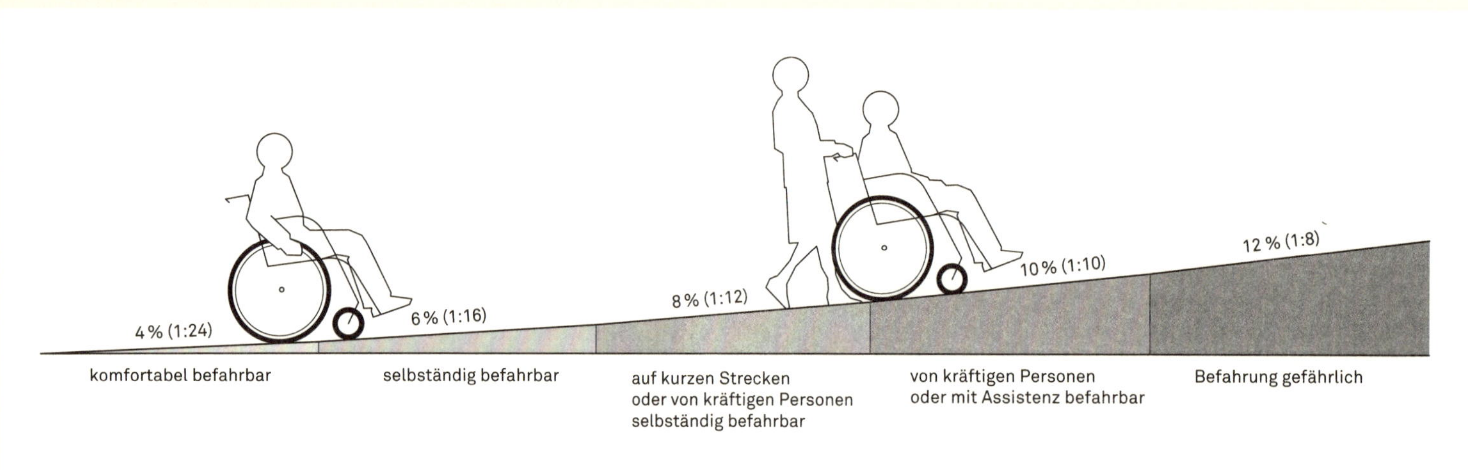

Abb. 3.2.9 Nutzbarkeit verschiedener Rampenneigungen

Treppenformen

Drei Stufen oder mehr bilden einen Treppenlauf. Mehrere Treppenläufe hintereinander werden durch Podeste gegliedert. Man spricht dann von mehrläufigen Treppen (z. B. zweiläufige oder dreiläufige Treppe). Die Treppenläufe können auch abgewinkelt angeordnet sein. Gerade Treppenläufe gelten als barrierefrei für sehbehinderte Menschen.

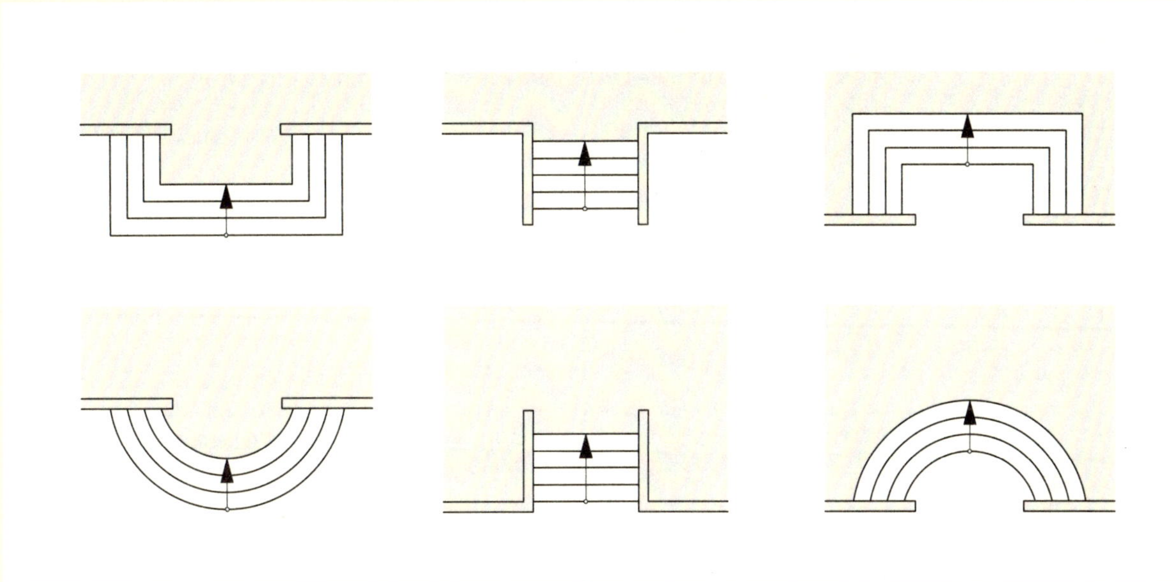

Abb. 3.2.10 Vorgelagerte und eingezogene Treppen

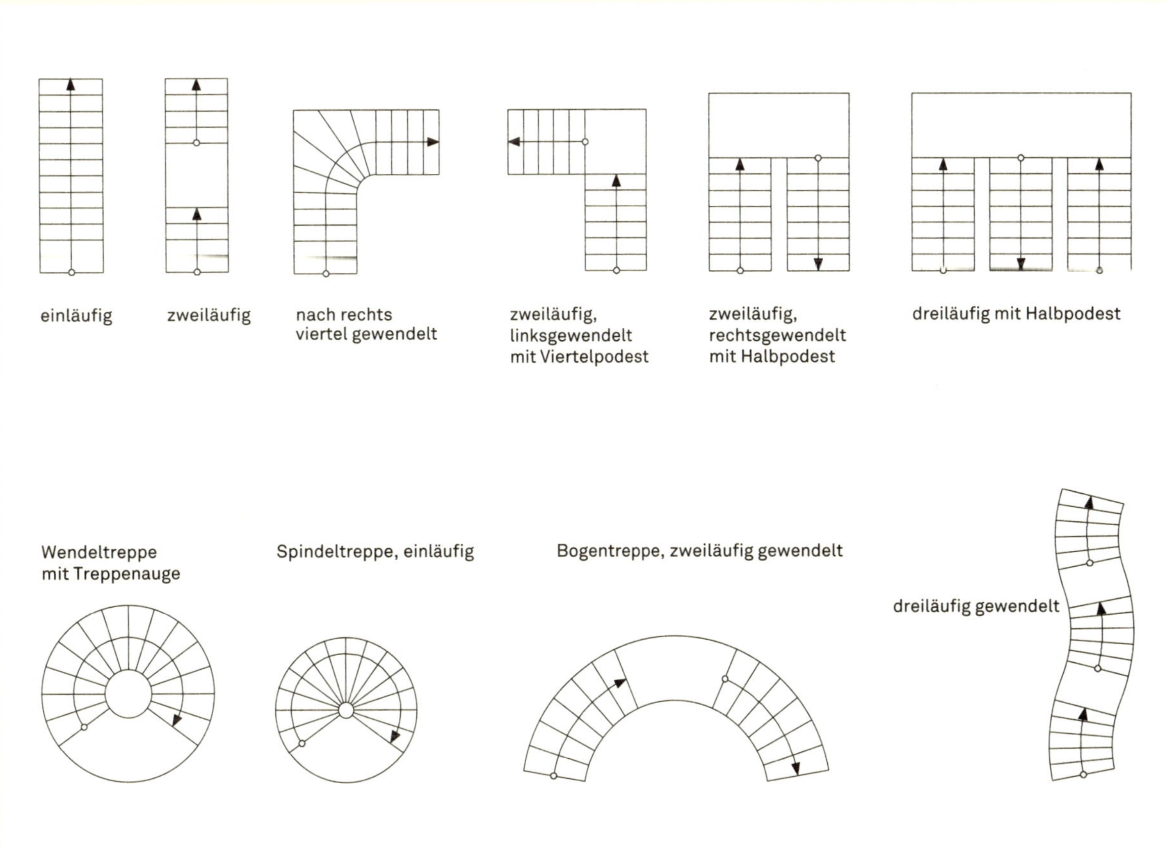

Abb. 3.2.11 Treppenläufe

Treppenstufen

Das erforderliche Stufenmaß einer Treppe ergibt sich zum einen aus der Neigung des Geländes und zum anderen aus der Stufenhöhe (Steigung) und dem Stufenauftritt, die jeweils in Bezug zur Schrittlänge gesetzt werden. Mit zunehmender Steigung verkürzt sich jedoch der Schritt, und umgekehrt verlängert sich dieser bei einer flachen Neigung. Daraus ergibt sich eine variable Bemessungsgröße für die Planung von Stufen. Für Treppen in und an Gebäuden geben die Normen einiger Länder allerdings zwingend eine Formel mit unveränderlichem Schrittmaß als Berechnungsgrundlage vor. → Tab. 3.2.4 Die dabei angewendeten Formeln unterscheiden sich überwiegend in der Variation des zugrunde gelegten Schrittmaßes, das immer aus dem Zusammenspiel von Steigung (s) und Auftritt (a) gebildet wird:

Schrittmaß = 2 s + a

Die Podestlänge zwischen zwei Treppenläufen errechnet sich unter Berücksichtigung des ermittelten Auftritts und einer variablen Schrittanzahl wie folgt:

Podestlänge: = a + n × 63 cm

In Deutschland gilt eine Stufenhöhe von 14–19 cm für baurechtlich notwendige Treppen in und an öffentlichen Gebäuden als bindend. Während nach den gängigen Normen für Treppen an und in Gebäuden das Schrittmaß unabhängig von der Steigung als gleichbleibende Größe behandelt wird und 59–65 cm liegt, bieten sich für Treppen im Außenraum flachere Steigungen mit längerem Schrittmaß an. In Tab. 3.2.5 sind die Ergebnisse entsprechender Untersuchungen bzw. Empfehlungen von Seifert und Mader den Werten der Schrittmaßformel gegenübergestellt. Treppen, die frei im Gelände liegen und nicht der Erschließung eines Gebäudes dienen, können abweichend von der DIN für Gebäudetreppen frei gestaltet werden. Treppen können auf diese Weise leichter in eine Geländesituation eingepasst und die Steigung für ein bequemeres Gehen kann optimiert werden. Durch eine flache, lange Steigung wird das Schreiten begünstigt, und der Anstieg wirkt weniger anstrengend. Eine steile Stufenanlage dient dagegen der Überwindung größerer Höhenunterschiede auf kurzer Strecke und kann bei längeren Treppenläufen schnell beschwerlich werden. → Abb. 3.2.8

Bei Stufen an Wendeltreppen sollte berücksichtigt werden, dass diese an der schmalsten Stelle der inneren Begrenzung der nutzbaren Laufbreite einen Auftritt von mindestens 10 cm haben.

Stufen sowie Zwischenpodeste an Treppen, die nicht überdacht sind oder aus einem durchlässigen Belag bestehen (z. B. Gitterroste), müssen mit einem Eigengefälle eingebaut werden. Hierfür ist ein Gefälle von 1–2 % vorzusehen, das in die Stufenhöhe einzurechnen ist.

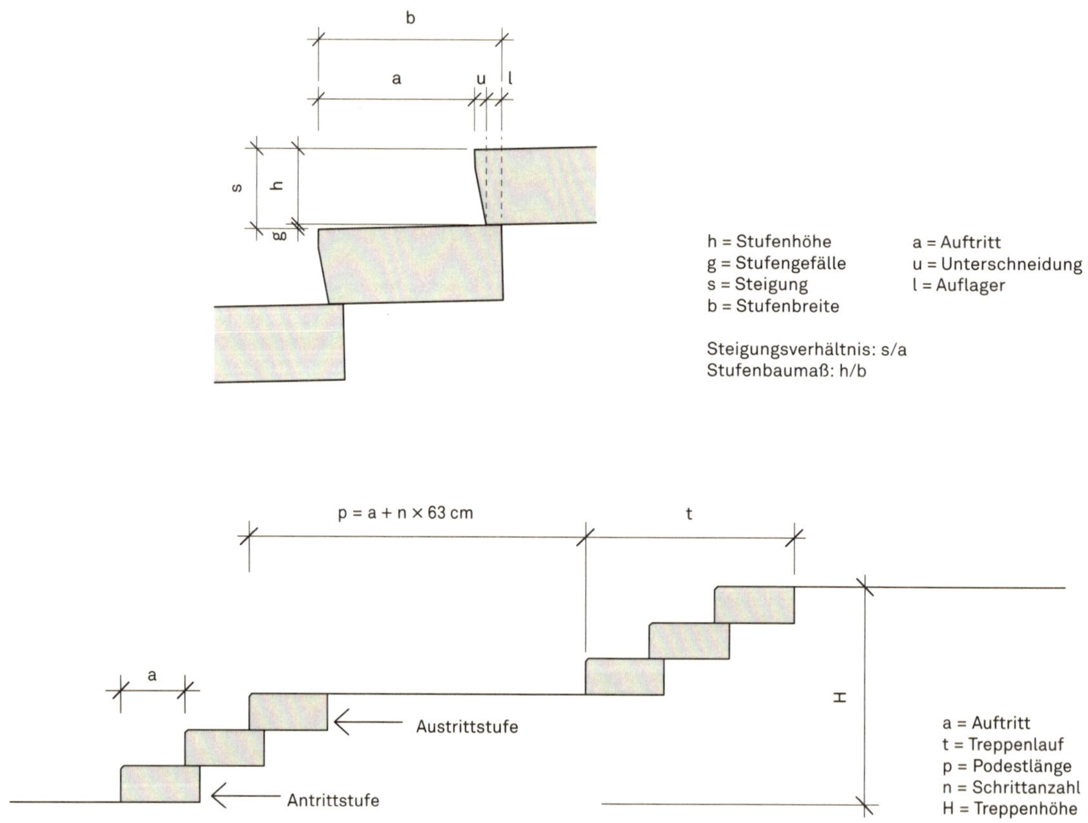

Abb. 3.2.12 Berechnung von Stufen und Podesten

Land	Formel	Geltungsbereich	Quelle
Deutschland	2s + a = 59–65cm	Im Bereich von Gebäuden (Eingangsbereiche und Zugangswege)	DIN 18065
Österreich	2s + a = 59–65cm	Im Bereich von Gebäuden (Eingangsbereiche und Zugangswege)	ÖNORM B 5371
Schweiz	2s + a = 62–64cm	Im Bereich von Gebäuden, Im Außenbereich: Steigungen 13–18cm und Auftrittstiefe 28–35cm, Zwischenpodeste nach 9–12 Stufen	bfu
Frankreich	2s + a = 59–64cm		Ministère de l'Équipement, du Logement, des Transports et du Tourisme
Spanien	54cm ≤ 2s + a ≤ 70cm	Für Freianlagen wird eine Steigung von 10–15cm empfohlen	Documento Básico de Seguridad de Utilización (DB-SU)
USA	2s + a = 65–67,5cm (26–27 inches)	Außenanlagen	Time-Saver Standard

Tab. 3.2.4 Schrittmaßformeln zur Berechnung des Stufenmaßes

	Nach Schrittmaßformel für Treppen in und an Gebäuden		**Schrittmaß und Schrittmaßformeln für Treppen in Freianlagen**			
	Gem. DIN 18065-1		**Empfehlung nach Alwin Seifert für s < 17**		**Empfehlung nach Mader**	
s	Auftritt a	Schrittmaß 2s + a	Auftritt a = 94 – 4s	Schrittmaß 2s + a	Auftritt a	Schrittmaß 2s + a
9	In und an* Gebäuden gem. DIN 18065-1 nicht zulässig	59–65cm	58cm	76cm	–	–
10			54cm	74cm	50–63cm	70–83cm
11			50cm	72cm	45–58cm	67–80cm
12			46cm	70cm	41–53cm	65–77cm
13			42cm	68cm	38–48cm	64–74cm
14	31–37cm		38cm	66cm	36–43cm	64–71cm
15	29–35cm		34cm	64cm	34–39cm	64–69cm
16	27–33cm		30cm	62cm	32–35cm	64–67cm
17	25–31cm		–	–	29–32cm	63–66cm
18	23–29cm		–	–	27–30cm	63–66cm
19	21–27cm		–	–	–	–
20**	21–25cm		–	–	–	–
21**	21–23cm		–	–	–	–

* der Gebäudeerschließung dienende Treppen
** nur baurechtlich nicht erforderliche Treppen (kein Rettungsweg), bei/an Wohnhäusern mit max. 2 Wohnungen auch 20cm

Tab. 3.2.5 Steigungsverhältnisse von Stufen

Treppenbreite

Die erforderliche Treppenbreite steht in Abhängigkeit von der Nutzung. Bei bestimmten Nutzungen, wie der Erschließung von öffentlichen Gebäuden oder Veranstaltungsorten, sind die entsprechenden Richtlinien zu berücksichtigen. Bei baurechtlich notwendigen Treppen ist eine Breite von 100 cm nicht zu unterschreiten (gem. DIN 18065-1). Gebäudetreppen im Freiraum sind mit mindestens 120 cm zu bemessen (gem. Ö Norm B 5371).

Barrierefreie Treppen

Treppen sind für Menschen mit bestimmten motorischen Einschränkungen oder Sehbehinderungen barrierefrei nutzbar, wenn sie über einen geraden Treppenlauf, über Setzstufen, Handläufe → Kap. 3.6 sowie entsprechende Orientierungshilfen verfügen.

Die Treppenlauflinie muss rechtwinklig zu den Treppenstufenkanten verlaufen. Ist der Innendurchmesser des Treppenauges bei einer Wendeltreppe jedoch ≥ 200 cm, lassen sich auch gebogene Treppenläufe einplanen.

Ein Vorkragen der Trittstufe über die Setzstufe ist zu vermeiden, jedoch ist eine Unterschneidung bis 2 cm zulässig.

Stufenpaare oder Einzelstufen sind aufgrund ihrer eingeschränkten Wahrnehmbarkeit grundsätzlich deutlich vom Gelände abzuheben bzw. kenntlich zu machen. Treppenläufe mit bis zu drei Stufen müssen auf jeder Stufe und Treppenläufe, die mehr als drei Stufen aufweisen, mindestens auf der ersten und letzten Stufe über die gesamte Trittbreite durch einen 50–80 mm breiten kontrastierenden Streifen gekennzeichnet werden. Gem. DIN 32984 sollen vor Treppenläufen außerdem Aufmerksamkeitsfelder angeordnet werden, die im Kontrast zum angrenzenden Bodenbelag auszuführen sind. → Abb. 3.2.13 und 3.2.14

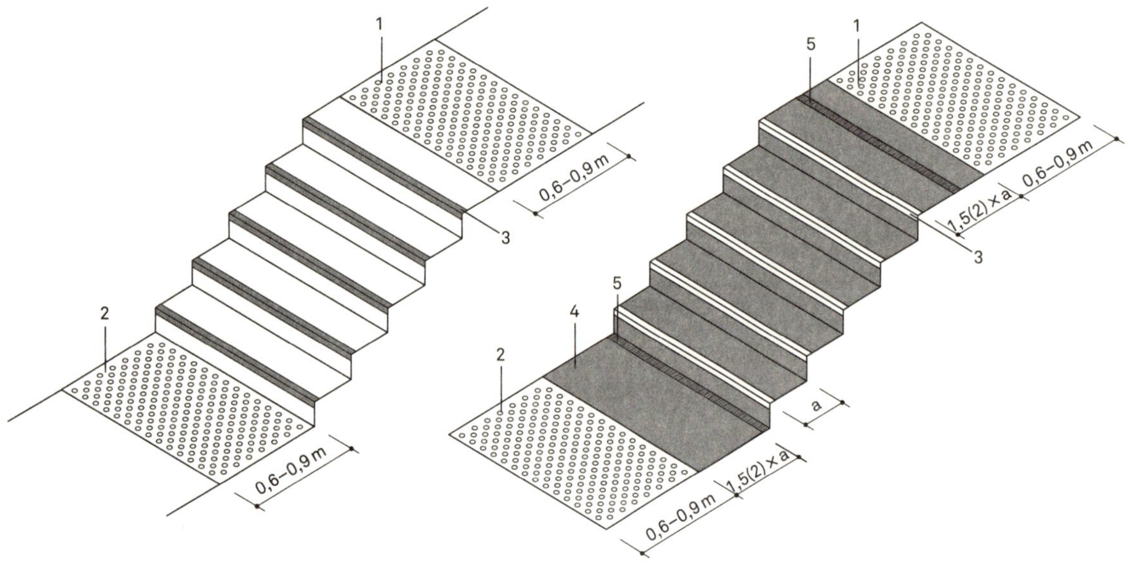

1 Aufmerksamkeitsfeld; um die Stufenkantenmarkierung visuell hervorzuheben, dürfen diese keinen auffälligen Kontrast zum Umgebungsbelag aufweisen
2 Aufmerksamkeitsfeld optional
3 Stufenkantenmarkierung mind. an der obersten und untersten Stufe (gem. DIN 18040-1: Oberseite 4–5 cm/Stirnseite (1-)2 cm; DIN 18024-1: jeweils 5-8 cm)
4 Begleitstreifen im Kontrast zur Stufenkantenmarkierung/Farbton wie Treppenstufe (gem. ISO 23599 / Empfehlung des DBSV)
5 Farbton von erforderlicher Entwässerungsrinne und Abdeckrost wie Begleitstreifen / im Kontrast zur Stufenkantenmarkierung

Abb. 3.2.13 Aufmerksamkeitsfelder vor einer Treppe

Abb. 3.2.14 Die kontrastierende Vorderkante dient der besseren Kenntlichmachung der Stufen und ist gleichzeitig ein gestalterisches Element; Besucherzentrum Gedenkstätte Berliner Mauer

Barrierefreie Erschließung durch geneigte Wege und Rampen

Gehwege und Verkehrsflächen müssen fest und eben sein und sollen in der Regel eine maximale Längsneigung von 3 % aufweisen. Kann dieser Grenzwert nicht eingehalten werden, sind Rampen mit einem maximalen Gefälle von 6 % und Zwischenpodeste im Abstand von 6 m einzuplanen. Bei Zu- und Eingangsbereichen dürfen die Rampen 4 % nicht überschreiten; Podeste müssen dann im Abstand von höchstens 10 m angeordnet werden.

Podeste haben eine nutzbare Länge von 150 cm und ein max. Längsgefälle von 3 % aufzuweisen. Die Laufbreite ist mit mindestens 120 cm anzunehmen.

Die maximale Querneigung soll bei barrierefreien Wegen 2 % nicht überschreiten; Rampen sind grundsätzlich ohne Querneigung auszuführen, da diese die Bremssicherheit gefährden würde.

Werden Rampen seitlich nicht durch eine Wand abgegrenzt, sind Radabweiser in 10 cm Höhe sowie Handläufe in 85–90 cm Höhe über der Oberkante der Rampenläufe und -podeste vorzusehen. → Abb. 3.2.15

	Barrierefrei gem. DIN 18024-1	Nutzerfreundlich/ funktionsgerecht	Optimiert (z. B. bei zusätzlicher Nutzung durch Fahrräder)
Maximale Längsneigung	4–6 % (Rampen)	3–4 %	3 %
Maximale Querneigung bei Flächen/bei Rampen	2 % (im Bereich von Grundstücks-zufahrten max. 6 %)/0 %	1 %/0 %	0 %/0 %
Breite	1,2 m	1,5 m	≥ 1,8 m
Bewegungsfläche/Podest bei Rampen	1,5 m	2,0–3,0 m	≥4,0 m
Abstand der Podeste bei Rampen	max. 10,0 m	max. 10,0 m	

Tab. 3.2.6 Barrierefreie Gestaltung von geneigten Flächen und Rampen (Quelle: Design für alle, ergänzt)

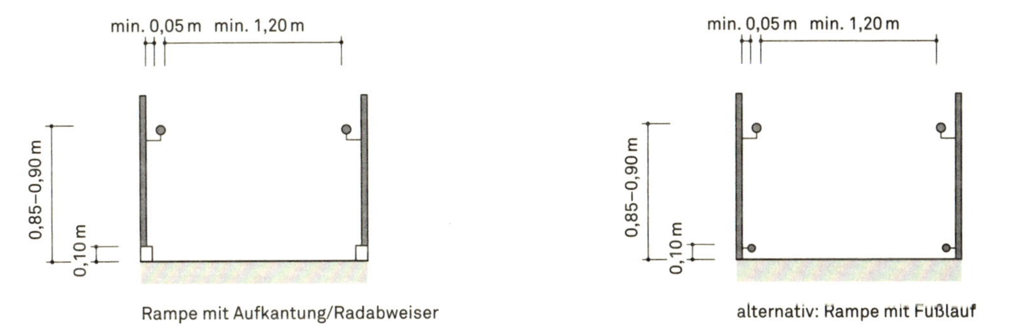

Abb. 3.2.15 Querschnitt Rampe gemäß DIN 18040-1

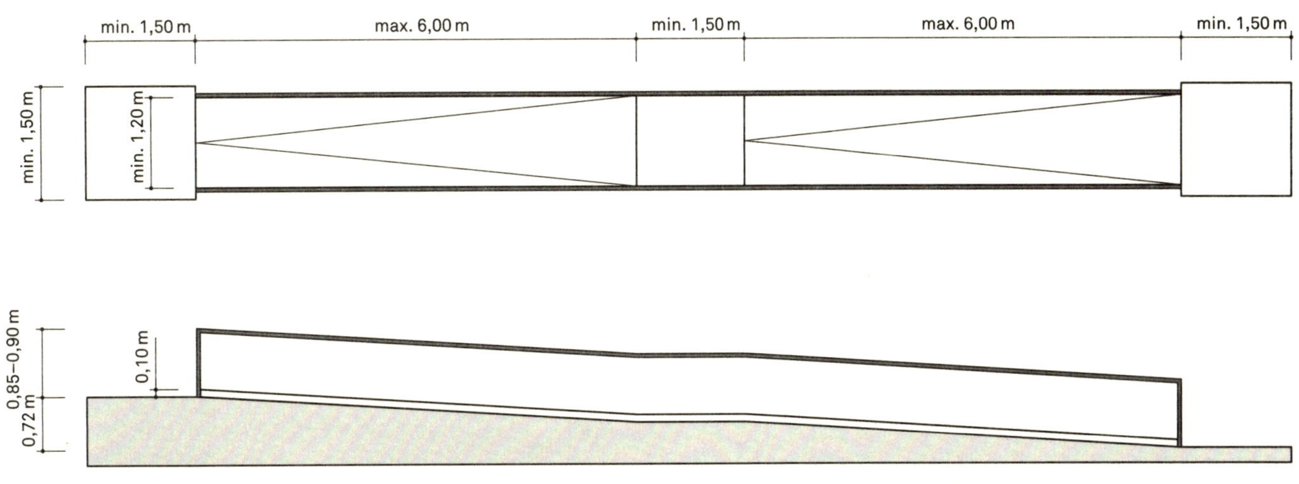

Abb. 3.2.16 Ansprüche an Rampenläufe und Podeste gemäß DIN 18040-1

Schiebehilfen

Sofern aus Platzgründen für Fahrräder keine eigene befahrbare Rampe eingerichtet werden kann, sollte eine Schiebehilfe in die Treppenanlage integriert werden. Die Schiebehilfe kann als Schieberampe oder Schieberille ausgebildet werden. Schieberampen können als massive Betonstein- oder Natursteinelemente in die Treppe eingebaut sein oder als aufliegende Metallrampe über oder seitlich der Stufen angebracht werden. Schieberillen können zusätzlich in der Rampe integriert sein, um die Radführung zu erleichtern. Seitlich muss ein Abstand von mindestens 30 cm zu Hindernissen (Mauer, Handlauf, Geländer usw.) eingehalten werden, um ausreichend Platz für Lenkrad oder Gepäck bzw. die Pedale zu bieten. Sollen auch Fahrradanhänger die Rampe passieren können, ist eine zweite Rampe mit zwischenliegender Treppe vorzusehen. Die Rampe ist asymmetrisch – mit einer breiteren rechten Seite – auszubilden, so dass Fahrrad und linkes Rad des Anhängers auf der breiteren Seite Platz finden. Da Anhänger häufig mit einer Deichsel auf der linken Seite ausgestattet sind, sollte die breite Rampe bergan links außen angeordnet sein → Abb. 3.2.17 (vgl. ADFC NRW: Empfehlungen zur Planung von Radwegen auf ehemaligen Bahntrassen, 2008)

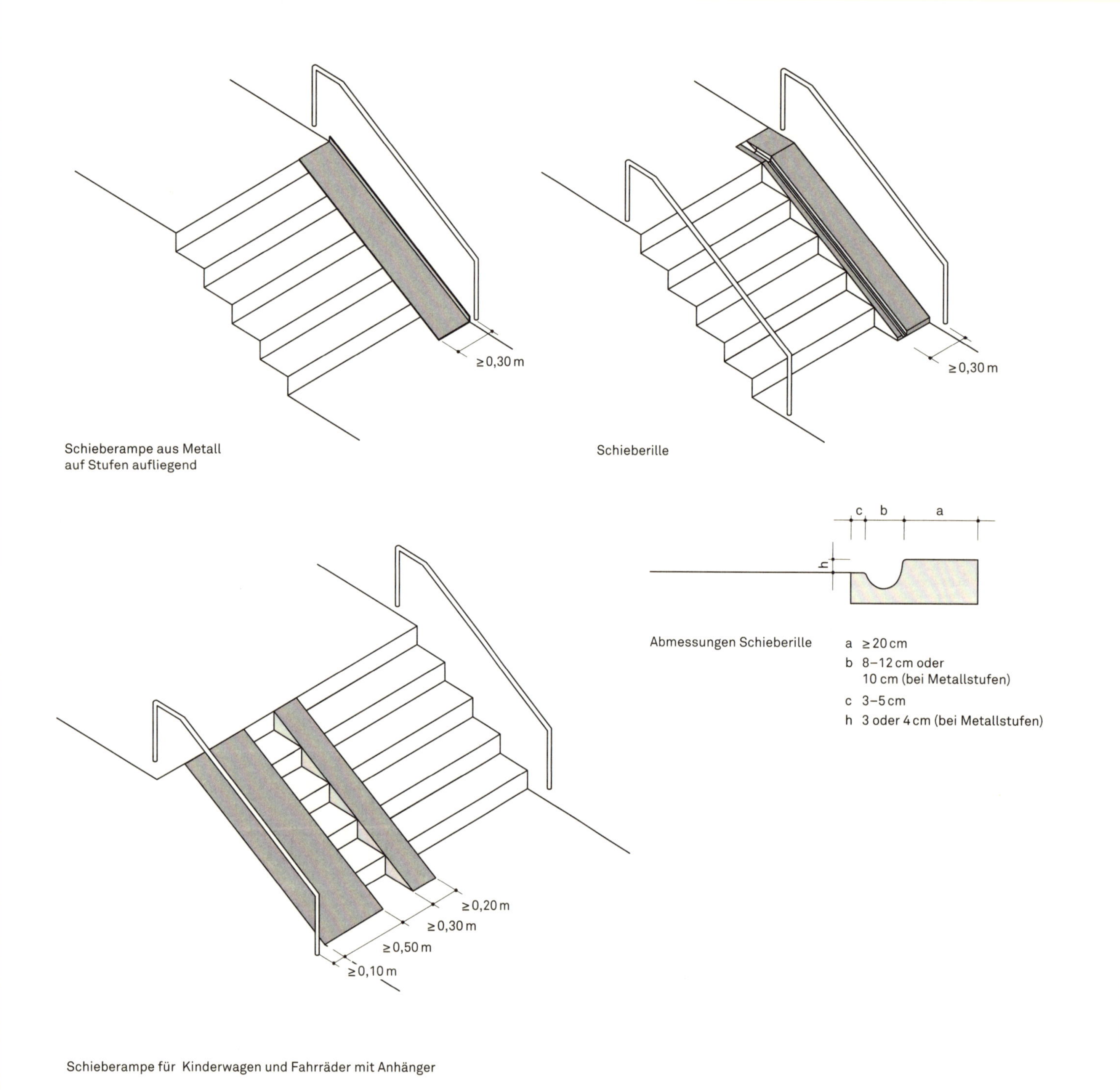

Abb. 3.2.17 Beispiele für Schiebehilfen

Kuppen- und Wannenausrundungen auf Zufahrten

Beim Neigungswechsel an Fahrbahnen und Zufahrten zu tiefer oder höher liegenden Garagen oder Stellplätzen ist die Ausrundung bzw. Abflachung von Kuppen und Wannen im Fahrbahnverlauf zu berücksichtigen, um ein Aufsetzen des Fahrzeugs zu verhindern.

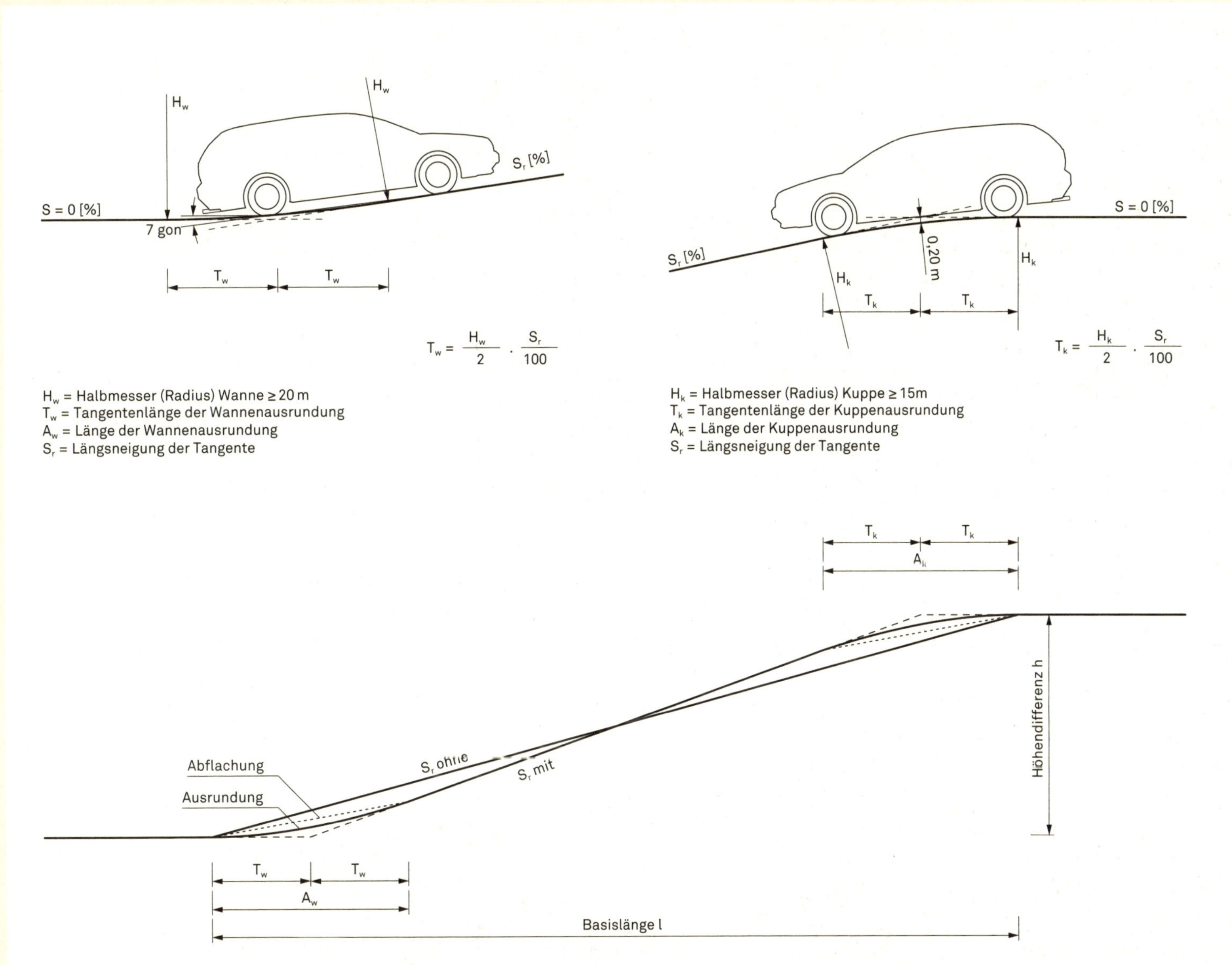

Abb. 3.2.18 Ausrundung und Abflachung der Fahrbahn an Kuppe und Wanne beim Neigungswechsel

Bau- und genehmigungsrechtliche Hinweise

Auf öffentlichen Grundstücken sind die Richtlinien und gesetzlichen Vorgaben für barrierefreies Bauen einzuhalten. Lassen sich diese insbesondere aufgrund räumlich beengter Verhältnisse nicht einhalten, sind auf Antrag auch abweichende Regelungen möglich.

Für bestimmte temporäre Nutzungen, wie Anlagen an Veranstaltungsorten und dergleichen, sehen die Bauordnungen teilweise abweichende Vorschriften vor.

Handläufe bei Treppenanlagen
→ 3.6 Einfriedungen und Geländer

3 Elemente
3.3 Wege und Straßen

3.3 Wege und Straßen

Anforderungen an Wege und Erschließungsflächen ergeben sich aus der Art und Frequenz ihrer Nutzung. Sie müssen außerdem an deren Standort in Gartenanlagen, Parks, übergeordneten Grünverbindungen oder im Straßenraum angepasst sein. Im Rahmen der Freiraumplanung gilt es dabei, insbesondere die Bedürfnisse von Teilnehmern des Fuß- und Radverkehrs inklusive mobilitätseingeschränkter Personen zu berücksichtigen. Auch Inlineskater oder Reiter gilt es bei Bedarf angemessen in die Planung miteinzubeziehen. Im Straßenraum, bei der Grundstückserschließung und auf Stellplätzen entstehen durch den Kraftfahrzeugverkehr ganz eigene Ansprüche, denen durch funktionsgerechte Gestaltung und unter Berücksichtigung entsprechender Regularien (u. a. Straßenverkehrsverordnung) Rechnung getragen werden muss.

Bei Straßen überwiegt die funktionale Trennung der Fahrspuren für die verschiedenen Verkehrsarten, wie Fuß-, Fahrrad-, Kraftfahrzeug- und Straßenbahnverkehr, mit parallel angeordneten Bereichen. Diese bilden den Verkehrsraum (Trennungsprinzip) und unterliegen einer starken Reglementierung. Auf Neben- und Wohnstraßen und bei Sondernutzungen (z. B. Fußgängerzonen) können die Verkehrsarten zusammengelegt werden; es entstehen dann Mischverkehrsflächen.

Als eigenständig geführte Wege in Grünanlagen und in der freien Landschaft bietet sich für Geh- und Radwege der größte Gestaltungsspielraum. Durch die Anlage großzügiger Wege lässt sich größtmöglicher Komfort, insbesondere im Begegnungsfall und bei Mischung der Verkehrsarten, erzielen. Im Sinne einer ökologischen und ökonomischen Nachhaltigkeit ist aber gleichermaßen eine flächensparende, an Mindestwerten orientierte Wegeplanung anzustreben. Grundlage hierfür stellen die Verkehrsräume der Verkehrsteilnehmer dar. → Tab. 3.3.12 Bei der Dimensionierung der Flächen in Freianlagen sollte auch immer die Befahrbarkeit von Spazierwegen durch Pflegefahrzeuge und – soweit erforderlich – Rettungsfahrzeuge berücksichtigt werden.

Abb. 3.3.1 Bei der gemeinsamen Nutzung von Wegen müssen ausreichende Wegebreiten vorgesehen werden.

Standort

Beläge

An die Oberflächenqualität von Wegen werden, der geplanten Nutzung entsprechend, unterschiedliche Anforderungen gestellt. In → Tab. 3.3.1 werden spezifische Eigenschaften der jeweiligen Nutzung und geeignete Belagsmaterialien aufgeführt.

Regelungen zur Rutschsicherheit und die entsprechende Kennzeichnung von Bodenbelägen mit rutschhemmenden Eigenschaften sind für den Einsatz an Arbeitsplätzen, in nassbelasteten Barfußbereichen und grundsätzlich in allen öffentlichen Einrichtungen als verbindliche Vorgaben anzusehen. Sie sollten aber auch darüber hinaus bei anderen Planungsaufgaben in Außenanlagen Berücksichtigung finden und können entsprechend zur Anwendung kommen.

Nutzung der Fläche	Erforderliche Eigenschaften	Geeignete Belagsmaterialien
Fußweg	Rutschfest, eben	Wassergebundene Wegedecke, Naturstein-, Beton- und Klinkerpflaster, Naturstein- und Betonplattenbeläge mit ungeschliffener Oberfläche, Ortbeton, Asphalt, Kunststoffbelag, Holzbelag **Bedingt geeignet:** Metallgitter (Gitterweiten nutzungsabhängig wählen), Metallplatten (bei ausreichender Griffigkeit), Großsteinpflaster, Platten und Pflaster mit Rasenfuge, Kopfstein- und Kieselpflaster, Rindenmulch- und Rasenwege (Garten- und Nebenwege)
Barrierefreie Nutzung (Rollstuhl, Gehhilfe)	Rutschfest, eben, gut befahrbar, geringer Rollwiderstand	Engfugig verlegtes Klinker-, Beton- und Natursteinpflaster (bevorzugt gesägte Oberfläche), Naturstein- und Betonplattenbeläge mit ungeschliffener Oberfläche, Ortbeton, Asphalt, fester Kunststoffbelag **Bedingt geeignet:** in Ergänzung/auf Teilbereichen: engfugige Holzbeläge, Gitterroste mit max. Maschenweite von 12 × 12 mm (besser: 8 × 8 mm), wassergebundene Decken mit einer Abstreu aus Edelsplitt (eingeschränkte Nutzung bei Nässe)
Barrierefreie Nutzung (Personen mit Sehbehinderung und Blinde)	Rutschfest, eben, taktil, kontrastreich, gute Wasserableitungseigenschaft	Wassergebundene Wegedecke, engfugig verlegtes Klinker-, Beton- und Natursteinpflaster (bevorzugt gesägte Oberfläche), Naturstein- und Betonplattenbeläge mit ungeschliffener Oberfläche, Ortbeton, Asphalt, fester Kunststoffbelag **Bedingt geeignet:** in Ergänzung/auf Teilbereichen: engfugige Holzbeläge, Gitterroste mit max. Maschenweite von 12 × 12 mm (besser: 8 × 8 mm)
Personen mit Kinderwagen	Rutschfest, eben, gut befahrbar	Wassergebundene Wegedecke, engfugig verlegtes Platten- und Pflastermaterial aus Naturstein, Klinker oder Beton, Ortbeton, Asphalt, fester Kunststoffbelag **Bedingt geeignet:** in Ergänzung/auf Teilbereichen: engfugige Holzbeläge, Gitterroste mit max. Maschenweite von 12 × 12 mm (besser: 8 × 8 mm)
Inlineskater	Eben, ausreichende Haftreibung (Grip), sehr gute Wasserableitungseigenschaft	(Feinporiger) Asphalt **Bedingt geeignet:** Ortbeton (Fugen mit Verguss oder schmale Scheinfugen)
Fahrradweg	Dauerhaft ebene Oberfläche, geringer Rollwiderstand, griffig, staubarm, sehr gute Wasserableitungseigenschaft	Asphalt, Pflaster und Platten aus Beton mit ungeschliffener Oberfläche (höherer Rollwiderstand als Asphalt), Ortbeton **Bedingt geeignet:** Natursteinpflaster und -platten, wassergebundene Decken mit einer Abstreu aus Edelsplitt (im ländlichen Raum und bei Wegen mit geringer Nutzung)
Reitweg	Elastisch, griffig, staubarm, darf nicht verschlammen oder gefrieren, feuchtigkeitsspeichernd, wasserdurchlässig	(Quarz-)Sand, organische Stoffe (Holzhackschnitzel), Vegetations-/Rasendecke, auf Reitplätzen auch synthetische Stoffe (z. B. Vlieshäcksel, PP-Fasern oder Mineralgel) oder Sandgemische
Kraftfahrzeuge	Eben, griffig, scherfest, sehr gute Wasserableitungseigenschaft, lärmarm	Ortbeton, Asphalt **Bedingt geeignet:** Beton-, Naturstein- und Klinkerpflaster auf Teilstücken, auf Zufahrten, in verkehrsberuhigten Bereichen und in Straßen ohne besondere Belastungen/Beanspruchungen (bis Bauklasse III–VI gem. RStO 01); Großsteinpflaster ist aufgrund des entstehenden Lärmpegels als Straßenbelag nur bedingt geeignet.
Stellplätze für Kraftfahrzeuge	Eben, tragfähig, gute Wasserableitungseigenschaft	Beton, Asphalt, Betonsteinpflaster, Betonverbundsteinpflaster, Großsteinpflaster **Bedingt geeignet:** Pkw-Stellplätze und gering frequentierte Fahrgassen auch Rasengitter, Pflaster mit Splitt-/Rasenfuge und Schotterrasen
Rettungsfahrzeuge	Eben, tragfähig, scherfest, gute Wasserableitungseigenschaft bzw. Versickerungsfähigkeit	Schotterrasen, Rasengittersteine, Naturstein-, Klinker- und Betonsteinpflaster, Asphalt, Ortbeton

Tab. 3.3.1 Geeignete Belagsmaterialien auf Wegen und Plätzen

In Deutschland finden für Schuhbereiche die Rutschhemmungsklassen R9–R13 gem. DIN 51130 (Prüfung von Bodenbelägen) und Berufsgenossenschaftliche Regeln (BGR 181) Anwendung. In der Schweiz erfolgt eine Klassifizierung nach der Anforderungsliste für Bodenbeläge der Beratungsstelle für Unfallverhütung (bfu). R9 weist dabei die geringsten, R13 die höchsten rutschhemmenden Eigenschaften auf. Da sich die Regelungen auf Arbeitsstätten (und damit in erster Linie auf Innenräume) beziehen, ist eine entsprechende Kennzeichnung von Außenbelägen nicht obligatorisch, wird aber immer häufiger vorgenommen.

Nassbelastete Barfußbereiche werden durch die Bewertungsgruppen A, B und C gem. GUV-I 8527 (Bodenbeläge für nassbelastete Barfußbereiche) unterschieden.

Einsatzort	Bewertungsgruppe/Rutschhemmungsklasse	
	DIN 51130/BGR 181	bfu
Überdachte Vorplätze, Eingangsbereiche und Außentreppen	R11	GS2
Offene Vorplätze und Außentreppen	R12	GS3
Überdachte Rampen bis max. 6 % Steigung	R11	GS2
Überdachte Rampen über 6 % Steigung	R12	GS3
Offene Rampen bis max. 6 % Steigung	R12	GS3
Offene Rampen über 6 % Steigung	R13	GS4
Überdachte Terrassen und Balkone	R10	GS1
Offene Terrassen und Balkone	R11	GS2
Pausenhöfe	R11	GS2
Fußgängerwege	R11 oder R10 V4	GS2 oder GS1 V4
Laderampen, überdacht	R11 oder R10 V4	GS2 oder GS1 V4
Laderampen, offen	R12 V4	GS3
Öffentliche Plätze	R11 oder R10 V4	GS2 oder GS1 V4
Parkplatzflächen im Freien	R11 oder R10 V4	GS2 oder GS1 V4

Tab. 3.3.2 Erforderliche Rutschhemmungsklassen nach Einsatzort

Bewertungsgruppe	Bereiche
A	• Barfußgänge (weitgehend trocken) • Einzel- und Sammelumkleideräume • Beckenböden in Nichtschwimmerbereichen, wenn im gesamten Bereich die Wassertiefe mehr als 80 cm beträgt
B	• Barfußgänge, soweit sie nicht Gruppe A zugeordnet sind • Duschräume • Bereich von Desinfektionssprühanlagen • Beckenumgänge • Beckenböden in Nichtschwimmerbereichen, wenn in Teilbereichen die Wassertiefe weniger als 80 cm beträgt • Beckenböden in Nichtschwimmerbereichen von Wellenbecken • Hubböden • Planschbecken • Ins Wasser führende Leitern • Ins Wasser führende, max. 1 m breite Treppen mit beidseitigen Handläufen • Leitern und Treppen außerhalb des Beckenbereichs
C	• Ins Wasser führende Treppen, soweit sie nicht Gruppe B zugeordnet sind • Durchschreitebecken • Geneigte Beckenrandausbildung

Tab. 3.3.3 Bewertungsgruppen der Rutschhemmung für nassbelastete Barfußbereiche nach GUV-I 8527

Abmessungen und Kennwerte

Abmessungen von Verkehrsteilnehmern

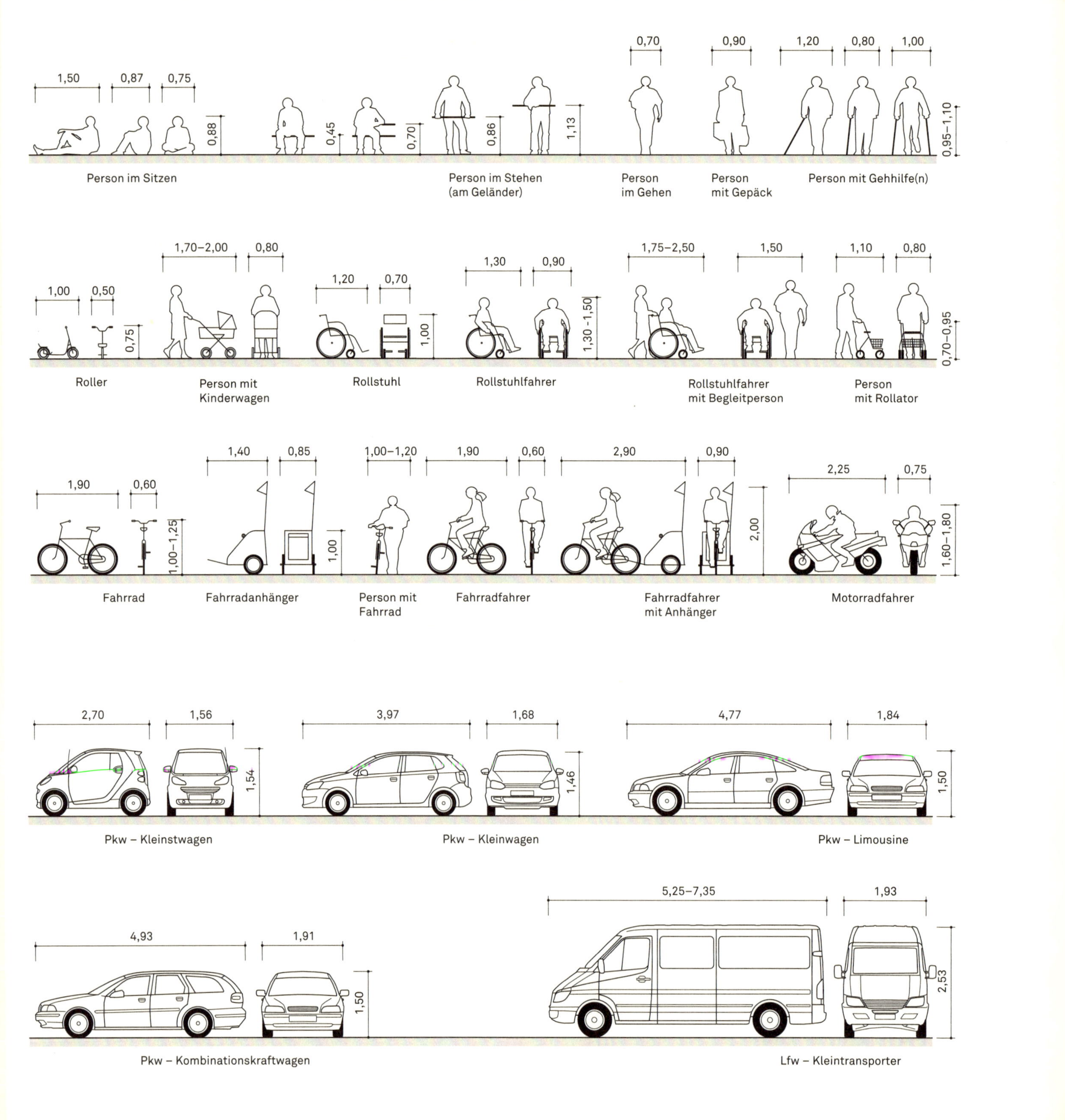

Abb. 3.3.2 Abmessungen von Verkehrsteilnehmern (ohne Bewegungsraum)

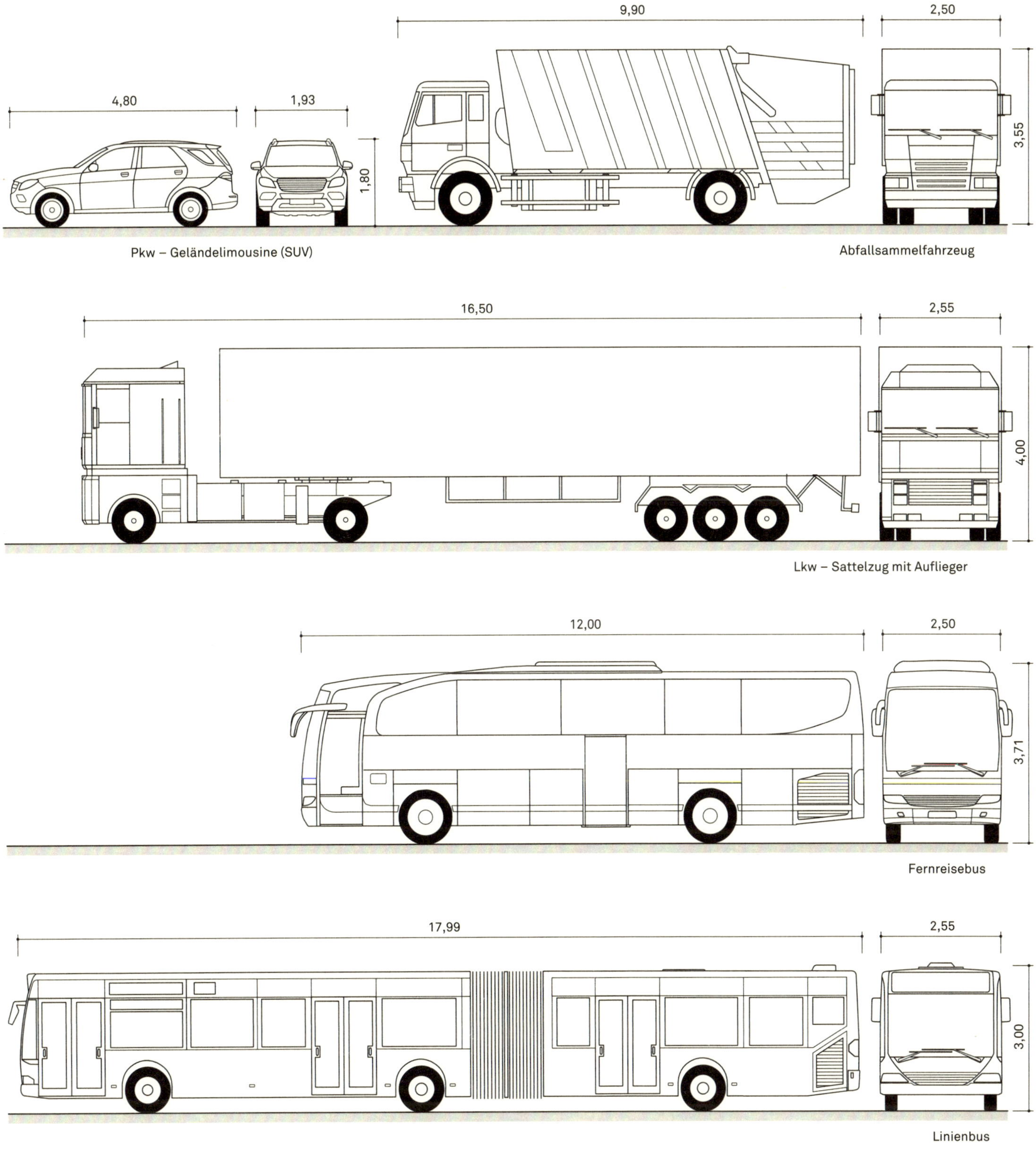

Alle Angaben in [m]

Fuß- und Radwege

Fußgängerverkehr

Bei der Erschließung von Grünflächen mit Fußgängerwegen können sich in Abhängigkeit von der Nutzung und der zu erwartenden Frequentierung ganz unterschiedliche Wegebreiten ergeben. Im Gegensatz zu den streng reglementierten Straßenräumen liegen für Parkwege und Wege in Gärten nur selten konkrete Richtlinien vor. Jedoch sind die Wegebreiten auch hier von der Dichte des Wegenetzes oder der gestalterischen Komposition abhängig.

Für straßenbegleitende Gehwege gelten spezifische Anforderungen. Als Anlagen für den Fußgängerverkehr, die unmittelbar im Seitenraum der Straße angeordnet sind, ergeben sich die Abmessungen laut RASt 06 aus dem Verkehrs- und Sicherheitsraum von Fußgängern. Die Regelbreite beträgt 2,50 m, wobei der Sicherheitsraum auf der Straßenseite mit 0,50 m und der Sicherheitsraum auf der straßenabgewandten Seite mit 0,20 m berechnet wird. → Abb. 3.3.3

Neben der Bewegungsfläche können sich weitere Anforderungen und Nutzungen an den Seitenraum ergeben, die eine lineare oder punktuelle Ausweitung gemäß dem zusätzlichen Raumbedarf der → Tab. 3.3.4 erforderlich machen.

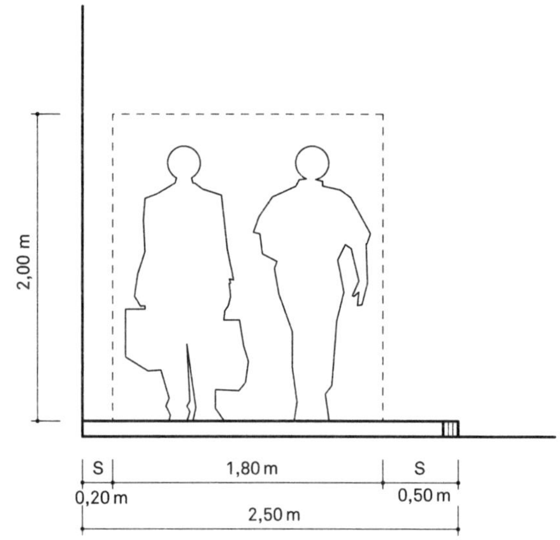

Abb. 3.3.3 Regelbreite eines Seitenraumes (gem. RASt 06)

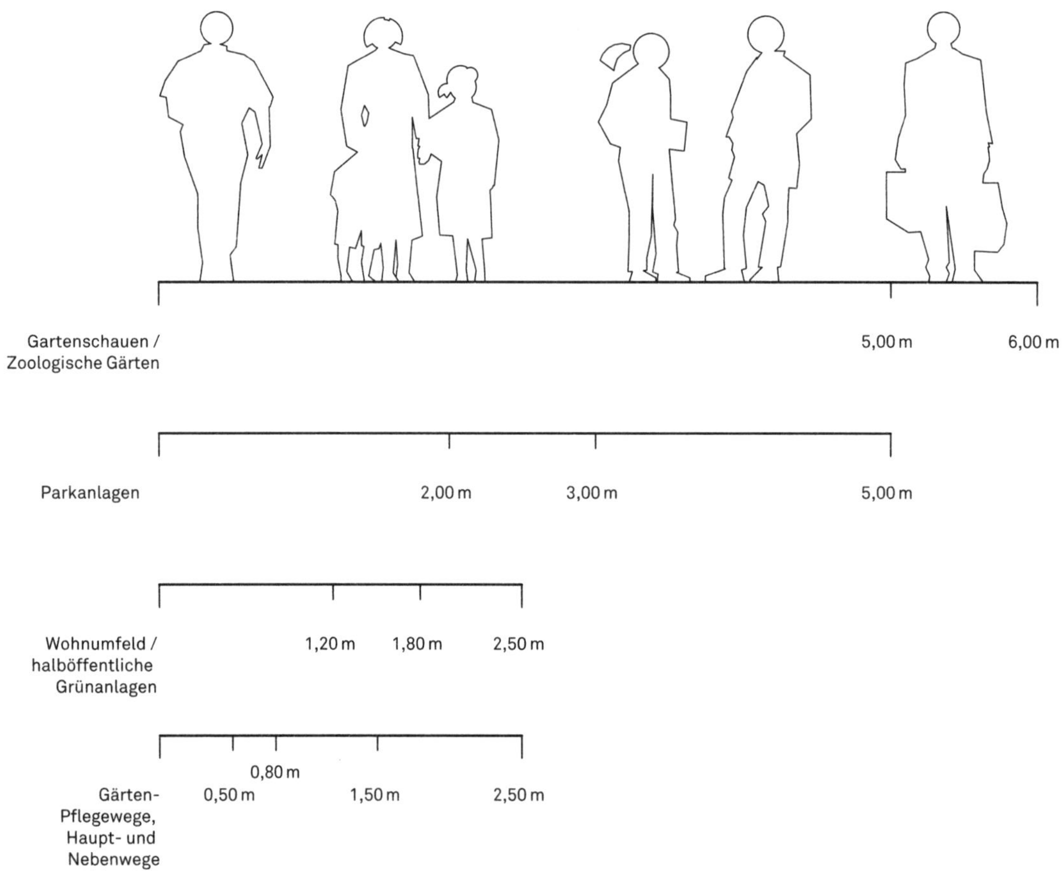

Abb. 3.3.4 Platzbedarf von Fußwegen

Nutzung	Breite (Richtwerte)
Gärten	
Hauptwege	1,5–2,5 m
Nebenwege	0,8–1,5 m
Pflegewege, nicht barrierefrei	0,5 m
Erschließung öffentliche / halböffentliche Gebäude / halböffentliche Grünanlagen / Wohnumfeld	
Hauptwege	1,8–2,5 m
Nebenwege	1,2–1,8 m
Parkanlage	
Hauptwege (inkl. Nutzung durch den Radverkehr)	3,0–5,0 m
Nebenwege	2,0–3,0 m
Gartenschauen, Zoologische Gärten	
Hauptwege	5,0–6,0 m

Tab. 3.3.4 Orientierungswerte für Wegebreiten in Freianlagen

Anforderungen im Seitenraum von Straßen	Raumbedarf
Regelbreite für Gehwege	2,50 m
Zuzüglich	+
Flächen für Kinderspiel	≥ 2,00 m
Verweilflächen vor Schaufenstern	≥ 1,00 m
Grünstreifen ohne Bäume	≥ 1,00 m
Grünstreifen mit Bäumen	≥ 2,00–2,50 m
Ruhebänke	≥ 1,00 m
Warteflächen an Haltestellen	≥ 2,50 m
Auslagen vor Ladengeschäften	1,50 m
Stellflächen für Zweiräder Aufstellwinkel 100 gon/90° Aufstellwinkel 50 gon/45°	 2,00 m 1,50 m
Fahrzeugüberhang bei Senkrecht- oder Schrägparkstreifen	0,70 m

Tab. 3.3.5 Richtwerte für den zusätzlichen Raumbedarf im Seitenraum aufgrund besonderer Anforderungen und Nutzungen (gem. RASt 06)

Barrierefreie Erschließung

Die barrierefreie Ausgestaltung von Gehwegen umfasst verschiedene Maßnahmen. Um eine Orientierung im Wegeverlauf zu erleichtern, sollten kontrastierende und taktil erfahrbare Oberflächen Verwendung finden, die den Gehweg gliedern. Außerdem ist die Hauptlaufrichtung hindernisfrei zu gestalten. Ausstattungselemente wie Straßenleuchten, Schaltschränke, Briefkästen oder Sitzbänke sind in den Seitenräumen (Unter- und Oberstreifen oder zusätzliche Aufenthaltsflächen) anzuordnen. → **Abb. 3.3.5 und 3.3.3** Daneben kommt der Gestaltung von Querungsstellen mittels Bordsteinabsenkungen und Bodenindikatoren große Bedeutung zu. Getrennte Querungsstellen arbeiten mit differenzierten Bordhöhen. Dabei stellen Bordhöhen von 6 cm und mehr eine klare Grenzlinie zwischen Gehweg und Fahrbahn dar. Die Höhendifferenz ist für blinde und sehbehinderte Menschen bei der Nutzung des Langstocks ertastbar bzw. stellt beim Überschreiten ein Warnsignal dar, das deutlich wahrnehmbar ist. Die gleichzeitige Nullabsenkung des Bordes ermöglicht dagegen Menschen mit Rollstuhl und Rollator ein bequemes Überqueren der Fahrbahn. Durch die räumliche Trennung der Querungsbereiche sowie durch den gezielten Einsatz von Bodenindikatorflächen wird der Sicherheitsaspekt für blinde und sehbehinderte Menschen deutlich erhöht. → **Abb. 3.3.7–Abb. 3.3.9** Zur Eignung der Bordhöhen für die unterschiedlichen Nutzertypen siehe auch **Tab. 3.3.4.**

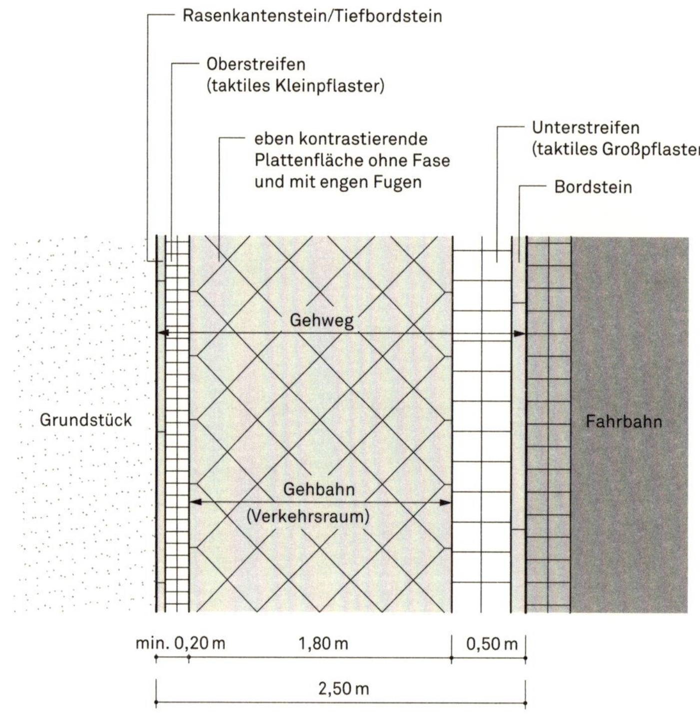

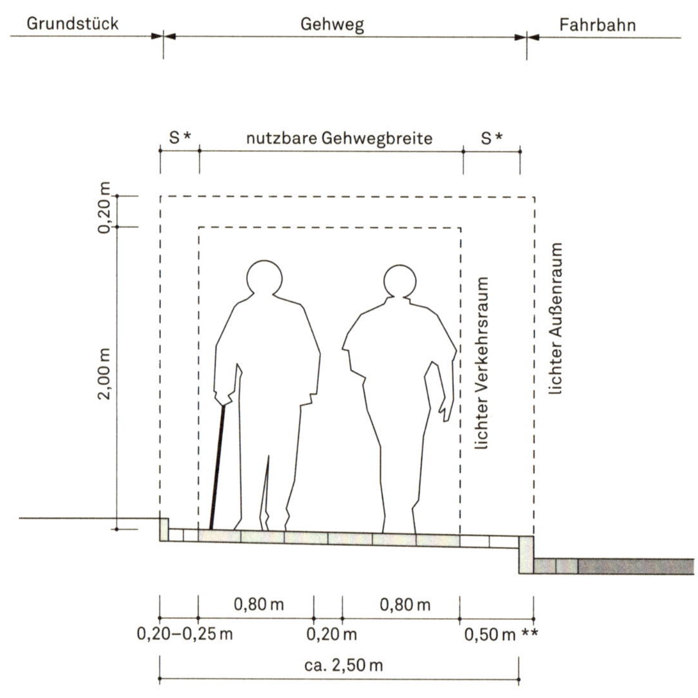

* S = Sicherheitsraum
** Abstand nach EFA: bei geringem Schwerverkehr bis 30 cm

Abb. 3.3.5 Taktil und visuell erfahrbar gestaltete Gehwege

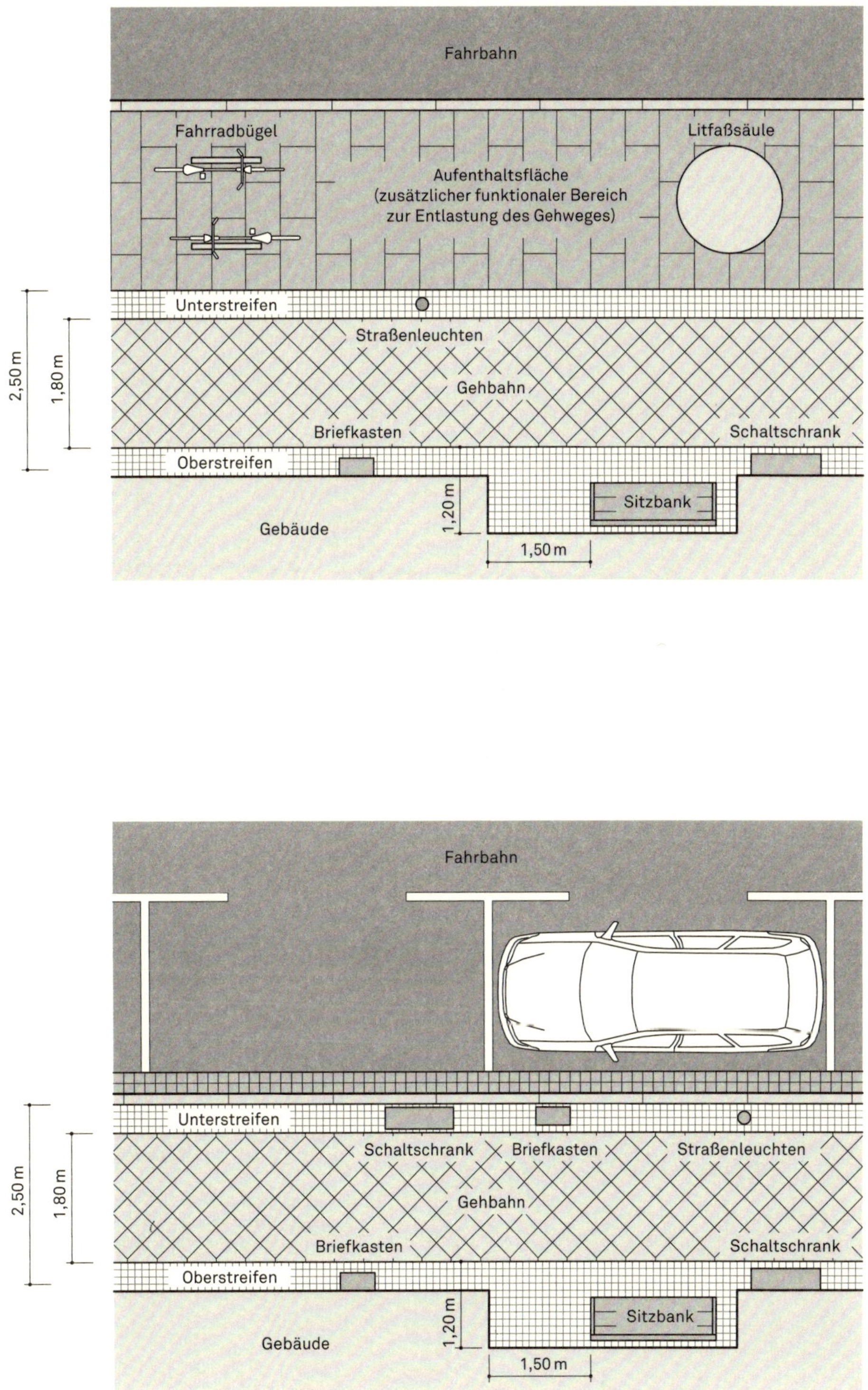

Abb. 3.3.6 Hindernisfreie Gestaltung von Gehwegen

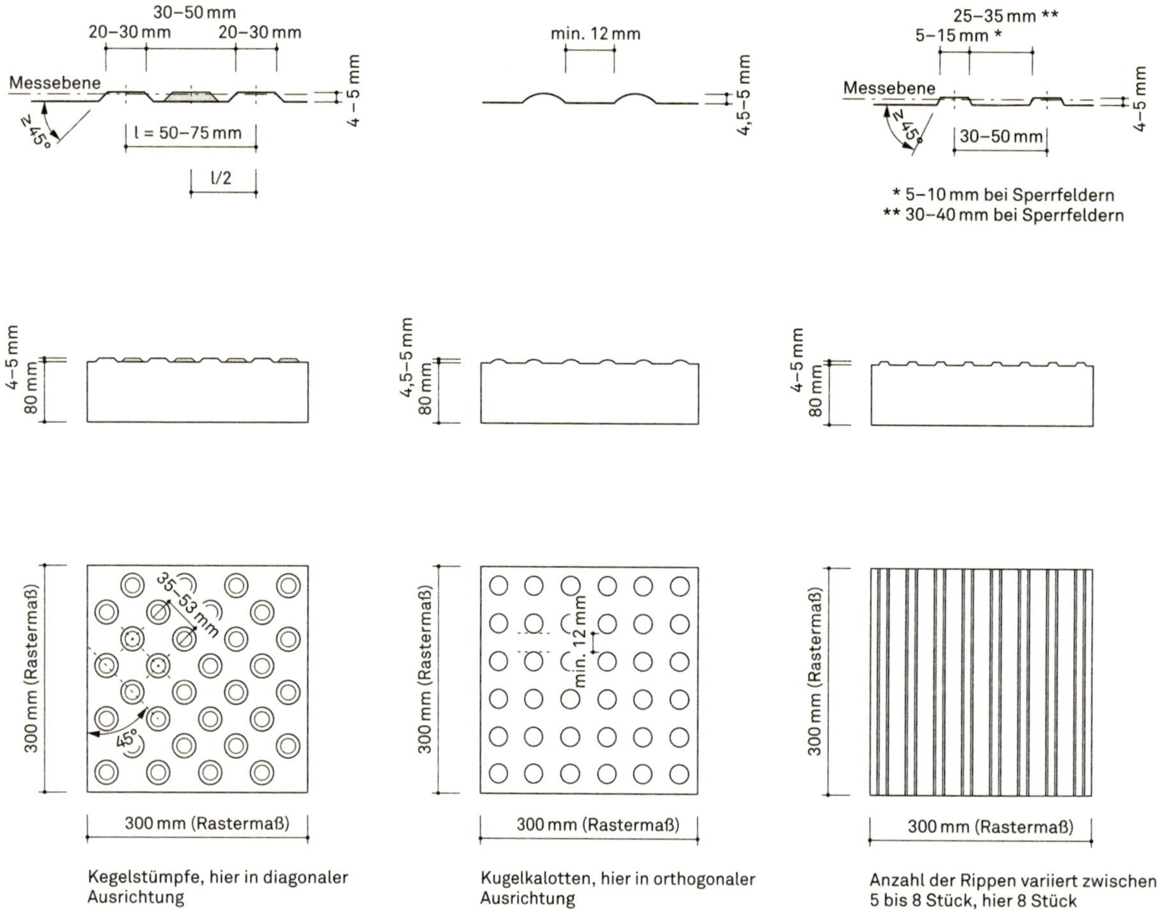

Noppenstruktur – Aufmerksamkeit und Suche

- Aufmerksamkeitsfelder vor Treppen (diagonale Ausrichtung der Noppen)
- Aufmerksamkeitsfelder vor Hindernissen und Gefahrenstellen, die sich in der Bewegungsfläche befinden bzw. mehr als 20 cm hereinragen (diagonale Ausrichtung der Noppen)
- Abzweigfelder als Entscheidungspunkt in einem Leitsystem (diagonale Ausrichtung der Noppen)
- Auffindestreifen an Querungsstellen (orthogonale Ausrichtung der Noppen)

Rippenstruktur – Orientierung und Leitung

- Leitstreifen entlang von Wegen
- Richtungsfelder als Anzeige der Gehrichtung z. B. an Querungsstellen
- Auffindestreifen als Hinweis auf seitlich der Gehbahn gelegene allgemeine Ziele, z. B. Haltestellen, Zugänge oder Informationselemente (ausgenommen Querungsstellen)
- Auffindestreifen als Hinweis auf Beginn und Ende von Blindenleitsystemen (in Kombination mit einem Abzweigfeld im Übergang zum Leitsystem)
- Einstiegsfelder an Haltestellen
- Sperrfelder an Querungsstellen bei Nullabsenkung

Abb. 3.3.7 Bodenindikatoren (taktile Leitelemente) – Struktur und Funktion

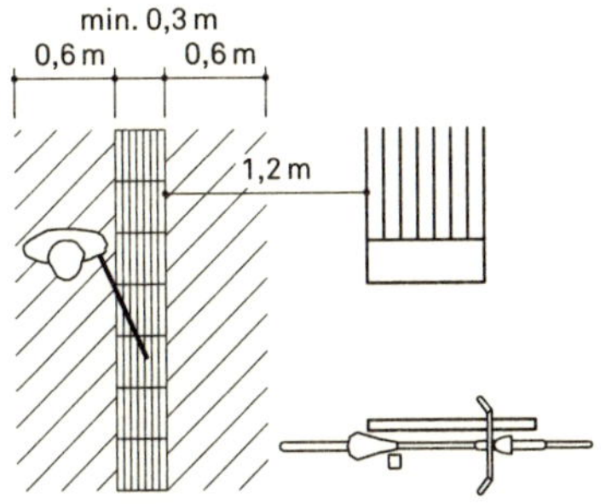

Leitstreifen mit beidseitigem hindernisfreien Bereich und Abstand zum Straßenmobiliar *)

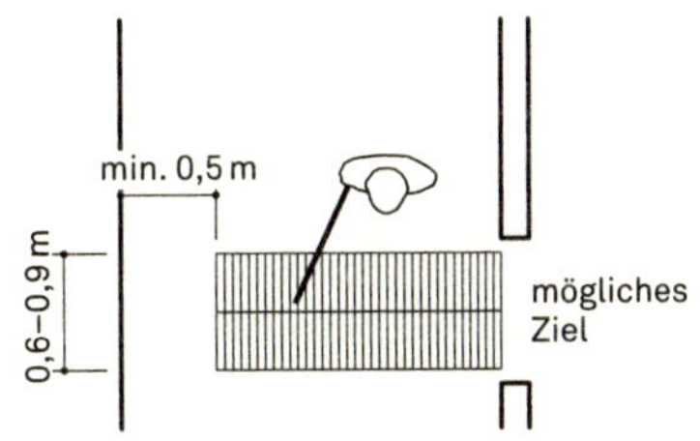

Auffindestreifen als Hinweis auf seitlich gelegene allgemeine Ziele *)

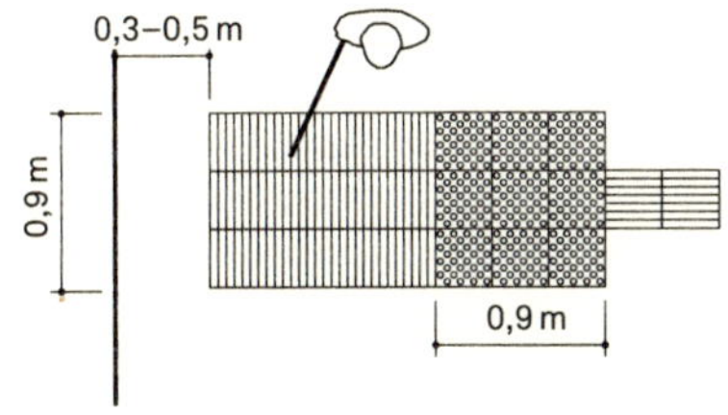

Auffindestreifen als Hinweis auf Beginn und Ende von Blindenleitsystemen (in Kombinationmit einem Abzweigfeld) *)

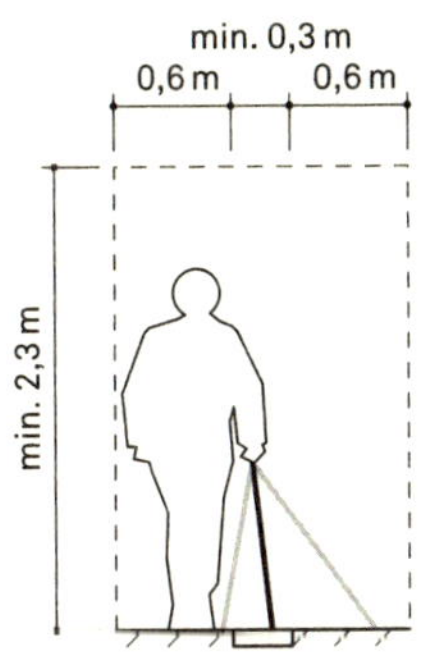

Lichte Höhe über Leitstreifen und beidseitigem Abstandsbereich *)

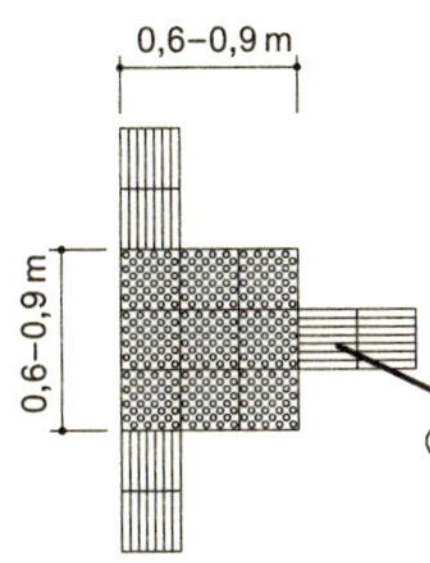

Abzweigefelder als Entscheidungspunkt in einem Leitsystem *)

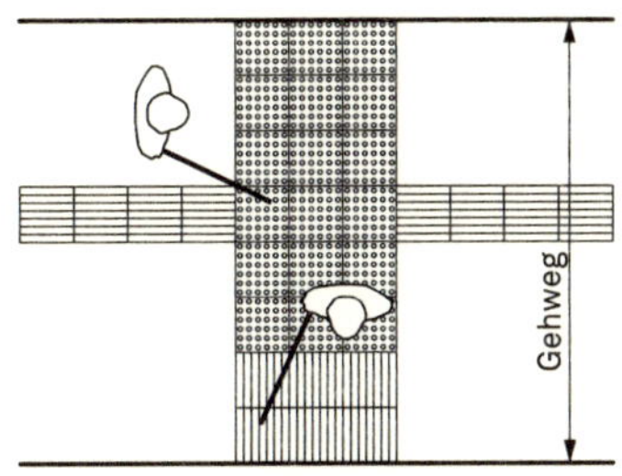

Auffindestreifen an Querungsstellen mit anschließendem Richtungsfeld *)

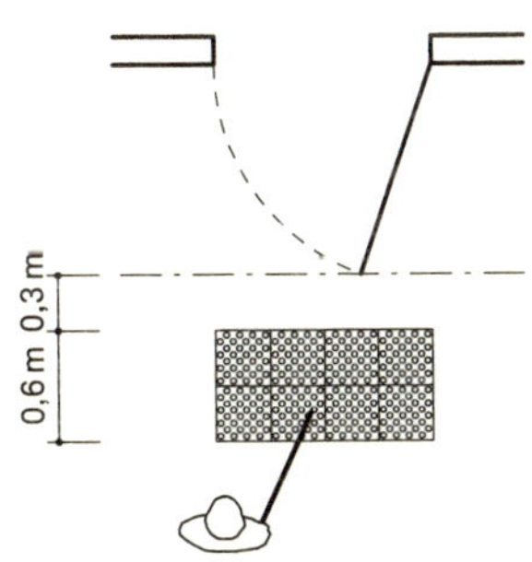

Aufmerksamkeitsfelder vor Hindernissen und Gefahrenstellen, z. B. automatischen Schwingtüren *)

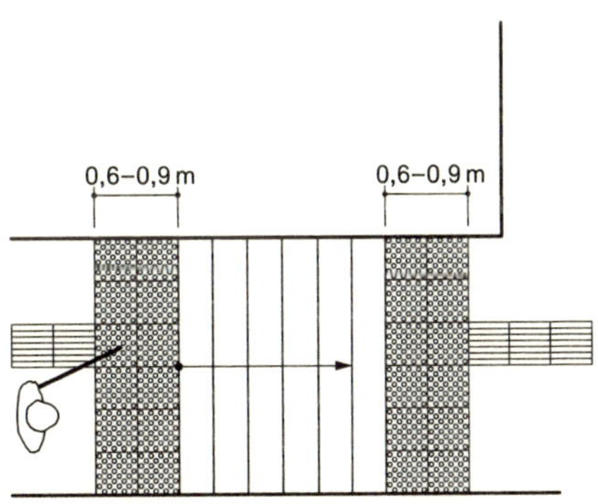

Aufmerksamkeitsfelder vor Treppen **)

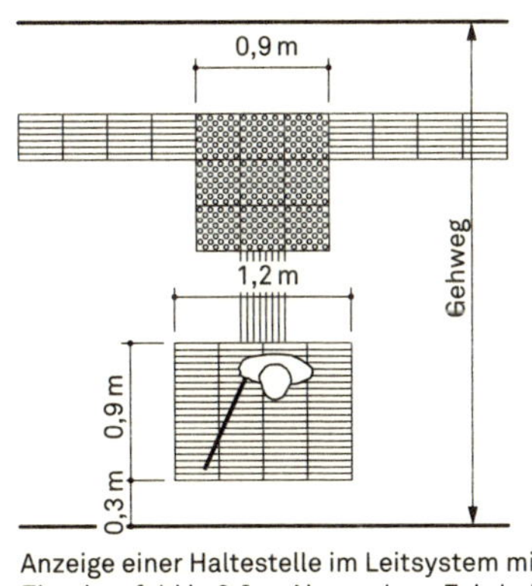

Anzeige einer Haltestelle im Leitsystem mit Einstiegsfeld in 0,3 m Abstand zur Fahrbahn *)

*) Bei geringem taktilen und/oder visuellen Kontrast der Bodenindikatorflächen zum Umgebungsbelag sind vorzugsweise beidseitig Begleitstreifen oder ggf. Begleitflächen anzuordnen.

**) Aufmerksamkeitsfelder an Treppen, Einzelstufen und Rampen dürfen keinen auffälligen optischen Kontrast zum Umgebungsbelag aufweisen.

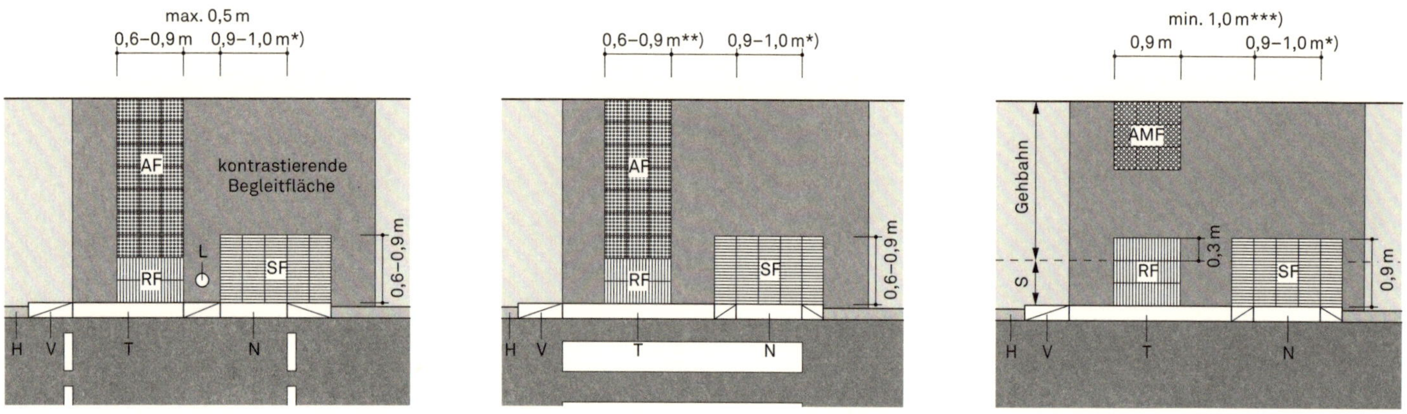

gesicherte Querungsstelle mit Lichtsignalanlage

gesicherte Querungsstelle an Fußgängerüberweg

ungesicherte Querungsstelle an Seitenstraßen

H: Hochbord, 12 cm
V: Verziehung
T: Tastbord, 6 cm hoch
N: Nullabsenkung auf Fahrbahnniveau

L: Lichtsignalanlage/Blindenampel
AF: Auffindestreifen (Noppenstruktur, orthogonal ausgerichtet)
RF: Richtungsfeld (Rippenstruktur, senkrecht zum Bord ausgerichtet)
SF: Sperrfeld (Rippenstruktur, parallel zum Bord ausgerichtet)

AMF: Aufmerksamheitsfeld (Noppenstruktur, diagonal ausgerichtet) Bei Gehwegbreiten <5 m ist kein Aufmerksamkeitsfeld vorzusehen
S: Sicherheitsstreifen

*) Nullabsenkungen > 1 m können eine Gefahrenstelle für blinde und sehbehinderte Menschen darstellen, da die Grenzlinie zwischen Geweg und Fahrbahn nicht mehr ertastet werden kann. Für Menschen mit Rollstuhl, Rollator oder auch Kinderwagen ist dagegen eine Mindestbreite von 0,9 m vorzusehen.
**) Der Abstand zwischen den Querungsbereichen sollte möglichst groß sein.
***) Bei Bordabsenkungen unter 3 cm ist zwischen den Querungsbereichen ein Mindestabstand von 1 m einzuhalten.

Abb. 3.3.8 Getrennte Querungsstellen mit differenzierter Bordhöhe

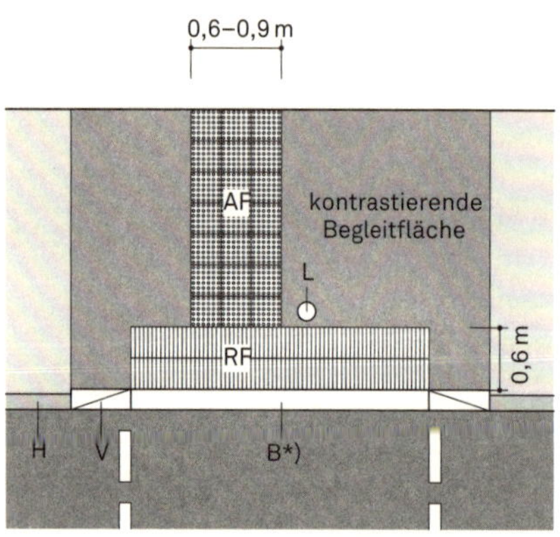

gesicherte Querungsstelle mit Lichtsignalanlage

H: Hochbord, 12 cm
V: Verziehung
B: Bord, 3 cm hoch
L: Lichtsignalanlage/Blindenampel
AF: Auffindestreifen (Noppenstruktur, orthogonal ausgerichtet)
RF: Richtungsfeld (Rippenstruktur, senkrecht zum Bord ausgerichtet)

*) Bordhöhen von 3 cm Höhe sind weder für Menschen mit Rollstuhl oder Rollator noch für blinde und sehbehinderte Menschen optimal; sie stellen einen Kompromiss dar.

Kommen gemeinsame Querungsstellen mit einheitlicher Bordhöhe zum Einsatz, darf die Bordausrundung nicht größer als 10 mm sein (vgl. RASt 06).

Abb. 3.3.9 Gemeinsame Querungsstelle mit einheitlicher Bordhöhe

*) Der Bewegungsraum entspricht bei mittlerer Geschwindigkeit der Spurbreite; er vergrößert sich mit zunehmender Geschwindigkeit

**) Spurbreite bei einer mittleren Geschwindigkeit von 15 km/h

Abb. 3.3.10 Platzbedarf von Inlineskatern

Inlineskater

Wege für Inlineskater sollten sich an der Leistungsfähigkeit der potenziellen Nutzer orientieren. Bei Steigungen und Gefällestrecken mit einer Neigung von mehr als 3 % ist besonders über längere Distanzen die Leistungsgrenze von wenig geübten Inlineskatern erreicht. Für geübte Skater sind dagegen Gefällestrecken von bis zu 12 % in der Regel problemlos zu bewältigen.

Da bestimmte Brems- und Fahrmanöver nicht „spurtreu" auszuführen sind, ist eine Wegbreite von mindestens 3 m empfehlenswert. Nur in Ausnahmefällen und für fortgeschrittene Inlineskater kommen auch Wege von 2 m Breite in Betracht. Bei gleichzeitiger Nutzung der Wege durch Fußgänger und Radfahrer sowie höherer Frequentierung sollten breitere Wege vorgesehen werden.

Radverkehr

Bei der Anlage von Radwegen ist zwischen straßenbegleitenden Radwegen und selbstständig geführten Radwegen (in Parkanlagen Radwanderwege oder parallel zur Straße geführte, aber durch Grünstreifen getrennte Radwege) zu unterscheiden. Die Wegebreite richtet sich zum einen danach, ob die Wege im Ein- oder Zweirichtungsverkehr geführt werden, und zum anderen nach der Nutzungsfrequenz.

Straßenbegleitend kann der Radverkehr, entsprechend dem Verkehrsaufkommen anderer Verkehrsteilnehmer, entweder auf der Fahrbahn oder im Seitenraum von Straßen abgewickelt werden:

Bei Fahrbahnbreiten bis 6,00 m und 500 Kfz/h beziehungsweise 7,00 m und 800–1000 Kfz/h ist das Führen des Radverkehrs auf der Fahrbahn möglich. Ab 7 m Breite kann auf 2-streifigen Fahrbahnen ein Schutzstreifen für den Radverkehr eingeplant werden (von anderen Fahrzeugen überfahrbar), ab etwa 9,20 m Fahrbahnbreite ein Radfahrstreifen (eigene Fahrspur, die auf der Fahrbahn angeordnet ist) → Abb. 3.3.11.

Werden Radwege im Seitenraum angeordnet, sind diese deutlich durch 0,30 m breite Begrenzungsstreifen (taktil und optisch kontrastierend) vom Gehweg abzugrenzen. → Abb. 3.3.12 Eine Abgrenzung durch höhenungleiche Rad- und Gehwege ist aufgrund erhöhter Sturzgefahr nur bei einer Mindestradwegebreite von 2,00 m vorzusehen.

Straßenbegleitende Radwege sind vorzugsweise im Einrichtungsverkehr anzulegen. Einzelfälle schließen jedoch einen Zweirichtungsverkehr nicht aus. Dabei gelten die aus Tab. 3.3.6 ablesbaren Abmessungen für Regelbreiten und Sicherheitstrennstreifen sowie die aus Tab. 3.3.7 zu berücksichtigenden Sicherheitsräume bei Radverkehrsanlagen.

Die in Tab. 3.3.7 dargestellten Sicherheitsräume lassen sich sinngemäß auch auf den Fußgängerverkehr übertragen. Die Sicherheitsräume von Fußgängern und Radfahrern können sich dabei überlagern.

Die Richtlinie für den ländlichen Wegebau (RLW 75/88) sieht für Radwege Mindestbreiten von 1,00 m, bei Gegenverkehr von 1,60 m vor. Bei stark frequentierten Radwanderwegen wird man Breiten von 2,00–2,50 m wählen müssen, um Faktoren wie Fahrkomfort, Sicherheit und möglichst geringe Belästigungen der Verkehrsteilnehmer miteinander in Einklang zu bringen.

Bei der Gestaltung von Radwegen ist zu beachten, dass für Kurven ausreichende Radien ausgebildet und Abknickungen vermieden werden. Insbesondere außerhalb von Ortschaften, wenn höhere Geschwindigkeiten zu erwarten sind, sollten größere Radien gewählt werden. Bei Radwegen außerhalb der Ortslagen sollten Radien unter 10 m nicht unterschritten werden (Ausnahme: Knotenpunkte). Bei wassergebundenen Decken ist der Kurvenradius etwas größer zu wählen.

In engen Kurven mit ungünstigen Sichtverhältnissen sind Verbreiterungen des Radweges um etwa 0,50 m erforderlich.

Steigungen von Radwegen sollen sich möglichst an der Leistungsfähigkeit ungeübter Radfahrer orientieren. Größere Höhendifferenzen sollten über möglichst lange Strecken mit geringer Steigung überwunden werden; auf kurzen Strecken sind auch größere Steigungen möglich. → Tab. 3.3.10

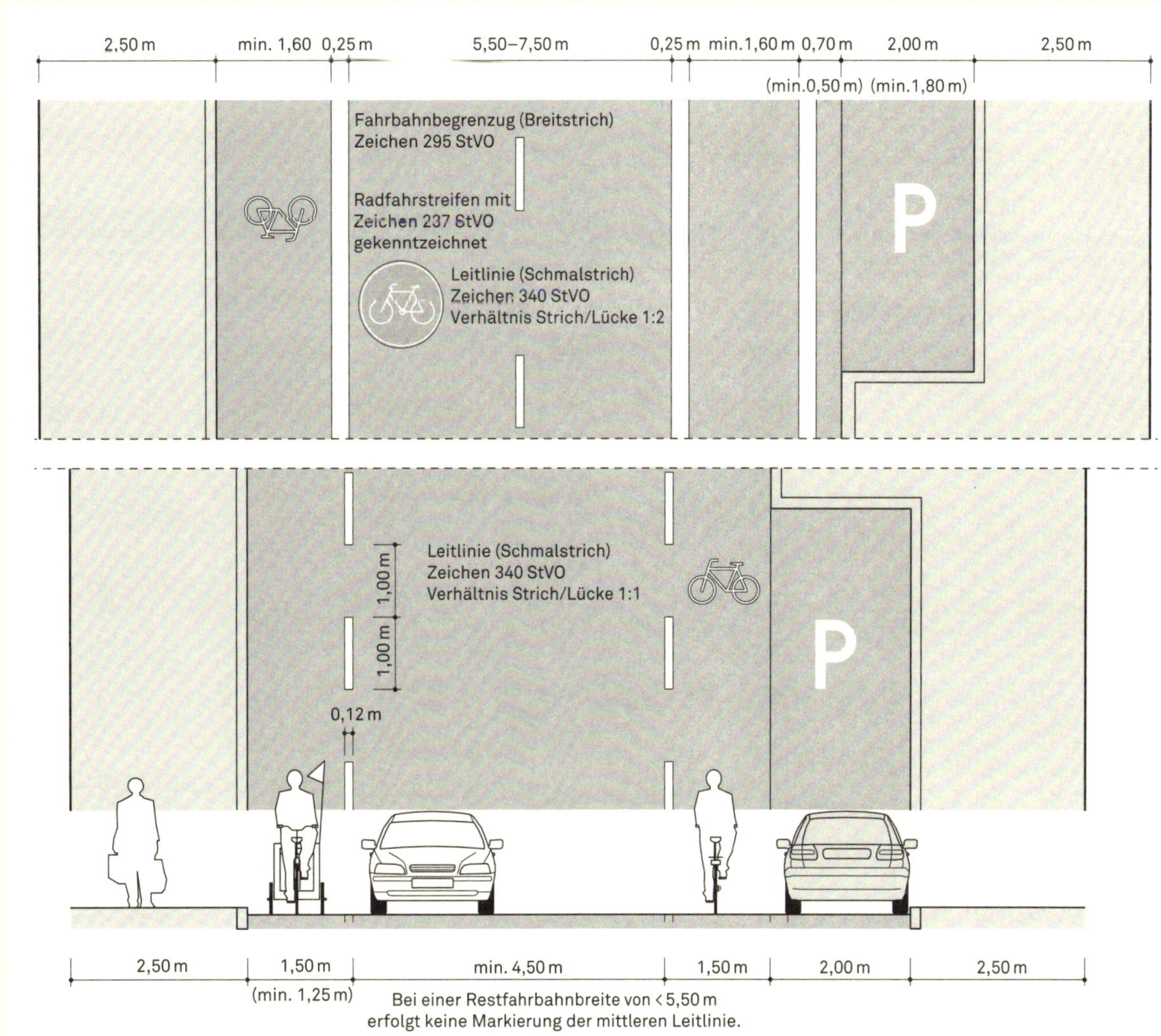

Abb. 3.3.11 Anordnung von Schutzstreifen (in Österreich Mehrzweckstreifen) und Radfahrstreifen für den Radverkehr auf der Fahrbahn

Anlagentyp	Wegebreite	Breite des Sicherheitstrennstreifens		
		Zur Fahrbahn	Zu Längsparkständen	Zu Schräg-/Senkrechtparkständen
Auf der Fahrbahn				
Schutzstreifen	1,50 m (Mindestmaß 1,25 m)	–	Sicherheitsraum: 0,25–0,50 m (keine Markierung erforderlich)	Sicherheitsraum: 0,75 m
Radfahrstreifen	1,85 m (einschl. Markierung)	–	0,50–0,75 m (als durchgezogener Streifen markiert)	0,75 m (als durchgezogener Streifen markiert)
Neben der Fahrbahn				
Einrichtungsradweg	2,00 m (1,60 m*)	0,50 m (Überhangstreifen kann darauf angerechnet werden) 0,75 m bei festen Einbauten oder hehem hoher Verkehrsstärke	0,75 m	1,10 m (Überhangstreifen kann darauf angerechnet werden)
Beidseitiger Zweirichtungsradweg	2,50 m (2,00 m*)			
Einseitiger Zweirichtungsradweg	3,00 m (2,50 m*)			
Gemeinsamer Geh- und Radweg (innerorts)	≥ 2,50 m (abhängig von Fuß- und Radverkehrsstärke, vgl. Abb. 3.3.10)			
Gemeinsamer Geh- und Radweg (außerorts)	2,50 m	1,75 m bei Landstraßen		

* Bei geringer Radverkehrsstärke

Tab. 3.3.6 Abmessungen von straßenbegleitenden Radwegen (gem. RASt 06)

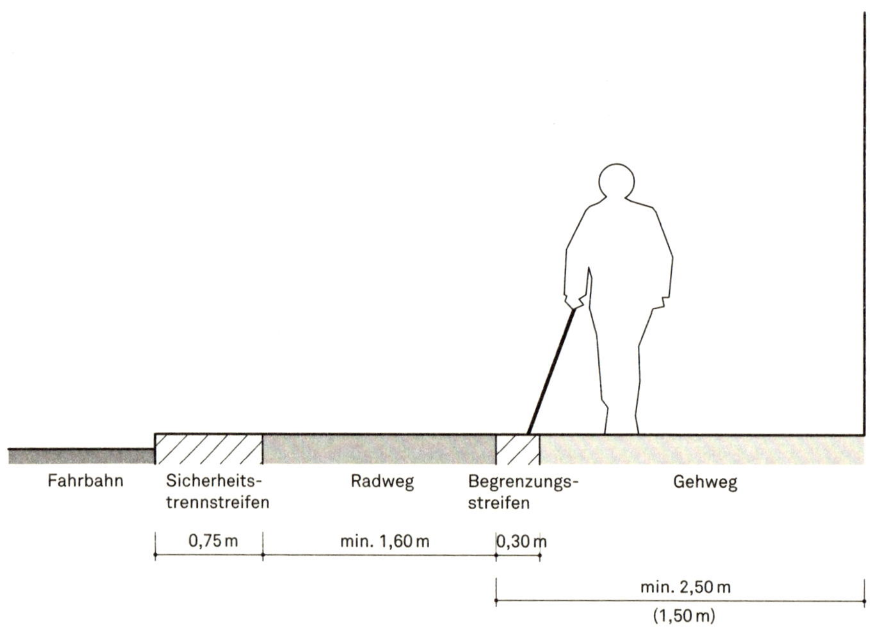

Abb. 3.3.12 Begrenzungsstreifen zwischen Rad- und Gehweg

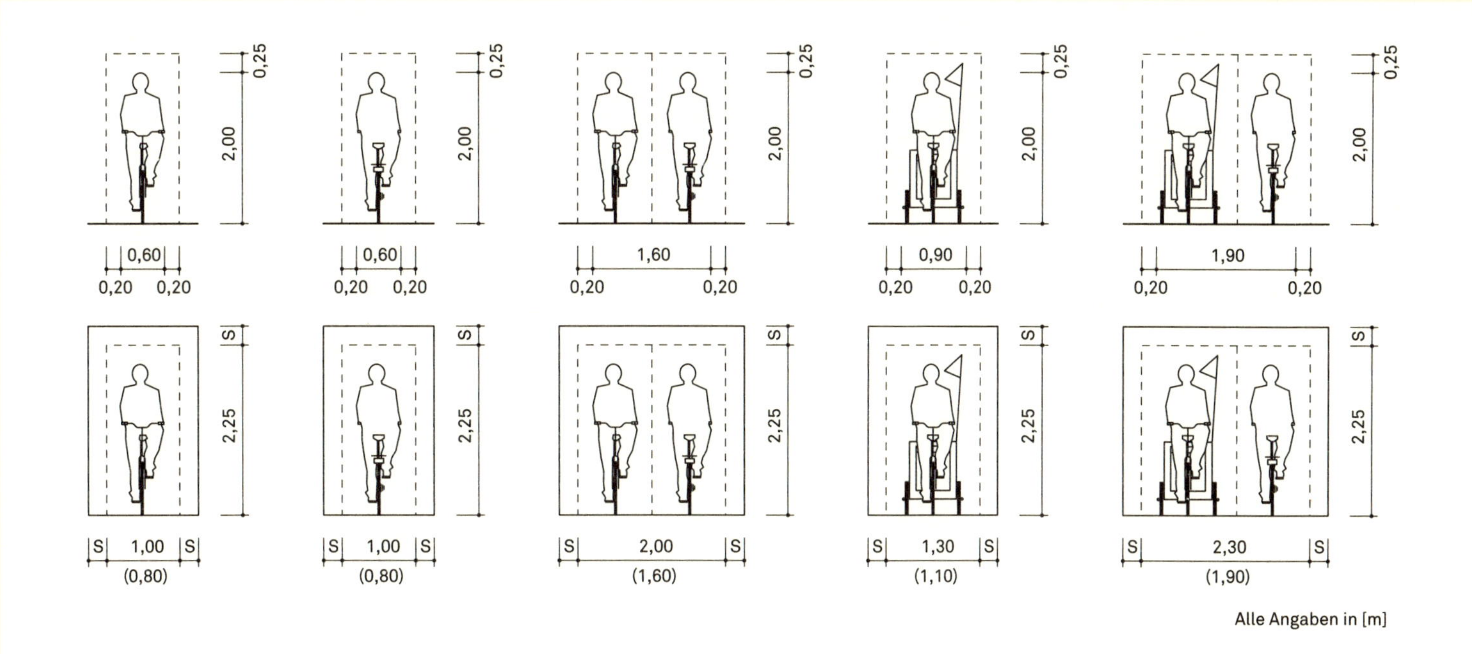

Abb. 3.3.13 Platzbedarf für den Radverkehr ohne und mit Sicherheitsraum (S)

Tab. 3.3.7 Abmessungen von selbstständig geführten Radwegen (gem. RLW 2005)

Radweg	Selbstständig geführte Radwege (gem. RLW 75/88) Mindestbreite	Sicherheitsraum
Einrichtungsradweg	1,00 m	Mind. 0,25 m je Seite zu Hindernissen
Zweirichtungsradweg	1,60 m, bei stark frequentierten Wegen 2,00 m und mehr	Mind. 0,25 m je Seite zu Hindernissen

Tab. 3.3.8 Erforderliche Mindestkurvenradien von Radwegen bei einer Querneigung von 2,5 % in Abhängigkeit von der Geschwindigkeit

Mindestkurvenradius Asphalt/Betonverbundpflaster [m]	2,50	5	10	15	20	30
Geschwindigkeit [km/h]	10	16	24	28	32	40

Tab. 3.3.9 Radien und Anhaltewege in Abhängigkeit von der Geschwindigkeit für die Trassierung von selbstständig geführten Radwegen (gem. ERA 10)

Geschwindigkeit	Mindestkurvenradius		Kuppenhalbmesser min H_k	Wannenhalbmesser min H_w	Anhalteweg bei nasser Oberfläche
	Asphalt/Betonverbundpflaster	Ungebundene Decke			
20 km/h	10 m	15 m	40 m	25 m	15 m
30 km/h	20 m	35 m	80 m	50 m	25 m
40 km/h	30 m	70 m	150 m	100 m	40 m

Tab. 3.3.10 Vertretbare Längen von Steigungsstrecken bei Radwegen (gem. ERA 10, ergänzt)

Steigung [%]	Max. Länge Steigungsstrecke	Höhendifferenz
12	8,00 m	0,96 m
10	20,00 m	2,00 m
6	65,00 m	3,90 m
5	120,00 m	6,00 m
4	250,00 m	10,00 m
3	>250,00 m	>10,00 m

Kombinierte Geh- und Radwege

→ **Tab. 3.3.11 und Abb. 3.3.14** verdeutlichen die Mindestanforderungen an die gemeinsame Führung des Fußgänger- und Radverkehrs. Neben einer geringen Verkehrsbelastung (keine intensive Geschäftsnutzung oder Wartebereiche des öffentlichen Nahverkehrs) sind entsprechende Wegebreiten sowie ein geringes Gefälle die Voraussetzungen für den Einsatz gemeinsamer Geh- und Radwege.

Max. Seitenraumbelastung in der Spitzenstunde*	Erforderliche Breite zuzüglich Sicherheitstrennstreifen
70 (Fg + R)/h	≥2,50–3,00 m
100 (Fg + R)/h	≥3,00–4,00 m
150 (Fg + R)/h	≥4,00

* Der Anteil der Radfahrer an der Gesamtbelastung sollte dabei ein Drittel nicht überschreiten.

Tab. 3.3.11 Gemeinsame Geh- und Radwege im Straßenraum (Quelle: RASt 06)

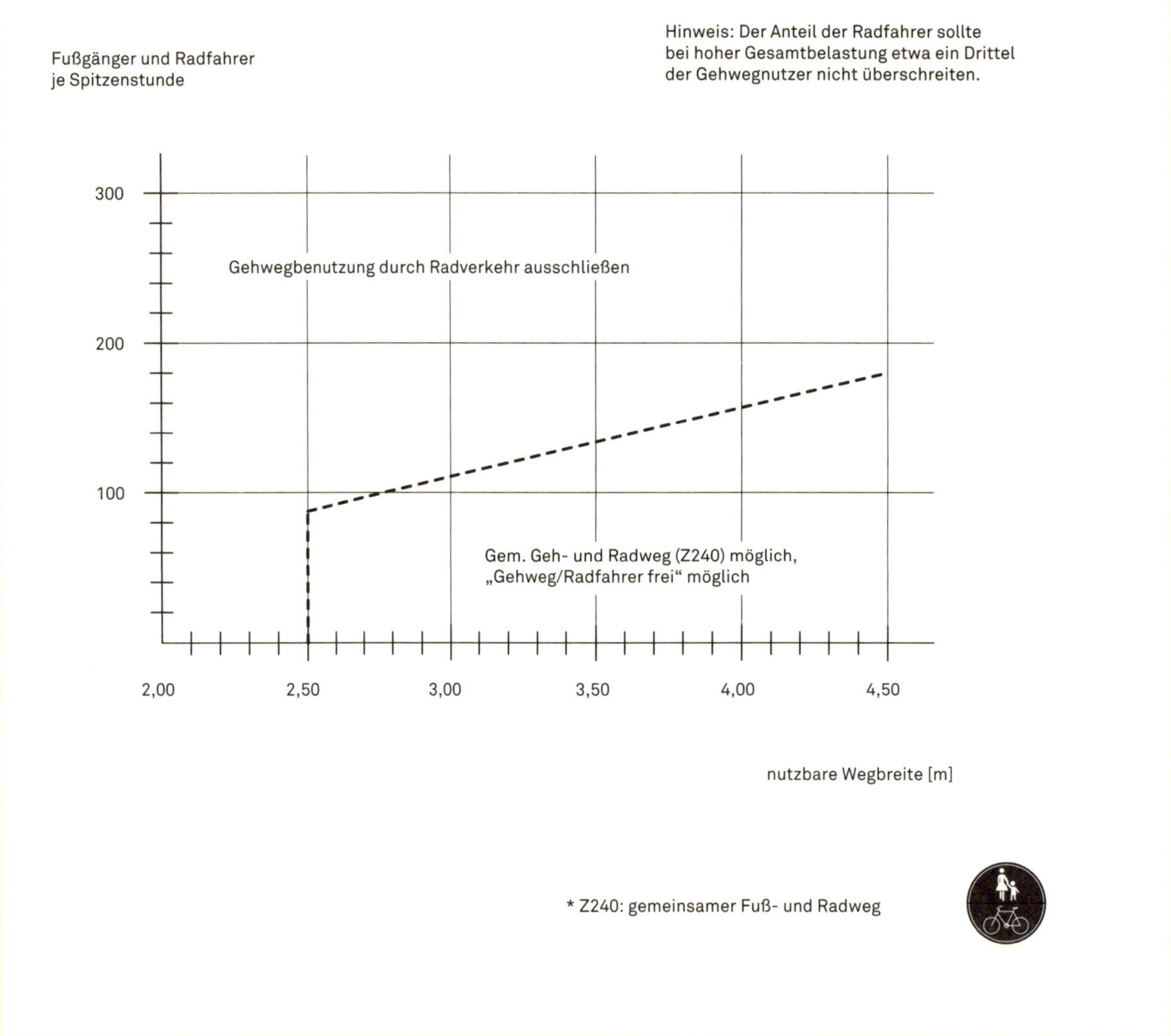

Abb. 3.3.14 Einsatzgrenzen für die gemeinsame Führung von straßenbegleitendem Fußgänger- und Radverkehr gemäß den Empfehlungen für Radverkehrsanlagen, ERA-R2

Bewegungsflächen vor Hindernissen

Vor Türen und Toren ist ausreichend Platz vorzusehen, damit das Rangieren von Rollstühlen oder Kinderwagen in diesen Bereichen problemlos möglich ist. → Abb. 3.3.15 Bei Umlaufsperren an selbstständig geführten Geh- und Radwegen, beispielsweise an Bahn- und Tramübergängen, sind 3,00 m Mindestabstand von der Bahn- oder Fahrbahnkante einzuhalten. → Abb. 3.3.16

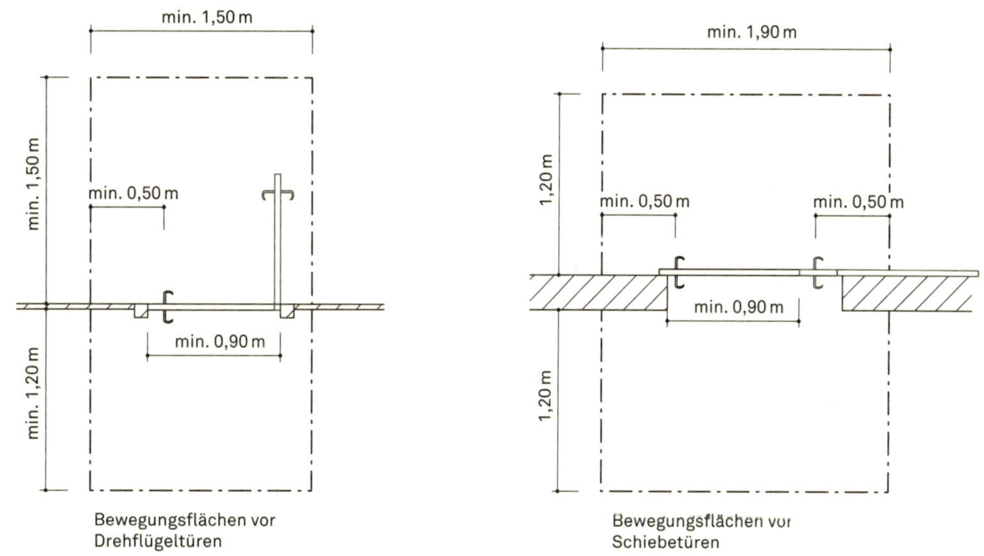

Abb. 3.3.15 Bewegungsflächen vor Toren und Türen

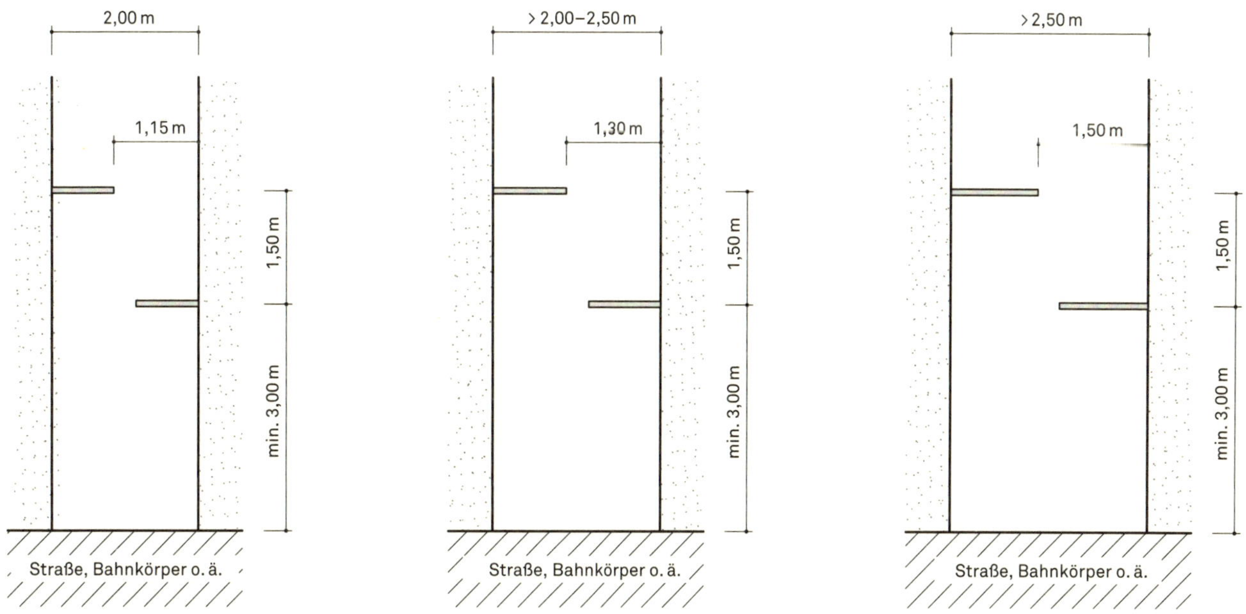

Abb. 3.3.16 Umlaufsperre an selbstständigen Geh- und Radwegen

Straßenräume

Verkehrsräume

Die nachstehend aufgeführten Verkehrsräume einzelner Verkehrsteilnehmer dienen der Ermittlung des zu erwartenden Raumbedarfes bei der Planung und Festlegung der erforderlichen Straßen- und Wegebreiten. Die Verkehrsräume setzen sich aus dem Grundmaß, also der durchschnittlichen Abmessung des Verkehrsteilnehmers (W), und bei Fahrzeugen zusätzlich aus dem durch Aktion zu erwartenden Bewegungsspielraum (B) zusammen. Zur Bestimmung des erforderlichen Raumbedarfs im Straßenraum sind außerdem die seitlichen Sicherheitsräume (S1, S2 und S3) einzubeziehen. Sicherheitsräume geben den erforderlichen Abstand im Begegnungsfall (S1), zu seitlichen Hindernissen (S2) und nach oben (S3) an. → Abb. 3.3.17

Grundlage der Berechnung des nach Art und Frequenz der Nutzung zu veranschlagenden Raumbedarfs von Verkehrsteilnehmern bildet der aus → Tab. 3.3.12 ersichtliche Verkehrsraum. Als Bewegungsspielraum werden für Fahrzeuge 25 cm (Straßenbahnen 30 cm) gem. RASt 06 festgelegt. Bei Personen wird der Bewegungsspielraum nicht zusätzlich aufgeführt. Addiert man hierzu den spezifischen Sicherheitsraum S1, ergibt sich der Raumbedarf sich begegnender und nebeneinander fahrender Verkehrsteilnehmer. In der Regel wird der mittlere Sicherheitsraum S1 mit einer Breite von 25 cm angenommen. Ausnahmen bilden Linienbusse und Straßenbahnen mit einem Sicherheitsabstand von 40 cm und Fahrradfahrer mit einem Abstand von 75 cm zum Verkehrsraum. In → Abb. 3.3.18 wird der Raumbedarf zuzüglich der Sicherheitsräume S2 und S3 dargestellt. Er ist gleichzusetzen mit dem für Verkehrsteilnehmer freizuhaltenden lichten Raum. Die Regelbreite des seitlichen Sicherheitsraumes S2 beträgt 50 cm (bei eingeschränktem Bewegungsspielraum 25 cm), die des oberen Sicherheitsraumes stets 30 cm.

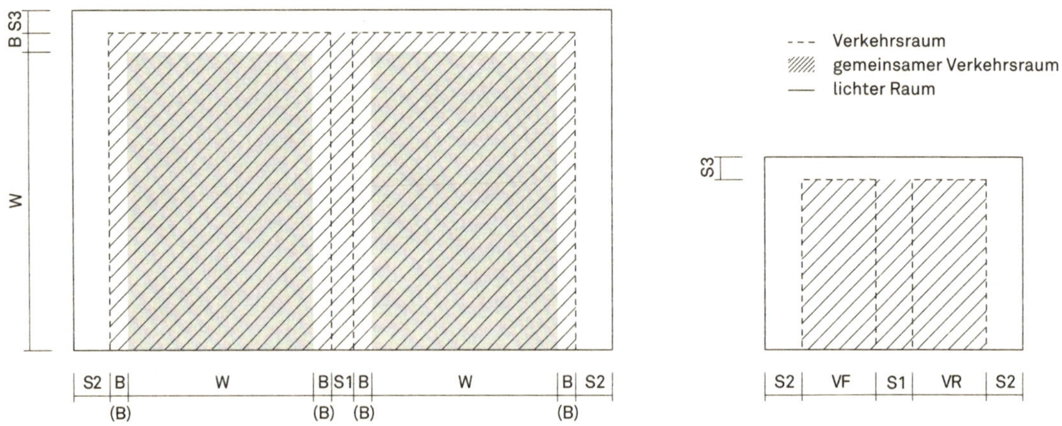

Abb. 3.3.17 Zusammensetzung des Raumbedarfs für Kraftfahrzeuge, Fußgänger und Radfahrer nach RASt 06

Verksehrsteilnehmer	Abmessung – Mittelwerte (W)		Bewegungsspielraum		Verkehrsraum	
	Breite	Höhe	B	(B)	Breite	Höhe
Fußgänger*	100 (80) cm	200 cm	–	–	100 (80) cm	200 cm
Rollstuhlfahrer, ohne Richtungsänderung*	110 cm	–	–	–	110 cm	–
Person mit Langstock*	120 cm	200 cm	–	–	120 cm	200 cm
Person mit Kinderwagen*	100 cm	200 cm	–	–	100 cm	200 cm
Inlineskater	180 cm	210 cm	–	–	180 cm	210 cm
Fahrradfahrer*	100 (80) cm	225 cm	–	–	100 (80) cm	225 cm
Fahrradfahrer mit Anhänger*	130 (110) cm	225 cm	20 cm	10 cm	130 (110) cm	225 cm
Reiter	130 cm	270 cm	≥20 cm	–	170 cm	290 cm
Motorradfahrer	90 cm**	180 cm	20 cm***	–	130 cm	200 cm
Pkw*	175 cm**	150 cm	25 cm	15 cm	225 (205) cm	200 cm
Lkw*	255 cm**	400 cm	25 cm	20 cm	305 (295) cm	450 cm
Linienbus*	255 cm**	300 cm	25 cm	20 cm	305 (295) cm	350 cm
Straßenbahn*	265 cm**	420–500 cm	30 cm	(420-) 500 cm	325 cm	560 cm

* gem. RASt 06 ** ohne Außenspiegel *** Schräglage beim Fahren unberücksichtigt

Tab. 3.3.12 Verkehrsräume einzelner Verkehrsteilnehmer zzgl. ihrer Bewegungsspielräume B bzw. eingeschränkten Bewegungsspielräume (B)

Ist von einer geringen Erschließungsbedeutung und somit von einer angepassten Stärke und Zusammensetzung des Kraftfahrzeugverkehrs auszugehen, kann auf eingeschränkte Bewegungsspielräume zurückgegriffen und teilweise auf Sicherheitsräume verzichtet werden. In der Regel setzt dies jedoch eine Geschwindigkeitsbeschränkung auf ≤40 km/h, eine umsichtige Fahrweise sowie eine geeignete Gestaltung und verkehrsrechtliche Regelungen zur visuellen Unterstützung voraus. So kann beispielsweise der mittlere Sicherheitsraum S1 bei der Begegnung von Kraftfahrzeugen (nicht bei Fahrradverkehr) entfallen. Hingegen muss im Falle des Nebeneinander- und Vorbeifahrens auch bei eingeschränktem Bewegungsspielraum ein mittlerer Sicherheitsraum von 25 cm bestehen bleiben.

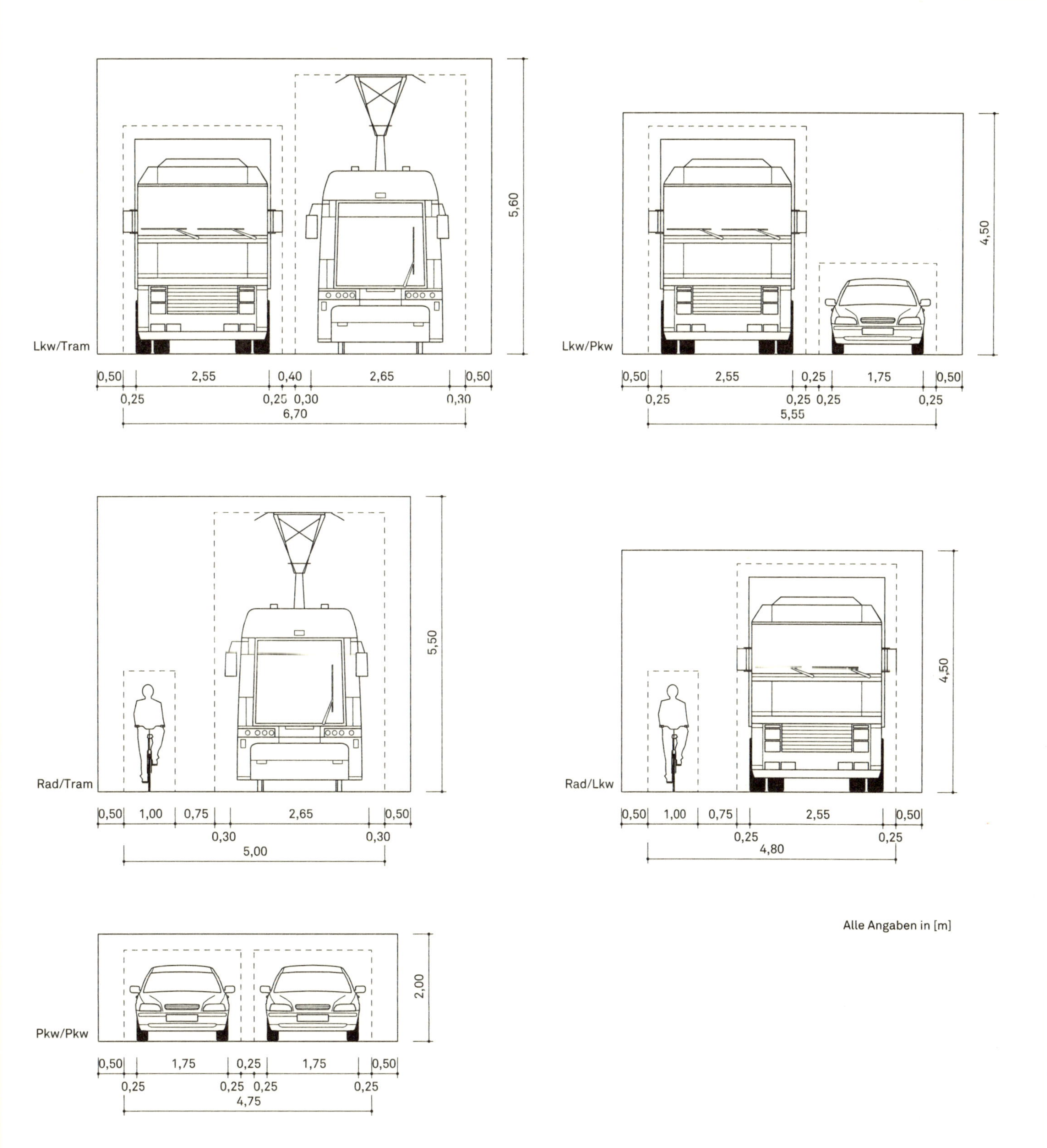

Abb. 3.3.18 Zusammensetzung von Verkehrsräumen und lichten Räumen beim Begegnen, Nebeneinander- und Vorbeifahren (gem. RASt 06)

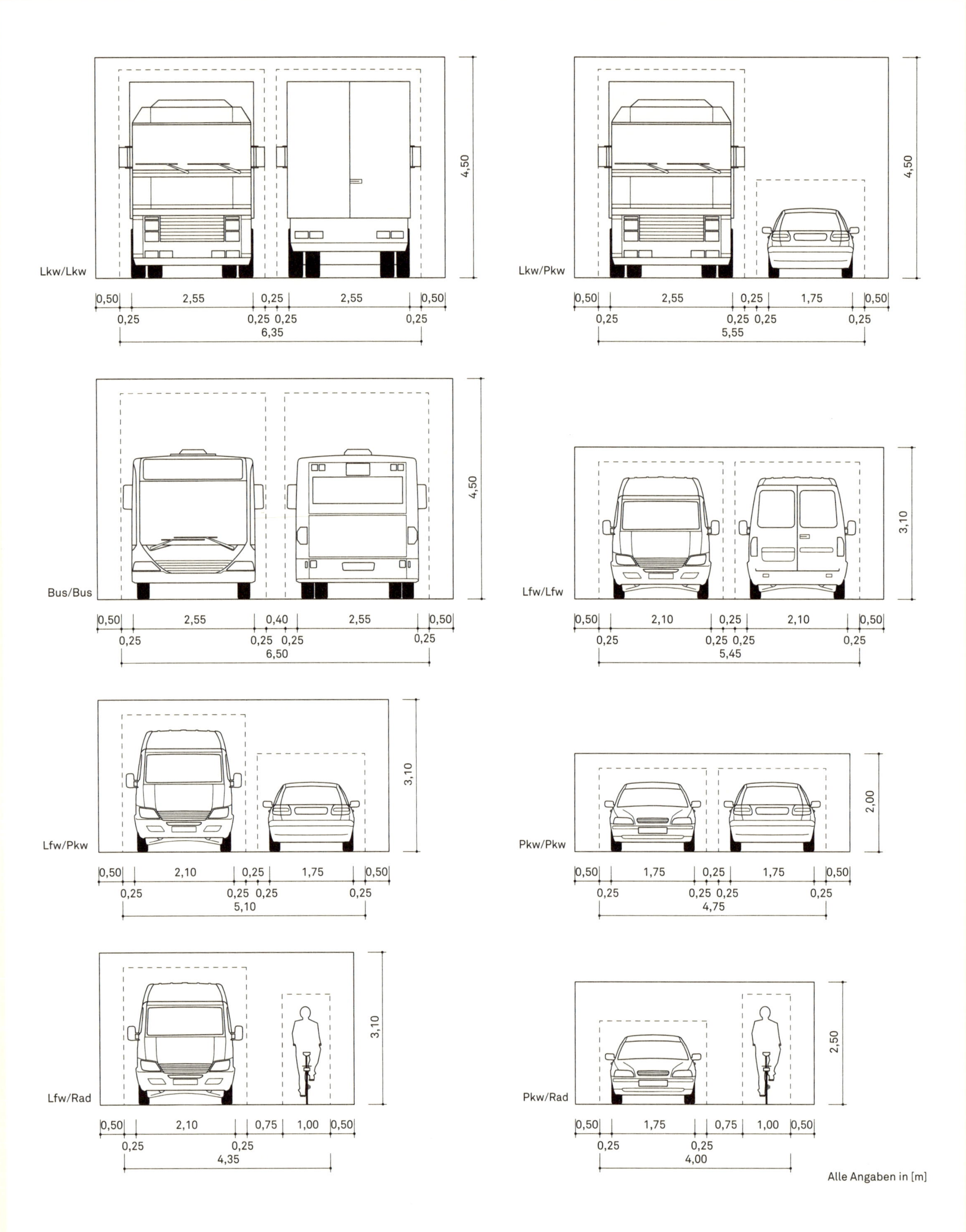

Abb. 3.3.18 Zusammensetzung von Verkehrsräumen und lichten Räumen beim Begegnen, Nebeneinander- und Vorbeifahren (gem. RASt 06)

Fahrbahntypen

Bei der Anlage von Straßen für den Kraftfahrzeugverkehr wird zwischen dem Trennungs- und dem Mischungsprinzip unterschieden. Sind Fahrbahnen baulich abgetrennt, spricht man vom Trennungsprinzip. Werden hingegen mehrere Verkehrsarten auf demselben Fahrbahnniveau vereint, ist vom Mischungsprinzip die Rede (→ **Gemeinsamer Verkehrsraum**).

Wie und in welcher Form die Fahrbahn ausgelegt wird, hängt vom Verkehrsaufkommen, dem zusätzlichen Vorhandensein von öffentlichen Verkehrsmitteln, der Führung des Radverkehrs sowie den Nutzungsansprüchen ab. Dabei richtet sich die Dimensionierung der Fahrbahn nach den Verkehrsräumen und den lichten Räumen von Verkehrsteilnehmern. Die erforderliche Breite der Fahrbahn wird in Deutschland gemäß der „Richtlinie für die Anlage von Stadtstraßen“ (RASt 06) festgelegt. Dabei deckt die zweistreifige Fahrbahn ein breites Spektrum möglicher Kraftfahrzeugverkehrsstärken ab. → **Tab. 3.3.13**

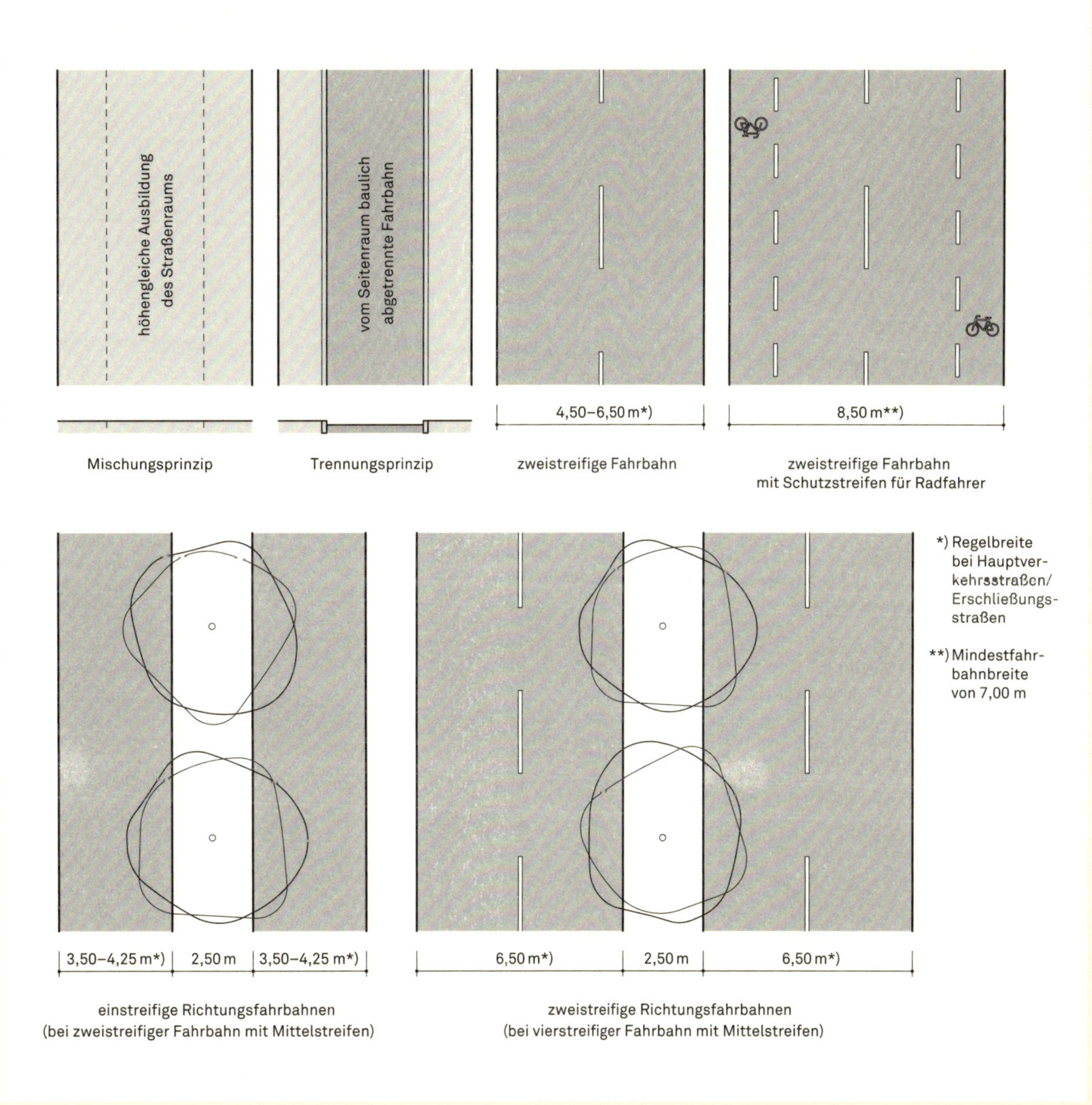

Abb. 3.3.19 Straßenfahrbahntypen

Anwendungsbereich	Fahrbahnbreite Hauptverkehrsstraße	Fahrbahnbreite Erschliessungsstraße
Einstreifige Richtungsfahrbahn/Einbahnstraße		
Regelfall (mit Radfahrern auf der Fahrbahn)	4,25 m (bei eingeschränkter Flächenverfügbarkeit 3,00 m)	3,50 m (bei eingeschränkter Flächenverfügbarkeit 3,00 m)[1]
Radverkehr auf Fahrbahn in gegenläufiger Richtung	Nicht anwendbar	3,50 m (3,00 m mit ausreichenden Ausweichmöglichkeiten)
Fahrbahn mit Schutzstreifen	3,75 m (2,25 + 1,50 m) bei geringem Lkw-Verkehr	Kommt in der Regel nicht vor
Zweistreifige Fahrbahn		
Regelfall	6,50 m[2]	4,50–5,50 m
Mit Linienbusverkehr	6,50 m[2]	6,50
Geringer Linienbusverkehr mit geringem Nutzungsanspruch[3]	6,00 m	6,00 m
Geringe Begegnungshäufigkeit Lkw-Verkehr	5,50 m (bei verminderter Geschwindigkeit)	–
Große Begegnungshäufigkeit Bus- und Lkw-Verkehr	7,00 m	–
Schutzstreifen für Radfahrer	7,50 m mit beidseitig 1,50 m Schutzstreifen 7,00 m mit beidseitig 1,25 m Schutzstreifen[4] bei beengten Verhältnissen	
Zweistreifige Richtungsfahrbahn	**Fahrbahnbreite**	
Regelfall	6,50 m	
Geringe Häufigkeit Bus- oder Lkw-Verkehr	6,00 m (5,50 m bei geringer Flächenverfügbarkeit)	
Bus- oder Lkw-Verkehr dominierend	7,00 m (nur in Fällen, in denen das permanente Nebeneinanderfahren gewährleistet werden soll)	
Anliegerfahrbahn und Anliegergassen		
Anliegerfahrbahn (Trennungsprinzip)	4,75 m (Lieferverkehr auf der Fahrbahn möglich)	
Anliegerfahrgasse (Mischungsprinzip)	3,00 m (Lieferverkehr und Parken auf danebenliegenden Flächen)	

[1] Die Erfordernisse des Winterdienstes sind im Einzelfall zu prüfen. [2] Bei diesem Maß sind in der Regel benutzungspflichtige Radverkehrsanlagen vorzusehen.
[3] Z. B. bei ausschließlicher Erschließungsfunktion. [4] Nicht neben Parkstreifen mit häufigen Parkwechseln.

Tab. 3.3.13 Auslegung von ein- und zweistreifigen Fahrbahnen sowie von Richtungsfahrbahnen, Anliegerstraßen und Anliegergassen nach RASt 06

Abb. 3.3.20 Gehweg mit rollstuhlgerechter Absenkung von 3 cm auf 0 cm sowie Auffindestreifen und Richtungsfeld an einer gemeinsamen Querungsstelle für Rollstuhlfahrer, Blinde und Sehbehinderte

Bordsteine und Randeinfassungen

Die Trennung der Fahrbahn von den Seitenräumen erfolgt innerorts in der Regel durch einen deutlich erkennbaren Bordstein. Dafür stehen hohe, halbhohe und niedrige Borde zur Verfügung. Gemäß RASt 06 (Richtlinie für die Anlage von Stadtstraßen) ergeben sich für diese Bauformen unterschiedliche Anwendungsbereiche entsprechend der jeweiligen Straßennutzung. → Tab. 3.3.15

Zur Sicherstellung der Barrierefreiheit im Bereich von Zufahrten und Fahrradübergängen sind die Bordsteine entsprechend abzusenken. Im Bereich von Radwegen und für Rollstuhlfahrer ist eine Absenkung auf Nullniveau anzustreben. Für die Barrierefreiheit im Sinne einer taktil erfahrbar gestalteten Umwelt gilt eine Bordhöhe von 6 cm als optimal, da sie für Sehbehinderte und Blinde mit Gehstock sicher ertastbar ist. Sinkt die Bordhöhe unter 3 cm, ist sie für blinde und sehbehinderte Menschen durch ein Sperrfeld abzusichern. → Abb. 3.3.18–Abb. 3.3.20

Bauform	Höhe	Funktion	Anwendungsbereiche
Hohe Borde	10–14 cm (max. 20 cm)	Trennung Fahrbahn/Gehweg (Radweg im Seitenraum)	Anbaufreie Hauptverkehrsstraßen, angebaute vier- und mehrstreifige Hauptverkehrsstraßen
	8–12 cm	Trennung Fahrbahn/Gehweg bzw. Parkstreifen/Gehweg (Radweg im Seitenraum)	Zweistreifige Hauptverkehrsstraßen, Erschließungsstraßen
Halbhohe Borde	4–8 cm	Trennung Fahrbahn/Gehweg (Radweg im Seitenraum) bzw. Fahrbahn/Parkstreifen	Zweistreifige Hauptverkehrsstraßen, Erschließungsstraßen
Niedrige Borde	<4–0 cm	Trennung Fahrbahn/Gehweg (Radweg im Seitenraum) bzw. Fahrbahn/Parkstreifen	Zweistreifige Hauptverkehrsstraßen mit geringen Verkehrsstärken, Erschließungsstraßen, Bordabsenkung an Querungsstellen für Fußgänger, Rollstuhlfahrer (≤3 cm), Radfahrer*

* Für Radfahrer stellt die Nullabsenkung die optimale Variante dar; nur in Ausnahmefällen kann davon abgewichen werden. Im Bereich von eigenständigen Radwegen ist immer eine Nullabsenkung vorzusehen.

Tab. 3.3.14 Anwendungsbereiche von Bordhöhen

Nutzergruppe	Art der Randeinfassung					
	<3 cm Bordhöhe (über gesamte Querungsbreite)	Rampe (über gesamte Querungsbreite)	≥3 cm Bordhöhe (über gesamte Querungsbreite)	Rollbord (= Nullabsenkung des Bordsteins) + 6 cm Bordhöhe (getrennte Querung)	Schmale Rampe mit mittiger Querung (mit längsseitiger Bordverziehung)	Schmale Rampe mit mittiger Querung (Bordverziehung zum Gehweg)
Für Fußgänger geeignet						
Für Fußgänger bedingt geeignet						
Für Rollstuhlfahrer geeignet						
Für Rollstuhlfahrer bedingt geeignet						
Für Personen mit Gehbehinderung geeignet						
Für Personen mit Gehbehinderung bedingt geeignet						
Für Blinde und Sehbehinderte geeignet						
Für Blinde und Sehbehinderte **nicht geeignet**	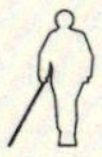					
Gewährleistung der Sicherheit						
Barrierefrei im Sinne des „Design für alle"				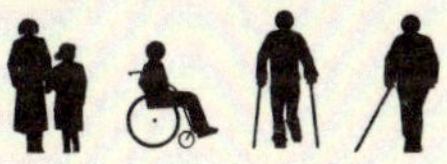		

Tab. 3.3.15 Eignungskriterien von Randeinfassungen für verschiedene Nutzertypen im Gehwegbereich – die Variante der getrennten Querung mittels Rollbord neben einer Bordhöhe von 6 cm stellt die optimale Querungslösung im Sinne von „Design für alle" dar.

Straßenraumprofile

Aus der Kombination der Verkehrsräume verschiedener Verkehrsteilnehmer und den erforderlichen Sicherheitsabständen (→ Tab. 3.3.4 und Abb. 3.3.4) sowie den Seitenräumen (→ Tab. 3.3.6) ergeben sich je nach Nutzungsanforderung und Verkehrsaufkommen unterschiedliche Straßenraumprofile.

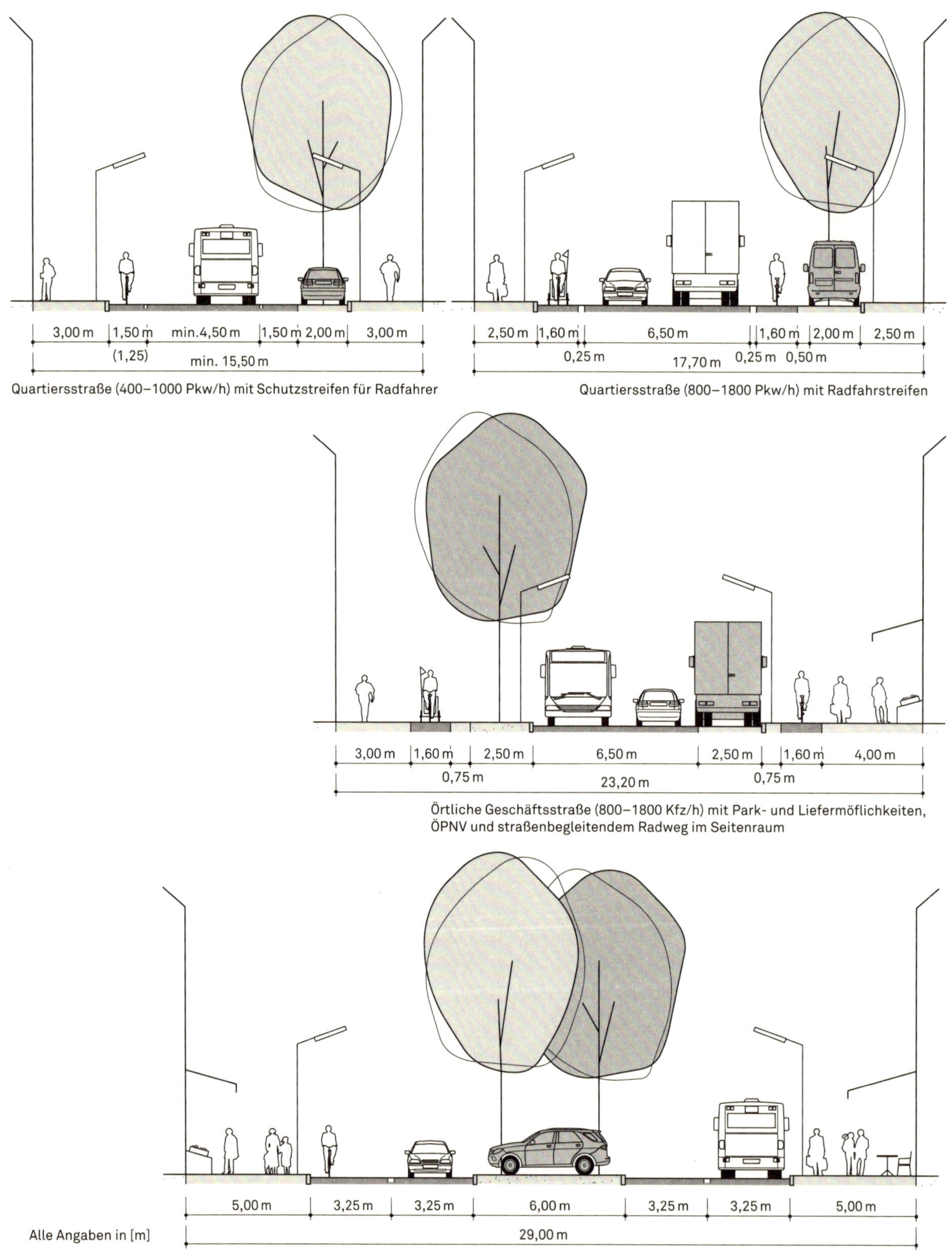

Abb. 3.3.21 Straßenraumprofile für unterschiedliche Nutzungsanforderungen

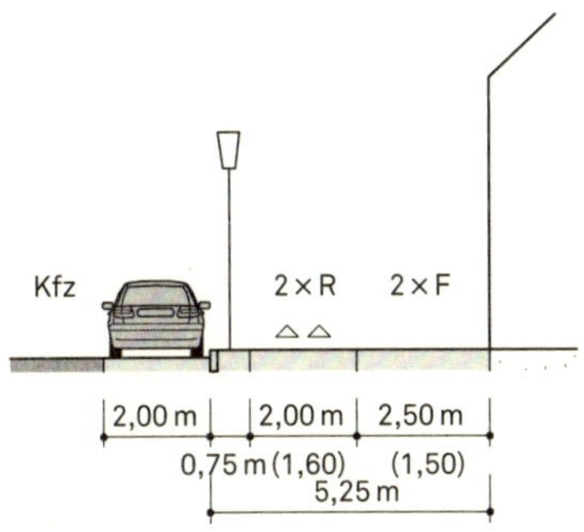

Straßenbegleitender Radweg im Seitenraum neben Längsparkmöglichkeiten

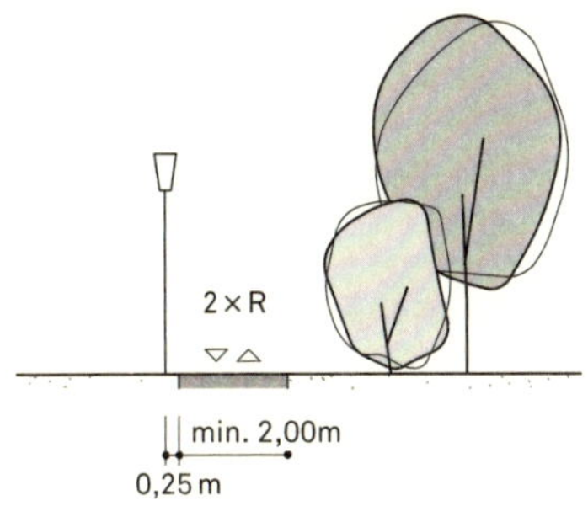

Selbständig geführter Zweirichtungsradweg

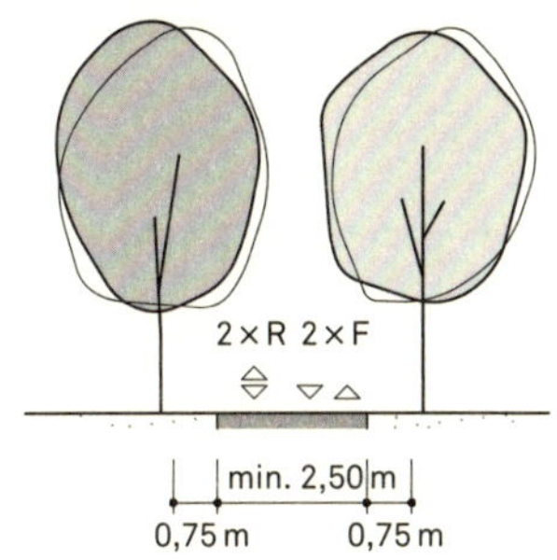

Kombinierter Fuß- und Radweg

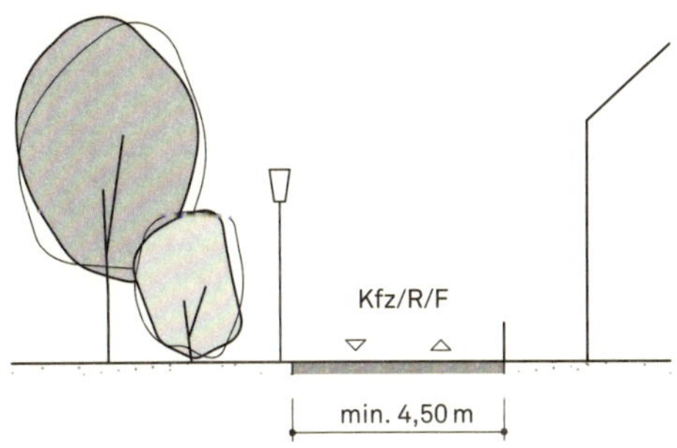

Wohnweg (< 400 Kfz/h) mit Aufenthaltsfunktion, Mischungsprinzip

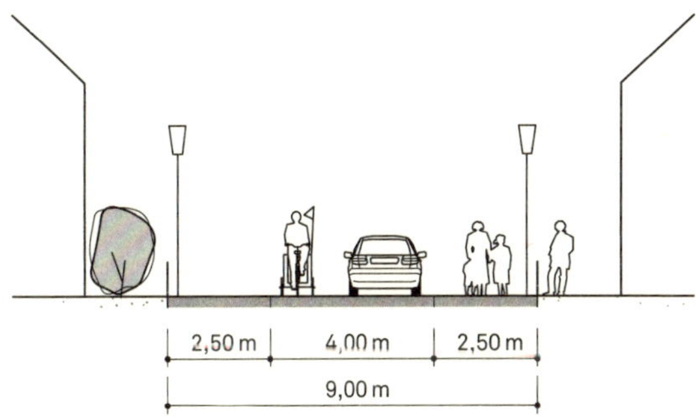

Wohnweg (< 400 Kfz/h) mit Aufenthaltsfunktion, Mischungsprinzip

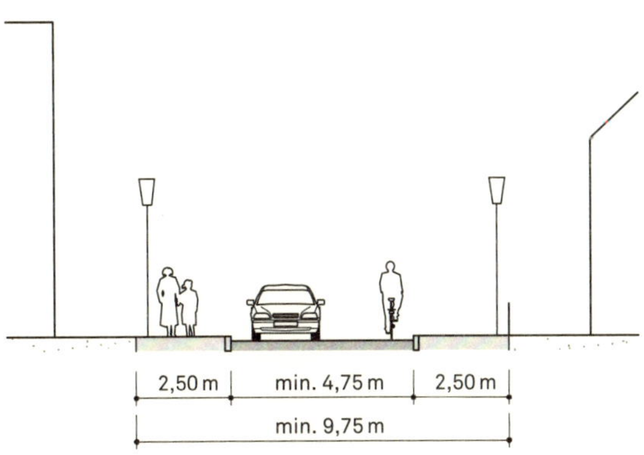

Wohnstraße (< 400 Kfz/h) mit Aufenthaltsfunktion, Trennungsprinzip

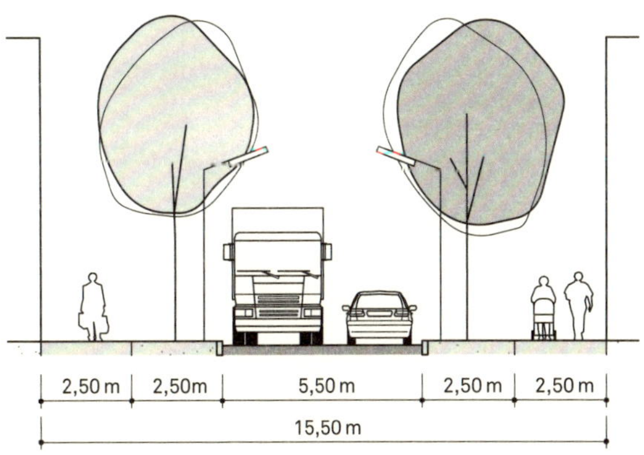

Wohnstraße (< 400 Kfz/h) mit seitlichen Grünstreifen, Trennungsprinzip

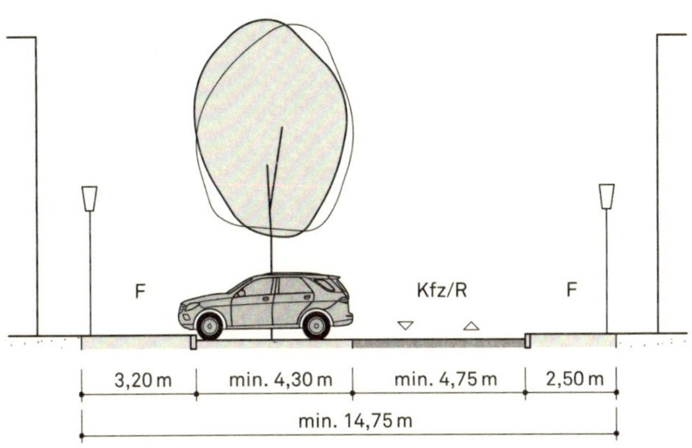

Wohnstraße (< 400 Kfz/h) mit Querparkmöglichkeiten,Trennungsprinzip

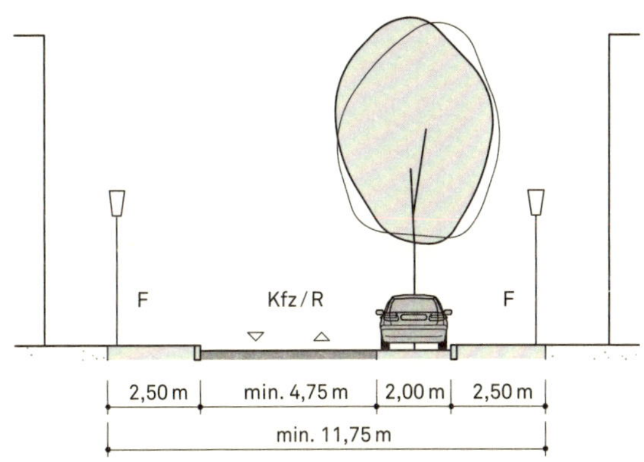

Wohnstraße (< 400 Kfz/h) mit Längsparkmöglichkeiten, Trennungsprinzip

Gemeinsamer Verkehrsraum

Hinter den Konzepten für gemeinsame Verkehrsräume steht immer der Grundgedanke, eine gleichberechtigte Nutzung von Straßen, Wegen oder Plätzen durch unterschiedliche Verkehrsteilnehmer oder eine privilegierte Nutzung durch die schwächeren Verkehrsteilnehmer zu ermöglichen und damit die Aufenthaltsqualität zu verbessern. Diese Konzepte stehen somit meist im Gegensatz zu den üblichen Verkehrsplanungen, bei denen der motorisierte Verkehr den Verkehrsraum dominiert. Einige der Konzepte sind länderspezifisch und finden nur lokal Anwendung oder erfordern Sonderregelungen, da sie mit dem Verkehrsrecht eines Landes nicht vereinbar sind. So ist beispielsweise das „Shared-Space-Konzept" im Gegensatz zum „verkehrsberuhigten Bereich" im deutschen Verkehrsrecht nicht verankert. Zur Umsetzung des „Shared-Space-Prinzips" in Hamburg wurde ein Modellverfahren unter besonderer Beachtung der großstädtischen Rahmenbedingungen initiiert. → Tab. 3.3.16

Die gleichberechtigte Nutzung des Verkehrsraums erfolgt bei „Shared Space" auf Basis gegenseitiger Rücksichtnahme, wodurch dem Einzelnen mehr Eigenverantwortung übertragen wird. Anders als bei „Shared Space", der insbesondere auf zentralen Plätzen, für innerstädtische Straßenzüge und an Kreuzungspunkten eingerichtet wird, ist der verkehrsberuhigte Bereich für Straßen mit (überwiegender) Wohnnutzung vorgesehen, bei denen Aufenthaltsfunktion und sehr geringer Verkehr dominieren.

Eine Variante des verkehrsberuhigten Bereichs stellt der verkehrsberuhigte Geschäftsbereich mit Tempo 10 km/h oder 20 km/h dar. Hier gibt es zwar eine funktionale Trennung von Fahrbahn und Fußwegen, die Bereiche werden aber nicht durch Höhenunterschiede getrennt. Außerdem erfolgt die gemeinsame Nutzung der Fahrbahn durch Radfahrer und Kraftfahrzeuge ohne ausgewiesene Radfahrstreifen.

Die Begegnungszone ist eine Variante der Verkehrsberuhigung, die seit dem 1. 1. 2002 in der Schweiz zugelassen ist. In der Begegnungszone haben Fußgänger gegenüber dem Fahrzeugverkehr Vortritt. Sie können jederzeit und überall die Fahrbahn queren, dürfen jedoch die Fahrzeuge nicht unnötig behindern. Das Parken ist nur an den durch Verkehrszeichen (CH: Signale) oder Markierungen gekennzeichneten Stellen erlaubt. Begegnungszonen dürfen in Nebenstraßen in Bereichen mit Wohn- und/oder Geschäftsnutzung eingerichtet werden.

Abb.3.3.22 Gemeinsam genutzte Platzfläche durch Fußgänger-, Rad- und Tramverkehr; Alexanderplatz, Berlin

Art/Bezeichnung	Geltungsbereich/verkehrsrechtliche Grundlage	Einsatzbereich	Merkmale
„Shared Space"	EU-weite Gestaltungsphilosophie	Straßen in Geschäfts- und Wohnbereichen, sensible Abschnitte von Hauptgeschäftsstraßen, örtliche Geschäftsstraßen oder dörfliche Hauptstraßen, vergleichsweise großes Aufkommen an Fußgänger- und/oder Radverkehr, 8000–14000 Kfz/24 h (Bremen: 15000 Kfz/24 h), entsprechend etwa 1200 bis 1500 Kfz/Spitzenstunde, sollen nicht überschritten werden	• Die drei Funktionen Verbindung, Erschließung und Aufenthalt sollen in einem möglichst nicht geteilten und ortstypisch gestalteten (Verkehrs-)Raum überlagert werden. Dabei wird das Mischprinzip bei weitgehendem Verzicht auf Verkehrsregelungen (Lichtsignalanlagen und Verkehrszeichen) angewendet. Da es sich um eine Gestaltungsphilosophie und kein verkehrsrechtlich geregeltes Konzept handelt, ist immer eine individuelle Lösung erforderlich, die mit dem jeweiligen Verkehrsrecht in Einklang zu bringen ist.
Fußgängerzone, aire piétonne (F)	Weltweit, insbesondere in Europa	Geschäftsstraßen	• Dem Fußgängerverkehr und der Anlieferung vorbehaltene Geschäftsstraße, Fußgänger haben Vorrang, Lieferverkehr ist zulässig und meistens auf bestimmte Uhrzeiten begrenzt. Fahrradverkehr kann zulässig sein, teilweise gelten hierfür zeitliche Einschränkungen.
Gemeinschaftsstraßen	Hamburg	Weiterentwicklung des „Shared-Space-Prinzips" unter Beachtung der großstädtischen Rahmenbedingungen der Freien und Hansestadt Hamburg als Modellvorhaben, u. a. auf Straßen und Plätzen mit Verkehrsbelastung < 20000 Kfz/24 h und mittlerem bis geringem Linienbusverkehr	• Definition bestimmter Voraussetzungen und Anforderungen für geeignete Umsetzung gem. Gutachterverfahren: Begrenzung der Abschnittslänge auf max. 400 m, weitgehend niveaugleiche Gestaltung, rechts-vor-links-geregelte Knotenpunkte bzw. kleine Kreisverkehre, vorfahrtgeregelter Linienbusverkehr, straßenverkehrsrechtliche Ausweisung als verkehrsberuhigte Bereiche oder verkehrsberuhigte Geschäftsbereiche
Verkehrsberuhigter Bereich	D (Zeichen 325/326 StVO) „Mischflächen"	Straßen in Wohn- und Geschäftsbereichen, einzelne Straßen oder Bereiche mit überwiegender Aufenthaltsfunktion und sehr geringem Verkehr	• Fußgänger dürfen die Straße in ihrer ganzen Breite nutzen • Kinderspiele sind überall erlaubt • Für Fahrzeuge gilt Schrittgeschwindigkeit, Fußgänger dürfen nicht behindert werden • Fußverkehr hat in beschilderten Mischverkehrsflächen wie dieser juristischen Vorrang vor Fahrzeugen • Fußgänger dürfen den Fahrverkehr nicht unnötig behindern • Das Parken ist außerhalb der dafür gekennzeichneten Flächen unzulässig, ausgenommen zum Ein- oder Aussteigen und zum Be- oder Entladen
Verkehrsberuhigter Geschäftsbereich (Tempo 10-/20-Zone)	D	Geschäftsstraßen	• Separation des Straßenraums in Fahrbahn und Seitenräume bleibt erhalten • Das Queren der Fahrbahn für Fußgänger soll durch die reduzierte Geschwindigkeit der Fahrzeuge erleichtert werden
Begegnungszone, zone de rencontre (F)	CH, F, B – verkehrsrechtlich mit einem verkehrsberuhigten Bereich vergleichbar, gestalterisch mit „Shared Space"; in D derzeitig in Erprobung im Rahmen von Modellvorhaben (z. B. Berlin); hier Kennzeichnung als „verkehrsberuhigter Geschäftsbereich" mit Tempo 20	Nebenstraßen in Wohn- und Geschäftsbereichen	• Fußgänger dürfen die gesamte Verkehrsfläche benutzen • Fußgänger sind gegenüber dem Fahrzeugverkehr vortrittsberechtigt (gilt in D ggf. nicht) • Parken ist nur an gekennzeichneten Stellen erlaubt • Die zulässige Höchstgeschwindigkeit beträgt 20 km/h • Spielen ist auf der Fahrbahn nicht gestattet

Tab. 3.3.16 Systeme der Verkehrsberuhigung und „Shared-Space-Modelle" im Vergleich

Bushaltestellen

Für Linienbusse sind gesonderte Haltebuchten oder Fahrbahnhalte im Straßenverlauf vorzusehen. Sind auf dem Bürgersteig Wartehäuschen vorgesehen, sind bestimmte Abstände einzuhalten. → **Abb. 3.3.23 und Abb. 3.3.24**

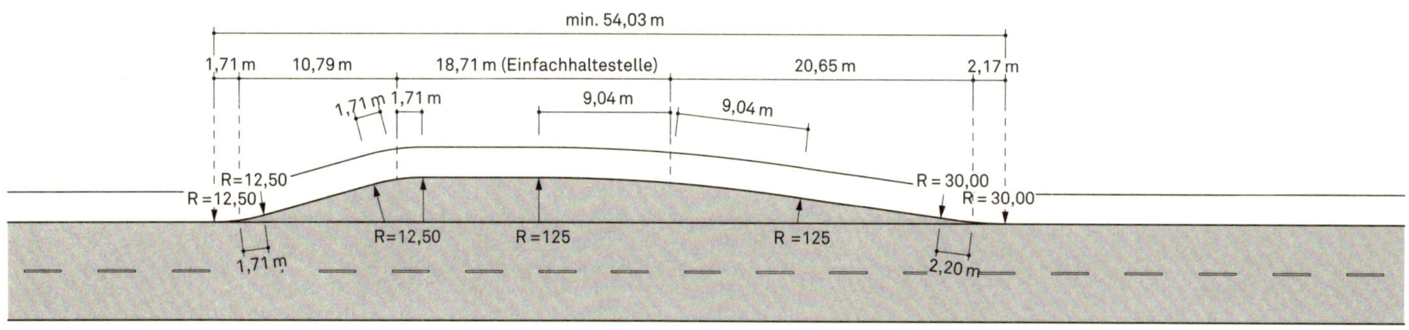

Bushaltebucht, Einfachhaltestelle

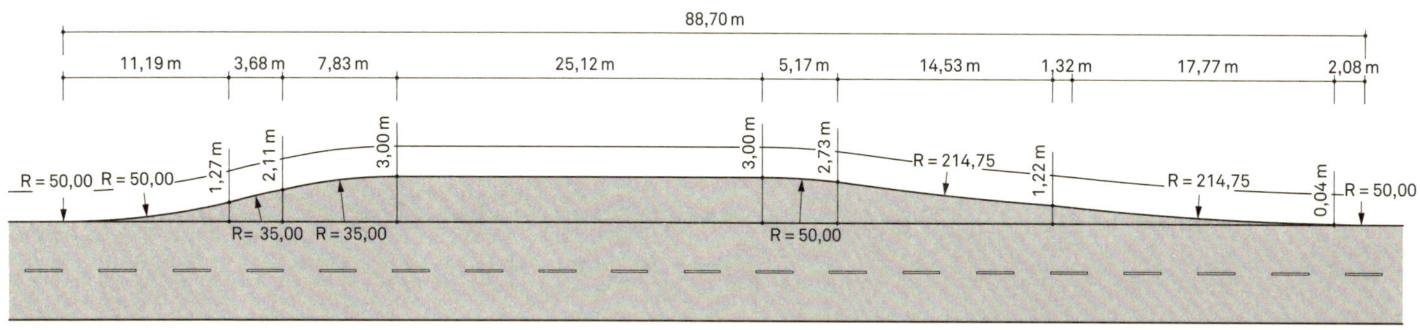

Bushaltebucht, die ein barrierefreies Ein- und Aussteigen durch paralleles Anfahren an den Bord ermöglicht

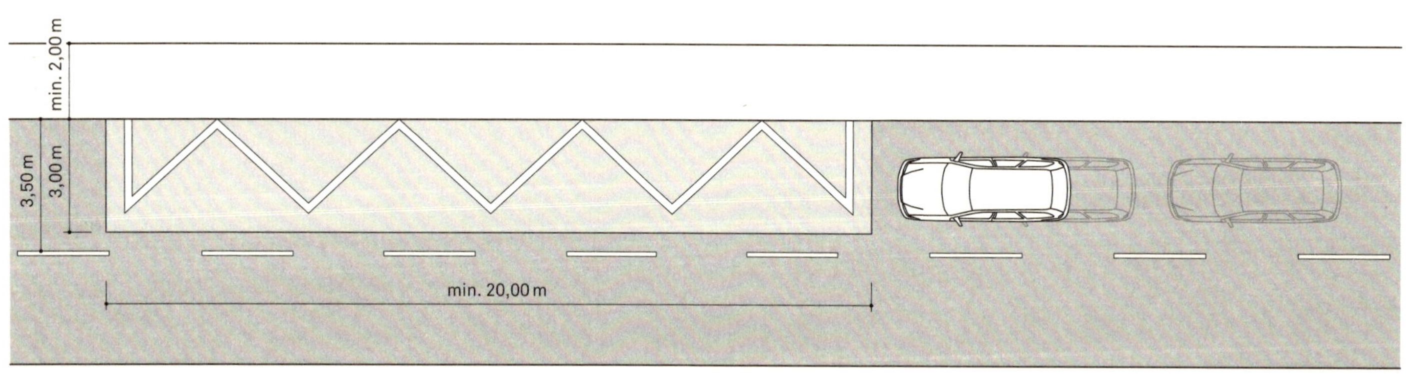

Fahrbahnhalte im fließenden Verkehr

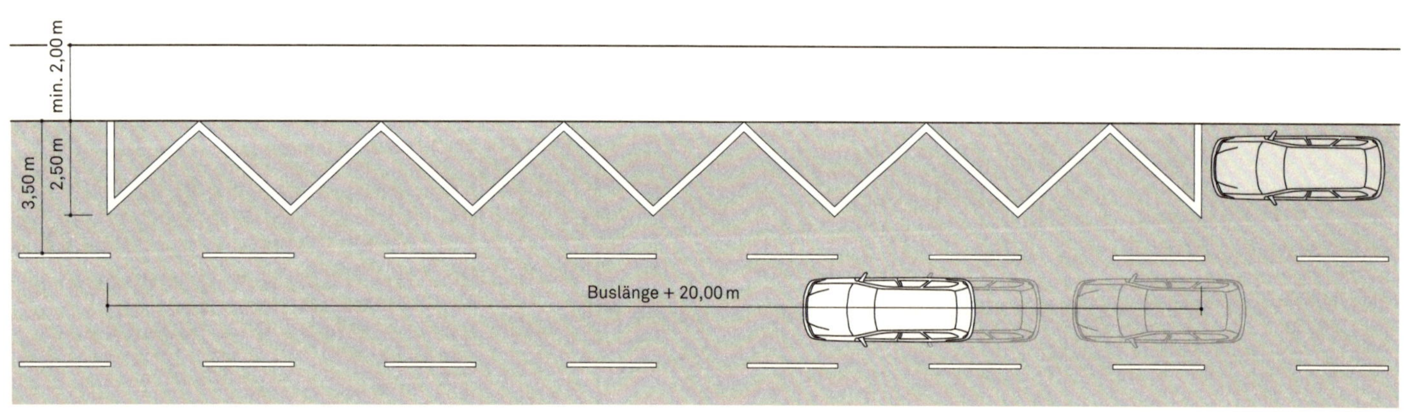

Fahrbahnhalte bei ruhendem Verkehr auf der Fahrbahn

Abb.3.3.23 Abmessungen von Bushaltebuchten und Fahrbahnhalten

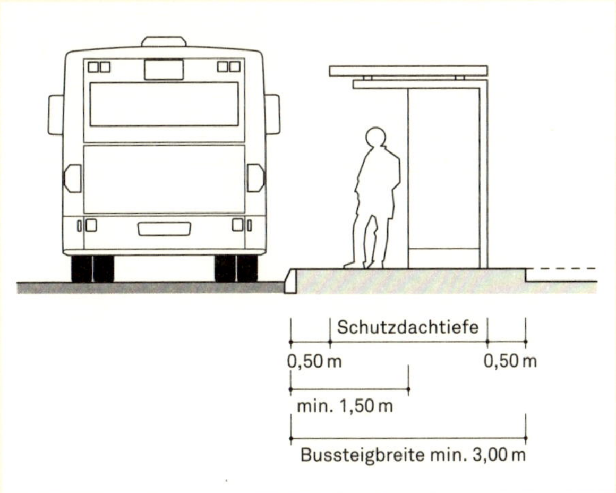

Abb.3.3.24 Abmessungen für Warteflächen und -inseln mit Wetterschutzeinrichtung

Wendehammer

Für das Wenden von Fahrzeugen in Stichstraßen oder auf Grundstücken sind entsprechend der zu erwartenden Fahrzeugarten Wendehammer oder Wendeschleifen vorzusehen. Bei Wendehammern muss berücksichtigt werden, ob ein Zurücksetzen des Fahrzeugs vorgesehen ist.

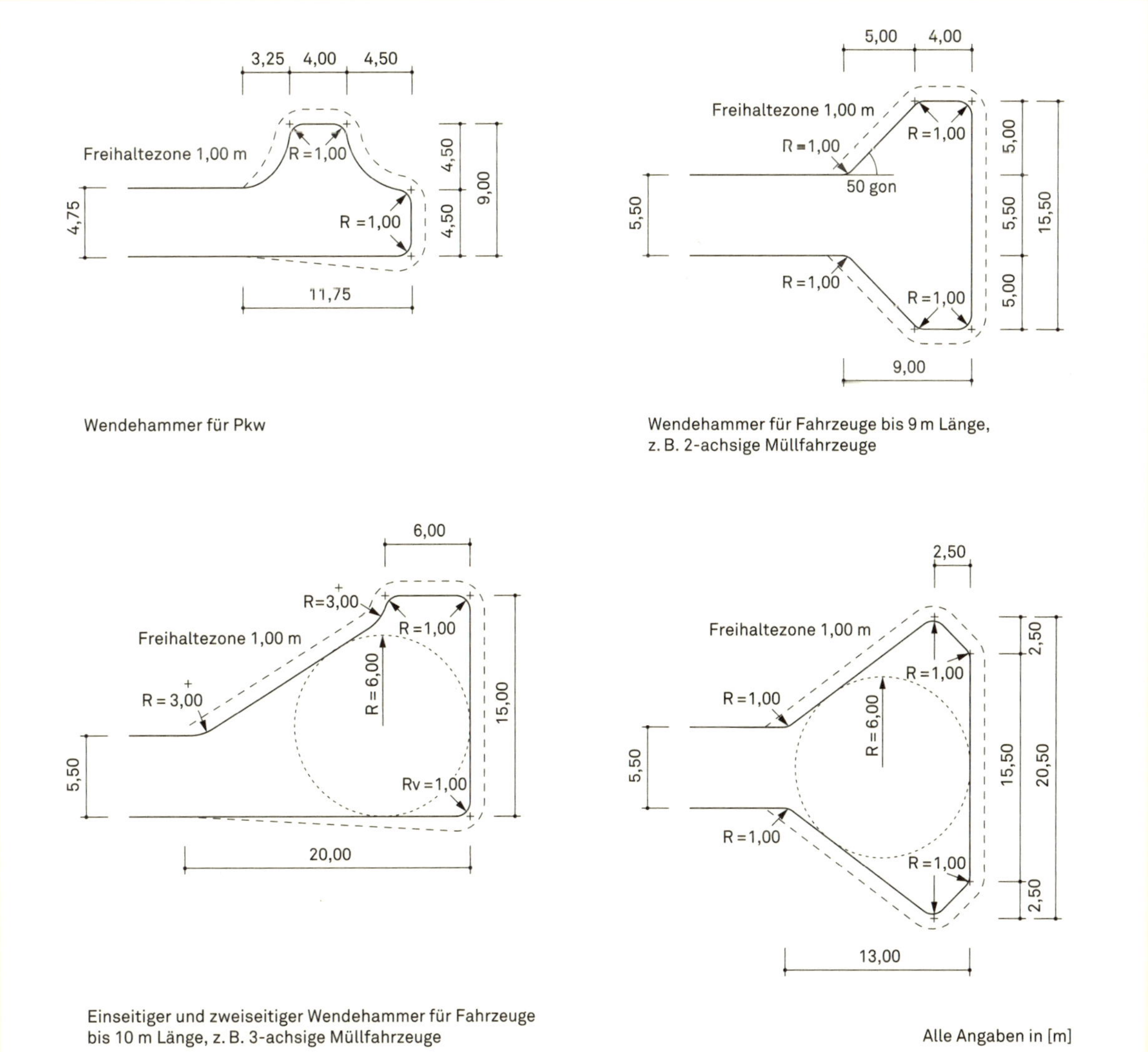

Abb. 3.3.25 Wendehammer für Pkw und Lkw

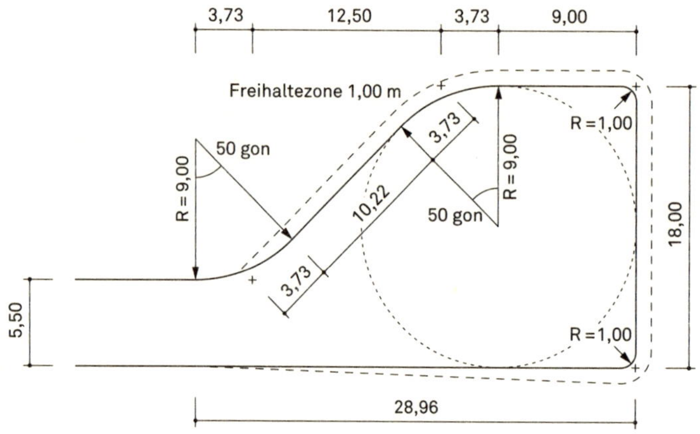

Wendekreis für 2-achsige Müllfahrzeuge

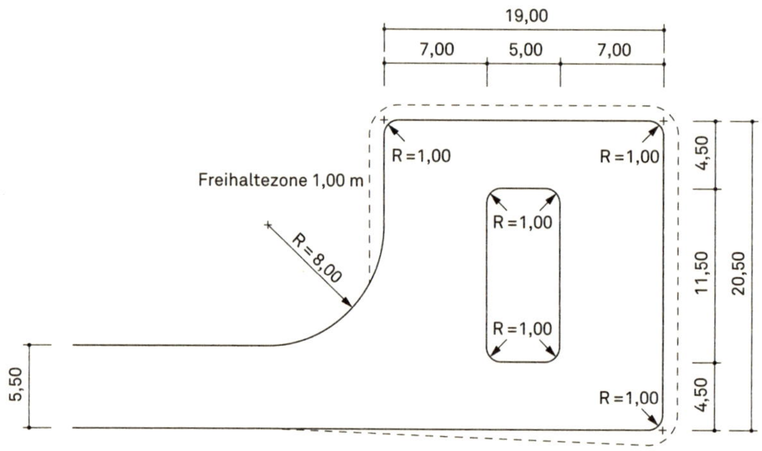

Wendekreis für 3-achsige Müllfahrzeuge

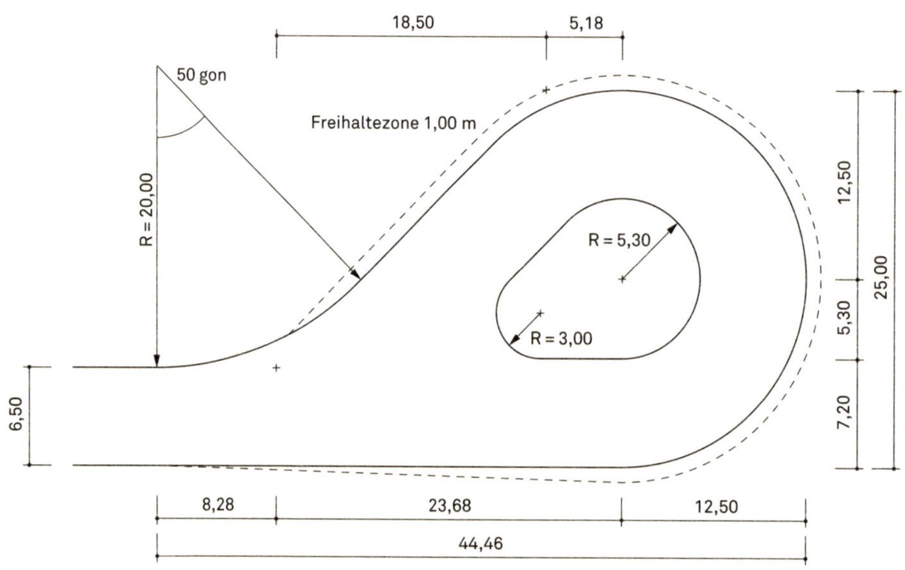

Wendeschleife für Lastzüge

Alle Angaben in [m]

Abb. 3.3.26 Wendekreise und -schleifen für Lkw/Müllfahrzeuge und Lastzüge

Rettungswege

Zur schnellen und sicheren Brandbekämpfung und zur Rettung von Personen und Tieren müssen im Bereich von Gebäuden Aufstell- und Bewegungsflächen für die Feuerwehr geplant werden. Die Flächen sind in unmittelbarer Nähe von den für die Rettung vorgesehenen und zum Anleitern bestimmten Bereichen wie Balkonen, Fenstern oder sonstigen Öffnungen (zweiter Rettungsweg) anzuordnen und – in Abhängigkeit von der Gebäudehöhe – über Zu- und Durchfahrten bzw. Zu- und Durchgänge von der öffentlichen Verkehrsfläche aus zu erschließen.

Auch größere Parkanlagen und Promenaden oder sonstige Freianlagen gilt es, soweit erforderlich, durch Rettungswege zu erschließen. In diesem Falle sind Wege mit entsprechender Breite und Befestigung vorzusehen.

Für Feuerwehrzufahrten besteht eine amtliche Kennzeichnungspflicht nach den erlassenen Vorschriften der Landes- oder Gemeindebehörden.

Die Dimensionierung der erforderlichen Erschließung ist von der Lage der Aufstellflächen auf dem Grundstück und der Gebäudehöhe abhängig. Bei Gebäuden mit geringer Höhe (Brüstungshöhe ≤ 8 m) können die Rettungswege durch tragbare Leitern erreicht werden, sodass hier keine Zufahrten und Aufstellflächen für Fahrzeuge erforderlich werden. → Abb. 3.3.27 und Abb. 3.3.28 Bei höheren Gebäuden gelten die Regelungen für Feuerwehrzufahrten, Bewegungs- und Aufstellflächen für Hubrettungsfahrzeuge. Sind 2 Treppenräume oder ein Sicherheitstreppenraum vorhanden, sind Anleiterflächen bzw. Aufstellflächen am Gebäude für Hubrettungsfahrzeuge nicht erforderlich. Liegen Gebäude oder Gebäudeteile mehr als 50 m von öffentlichen Straßen entfernt, können auch bei niedrigen Gebäuden Zufahrten für Rettungsfahrzeuge gefordert werden.

Die meisten Anforderungen an Flächen für die Feuerwehr werden durch die jeweiligen Länder oder Kommunen festgelegt. In Deutschland sind die grundlegenden Regeln in der DIN 14090 festgeschrieben.

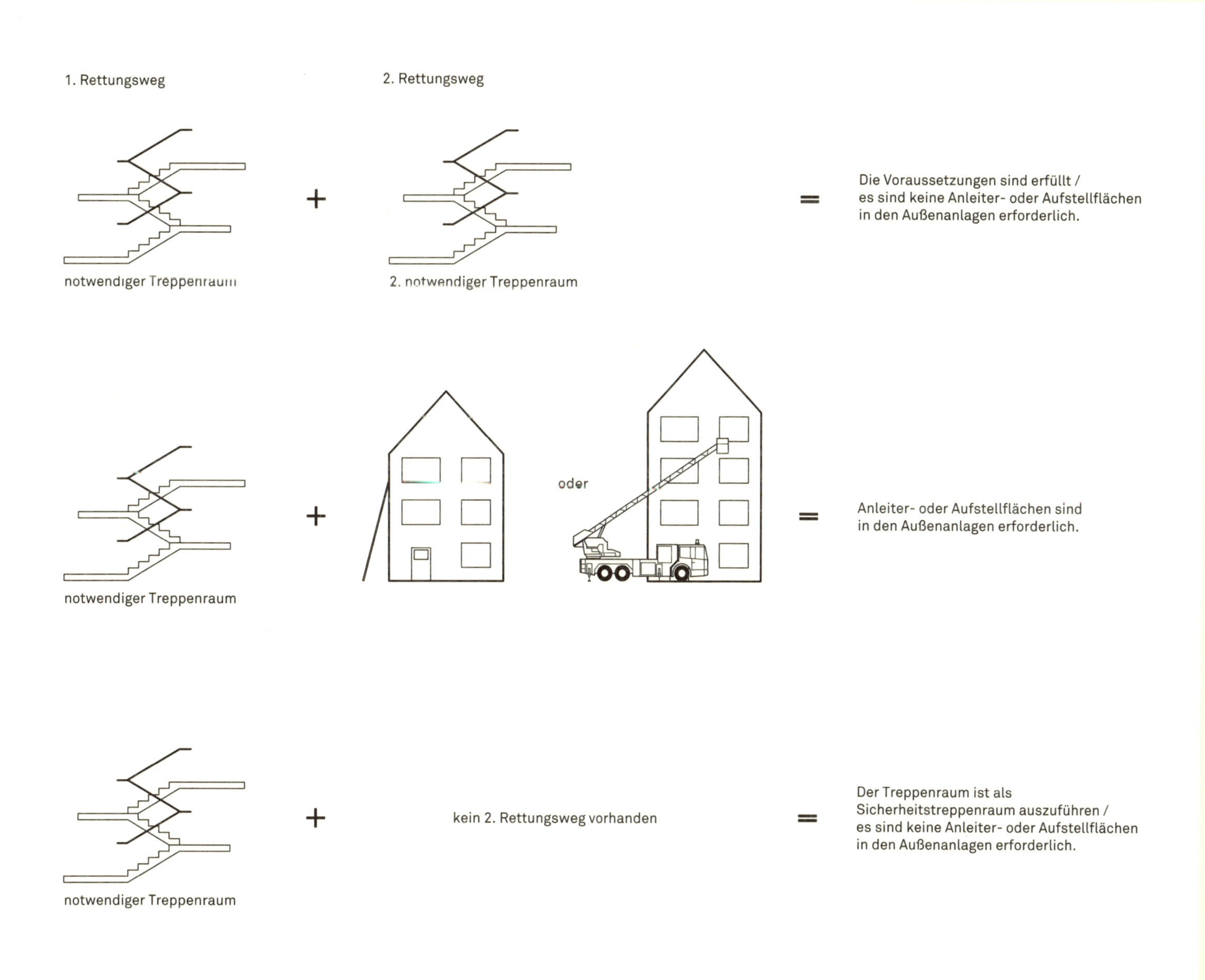

Abb. 3.3.27 Erfordernis von Aufstellflächen in Abhängigkeit von Art und Anzahl der Treppenhäuser

Feuerwehrzugang/-durchgang

Zu- und Durchgänge sind als mindestens 1,25 m breiter, möglichst geradliniger Weg anzulegen. Führt der Zugang durch ein Gebäude, muss dieser Durchgang mit einer Mindesthöhe von 2,20 m lichter Höhe (2,00 m bei Türen) ausgeführt werden.

Feuerwehrzufahrt/-durchfahrt

Die Mindestbreite von Zufahrten beträgt 3,00 m. Bei einer beidseitigen Begrenzung durch Bauteile, Wände oder Pfeiler über eine Länge von 12 m hinaus ist die Breite auf mindestens 3,50 m zu erweitern. Die Zufahrten können auch als Fahrspuren mit einer Breite von mindestens je 1,10 m und im Abstand von 0,80 m angelegt werden. Die Neigung der Flächen darf 10 % nicht überschreiten. Übergänge zwischen geneigten und ebenen Flächen sind mit einem Radius von 15 m auszurunden.

Stufen und Schwellen dürfen nicht höher als 8 cm sein und müssen einen Mindestabstand von 10 m aufweisen.

Ist es aufgrund örtlicher Gegebenheiten nicht möglich, die Zufahrt geradlinig zu gestalten, sind bestimmte Mindestbreiten entsprechend den Außenradien der Kurven einzuhalten. → Tab. 3.3.17

Vor und nach Kurven sind Übergangsbreiten von 11 m zu Fahrspuren und/oder Durchfahrten einzuhalten. → Abb. 3.3.29

Bei Durchfahrten durch ein Gebäude darf eine lichte Höhe von 3,50 m nicht unterschritten werden. 8 m vor und hinter einer Durchfahrt sind keine Neigungswechsel und Stufen zulässig.

Sperrvorrichtungen wie Schranken, Sperrpfosten oder Ketten müssen jederzeit durch die Feuerwehr geöffnet werden können und müssen daher über entsprechende Schließmechanismen verfügen.

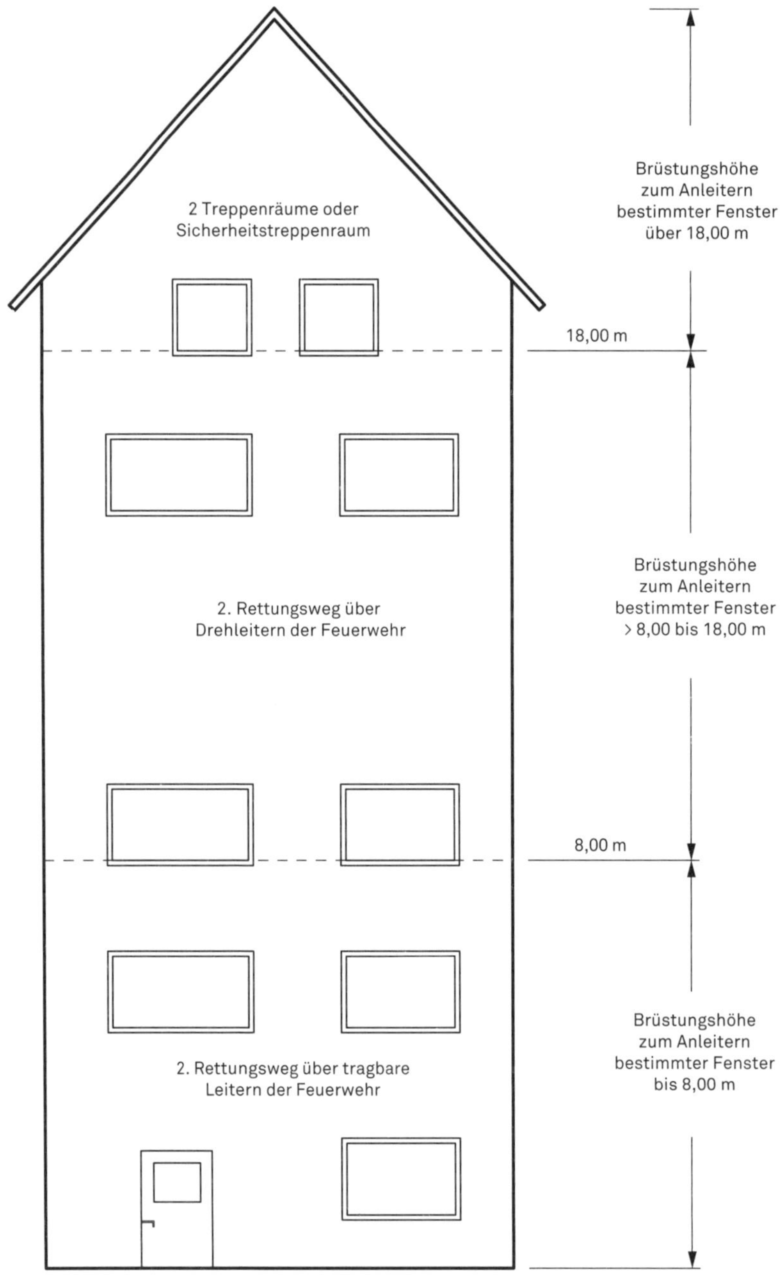

Abb. 3.3.28 Einsatz von Rettungsgerät an Gebäuden

Außenradius der Kurve	Mindestbreite
10,5–12 m	5 m
≥12–15 m	4,5 m
≥15–20 m	4,0 m
≥20–40 m	3,5 m
≥40–70 m	3,2 m
≥70 m	3 m

Tab. 3.3.17 Außenradien und Mindestbreiten bei Kurven

Bewegungsflächen für die Feuerwehr

Bewegungsflächen dienen dem Abstellen von Feuerwehrfahrzeugen, dem Aufbau der Löschwasserversorgung und der Vorbereitung des Löschangriffs. Für jedes vorzusehende Feuerwehrfahrzeug ist eine Fläche von mindestens 7 m Breite und 12 m Länge vorzusehen. Um ein ungehindertes Vorbeifahren im Bedarfsfall zu sichern, sind Bewegungsflächen separat zur Zufahrt anzulegen und mit beidseitig 4 m langen Übergangsbereichen zu versehen. → Abb. 3.2.29 Bewegungsflächen können auch auf öffentlichen Flächen liegen.

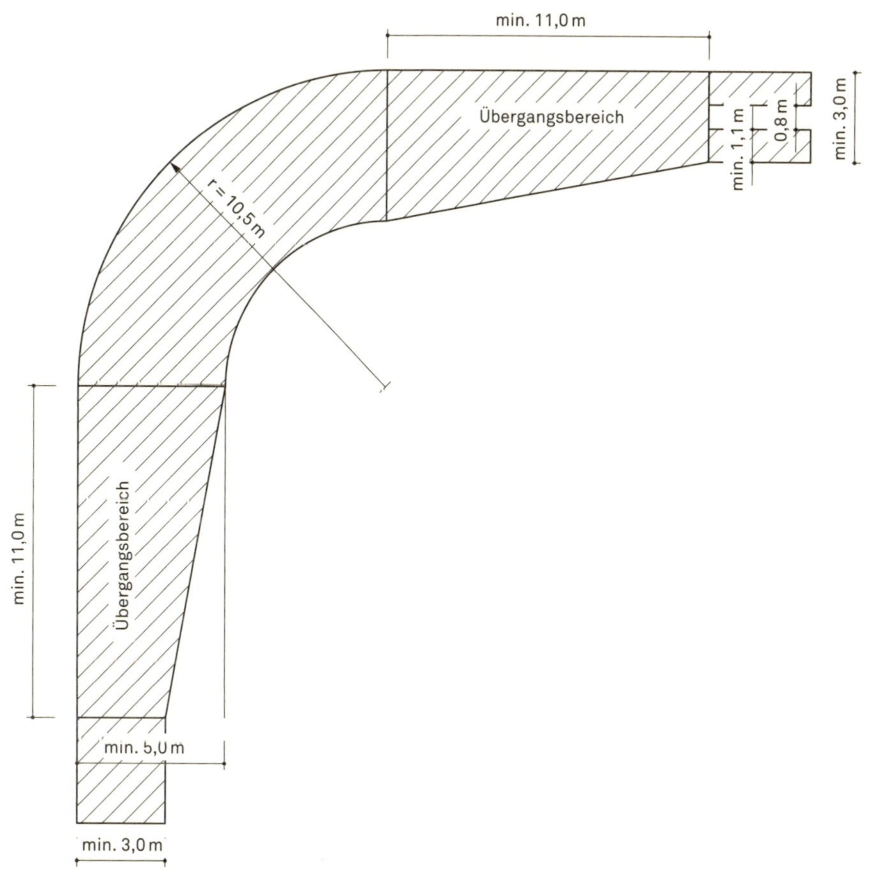

Abb. 3.3.29 Kurvenradien, Spurbreiten und Wegbreiten bei Feuerwehrzufahrten

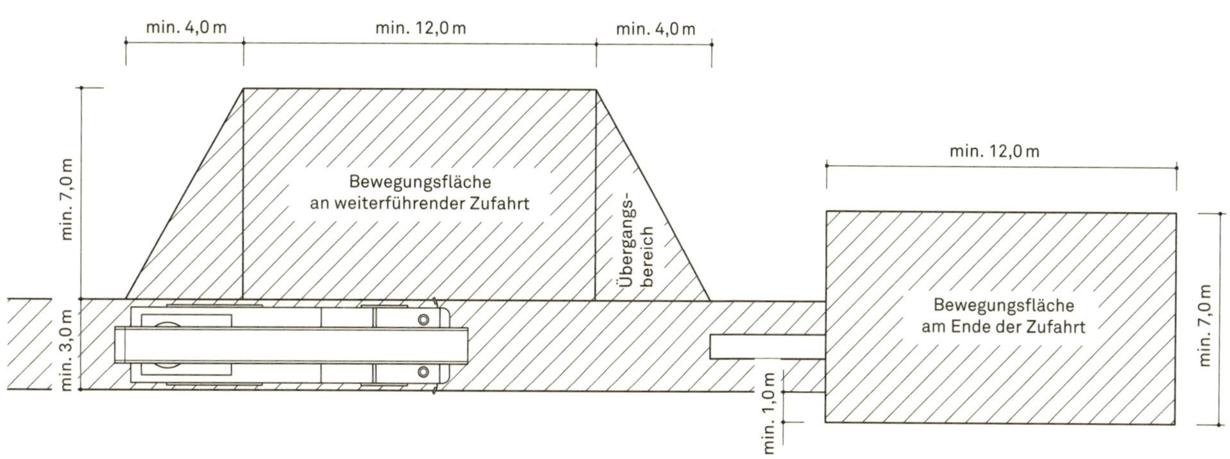

Abb. 3.3.30 Maße von Bewegungsflächen

Aufstellflächen für die Feuerwehr

Zur Sicherung des zweiten Rettungsweges werden ab einer festgelegten Gebäude- bzw. Brüstungshöhe nicht überbaute Aufstellflächen für Hubrettungsfahrzeuge angelegt. Eine Aufstellfläche kann senkrecht oder parallel zum Gebäude geplant werden. Dabei ist die Aufstellfläche so anzuordnen, dass alle als Rettungswege dienenden Fenster oder sonstige Öffnungen mit dem Leiterwerk erreicht werden können.
Die maximale Neigung von Aufstellflächen beträgt 5%. Bäume und Bauteile, die das Arbeitsfeld im Bereich der Leiter einschränken könnten, gilt es zu vermeiden.

Für das Aufstellen tragbarer Leitern sind ebenfalls standfeste Aufstellflächen vorzusehen. Bäume oder größere Sträucher, die zu Behinderungen führen können, sind in diesem Bereich zu vermeiden.

Die Anzahl und genaue Lage der Bewegungsflächen für Rettungswege sollten mit der zuständigen Brandschutzdienststelle abgestimmt werden.

Anforderungen an Flächen und Durchfahrten für die Feuerwehr

Alle Bewegungs- und Aufstellflächen sowie Zu- und Durchfahrten müssen auf eine Achslast von bis zu 10t und ein Gesamtgewicht von bis zu 16t ausgelegt sein. Die Aufstellflächen müssen einer Flächenpressung von mind. 800 kN/m² standhalten. Eine Versiegelung der Flächen ist nicht vorgeschrieben, sodass auch Schotterrasen in diesen Bereichen zum Einsatz kommen kann.

Unterbaute Flächen, die nur im Brandfall mit Rettungsfahrzeugen befahren werden, sind gemäß der Brückenklasse 16/16 nach DIN 1072/DIN 1055 zu dimensionieren.

Wände und Decken von Durchfahrten sind in der Feuerwiderstandsklasse F 90 und in den wesentlichen Teilen aus nicht brennbaren Baustoffen (F 90-AB) auszuführen.

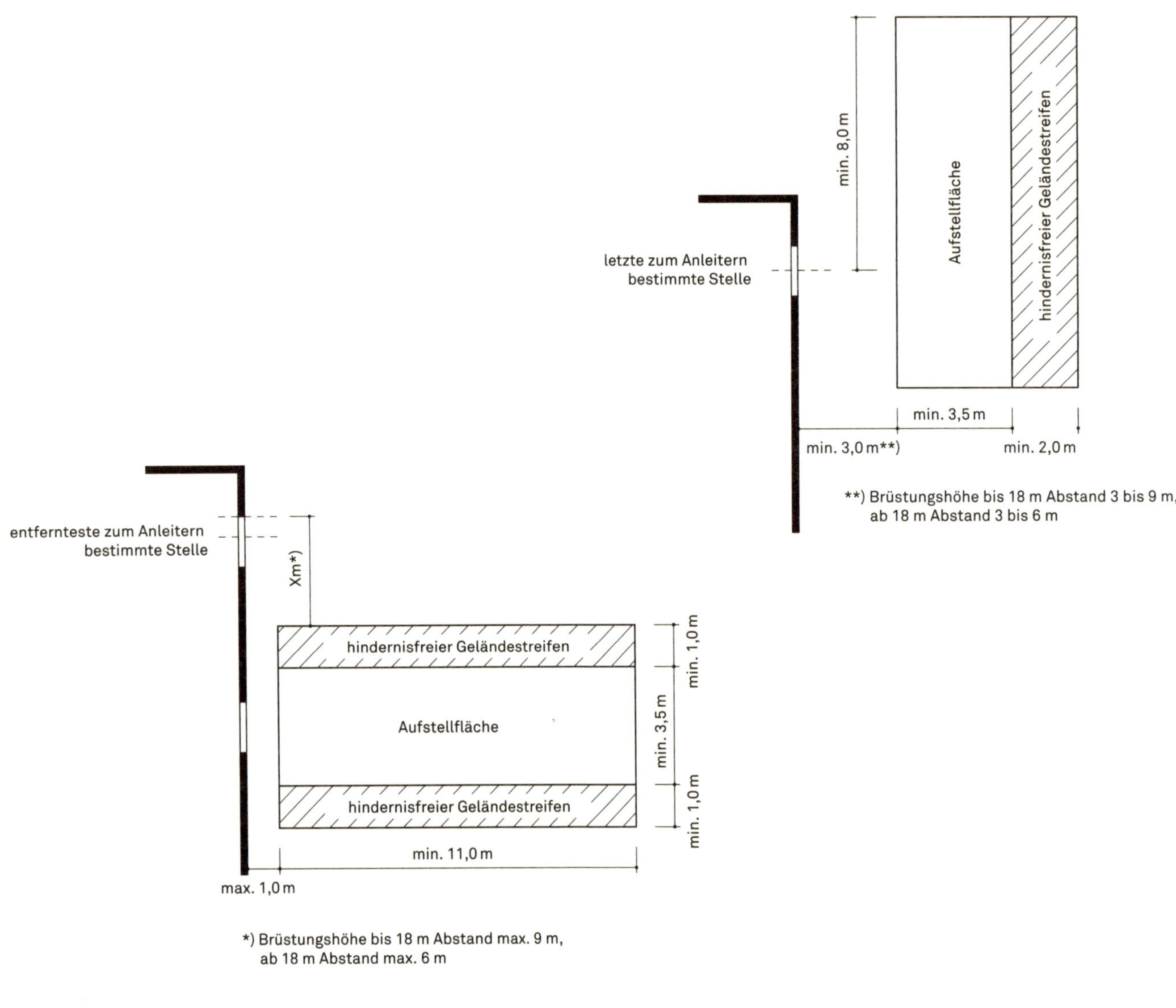

Abb. 3.3.31 Maße und Ausrichtung von Aufstellflächen

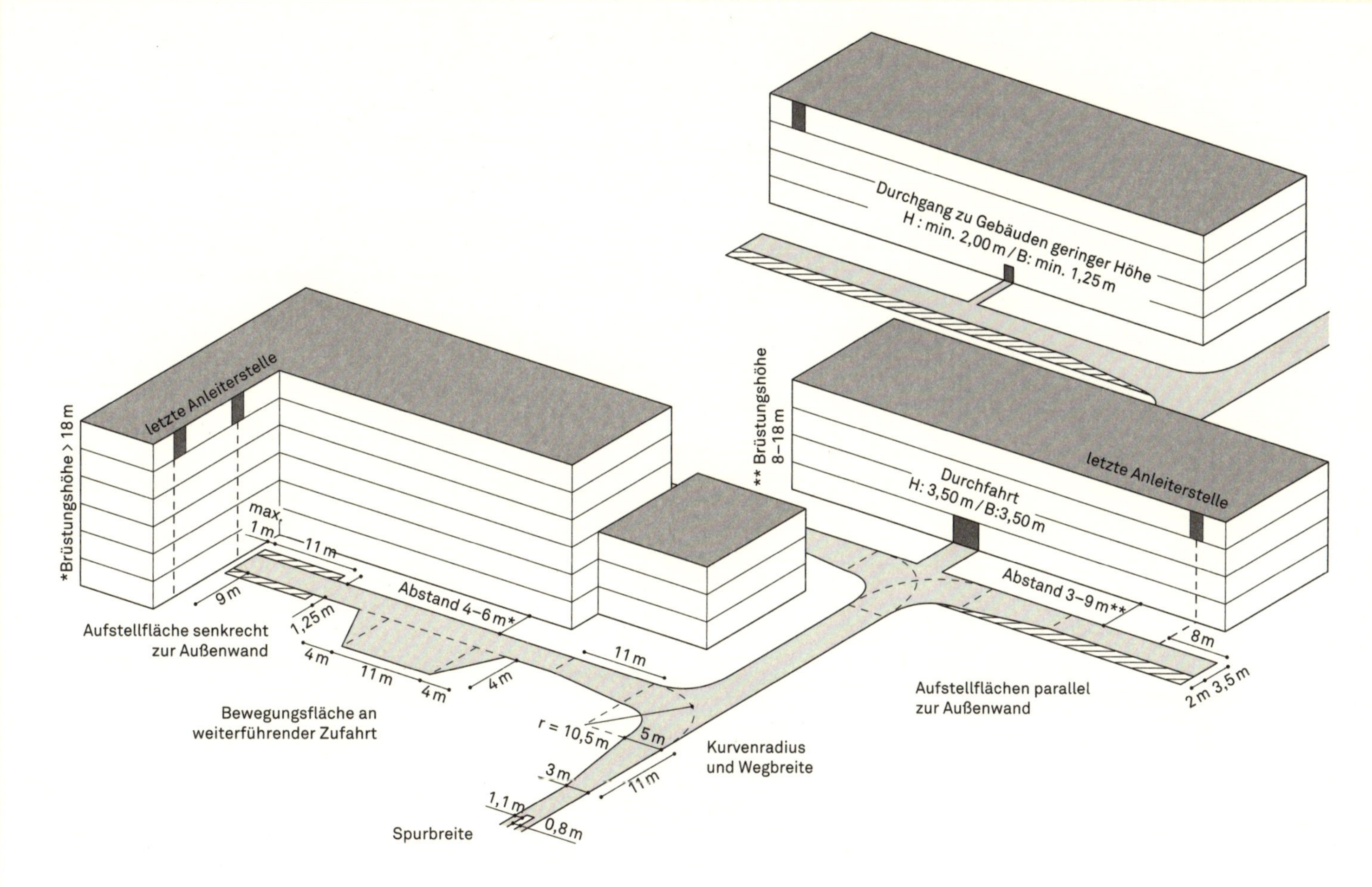

Abb. 3.3.32 Übersicht – Erschließung von Grundstücken für die Feuerwehr

Treppen und Rampen
→ 3.2 Höhenplanung, Treppen und Rampen

Handläufe bei Treppenanlagen
→ 3.6 Einfriedungen und Geländer

Entwässerung von Wegeflächen
→ 3.2 Höhenplanung, Treppen und Rampen

3 Elemente

3.4 Stellplatzanlagen für Fahrräder und Kraftfahrzeuge

3.4 Stellplatzanlagen für Fahrräder und Kraftfahrzeuge

An Gebäuden sowie an baulichen Anlagen, bei denen ein Zu- oder Abgangsverkehr zu erwarten ist, sind Pkw-Stellplätze und Fahrradabstellplätze in ausreichender Anzahl und Größe unter Berücksichtigung der örtlichen Verkehrsverhältnisse und des öffentlichen Personennahverkehrs sowie in geeigneter Beschaffenheit zur Verfügung zu stellen. Ihre Gestaltung soll eine sichere und bequeme Nutzung ermöglichen.

Es bestehen aber keine einheitlichen baurechtlichen Anforderungen bei Neubauten für den Nachweis entsprechender Anlagen. Viele Landesbauordnungen in Deutschland beinhalten keine Regelungen zur Stellplatzpflicht mehr. Es obliegt in diesem Fall den Kommunen, bei Bedarf eine eigene Stellplatzsatzung zu erlassen und gegebenenfalls eine Nachweispflicht für Pkw- und/oder Fahrradstellplätze anzuordnen. Mittels der kommunalen Rechtsetzungshoheit ist es möglich, gezielter auf die örtlichen Erfordernisse und Gegebenheiten zu reagieren und spezifische verkehrspolitische Ziele zu verfolgen. Zunehmend wird in diesem Zusammenhang über Rechtsnormen eine Mindestanzahl an Fahrradstellplätze bei Neubauten und Nutzungsänderungen gefordert.

In Österreich stellt sich die Situation ähnlich dar. Weitergehende Bestimmungen, als diese in den Bauordnungen oder in länderspezifischen Rechtsnormen formuliert sind, unterliegen der Gemeindeautonomie.

Standort

Lage der Fahrradstellplätze

Stellplätze für Fahrräder sollten idealerweise zielnah angelegt werden. Durch die Nähe der Fahrradstellplätze zum Zielort kann die Motivation erhöht werden, das Fahrrad zu nutzen. Darüber hinaus können Abstellplätze im direkten Umfeld dazu beitragen, das wilde Parken einzudämmen.

Im öffentlichen Straßenraum sollten Fahrradstellplätze an allen für den Radverkehr wichtigen Zielen geschaffen werden. Durch die Anlage oder das An- und Abfahren darf der Fußgängerverkehr nicht behindert oder gefährdet werden. Die Abstellanlagen können sowohl im Seitenraum als auch im Bereich der Fahrbahn angeordnet und offen, überdacht oder als abschließbare Fahrradboxen angelegt werden. Art und Ausstattung der Fahrradabstellanlagen richten sich auch nach Verweildauer am Zielort. → Abb. 3.4.1

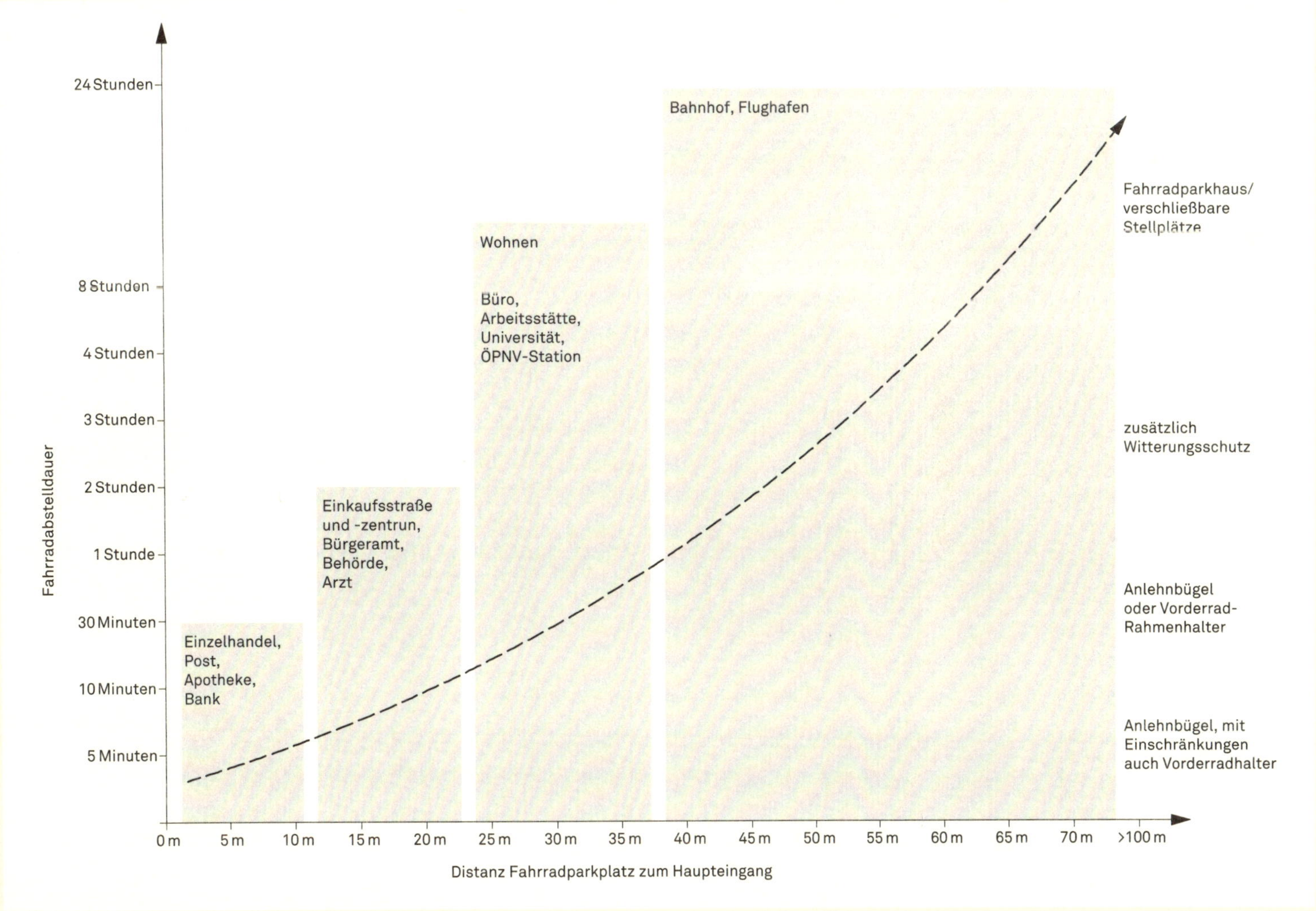

Abb. 3.4.1 Richtwerte für den Abstand der Fahrradstellplätze zum Zielort und für deren Ausstattung (Quelle: Danish Cycling Federation: Bicycle Parking Manual, 2008, verändert)

Befestigung der Stellplätze für Fahrräder und Pkw

Die Fläche für die Aufstellung von Fahrrädern sollte befestigt und ebenerdig sein. Eine Teilversiegelung ist anzustreben. Je nach Nutzungsintensität können Fahrradstellplätze auch auf Schotterrasen ausgeführt werden.

Pkw-Stellplätze können je nach Nutzungsfrequenz auch teilversiegelt ausgeführt werden. Bei sehr geringer Nutzungsintensität gilt dies auch für die Fahrgasse. → **Tab. 3.4.1 und Abb. 3.4.4** Bei Verwendung von Rasengitter oder anderen großfugigen Pflasterbelägen können zur besseren Begehbarkeit zwischen den Parkplätzen Pflasterstreifen ohne Rasen- bzw. Splittfugen angelegt werden.

	Geringe Nutzungsfrequenz (Wohngebiete, Mitarbeiterparkplätze in Gewerbegebieten, an Schulen, Krankenhäusern usw.)	**Hohe Nutzungsfrequenz** (öffentliche Parkplatzflächen, Kundenparkplätze in Gewerbegebieten, an Bahnhöfen, Supermärkten, Banken usw.)
<10–20 Stellplätze	Fahrgasse auf ganzer Breite teilversiegelt, zur besseren Begehbarkeit kann ein vollversiegelter Wegestreifen angelegt werden, Teilversiegelung der Stellplätze	Fahrgasse auf ganzer Breite (6 m) vollversiegelt, eine Teilversiegelung der Stellplätze ist vertretbar, wenn auf eine Begrünung (Rasenfuge, Rasengitter) verzichtet wird
>10–20 Stellplätze	Fahrgasse auf 3 m Breite vollversiegelt, auf 3 m Breite teilversiegelt, Teilversiegelung der Stellplätze	

Tab. 3.4.1 Art der Versiegelung bei Pkw-Stellplätzen in Abhängigkeit von der Nutzungsintensität

Abb. 3.4.2 Kombinierte Vorderrad-Rahmenhalter auf einem Schotterrasen

Abb. 3.4.3 Stellplatzanlage mit vollversiegelter Fahrgasse und teilversiegelten, begrünten Stellplätzen

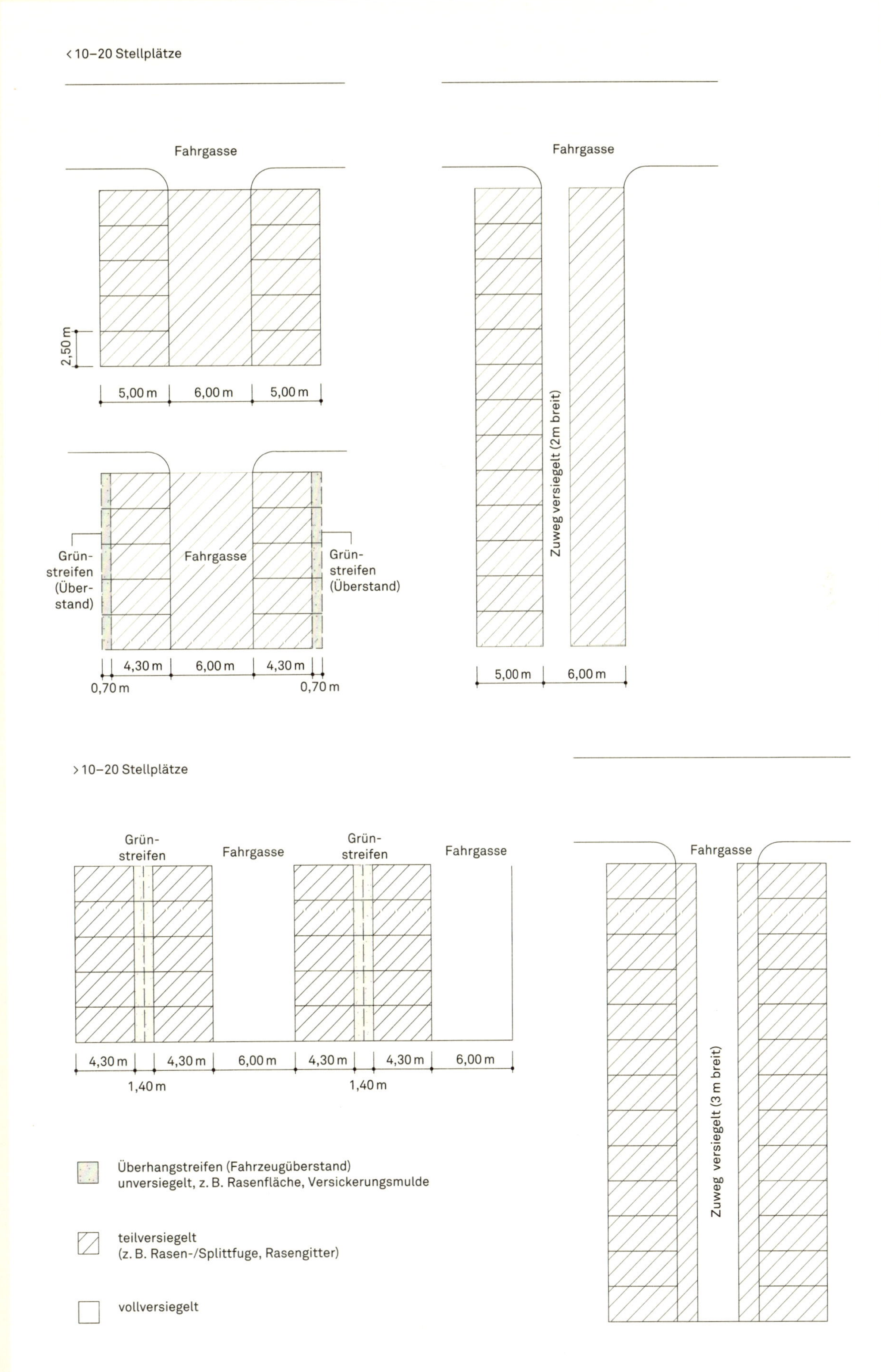

Abb. 3.4.4 Begrünungspotenzial bei Stellplätzen

Abmessungen und Kennwerte

Bedarfszahlen für Fahrrad- und Pkw-Stellplätze

Während zunehmend auf eine quantitative Vorgabe zur Anlage von Pkw-Stellplätzen in den Rechtsnormen verzichtet wird, rückt die Anlage von Fahrradstellplätzen sowie von Pkw-Stellplätzen für Behinderte in den Vordergrund.

Die erforderliche Anzahl von Stellplätzen ergibt sich in der Regel aus der Nutzungsart und Größe einer Anlage; Bezugsgröße ist die Nutzfläche oder Anzahl der Nutzer. Einige Verordnungen berücksichtigen weitere Faktoren und bieten Ausnahmeregelungen an: So kann die erforderliche Anzahl der Pkw-Stellplätze durch Erreichbarkeit und Taktung des ÖPNV (z. B. in Baden-Württemberg) oder durch die Bereitstellung eines Job-Tickets durch den Arbeitgeber minimiert werden. Für das mit öffentlichen Verkehrsmitteln gut erschlossene Bahnhofsareal in der Stadt Dornbirn (A) wurde erstmalig sogar eine Obergrenze für Pkw-Stellplätze festgelegt (vgl. Stellplatzverordnung Vorarlberg). Vorgaben für die Anlage von Stellflächen für Kraftfahrzeuge des einspurigen Verkehrs (Motorräder usw.) sind eher selten und sind daher im Regelfall nach dem voraussichtlichen Bedarf zu bemessen. Einzelfallangaben zu Motorradstellplätzen geben als Richtwert bei Mehrfamilienhäusern oder Wohnanlagen einen Stellplatz je fünf Wohnungen an.

Liegen für Fahrrad- und Pkw-Stellplätze keine baurechtlichen Anforderungen vor, können die Bedarfszahlen aus → Tab. 3.4.3 als Anhaltspunkt für die Planung dienen.

Bedarfsfall	Anzahl		
	Fahrradstellplatz	Pkw-Stellplatz	Behindertenstellplatz*
Wohngebäude			
Wohnungen	1 je 30 m² Gesamtwohnfläche oder 2 je Wohnung	1 je Wohnung bis 160 m², 2 je Wohnung ab 160 m²	Mind. 1, wenn Wohnungen barrierefrei erreichbar sein müssen
Mehrfamilienhäuser mit mehr als zehn Wohnungen		0,8 je Wohnung	
Wochenend- und Ferienhäuser	1 je Wohnung	1 je Wohnung	
Kinder- und Jugendwohnheime	0,5–1 je Bett oder 10 je 15 Plätze	0,6–1 je 15 Betten	
Studentenwohnheime	0,5–1 je Bett oder 0,7 je Wohnheimplatz	1 je 3 Betten oder 0,2 je Wohnheimplatz	
Schwestern- und Pflegerwohnheime	1 je 2 Betten oder 0,7 je Wohnheimplatz	1 je 4 Betten oder 0,2 je Wohnheimplatz	
Arbeitnehmerwohnheime	1 je 2 Betten oder 0,7 je Wohnheimplatz	1 je 3 Betten oder 0,2 je Wohnheimplatz	
Altenwohnheime, Altenheime	1 je 10 Betten, 0,7 je Wohnheimplatz oder 1 je 5 Wohnungen	1 je 10 Betten 0,2 je Wohnheimplatz	
Besucherstellplätze	1 je 200 m² Gesamtwohnfläche		
Gebäude mit Büro-, Verwaltungs- und Praxisräumen, Arbeitsstätten			
Büros und Verwaltungen	1 je 60 m² Nutzfläche 0,7 je 40 m² Nutzfläche 1 je 100 m² Brutto-Grundfläche > 4000 m² Bürogeschossfläche → 1 je 200 m² Brutto-Grundfläche 1 je 70 m² Nutzfläche	1 je 40 m² Nutzfläche	
Räume mit erheblichem Besucherverkehr (Schalter-, Abfertigungs- oder Beratungsräume, Arztpraxen etc.)	1 je 40 (50) m² Nutzfläche	1 je 25 m² Nutzfläche	
Büros, Werkstätten und Betriebe (gem. EAR 05)	0,3 je Arbeitsplatz		
Verkaufsflächen in Verkaufsstätten			
Läden, Geschäftshäuser	Bei < 400 m² → 1 je 50 m² Verkaufsfläche Bei > 400–800 m² → 1 je 80 m² Verkaufsfläche, mind. 4 Stellplätze Bei > 800 m² → 1 je 100 m² Verkaufsfläche, mind. 10 Stellplätze	1 je 40 m² Verkaufsfläche	
Einkaufszentren	1 je 80 (100) m² Verkaufsfläche	1 je 15 m² Verkaufsfläche	

Tab. 3.4.2 Bedarfszahlen für Fahrrad- und Pkw-Stellplätze, Orientierungs- bzw. Durchschnittswerte (ggf. abweichende baurechtliche Vorgaben beachten!) (Quelle: EAR 05 und Verordnungen unterschiedlicher Städte/Gemeinden)

Bedarfsfall	Anzahl		
	Fahrradstellplatz	Pkw-Stellplatz	Behindertenstellplatz*
Versammlungsstätten (außer Sportstätten) und Kirchen			
Versammlungsstätten (Theater, Konzerthäuser, Kinos etc.)	1 je 15 (20) Besucherplätze oder Kino, Vortragssaal: 1 je 10 Sitzplätze Theater, Konzert: 1 je 50 Sitzplätze	1 je 7 (10) Besucher-/Sitzplätze	1 je 200 Sitzplätze, jedoch mind. 1 je Einrichtung
Kirchen	1 je 20 Besucherplätze oder 1 je 50 Sitzplätze	1 je 30 Besucher-/Sitzplätze	1 je 200 Sitzplätze, jedoch mind. 1 je Einrichtung
Sportstätten			
Sportstätten ohne Besucherplätze mit Besucherplätzen	1 je 250 m² Sportfläche; zus. 1 je 30 Besucherplätze oder 1,5 je 400 m² Sportfläche; zus. 1 je 15 Zuschauerplätze oder 1 je 20 Besucher (örtlich), 1 je 50 Besucher (überörtlich, z. B. Stadien)	1 je 800 m² Sportfläche; zus. 1 je 30 Besucherplätze oder 1 je 400 m² Sportfläche; zus. 1 je 15 Zuschauerplätze	1 je 200 Besucher, jedoch mind. 1 ab 100 Besucher
Spiel- und Sporthallen ohne Besucherplätze mit Besucherplätzen	1 je 30 m² Hallenfläche; zus. 1 je 15 Besucherplätze oder 2 je 200 m² Sportfläche; zus. 1 je 15 Zuschauerplätze Ohne: 1 je 250 m² Sportfläche Mit: 1 je 10 Besucherplätze	1 je 80 m² Hallenfläche; zus. 1 je 15 Besucherplätze oder 1 je 200 m² Sportfläche; zus. 1 je 15 Zuschauerplätze	1 je 200 Besucher, jedoch mind. 1 ab 100 Besucher
Freibäder	2 je 200–300 m² Grundstücksfläche oder 1 je 50 m² Grundstücksfläche	1 je 200–300 m² Grundstücksfläche	
Hallenbäder ohne Besucherplätze mit Besucherplätzen	1 je 7 Kleiderablagen 1 je 10 Besucherplätze 2 je 10 Kleiderablagen	1 je 10 Kleiderablagen 1 je 15 Besucherplätze	
Tennisplätze, Squashanlagen ohne Besucherplätze mit Besucherplätzen	2 je Spielfeld; zus. 1 je 10 Besucherplätze	2 je Spielfeld; zus. 1 je 15 Besucherplätze	
Tanzschulen, Fitnesscenter, Saunabetriebe, Solarien etc.	1 je 50 m² Nutzfläche oder 1 je 5 Kleiderablagen	1 je 5 Kleiderablagen	
Minigolfplätze	4 je Minigolfanlage 10 je Anlage	6 je Minigolfanlage	
Kegel- und Bowlingbahnen	2–3 je Bahn	2 je Bahn	
Bootsliegeplätze im Wasser und/oder in Bootshäusern (ausschließlich Winterplätze enthalten)	1 je 4–10 Bootsliegeplätze	1 je 3–10 Bootsliegeplätze	
Gaststätten und Beherbergungsbetriebe			
Imbissbetriebe ohne Sitzgelegenheiten	1 je 15 m² Nutzfläche	1 je 20 m² Nutzfläche	1 je 200 Gastplätze, jedoch mind. 1 ab 100 Gastplätze
Biergarten	1 je 2 Sitzplätze oder 1 je 20 m² Nutzfläche		
Gaststätten von örtlicher Bedeutung	1 je 7–10 Sitzplätze oder 1 je 20 m² Nutzfläche		
Gaststätten von überörtlicher Bedeutung	1 je 18 m² Nutzfläche	1 je 9 m² Nutzfläche	
Hotels, Pensionen, Kurheime etc.	1 je 3 Beherbergungsräume, für zugehörigen Restaurationsbetrieb Zuschlag von 1 je 15 m² Nutzfläche (Gaststätten) oder 1 je 20 m² Nutzfläche (Imbissbetriebe ohne Sitzgelegenheit) oder 1 je 20 Betten	1 je 10 Beherbergungsräume, für zugehörigen Restaurationsbetrieb Zuschlag von 1 je 12 m² Nutzfläche (Gaststätten) oder 1 je 15 m² Nutzfläche (Imbissbetriebe ohne Sitzgelegenheit)	1 je 200 Betten, jedoch mind. 1 ab 100 Betten
Jugendherbergen	1 je 4–5 Betten	1 je 10 Betten	

Bedarfsfall	Anzahl		
	Fahrradstellplatz	Pkw-Stellplatz	Behindertenstellplatz*
Krankenanstalten			
Krankenanstalten, Privatkliniken	1 je 20 (30) Betten	1 je 4 (5) Betten	1 je 200 Betten, jedoch mind. 1 ab 100 Betten
Altenpflegeheime	1 je 40 Betten 0,5 je 12 Betten 1 je 30 Betten	1 je 8 Betten 1 je 12 Betten	
Schulen, Einrichtungen der Jugendförderung			
Grundschulen	1 je 3 Schüler 5 je 20 Ausbildungsplätze 1 je 5 Schüler 0,1 je Schüler	1 je 50 Schüler 1 je 20 Ausbildungsplätze	1 je 200 Sitz-/Ausbildungsplätze, jedoch mind. 1 je Einrichtung
Sonstige allgemeinbildende Schulen, Berufsschulen	1 je Schüler	1 je 40 Schüler, zus. 1 je 10 Schüler über 18 Jahre	
Sonderschulen (für Menschen mit Behinderung)	1 je 15 Schüler	1 je 30 Schüler	
Fachhochschulen, Hochschulen	1 je 5 Studierende 3 je 10 Ausbildungsplätze 0,6 je Student	1 je 6 Studierende 2 je 10 Ausbildungsplätze	1 je 200 Sitz-/Ausbildungsplätze, jedoch mind. 1 je Einrichtung
Kindergärten, Kindertagesstätten etc.	1 je 15 Kinder (Tagesplätze) oder 1 je Gruppe/Gruppenraum	1 je 30 Kinder (Tagesplätze) 1 je 30 Besucherplätze	
Jugendfreizeitheime etc.	1 je 3 Besucherplätze oder 1 je 15 m² Nutzfläche	1 je 20 Besucherplätze	
Gewerbliche Anlagen			
Handwerks- und Industriebetriebe	1 je 70 m² Nutzfläche (bis 200 m²) 0,4 je 2 Arbeitsplätze 1 je 200 m² Brutto-Grundfläche 1 je 5 Beschäftigte	1 je 70 m² Nutzfläche	
Lagerräume, Lagerplätze	1 je 150 m² Nutzfläche oder 0,4 je 2 Arbeitsplätze	1 je 150 m² Nutzfläche oder 1 je 2 Arbeitsplätze	
Kraftfahrzeugwerkstätten	1 je 100 m² Nutzfläche	1 je 100 m² Nutzfläche	
Tankstellen mit Pflegeplätzen	–	5 je Pflegeplatz	
Automatische Kraftfahrzeugwaschstraßen	–	5 je Waschanlage	
Kraftfahrzeugwaschplätze zur Selbstbedienung	–	3 je Waschplatz	
Verschiedenes			
Kleingartenanlagen	1 je 3 Kleingärten	1 je 30 Kleingärten	
Friedhöfe	1 je 1000 m² Grundstücksfläche 1 je 1500 m² Grundstücksfläche	1 je 2000 m² Grundstücksfläche, mind. jedoch 10	
Spiel- und Automatenhallen	1 je 20 m² Spielhallenfläche	1 je 20 m² Spielhallenfläche	

* Soweit keine abweichenden Angaben gemacht werden, sind mind. 1–3 % der geforderten Gesamtstellplatzanzahl, mindestens jedoch 2, behindertengerecht auszuführen, dabei sind möglichst auch Stellplätze mit Heckausstieg zu berücksichtigen.

Tab. 3.4.2 Bedarfszahlen für Fahrrad- und Pkw-Stellplätze, Orientierungs- bzw. Durchschnittswerte (ggf. abweichende baurechtliche Vorgaben beachten!) (Quelle: EAR 05 und Verordnungen unterschiedlicher Städte/Gemeinden)

Fahrradstellplätze

Ausreichenden Komfort bieten Fahrradstellplätze, wenn sie leicht zugänglich sind, ein Mindestabstand zwischen den Fahrradständen eingehalten wird, dem Fahrrad ein sicherer Stand gegeben und das Anschließen des Fahrrads einschließlich des Rahmens ermöglicht wird (z. B. durch Anlehnbügel). Nicht unerheblich trägt zum Komfort außerdem die Überdachung der Stellplätze bei.

Für das Abstellen von Fahrrädern sind die Lenkerbreite von 0,60–0,70 m und die Fahrradlänge von etwa 1,90 m ausschlaggebend. Der vorgelagerte Verkehrsraum (Gasse) muss 1,80 m betragen; ausreichender Abstand zu Wänden und Hindernissen ist einzuhalten.

Fahrradständer

Anlehnbügel (auch Rahmenhalter genannt) für Fahrräder sind mit einer Höhe von 0,70–0,85 m auszuführen. Zum Anlehnen von Kinderfahrrädern ist ein zusätzlicher Knieholm in ca. 0,40 m Höhe sinnvoll. Für einen sicheren Halt sollte die Länge nicht zu kurz bemessen sein und mind. 0,60 m, besser 0,80 m nicht unterschreiten. Um eine komfortable Nutzung – auch mit Kindersitz, Fahrradtaschen oder Fahrradkorb – zu ermöglichen, sollte ein Abstand zwischen den Anlehnbügeln von 1,50 m angestrebt werden, der bei beengten Verhältnissen und Zugänglichkeit von beiden Seiten auf 1,20 m reduziert werden kann. Daraus ergibt sich dann ein rein rechnerischer Platzbedarf von 0,75 m (0,60 m) in der Breite je Fahrrad. → **Abb. 3.4.5**

Anlehnbügel mit Vorderradschleife bieten eine zusätzliche Stabilisierung des Fahrrads, können aber nur einseitig genutzt werden. Wegen der Einbindung des Vorderrads haben sie eine geringere Höhe als reine Anlehnbügel. → **Abb. 3.4.6** Ein ähnliches Prinzip stellt der kombinierte Vorderrad- und Rahmenhalter dar. Dieser wird oft als Reihenparker angeboten und umfasst mehrere Fahrradbügel, die untereinander verbunden sind. Der Schwerpunkt der Fahrradhalterung liegt dabei meist im Bereich des Vorderrads. → **Abb. 3.4.7**

Die Abstände zwischen den Einstellplätzen sollten 0,80 m, mindestens aber 0,70 m bei niveaugleicher Position nicht unterschreiten. Bei höhenversetzter Anordnung verringert sich der Abstand zwischen den Einstellplätzen auf 0,50 m. Ausreichenden Komfort erzielt man dann aber nur bei zweiseitiger Radstellung.

Reine Vorderradhalter sollten nicht zum Einsatz kommen, da sie aufgrund der geringen Einbindung des Vorderreifens ein Umkippen des Fahrrads bzw. ein Verbiegen der Felge verursachen können. Ausnahmen sind nur bei sehr beengten Verhältnissen oder für das kurzzeitige Parken beispielsweise vor Geschäften in Erwägung zu ziehen.

Eine bessere Alternative zum Beispiel entlang von Gebäuden stellen Fahrradgeländer dar, die mit ausreichendem Abstand zur Fassade montiert werden.

Die Bemessung von Fahrradstellplätzen orientiert sich an einem Flächenbedarf von rund 1,5 m² (1,90 × 0,60 m) pro Fahrrad ohne Bewegungs- und Erschließungsflächen. Sieht die Anlage ein schräges Aufstellen vor, reduziert sich die Breite der Stellfläche auf 1,50 m. → **Abb. 3.4.8** in Verbindung mit → **Tab. 3.4.3** zeigen dabei verschiedene Möglichkeiten der Aufstellung von Anlehnbügeln und deren Platzbedarf auf.

Überdachung von Fahrradstellplätzen

Überdachte Stellplätze bieten zusätzlichen Schutz bei ungünstiger Wetterlage, aber auch vor Honigtau unter Bäumen (insbesondere bei einigen Ahorn- und Lindenarten) oder vor Vogelkot. Für einen umfassenden Schutz sollten Überdachungen mindestens 0,60 m über die eigentliche Stellfläche hinausreichen. Für Fahrradstellplätze an Wohn- und Schulgebäuden sowie bei Arbeitsstätten sollte ein Minimum von 50 % überdachten Stellplätzen vorgesehen werden. An Bahnhöfen des ÖPNV und des Fernverkehrs ist ein höherer Wert anzustreben, da hier mit längeren Aufenthalten zu rechnen ist. Durch die Nutzung vorhandener Vordächer, Gebäudevorsprünge etc. kann ein zusätzlicher Gestaltungs- und Flächenaufwand entfallen. Im Idealfall sind Fahrradstellplätze für Bewohner oder Mitarbeiter leicht zugänglich (auf Erdgeschossniveau oder über Rampen erreichbar) im Gebäude untergebracht.

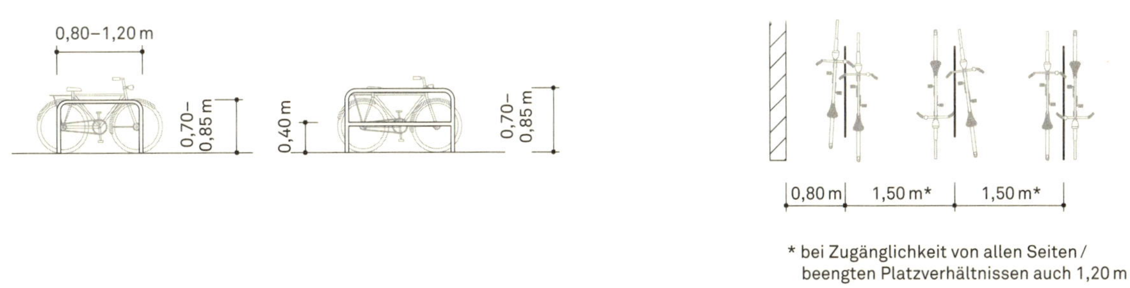

Abb. 3.4.5 Abmessung und Ausrichtung von Anlehnbügeln mit und ohne Holm

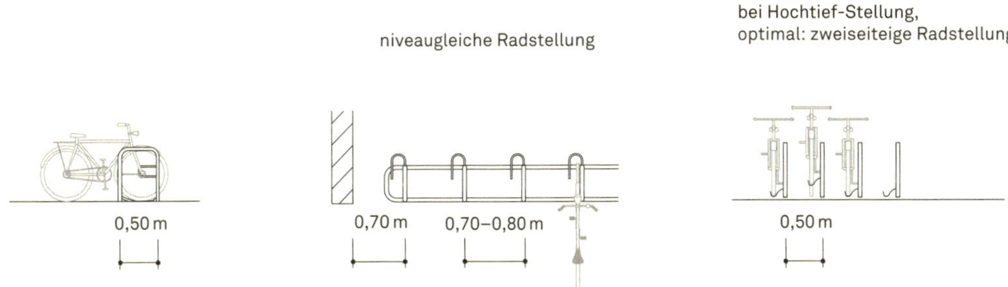

Abb. 3.4.6 Abmessung und Ausrichtung von kombinierten Vorderrad- und Rahmenhaltern als Reihenparker

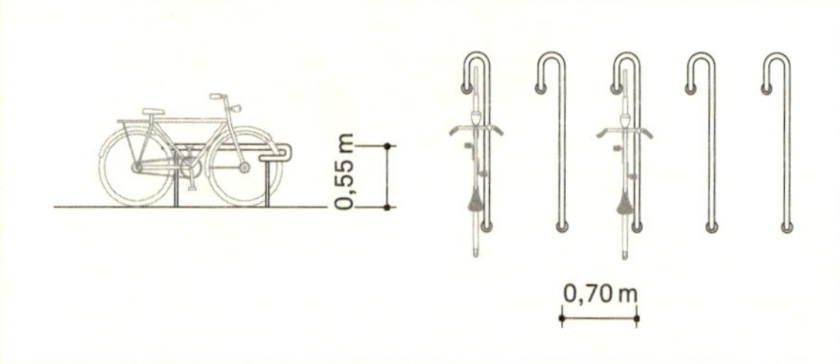

Abb. 3.4.7 Einseitiger Anlehnbügel mit Vorderradschleife

	Art der Anlagen	Fläche je Anlehnbügel (2 Fahrräder)	Fläche pro Fahrrad
A	Senkrechtaufstellung (90°), zweireihig	4,3 m²	2,15 m²
B	Senkrechtaufstellung (90°), einreihig	5,2 m²	2,6 m²
C	Schrägaufstellung (45°), zweireihig, Mittelgang im Zweirichtungsverkehr	4,8 m²	2,4 m²
D	Schrägaufstellung (45°), zweireihig, Mittelgang im Einrichtungsverkehr	4,3 m²	2,15 m²
E	Schrägaufstellung, einreihig, Mittelgang im Einrichtungsverkehr	5,6 m²	2,8 m²

Tab. 3.4.3 Flächenbedarf von Fahrradstellplätzen: Anlehnbügel/ Rahmenhalter mit Abstand von 1,50 m

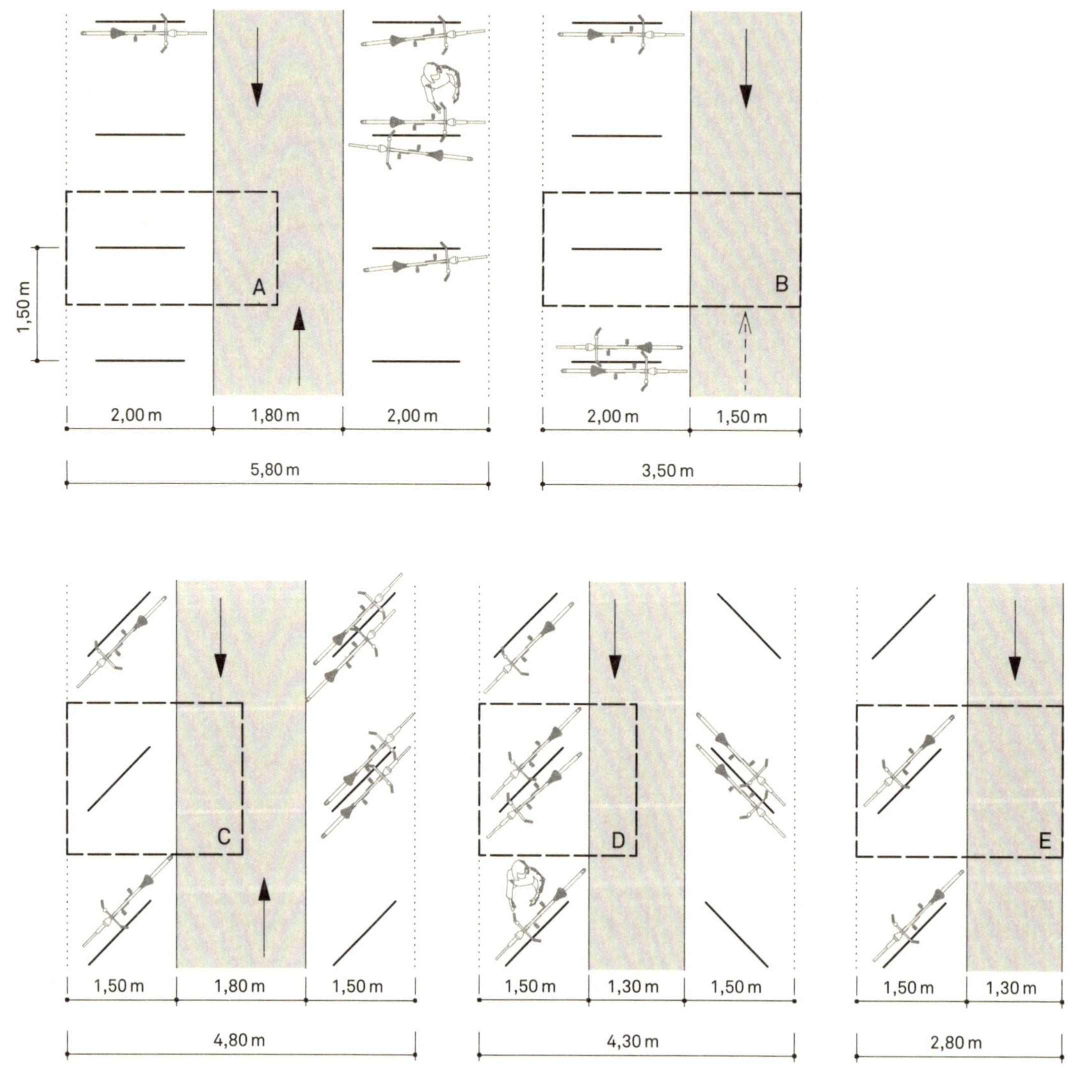

Abb. 3.4.8 Parkstand- und Fahrgassenbreite bei Senkrecht- und Schrägaufstellung von Fahrrädern

Stellplätze für Kraftfahrzeuge

Der Bemessung von Stellplätzen liegen Standardmaße von Fahrzeugen zugrunde, die jedoch als Mindestmaße anzusehen sind. Eine großzügige Bemessung von Stellplätzen ermöglicht ein bequemes Abstellen sowie Ein- und Aussteigen und beugt Schäden, Verletzungen und Verschmutzungen vor. Jedoch sollte auch der erhöhte Flächenverbrauch großzügiger Anlagen berücksichtigt werden.

Die Grundmaße für Stellplätze ergeben sich aus den Abmessungen der Kraftfahrzeuge zuzüglich Abstands- und Bewegungsflächen. Um Stellplatzflächen optimal zu nutzen, können Restflächen als Stellplätze für Klein- oder Kleinstwagen angeboten werden, die die Regelabmessungen (in der Länge) unterschreiten. Für den genehmigungsrechtlichen Stellplatznachweis sind diese aber nicht anrechenbar.

Für ein bequemes Ein- und Aussteigen sollte ein Abstand von 0,75 m zwischen den parkenden Fahrzeugen sowie zu seitlichen Abgrenzungen eingeplant werden. Bei einer anzunehmenden Fahrzeugbreite von 1,75 m und einer Fahrzeuglänge von 4,60 m ergibt sich daraus ein Gesamtmaß des Parkstandes von 2,50 × 5,00 m, wobei sich die Länge von 5,00 m aus der Tiefe ab Fahrgassenrand zuzüglich der des Überhangstreifens ergibt.

Insbesondere bei Mehrfachreihenanlagen können die Überhangstreifen als Grünflächen für die Niederschlagsversickerung genutzt werden. Dazu werden diese meist als Mulden ausgebildet. Des Weiteren können in angemessenem Abstand Baumpflanzungen vorgesehen werden, um die Stellplätze zu beschatten.

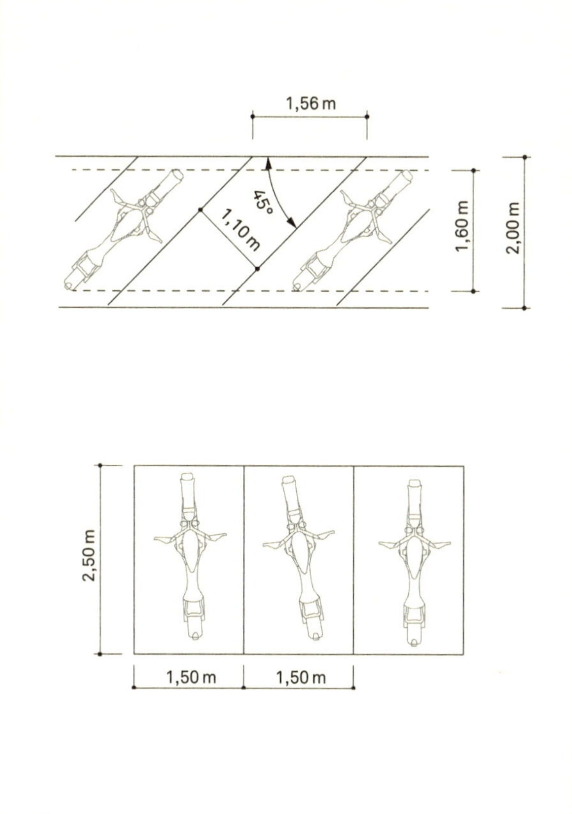

Abb. 3.4.9 Grundmaße für das Abstellen von Motorrädern

	Aufstell-winkel (in Grad°) α [gon]	Tiefe ab Fahrgas-senrand t–ü	Breite des Überhang-streifens ü	Breite des Park-stands b	Straßenfrontlänge l beim Einparken vorwärts	rückwärts	Fahrstreifen bzw. Fahrbahnbreite g beim Einparken vorwärts	rückwärts
Längsaufstellung 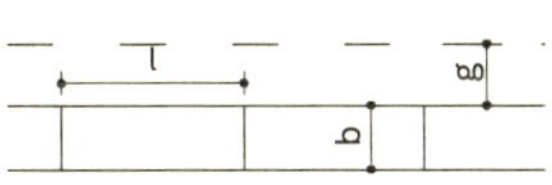	0			2,00 m	6,70 m [1]	5,70 m 5,20 m [2]	3,25 m	3,50 m
Schrägaufstellung 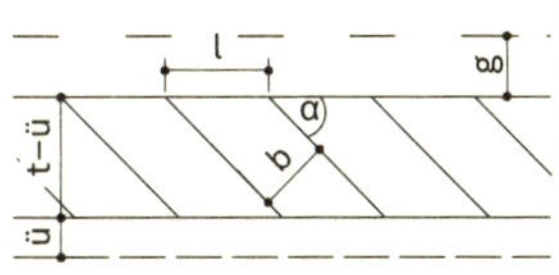	50 (45°)	4,15 m	0,70 m	2,50 m	3,54 m		3,00 m	
	60 (54°)	4,45 m	0,70 m	2,50 m	3,09 m		3,50 m	
	70 (63°)	4,60 m	0,70 m	2,50 m	2,81 m		4,00 m	
	80 (72°)	4,65 m	0,70 m	2,50 m	2,63 m		4,50 m	
	90 (81°)	4,55 m	0,70 m	2,50 m	2,53 m		5,25 m	
Senkrechtaufstellung 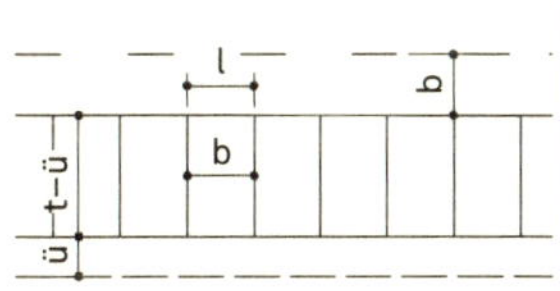	100 (90°)	4,30 m	0,70 m	2,50 m	2,50 m	2,50 m	6,00 m	4,50 m

[1] In Sonderfällen, z. B. um Behinderungen im Radverkehr beim Rückwärtseinparken zu vermeiden

[2] Durchschnittswert ohne Markierung

Tab. 3.4.4 Abmessungen von Pkw-Stellplätzen und Fahrgassen, nach Längs-, Schräg- oder Senkrechtaufstellung

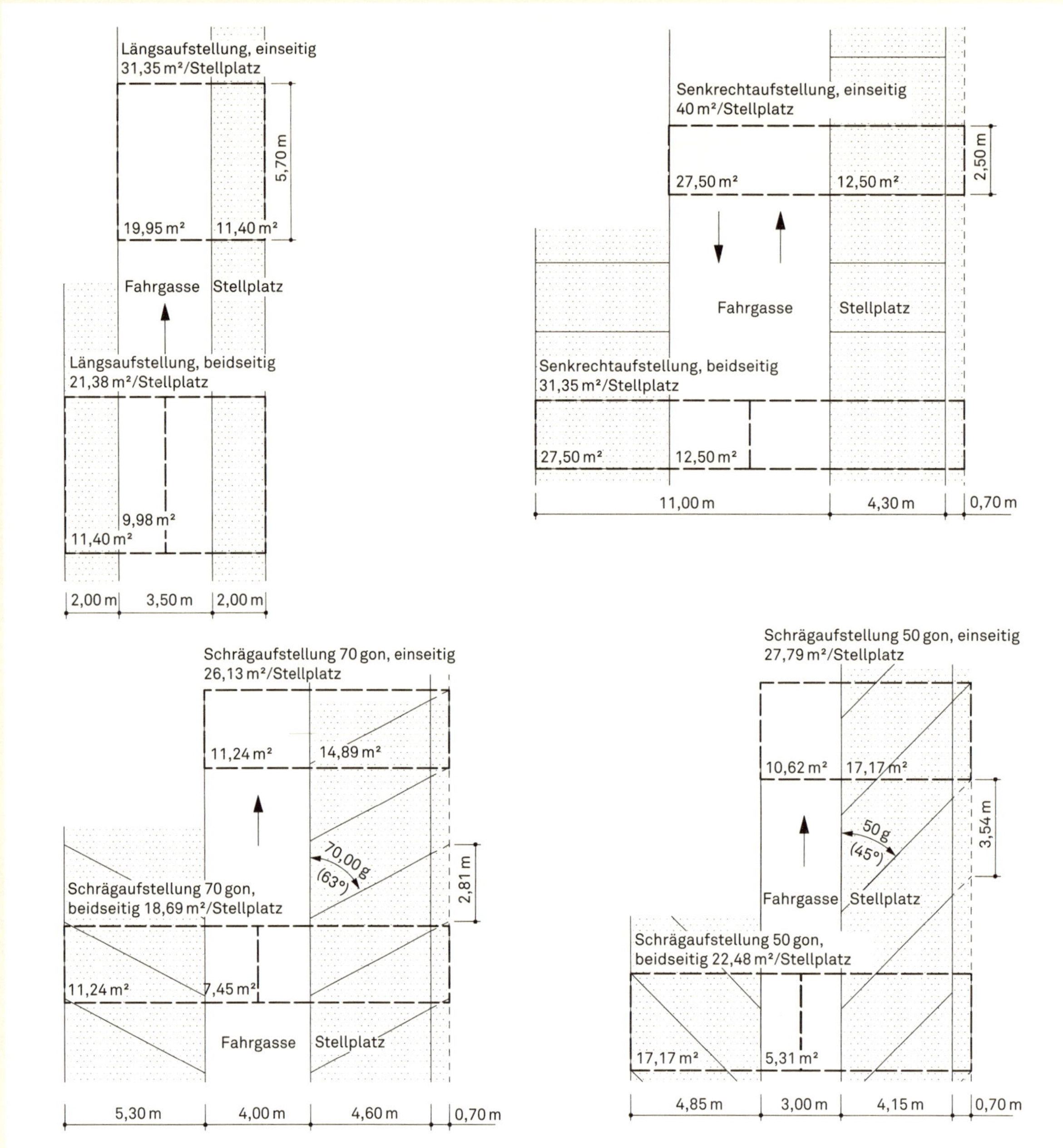

Abb. 3.4.10 Abmessungen von Parkständen und Flächenbedarf für Pkw im Straßenraum in Abhängigkeit von der Art der Aufstellung

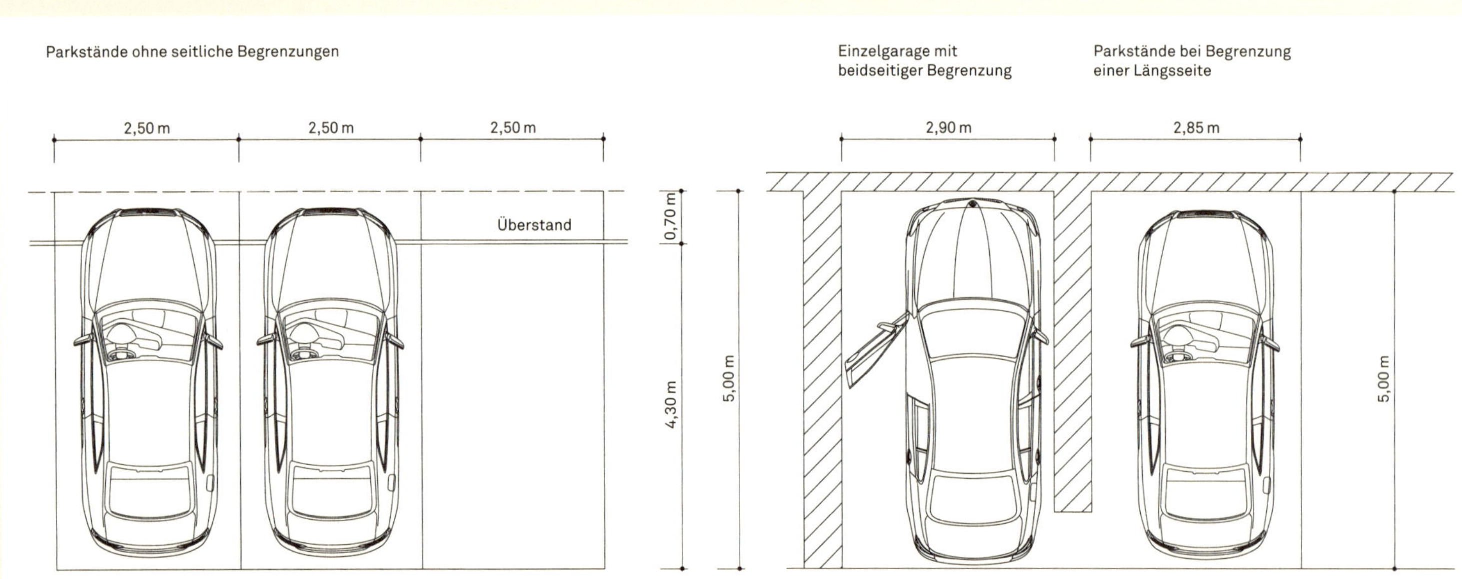

Abb. 3.4.11 Beispielhafte Anordnung der Stellplätze bei Senkrecht- und Schrägaufstellung

Pkw-Stellplätze für Rollstuhlfahrer
Bei der Anlage von Parkständen für Rollstuhlnutzer ist mindestens 1,00 m (bei Randpositionen 1,40 m) zu der regulären Breite hinzuzurechnen sowie auf eine direkte barrierefreie Zufahrt zum Gehweg zu achten. Die sich ergebende Mindestbreite von 3,50 m ermöglicht ein Einparken nach Bedarf – senkrecht oder in Schrägaufstellung. → Abb. 3.4.12

Für den Heckausstieg sind Stellplätze mit Längsaufstellung geeignet. Hinter der üblichen Stellplatzlänge von 5,00 m ist eine freizuhaltende Bewegungsfläche von 2,50 m vorzusehen. Hier können Zufahrten oder Fußgängerbereiche mitgenutzt werden. Für Kleinbusse sollte eine Mindeststellplatzgröße von 3,50 × 7,50 m vorgesehen werden (vgl. DIN 18040-1). Ergänzt wird diese durch eine lichte Höhe von 2,50 m. → Abb. 3.4.13

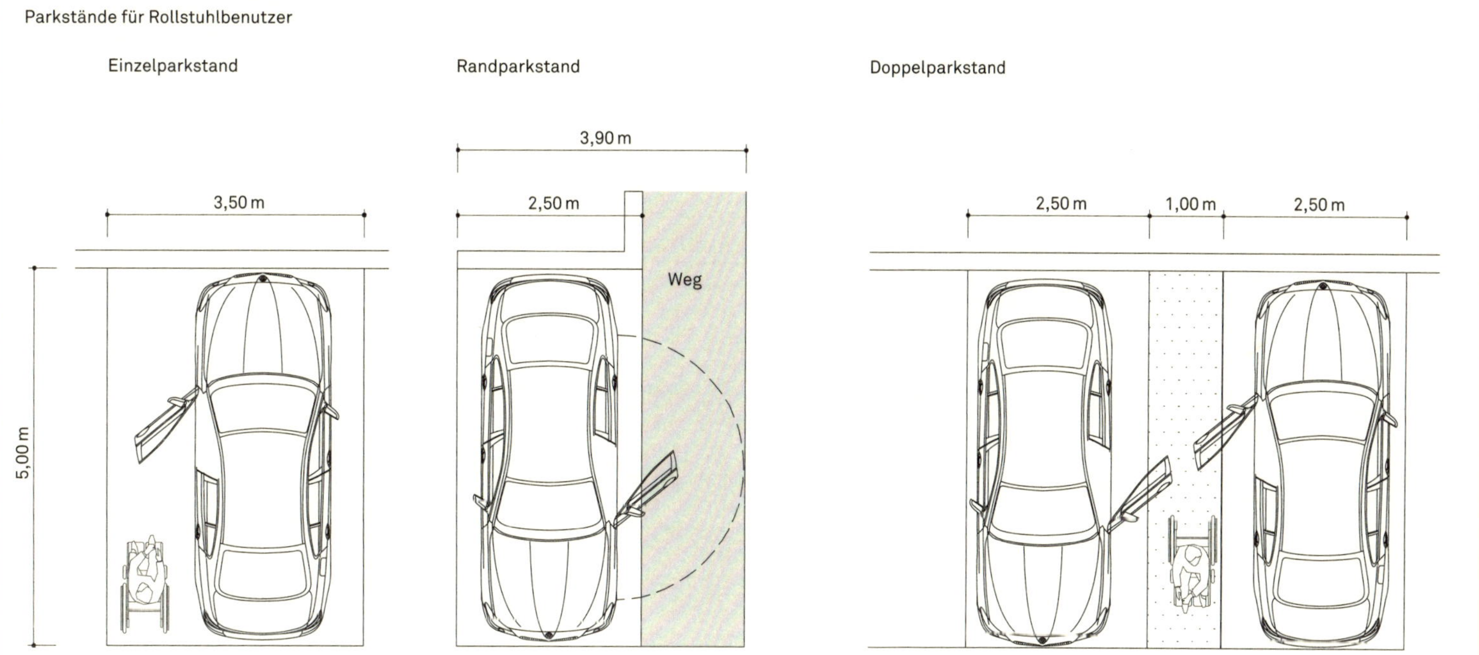

Abb. 3.4.12 Bemessung von Parkständen für Rollstuhlfahrer – Senkrechtaufstellung

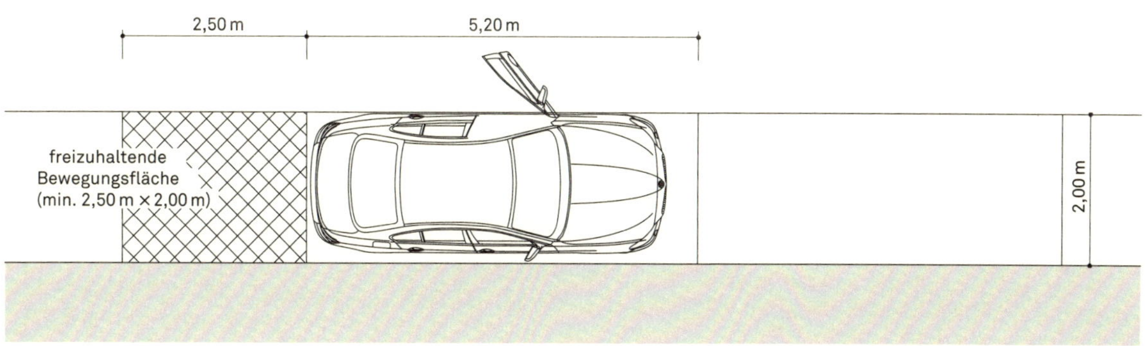

Abb. 3.4.13 Bemessung von Parkständen für Rollstuhlfahrer – Längsaufstellung

Stellplätze für Lkw, Busse und Reisemobile

Speziell für größere Fahrzeuge ergibt sich bei der Anordnung von Stellplätzen ein erhöhter Rangierbedarf. Dieser ist auf Ladehöfen in besonderem Maße zu berücksichtigen. Vor allem auf Stellplätzen in der Nähe touristischer Ziele sind Flächen für Reisebusse und Reisemobile einzuplanen. An Fernverkehrsstraßen gilt es außerdem, die Nutzung durch Lastkraftwagen zu beachten und entsprechende Stellflächen vorzusehen. Dabei sollte die Einfahrt in den Stellplatz nach links erfolgen und die Ausfahrt nach rechts (bei Linksverkehr umgekehrt). Stellplätze für Lkw und Busse sollten immer vollversiegelt ausgeführt werden.

Bei der Errechnung von Grundmaßen für Reisemobilstellplätze sollte die Nutzung berücksichtigt und ausreichend Platz für das bequeme Einsteigen in die Kabine bemessen werden. Daraus ergibt sich eine Parzellenempfehlung von 10,00 m × 5,00 m. Werden die Stellplätze für eine längere Aufenthaltsdauer konzipiert, kann zusätzlich Abstand zwischen den Parzellen eingeplant werden.

Bei der Einrichtung von Wohnmobilstellplätzen außerhalb von Campinganlagen stellen Versorgungs- und Entsorgungsstationen eine sinnvolle Ergänzung dar.

Senkrechtaufstellung 12-m-Bus

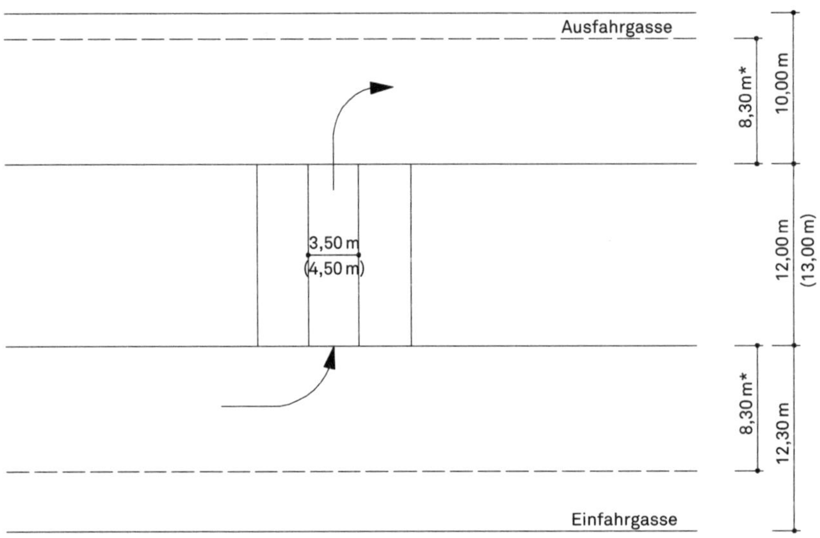

Senkrechtaufstellung 15-m-Bus

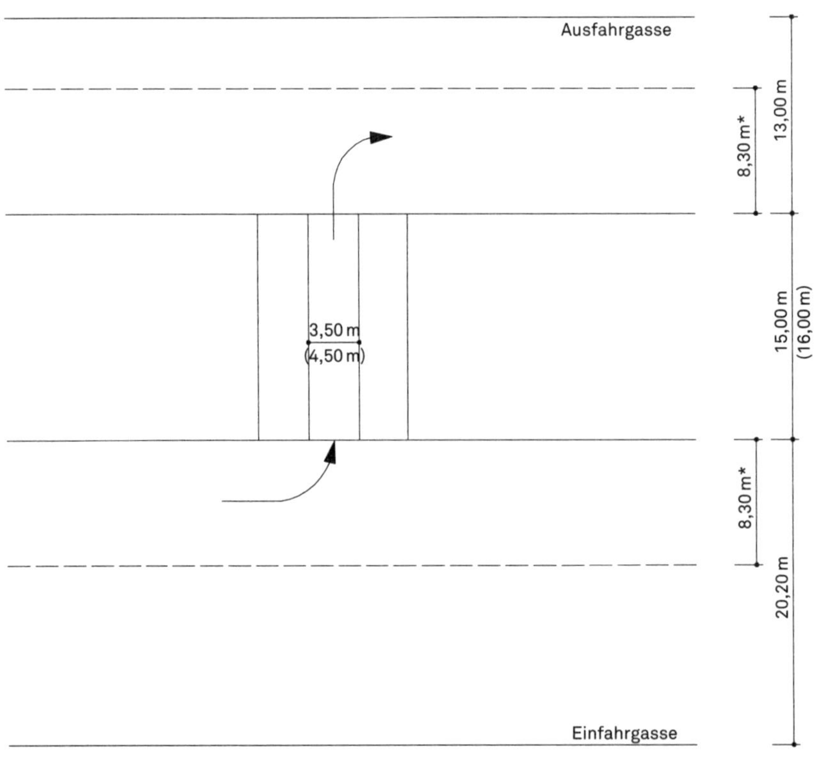

* Wenn das Überstreichen von Flächen im Seitenraum möglich ist.

Abb. 3.4.14 Grundmaße für das Abstellen von Lkw und Bussen – Senkrechtaufstellung

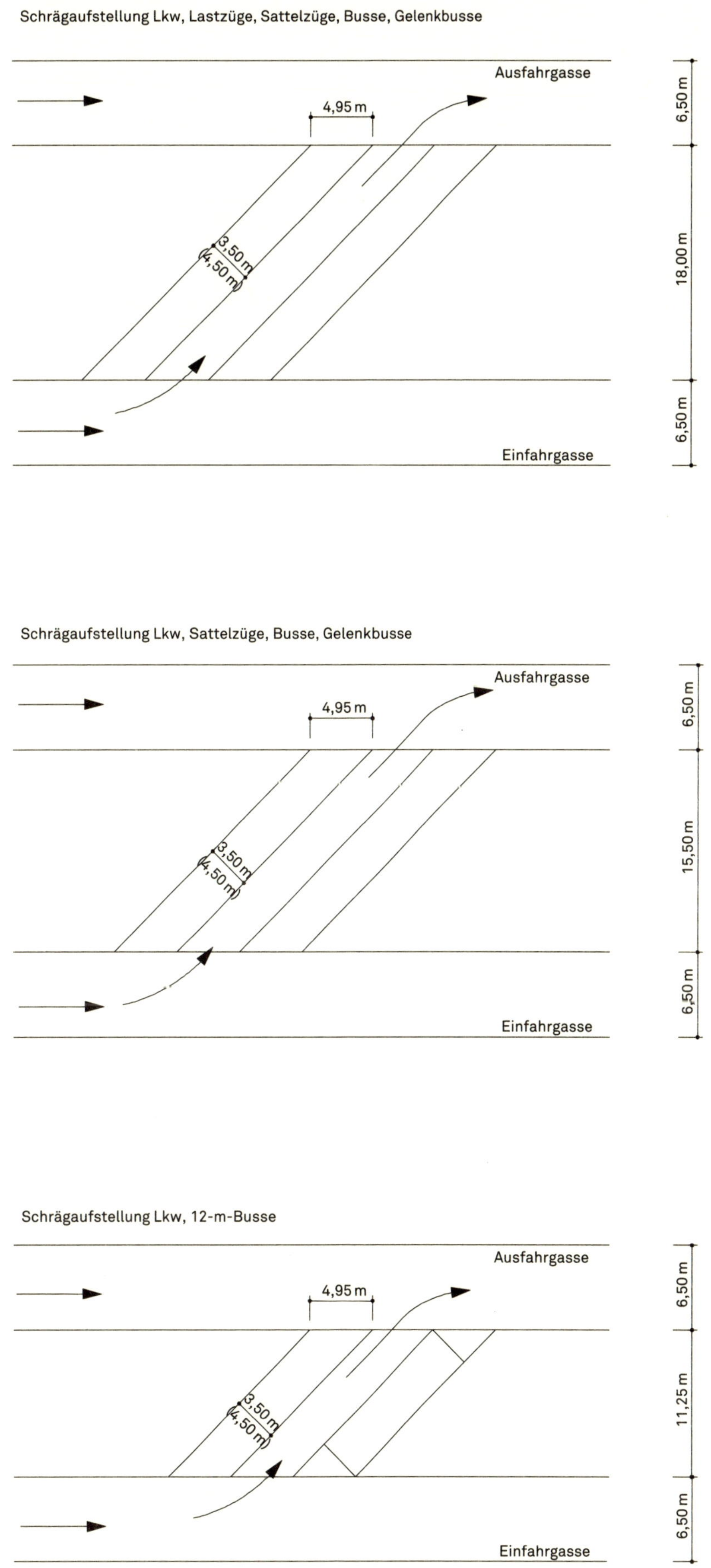

Abb. 3.4.15 Grundmaße für das Abstellen von Lkw und Bussen – Schrägaufstellung

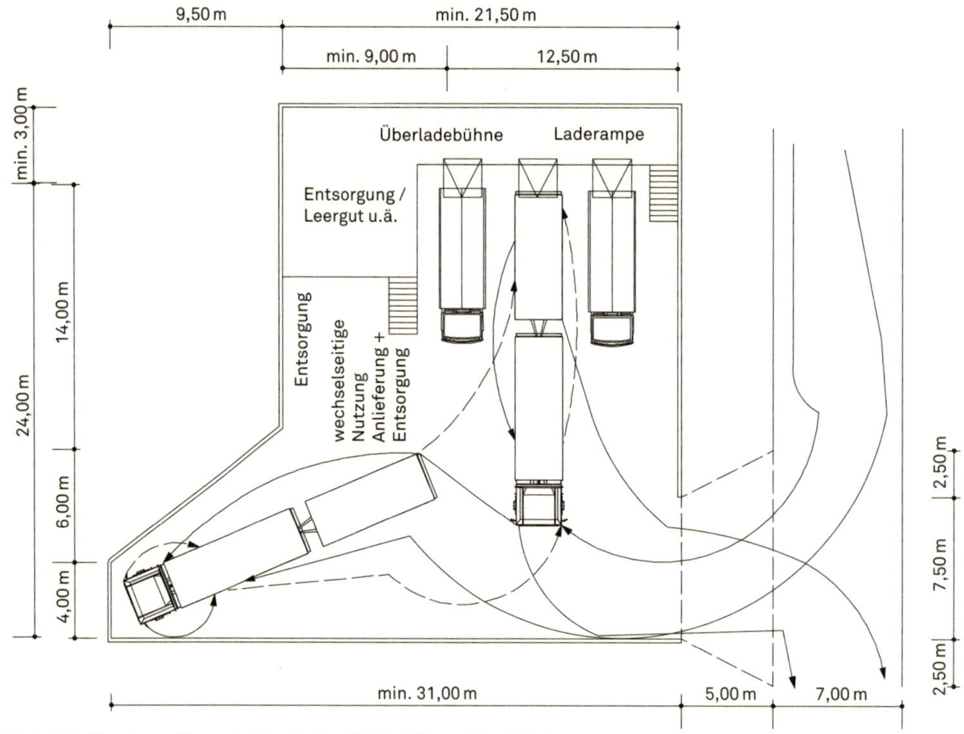

Beispiele für einen offenen Ladehof mit seitlicher Ein- und Ausfahrt

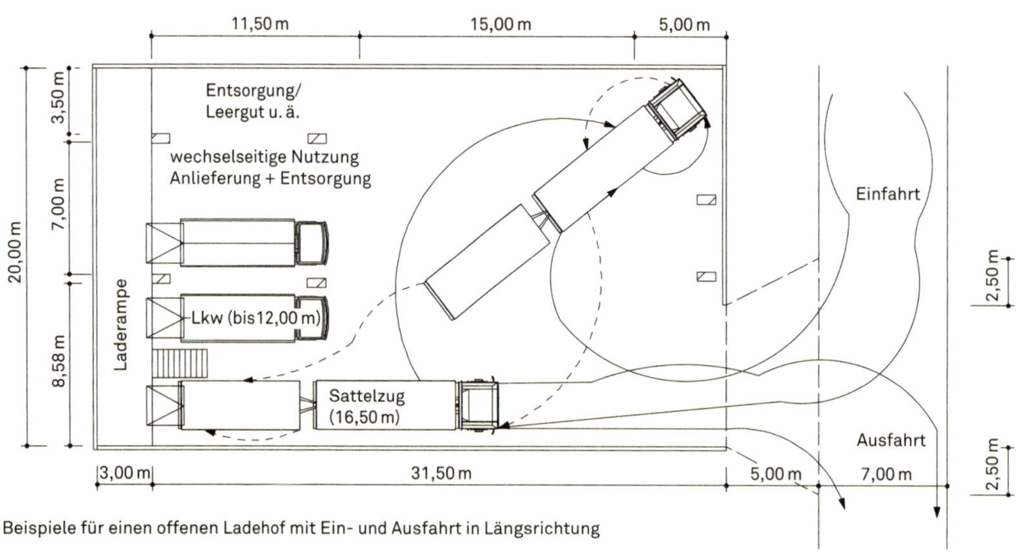

Beispiele für einen offenen Ladehof mit Ein- und Ausfahrt in Längsrichtung

Abb. 3.4.16 Grundmaße für Ladehöfe

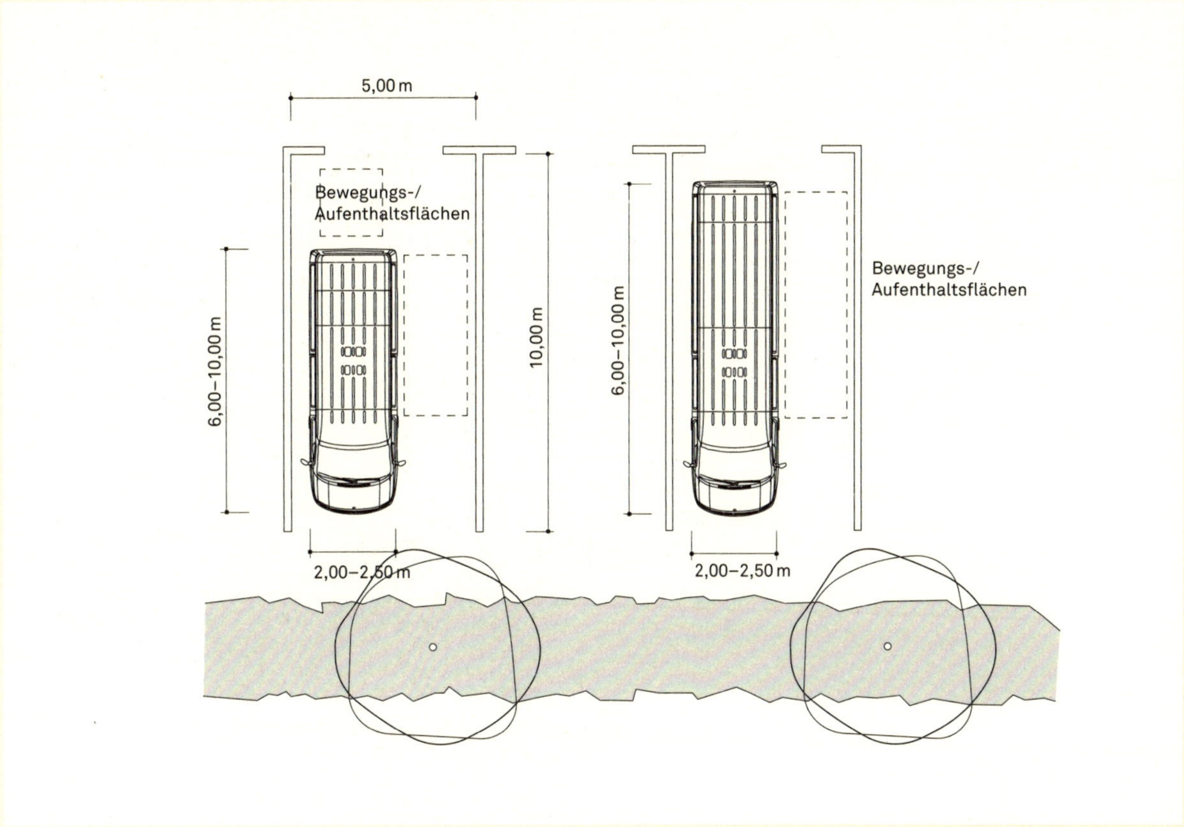

Abb. 3.4.18 Grundmaße für Reisemobilstellplätze

3 Elemente
3.5 Müllstandorte

3.5 Müllstandorte

Abfallentsorgung in Außenanlagen hat zum einen im öffentlichen Raum Bedeutung, zumeist in Form von Papierkörben und anderen Abfallbehältern, die in Grünanlagen und Parks, an Straßen und Wegen oder auf Spiel- und Sportplätzen aufgestellt werden. Zusätzlich müssen im öffentlichen Straßenraum Flächen für Sammelbehälter für Glas und andere Wertstoffe vorgesehen werden. Zum anderen sind an Gebäuden entsprechende Sammelanlagen für die Aufnahme des Haus- oder Gewerbemülls vorzusehen.

Bei der Planung von Müllstandorten ist auf deren Dimensionierung, Lage und Erschließung zu achten. Standortbedingungen sowie Kenn- und Richtwerte ergeben sich aus den jeweiligen Abfallgesetzen, Verordnungen und Richtlinien, in Deutschland beispielsweise der VDI-Richtlinie „Abfallsammlung in Gebäuden und auf Grundstücken" sowie der „Unfallverhütungsvorschrift – Müllbeseitigung" der gesetzlichen Unfallversicherung. Detaillierte Anforderungen an den Standort, die Transportwege sowie die verkehrstechnische Anbindung sind den Abfallsatzungen der Kommunen zu entnehmen und/oder werden durch das ortsansässige Abfuhrunternehmen (Leistungsbedingungen) geregelt. Daraus ergeben sich ortsspezifische Unterschiede, sodass die folgenden Angaben auf Minimal- und Maximalwerten beruhen.

Ortsspezifisch geregelt sind auch die Wertstoffe, die zentral oder dezentral gesammelt werden, woraus sich unterschiedliche Anforderungen an die Müllentsorgung an Gebäuden ergeben.

Die zunehmende Mülltrennung und Dezentralisierung der Müllsammelstellen führt in vielen Kommunen zu höheren Flächenansprüchen. Stellenweise werden so unabhängig von der Abfallmenge sechs verschiedene Tonnen erforderlich, die neben dem Haus-/Restmull die Container für Bioabfälle, Papier, Glas, Leichtverpackungen und Wertstoffe umfassen können.

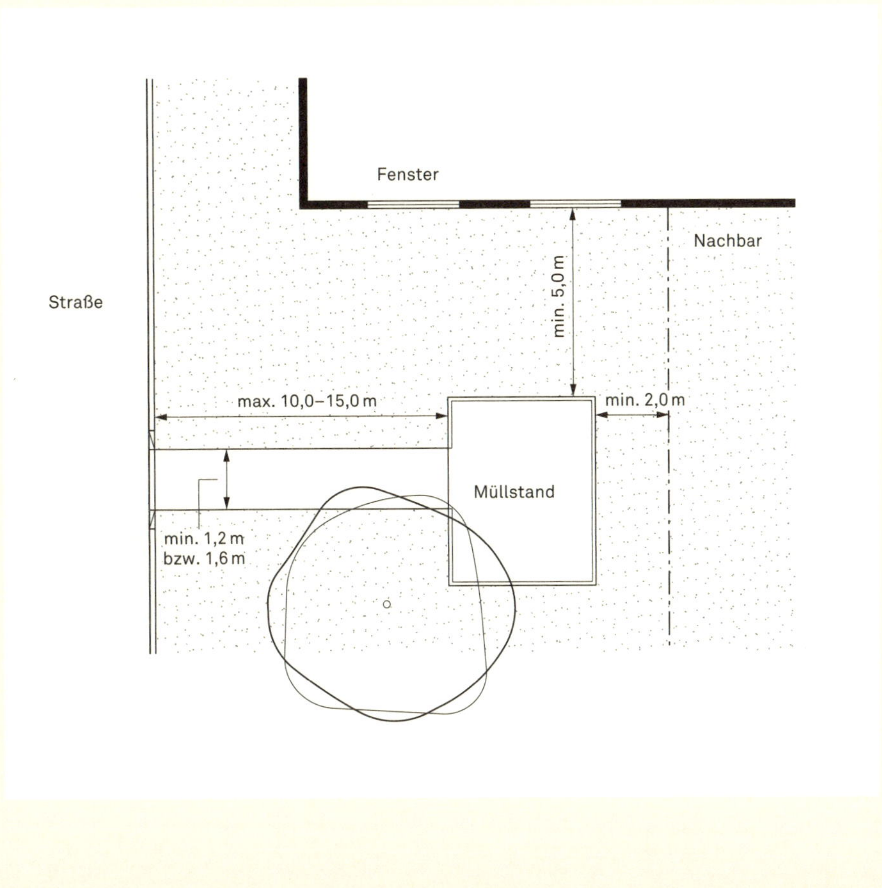

Abb. 3.5.1 Anordnung des Müllstandorts auf dem Grundstück

Standort

Müllsammelanlagen

Eine Müllsammelanlage muss sowohl für die Bewohner als auch für das Abfuhrunternehmen leicht erreichbar und jederzeit zugänglich sein. Auch die Einbindung des Stellplatzes in die Gesamtanlage ist zu berücksichtigen, sodass keine zu langen Wegestrecken für einzelne Parteien entstehen. Ein Standort an der straßenseitigen Grundstücksgrenze ist grundsätzlich vorzuziehen. Lässt sich dies aufgrund der Raumsituation nicht umsetzen, darf ein maximaler Abstand zwischen Müllstellplatz und Halteplatz des Sammelfahrzeugs nicht überschritten werden. Die Länge des Transportweges soll im Allgemeinen 10–15 m nicht überschreiten. In Einzelfällen können die zu passierenden öffentlichen Wegeflächen bei der Berechnung des Transportweges unberücksichtigt bleiben. Teilweise ist die Bereitstellung der Müllbehälter auch max. 2 m von öffentlichem Straßenland bzw. an der Vorgartenlinie erforderlich. Genaues regeln die entsprechenden kommunalen Abfallentsorgungssatzungen.

Bei der Zuwegung ist auf eine ebenerdige Anbindung zu achten. Bei unvermeidbaren Rampen darf grundsätzlich eine Steigung von 2 % – in Ausnahmefällen von max. 6 % – nicht überschritten werden. Hindernisse wie Stufen oder Rinnen sind zu vermeiden, und für Großbehälter ist eine Randsteinabsenkung vorzusehen.

Die befestigte Zuwegung ist üblicherweise mit einer Mindestbreite von 1,50–1,60 m vorzusehen. Bei Behältern bis zu einem Volumen von 1100 l reicht eine Mindestbreite von 1,20 m aus.

Bei der Lagerung insbesondere von hygienisch sensiblen Müllbehältern (Biomüll) ist auf einen Abstand zu Aufenthaltsräumen von mindestens 5,00 m und zu Grundstücksgrenzen von mindestens 2,00 m zu achten. Zudem sollte ein möglichst schattiger und gut belüfteter Standort gewählt werden.

Sichtschutzzäune, Hecken, Bäume oder Kletterpflanzen ermöglichen die Einbindung des Standorts in das Wohnumfeld, sollten jedoch die Möglichkeit des Einblicks durch die Bewohner nicht ausschließen.

Abstellplatz und Zuwegung sind ausreichend zu beleuchten. Der Stellplatz sollte mit einem trittfesten Belag z. B. aus Beton, Asphalt oder Pflasterstein befestigt sein sowie eine geeignete Entwässerung aufweisen. → Tab. 3.5.1 Insbesondere in und an Kindergärten ist ein Standort für die Müllbehälter außerhalb der Reichweite von Kindern zu wählen.

	Berlin	Wien	Zürich
Lage	Auf Privatgrund; leicht erreichbar; max. Entfernung zur Straße 10–15 m; Mindestabstand zu Aufenthaltsflächen 5 m und zu Grundstücksgrenzen 2 m	Auf Privatgrund; leicht erreichbar; max. Entfernung zur Straße 10 m; Mindestabstand zu Aufenthaltsflächen/-räumen 6 m	Auf Privatgrund (bei Platzmangel gegen Gebühr auch auf öffentlichem Grund); Vermeidung von Standorten in Unterführungen, Hofeingängen und Hofdurchgängen; Bereitstellung der Behälter für die Abfuhr am Abholort
Befestigung	Trittfester Belag z. B. Beton, Asphalt, Verbundpflasterstein; Tragfähigkeit von 2000 N pro Rad	Trittsicherer Bodenbelag z. B. Beton, Asphalt, Betonplatten	Trittfester Belag (z. B. Asphalt, Betonplatten), Randstein ca. 10 cm Höhe
Besonnung	Schattiger Standort	k. A.	k. A.
Beleuchtung	Stellplatz und Zuwegung sind ausreichend zu beleuchten	Ausreichend zu beleuchten	k. A.
Belüftung	Ausreichend Frischluftzufuhr bei verbauten Stellplätzen im Freien	Ausreichend Frischluftzufuhr bei verbauten Stellplätzen im Freien	k. A.
Stellplatz-Mindestgröße je Behälter	2,00 × 1,60 m bei 1100 l; 2,00 × 1,20 m bei 660 l; 0,80 × 0,80 m bei 60 bis 240 l; 1–1,5 m breite Gasse innerhalb des Standorts; 20 cm Abstand zwischen Behältern untereinander und von der Wand	2,10 × 1,50 m (+ 1,90 m) bei 2200-Liter-Behältern; 1,40 × 1,40 m (+ 1,40 m); bei 1100-Liter-Behältern; 1,40 × 1,00 m (+ 1,40 m) bei 770-Liter-Behältern; 0,70 × 0,70 m (+1,20 m) bei 240-Liter- und 120-Liter-Behältern; Manipulationsfläche vor den Behältern; 10 cm Abstand zwischen Behältern und Wand, untereinander max. 50 cm	0,4 m² bei 140 l-Behältern; 0,7 m² bei 240 l-Behältern; 1,7 m² bei 770 l-Behältern
Behälter	Größe und Material entsprechend der Norm EN 840-1 bis 840-6 für 60, 120, 240, 660 u. 1100 l	2200 l-, 1100 l-, 770 l-, 240 l- und 120 l-Behälter	Größe und Material entsprechend der Norm EN 840-1 bis 840-6 für 140, 240 u. 770 l
Zuwegung	1,20–1,60 m breite Zuwege, hindernisfreie Zuwegung	1,00–2,00 m breite Zuwege, 1,00–2,00 m lichte Breite und 2,00 m lichte Höhe	Keine Hindernisse
Gefälle	Ebenerdig, in Ausnahmefällen bis max. 12,5 % Steigung (abhängig von Behältergrößen)	Ebenerdig bis max. 2 % Steigung (abhängig von Behältergrößen)	Ebenerdig bis max. 5 % Steigung
Zugang zum Stellplatz	1,50–2,00 m lichte Breite und 2,00 m lichte Höhe	1,00–2,00 m lichte Breite und 2,00 m lichte Höhe (abhängig von max. Behältergröße)	
Richtlinien	BSR: Grundlagen für die Gestaltung von Standorten und Transportwegen für Abfallbehälter, Vdi-Richtlinie „Abfallsammlung in Gebäuden und auf Grundstücken“, „Unfallverhütungsvorschrift – Müllbeseitigung“ der GUV, Abfallsatzungen der Kommunen, Leistungsbedingungen der Abfuhrunternehmen	ÖNORM 2025, Bauordnung Wien, Wiener Abfallwirtschaftsgesetz	Verordnung für die Abfallbewirtschaftung in der Stadt Zürich (VAZ), Leistungsbedingungen der ERZ Entsorgung + Recycling Zürich

Tab. 3.5.1 Anforderungen an Müllstandorte, Vergleich Berlin – Wien – Zürich

Abmessungen und Kennwerte

Flächenbedarf von Müllsammelfahrzeugen

Straßen ohne Begegnungsverkehr, die von Müllsammelfahrzeugen befahren werden, sollten eine Mindestbreite von 3,55 m (2,55 m zzgl. 2 × 0,50 m Sicherheitsabstand), Straßen mit Begegnungsverkehr eine Breite von mindestens 4,75 m aufweisen. Beide sollten für ein Fahrzeug mit einem zulässigen Gesamtgewicht von 28 t ausgerichtet sein. Im Falle einer Stichstraße sind Wendeanlagen anzulegen; diese sollten einen Mindestdurchmesser von 22 m nicht unterschreiten oder zumindest die Schleppkurven für die einzusetzenden Abfallsammelfahrzeuge berücksichtigen. → Abb. 3.5.2 Die Zufahrtsstraße zur Wendeanlage muss mindestens 5,50 m aufweisen. Die lichte Durchfahrtshöhe beträgt 4,00–4,20 m. Herabhängende Äste dürfen nicht in das Lichtraumprofil hineinragen und die Durchfahrtshöhe mindern.

Das Rückwärtsfahren mit Müllfahrzeugen ist in der Regel nicht zulässig; das Zurücksetzen bei Wendemanövern gilt nicht als Rückwärtsfahren. Rückwärts darf nur gefahren werden, wenn eine geeignete Person den Fahrer einweist (Zwei-Mann-Besatzung des Fahrzeugs), das Fahrzeug mit Rückraumüberwachungsanlagen ausgestattet ist oder der gefährdete Bereich durch die Anordnung von Verkehrsspiegeln ausreichend einsehbar ist. In Wendehämmern sollte mit ein- bis höchstens zweimaligem Zurückstoßen gewendet werden können (vgl. Berufsgenossenschaft für Fahrzeughaltungen, 2008). → Abb. 3.5.3

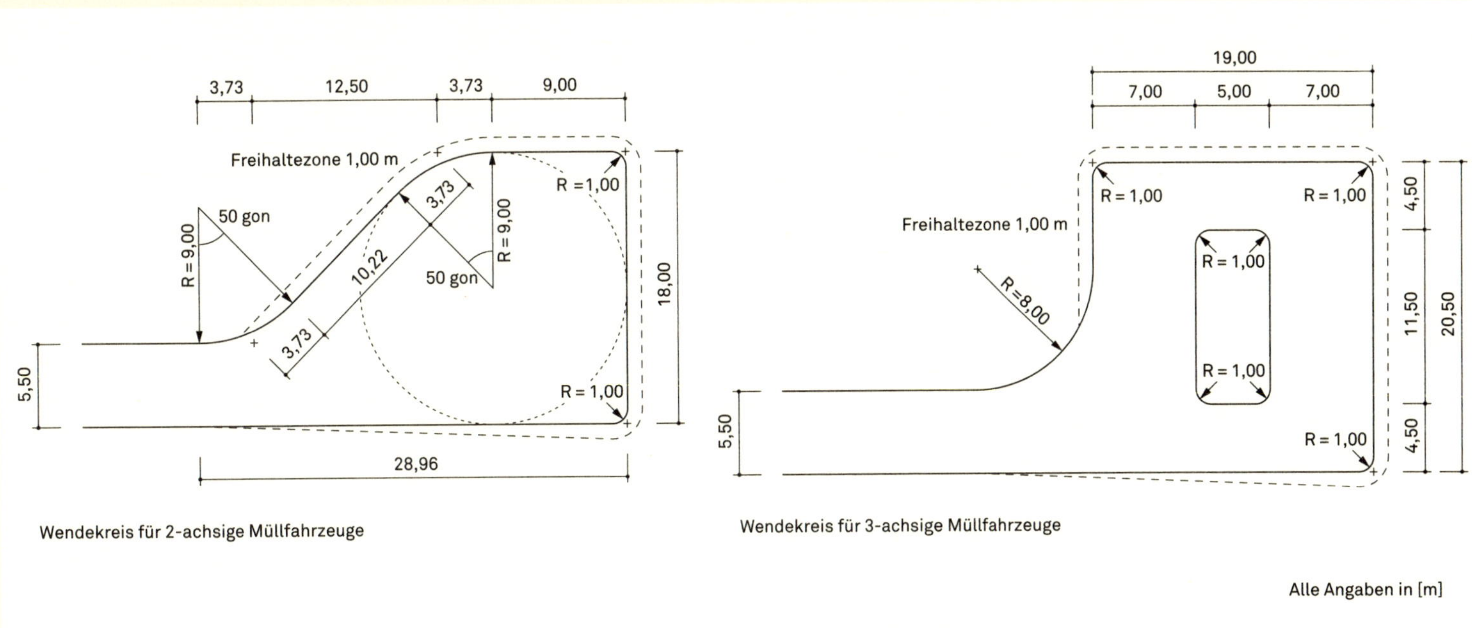

Abb. 3.5.2 Wendekreis für ein 2-achsiges und ein 3-achsiges Müllfahrzeug (gem. RASt 06)

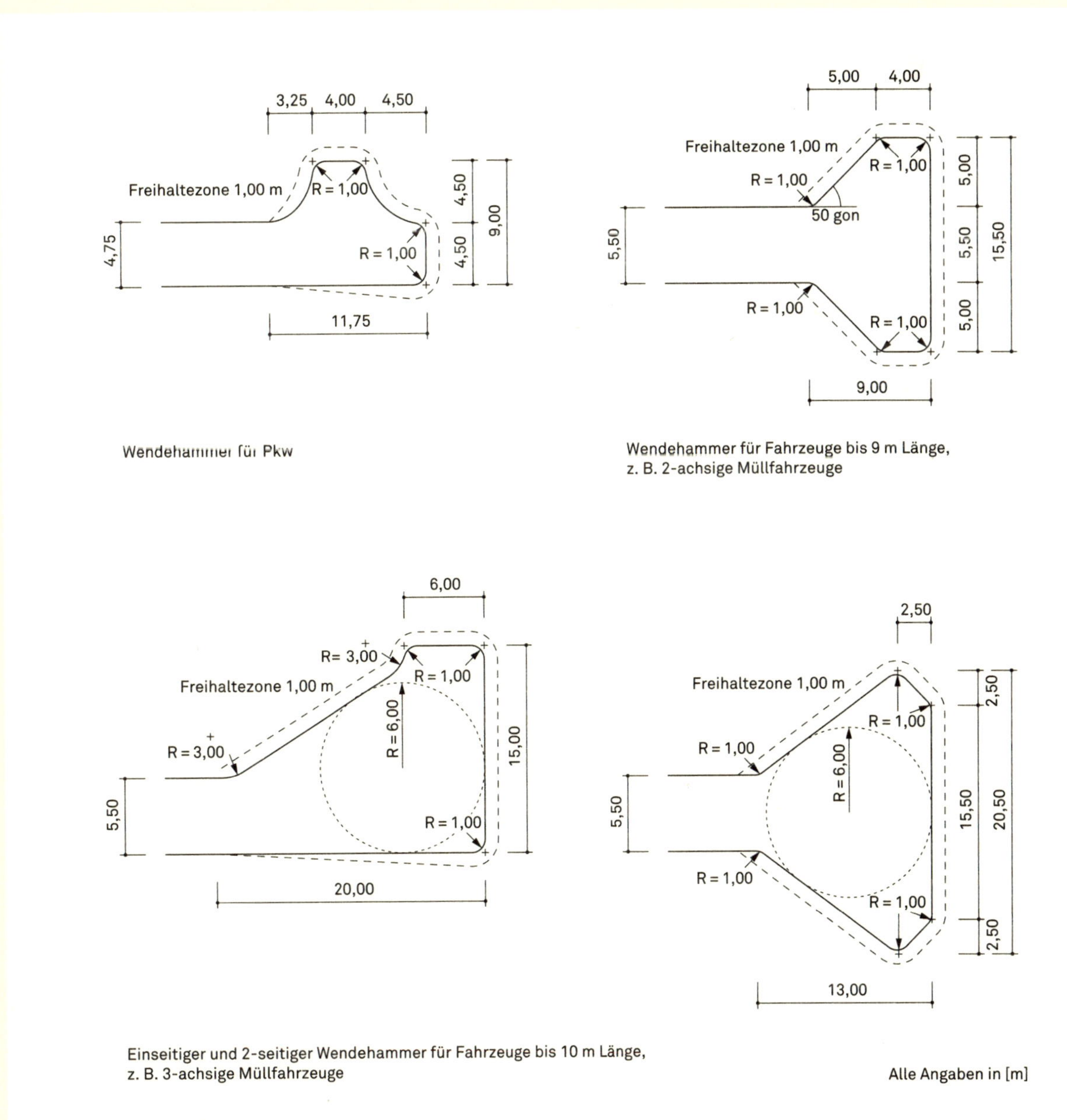

Abb. 3.5.3 Wendehammer für ein 2-achsiges und ein 3-achsiges Müllfahrzeug

Größe von Abfallbehältern

Die Größe der Abfallbehälter des Müllstandorts ergibt sich aus der Größe der zu versorgenden Wohnanlage oder Einrichtung, dem wöchentlichen Abfallaufkommen pro Kopf sowie dem Leerungsrhythmus der Behälter.

Folgende Angaben des Abfallwirtschaftsbetriebs München (AWM) beruhen auf langjährigen Erfahrungswerten und können zu einer ersten Übersicht über die zu veranschlagende Behälteranzahl und -größe herangezogen werden. → Tab. 3.5.2 und 3.5.3

Viele Abfuhrunternehmen bieten neben der persönlichen Beratung auch einen Onlinekalkulator an.

Die Größe des Stellplatzes ergibt sich aus den Angaben zu Anzahl und Größe der Behälter sowie den jeweiligen technischen Anforderungen an den Standort. Für ein leichtes Befüllen der Behälter und dessen Abtransport innerhalb des Stellplatzes ist eine 1,00 bis 1,50 m breite Gasse vorzusehen.

Müllgroßbehälter mit einem Fassungsvermögen von 1100 l und 660 l bedürfen einer Mindeststellplatzgröße von 2,00 × 1,60 m bzw. 2,00 × 1,20 m, Behälter mit einer Größe zwischen 60 l und 240 l einer Mindeststellplatzgröße von 0,80 × 0,80 m. → Abb. 3.5.2 und Tab. 3.5.1

Die Eingänge zum Stellplatz sollten eine Mindestbreite von 1,50 m und eine Höhe von 2,00 m aufweisen. Überdachte Stellplätze dürfen ebenfalls eine lichte Höhe von 2,00 m nicht unterschreiten.

Personenanzahl	Restmülltonne	Papiertonne	Biotonne
3–4	1 × 120 l	1 × 120 l	1 × 120 l
7–8	1 × 240 l	1 × 240 l	1 × 120 l
20–25	1 × 770 l	3 × 240 l	1 × 120 l
30–35	1 × 1100 l	1 × 110 l	1 × 240 l

Tab. 3.5.2 Orientierungswerte für die Anzahl und Größe von Restmüll- und Wertstofftonnen für Wohngebäude (vgl. Empfehlung des Abfallwirtschaftsbetriebs München [AWM], 2011)

Nutzung	Menge/Woche						
	Restmüll	Papier	Organik	Speisereste	Kunststoff	Metall	Glas
Büro pro Mitarbeiter	10 l	10 l	1 bis 2 l	–	0,7 l	0,5 l	0,5 l
Kindertagesstätte pro 100 Kinder	1100 l	240 l	120 l	–	–	–	–
Schule pro Schüler	4 l	2 l	0,5 l	–	–	–	–
Pflegeheim/ Krankenhaus pro Bett	110 l	20 l	2 l	5 l	5 l	2 l	2 l
Gastronomie pro 100 Essen	45 l	15 l	–	15 l	8 l	8 l	8 l
Hotel Garni pro Bett	7,5 l	7 l	1 l	–	–	–	–
Hotel ****/***** pro Bett	85 l	20 l	2 l	5 l	5 l	2 l	2 l

Tab. 3.5.3 Orientierungswerte für das Abfallaufkommen in Gewerbebetrieben (vgl. Empfehlung des Abfallwirtschaftsbetriebs München [AWM], 2011)

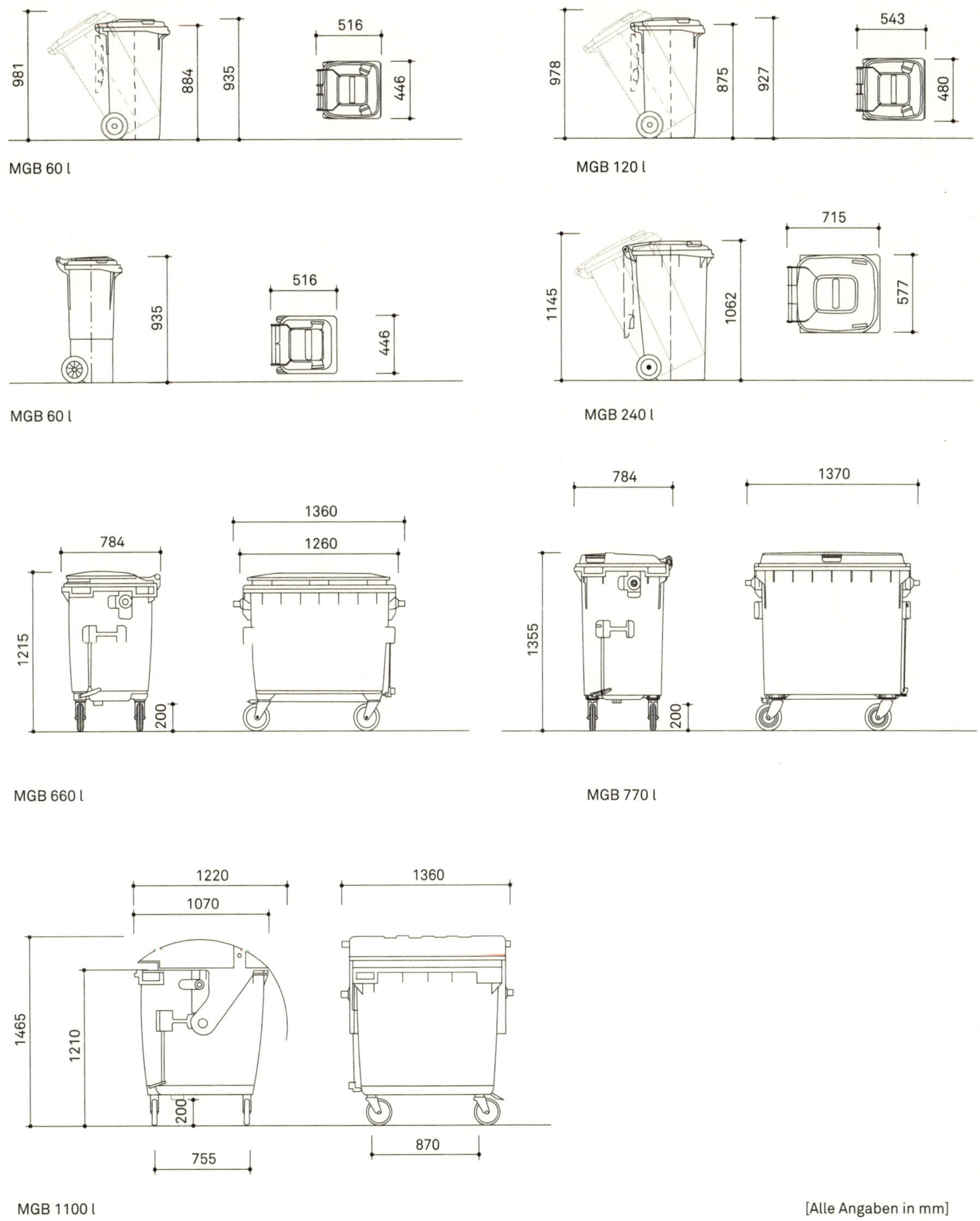

Abb. 3.5.4 Gängige Behältermaße

Technische Einrichtungen

Für einen sicheren Transport der Sammelbehälter verlangen die Abfuhrunternehmen vereinzelt Feststellvorrichtungen an zu passierenden Türen und Toren.

Bau- und genehmigungsrechtliche Hinweise

Die Neuanlage oder Umgestaltung von Müllstandorten ist genehmigungspflichtig bzw. im Voraus mit dem ortsansässigen Abfuhrunternehmen abzuklären.

3 Elemente
3.6 Einfriedungen und Geländer

3.6 Einfriedungen und Geländer

Die Einfriedung eines Grundstücks oder einer Fläche kann der Kenntlichmachung von Besitzverhältnissen oder der Sicherung vor (unbefugtem) Betreten oder Verlassen dienen. Besondere Funktionen bieten darüber hinaus Schallschutzwände, Sichtschutzwände und Windschutzeinrichtungen.

Im Bereich zweckgebundener Freiflächen, beispielsweise von Sportflächen, steht die Funktion der Einfriedung als Ballfangzaun im Vordergrund.

Zäune, Mauern, Hecken, Gräben, Wälle, Baumreihen, Flächenabsenkungen oder Flächenpodeste stellen mögliche Arten der Einfriedung dar. Je nach Durchlässigkeit und Höhe können sich im direkten Umfeld Auswirkungen auf das Kleinklima ergeben, insbesondere hinsichtlich von Temperaturdifferenzen, des Schattenwurfs oder der Windgeschwindigkeit.

Geländer und Brüstungen dienen als Absturzsicherung im Bereich von Wegen, Plätzen, Stegen und Treppen sowie entlang von Fahrradwegen. Bei entsprechender Ausführung können sie auch Sicht- und Windschutzfunktionen übernehmen. Brüstungen werden überwiegend in massiv ausgeführten und geschlossenen Bauweisen z. B. aus Mauerwerk oder Beton errichtet, während Geländer durchlässige Konstruktionen etwa aus Metall oder auch aus Holz sind. Eine gängige Kombination beider Ausführungen sind Brüstungen mit einem Geländer als oberem Abschluss.

Geländer sind grundsätzlich mit einer Ausfachung beispielsweise aus Rund- oder Flachstäben, Netzen, (Loch-) Blechen oder Glas zu versehen. An Treppen, die direkt in oder auf einer Böschung liegen oder seitlich durch eine Mauer abschließen, ist ein einfacher Handlauf (ohne Ausfachung) ausreichend.

An Flächen, bei denen eine Umwehrung der Nutzung widerspricht, sind keine Geländer erforderlich. Dies gilt in der Regel für Hafenanlagen, Schwimmbecken oder Teichanlagen. Eine Einfriedung kann jedoch dann erforderlich werden, wenn ein Teich oder ein Wasserbecken z. B. auf Flächen liegt, die häufig durch Kinder besucht werden.

Standort

Einfriedungspflicht

Die Errichtung von Einfriedungen ist grundsätzlich auf dem Grundstück, bei gemeinsamer Einfriedung auf der Grundstücksgrenze vorzunehmen.

In Deutschland werden Einfriedungspflicht und Abstandsregelungen sowie Vorgaben zu Art, Höhe und Gestaltung in der jeweiligen Bauordnung, im Nachbarschaftsrecht der Länder bzw. durch den Bebauungsplan oder andere örtliche Bauvorschriften vorgeschrieben. Im Allgemeinen ist innerhalb eines im Zusammenhang bebauten Ortsteils der Eigentümer eines bebauten oder gewerblich genutzten Grundstücks auf Verlangen des Eigentümers des Nachbargrundstücks verpflichtet, sein Grundstück an der gemeinsamen Grenze durch Zaun, Hecke oder Mauer einzufrieden. Dabei kann eine ortsübliche Einfriedung verlangt werden. Ist keine ortsübliche Art und Weise bei der Einfriedung der übrigen Grundstücke nachzuweisen, wird gewöhnlich eine 1,20 m hohe Einfriedung gefordert. In einigen (Bundes-)Ländern hat jeder Grundstückseigentümer an der Grenze zum rechten Nachbargrundstück das Grundstück einzufrieden, in anderen Ländern besteht hierzu keine Verpflichtung.

Zu landwirtschaftlich genutzten Flächen außerhalb eines im Zusammenhang bebauten Ortsteils ist meist ein Mindestabstand einzuhalten. Dieser beträgt 0,5 m oder mehr.

Zum Schutz des Straßen-, Orts- und Landschaftsbildes werden in einigen Ländern und Kommunen Gestaltungsregeln ausgegeben. So gibt etwa in Österreich das Steiermärkische Baugesetz vor, dass „Einfriedungen und lebende Zäune [...] so auszuführen bzw. zu erhalten [sind], dass weder das Straßen-, Orts- und Landschaftsbild beeinträchtigt noch eine Gefährdung von Personen und Sachen herbeigeführt wird. Einfriedungen dürfen nicht vor der Straßenfluchtlinie errichtet werden."

Wirkungsweise von Einfriedungen

Neben der Auswirkung der Bauweise auf den unmittelbar angrenzenden Standort (→ Tab. 3.6.1) ist bei der Planung auch auf die funktionale Wirkungsweise und die räumliche Wahrnehmung einer Einfriedung zu achten. Höhen bis 0,5 m (etwa Kniehöhe) lassen sich leicht übersteigen und werden daher von Kindern und Erwachsenen eher als Flächenabgrenzung denn als Grenze wahrgenommen. Höhen bis 1,20/1,50 m (etwa Brusthöhe) dagegen verweisen deutlich auf ein Grundstücksrecht oder eine andere Flächenfunktion, wirken jedoch noch nicht abweisend. Für Kinder stellt diese Höhe bereits eine eindeutige Barriere dar.

Liegt die Höhe der Einfriedung über Augenhöhe, bewirkt dies eine deutliche Trennung der Flächen. Bei Mauern und undurchlässigen Zäunen wird dadurch außerdem der Einblick in das Grundstück verweigert. Je nach Höhe und Stärke bzw. Materialwahl kann diese Art der Grenze abweisend wirken. Ein Höhensprung wird möglicherweise ebenfalls als räumliche Trennung wahrgenommen und kann unter Umständen eine Einfriedung ersetzen. → Abb. 3.6.1

	Offene Bauweise	Geschlossene Bauweise
Schutzfunktion	Bedingte Schutzfunktion	Sichtschutz, Windschutz, Sonnenschutz, Lärmschutz, Immissionsschutz
Besonnung	Interessante Schattenspiele	100 % Verschattung bei Nordlage
Luftzirkulation	Gegeben	Luftverwirbelungen am Fuß
Bodenfeuchte	Regenwasser kann durchdringen, geringe Gefahr durch Austrocknung oder zu hohe Feuchtigkeit	Im Windschatten liegende Flächen bleiben häufig unberührt vom Regen, Südlagen heizen sich auf und lassen Wasser schneller verdunsten, Nordlagen leiden unter Dauerfeuchte (je nach klimatischen Bedingungen auch positiv → Auffangen von Wasser in trockenen Gebieten)
Hinterpflanzung	Bedingungen meist wie am Standort	Kann entsprechend der jeweiligen Exposition im Gegensatz zum Umfeld einen Sonderstandort bilden, der besonders heiß (→ Rückstrahlung an Mauern), schattig oder feucht ist

Tab. 3.6.1 Auswirkungen auf den Standort durch geschlossene und offene Bauweise

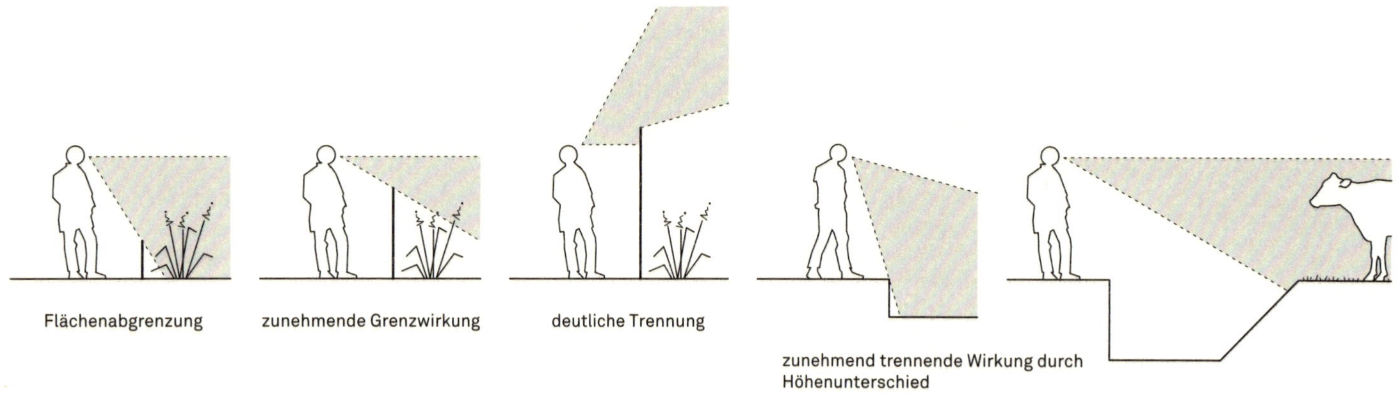

Abb. 3.6.1 Höhen (und Tiefen) und ihre Barrierewirkung

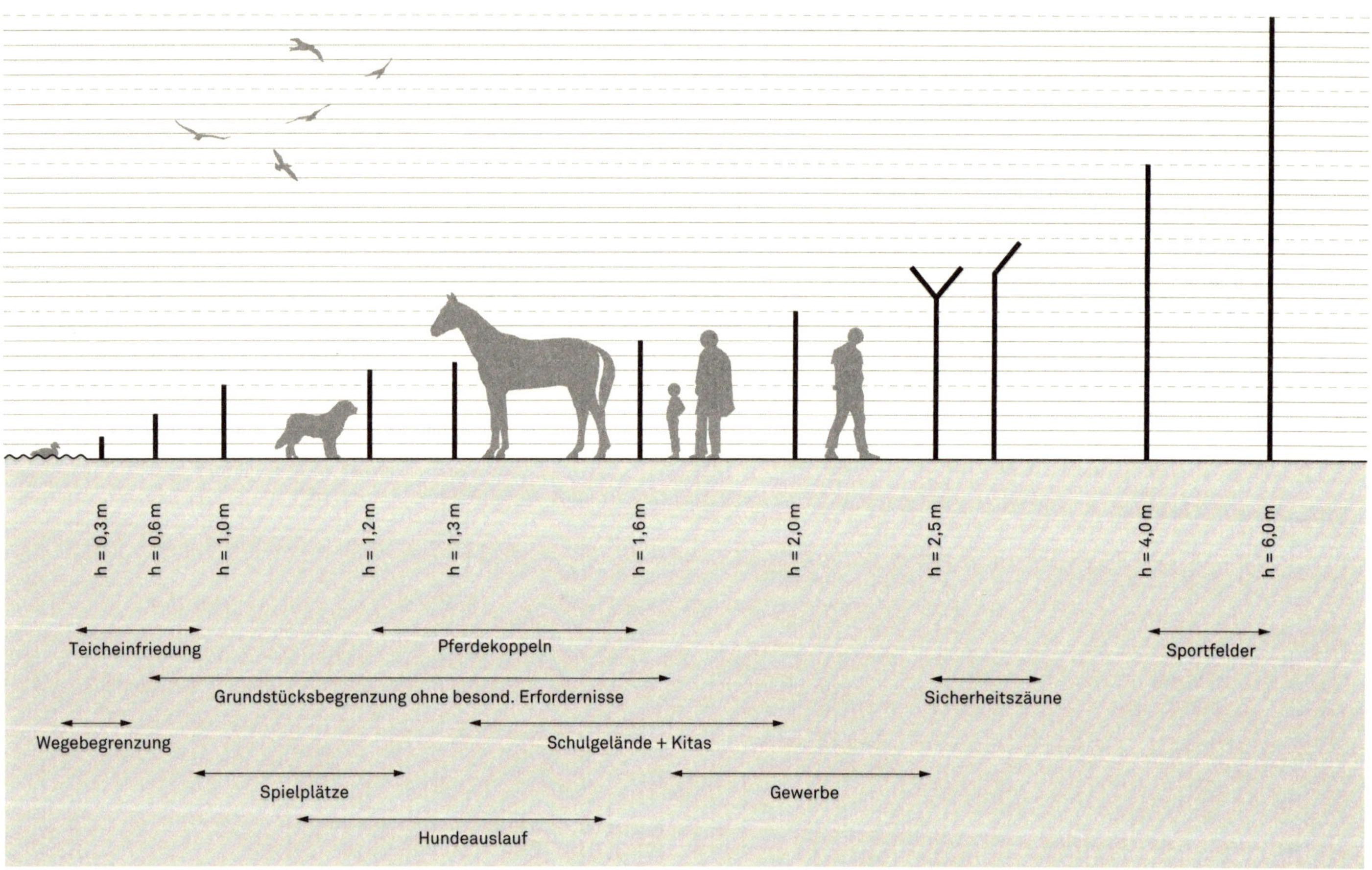

Abb. 3.6.2 Zweckgebundene Höhen (Minimum/Maximum) von Zäunen/Einfriedungen

Abmessungen und Kennwerte

Zweckgebundene Höhen bei Einfriedungen

Viele Flächen bedürfen einer zweckgebundenen Einfriedung. Dabei sind beispielsweise Ballsportflächen mindestens (3,0–)4,0 m und Hundeauslaufflächen mindestens 1,0 m, besser 1,2 m hoch einzuzäunen. Spielplätze hingegen können aus gestalterischer Sicht auch auf andere Art eingefriedet werden, wenn das Verlassen der Spielfläche für die Kinder deutlich wahrnehmbar ist (vgl. DIN 18034 „Spielplätze und Freiräume zum Spielen"). Zum Zweck der sozialen Kontrolle sollte die Einfriedung von Spielplätzen offen und mit einer Höhe von 1 m gebaut werden.

Bauweise bei Einfriedungen

Je nach Standort und Nutzung können sich hinsichtlich der Materialwahl Einschränkungen ergeben. Maschendrahtzäune stellen häufig die günstigste Variante dar, sind aber vergleichsweise instabil und können leicht heruntergetreten werden. Bei Sportplätzen und insbesondere Ballsportflächen sowie bei Hundeausläufen ist eine offene und zugleich stabile Bauweise in Form von Mattenzäunen von Vorteil. Netzartige Ballfangeinrichtungen sind aber im Einzelfall anwendbar. Sportanlagen erfordern außerdem schallgedämpfte Bauweisen.

Die Abstände bei Öffnungen oder zwischen den Längs- oder Querverstrebungen sollen ≤ 12 cm oder ≥ 23 cm aufweisen, um Fangstellen zu vermeiden. Bei Spielplätzen sowie im Bereich von Kindergärten und Schulen sollte der Abstand grundsätzlich nicht mehr als 12 cm betragen. → Tab. 3.6.2 und Kap. 4.2 sowie 4.3

Sichtschutzzäune

Sichtschutzzäune entlang der Grundstücksgrenze sind im Regelfall zulässig, wenn bestimmte Abmessungen bzw. Abstände eingehalten werden. Dabei stellen mindestens 0,50 m zum Nachbargrundstück und Zaunhöhen bis 1,80 m einen mittleren Orientierungswert dar. Jedoch können je nach Nachbarrecht oder Gestaltungssatzung einzelner Gemeinden abweichende Bestimmungen gelten. Für Doppel- oder Reihenhäuser besteht zudem oftmals eine Sonderregelung, nach der Sichtschutzzäune oder Terrassentrennwände in Höhe von bis zu 2,00 m direkt auf bzw. an der Grundstücksgrenze gestattet sind.

Lärmschutzwände und Lärmschutzwälle

Zur Minderung von Schallemissionen können Lärmschutzwälle und -wände zum Einsatz kommen. Bepflanzbare Lärmschutzwände erleichtern die gestalterische Einbindung und bieten zusätzlich einen dämmenden Effekt. Um die erforderlichen Höhen zu erreichen, werden häufig Bauweisen in Trapezform erforderlich, sodass am Boden mit Breiten von 1,5 bis 2,0 m zu rechnen ist. Reine Lärmschutzwälle sind im Vergleich zu Lärmschutzwänden sehr platzintensiv und daher nicht überall einsetzbar. → Abb. 3.6.4 Gekrümmte Lärmschutzwände sind in ihrer Wirkungsweise effektiver als gerade Wände, sodass sie insgesamt mit geringeren Höhen konzipiert werden können.

In der Regel kann man von einer Lärmminderung von 15–20 dB(A) hinter einem Schutzwall oder einer Schutzwand ausgehen – abhängig vom Standort und der Höhe des Immissionsortes. Dabei ist die Lärmminderung am Boden immer deutlich größer als beispielsweise im zweiten Stock eines Gebäudes. Die Höhe des Immissionsortes bestimmt also auch die erforderliche Höhe des Schutzwalls oder der Schutzwand. → Abb. 3.6.5 Die Lärmminderung durch Gehölze erfordert gegenüber Wänden oder Wällen ungleich größere Flächen und kann nur in der freien Landschaft, bei großen Grünanlagen sowie einem ausreichend dichten Gehölzbestand sinnvoll zum Einsatz kommen. Bei der Neuanlage ist die Entwicklungsdauer von mehreren Jahren oder sogar Jahrzehnten zu berücksichtigen. → Abb. 3.6.6

Nutzung	Material	Bauweise	Besonderheiten
Allgemeingültige Kriterien		Abstände bei Öffnungen oder zwischen den Verstrebungen/der Lattung in Längs- oder Querrichtung max. 12 cm (in Frankreich 11 cm) oder mind. 23 cm	
Spielplätze	Keine Einschränkung	Niedrige oder offene Bauweise, die die Einsehbarkeit des Geländes zulässt, Abstände zwischen den Öffnungen oder den Verstrebungen/der Lattung in Längs- oder Querrichtung max. 12 cm (in Frankreich 11 cm)	Keine spitzen, scharfkantigen und hervorspringenden Elemente oder Stacheldraht als oberen Abschluss verwenden. Eingänge sind so zu wählen, dass sie abschließbar und im Falle von fließendem Verkehr durch Kinderhand nicht zu öffnen sind (bei Kindergärten und Grundschulen).
Kindergärten und Kindertagesstätten Schulgelände		Ausbildung als Sichtschutz kann – situationsbedingt – sinnvoll sein, Abstände bei Öffnungen oder zwischen den Verstrebungen/der Lattung in Längs- oder Querrichtung max. 12 cm (Frankreich 11 cm) in Kitas max. 11 cm, bei Kindern < 3 Jahre max. 8,9 cm	
Sportanlagen für Ballsport, Tennis usw.	Geflecht aus PE-Netz, Maschendraht, Doppelstabmatten (ggf. mit Lärmschutz)	Empfohlene Konfiguration bei Stahlmattenzäunen: • bis 2 m Höhe: Maschenweite 50/200 mm • ab dem 2. Meter Höhe: Maschenweite 100/200 mm • übliches Achsmaß 2520 mm (Pfostenabstand)	

Tab. 3.6.2 Materialwahl und Bauweisen von Zäunen

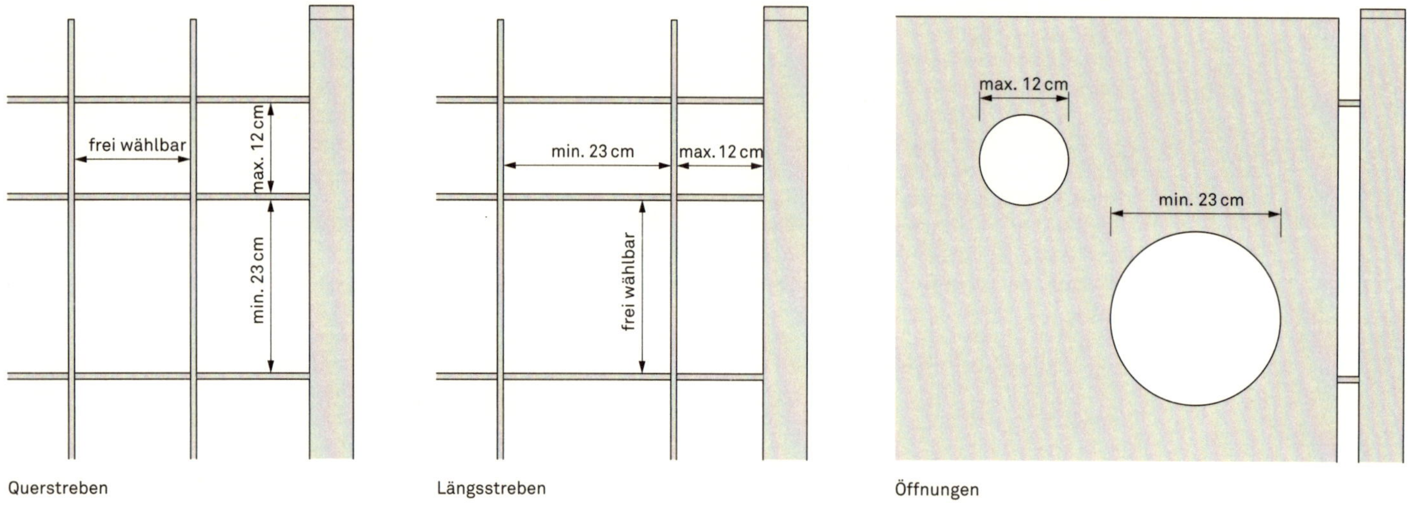

Abb. 3.6.3 Einzuhaltende Abstände bei Öffnungen und zwischen den Längs- und Querstreben bei Einfriedungen

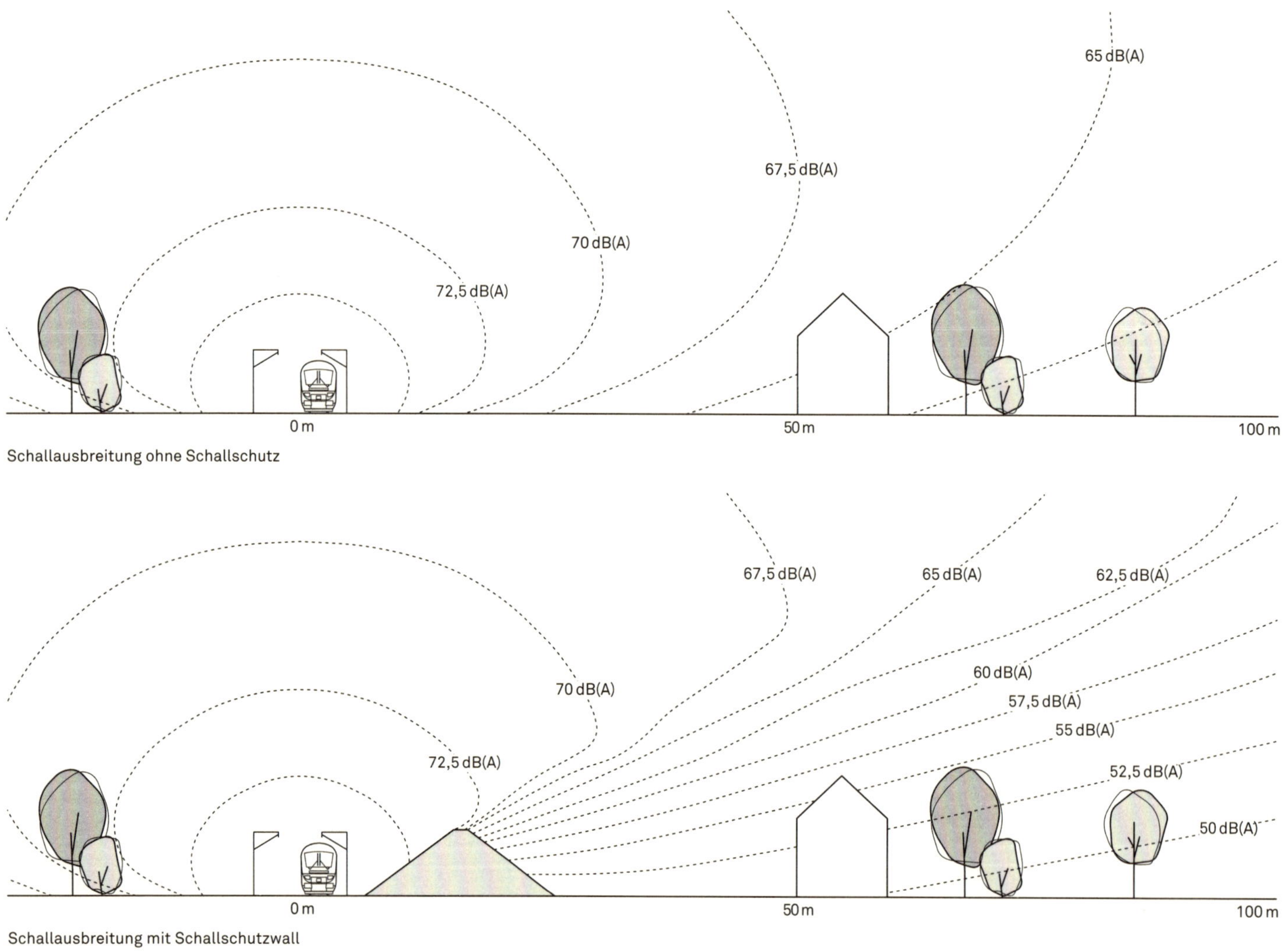

Abb. 3.6.5 Wirkungsweise der Schallausbreitung und Schallabschirmung

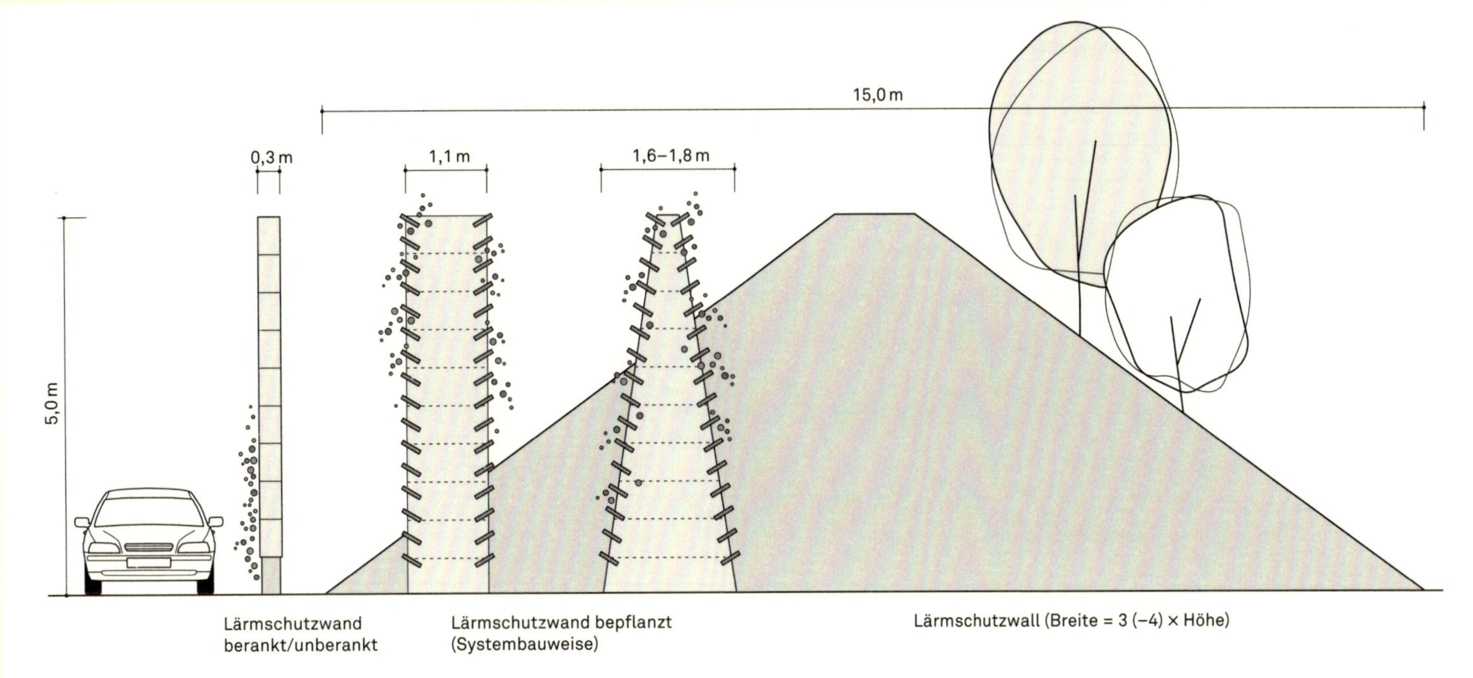

Abb. 3.6.4 Platzbedarf von Lärmschutzwänden und Lärmschutzwällen (beispielhaft)

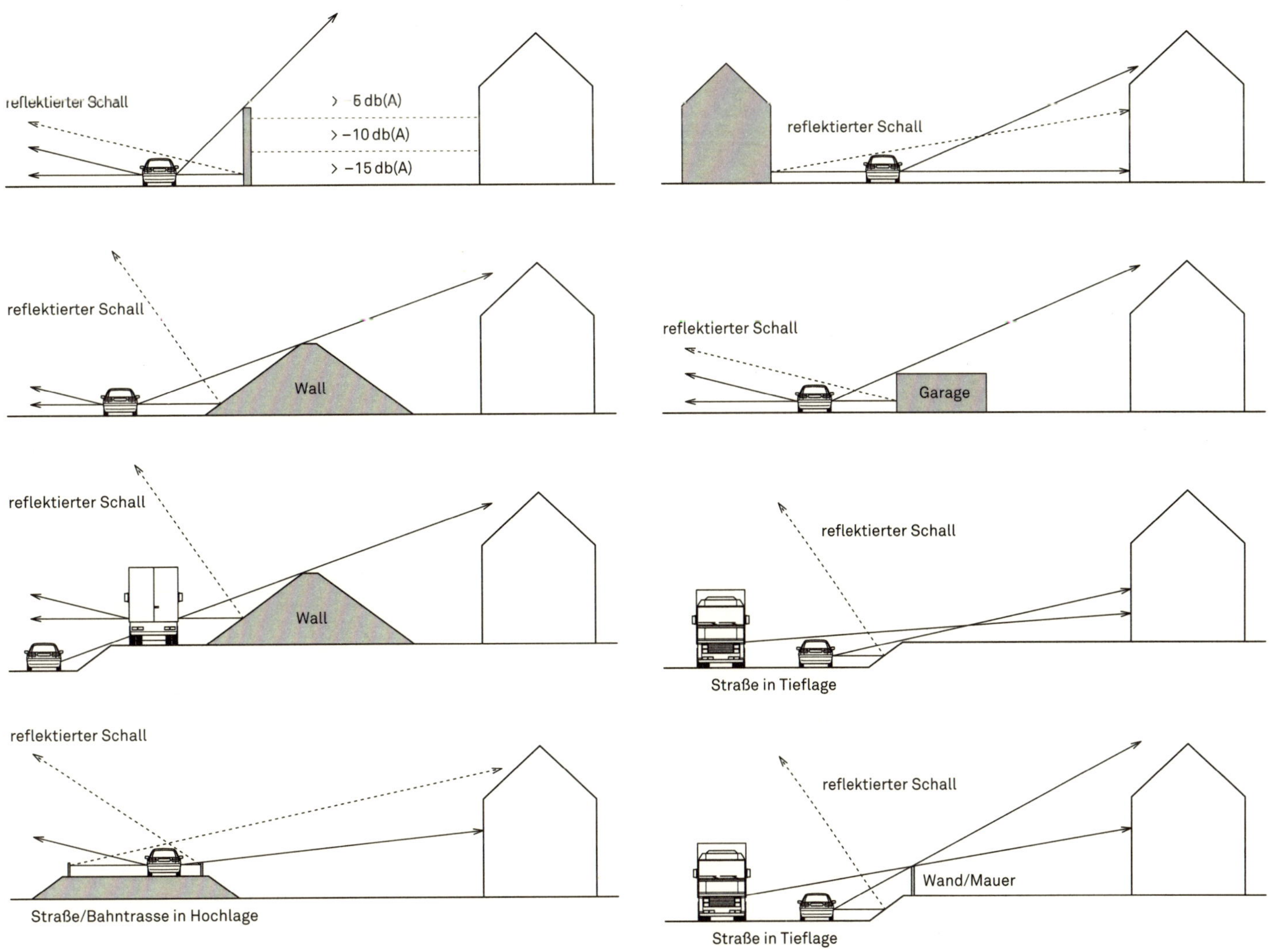

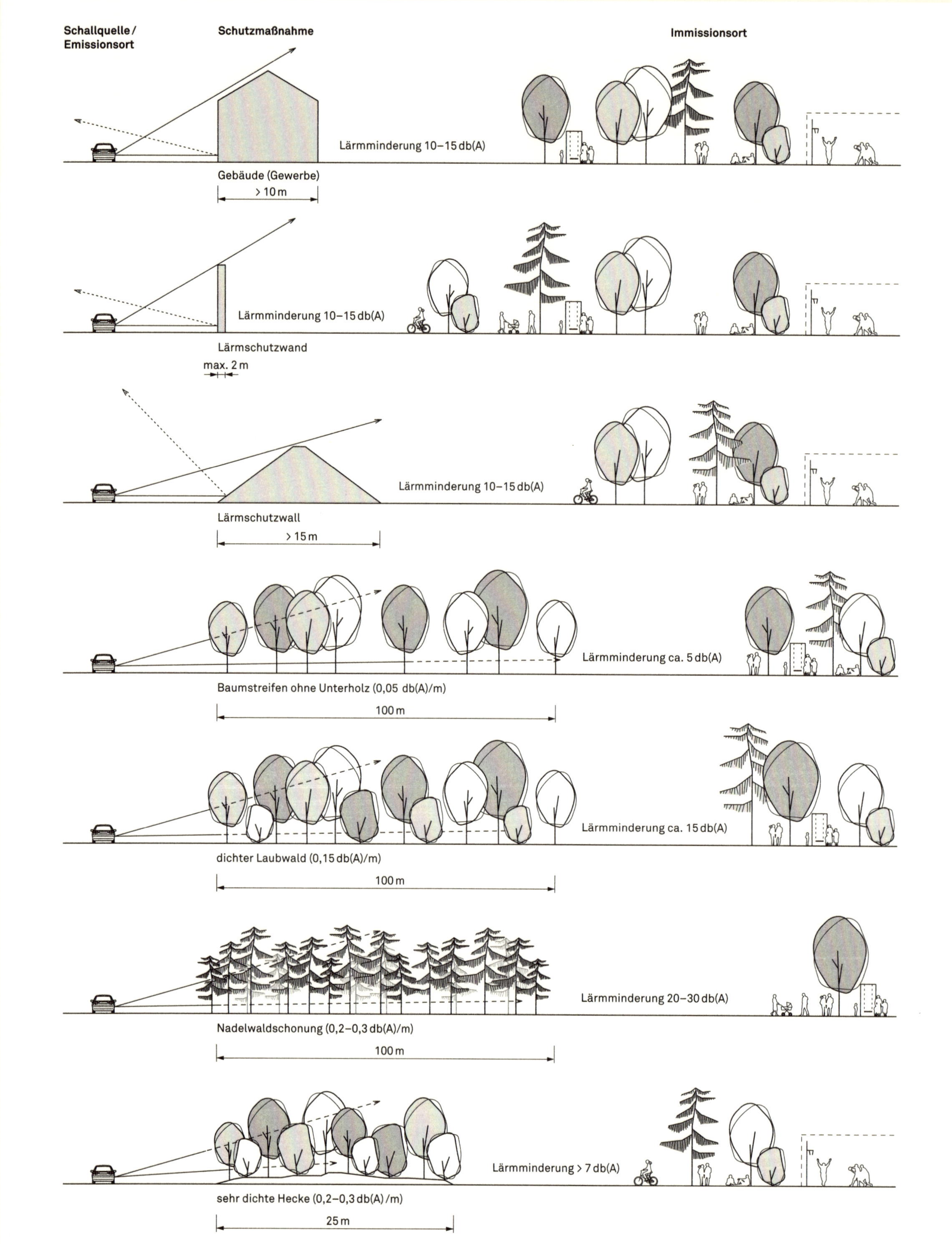

Abb. 3.6.6 Wirkungsweise unterschiedlicher Schallschutzmaßnahmen

Höhen und Grenzabstände von Einfriedungen

Für die Einfriedung eines Grundstücks zum Nachbargrundstück kommen Vorgaben des Nachbarschaftsrechtes zum Tragen. Diese legen, in Ergänzung zu den Vorgaben der Bauordnung, Abstände und Höhe von Hecken, Zäunen und Mauern fest. Insbesondere bei der Pflanzung von Hecken sind demnach zusätzlich bestimmte Abstände zum Nachbargrundstück einzuhalten. → Tab. 3.6.3 verdeutlicht dabei die Unterschiede zwischen den einzelnen Bundesländern. Die zulässigen Höhen der genehmigungsfreien Errichtung von Mauern und Zäunen an der Grenze zum Nachbargrundstück variieren ebenfalls von Land zu Land. → Tab. 3.6.4

Bundesland	Grenzabstände bei Heckenhöhen					
	Bis 100 cm	101–120 cm	121–150 cm	151–180 cm	181–200 cm	>200 cm
Baden-Württemberg	50 cm	50 cm	50 cm	50 cm	Heckenhöhe abzgl. 130 (180) cm	
Bayern, Nordrhein-Westfalen, Sachsen	50 cm	50 cm	50 cm	50 cm	50 cm	200 cm
Berlin	50 cm	50 cm	50 cm	50 cm	50 cm	100 cm
Bremen, Hamburg, Mecklenburg-Vorpommern	Keine gesetzlichen Regelungen					
Brandenburg	Ein Drittel der Heckenhöhe					
Hessen	25 cm	25 cm	50 cm	50 cm	50 cm	75 cm
Niedersachsen*)	25 cm	25 cm	50 cm	50 cm	50 cm	Bis h = 300 cm: 75 cm Abstand, Bis h = 500 cm: 125 cm Abstand
Rheinland-Pfalz, Saarland	25 cm	50 cm	50 cm	75 cm	75 cm	75 cm
Thüringen	25 cm	50 cm	50 cm	75 cm	75 cm	Heckenhöhe abzgl. 125 cm
Sachsen-Anhalt	50 cm	50 cm	50 cm	100 cm	100 cm	Bis h = 300 cm: 100 cm Abstand, Bis h = 500 cm: 125 cm Abstand
Schleswig-Holstein	50 cm	50 cm	Ein Drittel der Heckenhöhe**)			

* In bebauten Gebieten ** Ausschlaggebend ist hier Geäst und nicht der Leittrieb.

Tab. 3.6.3 Vorgeschriebene Grenzabstände von Hecken in den einzelnen Bundesländern Deutschlands

Bundesland	Maximale Höhen von Mauern / geschlossenen Einfriedungen	Maximale Höhen von offenen Einfriedungen	Ausnahmen
Berlin	Bis 2,00 m, ohne Höhenbegrenzung in Gewerbe- und Industriegebieten		Im Außenbereich: offene, sockellose Einfriedungen, an Hofflächen eines land- oder forstwirtschaftlichen Betriebs oder an Flächen, die landwirtschaftlichen Zwecken dienen
Baden-Württemberg	Bis 1,50 m	Bis 1,50 m	Höhe von Drahtzäunen ist beliebig
Bayern	Bis 2,00 m, außer im Außenbereich; Aufschüttungen bis zu einer Höhe von 2,00 m und einer max. Fläche von bis zu 500 m²	Bis 2,00 m, außer im Außenbereich	Im Außenbereich: offene, sockellose Einfriedungen, an Hofflächen eines land- oder forstwirtschaftlichen Betriebs oder an Flächen, die landwirtschaftlichen Zwecken dienen
Brandenburg	Bis 1,50 m Höhe, ausgenommen im Außenbereich	Bis 2,00 m Höhe, ausgenommen im Außenbereich	Im Außenbereich: offene, sockellose Einfriedungen bis 2,00 m Höhe, an Hofflächen eines land- oder forstwirtschaftlichen Betriebs oder an Flächen, die landwirtschaftlichen Zwecken dienen
Hessen	Bis 2,00 m, ohne Höhenbegrenzung in Gewerbe- und Industriegebieten		Offene Einfriedungen im Außenbereich
Niedersachsen	Stützmauern und Aufschüttungen bis zu einer Höhe von 1,50 m	Bis zur Höhe von 2,00 m, Einfriedungen, die oberhalb einer Höhe von 1,80 m undurchsichtig sind, wenn der Nachbar zugestimmt hat	Einfriedungen bis zur Höhe von 3,50 m, soweit sie Gartenhöfe abschließen und die Voraussetzungen nach § 12 Abs. 5 vorliegen
Nordrhein-Westfalen	Bis zu 2,0 m Höhe, an öffentlichen Verkehrsflächen bis zu 1,0 m Höhe über der Geländeoberfläche		Im Außenbereich an bebauten Grundstücken oder wenn die Bebauung genehmigt ist sowie an Hofflächen eines land- oder forstwirtschaftlichen Betriebs oder an Flächen, die landwirtschaftlichen Zwecken dienen
Sachsen	Bis zu 1,80 m Höhe, ohne Höhenbegrenzung in Gewerbe- und Industriegebieten		

Tab. 3.6.4 Zulässige Höhen für die genehmigungsfreie Errichtung von Einfriedungen ohne Grenzabstände zum Nachbargrundstück (Auswahl, gemäß der jeweiligen Bauordnung)

Handläufe und Geländer

Handläufe müssen angebracht werden, sobald eine ununterbrochene Folge von drei Stufen (Treppenlauf) vorhanden ist (vgl. DIN 18065). Für eine barrierefreie Erschließung wird ein Handlauf bereits ab 2 Stufen in Folge erforderlich. Ab 5 m Breite ist ein zusätzlicher Mittelhandlauf vorzusehen. Die Höhe wird über der Vorderkante der Stufe lotrecht gemessen und beträgt im Normalfall 90 cm. Bei Arbeitsstätten werden mindestens 100 cm gefordert (vgl. auch Höhe von Geländern). Der Handlauf muss 30 cm (40 cm in Österreich) über die unterste bzw. oberste Stufe hinaus weitergeführt werden. Für Kinder kann zusätzlich ein Handlauf auf etwa 65 cm Höhe angebracht werden.

Der obere Abschluss des Handlaufs sollte für größtmögliche Barrierefreiheit rund sein und mit einem Durchmesser von 3,5–4 cm ausgeführt werden. → Abb. 3.6.7

Grundsätzlich sind ab einer Absturzhöhe von 1 m Geländer oder Brüstungen erforderlich. Dies gilt auch für Böschungen, wenn diese sehr steil sind. Die Höhe des Geländers oder der Brüstung beträgt in diesem Fall mindestens 0,9 m (1,0 m im Bereich von Arbeitsstätten). In der Schweiz kann das Geländer bis 1,5 m Absturzhöhe durch eine Bepflanzung ersetzt werden. Ab einer Absturzhöhe von 12,0 m müssen Geländer und Brüstungen 1,10 m hoch sein. Abweichende Regelungen bestehen zum Beispiel in Bayern: Hier wird eine Umwehrung bereits ab 0,50 m erforderlich.

Geländer an Radwegen oder Fuß- und Radwegen sind grundsätzlich 1,2 m hoch auszuführen. Die Empfehlungen für Radverkehrsanlagen der FGSV geben eine Höhe von 1,3 m vor.

Zum Schutz von Kindern darf der Abstand von Geländerteilen (in einer Richtung) nicht mehr als 12 cm betragen. Für Erwachsene bietet ein Abstand von max. 30 cm ausreichend Schutz gegen das Durchfallen.

Querstreben eignen sich gut als Kletterhilfe, weshalb diese zu vermeiden oder besonders eng auszuführen sind (max. 2 cm zwischen Querstreben). Bei Löchern und Gitternetzen sollte die Diagonale max. 4 cm betragen. Alternativ kann ein um mindestens 15 cm abgewinkeltes (gekröpft ausgebildetes) Geländer zum Einsatz kommen, das die Leiterwirkung minimiert.

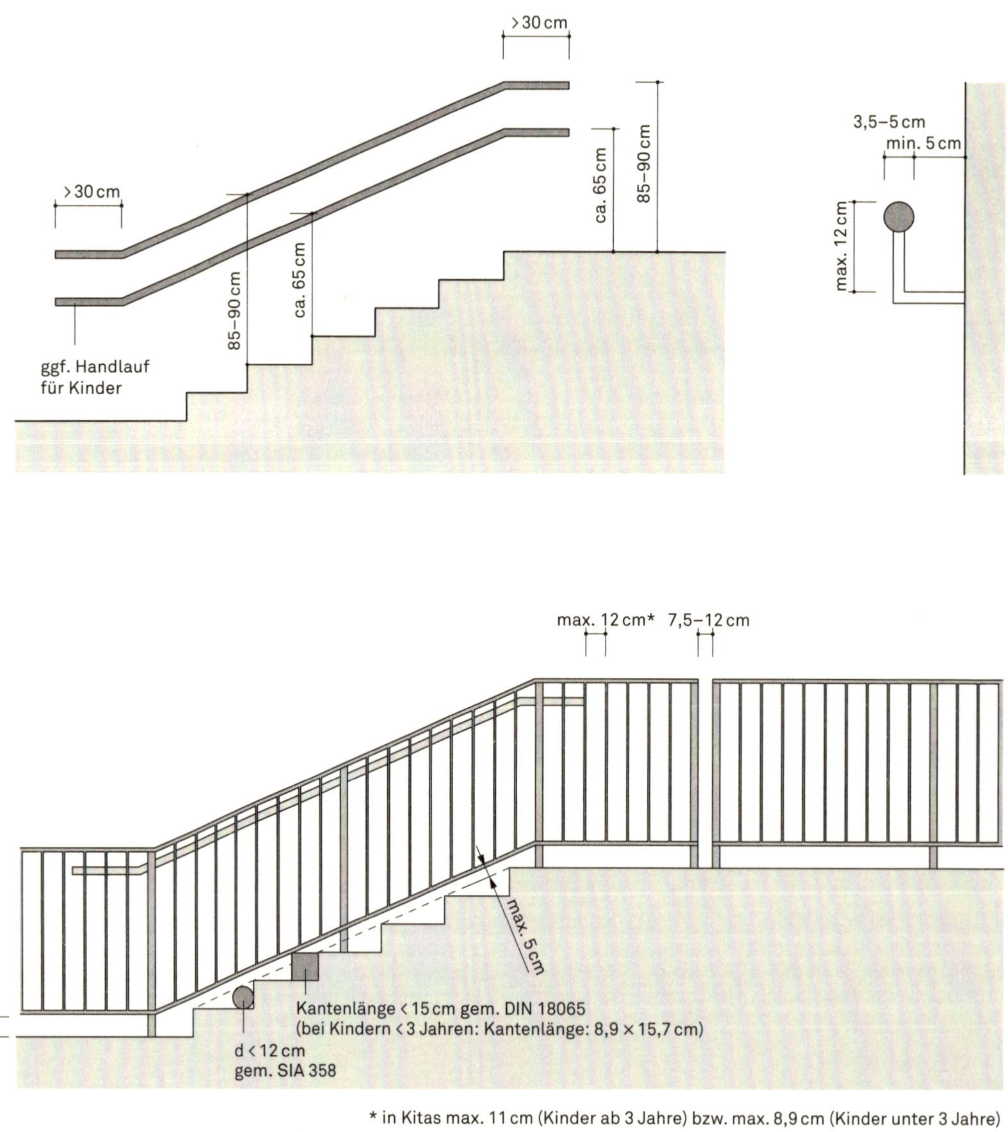

Abb. 3.6.7 Anforderungen an Treppenhandläufe

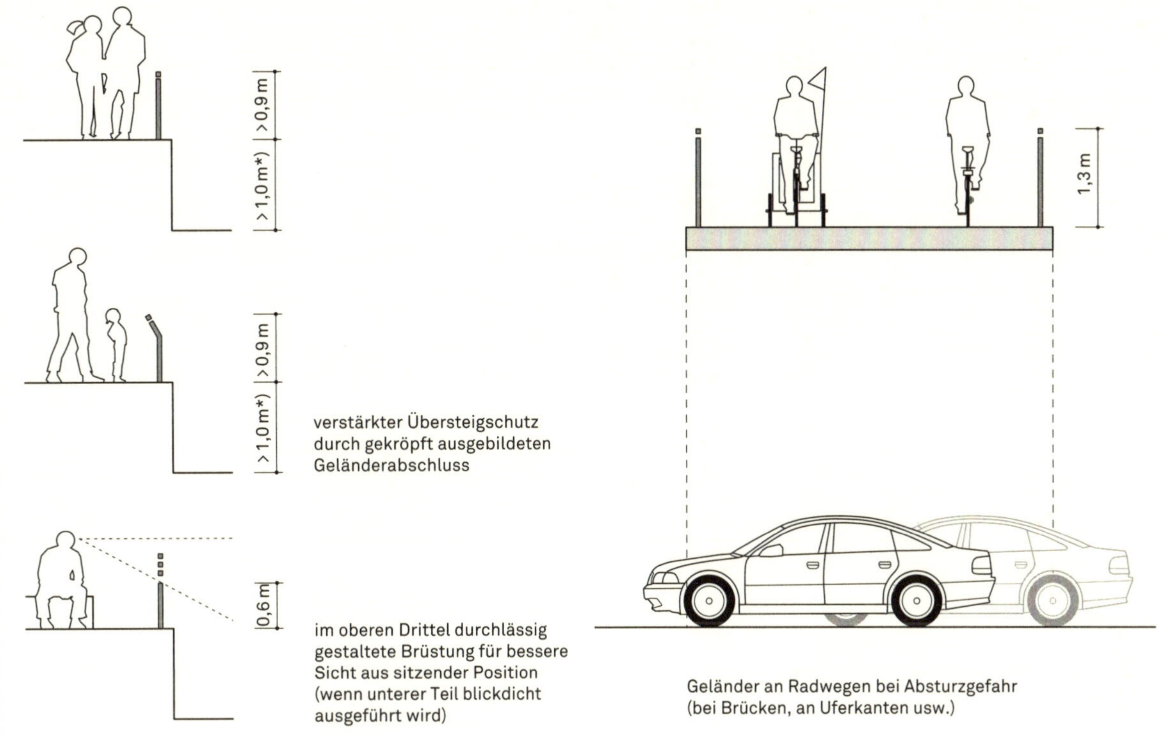

Abb. 3.6.8 Anforderungen an Geländer und Brüstungen

Bau- und genehmigungsrechtliche Hinweise

Einfriedungen, mit Ausnahme von Hecken, sind bauliche Anlagen und damit genehmigungspflichtig. Mauern im Siedlungsgebiet sind in der Regel bis zu einer Höhe von 2,0 m genehmigungsfrei; dasselbe gilt auch für offene Einfriedungen im Rahmen der Forst- und Landwirtschaft (siehe dazu die jeweilige Bauordnung).
Es besteht in Österreich eine Anzeigepflicht (siehe Musterbauordnung) für die Errichtung oder wesentliche Änderung von Einfriedungen mit mehr als 1,5 m Höhe.

Handläufe an Rampen
→ 3.2 Höhenplanung, Treppen und Rampen

Einfriedungen an Spielplätzen
→ 4.3 Spielräume und Spielplätze

Einfriedungen bei Schulen und Kitas
→ 4.2 Freiräume an Schulen und Kindergärten

Höhen von Ballfangzäunen
→ 4.4 Sportanlagen

3 Elemente
3.7 Sitzplätze

3.7 Sitzplätze

Bei der Dimensionierung von Terrassen und Freisitzen in Gärten, von Picknick- und Sitzplätzen in Freianlagen sowie von Terrassen gastronomischer Einrichtungen sollten die Abmessungen von Bänken, Sitzgruppen oder Tischkombinationen – respektive der Flächenbedarf der gastronomischen Einrichtung – zugrunde gelegt werden. Außerdem gilt es bei der Planung, die Exposition der Terrassen zu berücksichtigen. Die Wahl der Sitzgelegenheit hängt von Nutzungszweck und Nutzergruppe ab; hier spielt ferner der Komfort – die Sitzhöhe oder auch die Neigung der Lehne – eine Rolle.

Standort

Auf Sitzplätzen und Terrassen ist für ausreichendes Gefälle zu sorgen, um Niederschlagswasser, insbesondere von Platten- und Pflasterflächen sowie anderen wenig wasserdurchlässigen Belägen, schnell abzuleiten. Das Gefälle sollte jedoch nicht zu groß ausfallen, insbesondere, wenn Tische platziert werden sollen. In diesem Fall ist ein Gefälle von 1–2 % einzuplanen.

Die Anordnung der Terrasse sollte im Regelfall in südwestlicher Richtung erfolgen, um die Besonnung in den Nachmittags- und frühen Abendstunden optimal ausnutzen zu können. Bei Hauptnutzung der Terrasse am Vormittag oder Mittag (z. B. bei Kantinen) ist dies entsprechend zu berücksichtigen; es kann dann eine andere Ausrichtung vorgenommen werden. Bei Privatgärten bietet sich die Anlage einer zweiten Terrasse nach Osten an (→ Kap. 4.1). Bei gastronomischen Einrichtungen orientiert sich die Terrassenfläche idealerweise in Richtung der Grünanlage.

Lange Wege können für Menschen mit gesundheitlichen Beeinträchtigungen ein Hindernis darstellen. Insbesondere für Personen mit Gehbehinderungen oder auch mit Herz-Kreislauf-Erkrankungen stellt daher die Bereitstellung von Sitzgelegenheiten in kurzen Abständen eine große Erleichterung dar; empfohlen werden Abstände von max. 100 m zwischen den Standorten.

Abmessungen und Kennwerte

Sitzplätze und Terrassen

Zur ausreichenden Dimensionierung von Sitzplätzen in Freianlagen können die nachfolgenden Abmessungen von Sitzgruppen und Bänken als Orientierungswerte dienen. Aufgrund der unterschiedlichsten Ausführungen von Sitzmöbeln, Tischen und Sonnenschirmen sind gegebenenfalls die Angaben der Hersteller zu berücksichtigen. → Tab. 3.7.1 und 3.7.2

Bei gastronomischen Einrichtungen sind nach Bedarf zusätzlich zu den eigentlichen Sitzplätzen die Gänge zwischen den Sitzplätzen sowie Abstellflächen und möglicherweise eine Außentheke einzuplanen. Für die Bestuhlung bei Veranstaltungen ab einer bestimmten Mindestgröße gelten – in Abhängigkeit von den jeweils gültigen Bestimmungen – spezifische Richtwerte (→ Kap. 4.7).

Mindestabstände zwischen den Sitzplatzreihen und zwischen Tischgruppen können aber auch bei Terrassenflächen kleineren Umfangs in Anlehnung an die für Veranstaltungen gültigen Vorgaben konzipiert werden. Hier gilt grundsätzlich die Regelung, dass jeder Tisch an einem Gang aufgestellt sein muss, der zu einem Ausgang führt. Der Weg von jedem Platz bis zu einem Gang wird unterschiedlich bemessen, überwiegend werden hierbei 5–10 m gefordert. Zwischen den Stuhlreihen bzw. zwischen den besetzten Stühlen sollte eine lichte Durchgangsbreite von mindestens 0,45 m vorhanden sein, alternativ kann ein Abstand zwischen den Tischen von mindestens 1,50 m vorgesehen werden. → Abb. 3.7.3

Bei der Dimensionierung von Gängen sollte immer der Bewegungsraum von Rollstühlen Berücksichtigung finden. Auch bei Sitzplätzen in Grünanlagen sind Stellflächen für Rollstühle mit einzuplanen, die 1,50 × 1,50 m inkl. Bewegungsfläche umfassen sollten. → Abb. 3.7.4

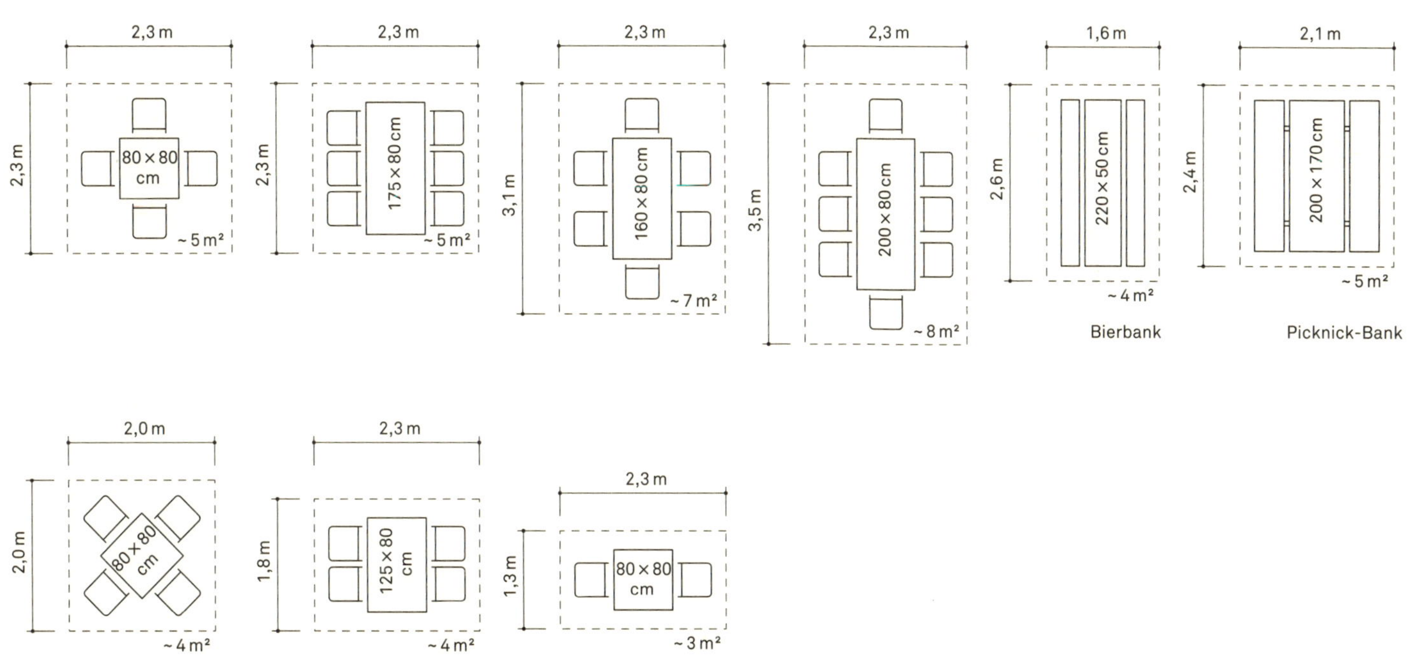

Abb. 3.7.1 Platzbedarf von Sitzplätzen inkl. Bewegungsraum (Mindestmaße)

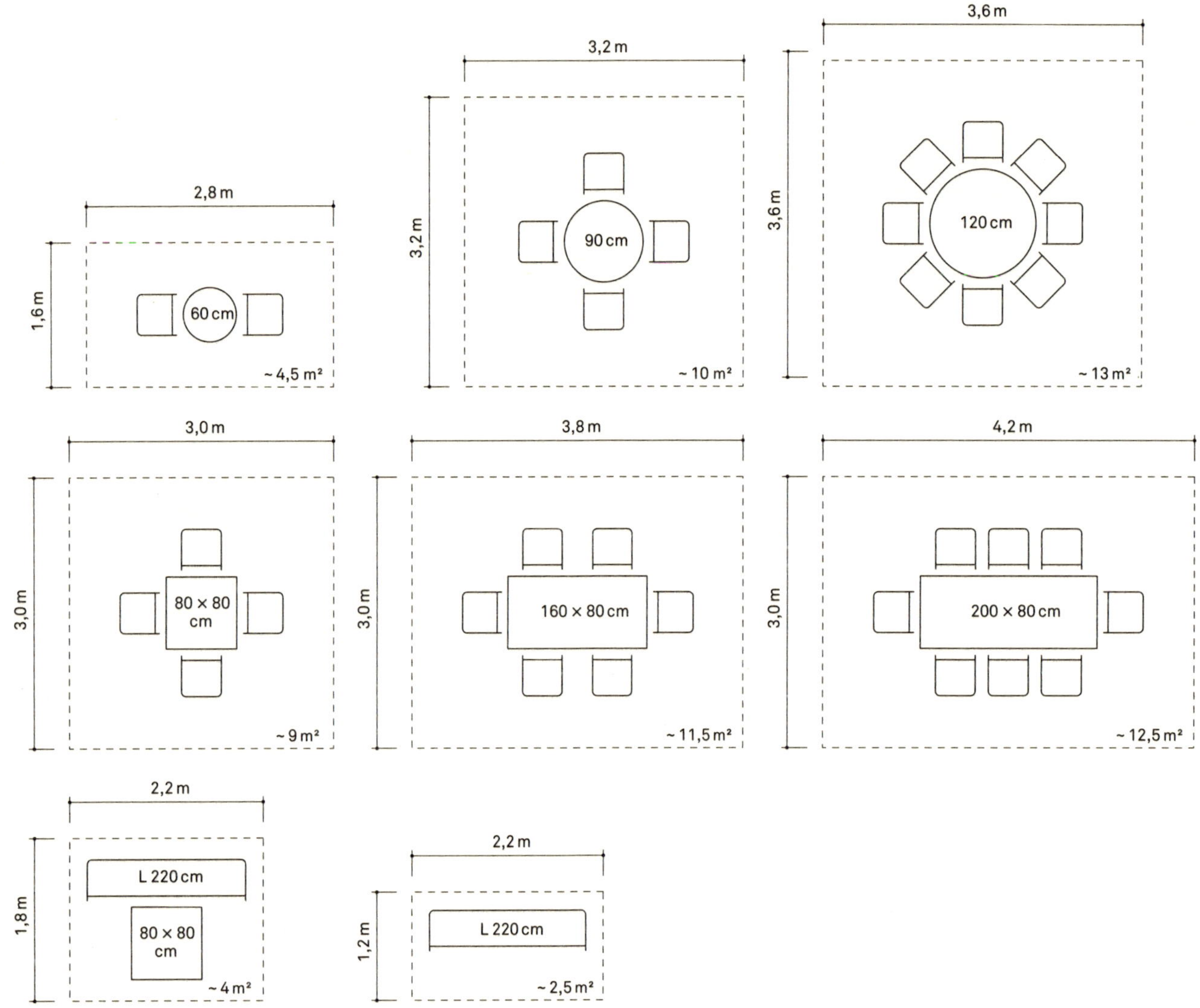

Abb. 3.7.2 Platzbedarf von Sitzplätzen bei Einzelstellung / auf Terrassen

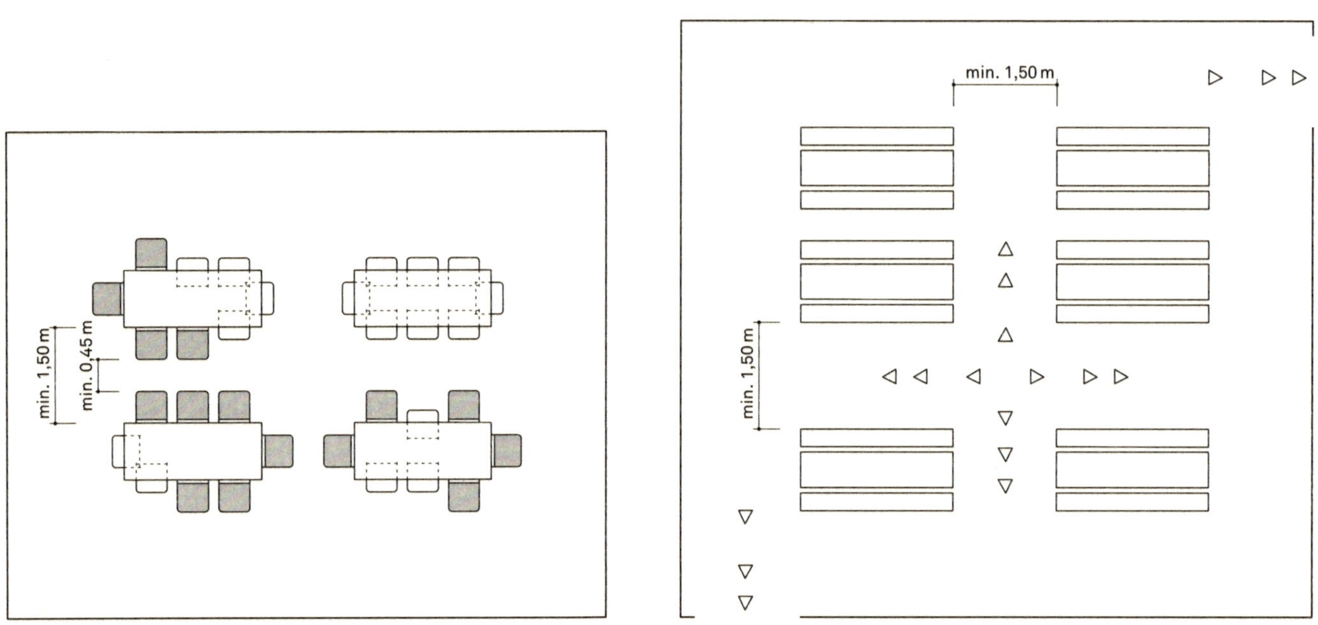

Abb. 3.7.3 Abstände von Sitz- und Tischgruppen und Gangbreiten ohne besondere Anforderungen

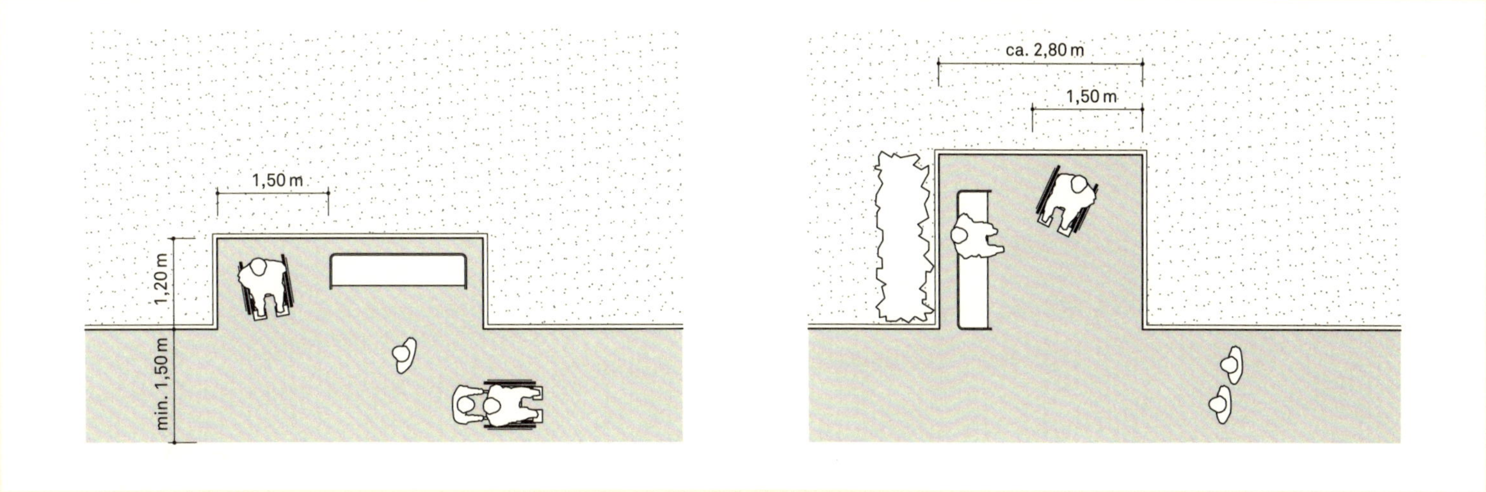

Abb. 3.7.4 Platzbedarf für Bänke in Freianlagen mit Rollstuhlaufstellfläche

Art des Sitzplatzes	Platzbedarf	Gesamtfläche
Einzelmaße		
Einzelmaß Liegestuhl	1,85 × 0,85 m	1,6 m²
Picknick-Kombination (Abmessungen je nach Hersteller variabel)	Länge: ca. 2,00 m Breite: ca. 1,70 m	3,4 m²
Bierbänke mit Tisch	Groß: Tisch 2,20 × 0,50 m (0,80 m), Bank 2,20 × 0,25 m Klein: Tisch 1,77 × 0,46 m, Bank 1,77 × 0,23 m	2,2 m² (2,9 m²) 1,65 m²
Sitzplätze inkl. Bewegungsraum (Mindestmaß)		
Sitzplatz mit Tisch (0,80 × 0,80 m) und 2 Stühlen	2,80 × 1,30 m	ca. 3,7 m²
Sitzplatz mit Tisch (0,80 × 0,80 m) und 4 Stühlen	2,30 × 1,80 m bis 2,30 × 2,30 m	ca. 4 bis 5 m²
Sitzplatz mit Tisch (1,60 × 0,80 m) und 6 Stühlen	2,30 × 2,30 m bis 2,30 × 3,10 m	ca. 5 bis 7 m²
Sitzplatz mit Tisch (2,00 × 0,80 m) und 8 Stühlen	2,30 × 3,70 m	ca. 8 m²
Picknick-Kombination	2,40 × 2,1 m	ca. 5 m²
Bierbänke mit Tisch (2,2 m Länge)	2,60 × 1,6 m	ca. 4 m²
Sitzgruppen mit Tisch bei Einzelstellung / auf Terrassen		
Sitzplatz mit rundem Tisch (Ø 0,60 m) und 2 Stühlen	2,80 × 1,60 m	ca. 4,5 m²
Sitzplatz mit rundem Tisch (Ø 0,90 m) und 4 Stühlen (+2)	3,20 × 3,20 m	ca. 10 m²
Sitzplatz mit Tisch (0,80 × 0,80 m) und 4 Stühlen	3,00 × 3,00 m	ca. 9 m²
Sitzplatz mit Tisch (1,60 × 0,80 m) und 6 Stühlen	3,00 × 3,80 m	ca. 11,5 m²
Sitzplatz mit Tisch (2,00 × 0,80 m) und 8 Stühlen	4,00 × 3,00 m	ca. 12,5 m²
Sitzplatz mit rundem Tisch (Ø 1,20 m) und 8 Stühlen	3,60 × 3,60 m	ca. 13 m²
Sitzplatz mit Sitzbank (Länge 1,80 m)	2,20 × 1,20 m	ca. 2,6 m²
Sitzplatz mit Sitzbank und Tisch (0,80 × 0,80 m)	2,20 × 1,80 m	ca. 4 m²
Sitzplatz mit Sitzbank (Länge 1,80 m) und Standplatz für Rollstuhl	3,50 × 1,20 m	ca. 4,2 m²
Richtwerte für Sitzplätze in gastronomischen Einrichtungen je Gast		
Fast-Food-Restaurant		1,2–1,5 m² pro Gast
System-Service-Restaurant		1,3–1,6 m² pro Gast
Gehobenes Restaurant		1,8–2,2 m² pro Gast

Tab. 3.7.1 Platzbedarf von Sitzplätzen

Art des Sonnenschirms	Länge × Breite/Durchmesser	Höhe im geöffneten Zustand	Durchgangshöhe	Höhe im geschlossenen Zustand
Kleiner Sonnenschirm, rund	D = 2,00–3,00 m	2,60 m		
Großschirm, rund	D = 4,00 m	3,20 m		
	D = 4,50 m	3,15 m	2,15–2,40 m	4,40 m
	D = 5,00 m	3,15 m	2,15–2,40 m	4,30 m
	D = 6,00 m	3,15 m	2,15–2,40 m	4,20 m
Großschirm, quadratisch	3,00 × 3,00 m	2,60 m		
	3,50 × 3,50 m	3,90 m		
	4,00 × 4,00 m			3,30 m
	5,00 × 5,00 m		2,15–2,40 m	3,35 m
	6,00 × 6,00 m	3,40 m	2,15–2,40 m	3,40 m
Großschirm, rechteckig	6,00 × 4,00 m	3,40 m	2,15–2,40 m	3,40 m

Tab. 3.7.2 Abmessungen von Sonnenschirmen, beispielhaft

Sitzkomfort

Anders als die reine Sitzhöhe, die sich aus dem durchschnittlichen menschlichen Körpermaß ergibt (→ Kap. 2.1), werden im Außenraum bei Bänken die Sitzhöhen tendenziell etwas höher konzipiert. In der Regel liegen hier die Standardsitzhöhen bei 45–48 cm, zunehmend werden auch 50 cm angeboten.

Dies ist unter anderem der Bequemlichkeit geschuldet, denn das Aufstehen fällt bei leicht erhöhter Sitzfläche grundsätzlich leichter. Explizit für Senioren vorgesehene Bänke können deshalb sogar mit 52 cm Sitzhöhe gestaltet werden. Weitere Aspekte, die das Aufstehen erleichtern, sind das Vorhandensein einer (griffigen) Armlehne und einer leicht gewölbten oder (im vorderen Bereich) leicht nach vorne geneigten Sitzfläche.

Ergänzt wird der Sitzkomfort durch eine ausreichend hohe und leicht geneigte Rückenlehne (Neigungswinkel etwa 101–108°) sowie eine Sitzfläche aus „warmen“ Materialien wie Holz oder Kunststoff. → Abb. 3.7.5

Hängematten

Hängematten können im Freiraum sowohl als ortsfestes (Spiel-)Element als auch zur temporären Befestigung zwischen Bäumen oder Pfosten zum Einsatz kommen. Die Abmessungen sind zwar herstellerabhängig, für eine ungefähre Einschätzung des Platzbedarfs bzw. der erforderlichen Abstände für eine optionale Aufhängung können die Maße in Abb. 3.7.6 einen Anhaltspunkt geben.

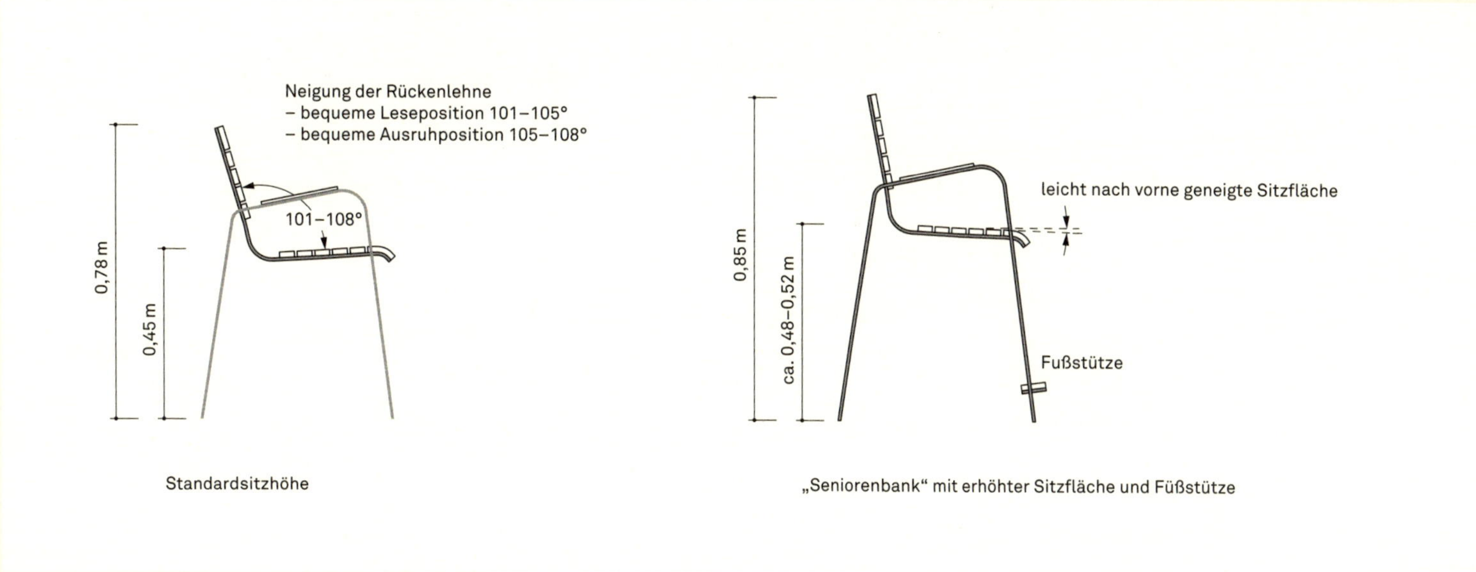

Abb. 3.7.5 Sitzkomfort

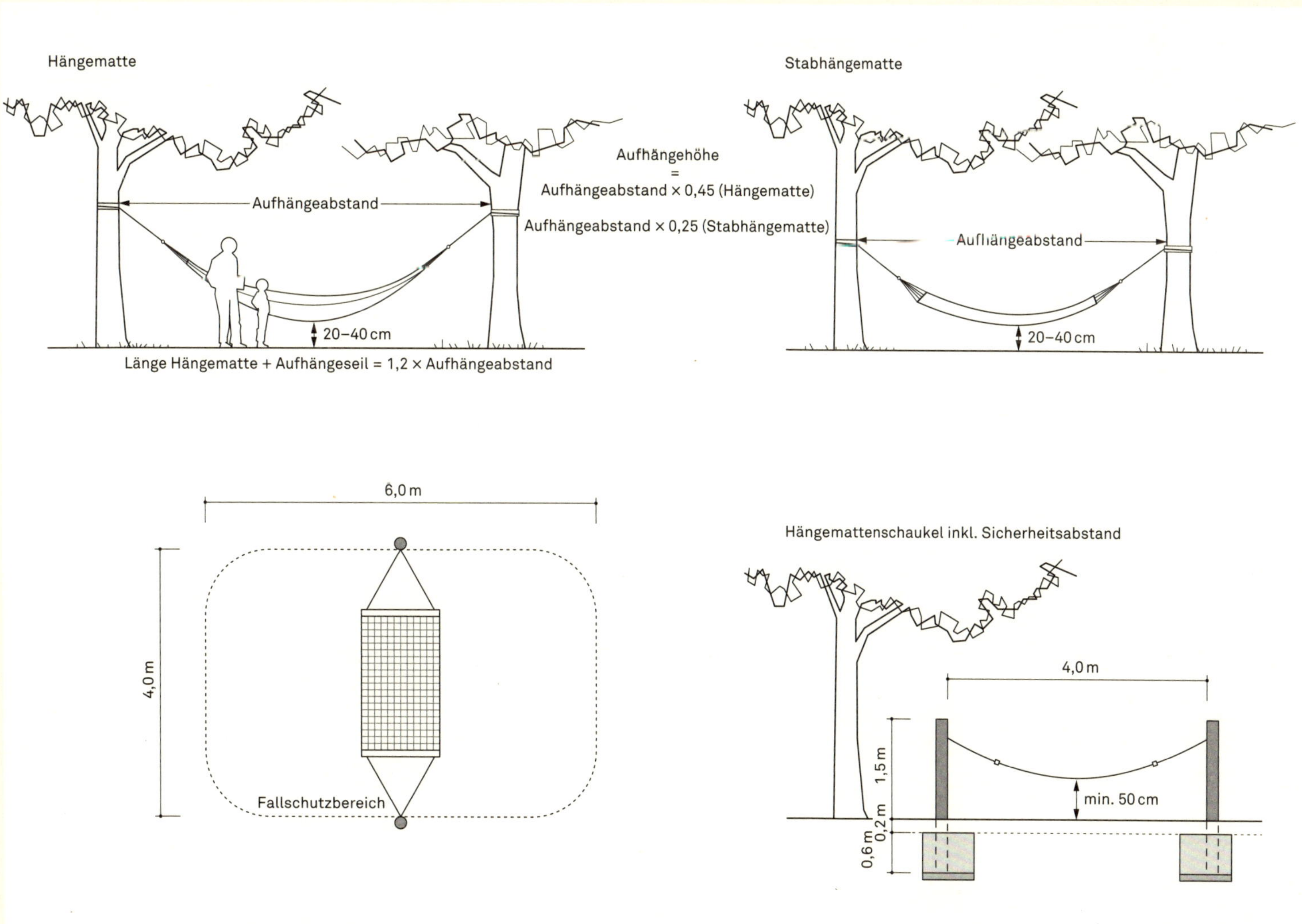

Abb. 3.7.6 Abmessungen und Platzbedarf von Hängematten, mobil und fest eingebaut

3 Elemente
3.8 Beleuchtung

3.8 Beleuchtung

Beleuchtung dient im Freiraum neben der Orientierung und der Sicherheit auch der Raumbildung. Je nach Gestaltungsabsicht und Funktion kommen dabei unterschiedliche Leuchtentypen zum Einsatz. → Tab. 3.8.2

Standort

Im Sinne einer nachhaltigen Planung sollte neben der Verwendung energiesparender Leuchtmittel insgesamt darauf geachtet werden, die Beleuchtung auf ein erforderliches Mindestmaß zu reduzieren. Dabei kann es sich zum Beispiel um eine Minimierung der rein dekorativen Beleuchtung oder um eine zeitlich reduzierte Nutzung handeln.

In jedem Fall kann aber auf die Art der Lichtquelle Einfluss genommen und die Strahlungsrichtung gezielt eingesetzt werden. Das bedeutet vorzugsweise eine Ausrichtung des Lichtscheins nach unten und keine unnötige seitliche Streuung des Lichts. Dies dient dem Schutz nachtaktiver Insekten ebenso wie die bevorzugte Verwendung von Natriumdampf-Hochdrucklampen und Kompaktleuchtstofflampen gegenüber Quecksilberdampf-Hochdrucklampen.

Begriff	Symbol	Definition
Beleuchtungsstärke	E	Lichtmenge, die an einem Punkt auf eine Oberfläche fällt (Lichteinfall); wird in Lux ausgedrückt. In dieser Richtlinie ist die Beleuchtungsstärke immer die durchschnittliche Beleuchtungsstärke, die von der Anlage nicht unterschritten werden und nach der die Lampe ausgetauscht und/oder die Anlage gereinigt werden sollte (auch durchschnittliche aufrechtzuerhaltende Beleuchtungsstärke genannt).
Horizontal-Beleuchtungsstärke	Eh	Beleuchtungsstärke auf einer horizontalen Ebene in Höhe einer Fläche
Vertikal-Beleuchtungsstärke	Ev	Beleuchtungsstärke auf einer vertikalen Ebene in einer Höhe von 1,5 m über einer Fläche (Orientierung in Richtung eines bestimmten Punktes)
Gleichmäßigkeit der Beleuchtungsstärke	Emin/Emax Emin/Emed	Gleichmäßigkeit der Verteilung von Licht über die Bewertungsfläche; wird durch die Verhältnisse Emin/Emax und Emin/Emed ausgedrückt
Lampe/Leuchtmittel	–	Lampe/Leuchtmittel bezeichnet die technische Ausführung einer künstlichen Lichtquelle. Sie wandelt elektrische Energie in Licht um.
Leuchte	–	Der gesamte Beleuchtungskörper inklusive aller für Befestigung, Betrieb und Schutz der Lampe notwendigen Komponenten ist die „Leuchte"; wird im Volksmund auch gerne als „Lampe" bezeichnet. Die Leuchte schützt die Lampe, verteilt und lenkt deren Licht, verhindert, dass es blendet.
Leuchtmittel		Siehe Lampe
Lichtpunkthöhe	–	Die Lichtpunkthöhe beschreibt, aus welcher Höhe das Licht vom Lichtpunkt = Leuchte auf die zu beleuchtende Fläche fällt.
Lux	lx	Einheit der Beleuchtungsstärke (Lumen pro Quadratmeter), die auf eine Fläche fällt, 1 Lux = 1 lm/m²
Lumen	Lm	Von der Augenempfindlichkeitskurve gewichtete spektrale Strahlungsverteilung einer Lampe
Montagehöhe	Hm	Montagehöhe der Leuchte bezogen auf einen Punkt auf einer Fläche. Hm = Entfernung „d" + tan d
Farbwiedergabe-Index	Ra	Grad, zu dem eine spezifische Lichtquelle eine Palette von Referenzfarben (Ra 8) reproduziert, verglichen mit denselben Farben unter Tageslichtbedingungen. Dieser Index (Ra) wird auf einer Skala von Ra 0–Ra 100 gemessen.
Farbtemperatur	Tk	Farberscheinung des von einer Lichtquelle ausgestrahlten Lichts in Kelvin
Wartungswert	–	Der Wartungswert stellt den Wert der Beleuchtungsstärke und Leuchtdichte dar, der nach einem bestimmten Zeitraum der Nutzung erreicht wird. Er liegt somit unter dem Neuwert und darf zu keiner Zeit unterschritten werden.

Tab. 3.8.1 Begriffe

Leuchte	Abbildung	Einsatzgebiet
Bodenleuchten	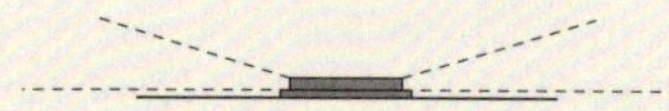	Orientierung, Gebäudezuwegung
Pollerleuchten	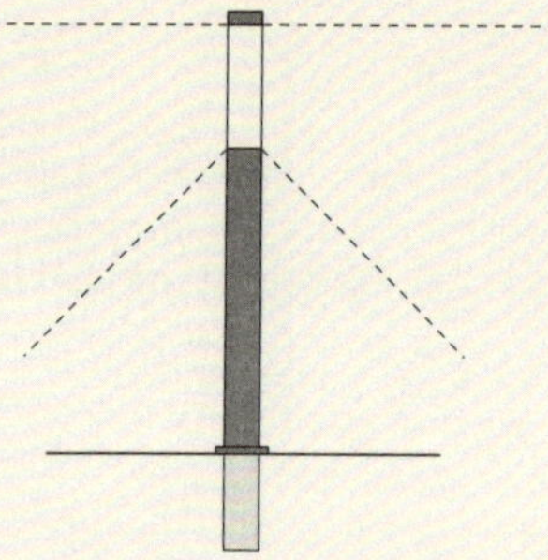	Orientierung, Gebäudezuwegung, Promenaden
Scheinwerfer	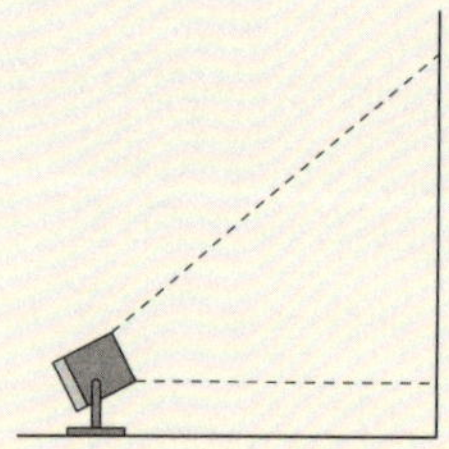	Fassaden- oder Objektbeleuchtung, Bestandteil von Flutlichtanlagen
Wandleuchten Wandeinbauleuchten	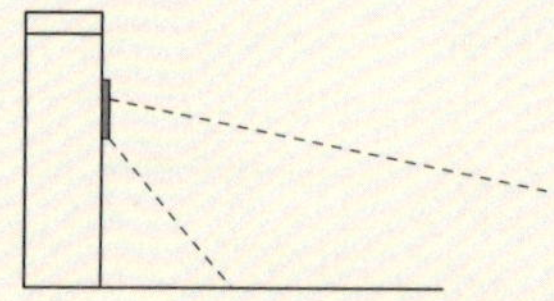	Treppen, Gebäudezuwegung
Überspannungsleuchten	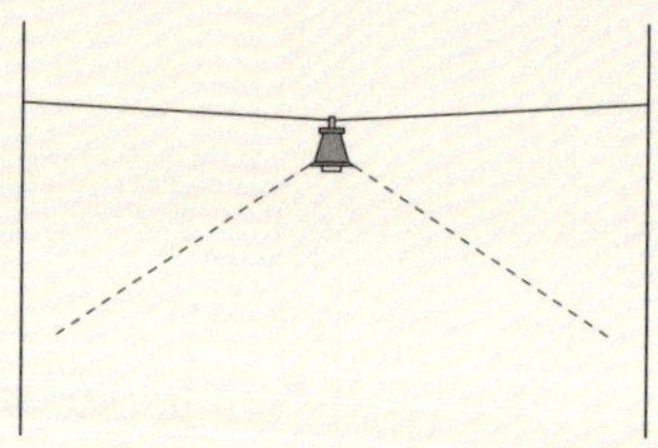	Straßen und Höfe, insbesondere zwischen Gebäuden
Mastleuchten mit symmetrischer/asymmetrischer Lichtstärkeverteilung	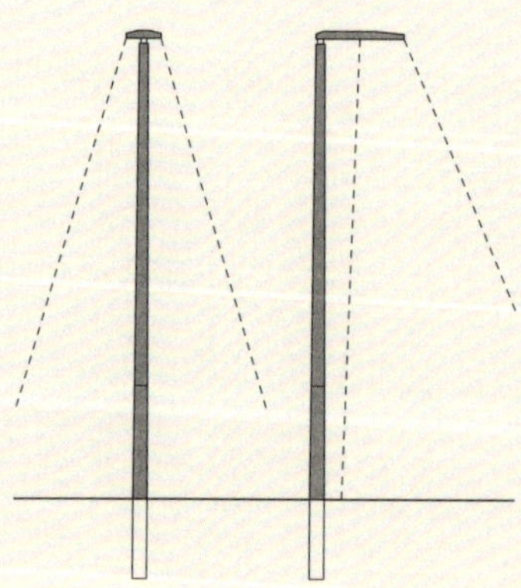	Straßenbeleuchtung, Parkwege, Promenaden

Tab. 3.8.2 Leuchtentypen und ihre Einsatzgebiete

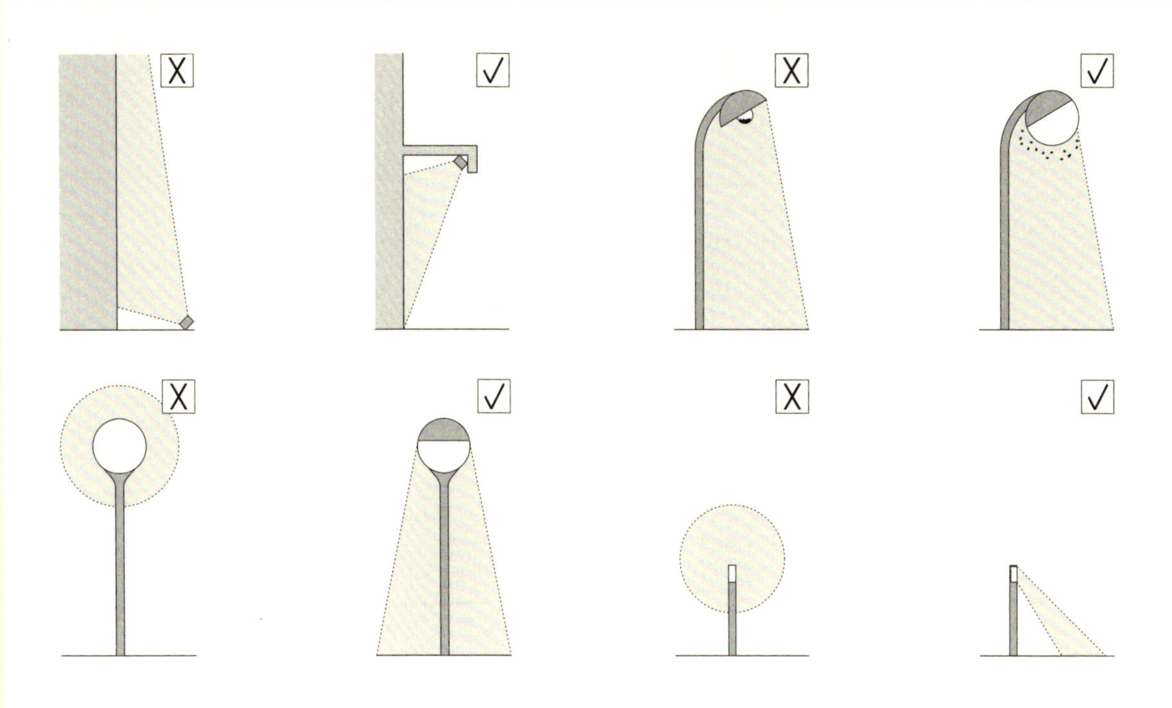

Abb. 3.8.1 Nachhaltiger Einsatz von Leuchten im Außenraum: Beleuchtung von Fassaden und Strahlungsrichtung nach unten sowie Schutzmaßnahmen für nachtaktive Insekten

Kennwerte und Klassifikationen

Tab. 3.8.3 Kennwerte verschiedener Lampen

Lichtquelle/Lampe	Abkürzung	Lichtausbeute (ca./ in Lumen/Watt)	Lebensdauer (ca./in Std.)	Lichtfarbe	Belastung für Insekten	Anmerkungen
Natriumdampf-Niederdrucklampen	SOX-/LS-ND-Lampe	170–200	16000	Orange-farben	< 10 %	Geringe Farbtreue, sehr insektenfreundlich, sehr effizient
Natriumdampf-Hochdrucklampen	NA-/HS-HD-Lampen	130–150	12000–16000	Warmweiß	10–20 %	Insekten-freundlich
Glühlampen (Allgebrauchs-glühlampen)	A-Lampen	12	1000	Warmweiß	10–15 %	Nicht mehr Stand der Technik, ineffizient
Halogenlampen	QT-/QR-Lampen	25	5000	Warmweiß	10–15 %	
Kompaktleuchtstofflampen („Energiesparlampen" mit integriertem Vorschaltgerät)	TC-Lampen	60	8000–15000	Weiß	20–25 %	Nur für geringe Lichtpunkthöhen
Langfeld-Leuchtstofflampen („Röhren", „stabförmige Lampen")	T-Lampen	80	8000–16000	Weiß	25–35 %	
Halogenmetalldampf-Hochdrucklampen	HI-HD-Lampen	85	8000–12000	Weiß	30–55 %	
Quecksilber-Hochdrucklampen	HG-/HM-HD-Lampen	50	12000–16000	Weiß	100 %	Veraltet, zukünftig nicht mehr erhältlich
Lichtemittierende Dioden, Leuchtdioden	LED	90	50000	Warmweiß bis neutral weiß	10–15%	Sehr effizient

Beleuchtungsstärke

Die Norm EN 13201-1 legt für den Straßenraum bestimmte Beleuchtungsstärken fest, die sich an der jeweiligen Nutzung orientieren. Diese werden über Beleuchtungssituationen und Beleuchtungsklassen näher definiert. Bei der Produktauswahl helfen häufig entsprechende Angaben der Hersteller über die Eignung der Leuchten für die jeweilige Beleuchtungsklasse und über die erforderlichen Abstände der Leuchten. Bei der DEN 13201-1 sowie ÖNORM EN 13201-1 handelt es sich um nationale Normen. Inwiefern die Festlegung der Beleuchtungsstärken in anderen EU-Ländern auf Grundlage des Technischen Berichts CEN/TR 13201-1 und damit analog zu diesen Normen erfolgt, muss individuell geprüft werden.

Zur Ermittlung der Beleuchtungsstärke erfolgt zunächst eine Einstufung der Beleuchtungssituation anhand vorgegebener Nutzertypen und ihrer typischen Geschwindigkeit (motorisierter Verkehr, Radfahrer oder Fußgänger). → Tab. 3.8.4 Einer Beleuchtungssituation können dann Beleuchtungsklassen und Gütemerkmale zugeordnet werden. → Tab. 3.8.5 und Tab. 3.8.6 Schließlich erfolgt mittels Basis- und Zusatztabellen die Ausdifferenzierung der lichttechnischen Anforderungen der Beleuchtungsklassen nach unterschiedlichen Kriterien. → Tab. 3.8.7–Tab. 3.8.12

Während die Basistabellen Kriterien wie Maßnahmen der Verkehrsberuhigung, Kreuzungsdichte, Schwierigkeit der Sehaufgabe und durchschnittliche Verkehrsmenge berücksichtigen, werden in den Zusatztabellen Konfliktzonen, die Komplexität des visuellen Feldes, parkende Fahrzeuge, Leuchtdichte der Umgebung, Kriminalitätsrisiko und Gesichtserkennung betrachtet.

Die Beleuchtungsklassen S1–S7 werden für Fußgänger- und Radfahrbereiche, Stand- und Sicherheitsstreifen und andere Straßenbereiche außerhalb der Fahrbahnen, Anwohnerstraßen, Fußgängerzonen, Fußwege, Radwege, Parkstraßen oder Schulhöfe angewendet. Daraus ergibt sich die erforderliche Beleuchtungsstärke. → Tab. 3.8.16 Aus den → Tab. 3.8.13–3.8.17 können die erforderlichen Beleuchtungsstärken/Wartungswerte für unterschiedliche Nutzungsbereiche abgelesen werden.

Typische Geschwindigkeit des Hauptnutzers (km/h)	Nutzertypen innerhalb einer betrachteten Fläche			Situationen
	Hauptnutzer	Andere zugelassene Nutzer	Beispiele	
> 60	Motorisierter Verkehr		Autobahnen, Schnell- und Umgehungsstraßen	A1
		Langsam fahrende Fahrzeuge	Hauptverkehrs- und Durchfahrtsstraßen	A2
		Langsam fahrende Fahrzeuge, Radfahrer, Fußgänger	Hauptverkehrs- und Durchfahrtsstraßen	A3
> 30 und ≤ 60	Motorisierter Verkehr, langsam fahrende Fahrzeuge	Radfahrer, Fußgänger	Hauptverkehrs-, Sammel-, Anlieger- und Verbindungsstraßen	B1
	Motorisierter Verkehr, langsam fahrende Fahrzeuge, Radfahrer	Fußgänger	Hauptverkehrs-, Sammel-, Anlieger- und Verbindungsstraßen	B2
> 5 und ≤ 30	Radfahrer	Fußgänger	Motorisierter Verkehr, langsam fahrende Fahrzeuge	C1
	Motorisierter Verkehr, Fußgänger		Trottoirs, Fuß- und Radwege	D1
		Langsam fahrende Fahrzeuge, Radfahrer	Taxistände, Bahnhofsvorplätze, Busbahnhöfe	D2
	Motorisierter Verkehr, Radfahrer	Langsam fahrende Fahrzeuge, Fußgänger	Anlieger- und Wohnstraßen	D3
	Motorisierter Verkehr, langsam fahrende Fahrzeuge, Radfahrer, Fußgänger		Verkehrsberuhigte Zonen, Spielstraßen, Marktplätze	D4
Schrittgeschwindigkeit	Fußgänger		Fußgänger- und Einkaufszonen, Bushaltestellen, Fußwege	E1
		Motorisierter Verkehr, langsam fahrende Fahrzeuge, Radfahrer	Werksstraßen, Wege für den Lade- und Zubringerverkehr	E2

Tab. 3.8.4 Ermittlung der Beleuchtungssituation. Für Fußgänger- und Radfahrbereiche kommen die Beleuchtungssituationen C1, D4, E1 und E2 in Betracht.

Beleuchtungssituation	Beleuchtungsklasse	Gütemerkmale
A1, A2, A3	ME1–ME5	L_m, U_0, U_1, TI, SR
B1, B2	ME2–ME6	L_m, U_0, U_1, TI, SR
C1	S1–S6	E_m, E_{min}
D1, D2	CE2–CE5	E_m, U_0
D3, D4	S1–S6	E_m, E_{min}
E1	S1–S6, CE2	E_m, E_{min}
E2	S1–S5, CE2	E_m, E_{min}

Tab. 3.8.5 Zuordnung der Beleuchtungssituationen zu den Beleuchtungsklassen: Mit steigender Zahl sinken die lichttechnischen Anforderungen

Klasse	Zuordnung	Gütemerkmale	Anwendung
ME, MEW	ME1–ME6 für trockene Straßen mit mittleren bis höheren Fahrgeschwindigkeiten, MEW1 bis MEW2 für nasse Straßen	Leuchtdichtenbewertung: L_m, U_0, U_1, TI, SR	Verkehrswege mit mittleren bis höheren Fahrgeschwindigkeiten
CE	CE0–CE5, wie ME-Klassen, aber für Straßen mit Konfliktzonen wie Straßenkreuzungen, Einmündungen, Kreisverkehr, mit Fußgängern und Radfahrern	Beleuchtungsstärkebewertung: E_m, U_0	Wenn die Leuchtdichtenbewertung nicht angewendet werden kann
S	S1–S7 für Fußgänger und Radfahrbereiche, Stand- und Sicherheitsstreifen, Quartierstraßen, Fußgängerzonen, Radwege	Beleuchtungsstärkebewertung: E_m, E_{min}	Bei langsamem Verkehrsfluss in Wohnquartieren
A	A1–A6, wie S-Klassen, Bewertung aber mit der halbsphärischen (halbräumlichen) Beleuchtungsstarke	Beleuchtungsstärkebewertung halbsphärisch: E_{hs}, U_0	Bei langsamem Verkehrsfluss in Wohnquartieren und auf Parkplätzen
ES	ES1–ES9 für Bereiche mit erhöhter Kriminalität, z.B. in Fußgängerzonen und auf Parkplätzen	Beleuchtungsstärkebewertung halbzylindrisch: $E_{sc,min}$	Bei erhöhter Kriminalität, wenn eine Gesichtserkennung notwendig ist
EV	EV1–EV6 für spezielle Bereiche mit vertikaler Beleuchtungsstärke wie Zahlstellen, Umschlag- und Rangierbereiche	Beleuchtungsstärkebewertung vertikal: $E_{v,min}$	Wenn vertikale Beleuchtungsstärken wichtig sind

Tab. 3.8.6 Beschreibung der Beleuchtungsklasse

B2 Basistabelle

Bauliche Maßnahmen zur Verkehrsberuhigung	Anzahl Kreuzungen je km	Schwierigkeit der Fahraufgabe	Verkehrsfluss Fahrzeuge < 7000			Verkehrsfluss Fahrzeuge ≥ 7000		
			◄	●	►	◄	●	►
Nein	< 3	Normal	ME5	ME5	ME4b	ME4b	ME4b	ME3c
		Höher als normal	ME4b	ME4b	ME3c	ME4b	ME4b	ME3c
	≥ 3	Normal	ME4b	ME3c	ME2	ME3c	ME3c	ME2
		Höher als normal	ME3c	ME3c	ME2	ME3c	ME3c	ME2
Ja			Wie oben, jedoch Beleuchtungsklasse um eine Ziffer geringer wählen, z. B. statt ME4b Klasse ME3b.					

Wenn die Leuchtdichte als Auslegungskriterium nicht zu bewerten ist, kann die Beleuchtungsstärke verwendet werden. Zu den empfohlenen ME-Klassen vergleichbare CE-Klassen siehe Tab. 3.8.12.

B2 Zusatztabelle

Konfliktzone	Komplexität des visuellen Feldes	Parkende Fahrzeuge	Leuchtdichte der Umgebung: Niedrig – Verkehrsfluss Radfahrer		Mittel – Verkehrsfluss Radfahrer		Hoch – Verkehrsfluss Radfahrer	
			Normal	Hoch	Normal	Hoch	Normal	Hoch
Nein	Normal	Nicht vorhanden	◄	●	◄	●	●	●
		Vorhanden	●	►	●	►	►	►
	Hoch	Nicht vorhanden	●	●	●	●	●	●
		Vorhanden	●	●	►	►	►	►
Ja			►					

In Konfliktzonen ist die Leuchtdichte das zur Planung empfohlene Kriterium. Die Beleuchtungsstärke kann als Kriterium verwendet werden, wenn die Leuchtdichte aufgrund zu geringer Sichtweite oder anderer Faktoren nicht zu bewerten ist. Zu den empfohlenen ME-Klassen vergleichbare CE-Klassen werden in Tab. 3.8.12 angegeben.

Tab. 3.8.7 Basis- und Zusatztabellen für Beleuchtungssituation B2

C1 Basistabelle

Bauliche Maßnahmen zur Verkehrsberuhigung	Kriminalitätsrisiko	Gesichtserkennung	Verkehrsfluss Radfahrer Normal			Verkehrsfluss Radfahrer Hoch		
			◄	●	►	◄	●	►
Nein	Normal	Nicht erforderlich	S6	S5	S4	S5	S4	S3
		Erforderlich	S5	S4	S3	S4	S3	S2
	Höher als normal	Erforderlich	S4	S3	S2	S3	S2	S1
Ja			S3	S2	S1	S3	S2	S1

Zu den erforderlichen S-Klassen alternative A-Klassen mit vergleichbarem Beleuchtungsniveau werden in Tab. 3.8.12 angegeben.
Zu den erforderlichen S-Klassen zusätzliche ES- und EV-Klassen siehe Tab. 3.8.12.

C1 Zusatztabelle

Leuchtdichte der Umgebung: Niedrig	Mittel	Hoch
◄	●	►

Tab. 3.8.8 Basis- und Zusatztabellen für Beleuchtungssituation C1

Rad-und Fußgängerbereiche

	Beleuchtungsstärke	Gleichmäßigkeit	Normen, Regelwerk
Radwege mit Fußgängern und hohem Verkehrsfluss, je nach Kriminalitätsrate und weiteren Kriterien	3–15	E_{min} = 1 lx – 5 lx	EN 13202-2 Beleuchtungssituation D4
Radwege mit Fußgängern und normalem Verkehrsfluss, je nach Kriminalitätsrate und weiteren Kriterien	2–10	E_{min} = 0,6 lx – 3 lx	
Verkehrsflächen für sich langsam bewegende Fahrzeuge (max. 10 km/h), z. B. Fahrräder, Lastwagen, Bagger	10	g_1 = 0,40	EN 12464-2
Wege für den Fahrradverkehr in der Nähe ortsfest beleuchteter Straßen für den Autoverkehr	–	E_{min} = 3 lx g_2 = 0,15	FSGV-Werte gelten für die Mittelachse des Radwegs
Wege für den Fahrradverkehr in unmittelbarer Nähe nicht ortsfest beleuchteter Straßen für den Autoverkehr	–	E_{min} = 3 lx g_2 = 0,3	
Wege für den Fahrradverkehr in mehr als 8 m Abstand nicht ortsfest beleuchteter Straßen für den Autoverkehr	–	E_{min} = 1,5 lx G_2= 0,15	

Tab. 3.8.14 Mindestanforderungen an die Beleuchtung von Radwegen

	Beleuchtungsstärke in lx	Gleichmäßigkeit	Halbzylindrische Beleuchtungsstärke in lx	Normen, Regelwerk
Fußgängerwege, hoher Verkehrsfluss, je nach Kriminalitätsrate und weiteren Kriterien	7,5–20	–	1,5–5	EN 13201-2 Beleuchtungssituation E1
Fußgängerwege, normaler Verkehrsfluss, je nach Kriminalitätsrate und weiteren Kriterien	2–15	–	0,5–3	EN 13201-2 Beleuchtungssituation E1
Gehwege, ausschließlich für Fußgänger	5	g_1 = 0,25	–	EN 12464-2
Verkehrsflächen für sich langsam bewegende Fahrzeuge (max. 10 km/h), z. B. Fahrräder, Lastwagen, Bagger	10	g_1 = 0,40	–	EN 12464-2
Fußwege auf dem Werksgelände	3	g_1 = 0,08	–	EN 12464-2
Gehwege in Park- und Wohnanlagen	–	E_{min} = 1 lx	≥1	FSGV
Gehwege mit Stufen, Unebenheiten und anderen Gefahrenquellen	–	E_{min} = 5 lx	≥1	FSGV
Plätze und Zugänge	5	g_2 = 0,1	≥1	FSGV
Plätze und Zugänge bei zeitweiliger hoher Personendichte	10	g_2 = 0,1	≥1	FSGV
Innerstädtische Fußgängerbereiche	≥5	E_{min} = 1 lx g_2 = 0,08	≥1	FSGV
Treppen außenliegend	15	g_2 = 0,3	–	FSGV

Tab. 3.8.15 Mindestanforderungen an die Beleuchtung von Fußgängerbereichen

Klasse	Horizontale Beleuchtungsstärke	
	E_m in lx [Mindestwert, Wartungswert]	E_{min} in lx [Wartungswert]
S1	15	5
S2	10	3
S3	7,5	1,5
S4	5	1
S5	3	0,6
S6	2	0,6
S7	Keine Anforderung festgelegt	Keine Anforderung festgelegt

Um eine gewisse Gleichmäßigkeit zu gewährleisten, darf der tatsächliche Wert der mittleren Beleuchtungsstärke das 1,5-fache des für die Klasse vorgesehenen Mindestwerts nicht überschreiten.

Tab. 3.8.16 Beschreibung der Beleuchtungsklasse S1–S7 für Fußgänger- und Radfahrbereiche

Sportanlagen

Bei Sportanlagen bestehen neben den Ansprüchen der Sportler an eine ausreichende Ausleuchtung des Spielfeldes Anforderungen seitens der Zuschauer an eine gute Erkennbarkeit des Geschehens sowie bei Fernsehübertragungen zusätzlich erhöhte Anforderungen für die Filmaufnahmen. Grundlage für die Berechnung der Beleuchtungsstärke bei Sportanlagen ist die DIN EN 12193. Entsprechend der Nutzung einer Anlage, die für die Ermittlung der erforderlichen Beleuchtungsstärke relevant ist, werden die Anlagen in verschiedene Beleuchtungsklassen eingeteilt:

Beleuchtungsklasse I: Hochleistungswettkämpfe (internationale und nationale Wettbewerbe), Hochleistungstraining; Zuschauer: große Sehentfernung

Beleuchtungsklasse II:
Wettkämpfe mit mittlerem Niveau, Leistungstraining; Zuschauer: mittlere Sehentfernung

Beleuchtungsklasse III:
Einfache Wettkämpfe (meist ohne Zuschauer), allgemeines Training, allgemeiner Schul- und Freizeitsport

Bei Plätzen, die in erster Linie dem Training dienen, ist nur mit geringen Anforderungen zu rechnen. In der Regel können Trainingsplätze für Fußball und Tennis mit 4–6 in einer Lichtpunkthöhe von 12–16 m angebrachten Masten sowie 8 Scheinwerfern normgerecht beleuchtet werden. Eine Beleuchtungsstärke zwischen 70 und 200 lx, je nach Sportart, ist dabei ausreichend. Bei Anlagen, in denen internationale Wettbewerbe ausgetragen werden, können Beleuchtungsstärken von bis zu 1400 lx (Stadionklassifikation der UEFA) in Richtung der Kameras erforderlich werden. Die Norm trifft dazu keine Festlegungen; hierfür sollten die Empfehlungen und Richtlinien; der jeweiligen Wettbewerbe zurate gezogen werden.

Sportart	Beleuchtungsklasse	Horizontale Beleuchtungsstärke	
		Eavlx	Emin/Eav (Gleichmäßigkeit)
American Football, Beachvolleyball, Fußball, Rubgy	I	500	0,7
	II	200	0,6
	III	75	0,5
Baseball	I	750	0,7
	II	500	0,7
	III	300	0,5
Basketball	I	500	0,7
	II	200	0,6
	III	75	0,5
Hockey	I	500	0,7
	II	200	0,7
	III	200	0,7
Leichtathletik, Reitsport (Springen und Dressur)	I	500	0,7
	II	200	0,5
	III	100	0,5
Tennis	I	500	0,7
	II	300	0,7
	III	200	0,6

Tab. 3.8.17 Anforderungen an die horizontale Beleuchtungsstärke nach Sportarten in Außenanlagen gemäß DIN EN 12193

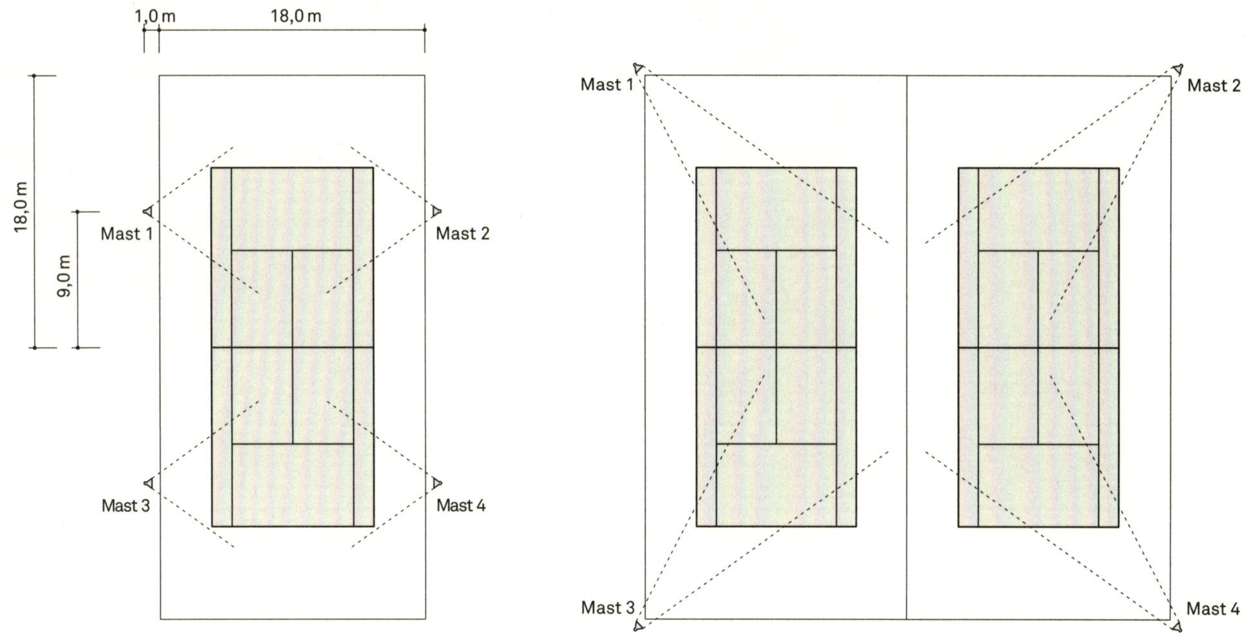

Abb. 3.8.2 Beispiele für die Beleuchtung einer Tennisanlage mit Vier-Mast-Anordnung

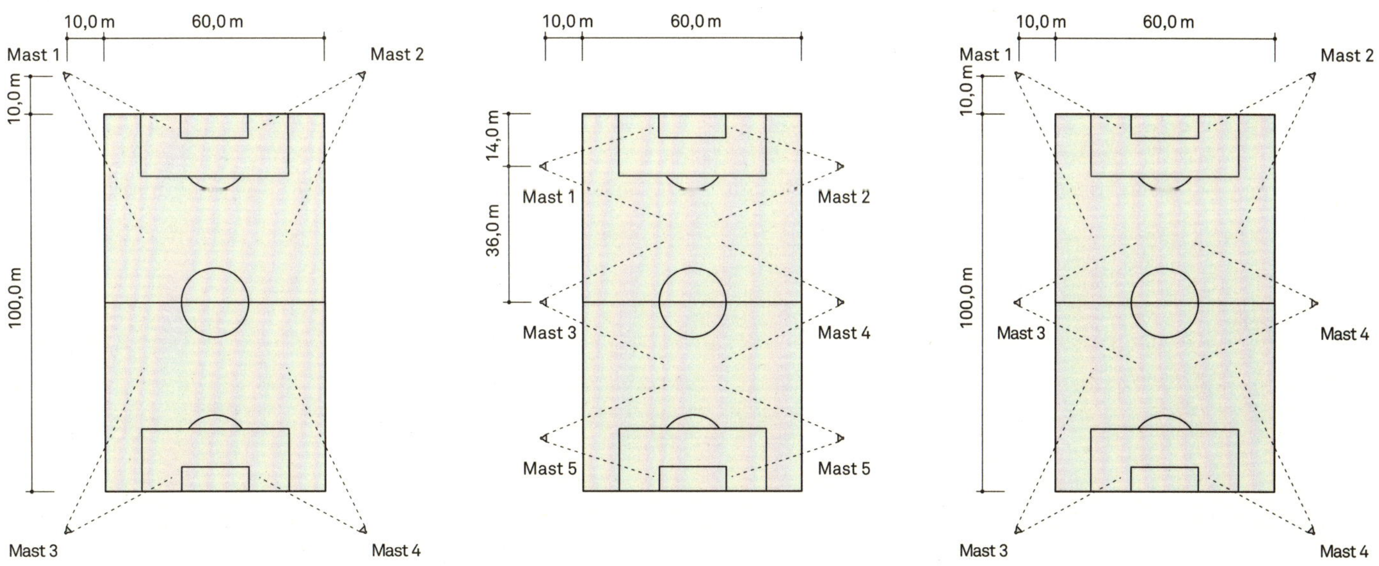

Abb. 3.8.3 Beispiele für die Beleuchtung von Fußballplätzen: Vier-Mast-Anordnung und Sechs-Mast-Anordnung

3 Elemente
3.9 Wasseranlagen und Regenwasserversickerung

3.9 Wasseranlagen und Regenwasserversickerung

Wasser fließt immer zum tiefsten Punkt und sammelt sich, sobald es in eine Senke mündet. Natürliche Teiche und Seen liegen somit stets in einer entsprechenden Vertiefung; der Wasserspiegel zeichnet den Verlauf des Geländes entlang der jeweiligen Höhe nach. Ein künstlich angelegter Teich wirkt am natürlichsten, wenn seine Lage sich an der vorhandenen Geländesituation orientiert und er an einem Tiefpunkt im Gelände angeordnet wird. Erfolgt die Ausführung in labiler Bauweise – z. B. mittels Folien- oder Tondichtung –, wird auf diese Weise nicht nur ein naturnaher Charakter erzeugt, sondern die Standfestigkeit des gewachsenen Bodenkörpers kann optimal genutzt werden. Zusätzliche Stützmaßnahmen können entfallen.

Bereits bei der Planung sollte zwischen einer labilen und einer stabilen Bauweise (Betonbecken, Mauerwerk, Kunststofffertigbecken), zwischen bepflanzten und nicht bepflanzten Becken sowie zwischen Anlagen mit stehendem oder bewegtem Wasser (Fontäne, Bachlauf etc.) unterschieden werden, um die daraus resultierenden Anforderungen an den Standort, die Dimensionierung und die technische Ausstattung zu berücksichtigen. Nicht zuletzt können durch diese Faktoren die Funktionsfähigkeit und die erforderliche Pflegeintensität einer Anlage maßgeblich beeinflusst werden.

Niederschlagswasser muss von Wegeflächen abgeleitet werden, um deren gefahrlose Nutzung zu ermöglichen und Schäden von baulichen Anlagen abzuwenden. Hierfür ist eine entsprechende Maßnahmen- und Höhenplanung erforderlich, die möglichst frühzeitig im Planungsprozess beginnen sollte, um die erforderlichen Schritte in die Außenanlagenplanung zu integrieren. → Kap. 3.2

Neben dem Regenwasser, das auf den Flächen der Außenanlagen anfällt, muss auch das Wasser der Dachflächen der Neubauten berücksichtigt werden. Eine Dachbegrünung wirkt sich diesbezüglich immer positiv aus, da sie hilft, die Wassermenge zu minimieren, und den Wasserabfluss verzögert.

Erste Wahl für die Ableitung des Niederschlags ist die dezentrale Versickerung direkt auf dem Grundstück. Sie entlastet nicht nur die bestehenden Abwassersysteme, sondern trägt auch zur Grundwasseranreicherung bei. In diesem Zusammenhang müssen die Versickerungsmöglichkeiten am Standort und die wasserrechtlichen Voraussetzungen geprüft werden. In den meisten Kommunen wird aus wasserrechtlicher Sicht bereits eine Versickerung in Zusammenhang mit Neubaumaßnahmen gefordert, solange dem keine Gefährdung des Grundwassers entgegensteht.

Können die Niederschläge nicht direkt von den befestigten Flächen in angrenzende Grünflächen abgeleitet werden, sind Entwässerungsrinnen beziehungsweise Hof- oder Straßenabläufe einzusetzen, um das Wasser zu den Versickerungsflächen und -einrichtungen zu transportieren.

Eine weitere Möglichkeit stellt die Zwischenspeicherung und spätere Nutzung des Regenwassers für die Vegetationsflächen der Freianlage dar.

Standort

Exposition von Wasseranlagen

Der Standort einer Wasseranlage ist von Art und Funktion abhängig. Insbesondere bei einer Bepflanzung spielt die Exposition eine maßgebliche Rolle. Die meisten Wasserpflanzen lieben sonnige bis halbschattige Lagen, sodass ein Standort im Schatten vermieden werden sollte. Zuviel Sonneneinstrahlung fördert wiederum das Algenwachstum, weshalb sich eine Lage im leichten Halbschatten anbietet. Eine partielle Beschattung kann aber auch durch den Einsatz von Schwimmblattpflanzen erreicht werden. Sechs Stunden Sonneneinstrahlung gelten als Minimum, insbesondere bei Seerosenhybriden liegt das Optimum eher bei acht Stunden. Grundsätzlich ist eine Sonneneinstrahlung am Vor- und Nachmittag gegenüber der in der Mittagszeit vorzuziehen.

Positiv auf das ökologische Gleichgewicht wirkt sich außerdem ein möglichst geringer Eintrag organischer Substanz (z. B. durch herabfallendes Laub, Nadeln, Blütenstaub oder Samenflug) aus. Daher sollte die Nähe zu größeren Gehölzen vermieden werden.

Lebensraum der Wasserpflanzen

Da es unter natürlichen Bedingungen in Teichen zu einer Schwankung des Wasserspiegels kommt, haben viele Pflanzen der Ufer- und Flachwasserzone eine recht große Standortamplitude hinsichtlich der Wassertiefe. Viele können in einem Teich mit mehr oder weniger konstantem Wasserstand daher eine verhältnismäßig breite Uferzone besiedeln. Schwimmpflanzen und Unterwasserpflanzen benötigen häufig eine Mindesttiefe. → Abb. 3.9.2

Zu beachten ist außerdem, dass einige Pflanzen auf bewegtes Wasser empfindlich reagieren. Das gilt insbesondere für Seerosen, sodass Fontänen u. ä. in ihrer Nähe vermieden werden sollten.

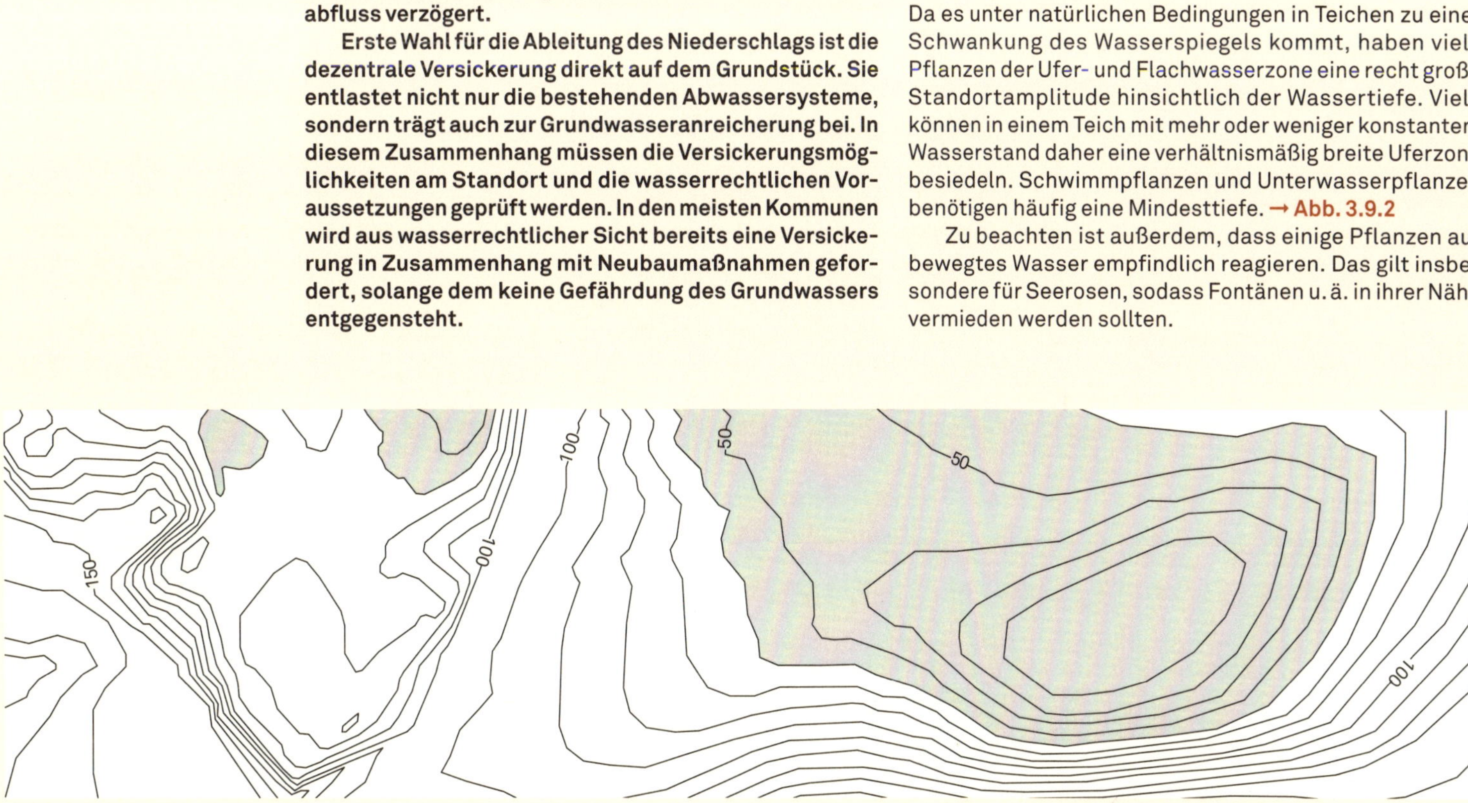

Abb. 3.9.1 Natürlicher Verlauf des Wasserspiegels im Gelände

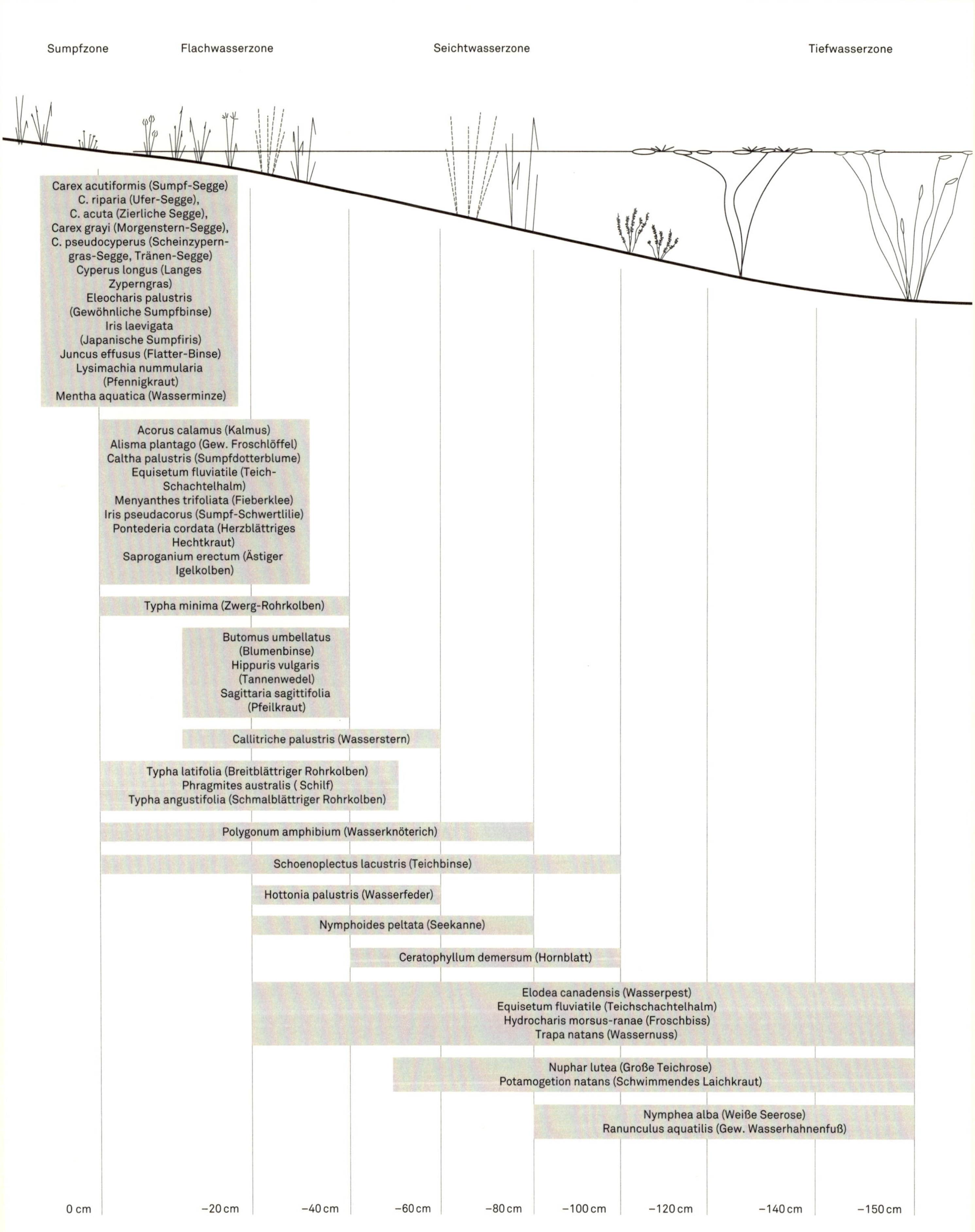

Abb. 3.9.2 Lebensraum von Wasserpflanzen

Wasserüberlauf

Um bei Wasserbecken sowie Teichen das Wasser geregelt ablaufen zu lassen und ein Überlaufen und Vernässen der Randbereiche nach Regenfällen zu verhindern, ist ein Wasserüberlauf einzurichten. Überläufe können als einfache Sickergrube ausgebildet werden, wenn es sich um kleinere Teiche oder Becken handelt und wenn sie nur zum Auffangen des überschüssigen Regenwassers dienen. Ist mit größeren Wassermengen zu rechnen oder handelt es ich um eine Brunnenanlage oder ein Wasserspiel, bei denen regelmäßig mit überlaufendem Wasser zu rechnen ist, sind Überläufe vorzusehen, die das Wasser einem Entwässerungssystem oder einem Wasserkreislauf zuführen.

Wassertiefen

Für die Anlage von Becken ohne Pflanzen sind Größe und Abmessung relativ frei wählbar. Regelmäßige Pflegearbeiten werden hier dennoch erforderlich sein.

Sobald Pflanzen vorgesehen sind, sollten bestimmte Mindestabmessungen nicht unterschritten werden. Die Wassertiefe richtet sich nach der Art der Bepflanzung und kann daher variieren. → Abb. 3.9.4 Eine terrassenförmige Abstufung des Becken- oder Teichbodens ermöglicht unterschiedliche Wasserzonen auf relativ kleinem Raum.

Soll sich dauerhaft ein ökologisches Gleichgewicht einstellen, sollte aber eine Tiefe von 80 cm nicht unterschritten werden, besser sind 100–120 cm. Um Lebewesen im Wasser das Überwintern zu ermöglichen, sollte der Teich nicht durchfrieren; entsprechend kann die erforderliche Wassertiefe je nach Region variieren; in Mitteleuropa liegt sie bei etwa 100 cm.

Bei naturnaher Gestaltung und der Ausbildung umlaufend flacher Ufer bzw. Terrassierungen ist mit einer Mindestgröße von 10 m² zu rechnen. Je größer die Anlage, umso eher stellt sich ein stabiles Ökosystem ein.

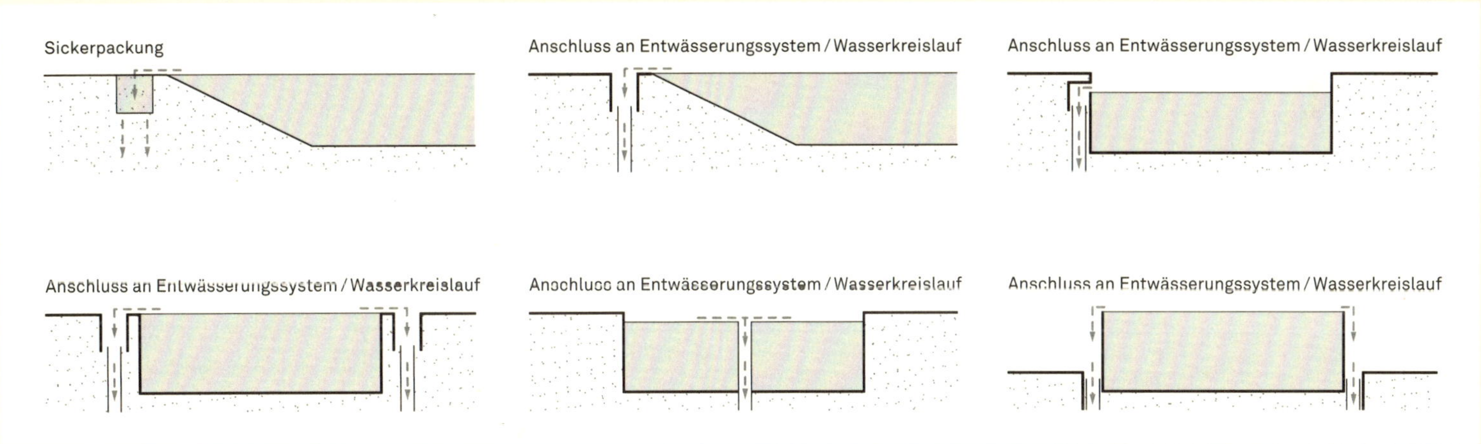

Abb. 3.9.3 Überläufe an Teichen und Wasserbecken

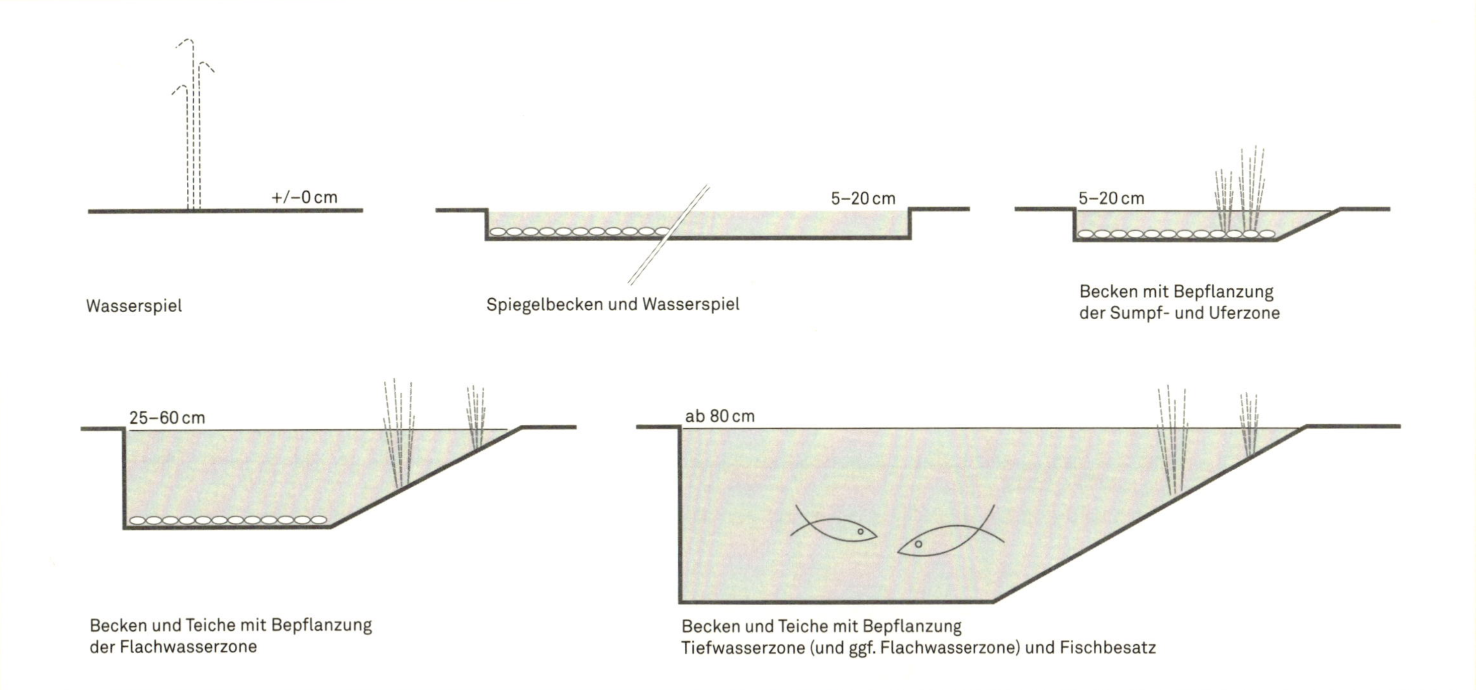

Abb. 3.9.4 Wassertiefen für unterschiedliche Nutzungen und Pflanzzonen

Bepflanzte Anlagen

	Bepflanzte Becken	Naturnahe Teichanlagen
Standort		
Lage	Frei wählbar	Im Bereich eines Geländetiefpunkts
Besonnung	Optimal: 6–7 Stunden, Seerosenhybriden auch mehr	
	Alternativ: Einsatz von Schwimmblattpflanzen, die aber nicht mehr als 50 % der Wasseroberfläche einnehmen sollten	
	Direkte Nähe zu laubwerfenden Gehölzen vermeiden	
Abmessungen		
Mindestgröße	Keine	Mind. 6–10 m²
Mindestgröße bei Fischbesatz	6 m²	
Mindestgröße von Schwimmteichen	35–60 m²	
Mindesttiefe	Keine	80 cm, besser 100–120 cm
Mindesttiefe bei Fischbesatz	In Abhängigkeit von der Frosteindringtiefe: in Mitteleuropa 80 cm, besser 100–120 cm	
Mindesttiefe von Schwimmteichen	1,35 cm	

Tab. 3.9.1 Standortbedingungen und Mindestgrößen von Wasserbecken und Teichen

Standortvoraussetzungen Regenwasserversickerung

Eine Versickerung von Regenwasser kommt nur dann in Frage, wenn die Belastungen des Flächenabflusses keine größeren Verunreinigungen des Erdreichs und des Grundwassers erwarten lassen. Sonderflächen, wie z. B. Lkw-Stellplätze, Hofflächen und Straßen in Gewerbe- und Industriegebieten sowie unüberdachte Lagerflächen von Wertstoffen (Kompost, Papier, Abfall), kommen grundsätzlich nicht oder nur in Ausnahmefällen für Regenwasserversickerung infrage. Niederschlagswasser von Metalldächern aus unbeschichtetem Kupfer, Zink oder Blei oder von Pkw-Stellplätzen eignen sich nicht für alle Arten der Versickerung, da die auftretenden Schadstoffe Boden und Grundwasser belasten könnten. Unbelastetes Wasser kann über jedes System versickert werden. → Tab. 3.9.2

Folgende Voraussetzungen sind im Vorfeld der Planung zu prüfen:

- Der Boden muss ausreichend wasserdurchlässig sein. → Tab. 3.9.6 und 3.9.4
- Das geeignete Versickerungssystem muss entsprechend der potenziellen Belastung des Flächenabflusses gewählt werden. → Tab. 3.9.2
- Die Voraussetzungen für eine erlaubnisfreie Benutzung des Grundwassers durch Versickerung müssen bestehen bzw. es muss eine wasserrechtliche Erlaubnis erteilt worden sein.
- Auf dem Grundstück muss ein Standort in geeigneter Lage und Größe für eine Versickerungsanlage vorhanden sein. → Abb. 3.9.6
- Im Bereich von Gebäuden sind Mindestabstände zwischen Gebäude und Versickerungsanlage einzuhalten. → Abb. 3.9.5
- Es muss mit vertretbarem Aufwand möglich sein, das Regenwasser an den Standort der Versickerungsanlage zu leiten.

Auswahl der Versickerungssysteme

Die Versickerung des Niederschlagswassers erfolgt üblicherweise über die belebte Bodenschicht. Steht nicht ausreichend Platz für eine oberflächige Versickerung zur Verfügung, kommen zusätzlich Rigolen- oder Schachtsickersysteme zum Einsatz, die durch ihre Speicherfähigkeit größere Volumen an Regenwasser aufnehmen können, bis dieses verzögert dem Untergrund zugeführt wird. Folgende Möglichkeiten der Versickerung des Niederschlagswassers stehen zur Auswahl:

- Flächenversickerung
- Muldenversickerung
- Rigolenversickerung
- Mulden-/Rigolenversickerung
- Beckenversickerung/Rohrversickerung
- Schachtversickerung

Bei der Wahl des Versickerungssystems spielen neben der Qualität des zu versickernden Abwassers die geologischen Verhältnisse und damit die Versickerungsfähigkeit des Untergrunds sowie die Freiflächenverfügbarkeit eine ausschlaggebende Rolle. → Abb. 3.9.6

Fläche	Gehalt an Belastungsstoffen	Qualitative Bewertung	Oberirdische Versickerungsanlagen			Unterirdische Versickerungsanlagen	
			$A_u : A_s \leq 5$ in der Regel breitflächige Versickerung	$5 < A_u : A_s \leq 15$ in der Regel dezentrale Flächen- und Muldenversickerung, Mulden-Rigolen-Elemente	$A_u : A_s > 15$ in der Regel zentrale Mulden- und Beckenversickerung	Rigolen und Rohr-Rigolen-Element	Versickerungsschacht
Gründächer; Wiesen und Kulturland mit möglichem Regenabfluss in das Entwässerungssystem	gering		+	+	+	+	+
Dachflächen ohne Verwendung von unbeschichteten Metallen (Kupfer, Zink und Blei); Terrassenflächen in Wohn- und vergleichbaren Gewerbegebieten		Unbedenklich	+	+	+	+	(+)
Dachflächen mit üblichen Anteilen aus unbeschichteten Metallen (Kupfer, Zink und Blei)			+	+	+	(+)	(+)
Rad- und Gehwege in Wohngebieten; Rad- und Gehwege außerhalb des Spritz- und Sprühfahnenbereichs von Straßen, verkehrsberuhigte Bereiche			+	+	(+)	(–)	(–)
Hofflächen und Pkw-Parkplätze ohne häufigen Fahrzeugwechsel sowie wenig befahrene Verkehrsflächen (bis DTV 300 Kfz) in Wohn- und vergleichbaren Gewerbegebieten			+	+	(+)	(–)	–
Straßen mit DTV 300–5000 Kfz, z. B. Anlieger-, Erschließungs- und Kreisstraßen			+	+	(+)	(–)	–
Start-, Lande- und Rollbahnen von Flugplätzen, Rollbahnen von Flughäfen	zunehmend		+	+	(+)	(–)	–
Dachflächen in Gewerbe- und Industriegebieten mit signifikanter Luftverschmutzung		Tolerierbar	+	+	(+)	(–)	–
Straßen mit DTV 5000–15000 Kfz, z. B. Hauptverkehrsstraßen; Start- und Landebahnen von Flughäfen			+	+	(+)	–	–
Pkw-Parkplätze mit häufigem Fahrzeugwechsel, z. B. bei Einkaufszentren			+	(+)	(+)	–	–
Dachflächen mit unbeschichteten Eindeckungen aus Kupfer, Zink und Blei; Straßen und Plätze mit starker Verschmutzung, z. B. durch Landwirtschaft, Fuhrunternehmen, Reiterhöfe, Märkte			+	(+)	(+)	–	–
Straßen mit DTV über 15000 Kfz, z. B. Hauptverkehrsstraßen von überregionaler Bedeutung, Autobahnen			+	(+)	(+)	–	–
Hofflächen und Straßen in Gewerbe- und Industriegebieten mit signifikanter Luftverschmutzung			(–)	(–)	(–)	–	–
Sonderflächen, z. B. Lkw-Park- und Abstellflächen; Flugzeugpositionsflächen von Flughäfen	sehr hoch	Nicht tolerierbar	–	–	–	–	–

+ In der Regel zulässig (+) In der Regel zulässig, nach Entfernung von Stoffen durch Vorbehandlungsmaßnahmen; z. B. nach ATV-DVWK-M 153
(–) Nur in Ausnahmefällen zulässig – Nicht zulässig

Tab. 3.9.2 Eignung des Versickerungssystems nach der potenziellen Belastung des Flächenabflusses außerhalb der Trinkwasserschutzzone I und II

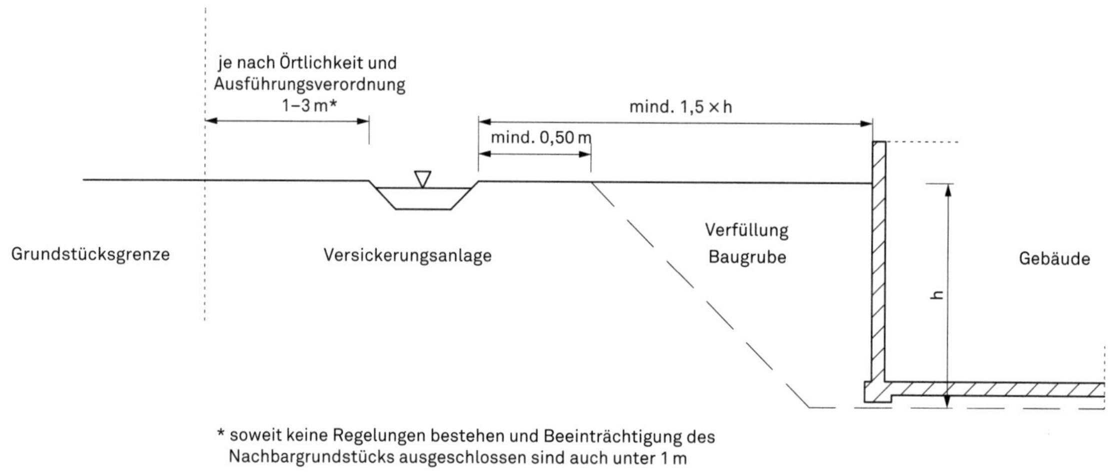

Abb. 3.9.5 Mindestabstand dezentraler Versickerungsanlagen von Gebäuden ohne wasserdruckhaltende Abdichtung und Grenzen

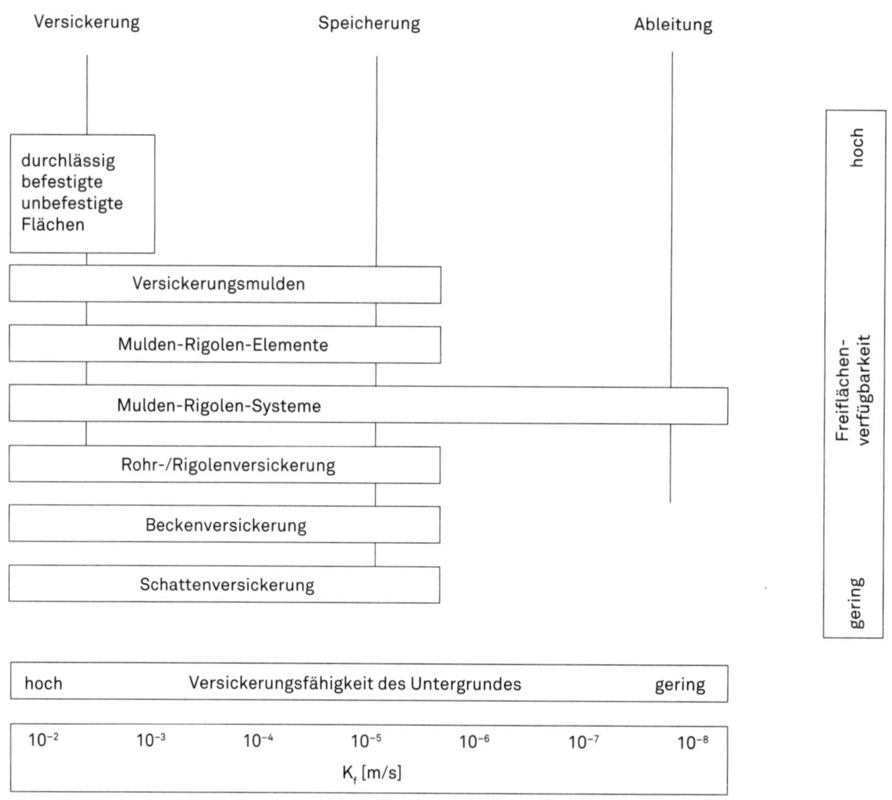

Abb. 3.9.6 Wahl des Versickerungssystems in Abhängigkeit von Untergrund und Flächenverfügbarkeit

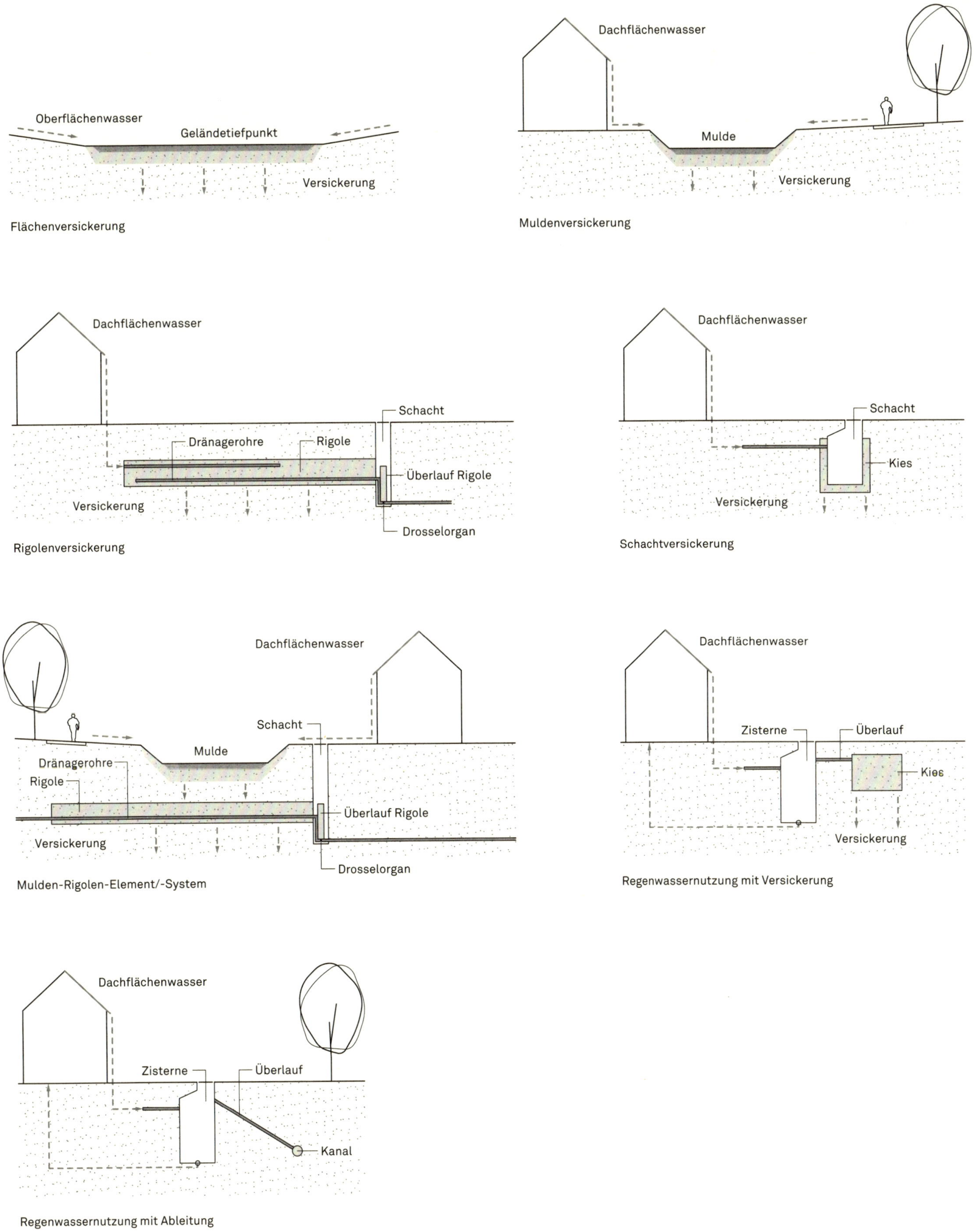

Abb. 3.9.7 Schematische Darstellung verschiedener Versickerungssysteme

Abmessungen und Kennwerte

Durchlässigkeit des Bodenbelags

Um die Menge des Niederschlagswassers zu minimieren, das über dezentrale Anlagen versickert werden soll, sind befestigte Flächen möglichst durchlässig anzulegen und angeschlossene Dachflächen zu begrünen. Dadurch können der Aufwand bei der Errichtung von Versickerungsanlagen und der Flächenbedarf vermindert werden. → Tab. 3.9.2

Die Durchlässigkeit wird auch mit dem Abflussbeiwert (Ψ) ausgedrückt. Dieser bezeichnet den Quotienten aus der Menge Niederschlags, die direkt zum Abfluss kommt (effektiver Niederschlag), im Verhältnis zum Gesamtniederschlag. Ein Wert Ψ = 0,7 bedeutet demzufolge, dass von der Gesamtniederschlagsmenge nur 70 % zum Abfluss kommen und versickert oder abgeführt werden müssen.

Versickerungsfähigkeit

Um festzustellen, ob eine Versickerung möglich ist, sind die Standortbedingungen vorab zu prüfen. Die Durchlässigkeit des Bodens drückt sich im k_f-Wert aus, der die Versickerungsleistung wiedergibt. Böden mit einem hohen Tonanteil und einem $k_f = 10^{-7}$ haben eine hohe Stauwirkung und sind weniger geeignet als Sandböden mit einem $k_f = 10^{-4}$. Aber auch eine sehr gute Durchlässigkeit kann eine negative Wirkungsrichtung haben. Reine Kiesböden lassen das Wasser beispielsweise zu schnell versickern, mit der Folge, dass die Reinigungsleistung des Niederschlagswassers im Bodenfilter zu gering ist.

Bemessungsregen

Da Regenereignisse von den lokalen klimatischen und topografischen Verhältnissen abhängen und sich zudem in Dauer und Intensität unterscheiden, müssen für jeden Ort und jede Anwendung individuelle Werte verwendet werden.

Die im konkreten Fall relevante Regenspende ist bei den örtlichen Bauämtern zu erfragen oder – kostenpflichtig – über den Deutschen Wetterdienst (DWD) zu ermitteln. Der DWD stellt in regelmäßigen Abständen die Starkniederschlagshöhen für Deutschland zusammen, sodass auch die in jüngerer Zeit häufig auftretenden Extremregenereignisse hier abgebildet werden (vgl. KOSTRA-DWD-2000 **Ko**ordinierte **St**arkniederschlags-**R**egionalisierungs-**A**uswertungen).

Für die Dimensionierung einer Regenentwässerungsanlage (Entwässerungsrinne, Entwässerungsleitung oder Ablauf) wird gemäß DIN 1986-100 folgendes Regenereignis zugrunde gelegt:

- für die Entwässerung von Dachflächen: Berechnungsregenspende = $r_{5,5}$, d. h. eine Regendauer D = 5 Minuten bei einer Jährlichkeit des Berechnungsregens von mindestens einmal in 5 Jahren (T = 5)
- für die Entwässerung von Grundstücksflächen (ohne geplante Regenrückhaltung): Berechnungsregenspende = $r_{5,2}$, d. h. eine Regendauer D = 5 Minuten bei einer Jährlichkeit des Berechnungsregens von mindestens einmal in 2 Jahren (T = 2).

Berechnung des Regenwasserabflusses

Der Abflussbeiwert dient der Ermittlung der anfallenden Wassermenge, die für die spätere Bemessung der Entwässerungseinrichtungen und die Versickerungssysteme maßgeblich ist.

Die Formel für den Regenwasserabfluss lautet:

$$Qr = r(D,T) \cdot \Psi \cdot A\,y$$

Qr = Regenwasserabfluss [l/s]
A = wirksame Niederschlagsfläche (Horizontalprojektion) [m²]
Ψ = Abflussbeiwert nach → Tab. 3.9.3
r(D,T) = Berechnungsregenspende [l / (s · ha)], wobei D die Dauer und T die Häufigkeit bezeichnet

Dimensionierung von Versickerungseinrichtungen

Zur Bemessung der Versickerungseinrichtungen kommen folgende Formeln zur Anwendung. → Tab. 3.9.5

Abstände

Folgende Mindestabstände von Versickerungseinrichtungen sollten nicht unterschritten werden:

- 3 m zu Grundstücksgrenzen
- 1,5 m bei dezentralen Versickerungsanlagen von Gebäuden ohne wasserdruckhaltende Abdichtung (DWA)
- 6 m zu Gebäuden (bzw. 1,5 m × Kellertiefe), 10 m zu anderen Versickerungsanlagen

Anschlussfläche von Entwässerungseinrichtungen

Die Entwässerungsleistung einer Rinne oder eines Ablaufs ist insbesondere abhängig vom Einlaufquerschnitt und von der örtlichen Regenspende. Daher ist in jedem Fall eine individuelle Berechnung für die definitive Bemessung der Anlagen durchzuführen. Im Rahmen der Entwurfsplanung können jedoch überschlägige Berechnungen eine grundsätzliche Abschätzung über den erforderlichen Umfang von entsprechenden Einrichtungen ergeben.

Die Einzugsfläche für Straßenabläufe sollte etwa 400 m², die für Hofabläufe 200 m² betragen, wobei das tatsächliche Fassungsvermögen des Einlaufquerschnitts bei standardisierten Abdeckungen oftmals höher liegt.

Für eine überschlägige Berechnung des Fassungsvermögens kann folgender Richtwert herangezogen werden: 1 cm² Einlaufquerschnitt entspricht etwa 1 m² zu entwässernder Fläche. Um ein schnelles Abführen des Niederschlagswassers zu gewährleisten, müssen Ablauf-/Rinnengröße sowie der Rohrquerschnitt entsprechend dimensioniert sein. Außerdem sollte der Weg, den das Wasser zurücklegen muss, nicht zu lang sein.

Bei großem Gefälle, z. B. auf Rampen von Zufahrten zu Tiefgaragen, sind deutlich größere Einlaufquerschnitte erforderlich, da das Wasser sonst über die Rinne hinwegschießt. Breitere Rinnen und ein Maschen- bzw. Gitterrost zur Abdeckung sollten zum Einsatz kommen.

Wegebelag	Abflussbeiwert γ nach DIN 1986-100	nach DWA-A 117
Befestigte Flächen		
Asphalt und Betonflächen	1,0	(0,9)
Pflaster mit Fugenverguss	1,0	–
Pflaster- und Plattenbeläge in Sand-/Splittbett	0,7	(0,75)
Pflasterbeläge mit Fugenanteil > 15 %	0,6	(0,5)
Kunststoffflächen und -rasen	0,6	–
Tennenflächen auf Sportplätzen	0,4	–
Wassergebundene Flächen	0,3	–
Rasengittersteine	0,0 (auf kleinen Flächen, z. B. Einzelstellplätzen und deren Zufahrten)	(0,15)
Gartenwege aus wassergebundener Decke	0,0	–
Dachflächen		
Dachflächen	1,0	(0,9–1,0)
Kiesdächer	0,5	(0,7)
Extensivbegrünungen < 10 cm Aufbaustärke	0,5	(0,5)
Extensivbegrünungen ≥ 10 cm Aufbaustärke	0,3	(0,3)
Intensiv begrünte Dachflächen	0,3	(0,3)
Unbefestigte Flächen		
Rasenflächen	0,3	–
Rasen- und Vegetationsflächen in Gärten und Parks	0,0	(0,0–0,3) je nach Gefälle
Rollkiesflächen und Schotterboden	0,0	(0,3)

Tab. 3.9.3 Abflussbeiwert verschiedener Flächen

Bodenart	Sand	Schluff	Ton
K_f-Wert (Durchschnittswerte, exakter Wert der Bodenart gem. Bodengutachten)	10^{-4}	10^{-6}	10^{-7}
Versickerungsdauer für eine Wassersäule von 1000 mm	3 Stunden	12 Tage	115 Tage
Versickerungsdauer für eine hydraulische Belastung von 5000 mm (entspricht A_s zu A_{red} 1:10,645 mm Niederschlag, Abflussbeiwert für versiegelte Fläche 0,8)	15 Stunden	60 Tage	575 Tage
Bewirtschaftungsmöglichkeiten	Versickerung ohne Weiteres möglich	Zwischenspeicherung erforderlich	Zwischenspeicherung und Flächenvergrößerung oder gedrosselte Ableitung erforderlich
Bevorzugte Versickerungsarten	FV, MV, RV, SV	MRE, MRS	MRS

FV Flächenversiegelung SV Schachtversickerung MV Muldenversickerung MRE Mulden-Rigolen-Element RV Rigolenversickerung MRS Mulden-Rigolen-System

Tab. 3.9.4 Versickerungsleistung unterschiedlicher Bodenarten

Versickerungsanlage	Formel	Variablen
Flächenversickerung	Berechnung der Versickerungsfläche (Horizontalprojektion) *As* $A_s = \frac{A_u}{(k_f \cdot 10^{-7} / 2 \cdot r_{D(5)}) - 1}$	A_s = Versickerungsfläche (Horizontalprojektion) A_u = zu entwässernde Fläche (Ae) k_f = Durchlässigkeitsbeiwert $2 \cdot r_{D(0,2)} \cdot 10 - 7$ $r_{D(0,2)}$ = Regenhäufigkeit bei T = 5 a D = 10–15 min
Muldenversickerung	Volumen der Mulde V_M in m³ $V_M = \left[(A_u + \text{erf.}\, A_S)\, 10^{-7} \cdot r_{D(0,2)} = \text{erf.}\, A_S \cdot \frac{k_f}{2}\right] \cdot D \cdot 60 \cdot f_Z$	V_M = Volumen der Mulde in m³ erf. $A_s = 0{,}1 \cdot A_u$ (Bodenart MSa, FSa), $0{,}2 \cdot A_u$ (Bodenart siSa, saSi, Si) $r_{D(0,2)}$ = Regenhäufigkeit bei T = 5 a D = variabel* k_f = Durchlässigkeitsbeiwert f_Z = Sicherheitsfaktor (in der Regel 1,2)
Rigolenversickerung	Berechnung der Rigolenlänge: $L_R = \frac{(A_u \cdot 10^{-7} \cdot r_{D(0,2)}}{\frac{b_R \cdot h \cdot S_{RR}}{D \cdot 60 \cdot f_Z} + \left(b_r + \frac{h}{2}\right) \cdot \frac{k_f}{2}}$	$r_{D(n)}$ = Regenhäufigkeit bei n = 0,2 b_R = Rigolenbreite, h = Höhe der Rigole D = variabel* S_{RR} = Gesamtspeicherkoeffizient > bei Rigolen A S_R, bei Rohr-Rigolen > Formel für S_{RR}
	Berechnung des Speicherkoeffizienten S_{RR}: $S_{RR} = \frac{S_R}{b_R \cdot h}\left[b_R \cdot h + \frac{\pi \cdot d^2}{4}\left(\frac{1}{S_R - 1}\right)\right]$	S_R = Speicherkoeffizient des Füllmaterials > Porenanteil des Füllmaterials (z. B. Kies 8/32 > $S_R = 0{,}35$) b_R = Rigolenbreite, h = Höhe der Rigole d = Durchmesser des Rohrs (bei Verwendung dünnwandiger Rohre)
Mulden-/Rigolen-versickerung	Berechnung der Mulden-Rigolen-Länge: $L = \frac{(A_u + A_{s,M}) \cdot 10^{-7} \cdot r_{D(0,2)} - \frac{Q_{dr} - V_M}{D \cdot 60 \cdot f_Z}}{\frac{b_R \cdot h \cdot S_{RR}}{D \cdot 60 \cdot f_Z} + \left(b_r + \frac{h}{2}\right) \cdot \frac{k_f}{2}}$ Das Ergebnis muss folgender Gleichung entsprechen: vorhandene $A_{s,M} = L \cdot b_R < A_{s,M}\, (0{,}1 \cdot A_u)$	A_s,M = Versickerungsfläche der Mulde (geschätzt) = $0{,}1 \cdot A_u$ r_{DT} = Regenhäufigkeit bei T ˝ 5 a Q_{dr} = Drosselabfluss in m³/s (bei Rigolen ohne Abfluss = 0) V_M = Muldenvolumen, Berechnung s. o.
Schachtversickerung	Berechnung der Schachteinstauhöhe z: $Z = \frac{(A_u \cdot 10^{-7} \cdot r_{D(n)} - \left(\frac{\pi \cdot d^2}{4^a} \cdot \frac{k_f}{2}\right)}{\frac{d_i^2 \cdot \pi}{4 \cdot D \cdot 60 \cdot f_z} + \frac{d_a \cdot \pi \cdot k_f}{4}}$	$r_{D(0,2)}$ = Regenhäufigkeit bei T = 5 a d_a = Außendurchmesser des Schachts d_i = Innendurchmesser des Schachts

* Ermittlung des Maximalwertes durch Variieren der Regendauer D (> Änderung der Abflussgeschwindigkeit mit zunehmender Regendauer)

Tab. 3.9.5 Berechnungsgrundsätze für Anlagen mit einem Einzugsgebiet von maximal 200 ha gemäß dem Arbeitsblatt DWA-A 138 – Planung, Bau und Betrieb von Anlagen zur Versickerung von Niederschlagswasser

Bewässerungsmengen

Regenwasser kann zwischengespeichert und für die Bewässerung von Vegetationsflächen verwendet werden. Die erforderliche Wassermenge und Häufigkeit der Wassergaben ist stark von der Art der Bepflanzung, der Wasserhaltefähigkeit des Bodens / der Bodenart sowie den klimatischen Gegebenheiten abhängig. Standortgerechte Pflanzungen benötigen im Normalfall keine zusätzlichen Wassergaben. Insbesondere pflegeintensive Rasenflächen wie Zier- oder Strapazierrasen (Sportrasen), Gehölzpflanzungen im Straßenraum oder etwa Rosen und Beetstauden kommen in Trockenperioden jedoch nicht ohne eine zusätzliche Bewässerung aus.

Grundsätzlich werden 30–40 l/m² benötigt, um eine nachhaltige Durchfeuchtung des Bodens zu erreichen, sodass das Wasser in ausreichende Tiefen vordringt. Bei nur 10 l/m² dringt das Wasser nur etwa 10 cm tief in den Boden ein und die tieferen Wurzelbereiche werden nicht erreicht. Da Rasen eine geringere Durchwurzelungstiefe als andere Bepflanzungen aufweist, sind hier durchschnittliche Mengen von 15–20 l/m² ausreichend.

Art der Begrünung	Mittlere Bewässerungsmengen*	Häufigkeit*	Anmerkungen
Zierrasen Strapazierrasen	Etwa 15–20 l/m²	Im Mittel alle 3–7 Tage, oder temperaturabhängig: bei >20°C alle ≤15 Tage, bei 20–25°C alle 8–10 Tage, bei >25–30°C alle 6–8 Tage, bei >30°C alle 4–5 Tage	Im mediterranen Raum können bis zu 1000 l/m² im Jahr erforderlich werden
Gebrauchsrasen	(Etwa 15–20 l/m²)	Bei Bedarf, 0,5–1 × pro Woche	Rasen ist regenerationsfähig; auf die Bewässerung kann verzichtet werden, wenn der Rasen nicht intensiv genutzt wird und der optische Eindruck nicht störend ist
Landschaftsrasen Wiesenflächen	In der Regel nicht erforderlich	–	
Wildstauden Steingarten	In der Regel nicht erforderlich	–	
Beetstauden	30–40 l/m²	In Trockenperioden	
Rosen	30–40 l/m²	In Trockenperioden	
Heckenpflanzungen, insbesondere Formschnitthecken, aber auch Blütenhecken	30–40 l/m²	In Trockenperioden	Immergrüne sind auch im Winter ausreichend feucht zu halten
Großbäume, 30–50 cm StU	200–500 l/Pfl.	Bis zu 10×/Jahr	(8×/Jahr mind. 300 l/Pfl.)
Großbäume, 50–80 cm StU	300–1000 l/Pfl.	Bis zu 10×/Jahr	
Großbäume, ≥80 cm StU	400–1500 l/Pfl.	Bis zu 10×/Jahr	
Pflanzen in Kübeln			
1-m-Balkonkästen	1–5 l		
Kübelpflanzen in 10-l-Gefäßen		bei Bedarf täglich	
Große Kübelpflanzen	Bis 20 l		

* Werte gelten für den Zeitraum von Mitte März bis Ende September, in wärmeren Klimaten und in Bereichen mit sehr durchlässigen Böden können größere Mengen bzw. häufigere Wassergaben erforderlich werden, in kälteren Klimaten verkürzt sich die Bewässerungsperiode eventuell.

Tab. 3.9.6 Potenziell erforderliche Wassermengen zur Bewässerung von Grünflächen in der Unterhaltungspflege (Quelle: Lomer/Koppen, 2001, Niesel, 2006, Hansen/Stahl)

Wasserbedarf von Sportplätzen

Tab. 3.9.7 Wasserverbrauch von Sportflächen (gem. DIN 18035-2)

Tageshöchsttemperatur °C	Wasserverbrauch mm/Tag (entspricht l/m²)	
	Rasensportflächen	Tennenflächen
>30	>5	etwa 4
25–30	3–4	etwa 3
20–25	2–3	etwa 2
15–20	<2	<2

Diese Verbrauchswerte beziehen sich auf mehrstündige Tageshöchsttemperaturen. Sie werden relativiert durch Luftfeuchte und Luftbewegung.

Tab. 3.9.8 Beregnungswasserbedarf (gem. DIN 18035-2)

Niederschlagsvorkommen	Niederschlagsmengen mm/Jahr	Beregnungswasserbedarf mm/Jahr				
		Rasensportplätze	Tennenflächen	Grüns/Vorgrüns	Golfplätze	
					Abschläge	Spielbahnen
reich	>900	0–75	0–60	100–200	50–100	0–100
mittel	700–900	75–150	60–120	200–300	100–200	100–150
gering	500–700	150–250	120–180	300–400	200–250	150–200
sehr gering	<500	>250	>180	400–600	250–400	200–300

Technische Einrichtungen

Wasseranschluss

Ein Wasseranschluss für die Frischwasserzufuhr sollte auch bei jeder Teichanlage in Reichweite zur Verfügung stehen, um die Erst- und Neubefüllung nach Reinigungs- oder Reparaturarbeiten sowie den Ausgleich von Verdunstungswasser zu ermöglichen.

Wasserpumpen

Insbesondere wenn ein dauerhafter Wasserkreislauf vorgesehen ist, wie bei bewegten Wasserflächen, künstlichen Bachläufen und Brunnenanlagen, kommen Pumpen zum Einsatz. Diese können in Form einer Tauchpumpe direkt im Wasserbecken oder in einem separaten Schacht außerhalb des Beckens angeordnet werden. → Abb. 3.9.8

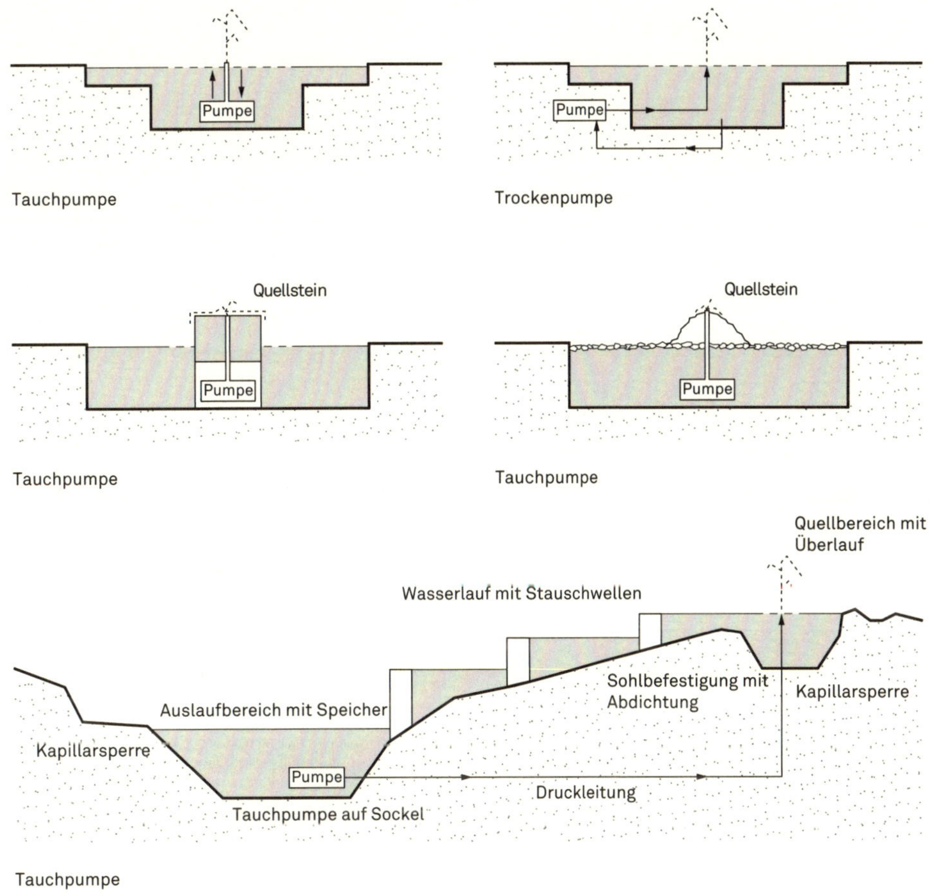

Abb. 3.9.8 Prinzip des Wasserkreislaufs und Standort von Pumpen bei Wasserumwälzung, Brunnen und künstlichen Bachläufen

Bau- und genehmigungsrechtliche Hinweise

Für die Einleitung des Niederschlagswassers in ein Gewässer oder die Versickerung auf einem industriell oder gewerblich genutzten Grundstück beziehungsweise wenn in der Schutzzone eines Wasserschutzgebietes versickert werden soll, ist in Deutschland eine Erlaubnis erforderlich, die frühzeitig zu beantragen ist.

Die Bauordnungen der Länder geben Grenzwerte vor. Demnach sind Wasserbecken bis zu einer Größe von 100 m³ im Normalfall verfahrensfrei. In Außenbereichen (außerhalb von Ortschaften) gelten ggf. abweichende Regelungen. Die Wasserentnahme für die Befüllung von Wasserbecken und Teichen und das Einleiten von überschüssigem Wasser in öffentliche Gewässer ist erlaubnispflichtig.

3 Elemente
3.10 Gehölze

3.10 Gehölze

Temperaturausgleich, Beschattung, Staubbindung, Sauerstoffproduktion und Kohlendioxidreduktion sind einige der positiven Eigenschaften von Gehölzpflanzungen auf ihre Umgebung. Sie erhöhen außerdem die Luftfeuchte und können Windschutzfunktionen übernehmen. Damit stellen sie eine wichtige Komponente bei der Gestaltung von Freiräumen dar. Es sollte versucht werden, auch schwierige Standorte, zum Beispiel im Straßenraum, für Gehölze zu erschließen.

Neben der Wahl der richtigen Baumart für den jeweiligen Standort gilt es auch, funktionale Einschränkungen wie Abstände zu Rohrleitungen und Kabeltrassen sowie zu Nachbargrundstücken zu beachten.

Standort

Räumliche Anforderungen an Baumstandorte

Am natürlichen Standort entwickelt ein Baum einen Wurzelraum, dessen Ausmaß bis zu 0,75 m³ je m² Kronenprojektionsfläche entspricht (vgl. Bakker und Kopinga). → Abb. 3.10.1 Dies verdeutlicht, welch enormer Platzbedarf unter normalen Umständen für einen Baumstandort erforderlich ist. Insbesondere im städtischen Kontext, im Straßenraum oder auf Plätzen, stehen diese Volumina nur selten zur Verfügung. Mindestanforderungen an einen ausreichend großen Wurzelraum sind aber einzuhalten; zusätzlich sind eine ausreichende Wasserzufuhr und Belüftung für ein gesundes Baumwachstum sicherzustellen.

Für eine art- und funktionsgerechte Baumpflanzung im Straßenraum oder im Bereich befestigter Plätze sollten folgende Anforderungen und Hinweise erfüllt bzw. beachtet werden:

- 12 m³ Wurzelraum, bei einer Mindesttiefe von 1,50 m, sollten für jeden Baum vorgesehen werden, zusätzlich sollte in den Seitenräumen der Baumscheibe (unter angenzenden Verkehrsflächen) ein erweiterter Wurzelraum angeboten werden (bei kleinkronigen Bäumen können diese Grenzwerte unterschritten werden). Die ZTV Vegetationstragschichten der Stadt München fordert sogar 36 m³ → Abb. 3.10.2.
- Offene Baumscheiben sind in Abhängigkeit von der Baumscheibengröße ohne oder mit Belüftung auszuführen → Abb. 3.10.2 und 3.10.3.
- In Bereichen mit hohem Nutzungsdruck und zu erwartender hoher Verdichtung des Wurzelraums ist der Schutz des Wurzelbereichs durch eine Abdeckung der Baumscheibe zu gewährleisten (geschlossene Baumscheibe) → Abb. 3.10.4.
- Verwendung von (humusreduzierten) Einschichtsubstraten, die die Wurzeln in die Tiefe lenken.
- Die angrenzenden Bereiche sind vorzugsweise unter Verwendung durchlässiger Belagsmaterialien, wie beispielsweise Pflaster mit breiten Fugen oder wassergebundene Wegedecken, auszuführen, um die Standortbedingungen des Baumes zu verbessern.
- Abstände zu Rohrleitungen und Kabeltrassen, Gebäuden und Verkehrsräumen sind zu beachten (→ Tab. 3.10.1). Dabei ist zu berücksichtigen, dass einseitige Windbelastungen, z. B. in Raumschneisen, zu einer asymmetrischen und folglich einseitig überproportional größeren Wurzelausbildung führen können, die (einseitig) größere Abstände erforderlich machen.

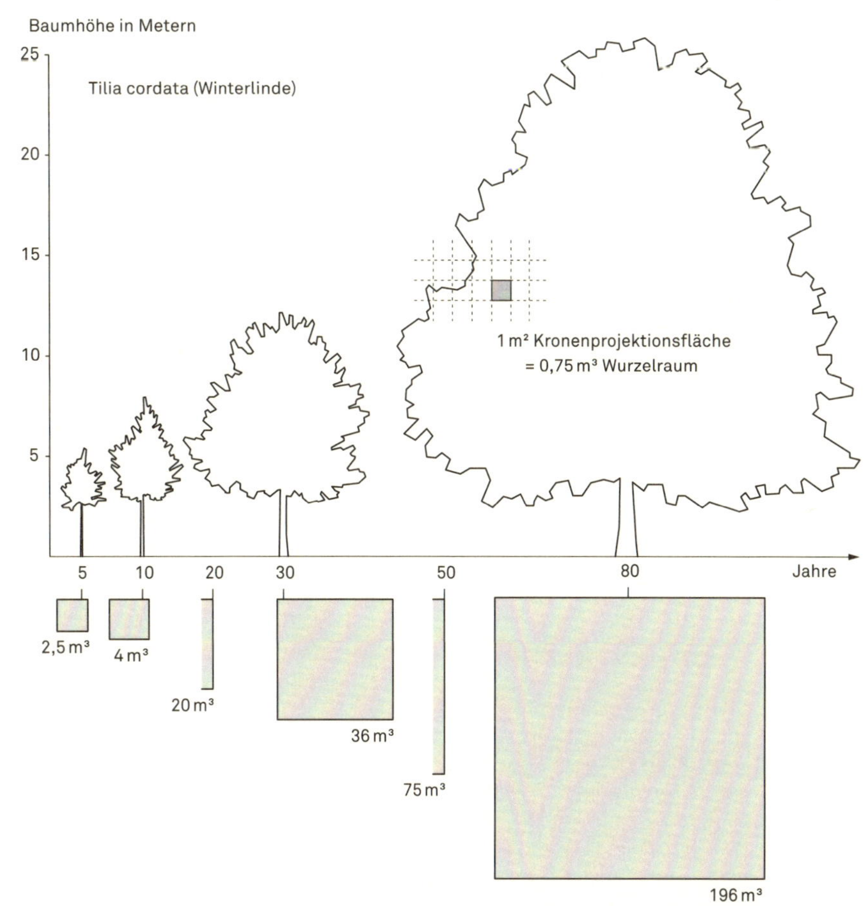

Abb. 3.10.1 Verhältnis von Kronenprojektionsfläche und durchwurzelbarem Raum von Bäumen unter natürlichen Bedingungen am Beispiel von Tilia cordata

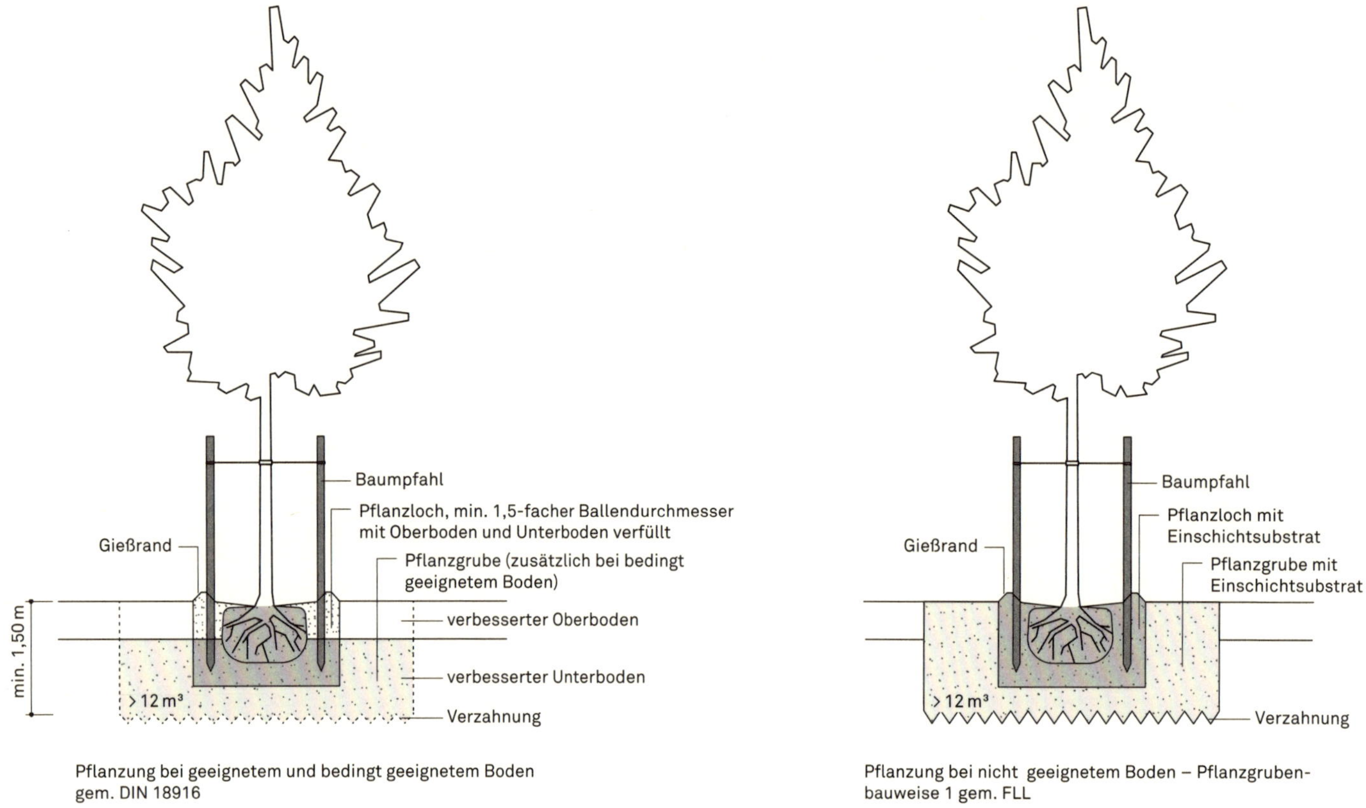

Abb. 3.10.2 Pflanzgruben bei Standorten in Vegetationsflächen und in befestigten Flächen mit offener oder überbauter Baumscheibe

Verkehrsräume, Gebäude, technische Einrichtungen (gemäß RASt 06)	**Abstand**
Verkehrsraum Radverkehr	≥0,75 m
Verkehrsraum Kraftfahrzeugverkehr	≥1,00 m
Verkehrsraum Schienenverkehr	≥2,00 m
Gebäude, bei kleinkronigen Bäumen	≥3,00 m
Gebäude, bei großkronigen Bäumen	≥7,00 m
Begehbare Kabeltunnel	≥1,50 m
Unterirdische Rohrleitungen und Kabeltrassen (der Abstand beträgt abhängig von Art und Größe der Leitungen bis 5 m)	≥2,00 m
Leuchten	≥3,00 m
Wasserleitungen, zugehörige Schächte und Leitungszubehör (Steuerkabel, Markierungen usw.; gemäß DVGW W400 Teil 1)	
Bis DN 150	≥2,00 m
Über DN 150–DN 400	≥3,00 m
Über DN 400–DN 600	≥4,00 m
Über DN 600	≥5,00 m

Tab. 3.10.1 Mindestabstände von Baumpflanzungen

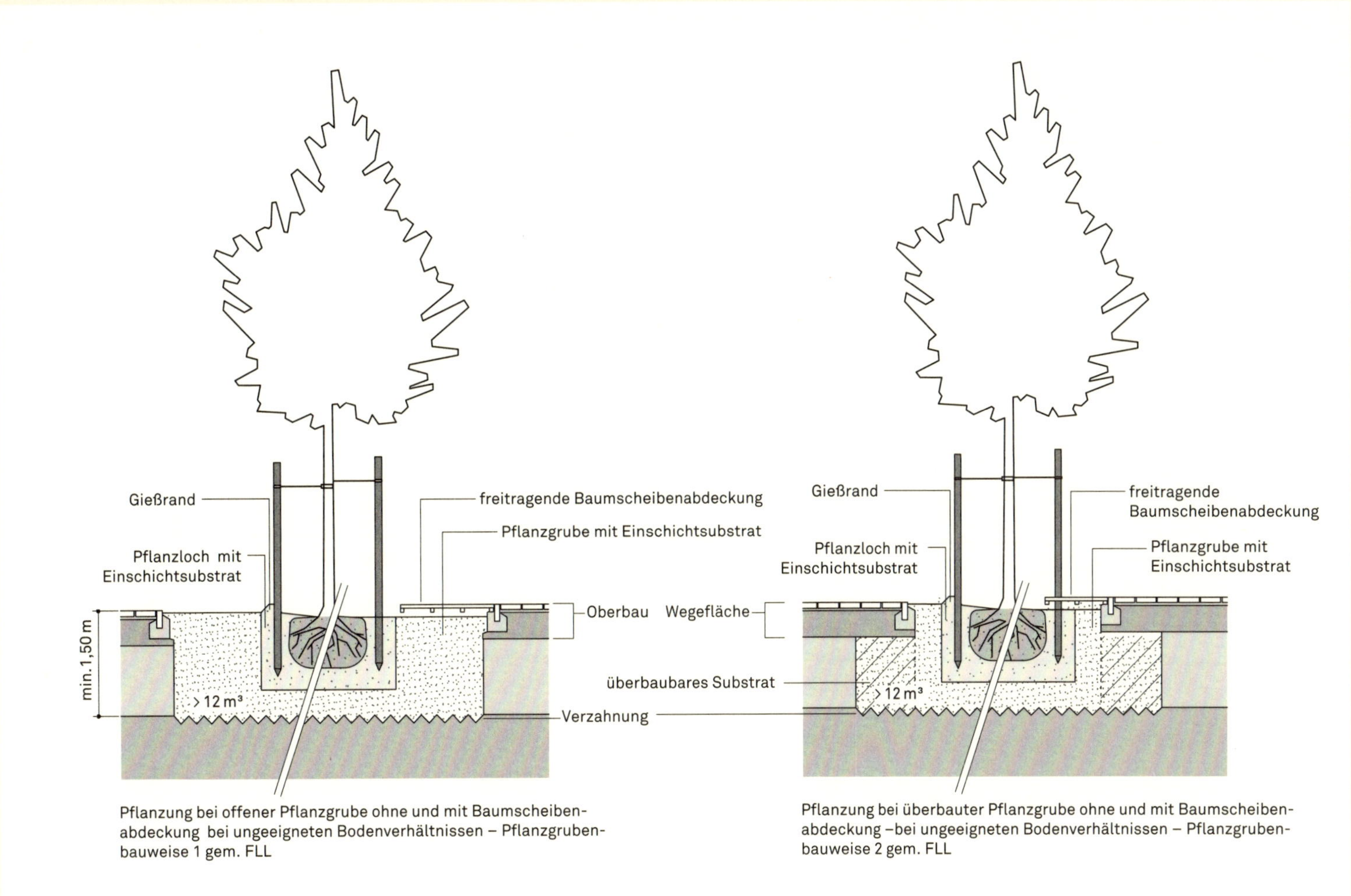

Abb. 3.10.2 Pflanzgruben bei Standorten in Vegetationsflächen und in befestigten Flächen mit offener oder überbauter Baumscheibe

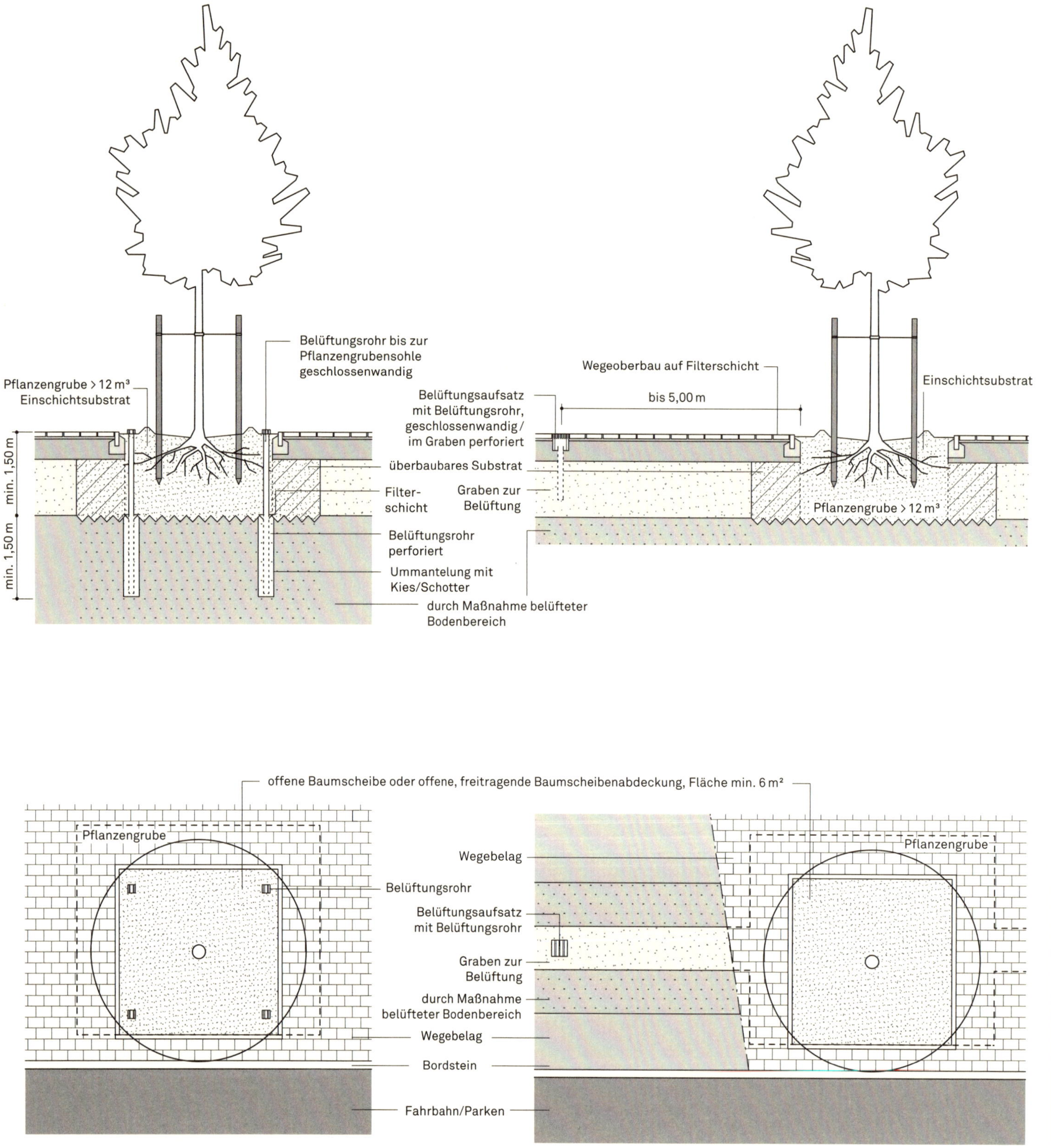

Abb. 3.10.3 Pflanzgruben bei Anlagen mit überbaubarer Baumscheibe und zusätzlicher Belüftungseinrichtung

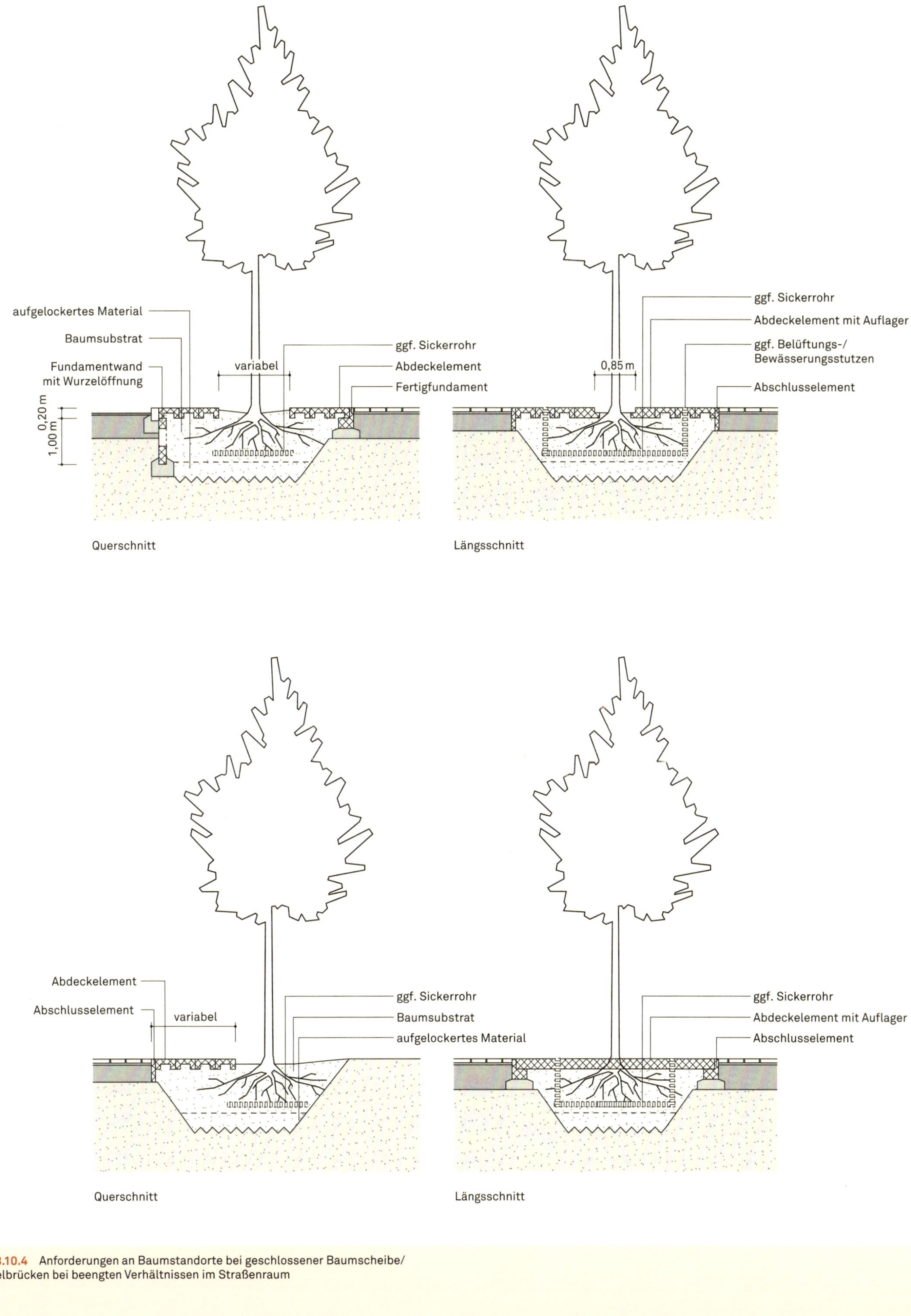

Abb. 3.10.4 Anforderungen an Baumstandorte bei geschlossener Baumscheibe/ Wurzelbrücken bei beengten Verhältnissen im Straßenraum

Bestandsbäume

Bei einer funktional erforderlichen oder gestalterisch gewünschten Integration vorhandener Bäume in eine Neuanlage gilt es, den Lebensraum des Baumes optimal zu schützen. Dabei ist dem Wurzelraum größte Aufmerksamkeit entgegenzubringen. Im Regelfall sind folgende Maßnahmen zu berücksichtigen:

- Das Ursprungsniveau im Bereich der Krone ist unbedingt zu erhalten. Weder Aufschüttungen noch Abtragungen sind in diesem Bereich zulässig, da die meisten Gehölze sehr empfindlich reagieren und der langfristige Bestand damit gefährdet wäre.
- Der Kronenbereich zzgl. 1,50 m ist von baulichen Anlagen und Belägen freizuhalten (bei Säulenformen insgesamt 5,0 m). → **Abb. 3.10.5**

Im planerischen Alltag sind diese Grundbedingungen nicht immer einzuhalten, und Wegebau oder andere Einbauten im Kronenbereich werden unvermeidbar. Durch die Wahl der Baustoffe und durch die Art der Ausführung kann der Wurzelbereich jedoch möglichst wenig beeinträchtigt werden. Die Verwendung durchlässiger Beläge, möglichst geringe Tragschichtdicken, eine geringe Verdichtung oder die Anhebung des Belages über Geländeniveau vermindern die Beeinträchtigungen. Dabei sollten versiegelnde Beläge nicht mehr als 30 %, offene Beläge nicht mehr als 50 % des Wurzelbereichs des ausgewachsenen Baumes abdecken. Bei Veränderungen bestehender Beläge sollen diese Werte mindestens erreicht werden. Ergänzend können Maßnahmen wie Belüftungs- und Bewässerungseinrichtungen, Baumroste oder Rammschutz zum Einsatz kommen.

Ver- und Entsorgungsanlagen im Wurzelbereich

Unterirdische Ver- und Entsorgungsanlagen sollten in der Regel einen Abstand von 2,50 m zum Baum, bezogen auf den horizontalen Abstand von der Stammachse zur Außenhaut der Ver- oder Entsorgungsanlage, nicht unterschreiten. In Abhängigkeit von Art und Größe kann der Abstand bei Rohrleitungen stark variieren. Bei Wasserleitungen mit ≥ DN 600 können beispielsweise ≥ 5,00 m Abstand erforderlich werden. → **Tab. 3.10.1** Können die geforderten Abstände nicht eingehalten werden, müssen Schutzmaßnahmen in Form von Trennwänden vorgesehen werden. Abstände unter 1,50 m sollten vermieden werden, da insbesondere bei Entsorgungsanlagen Wartungsarbeiten nicht mehr oder nur noch unter hohem technischem Aufwand durchgeführt werden können.

Die Tatsache, dass sich Wurzeln insbesondere in porenreichem Boden und in Bereichen mit höherer Feuchtigkeit ausbreiten, kann man sich bei der Planung zunutze machen. In Rohr- und Leitungsgräben sollten porenraumarme Verfüllstoffe zum Einsatz kommen. Der Einbau von Platten oder Folien im Leitungsgraben sowie die Auswahl wurzelfester Rohrverbindungen ergänzen diese Maßnahme. Durch die Anwendung des unterirdischen, grabenlosen Leitungsbauverfahrens kann der Wurzelraum im Rahmen des Leitungsbaus geschont werden. → **Abb. 3.10.6 und 3.10.7**

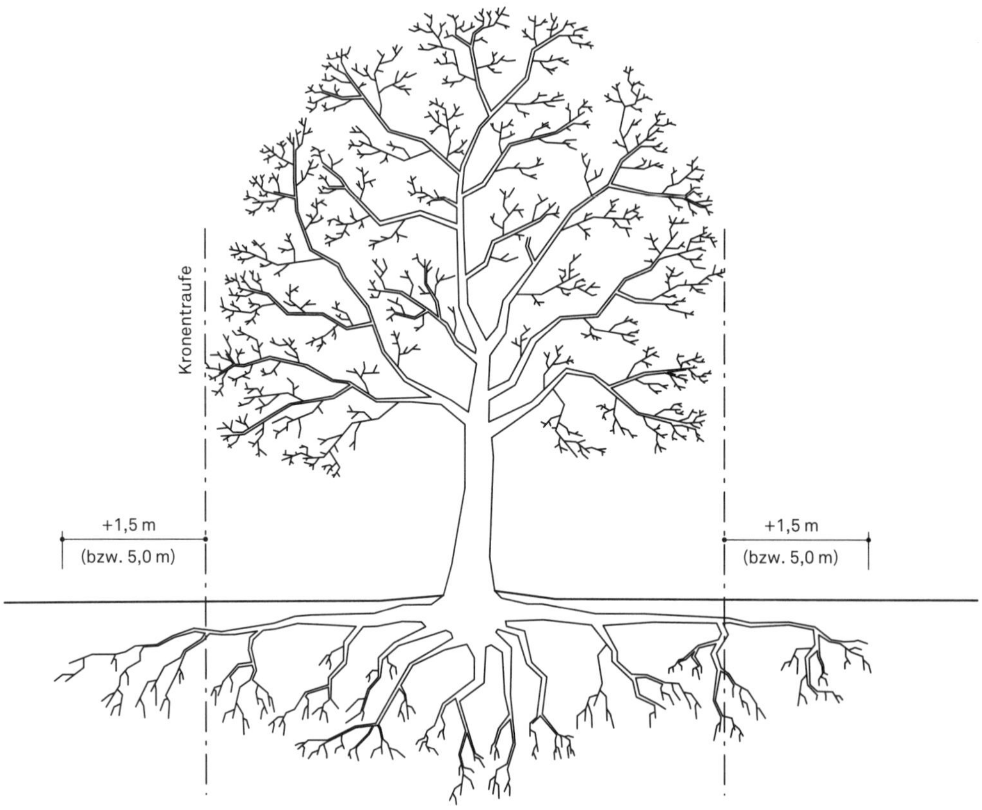

Abb. 3.10.5 Schutz des Wurzelbereichs von Bestandsbäumen

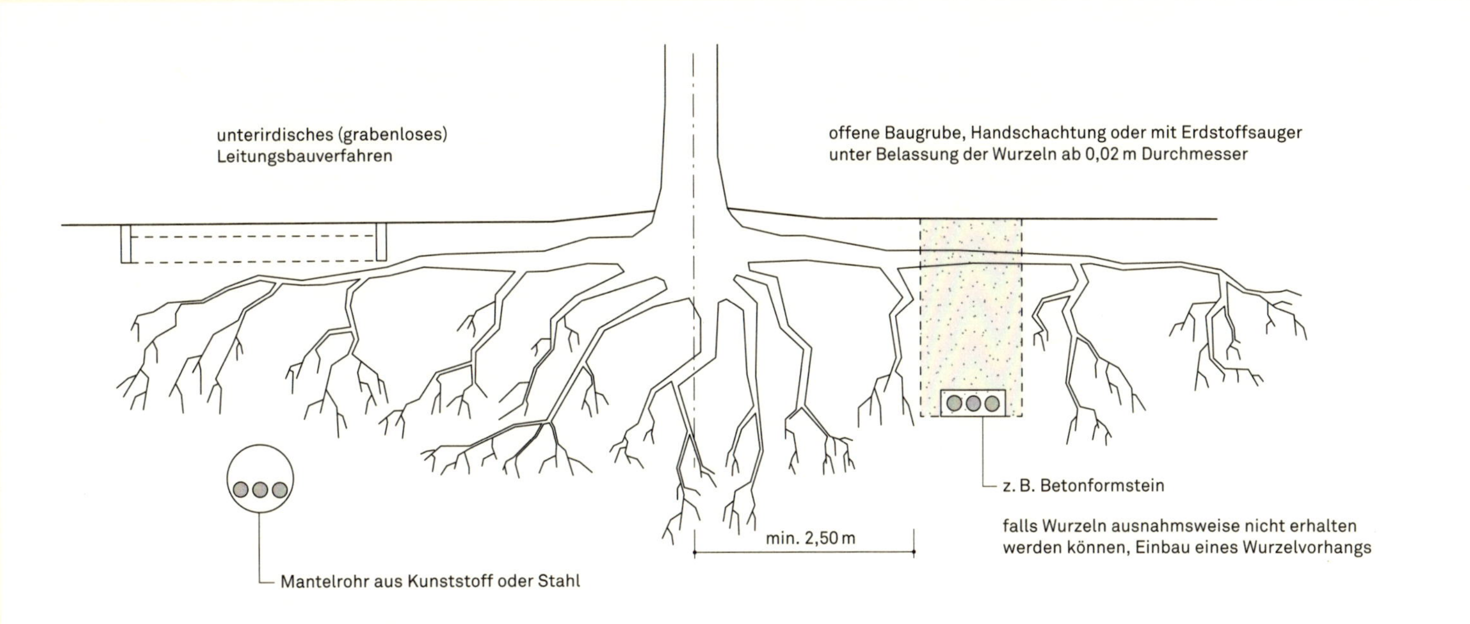

Abb. 3.10.6 Schutz des Wurzelbereichs vor unterirdischen Ver- und Entsorgungsleitungen (bei Neupflanzungen und Bestandsbäumen)

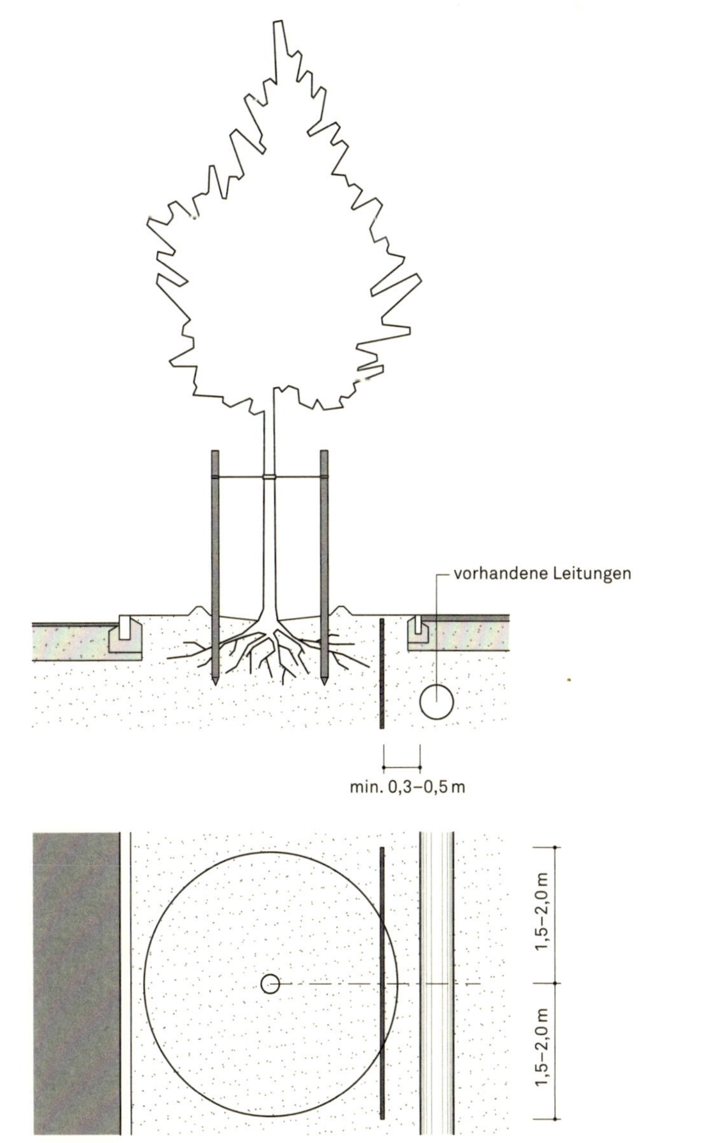

Abb. 3.10.7 Schutz des Wurzelbereichs vor unterirdischen Ver- und Entsorgungsleitungen (Neupflanzung)

Lichtraumprofil

An Straßen und Gehwegen ist ein entsprechendes Lichtraumprofil einzuhalten, um einerseits hindernisfreie und gefahrlose Bewegungsflächen für die Verkehrsteilnehmer zu schaffen und andererseits den Baum in seinem Ausbreitungsdrang nicht zu behindern. Bei der Neuplanung sollte daher auf den nötigen Abstand zur Fahrbahn bzw. zum Gehweg sowie auf die geeignete Wuchsform bzw. Qualität (Hochstämme, Alleebäume etc.) geachtet werden. Das zu erwartende Dickenwachstum des Baumes muss ebenfalls berücksichtigt werden.

Damit keine Äste in den Verkehrsraum hineinwachsen und um gleichzeitig die Baumgeometrie langfristig zu sichern, sollten bereits Jungbäume rechtzeitig und vorausschauend geschnitten werden. Schnittmaßnahmen sollten auf eine ausgewogene Baumgeometrie ausgerichtet sein.

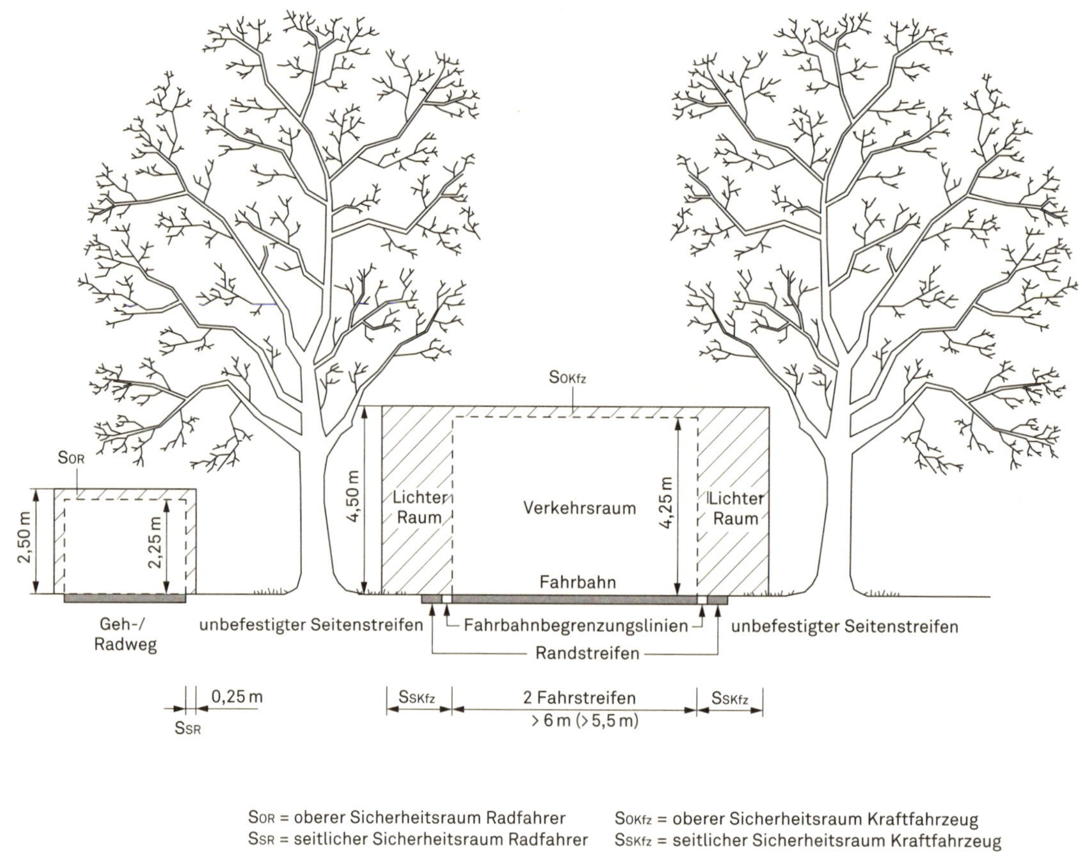

Abb. 3.10.8 Lichter Raum an Straßen

Abmessungen und Kennwerte

Kronen- und Wuchsformen

Die verschiedenen Arten von Laub- und Nadelgehölzen weisen unterschiedliche Merkmale bei der Ausbildung ihrer Krone auf. Diese sind ein wichtiges Gestaltungsmittel und relevante Merkmale bei der räumlichen Planung. Allerdings entwickelt sich die charakteristische Kronenform erst mit dem Alter eines jeden Baumes. Dieser Aspekt verdeutlicht einmal mehr das Prozesshafte einer Planung mit Vegetation, bei der man nur selten oder erst nach Jahren einen dauerhaften Zustand erhält. Ein besonderer oder extremer Standort wirkt sich zusätzlich auf die Kronenform aus und wandelt diese unter Umständen ab. Darüber hinaus können durch das Schneiden und das über Jahre In-Form-Bringen ganz bewusst bestimmte Sonderformen erzielt werden.

Die Entwicklung der Wuchsform eines Baumes, von der juvenilen Kronenform bis zur adulten und senilen Form, verläuft über mehrere Jahrzehnte hinweg. Je nach Baumart können diese Zeiträume sehr unterschiedlich sein und die Veränderung der Größe und das Aussehen der Krone sich weniger oder mehr verändern. Bei engem Stand der Bäume ist das Breitenwachstum meist verringert.

Einige Bäume wachsen anfangs spitz-aufrecht, gehen mit dem Alter aber zunehmend in die Breite und nehmen rundlichere Formen an (z. B. Weißbuche / Carpinus betulus). Teilweise verkahlen die unteren Bereiche auch, sodass die Wuchsform mehr und mehr schirmförmigen Charakter annimmt (z. B. Kiefer). → Abb. 3.10.10

Hecken

Hecken kann man nach ihrer Zusammensetzung, der Pflegeintensität und ihrer Verwendung in drei Hauptgruppen unterteilen: naturnahe Hecken der freien Landschaft, frei wachsende Hecken und Formschnitthecken.

Naturnahe Hecken

Naturnahe Hecken stehen zumeist in der freien Landschaft, insbesondere im agrarisch geprägten Raum. Sie zeichnen sich durch die Verwendung heimischer Gehölze aus. Ihre Anlage diente und dient mitunter heute noch dem Windschutz der Felder oder der Abgrenzung und Einfriedung. Einige Hecken konnten sich auch auf den seitlich der Felder angelegten „Steinhaufen" aus Lesesteinen entwickelt, da diese Flächen aus der landwirtschaftlichen Nutzung herausfielen. Ihr Aufbau und die verwendeten Straucharten sind regional sehr unterschiedlich. Funktional bedingt handelt es sich zum Beispiel in Norddeutschland häufig um Wallhecken, dort auch Knicks genannt, die als Basis einen aufgeschütteten kleinen Erdwall aufweisen. Die Windschutz- und auch Grenzfunktion sowie gegebenenfalls die gewünschte Ableitung von Wasser wird dadurch gefördert. Bei der Steinriegelhecke wird der Wall durch Lesesteine gebildet. Feldhecken werden häufig auch im Bereich von Geländesprüngen angelegt oder haben sich dort ungestört entwickeln können, da die Bearbeitungsmöglichkeit der angrenzenden Felder hier an ihre natürlichen Grenzen gestoßen ist. Wenn Hecken nicht regelmäßig auf den Stock gesetzt werden, entwickelt sich eine Art doppelter Waldsaum mit einer Kern- und Mantelzone aus Bäumen und Sträuchern und seitlichen Säumen aus Kräutern. → Abb. 3.10.11

Abb. 3.10.9 Altersformen von Bäumen

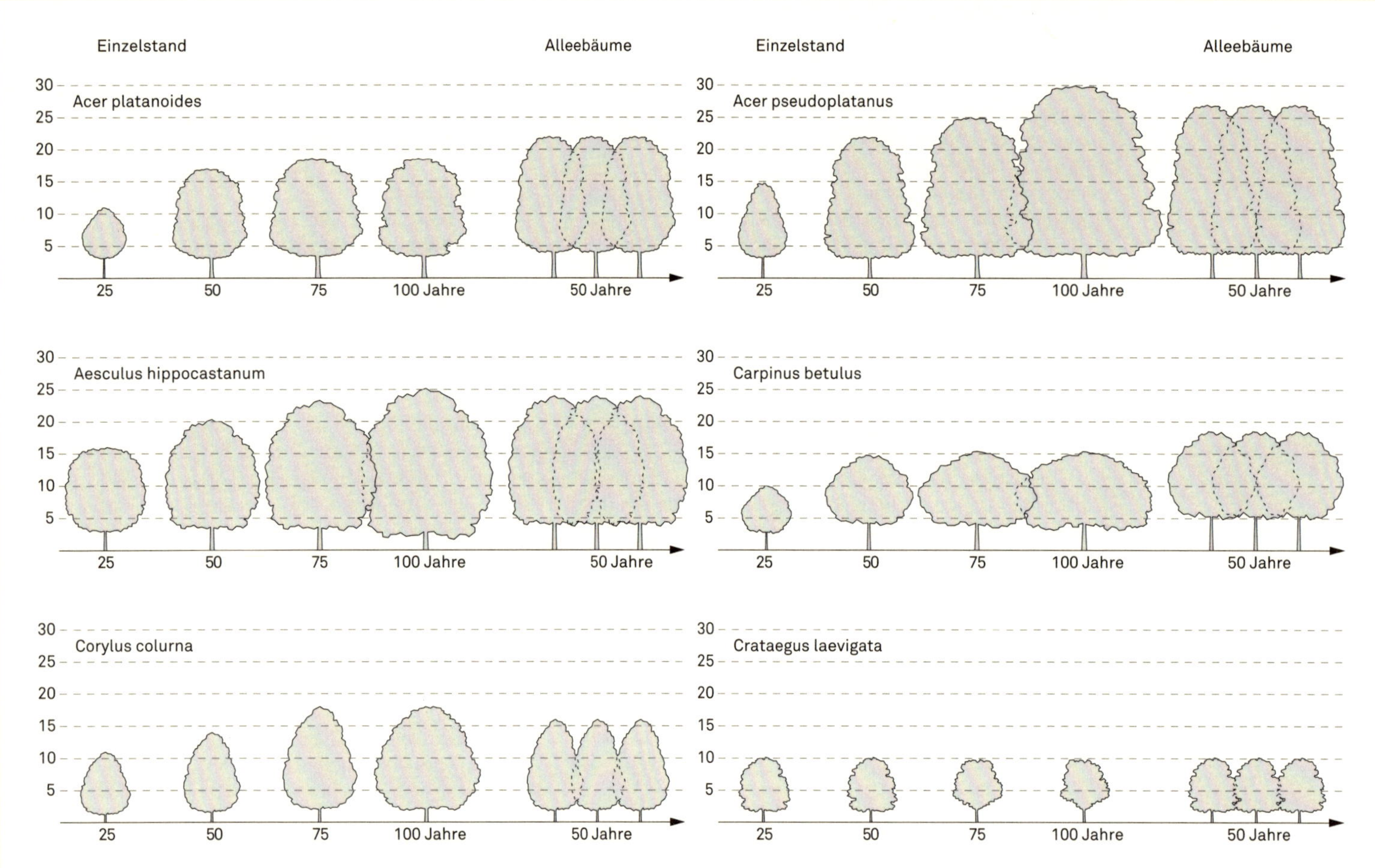

Abb. 3.10.10 Typische Entwicklung verschiedener Baumarten im Einzelstand von der Jugendform zur Altersform und als Allee

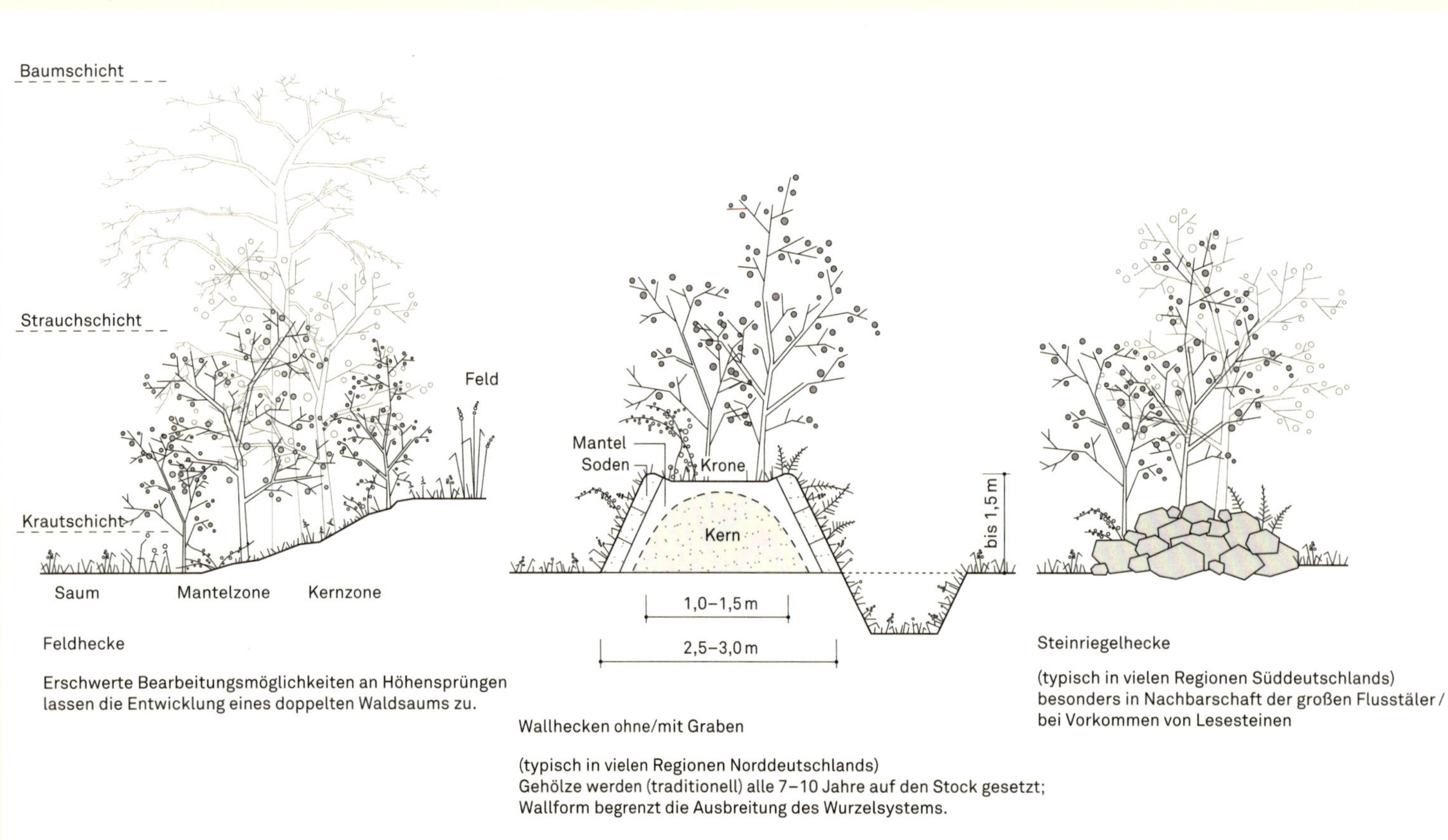

Abb. 3.10.11 Verschiedene Arten naturnaher Hecken

Frei wachsende Hecken

Frei wachsende Hecken dienen der dekorativen oder funktionalen Einfriedung eines Grundstücks oder strukturieren als lineare Elemente einen Freiraum. Sie können als Blütenhecke, als immergrüne Hecke, als Mischpflanzung oder als homogene Hecke angelegt werden. Je nach Artenauswahl dienen sie auch als Nähr- oder Nistgehölz für Vögel, Bienen und andere Tiere. Da diese Hecken nur bei Bedarf einen Pflegeschnitt erhalten, entspricht ihr Wuchs mehr oder weniger den natürlichen Bedingungen, womit der Platzbedarf relativ groß sein kann. Als Mindestgröße sollten 2 m zuzüglich beidseitig je 1 m Zuwachsstreifen berechnet werden. → Abb. 3.10.12 Allerdings können auch kleinwüchsige Arten zum Einsatz kommen, die ohne Schnitt weniger als 1 m breit werden. Diese Arten werden dann aber auch nicht höher als 0,5–1 m.

Formschnitthecken

Formschnitthecken werden durch regelmäßige und wiederkehrende Schnittmaßnahmen in Form gebracht; entsprechend schnittverträglich müssen die verwendeten Gehölze sein. Diese Hecken sind aufwendiger in der Pflege als frei wachsende Hecken.

Da das Wachstum bei vielen Gehölzen im oberen Teil am stärksten ist, kann der untere Teil einer Hecke schnell verkahlen. Ein sich nach oben hin verjüngender Schnitt ist daher zu empfehlen. Bei immergrünen Gehölzen können die Kanten steiler sein als bei laubwerfenden Gehölzen.

Durch den Schnitt, der 1–2 Mal jährlich erfolgt, blühen die meisten Gehölze nicht oder nur eingeschränkt. Einzelne Sorten, wie Buxus sempervirens ‚Blauer Heinz', werden nur 0,4 m hoch sowie breit. Diese Gehölze sind gut für niedrige Einfassungen geeignet, ein Rückschnitt ist nicht erforderlich.

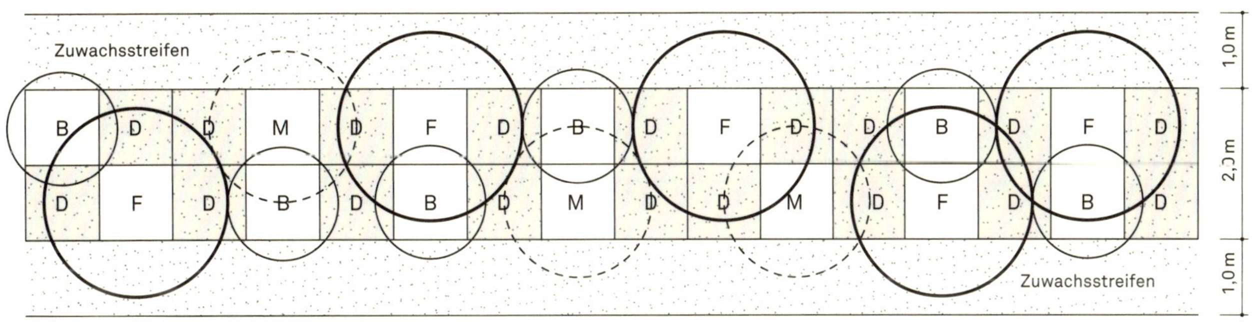

2-reihige Gehölzpflanzung mit Untersaat im Pflanzraster 1 × 1 m

F führende Gehölze
M Mantelgehölze
B begleitende Gehölze
D Stauden, Kräuster und dienende Gehölze

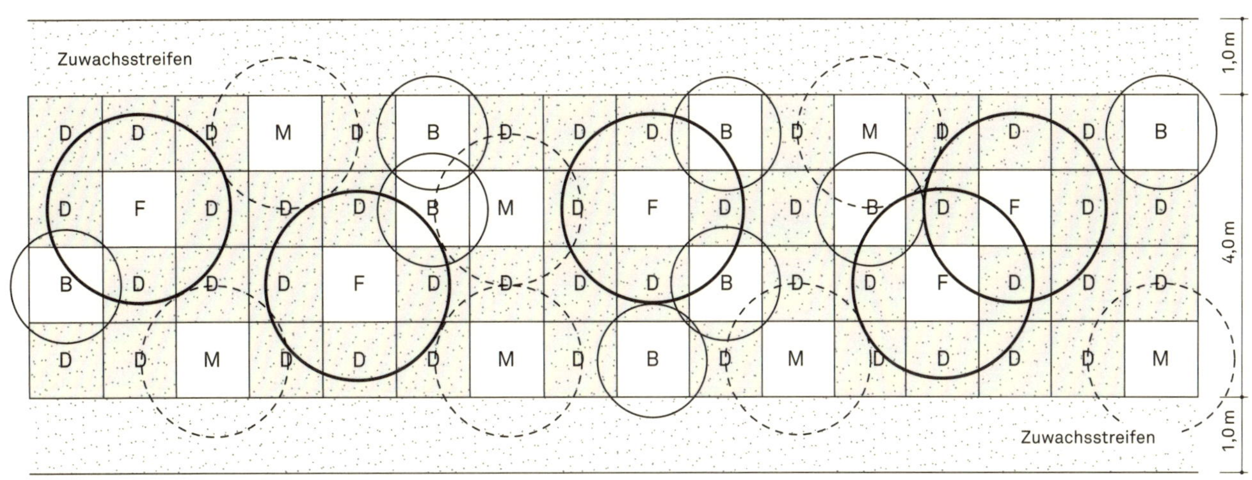

4-reihige Gehölzpflanzung mit Untersaat im Pflanzraster 1 × 1 m

Abb. 3.10.12 Pflanzprinzip für frei wachsende Hecken

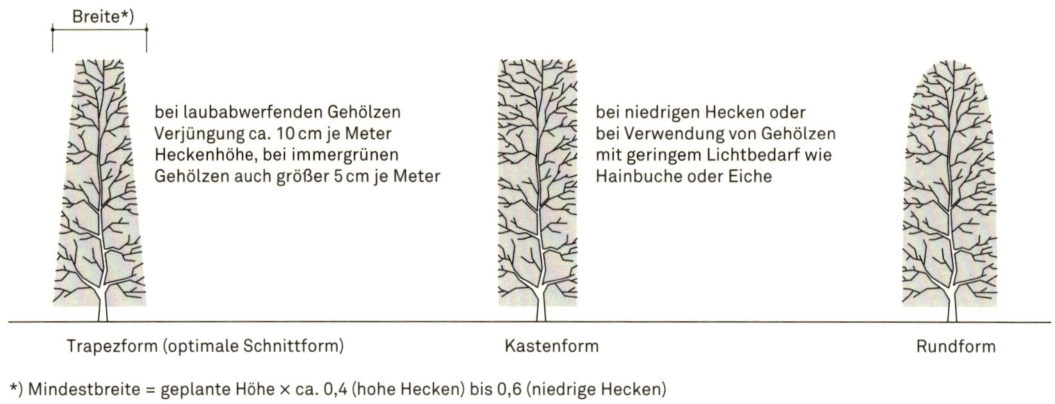

Abb. 3.10.13 Schnittprofile für Formschnitthecken

Art	Max. Wuchshöhe	Geeignet für Heckenhöhe in m			Jährlicher Zuwachs	Pflanzen je m, je nach Ausgangshöhe	Lichtbedarf	Bemerkungen
		–1	1–2	2–4				
Acer campestre (Feld-Ahorn)	15 m		x	x	35–40 cm	2–3	So–HS	Gelbe Herbstfärbung; Bienenweide; auch für Heckentore und Heckenlauben; anfällig für Mehltau
Berberis vulgaris (Berberitze)	3 m	x	x		20–50 cm	3–4	So–HS	Dornen, Herbstfärbung leuchtend rot; Insektennahrung
Berberis thunbergii ‚Atropurpurea' (Rote Berberitze)	1,5–2 m	x			20–40 cm	2–4	So–HS	Dunkelrotes Laub, gelbe Blüten; anspruchslos
Buxus sempervirens (Buchsbaum)	2–6 m	x	x	x	10 cm	4–5	So–S	Befall mit dem Pilz Cylindrocladium buxicola möglich
Carpinus betulus (Hainbuche)	25 m		x	x	25–35 cm	2,5–4	So–S	Anspruchslos, hitze-und trockenheitstolerant, trockenes Laub den Winter über haftend
Cornus mas (Kornelkirsche)	3–7 m		x	x	20–40 cm	3–4	So- HS	Sommergrün; gelblich-rotorangefarbende (unsicher) Herbstfärbung; Bienenweide; Vogelschutzgehölz
Crataegus monogyna (Weißdorn)	–8 m		x	x	20–25 cm	3–4	So–S	Vogelschutzgehölz; verträgt auch totalen Rückschnitt; kann von Feuerbrand befallen werden
Crataegus prunifolia (Pflaumen-Dorn)	–7 m		x	x	20–25 cm	2–3	So–HS	Rinde stark bedornt
Fagus sylvatica (Rotbuche)	–30 m			x	20–50 cm	2–3	So–HS	Bevorzugt lockeren Boden; hält lange die trockenen Blätter
Ilex aquifolium (Stechpalme)	4–7 m		x	x	15–40 cm	2–4	HS–S	
Juniperus communis (Gemeiner Wacholder)	–10 m		x	x	10–15 cm	1–2	So–HS	Anspruchslos; Schnitt von Frühjahr bis Mitte September; Zwischenwirt für Birnengitterrost
Ligustrum vulgare ‚Atrovirens' (Liguster)	2–4 m	x	x		20–50 cm	3–4	So–HS	Anspruchslos; Hitze vertragend
Ligustrum vulgare ‚Lodense' (Zwergliguster)	–0,7 m	x			5–8 cm	3–4	So–HS	
Prunus laurocerasus ‚Herbergii' (Kirschlorbeer)	2–3 m		x		20–45 cm	2–3	So–S	Immergrün; verträgt viel Schatten und Wurzeldruck
Pyracantha coccinea ‚Red Column' (Feuerdorn)	1,5–2,5	x	x		10–20 cm	2–3	So–HS	Immergrün; Dornen; auffällige Beeren
Ribes alpinum	1,5–2	x	x		15–25 cm	2–3	So–S	Vogel- und Insektennährquelle
Spirea japonica ‚Froebeli' (Rote Strauch-Spiere)	0,8–1,2 m	x	x		10–20 cm	3–4	So–HS	Sommergrün; Frühjahrsschnitt fördert Blüte
Taxus baccata (Eibe)	12–15 m		x	x	20–40 cm	3–4	So–HS	Sehr robust; auch nährstoffarme Böden; verträgt radikalen Verjüngungsschnitt
Thuja occidentalis (Lebensbaum)	15–20 m		x	x	20–25 cm	2–5	So–HS	Sehr widerstandsfähig, windresistent, hohes Ausschlags- und Regenerationsvermögen

Tab. 3.10.2 Gehölze für geschnittene Hecken, Richtwerte für Pflanzabstände, Pflanzgröße, Höhe und den jährlichen Zuwachs

Grenzabstände Bäume und Sträucher

Die Grenzabstände von Hecken zum Nachbargrundstück sind in → **Kap. 3.6 Einfriedungen und Geländer** aufgeführt.

Baden-Württemberg
> Nachbarrechtsgesetz BW

Bei der Anpflanzung von Bäumen, Sträuchern und anderen Gehölzen sind innerorts folgende Grenzabstände einzuhalten:
- großwüchsige Bäume 8,00 m
- mittelgroße und schmale Bäume 4,00 m
- mittelstarke Obstbäume über 4,00 m Wuchshöhe 3,00 m
- schwach wachsende Bäume bis 4,00 m Wuchshöhe 2,00 m
- Sträucher über 1,80 m Höhe 2,00 m
- Sträucher bis 1,80 m Höhe 0,50 m

Berlin
> Berliner Nachbarrecht

Bei Bäumen und Sträuchern sind folgende Mindestabstände von den Nachbargrundstücken einzuhalten:
- stark wachsende Bäume 3,00 m
- Bäume, die nicht unter Buchstaben a oder c fallen 1,50 m
- nicht hochstämmige Obstbäume 1,00 m
- Sträucher 0,50 m

Brandenburg
> Bbg. Nachbarrechtsgesetz

Bei Bäumen, Sträuchern und Hecken von über 2 m regelmäßiger Wuchshöhe ist ein solcher Abstand zum Nachbargrundstück einzuhalten, dass
- bei Obstbäumen ein Abstand von 2 m,
- bei sonstigen Bäumen ein Abstand von 4 m eingehalten wird und
- im Übrigen für jeden Teil der Anpflanzung der Abstand mindestens ein Drittel seiner Höhe über dem Erdboden beträgt.

Hessen
> Hessisches Nachbarrechtsgesetz

Beim Anpflanzen von Bäumen, Sträuchern und einzelnen Rebstöcken sind von den Nachbargrundstücken – vorbehaltlich des § 40 – folgende Abstände einzuhalten:
- sehr stark wachsende Allee- und Parkbäume 4,00 m
- stark wachsende Allee- und Parkbäume 2,00 m
- alle übrigen Allee- und Parkbäume 1,50 m
- Obstbäume
- Walnusssämlingsbäume 4,00 m
- Kernobstbäume, soweit sie auf stark wachsender Unterlage veredelt sind, sowie Süßkirschenbäume und veredelte Walnussbäume 2,00 m
- Kernobstbäume, soweit sie auf schwach wachsender Unterlage veredelt sind, sowie Steinobstbäume, ausgenommen Süßkirschenbäume 1,5 m
- stark wachsende Ziersträucher 1,00 m
- sonstige Ziersträucher 0,50 m
- Brombeersträucher 1,00 m
- übrige Beerenobststräucher 0,50 m

Niedersachsen
> Nachbarrechtsgesetz Nds.

Mit Bäumen und Sträuchern sind je nach ihrer Höhe mindestens folgende Abstände von den Nachbargrundstücken einzuhalten:
- bis zu 1,20 m Höhe 0,25 m
- bis zu 2,00 m Höhe 0,50 m
- bis zu 3,00 m Höhe 0,75 m
- bis zu 5,00 m Höhe 1,25 m
- bis zu 15,00 m Höhe 3,00 m
- über 15,00 m Höhe 8,00 m

Nordrhein-Westfalen
> Nachbarrechtsgesetz für NRW

Mit Bäumen außerhalb des Waldes, Sträuchern und Rebstöcken sind von den Nachbargrundstücken folgende Abstände einzuhalten:
- stark wachsende Bäume 4,00 m
- übrige Bäume 2,00 m
- stark wachsende Ziersträucher 1,00 m
- übrige Ziersträucher 0,50 m
- Hecken über 2,00 m Höhe 1,00 m
- Hecken unter 2,00 m Höhe 0,50 m

Rheinland-Pfalz
> Nachbarrechtsgesetz für RLP

Mit Bäumen, Sträuchern und einzelnen Rebstöcken sind von den Nachbargrundstücken folgende Abstände einzuhalten:
- sehr stark wachsende Bäume 4,00 m
- stark wachsende Bäume 2,00 m
- übrige Bäume 1,50 m
- stark wachsende Sträucher 1,00 m
- übrige Sträucher 0,50 m

Saarland
> Saarländisches Nachbarrechtsgesetz

Folgende Grenzabstände für Pflanzen sind im Saarland einzuhalten:
- sehr stark wachsende Bäume 4,00 m
- stark wachsende Bäume 2,00 m
- übrige Bäume 1,50 m
- stark wachsende Sträucher 1,00 m
- übrige Sträucher 0,50 m

Ausnahmen bzgl. Obstbäumen und Beerensträuchern: siehe Nachbarrechtsgesetz

Sachsen
> Sächs. Nachbarrechtsgesetz

In Sachsen sind folgende Grenzabstände einzuhalten:
- alle Bäume, Sträucher und Hecken über 2,00 m Höhe 2,00 m
- alle Bäume, Sträucher und Hecken bis 2,00 m Höhe 0,50 m

Sachsen-Anhalt
> Nachbarrechtsgesetz Sachsen-Anhalt

Alle Bäume, Sträucher und Hecken
- bis zu 1,50 m Höhe 0,50 m
- bis zu 3,00 m Höhe 1,00 m
- bis zu 5,00 m Höhe 1,25 m
- bis zu 15,00 m Höhe 3,00 m
- über 15,00 m Höhe 6,00 m

Schleswig-Holstein
> Nachbarrechtsgesetz SchlH

Mit Bäumen, Sträuchern und Hecken (Anpflanzungen) von über 1,20 m Höhe ist ein solcher Abstand zum Nachbargrundstück einzuhalten, dass für jeden Teil der Anpflanzung der Abstand mindestens ein Drittel seiner Höhe über dem Erdboden beträgt.

Thüringen
> Nachbarrechtsgesetz Thüringen

In Thüringen sind folgende Grenzabstände für Pflanzen einzuhalten:
- sehr stark wachsende Bäume 4,00 m
- stark wachsende Bäume 2,00 m
- übrige Bäume 1,50 m
- stark wachsende Sträucher 1,00 m
- übrige Sträucher 0,50 m

Ausnahmen bei Beerenobststräuchern und Obstbäumen: siehe Nachbarrechtsgesetz

Aargau, Schweiz
> Kantonale Regelungen im Nachbarrecht

Im Aargau sind folgende Grenzabstände einzuhalten:
- hochstämmige Bäume sowie Nuss- und Kastanienbäume 6,00 m
- Obstbäume 3,00 m
- Zwergbäume, Zierbäume und Sträucher bis 3,00 m Höhe 1,00 m
- Reben ½ m
- Zierbäume bis 6,00 m Höhe 3,00 m
- gegenüber Rebland erhöhen sich diese Entfernungen für Bäume, die nicht Zwergbäume sind, um je 2,00 m
- gegenüber Waldboden beträgt die Entfernung für alle Pflanzungen nur ½ m
- gegenüber Grundstücken in der Landwirtschaftszone, die nicht zum Rebland zählen, 0,60 m ab Gehölzrand

Tab. 3.10.3 Grenzabstände von Gehölzen zum Nachbargrundstück

Klassifikationen

Geeignete Bäume für innerstädtische Lagen und Straßenstandorte

Die Straßenbaumliste der Deutschen Gartenamtsleiterkonferenz (GALK) bietet einen Überblick über die Eignung von Baumart und Sorte als Straßenbaum. Sie basiert auf aktuellen Erfahrungen aus verschiedenen Städten Deutschlands und den Niederlanden und wird in unregelmäßigen Abständen fortgeschrieben. Ergänzend kann eine Einstufung der Baumarten nach der KLimaArtenMatrix für Stadtbaumarten und -sträucher (KLAM-Stadt) erfolgen. Diese von Prof. Andreas Roloff erarbeitete Liste berücksichtigt den prognostizierten Klimawandel und beinhaltet unter den Aspekten Trockentoleranz und Winterhärte eine entsprechende Einstufung wichtiger Gehölzarten für eine Verwendung im Stadtbereich.

Tab. 3.10.4 Eignung von Bäumen für den Straßenraum und für innerstädtische Lagen nach GALK und KLAM

Botanischer und deutscher Name	Wuchshöhe in m	Breite in m	Lichtdurchlässigkeit	Lichtbedarf	Verwendbarkeit im städt. Straßenraum	Trockentoleranz (nach KLAM)	Winterhärte (Winterhärtezone) (nach KLAM)	Bemerkungen
Acer campestre (Feldahorn, Maßholder)	10–15 (20)	10–15	mittel	○–◗	m. E.	s. g.	s. g.	eiförmige, unregelmäßige, im Alter mehr rundliche Krone, verträgt trockene Böden und hohen Versiegelungsgrad, guter Bodenbefestiger für Ufer bzw. Hanglagen
Acer campestre ‚Elsrijk' (Feldahorn)	6–12 (15)	4–6	mittel	○–◗	m. E.	–	–	wie die Art, jedoch gerader durchgehender Stamm, im Wuchs schmaler und gleichmäßiger, gebietsweise Frostschäden in der Krone, mehltaufrei
Acer platanoides (Spitzahorn)	20–30	15–22	gering	○–◗	m. E.	g.	s. g. (4)	rundliche, dicht geschlossene Krone, blüht vor dem Blattaustrieb, sehr frosthart, empfindlich gegen Bodenverdichtung, Honigtauabsonderung
Acer platanoides ‚Allershausen' (Spitzahorn)	15–20	–10	gering	○–◗	g.	–	–	stark verzweigte, dichte, geschlossene Krone, gut geeignet für frostgefährdete Lagen, Honigtauabsonderung, im Straßenbaumtest 2 seit 2005
Acer platanoides ‚Apollo' (Kegelförmiger Spitzahorn)	14–18	10–15	gering	○–◗	m. E.	–	–	wie die Art, jedoch aufrechter und schneller wachsend, winterhart, Honigtauabsonderung, im Straßenbaumtest 2 seit 2005
Acer platanoides ‚Cleveland' (Kegelförmiger Spitzahorn)	10–15	7–9	gering	○–◗	g.	–	–	ovale, im Alter breit eiförmige, regelmäßige Krone, Austrieb leuchtend rot, stadtklimafest, Honigtauabsonderung
Acer platanoides ‚Columnare' Typ 1, 2, 3 (Säulenförmiger Spitzahorn)	–10 (16)	2–7	gering	○–◗	g.	–	–	schmal, säulenförmig wachsend, sehr frosthart, hitzeverträglich, trockenheitsverträglich, windfest und schattenverträglich, Honigtauabsonderung, guter Kompartimentierer
Acer platanoides ‚Deborah' (Spitzahorn)	15–20	10–15	gering	○–◗	m. E.	–	–	rundlich bis breit rundlich, gerader durchgehender Stamm, Honigtauabsonderung, Ergebnisse aus Straßenbaumtest 1 beachten
Acer platanoides ‚Emerald Queen' (Spitzahorn)	–15	8–10	gering	○–◗	m. E.	k. A.	k. A.	ovale Krone, in der Jugend betont aufrecht, hitze- und trockenheitsverträglich, windfest, geeignet für engere Straßenräume, Honigtauabsonderung
Acer platanoides ‚Farlake's Green' (Spitzahorn)	15–20	10–15	gering	○–◗	m. E.	–	–	gleichmäßig aufgebaut, hitze- und trockenheitsverträglich, windfest, wenig mehltauanfällig, empfindlich gegen Streusalz (Erfahrungen aus NL), Ergebnisse aus Straßenbaumtest 1 beachten
Acer platanoides ‚Globosum' (Kugelspitzahorn)	–6	5–8	gering	○–◗	g.	–	–	dicht verzweigte, geschlossene Kugelkrone, auf Lichtraumprofil achten, frosthart, hitze- und trockenheitsverträglich, windfest und schattenverträglich, Honigtauabsonderung, für Kübel und Container geeignet
Acer platanoides ‚Olmsted' (Spitzahorn)	10–12 (15)	2–3	gering	○–◗	g.	–	–	schmal, säulenförmig; geeignet für enge Räume in exponierter, lufttrockener Stadtlage, entspricht vermutlich Typ 1 von Acer platanoides ‚Columnare', Honigtauabsonderung

k. A. = keine Angaben, m. E. = mit Einschränkungen, s. g. = sehr gut geeignet, g. g. = gut geeignet, g = geeignet, p. = problematisch, s. e. E. = sehr eingeschränkte Eignung

Botanischer und deutscher Name	Wuchshöhe in m	Breite in m	Lichtdurchlässigkeit	Lichtbedarf	Verwendbarkeit im städt. Straßenraum	Trockentoleranz (nach KLAM)	Winterhärte (Winterhärtezone) (nach KLAM)	Bemerkungen
Acer platanoides ‚Royal Red' (Rotblättriger Spitzahorn)	–15 (20)	8–10	gering	○–◗	m. E.	–	–	Laub im Austrieb rot, danach bis zum Herbst konstant purpurschwarzrot, glänzend, sehr frosthart, hitzeverträglich, windfest, Honigtauabsonderung
Acer platanoides ‚Summershade' (Spitzahorn)	20–25	15–20	gering	○–◗	m. E.	–	–	ausladende und hängende Äste, bildet Quirle, windbruchgefährdet, stadtklimafest, Honigtauabsonderung
Acer rubrum (Rotahorn)	10–15 (20)	6–10 (14)	gering	○–◗	m. E.	s. g.	g.	dunkelrote Blüte vor Blattaustrieb, frosthart, etwas hitzeempfindlich, bedingt stadtklimafest, flach wurzelnd, auf Kalkböden Chlorosegefahr
Aesculus hippocastanum (Rosskastanie)	–25 (30)	15–20 (25)	gering	○	m. E.	s. e. E.	g.	empfindlich gegen Bodenverdichtungen und Streusalz, Fruchtfall beachten, starker Kronen- und Wurzeldruck
Aesculus hippocastanum ‚Baumannii' (Gefüllt-blühende Rosskastanie)	–25 (30)	15–20 (25)	gering	○	m. E.	–	–	wie die Art, jedoch länger und gefüllt blühend, keine Fruchtbildung
Aesculus x carnea, Rotblühende Kastanie (Purpurkastanie)	10–15 (20)	8–12 (16)	gering	○–◗	m. E.	g.	s. g.	schwierig aufzuasten, nicht geeignet bei Bodenverdichtungen und hohem Versiegelungsgrad, geringer Befall durch Miniermotte, geringer Fruchtfall
Aesculus x carnea ‚Briotii' (Scharlachkastanie)	10–15	8–12	gering	○–◗	m. E.	–	–	wie die Art, jedoch kräftiger gefärbte Blüte, in verschiedenen Typen im Handel
Alnus cordata (Italienische Erle)	10–15 (20)	8–10	mittel	○	m. E.	g.	g.	treibt früh aus, deshalb gelegentlich spätfrostgefährdet, industrie- und stadtklimafest, sehr windverträglich, Schneebruchgefahr durch lang haftendes Laub
Alnus x spaethii, (Erle, Purpurerle)	12–15	8–10	mittel	○	g. g.	g.	s. g.	frosthart, windfest, wüchsig, gerader, durchgehender Stamm, Schneebruchgefahr durch lang haftendes Laub, Ergebnisse aus Straßenbaumtest 1 beachten
Amelanchier arborea ‚Robin Hill' (Felsenbirne)	6–8	3–5	mittel	○–◗	g.	–	–	breit eiförmige Krone, früh blühend und angenehm duftend, für Kübel und Container geeignet, im Straßenbaumtest 2 seit 2005
Betula papyrifera (Papierbirke)	18–25	7–12	stark	○	m. E.	–	–	pyramidale Krone, kurzlebig, nicht stadtklimafest, nicht in befestigten Flächen verwenden, Pflanzzeitpunkt beachten
Betula pendula syn. B. verrucosa (Sandbirke, Weißbirke)	18–25 (30)	10–15 (18)	stark	○	m. E.	g.	s. g.	lockere, hochgewölbte Krone, Seitenbezweigung oft lang herunterhängend, frosthart, nicht stadtklimafest, neigt zur Anhebung von Belägen, nicht in befestigten Flächen verwenden, Pflanzzeitpunkt beachten
Betula utilis syn. B. jacquemontii (Schneebirke)	8–10 (15)	5–7	stark	○	m. E.	s. e. E.	p.	aufrecht wachsend, Wurzeln flach ausgebreitet, hoher Anteil an Feinwurzeln in der oberen Bodenzone, Pflanzzeitpunkt beachten
Carpinus betulus, Hainbuche (Weißbuche)	10–20 (25)	7–12 (15)	gering	◗	m. E.	g.	s. g.	kegelförmig, im Alter hochgewölbt, nicht stadtklimafest, daher nicht in befestigten Flächen verwenden
Carpinus betulus ‚Fastigiata' (Pyramiden-Hainbuche)	15–20	4–6 (10)	gering	◗	g.	–	–	säulen- bis kegelförmige Krone, im Alter auseinanderfallend, weniger hitze- und strahlungsempfindlich als die Art, für Kübel und Container geeignet

k. A. = keine Angaben, m. E. = mit Einschränkungen, s. g. = sehr gut geeignet, g. g. = gut geeignet, g = geeignet, p. = problematisch, s. e. E. = sehr eingeschränkte Eignung

Botanischer und deutscher Name	Wuchshöhe in m	Breite in m	Lichtdurchlässigkeit	Lichtbedarf	Verwendbarkeit im städt. Straßenraum	Trockentoleranz (nach KLAM)	Winterhärte (Winterhärtezone) (nach KLAM)	Bemerkungen
Carpinus betulus ‚Frans Fontaine' (Säulen-Hainbuche)	10–15	4–5	gering	O–◗	m. E.	–	–	wie Carpinus betulus ‚Fastigiata', jedoch auch im Alter säulenförmig, Krone in der Jugend nicht ganz geschlossen, sehr windfest, vermehrt Spätfrostschäden an den Stämmen der Jungbäume, für Kübel und Container geeignet
Catalpa bignonioides, Trompetenbaum (Amerikanischer Trompetenbaum)	8–10 (15)	6–10	mittel	O–◗	m. E.	p.	p.	rundliche Krone und weit ausladende Seitenäste, artbedingt kein durchgehender Leittrieb; auffallende Blüten, Blätter und Früchte, auf Lichtraumprofil achten
Celtis australis (Südlicher oder Europäischer Zürgelbaum)	10–20	10–15	mittel	O	m. E.	s. g.	p.	ausladend, rund, schirmförmige Krone, Stammbildung besser als bei Celtis occidentalis, wärmeliebend und für trockene Standorte geeignet (Weinbauklima)
Cercis siliquastrum (Gemeiner Judasbaum)	4–6	4–6	gering	O	m. E.	s. g.	s. e. E.	runde, breit auswachsende Krone, wärmeliebend (Weinbauklima), für trockene Standorte geeignet, auf geraden Leittrieb achten
Cornus mas (Kornelkirsche, Gelber Hartriegel, Herlitze, Dirlitze)	5–6 (8)	3–5	mittel	O–◗	g. g.	s. g.	s. g.	kleinkronige, sehr zeitig blühende Bäume für enge Straßen, Stämme mit abblätternder Borke, anspruchslos, nicht frostempfindlich, stadtklimafest, Fruchtfall beachten, Lichtraumprofil beachten
Corylus colurna (Baumhasel, Türkische Hasel)	15–18 (23)	8–12 (16)	gering	O–◗	g.	g.	g.	regelmäßige, breit kegelförmige Krone; anspruchslos, stadtklimafest, in manchen Jahren starker Fruchtfall
Crataegus crus-galli syn. C. prunifolia ‚Splendens' (Hahnendorn)	5–7 (9)	5–7 (9)	mittel	O–◗	m. E.	–	–	breit runde Krone, besonders lange Dornen, frosthart, windfest, Lichtraumprofil beachten, für Kübel und Container geeignet
Crataegus laevigata ‚Paul's Scarlet' syn. C. monogyna ‚Kermesina Plena' (Echter Rotdorn)	4–6 (8)	4–6 (8)	mittel	O	m. E.	–	–	regelmäßige, breit kegelförmige Krone, gefüllt blühend, anspruchslos, nicht zu trocken, für Kübel und Container geeignet
Crataegus lavallei ‚Carrierei' syn. C. carrierei (Apfeldorn)	5–7	5–7	mittel	O	g.	s. g.	s. g.	breit kegelförmige Krone, Triebe mit starken Dornen, lang haftendes, ledrig glänzendes dunkelgrünes Laub, für Kübel und Container geeignet
Crataegus monogyna ‚Stricta' (Säulenweißdorn)	5–7 (10)	2–3	mittel	O–◗	m. E.	–	–	straff aufrecht bis säulenförmig, im Alter auseinanderfallend, Triebe mit Dornen behaftet, für Kübel und Container geeignet
Crataegus x prunifolia syn. C. x persimilus (Pflaumenblättriger Weißdorn)	6–7	5–6	mittel	O	m. E.	–	–	wie Crataegus crus-gallii, glänzendes, dunkelgrünes Laub, frosthart, stadtklimafest
Fraxinus angustifolia ‚Raywood' syn. F. oxyacarpa ‚Flame', F. oxyacarpa ‚Raywood' (Schmalblättrige Esche)	10–15 (20)	10–15	stark	O–◗	m. E.	–	–	hitzeverträglich und wärmeliebend, gebietsweise frostempfindlich, stadtklimafest, ohne Früchte, auffallende Herbstfärbung
Fraxinus excelsior (Gemeine Esche)	25–35 (40)	20–25 (30)	stark	O–◗	m. E.	g.	g.	rundliche, lichte Krone, weit ausladend, später Austrieb, früher Laubfall, empfindlich gegen Oberflächenverdichtung
Fraxinus excelsior ‚Altena' syn. F. excelsior ‚Monarch' (Esche)	15–20	10–12	stark	O–◗	m. E.	–	–	wie die Art, jedoch schlanker und regelmäßiger, Zweige aufstrebend, gerader, durchgehender Stamm, empfindlich gegen Oberflächenverdichtung und Trockenheit

k. A. = keine Angaben, m. E. = mit Einschränkungen, s. g. = sehr gut geeignet, g. g. = gut geeignet, g = geeignet, p. = problematisch, s. e. E. = sehr eingeschränkte Eignung

Tab. 3.10.4 Eignung von Bäumen für den Straßenraum und für innerstädtische Lagen nach GALK und KLAM

Botanischer und deutscher Name	Wuchshöhe in m	Breite in m	Lichtdurchlässigkeit	Lichtbedarf	Verwendbarkeit im städt. Straßenraum	Trockentoleranz (nach KLAM)	Winterhärte (Winterhärtezone) (nach KLAM)	Bemerkungen
Fraxinus excelsior ‚Atlas' (Esche)	15–20	10–15	stark	○–◐	g.	–	–	wie die Art, jedoch kompaktere, schmalere Krone, wärmeliebend, hitzeverträglich, Ergebnisse aus Straßenbaumtest 1 beachten
Fraxinus excelsior ‚Diversifolia' syn. F. excelsior ‚Monophylla' (Einblättrige Esche)	10–18	6–12	stark	○–◐	g.	–	–	wie die Art, jedoch kleiner und schmalwüchsiger, stadtklimafest, lockere Krone, aufrechter Wuchs, windfest, Ergebnisse aus Straßenbaumtest 1 beachten
Fraxinus excelsior ‚Geessink' (Esche)	15–20	10–12	stark	○–◐	g.	–	–	wie die Art, jedoch schmaler und schwächer wachsend, sehr windbeständig, kaum spätfrostgefährdet
Fraxinus excelsior ‚Globosa' syn. F. excelsior ‚Nana', Kugelesche	3–5	3–5	mittel	○–◐	g.	–	–	wie die Art, jedoch klein und kugelförmig, mit dicht verzweigter Krone, langsam wachsend, Lichtraumprofil beachten, für Kübel und Container geeignet
Fraxinus excelsior ‚Westhof's Glorie' (Nichtfruchtende Straßenesche)	20–25 (30)	12–15	stark	○–◐	g.	–	–	wie die Art, jedoch sehr später Laubaustrieb, deshalb kaum spätfrostgefährdet, gerader, durchgehender Stamm
Fraxinus ornus, Blumenesche (Manna-Esche)	8–12 (15)	6–8 (10)	stark	○	g.	s. g.	s. e. E.	schwachwüchsig, stadtklimafest, selten mit geradem Leittrieb, auf Lichtraumprofil achten, nicht in befestigten Flächen verwenden, schöne Blüte
Fraxinus ornus ‚Rotterdam' (Blumenesche, Manna-Esche)	8–12	6–8	mittel	○	g.	–	–	wie die Art, jedoch mit regelmäßiger und kegelförmiger Krone, durchgehendem Leittrieb, trockenheits- und hitzeverträglich, für Kübel und Container geeignet, schöne Blüte
Ginkgo biloba, Ginkgobaum (Fächerbaum)	15–30 (35)	10–15 (20)	stark	○	g. g.	s. g.	g.	anspruchslos, stadtklimafest, frei von Schädlingen, hoher Lichtanspruch, schöne Herbstfärbung, zweihäusig, auf männliche Selektionen zurückgreifen
Gleditsia triacanthos ‚Inermis' (Dornenlose Gleditschie)	10–25	8–15 (20)	stark	○	g.	–	–	wie die Art, jedoch dornlose Sorte, bei der in Einzelfällen nachträglich Dornen gebildet werden können, als junger Baum frostempfindlich
Gleditsia triacanthos ‚Shademaster' (Dornenlose Gleditschie)	10–15 (20)	10–15	stark	○	g.	–	–	wie die Art, jedoch dornlose Sorte, bei der in Einzelfällen nachträglich Dornen gebildet werden können, später Laubfall
Gleditsia triacanthos ‚Skyline' (Dornenlose Gleditschie)	10–15 (20)	10–15	stark	○	g. g.	–	–	wie die Art, jedoch gleichmäßig geschlossene Krone mit aufstrebenden Ästen, dornenlose Sorte, bei der in Einzelfällen nachträglich Dornen gebildet werden können, bildet keine Früchte aus
Gleditsia triacanthos ‚Sunburst' (Gold-Gleditschie)	8–10	6–8	stark	○	m. E.	–	–	wie die Art, jedoch dornenlos, hellgelber Austrieb, später gelbgrün, auf Lichtraumprofil achten
Koelreuteria paniculata, Blasenbaum, Blasenesche (Lampionbaum)	6–8	6–8	stark	○	m. E.	s. g.	s. e. E.	klein, langsamwüchsig, sehr breite Krone, auffallende Blüten und Fruchtstände, im Straßenbaumtest 2 seit 2005
Liquidambar styraciflua (Amberbaum)	10–20 (30)	6–12	mittel	○	m. E.	g.	p.	stark variierende, im Alter offene Krone, kalkempfindlich, lang anhaltende Herbstfärbung, sofern sonniger Standort und kalte Nächte
Liquidambar styraciflua ‚Moraine' (Amberbaum)	10–20	6–12	mittel	○–◐	m. E.	–	–	wie die Art, jedoch kleiner, gleichmäßigere Krone und schnellerer Wuchs, schöne Herbstfärbung

k. A. = keine Angaben, m. E. = mit Einschränkungen, s. g. = sehr gut geeignet, g. g. = gut geeignet, g = geeignet, p. = problematisch, s. e. E. = sehr eingeschränkte Eignung

Botanischer und deutscher Name	Wuchshöhe in m	Breite in m	Lichtdurchlässigkeit	Lichtbedarf	Verwendbarkeit im städt. Straßenraum	Trockentoleranz (nach KLAM)	Winterhärte (Winterhärtezone) (nach KLAM)	Bemerkungen
Liquidambar styraciflua ‚Paarl' (Amberbaum)	15–25	3–4	mittel	○	m. E.	–	–	wie die Art, jedoch schmale, spitz kegelförmige Krone, mittlere Wuchskraft, früh einsetzende und lang anhaltende Herbstfärbung, im Straßenbaumtest 2 seit 2005
Liriodendron tulipifera (Tulpenbaum)	25–35	15–20	mittel	○	m. E.	p.	g.	breit kegelförmige Krone, gerader, durchgehender Leittrieb, wärmeliebend, aber frosthart, raschwüchsig, ältere Exemplare windbruchgefährdet, schöne Herbstfärbung
Liriodendron tulipifera ‚Fastigiata' (Säulenförmiger Tulpenbaum)	15–18	4–6	gering	○	m. E.	–	–	wie die Art, jedoch schmalkronig, straff aufrecht wachsend, schöne Herbstfärbung
Malus spec. (Zierapfelformen)	4–12	2–6	mittel	○–◗	m. E.	–	–	reich blühende und fruchtende Sorten, Fruchtbehang teilweise bis in den Winter hinein, Lichtraumprofil beachten, für Kübel und Container geeignet
Malus tschonoskii (Wollapfel, Scharlach-Apfel, Pillar Apple)	8–12	2–4	mittel	○–◗	g.	g.	s. g.	schmal kegelförmige Krone, im Alter breiter werdend, gerader durchgehender Leittrieb; Früchte gelb bis rot, geringe Schorfanfälligkeit, im Straßenbaumtest 2 seit 2005
Malus-Hybride ‚Evereste' (Zierapfel)	4–6	3–5	mittel	○–◗	m. E.	–	–	breit aufrechte Krone, im Alter überhängende Seitenäste, Lichtraumprofil beachten, kleine orangerote Früchte, geringe Schorfanfälligkeit, für Kübel und Container geeignet
Malus-Hybride ‚Red Sentinel' (Zierapfel)	4–5	3–4	mittel	○–◗	m. E.	–	–	schlanke Krone, tief überhängende Seitenäste, Lichtraumprofil beachten, dunkelrote Früchte, geringe Schorfanfälligkeit, für Kübel und Container geeignet
Malus-Hybride ‚Rudolph' (Zierapfel)	5–6	4–5	mittel	○–◗	m. E.	–	–	aufrechte Krone, später breit eiförmig bis rundlich, Lichtraumprofil beachten, orangegelbe Früchte; geringe Schorfanfälligkeit, neigt zu oberflächlichen Rindenrissen, für Kübel und Container geeignet
Malus-Hybride ‚Street Parade' (Sibirischer Apfel)	4–6	2–3	mittel	○–◗	m. E.	–	–	schmal eiförmige Krone, Lichtraumprofil beachten, geringe Mehltau- und Schorfanfälligkeit, kleine blaurote Früchte, für Kübel und Container geeignet
Metasequoia glyptostroboides (Urweltmammutbaum)	25–35 (40)	7–10	stark	○	m. E.	p.	s. g.	spitz kegelförmig, mit dicht verzweigter Krone, gerader, durchgehender Stamm, breit werdende Wurzelanläufe, weit reichendes Wurzelsystem, auf ausreichende Entfernung zu Straßenkanten u. ä. achten
Ostrya carpinifolia (Hopfenbuche)	10–15 (20)	8–12	mittel	○–◗	g.	s. g.	s. g.	kegelförmige, später rundliche Krone, Erscheinungsbild ähnlich Hainbuche; Früchte hopfenähnlich, dekorativ, im Straßenbaumtest 2 seit 2005
Platanus acerifolia syn. P. x hybrida, P. hispanica (Platane)	20–30 (40)	15–25	gering	○	m. E.	–	–	weit ausladende Krone, auffällige Stämme durch abblätternde Borke, anspruchslos, nicht frostempfindlich, stadtklimafest, häufig Wurzelhebungen verursachend, Laub schlecht verrottend, Befall durch Schadorganismen hat in den letzten Jahren zugenommen
Populus berolinensis (Berliner Lorbeerpyramidenpappel)	18–25	8–10	mittel	○	m. E.	g.	s. g.	breit säulenförmig, Äste schräg aufrecht steigend, in der Jugend kegelförmig, im Alter unregelmäßig, gerader, durchgehender Stamm, bildet Wurzelausläufer
Populus simonii syn. P. brevifolia (Birkenpappel)	12–15	6–8 (10)	mittel	○	m. E.	p.	g.	schmal kegelförmig, im Alter breit und rund, kurzlebig, Schneebruchgefahr durch frühen Austrieb

k. A. = keine Angaben, m. E. = mit Einschränkungen, s. g. = sehr gut geeignet, g. g. = gut geeignet, g = geeignet, p. = problematisch, s. e. E. = sehr eingeschränkte Eignung

Tab. 3.10.4 Eignung von Bäumen für den Straßenraum und für innerstädtische Lagen nach GALK und KLAM

Botanischer und deutscher Name	Wuchshöhe in m	Breite in m	Lichtdurchlässigkeit	Lichtbedarf	Verwendbarkeit im städt. Straßenraum	Trockentoleranz (nach KLAM)	Winterhärte (Winterhärtezone) (nach KLAM)	Bemerkungen
Populus simonii ‚Fastigiata' (Säulenbirkenpappel)	7–10	4–6	mittel	○	m. E.	–	–	wie die Art, jedoch anfangs schmal säulenförmig, später breit kegelförmig, verträgt Streusalz
Prunus avium ‚Plena' (Gefülltblühende Vogelkirsche)	10–15	8–10	gering	○	m. E.	–	–	wie die Art, jedoch regelmäßig pyramidale, dichte, geschlossene Krone, gefüllt blühend, keine Früchte, stadtklimafest
Prunus padus ‚Schloss Tiefurt' (Traubenkirsche)	9–12	–8	mittel	○–◗	g.	–	–	wie die Art, jedoch kleiner, mit gleichmäßig geschlossener Krone, auffallend schöne und gerade Stämme bildend, auffallende, stark duftende Blüte, im Straßenbaumtest 2 seit 2005
Prunus sargentii (Scharlachkirsche, Bergkirsche)	8–12	5–8	mittel	○–◗	m. E.	p.	g.	breite, fächerförmige Krone, Äste trichterförmig, im Alter ausladend breitkronig, spärlich fruchtend, auffallende Herbstfärbung
Prunus sargentii ‚Accolade' syn. Pr. ‚Accolade' (Zierkirsche)	5–8	3–5 (7)	mittel	○–◗	m. E.	–	–	rundliche bis leicht trichterförmige Krone, auf Lichtraumprofil achten, auffallende Blüte und Herbstfärbung
Prunus sargentii ‚Rancho' (Zierkirsche)	6–8	3–4	mittel	○–◗	m-E.	–	–	wie die Art, jedoch schmal säulenförmige Krone und kräftigere Blütenfärbung, nicht fruchtend
Prunus serrulata ‚Kanzan' syn. Pr. ‚Hisakura', Pr. ‚Kwanzan' (Japanische Nelkenkirsche)	7–10 (12)	5–8	mittel	○–◗	m. E.	–	–	breit trichterförmige, später ausladende Krone, auf Lichtraumprofil achten, auffallende Blüte und Herbstfärbung, selten fruchtend
Prunus spec. (Japanische Kirsche in Arten und Sorten)	3–15	1–10	gering	○	m. E.	–	–	unterschiedliche Kronenformen, hoher Zierwert durch Blüte, je nach Veredelungsform Stamm- oder Wurzelaustriebe, für Kübel und Container geeignet
Prunus subhirtella ‚Autumnalis' (Winterkirsche, Schneekirsche)	5–8	3–5	mittel	○	m. E.	–	–	kleiner Baum mit auffallender Blüte und Herbstfärbung, auf Lichtraumprofil achten, für Kübel und Container geeignet
Prunus x schmittii (Zierkirsche)	8–10	3–5	mittel	○–◗	g.	–	–	geschlossene, schmal kegelförmige Krone, Äste aufrecht wachsend, gerader durchgehender Stamm, nur kurze Zeit blühend
Pyrus calleryana ‚Chanticleer' (Stadtbirne, Chinesische Wildbirne)	8–12 (15)	4–5	mittel	○	m. E.	–	–	schmal kegelförmige Krone, später locker, breit pyramidal, Laubfall erst nach starkem Frost (Schneebruchgefahr), vereinzelt Fruchtbildung, frühe Vergreisung
Pyrus caucasica (Kaukasische Wildbirne)	8–12	3–4	mittel	○–◗	m. E.	–	–	säulen- bis kegelförmige Krone, straff aufrecht wachsend, gerader durchgehender Stamm, sehr anpassungsfähig, Trockenheit vertragend, Fruchtbildung, Ergebnisse aus Straßenbaumtest 1 beachten
Pyrus communis ‚Beech Hill' (Stadtbirne)	8–12	5–7	mittel	○–◗	m. E.	–	–	anfänglich straff aufrecht wachsend, später auseinanderfallend, feuerbrandgefährdet, gebietsweise Birnengitterrost, Fruchtbildung, Ergebnisse aus Straßenbaumtest 1 beachten
Pyrus regelii (Wildbirne, Turkmenische Birne)	8–10	7–9	gering	○–◗	m. E.	–	–	eiförmig bis rundlich locker, sperrige Verzweigung, feuerbrandgefährdet, gebietsweise Birnengitterrost, teilweise starke Fruchtbildung, Ergebnisse aus Straßenbaumtest 1 beachten
Quercus cerris (Zerr-Eiche)	20–30	10–15 (25)	mittel	○	g.	–	–	stumpf kegelig, breit, durchgehender Stamm, im Alter ausladend, lang haftendes, langsam verrottendes Laub, auch auf trockenen Böden gedeihend, stadtklimafest

k. A. = keine Angaben, m. E. = mit Einschränkungen, s. g. = sehr gut geeignet, g. g. = gut geeignet, g = geeignet, p. = problematisch, s. e. E. = sehr eingeschränkte Eignung

Botanischer und deutscher Name	Wuchshöhe in m	Breite in m	Lichtdurchlässigkeit	Lichtbedarf	Verwendbarkeit im städt. Straßenraum	Trockentoleranz (nach KLAM)	Winterhärte (Winterhärtezone) (nach KLAM)	Bemerkungen
Quercus frainetto, Ungarische Eiche	10–20 (25)	10–15	gering	○–◗	m. E.	–	–	gleichmäßige und geschlossene Krone, oval bis rundlich, im Alter lockerer, stadtklimafest, Laub langsam verrottend, im Straßenbaumtest 2 seit 2005
Quercus palustris, Sumpfeiche	15–20 (25)	8–15 (20)	mittel	○	g.	g.	g.	gleichmäßige, kegelförmige Krone, gerader durchgehender Stamm, auch auf mäßig trockenen Böden gedeihend, auf Kalkböden Chlorosegefahr, Laub oft lang haftend, auffallende Herbstfärbung
Quercus petraea, Traubeneiche	20–30 (40)	15–20 (25)	mittel	○	g.	g.	g.	regelmäßige, eiförmige Krone, tiefgrün glänzende Blätter, stadtklimafester als Quercus robur
Quercus robur syn. Quercus pedunculata, Stieleiche	25–35 (40)	15–20 (25)	stark	○	g.	p.	s. g.	breit kegelige Krone, weit ausladend, lang haftendes, langsam verrottendes Laub, Pflanzung nicht vor Dezember, verträgt Überschwemmungen, reagiert auf Grundwasserabsenkung mit Wipfeldürre, frosthart
Quercus robur ‚Fastigiata' syn. Quercus pedunculata ‚Fastigiata', Stielsäuleneiche, Pyramideneiche	15–20	5–7	gering	○	g.	–	–	wie die Art, jedoch säulenförmige Krone, im Alter auseinanderfallend, durch Aussaat oft nicht typische Wuchsform, Laub lang haftend; frosthart, anspruchslos
Quercus robur ‚Fastigiata Koster' syn. Quercus robusta ‚Koster', Schmale Pyramideneiche	15–20	3–5	mittel	○–◗	g.	–	–	wie Quercus robur ‚Fastigiata', jedoch auch im Alter schlanker und kompakter Wuchs, Laub lang haftend, häufig bis zum Frühjahr; frosthart, anspruchslos
Quercus rubra syn. Quercus borealis, Amerikanische Roteiche	20–25	12–18 (20)	mittel	○	m. E.	g.	g.	rundliche Krone, durchgehender Leittrieb, anspruchsloser als Quercus robur, auf Kalkböden Chlorosegefahr, stadtklimafest, lang haftendes Laub, auffallende Herbstfärbung
Robinia pseudoacacia, Robinie, Scheinakazie	20–25	12–18 (22)	stark	○	g.	s. g.	s. g.	lockere unregelmäßige Krone, in der Jugend raschwüchsig, im Alter schirmförmig; anspruchslos, windbruchgefährdet auf nährstoffreichen Böden, im Alter Totholzbildung, Blüten stark duftend
Robinia pseudoacacia ‚Bessoniana', Kegelakazie	20–25	10–12 (15)	stark	○	g.	–	–	im Alter breite rundliche und dicht verzweigte Krone, meist gerader durchgehender Leittrieb, wenige und nur kleine Dornen, selten blühend
Robinia pseudoacacia ‚Monophylla' syn. Robinia pseudoacacia ‚Unifolia', Einblättrige Robinie	15–20 (25)	8–10	mittel	○	g.	–	–	unregelmäßig kegelförmige Krone, aufrechter Wuchs, Hauptäste schlank aufrecht, gerader, durchgehender Leittrieb, nur wenige kleine Dornen
Robinia pseudoacacia ‚Nyirsegi', Robinie, Scheinakazie	25–30	10–15	mittel	○	g.	–	–	aufrechte, rundlich eiförmige, dicht verzweigte Krone, gerader, durchgehender Stamm bis in die Krone, wenige Dornen, geringere Bruchgefahr als die Art
Robinia pseudoacacia ‚Sandraudiga', Robinie, Scheinakazie	20–25	12–18 (22)	stark	○	g.	–	–	breit pyramidal, auffallend lockere Krone, gerader, durchgehender Stamm, rosa blühend, Ergebnisse aus Straßenbaumtest 1 beachten
Robinia pseudoacacia ‚Semperflorens', Robinie, Scheinakazie	15–20	10–15 (18)	stark	○	g.	–	–	aufrechte, lockere, im Alter breit ovale Krone, geringe Bedornung, durch Nachblüte oft durchgehend von Juni bis September blühend
Robinia pseudoacacia ‚Umbraculifera', Kugelakazie	4–6	4–6	gering	○	g.	–	–	dichte, kugelrunde, feintriebige Krone; im Alter mehr breit oval, Lichtraumprofil beachten, verträgt radikalen Rückschnitt, keine Blüte, für Kübel und Container geeignet

k. A. = keine Angaben, m. E. = mit Einschränkungen, s. g. = sehr gut geeignet, g. g. = gut geeignet, g = geeignet, p. = problematisch, s. e. E. = sehr eingeschränkte Eignung

Tab. 3.10.4 Eignung von Bäumen für den Straßenraum und für innerstädtische Lagen nach GALK und KLAM

Botanischer und deutscher Name	Wuchshöhe in m	Breite in m	Lichtdurchlässigkeit	Lichtbedarf	Verwendbarkeit im städt. Straßenraum	Trockentoleranz (nach KLAM)	Winterhärte (Winterhärtezone) (nach KLAM)	Bemerkungen
Sophora japonica (Schnurbaum)	15–20 (25)	12–18 (20)	stark	○	m. E.	s. g.	g.	breit rundliche, sehr lockere und lichte Krone, im Alter ausladend, auf geraden, durchgehenden Stamm achten, Sommerschnitt, Jungbäume gebietsweise frostgefährdet, auffällige Blüte
Sophora japonica ‚Regent' (Schnurbaum)	15–20 (25)	10–15	stark	○	m. E.	–	–	wie die Art, breit rundliche Krone, im Alter ausladend, entbehrliche Sorte, da sie keine Verbesserung zur Art darstellt, Ergebnisse aus Straßenbaumtest 1 beachten
Sorbus aria (Mehlbeere)	6–12 (18)	4–7 (12)	mittel	○	m. E.	s. g.	s. g.	gleichmäßig aufgebaute kegelförmige Krone, im Alter breiter und lockerer, langsamwüchsig, Lichtraumprofil beachten
Sorbus aria ‚Magnifica' (Mehlbeere)	6–12 (18)	4–7 (12)	mittel	○	g.	–	–	wie die Art, jedoch kleiner und schmaler, mit regelmäßig aufgebauter Krone, im Alter breiter
Sorbus aria ‚Majestica' syn. S. aria decaisneana (Mehlbeere)	8–10 (12)	4–7	mittel	○	m. E.	–	–	wie die Art, jedoch schmal kegelförmige Krone, im Alter schirmförmig, Früchte und Blätter größer
Sorbus intermedia syn. Sorbus suecica (Schwedische Mehlbeere, Oxelbeere)	10–15 (20)	5–7	mittel	○	m. E.	g.	s. g.	kegelförmige Krone, im Alter rundlich, Lichtraumprofil beachten
Sorbus intermedia ‚Brouwers' (Schwedische Mehlbeere, Oxelbeere)	9–12	4–7	gering	○	g.	–	–	wie die Art, jedoch kompakt pyramidale Krone, gerader, durchgehender Stamm, stadtklimafest, windfest, frosthart
Sorbus x thuringiaca ‚Fastigiata' (Thüringische Säulen-Mehlbeere)	5–7	4–5	mittel	○	g.	–	–	schmale, kegelförmige und kompakte Krone, stadtklimafest, windverträglich, frosthart, trockenheitsverträglich, langsam wachsend
Tilia americana ‚Nova' syn. T. flaccida ‚Nova' (Amerikanische Linde)	25–30	15–20	gering	○–◗	g.	–	–	breit kegelförmige Krone, im Alter rundlich, gerader durchgehender Stamm, vergleichsweise große Blätter, Honigtauabsonderung, frosthart, hitzeverträglich
Tilia cordata (Winterlinde, Steinlinde)	18–20 (30)	12–15 (20)	gering	○–◗	m. E.	g.	s. g.	sehr stark duftend, hervorragender Pollenspender, Habitus kann sehr variabel sein, daraus resultiert ein schwieriger Kronenaufbau, schwer aufzuasten, Honigtauabsonderung
Tilia cordata ‚Erecta' syn. T. cordata ‚Böhlje' (Dichtkronige Winterlinde)	15–20	10–12 (14)	gering	○–◗	g.	–	–	wie die Art, jedoch mit kleiner und regelmäßiger Krone, kleine Blätter, als junger Baum langsam wachsend, geringere Honigtauabsonderung
Tilia cordata ‚Greenspire' (Amerikanische Stadtlinde)	18–20	10–12	gering	○–◗	g. g.	–	–	schmale, regelmäßige und dichte Krone, im Alter breiter, Äste aufsteigend, stadtklimafest, Honigtauabsonderung
Tilia cordata ‚Rancho' (Amerikanische Stadtlinde)	8–12 (15)	4–6 (8)	gering	○–◗	g.	–	–	wie die Art, jedoch mit schmal eiförmiger, im Alter breit rundlicher, regelmäßiger Krone, langsam und kompakt wachsend, geringere Honigtauabsonderung, Ergebnisse aus Straßenbaumtest 1 beachten
Tilia cordata ‚Roelvo', Winterlinde (Stadtlinde)	10–15	7–10	gering	○–◗	g.	–	–	wie die Art, jedoch breit kegelförmige bis rundliche Krone, langtriebiger und nicht so kompakt wachsend wie ‚Rancho', geringere Honigtauabsonderung, Ergebnisse aus Straßenbaumtest 1 beachten

k. A. = keine Angaben, m. E. = mit Einschränkungen, s. g. = sehr gut geeignet, g. g. = gut geeignet, g = geeignet, p. = problematisch, s. e. E. = sehr eingeschränkte Eignung

Botanischer und deutscher Name	Wuchshöhe in m	Breite in m	Lichtdurchlässigkeit	Lichtbedarf	Verwendbarkeit im städt. Straßenraum	Trockentoleranz (nach KLAM)	Winterhärte (Winterhärtezone) (nach KLAM)	Bemerkungen
Tilia tomentosa (Silberlinde)	25–30	15–20	gering	○	m. E.	s. g.	g.	regelmäßige, breit kegelförmige, geschlossene Krone, Neigung zu Gabelwuchs; späte Blütentracht, weder bienen- noch hummelgefährlich, kein Honigtau, die Verwendung von Sorten wird empfohlen
Tilia tomentosa ‚Brabant' (Brabanter Silberlinde)	20–25 (30)	12–18 (20)	gering	○	g. g.	–	–	breit kegelförmige, dichte und regelmäßig aufgebaute Krone, Selektion mit geradem, durchgehendem Stamm, bessere Leittriebbildung als die Art, kein Honigtau
Tilia x euchlora syn. Tilia x europaea ‚Euchlora' (Krimlinde)	15–20 (25)	10–12	mittel	○	g.	g.	s. g.	stumpf kegelförmige Krone, gerader, durchgehender Stamm, stark hängende Äste, auf Lichtraumprofil achten, schnellwachsend, windfest, frosthart, Honigtauabsonderung
Tilia x europaea syn. T. x intermedia, T. x vulgaris, T.hollandica (Holländische Linde)	25–35 (40)	15–20	gering	○	g.	p.	s. g.	gleichmäßig aufgebaute kegelförmige Krone, stadtklimafest, trockenheitsverträglich und wärmeliebend, Bienenweide, Honigtauabsonderung
Tilia x europaea ‚Pallida' syn. T. x intermedia ‚Pallida', T. x vulgaris ‚Pallida' (Kaiserlinde)	30–35 (40)	12–18 (20)	gering	○	g. g.	–	–	wie die Art, jedoch gleichmäßig kegelförmige Krone, im Alter breit ausladend, Blätter haften im Herbst länger als bei der Art, verschiedene Selektionen im Handel, Honigtauabsonderung
Tilia x flavescens ‚Glenleven' (Kegellinde)	15–20 (25)	12–15	gering	○	m. E.	–	–	geschlossene, breit kegelförmige Krone, im Alter ausladend und rundlicher, gerader, durchgehender Stamm, schnellwachsend, stadtklimafest, Honigtauabsonderung, Ergebnisse aus Straßenbaumtest 1 beachten
Ulmus x hollandica ‚Lobel' (Schmalkronige Stadtulme)	12–15	4–5	gering	○	m. E.	–	–	anfangs schmal aufrecht wachsende, säulenförmige Krone, später mehr kegelförmig, breiter werdend, starkwüchsig, geringere Anfälligkeit gegenüber Ulmenkrankheit
Ulmus-Hybride ‚Dodoens' (Ulme, Rüster)	12–15	5–6	gering	○–◐	m. E.	–	–	lockere, schlank aufrechte Krone, im Alter breit kegelförmig, geringere Anfälligkeit gegen die Ulmenkrankheit
Ulmus-Hybride ‚New Horizon' (Ulme, Rüster)	20–25	5–6	gering	○–◐	m-E.	–	–	säulen- bis kegelförmige dichte Krone, im Jugendstadium schmal kegelförmig, später breiter, vermutlich hohe Resistenz gegen Ulmenkrankheit, im Straßenbaumtest 2 seit 2007/08
Ulmus-Hybride ‚Rebona' (Rebona-Ulme	15–20	10–15	gering	○–◐	m. E.	–	–	breit kegelförmige Krone, Äste flach abstehend, vermutlich resistent gegen Ulmenkrankheit
Ulmus-Hybride ‚Regal' (Ulme, Rüster)	15–20	6–8	mittel	○	m. E.	–	–	anfangs schmal kegelförmig, im Alter breit säulenförmig, schnell wachsend, vermutlich resistent gegen Ulmenkrankheit, im Straßenbaumtest 2 seit 2007/08
Zelkova serrata syn. Z. acuminata, Z. keaki (Japanische Zelkove)	20–25	15–25	gering	○–◐	m. E.	g.	g.	breit, runde Krone mit weit ausladendendem Wuchs, auf geraden durchgehenden Leittrieb achten, stadtklimafest, im Straßenbaumtest 2 seit 2005

k. A. = keine Angaben, m. E. = mit Einschränkungen, s. g. = sehr gut geeignet, g. g. = gut geeignet, g = geeignet, p. = problematisch, s. e. E. = sehr eingeschränkte Eignung

Tab. 3.10.4 Eignung von Bäumen für den Straßenraum und für innerstädtische Lagen nach GALK und KLAM

Wurzelsystem von Bäumen

Das Wurzelsystem von Bäumen lässt sich in drei Hauptgruppen klassifizieren: Tief-, Flach- und Herzwurzler. Teilweise bestehen Übergangsformen. Entsprechend dem Wurzelsystem ergeben sich unterschiedliche Eigenschaften und Arten der Verwendung für die jeweilige Baumart. Hinsichtlich der Verwendung im Bereich von Entsorgungsleitungen oder der Reaktion des Baumes auf unterschiedliche Eingriffe folgen hieraus unterschiedliche Einsatzmöglichkeiten bzw. Verträglichkeiten gegenüber Eingriffen. → Tab. 3.10.5

Art/Sorte (lateinischer Name)	Art/Sorte (deutscher Name)	Wurzelsystem	Ausläuferbildung	Anheben von Belägen	Einschütten/ Überfüllen	Verhalten bei Eingriffen	Eindringen in Entsorgungsleitungen
Großbäume (Bäume 1. Ordnung)							
Acer platanoides	Spitzahorn	flach/Herz	–	möglich	möglich	tolerant	beobachtet
Acer pseudoplatanus in Sorten	Bergahorn	tief	–	selten	gut möglich	tolerant	häufig
Acer saccharinum	Silberahorn	extrem flach	–	kräftig	gut möglich	empfindlich	bevorzugt
Aesculus hippocastanum	Gewöhnliche Rosskastanie	flach, weit	+	kräftig	empfindlich	empfindlich	bevorzugt
Ailanthus altissima	Götterbaum	flach	–	kräftig	empfindlich	empfindlich	häufig
Alnus glutinosa	Schwarzerle	flach	–	selten	möglich	tolerant	häufig
Betula papyrifera	Papierbirke	flach	–	möglich	empfindlich		
Betula pendula	Sand-/Weißbirke	extrem flach	–	kräftig	nicht möglich	empfindlich	selten
Castanea sativa	Esskastanie	tief, dicht	–	selten	möglich		
Fagus sylvatica in Sorten	Rotbuche	flach/Herz	–	möglich	nicht möglich	empfindlich	nie
Fraxinus excelsior in Sorten	Gewöhnliche Esche	tief, weit	–	selten	möglich	tolerant	häufig
Gleditsia triacanthos ‚Inermis‘	Dornenlose Gleditschie	flach	–	selten	möglich	tolerant	
Liriodendron tulipifera	Tulpenbaum	flach, fleischig	–	möglich	empfindlich	empfindlich	
Platanus x acerifolia	Platane	Herz	–	kräftig	gut möglich	tolerant	häufig
Populus alba ‚Nivea‘	Silberpappel	flach	+	kräftig	gut möglich	tolerant	bevorzugt
Populus balsamifera	Balsampappel	flach	+	kräftig	gut möglich	tolerant	bevorzugt
Populus x berolinensis	Berliner Lorbeerpappel	flach	+	möglich	möglich	tolerant	beobachtet
Populus x canescens	Graupappel	flach	+	möglich	möglich	tolerant	bevorzugt
Populus x euramericana ‚Robusta‘	Holzpappel	flach	–	möglich	möglich	tolerant	beobachtet
Populus nigra ‚Italica‘	Säulenpappel	flach	+	kräftig	möglich	tolerant	bevorzugt
Quercus cerris	Zerr-Eiche	tief	–	selten	möglich	tolerant	beobachtet
Quercus frainetto	Ungarische Eiche	tief	–				
Quercus petraea	Traubeneiche	tief	–	selten	möglich	tolerant	häufig
Quercus robur	Stieleiche	tief	–	selten	möglich	tolerant	häufig
Quercus rubra	Amerikanische Roteiche	flach	–	kräftig	empfindlich	empfindlich	häufig

Tab. 3.10.5 Wurzelsystem von Bäumen und daraus resultierende Eigenschaften

Art/Sorte (lateinischer Name)	Art/Sorte (deutscher Name)	Wurzelsystem	Ausläuferbildung	Anheben von Belägen	Einschütten/ Überfüllen	Verhalten bei Eingriffen	Eindringen in Entsorgungsleitungen
Robinia pseudoacacia	Robinie	flach, weit	+	kräftig	gering	tolerant	nie
Salix alba in Sorten	Silberweide	flach	–	kräftig	gut möglich	tolerant	bevorzugt
Tilia in Arten und Sorten	Linde	Herz, intensiv	–	kräftig	gering	tolerant	nie
Ulmus laevis	Flatterulme	tief	+	selten	empfindlich	empfindlich	möglich
Mittelgroße Bäume							
Acer campestre in Sorten	Feldahorn	Herz	–	selten	möglich	tolerant	selten
Acer negundo	Eschenahorn	flach	–	möglich	empfindlich	empfindlich	häufig
Acer platanoides in Sorten	Spitzahorn	flach/Herz	–	möglich	möglich	tolerant	beobachtet
Acer rubrum in Sorten	Rotahorn	flach	–	möglich	empfindlich	empfindlich	beobachtet
Acer saccharinum ‚Laciniatum Wieri‘	Geschlitzter Silberahorn	extrem flach	–	kräftig	gut möglich	empfindlich	bevorzugt
Alnus cordata	Italienische Erle	flach	–	k. A.	möglich	k. A.	k. A.
Alnus incana	Grauerle	flach	+	möglich	möglich	tolerant	bevorzugt
Alnus x spaethii	Purpurerle	flach	–	k. A.	k. A.	k. A.	k. A.
Betula nigra	Schwarzbirke	flach, dicht	–	möglich	empfindlich	empfindlich	selten
Betula pubescens	Mohrbirke	flach, Herz	–	k. A.	möglich	tolerant	k. A.
Betula utilis	Himalajabirke	flach	–	kräftig	empfindlich	empfindlich	
Carpinus betulus in Sorten	Weißbuche	Herz, intensiv	–	selten	gering	empfindlich	k. A.
Cercidiphyllum japonicum	Kuchenbaum	flach/Herz	–	kräftig	k. A.	k. A.	k. A.
Corylus colurna	Baumhasel	Herz	–	möglich	gering	empfindlich	k. A.
Davidia involucrata var. vilmoriniana	Taubenbaum	flach	–	k. A.	nicht möglich	empfindlich	k. A.
Fagus sylvatica in Sorten	Rotbuche	flach/Herz	–	möglich	nicht möglich	empfindlich	nie
Fraxinus excelsior in Sorten	Gewöhnliche Esche	tief/weit	–	selten	möglich	tolerant	häufig
Juglans	Walnuss	tief	–	selten	möglich	empfindlich	k. A.
Liquidambar	Amberbaum	Herz, fleischig	möglich	gering	empfindlich	beobachtet	k. A.
Populus simonii	Birkenpappel	flach		kräftig	möglich	tolerant	beobachtet
Populus tremula	Zitterpappel	flach/Herz	–	kräftig	möglich	tolerant	bevorzugt
Prunus avium	Vogelkirsche	flach, weit	+	möglich	gering	empfindlich	beobachtet
Pterocarya fraxinifolia	Kaukasische Flügelnuss	flach	+	kräftig	möglich	tolerant	bevorzugt
Quercus coccinea	Scharlacheiche	tief	+	möglich	empfindlich	empfindlich	beobachtet
Quercus macranthera	Persische Eiche	flach	–	selten	möglich	k. A.	k. A.
Quercus palustris	Sumpfeiche	flach	–	kräftig	empfindlich	empfindlich	beobachtet
Robinia pseudoacacia in Sorten	Robinie	flach	+	möglich	gering	tolerant	nie

Tab. 3.10.5 Wurzelsystem von Bäumen und daraus resultierende Eigenschaften

Art/Sorte (lateinischer Name)	Art/Sorte (deutscher Name)	Wurzel-system	Ausläufer-bildung	Anheben von Belägen	Einschütten/ Überfüllen	Verhalten bei Eingrif-fen	Eindringen in Entsorgungs-leitungen
Salix alba in Sorten	Silberweide	flach	–	kräftig	gut möglich	tolerant	bevorzugt
Sophora japonica in Sorten	Japanischer Schnurbaum	flach	–	kräftig	gering	empfindlich	k.A.
Sorbus aucuparia in Sorten	Mehlbeere/ Eberesche	flach/Herz	+	kräftig	möglich	empfindlich	nie
Sorbus intermedia	Schwedi-sche Mehl-beere	Herz	–	möglich	möglich	tolerant	nie
Tilia cordata in Sorten	Winterlinde	Herz, intensiv	–	kräftig	gering	tolerant	nie
Tilia x euchlora	Krimlinde	Herz	–	kräftig	gering	empfindlich	k.A.
Ulmus Hybride ‚Lobel'	Schmalkro-nige Stadt-ulme	Herz	–	möglich	gering	k.A.	k.A.
Kleinbäume							
Acer ginnala	Feuerahorn	flach	–	möglich	gering	empfindlich	k.A.
Acer japonicum ‚Aconitifolium'	Japanischer Feuerahorn	flach	–	k.A.	nicht mög-lich	empfindlich	k.A.
Acer negundo in Sorten	Eschenahorn	flach	–	möglich	empfindlich	empfindlich	häufig
Acer palmatum in Sorten	Fächerahorn	flach	–	k.A.	nicht möglich	empfindlich	k.A.
Acer rufinerve	Rostbart-ahorn	flach	–	k.A.	empfindlich	empfindlich	k.A.
Acer x zoeschense ‚Annae'	Zöschener Ahorn	flach/Herz	–	möglich	k.A.	k.A.	k.A.
Aesculus x carnea ‚Briotii'	Scharlach-rosskastanie	flach/Herz	–	kräftig	empfindlich	empfindlich	k.A.
Amelanchier in Arten	Felsenbirne	flach	–	möglich	empfindlich	empfindlich	
Aralia elata	Japanische Aralie	flach	–	k.A.	gering	empfindlich	k.A.
Buxus sempervirens var. arborescens	Blaugrüner Buchsbaum	Herz, intensiv	–	k.A.	gering	tolerant	k.A.
Catalpa bignonioides	Zigarren-baum	Herz, fleischig	–	nie	gering	empfindlich	k.A.
Cercis siliquastrum	Gewöhnlicher Judasbaum	flach	+	möglich	k.A.	k.A.	k.A.
Cornus in Arten und Sorten	Hartriegel	flach/Herz	–	selten	gering	empfindlich	
Crataegus laevigata ‚Paul's Scarlet'	Weißdorn	tief	–	selten	empfindlich	empfindlich	nie
Crataegus x lavallei	Baumweiß-dorn	tief	–	selten	möglich	tolerant	nie
Crataegus monogyna in Sorten	Eingriffeliger Weißdorn	tief	–	selten	empfindlich	empfindlich	nie
Crataegus pedicellata	Scharlach-weißdorn	tief	–	k.A.	möglich	tolerant	nie
Crataegus x prunifolia ‚Splendens'	Pflaumen-blättriger Weißdorn	tief	–	selten	k.A.	k.A.	k.A.
Davidia involucrata var. vilmoriniana	Taschen-tuchbaum/ Taubenbaum	flach	–	k.A.	nicht mög-lich	empfindlich	k.A.

Art/Sorte (lateinischer Name)	Art/Sorte (deutscher Name)	Wurzel-system	Ausläufer-bildung	Anheben von Belägen	Einschütten/ Überfüllen	Verhalten bei Eingrif-fen	Eindringen in Entsorgungs-leitungen
Elaeagnus angustifolia	Schmal-blättrige Ölweide	flach/tief	–	k. A.	gering	k. A.	nie
Fraxinus ornus in Sorten	Blumen-esche	Herz/tief	–	möglich	möglich	empfindlich	k. A.
Halesia carolina	Maiglöck-chenstrauch	flach	–	nie	nicht mög-lich	empfindlich	k. A.
Hippophae rhamnoides	Gewöhnli-cher Sand-dorn	flach/tief	+	kräftig	möglich	tolerant	nie
Ilex aquifolium in Sorten	Gewöhnli-che Hülse, Europäische Stechpalme	Herz	–	selten	empfindlich	empfindlich	nie
Koelreuteria paniculata	Blasenesche	flach	–	selten	empfindlich	empfindlich	nie
Laburnum in Arten und Sorten	Goldregen	flach, lückig	–	möglich	empfindlich	nie	
Lonicera maackii	Schirmhe-ckenkirsche	Herz	–	möglich	empfindlich	empfindlich	nie
Magnolia in Arten und Sorten	Magnolie	flach	–	möglich	nicht mög-lich	empfindlich	k. A.
Malus in Arten und Sorten	Zierapfel	flach/Herz	+	möglich	empfindlich	empfindlich	möglich
Parrotia persica	Baum-Scheinhasel	flach	–	möglich	empfindlich	empfindlich	k. A.
Prunus in Arten und Sorten	Kirsche	Herz	–	möglich	empfindlich	empfindlich	möglich
Pyrus calleryana ‚Chanticleer‘	Chinesische Wildbirne	tief	+	selten	möglich	tolerant	möglich
Pyrus salicifolia	Weidenblätt-rige Birne	tief	–	k. A.	tolerant	möglich	k. A.
Quercus pontica	Armenische Eiche	tief	–	selten	k. A.	k. A.	k. A.
Quercus x turneri ‚Pseudoturneri‘	Wintergrüne Eiche	tief	–	selten	k. A.	k. A.	k. A.
Rhus typhina	Essigbaum/ Hirschkol-bensumach	flach/weit	+	kräftig	empfindlich	empfindlich	k. A.
Salix in Arten und Sorten	Weide	flach	–	kräftig	gut möglich	tolerant	bevorzugt
Sorbus in Arten und Sorten	Mehlbeere	Herz/tief	–	möglich	empfindlich	empfindlich	möglich
Nadelbäume							
Abies in Arten und Sorten	Tanne	Herz/tief	–	selten	möglich	k. A.	nie
Cedrus in Arten und Sorten	Zeder	Herz/tief	–	selten	möglich	empfindlich	nie
Chamaecyparis in Sorten	Schein-zypresse	flach, intensiv	–	möglich	empfindlich	empfindlich	möglich
Ginkgo biloba	Ginkgo	Herz	–	selten	empfindlich	empfindlich	k. A.
Juniperus virginiana ‚Skyrocket‘	Raketen-wacholder	flach/tief	–	selten	möglich	k. A.	k. A.
Larix in Arten	Lärche	Herz	–	möglich	möglich	tolerant	k. A.
Metasequoia glyptostroboides	Chinesi-sches Rot-holz	flach	–	kräftig	empfindlich	empfindlich	möglich
Picea in Arten und Sorten	Fichte	flach	–	möglich	empfindlich	empfindlich	nie

Tab. 3.10.5 Wurzelsystem von Bäumen und daraus resultierende Eigenschaften

Art/Sorte (lateinischer Name)	Art/Sorte (deutscher Name)	Wurzel-system	Ausläufer-bildung	Anheben von Belägen	Einschütten/ Überfüllen	Verhalten bei Eingrif-fen	Eindringen in Entsorgungs-leitungen
Pinus in Arten und Sorten	Pinie	flach/tief	–	möglich	möglich	tolerant	nie
Pseudolarix amabilis	Goldlärche	tief	–	k.A.	k.A.	k.A.	k.A.
Pseudotsuga menziesii var. Caesia	Douglasie	Herz	–	selten	gering	k.A.	k.A.
Sciadopitys verticillata	Schirmtanne	flach, fleischig	–	nie	nicht mög-lich	empfindlich	nie
Sequoiadendron giganteum	Kaliforni-scher Mam-mutbaum	flach/tief	–	selten	nicht mög-lich	empfindlich	nie

Bau- und genehmigungsrechtliche Hinweise

Festsetzungen und Hinweise zur Verwendung von Gehölzen können sich z. B. aus Grünordnungsplänen, Bebauungsplänen oder Gestaltungssatzungen ergeben. Gesetzliche Vorgaben, z. B. aus dem Naturschutzrecht, der Baumschutzverordnung, dem Nachbarrecht oder Straßen- und Wegerecht, sind zu berücksichtigen.

Abstandsflächen von Hecken

→ 3.6 Einfriedungen und Geländer

3 Elemente
3.11 Begrünung unterbauter Flächen

3.11 Begrünung unterbauter Flächen

Die Begrünung unterbauter Flächen umfasst neben der Begrünung von Dächern auch diejenige von Innenhöfen, Tiefgaragen und sonstigen Bauwerken unter Freianlagen sowie von Brücken. Die positive Wirkung auf das (Klein-) Klima, die Bindung von Staub und Schadstoffen, der Rückhalt von Niederschlagswasser, die Schaffung von Lebensraum für Fauna und Flora und die Schutzfunktion für das Dach sowie die Steigerung der Freiraumqualität bei nutzbaren Räumen stellen gute Argumente für eine Dachbegrünung dar.

Da der Belastung in den meisten Fällen durch das Bauwerk Grenzen gesetzt sind, können sich Einschränkungen hinsichtlich der Gestaltung und der Bepflanzung ergeben, die zum einen aus den maximalen Flächenlasten und zum anderen aus der Dachneigung resultieren. Stark exponierte Flächen können außerdem für viele Nutzungen und Bepflanzungen zu extreme Standortbedingungen aufweisen.

Standort

Dachbegrünungsarten

Bezogen auf den Schichtaufbau und die Schichtdicke unterscheidet man zwischen Extensivbegrünung, einfacher und aufwendiger Intensivbegrünung. Die Dicke der Vegetationstragschicht bestimmt dabei die Art der Bepflanzung, die von einer trockenheitsverträglichen Moos-Sedum-Begrünung bei der extensiven Begrünung über die Stauden-Gräser-Pflanzung bis hin zur Gehölzpflanzung bei der intensiven Begrünung reicht. Auf flachen Dachneigungen sind alle Formen der Begrünung möglich, bei Dachneigungen von über 5° kommen nur noch extensive Dachbegrünungen infrage. → Tab. 3.11.2

Begeh- oder befahrbare Bereiche können in ungebundener oder gebundener Bauweise ausgeführt werden. Ausführung und Schichtdicken sind abhängig von der Belastung durch die Fahrzeuge. Die Punktlasten müssen durch entsprechend hohe Tragschichten, bei geringer Aufbauhöhe auch durch lastverteilende Platten verteilt werden. → Abb. 3.11.1

Pflanzen

Aufgrund der meist gebäudebezogenen Lage und der Exposition gibt es teilweise extreme Standortunterschiede für eine mögliche Bepflanzung. Auf Dächern herrschen oftmals extremere Windverhältnisse als am Boden oder in Innenhöfen. Durch die Exposition des Daches oder die Lage in einem Innenhof ergeben sich sehr strahlungsintensive oder komplett verschattete Lagen. Besonders auf Schrägdächern entstehen extrem trockene Lagen, da Niederschläge sich kaum in den dünnen Substratschichten halten können und schnell nach unten ablaufen. Gebäudebezogen entsteht so eine Vielzahl von Lebensräumen, auf die der Planer durch entsprechende Pflanzenwahl reagieren muss.

Die Dicke der durchwurzelbaren Schichten bedingt die grundsätzlich unterschiedlichen Begrünungsarten. Das Spektrum dieser Begrünungsformen zeigt Tab. 3.11.1

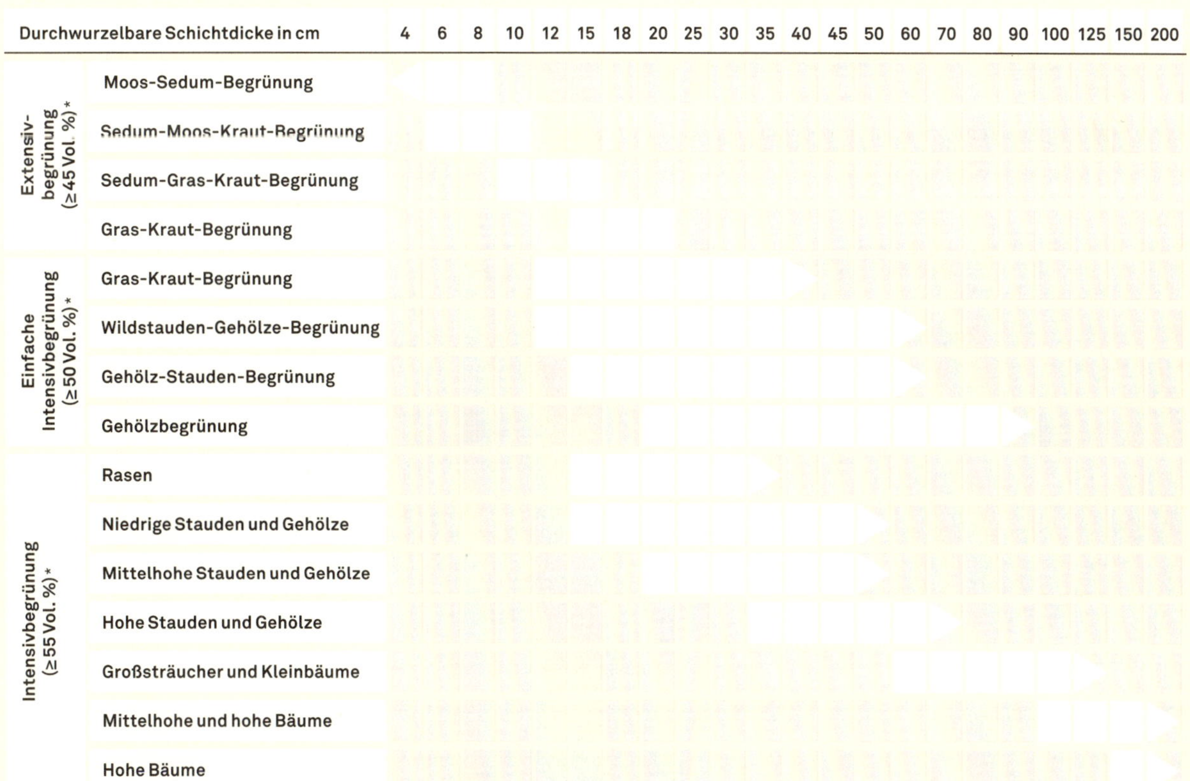

* maximale Wasserkapazität der Vegetationstrag- und Drainschicht

Tab. 3.11.1 Mögliche Begrünungsformen in Abhängigkeit von der Vegetationstragschichtdicke

	Begrünungsart Extensivbegrünung	Einfache Intensivbegrünung	Intensivbegrünung
Schichtaufbau 1 Extensivsubstrat 2 Intensivsubstrat 3 Mineralisches Unterbodensubstrat 4 Filterschicht/-matte 5 Festkörperdrainage 6 Drainageschicht 7 Schutzlage 8 Dachdichtung (wurzelfest)	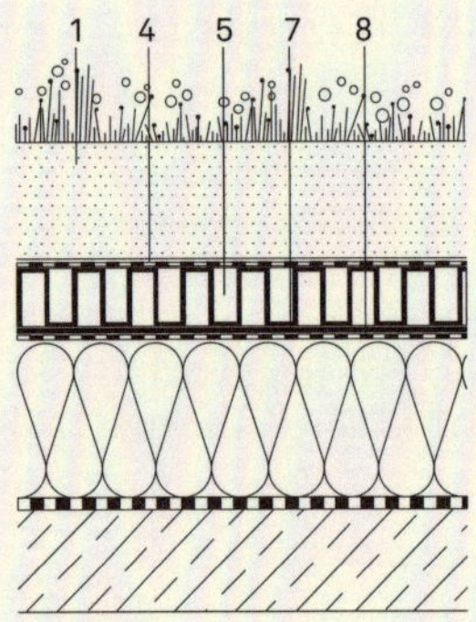	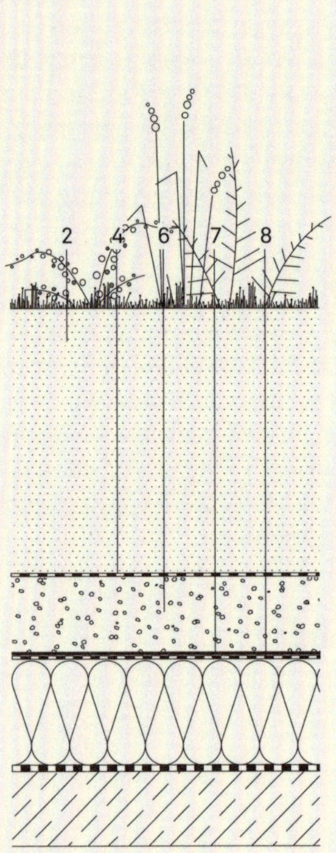	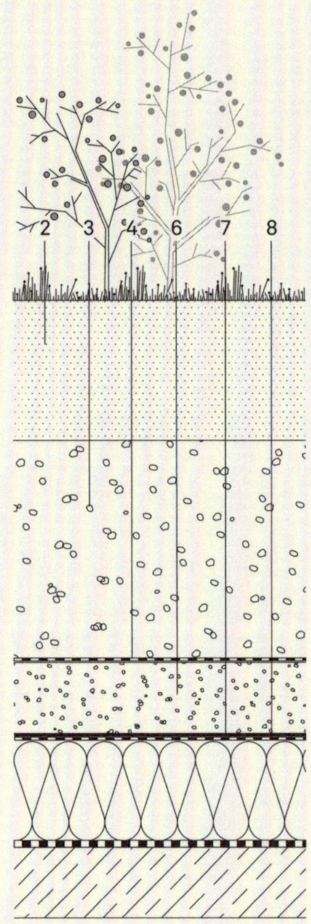
Drainschicht	Ca. 3 cm (entfällt bei Einschichtbauweise)	3–5 cm	>10 cm
Vegetationsschicht	5–15 cm	10–25 cm	>25 cm
Dachlast	50–150 kg/m²	150–350 kg/m²	>350 kg/m²
Art der Begrünung	Moose, wenige trockenheitsverträgliche Gräser und Stauden, insbesondere Moose-Sedum-, Sedum-Moose-Kraut-, Sedum-Gras-Kraut-, Gras-Kraut-Begrünungen	Trockenheitsverträgliche Stauden, Gräser und Gehölze	Nahezu uneingeschränkte Pflanzenverwendung, je nach Standortbedingungen, keine windempfindlichen Pflanzen und keine Großgehölze
	Keine stark wachsenden Kletterpflanzen und Pflanzen mit aggressivem Wurzelwachstum, z. B. einige Bambusarten, die die Dachdichtung/Wurzelschutzschicht beschädigen könnten		
Pflege	Gering, in der Regel keine Bewässerung erforderlich	Mittel, ggf. Bewässerung (Trockenperioden), Rückschnitt und Düngung nach Bedarf und Art der Bepflanzung	Hoch, regelmäßige Bewässerung, Rückschnitt und Düngung nach Bedarf und Art der Bepflanzung
	Kontrolle der Dachabläufe, ggf. Entfernen von Fremdaufwuchs, insbesondere auf Schutzstreifen		
Dachneigung	(0) 1–35° (in Ausnahmefällen bis 45°), ab 20° nur mit Rutsch- und Schubsicherungen, um Erosion durch die Abflussgeschwindigkeit des Niederschlagswassers zu vermeiden	(0) 1–5° (ca. 8 %)	(0) 1–5° (ca. 8 %)
Geeignete Dachtypen	Einfache Konstruktionen wie Carports, Pavillons, Gartenhäuser etc., Kaltdächer	Einfache Konstruktionen nur nach vorheriger Prüfung	
	• Umkehrdach mit Wärmedämmung • Warmdächer, soweit druckfeste Dämmung vorhanden • WU-Dach mit Wärmedämmung • Dächer ohne Wärmedämmung (z. B. Tiefgaragen, Brücken, Nebengebäude etc.)		

Tab. 3.11.2 Merkmale der unterschiedlichen Dachbegrünungsarten (Quelle: Staatliche Forschungsanstalt für Gartenbau Weihenstephan, verändert und ergänzt)

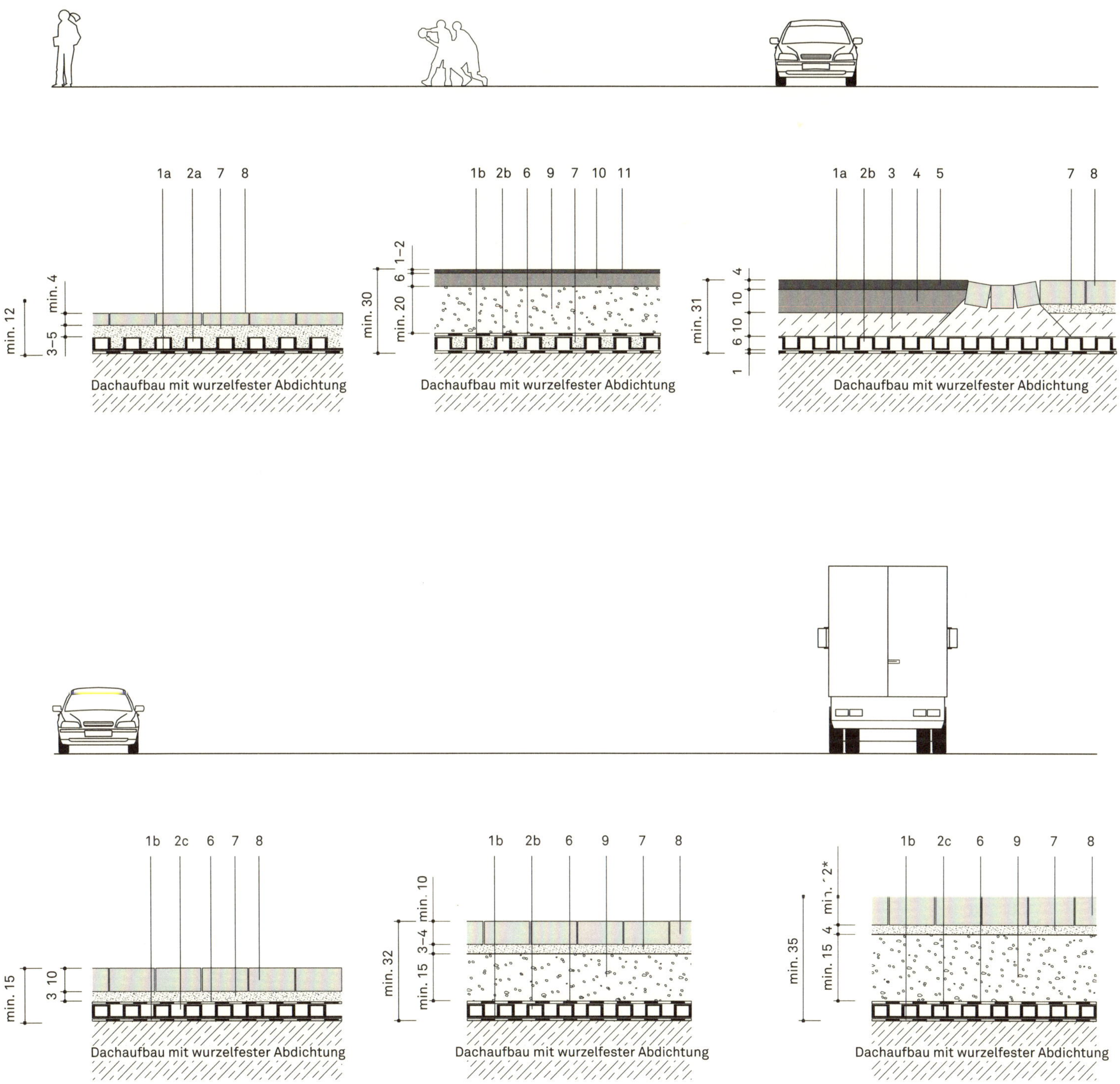

1a Schutzmatte
1b Trenn- und Gleitfolie
2a Dränageschicht/Dränagematte
2b belastbare Dränage- und Bautenschutzplatte
2c hoch belastbare Dränage- und Bautenschutzplatte
3 Betontragschicht
4 Asphalttragschicht
5 Asphaltdeckschicht
6 Filtervlies
7 Splitt
8 Pflasterbelag (bei Gehbelägen auch Platten)
9 Schottertragschicht
10 wasserdurchlässiger Asphalt
11 Elastikbelag/EPDM
* Dicke min. 12 cm bis 16 t
min. 14 cm bis 60 t

Abb. 3.11.1 Wege- und Fahrbeläge auf Dächern und Tiefgaragendecken

Abmessungen und Kennwerte

Lastannahmen

Einschränkend auf die Art der Dachbegrünung, die Art der Einbauten und die Art und Höhe der Drän- und (Vegetations-)Tragschicht können sich die baulichen Rahmenbedingungen des Bauwerks auswirken, insbesondere die Art des Dachtypus und die möglichen Lasten. Bei den Dachlasten sind neben dem eigentlichen Gewicht des Aufbaus auch Lastreserven, beispielsweise für Schneelasten, zu berücksichtigen. Bei nutzbaren Flachdächern kommen noch Lasten für Einbauten und Verkehrslasten hinzu sowie Lasten durch gelegentliches oder regelmäßiges Betreten oder Befahren. → **Tab. 3.11.4**

Windsogsicherung

Bei exponierten Dachlagen müssen die technischen Dachaufbauten gegen angreifende Windkräfte geschützt werden. Je nach Gebäudehöhe und Dachform variieren diese Windsogkräfte und müssen individuell berechnet werden. In den Randbereichen werden die Windsogkräfte durch entsprechende Auflasten (Betonplatten o. ä.) abgefangen. In Abhängigkeit von Dachgrundriss (→ **Abb. 3.11.2**) und Gebäudehöhe können für Gebäude mit Flachdächern bis 8° Neigung die erforderlichen Auflasten → **Tab. 3.11.3** entnommen werden.

Erosionsschutz

Gegen Wind- und Wassererosion an den eingebrachten Substraten und an der Vegetation selbst sind zusätzliche Maßnahmen erforderlich. Diese können in der Wahl entsprechender vegetationstechnischer Maßnahmen und in der Sicherung der Eckbereiche auf Flachdächern bestehen.

Zu den vegetationstechnischen Maßnahmen gehören sowohl für Flach- als auch für Steildächer insbesondere:

- Einsatz von Erosionsschutzgewebe
- Ansaaten mit nachfolgender Festlegung durch Bodenfestiger
- Nassansaaten mit Klebern und Mulchdecken
- Einsatz von vorkultivierten Vegetationsmatten
- Substrate mit schichthomogener Verklebung.

Die Maßnahmen stehen auch in Verbindung mit der Dachneigung. Bei extensiver Dachbegrünung auf Schrägdächern müssen Maßnahmen ergriffen werden, um Erosionen durch die Abflussgeschwindigkeit des Niederschlagswassers und durch die auftretenden Schubkräfte zu vermeiden.

Mindestabstände

Mindestabstände zu aufgehenden Bauteilen dienen dem Brandschutz und halten bestimmte Einbauten und Abschlüsse frei von Vegetation und eindringendem Wasser. Diese vegetationsfreien Abstandsstreifen sind unbedingt vorzusehen und werden meistens als Kiesstreifen oder als Plattenbelag ausgeführt. → **Abb. 3.11.5**

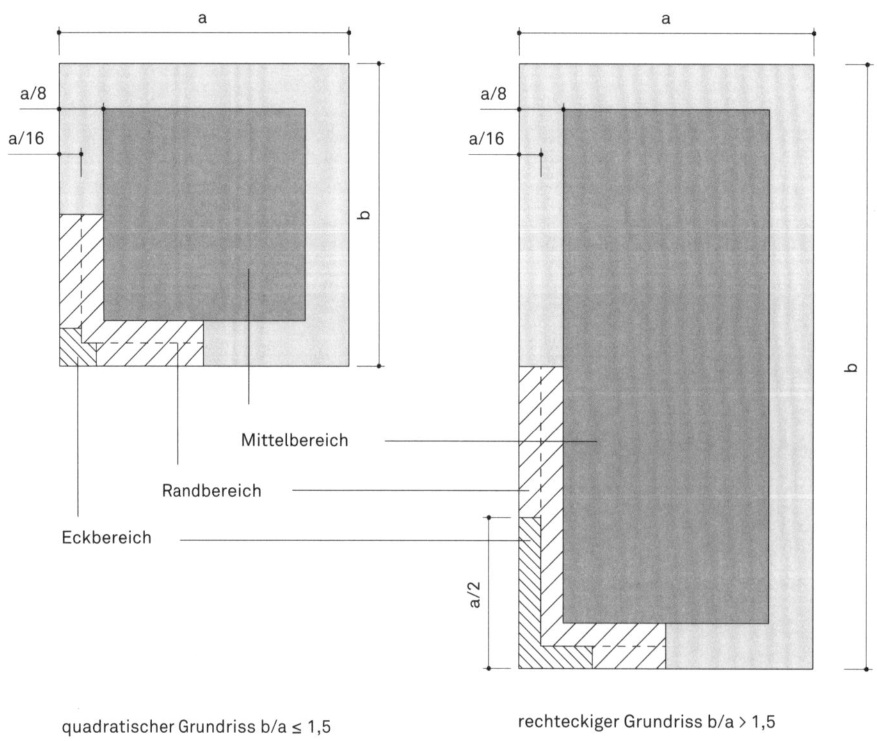

Abb. 3.11.2 Flächenaufteilung für Flachdächer bis 8° Neigung zur Bestimmung der erforderlichen Auflasten

Windsogkräfte und notwendige Auflasten bei Flachdächern bis 8° Neigung in Abhängigkeit von Dachgrundriss a × b und Gebäudehöhe h (nach DIN 1055, Teil 4)		Gebäudehöhe über Gelände					
		0–8 m		8–20 m		20–100 m	
		Staudruck q					
		0,5 kN/m²		0,8 kN/m²		1,1 kN/m²	
Gebäudetyp	**Dachbereiche und aerodynamischer Druckbeiwert c_p**	**Windsogkräfte und notwendige Auflast (inkl. Sicherheitsfaktor 1,5) in kN/m²**					
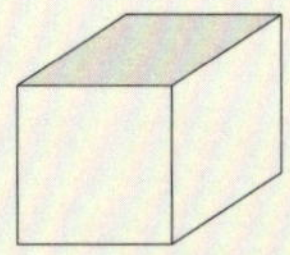	Abmessungsverhältnisse b / a ≤ 1,5; h / a > 0,4 Eckbereich c_p = −2,0 Randbereich c_p = −1,0 Mittenbereich c_p = −0,6	Sog-kraft 1,00 0,50 0,30	Notw. Auflast 1,50 0,75 0,45	Sog-Kraft 1,60 0,80 0,48	Notw. Auflast 2,40 1,20 0,72	Sog-Kraft 2,20 1,10 0,66	Notw. Auflast 3,30 1,65 0,99
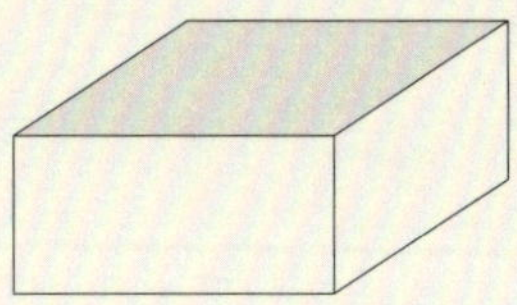	Abmessungsverhältnisse b / a ≤ 1,5; h / a > 0,4 Eckbereich c_p = −2,8 Randbereich c_p = −1,5 Mittenbereich c_p = −0,8	1,40 0,75 0,40	2,10 1,13 0,60	2,24 1,20 0,64	3,36 1,80 0,96	3,08 1,65 0,88	4,62 2,48 1,32
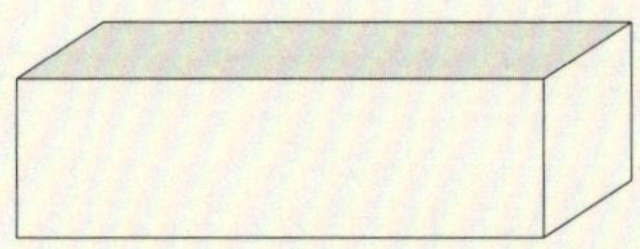	Abmessungsverhältnisse b / a > 1,5; h / a ≤ 0,4 Eckbereich c_p = −2,5 Randbereich c_p = −1,0 Mittenbereich c_p = −0,6	1,25 0,50 0,30	1,88 0,75 0,45	2,00 0,80 0,48	3,00 1,20 0,72	2,75 1,10 0,66	4,13 1,65 0,99
	Abmessungsverhältnisse b / a > 1,5; h / a > 0,4 Eckbereich c_p = −3,0 Randbereich c_p = −1,7 Mittenbereich c_p = −0,8	1,50 0,85 0,40	2,25 1,28 0,60	2,40 1,36 0,64	3,60 2,04 0,96	3,30 1,87 0,88	4,95 2,81 1,32

* kN/m² entspricht 100 kg/m²

Tab. 3.11.3 Windsogkräfte und notwendige Auflasten

Art der Nutzung	Flächenlast bei max. Wasserkapazität in kN/m²
Extensivbegrünung	0,5–1,5
Einfache Intensivbegrünung	1,5–3,5
Intensivbegrünung	>3,5
Zusätzliche Lasten	
Kleinbäume bis 10 m Höhe	0,6
Bäume bis 15 m Höhe	1,5
Lastreserven	
Schnee	0,75
Betreten zu Pflegezwecken	0,75
Nutzlasten	
Verkehrslasten durch Begehen/Fahrradfahrer	4
Verkehrslasten durch Befahren, Pkw bis 2,5 t	3,5–5,0
Verkehrslasten durch Befahren, Lkw 2,5 t – 16 t	8,9

Tab. 3.11.4 Lastannahmen für Dachbegrünung, Durchschnittswerte

Bau- und genehmigungsrechtliche Hinweise

Vorgaben über eine erforderliche Dachbegrünung können im Rahmen der Bauleitplanung gemacht werden. In Deutschland können Gebäudebegrünungen im Bebauungsplan nach § 9 (1) Nr. 25 BauGB oder als Ausgleichsmaßnahme nach § 31 (2) BauGB festgesetzt werden. Insbesondere im Zusammenhang mit der Rückhaltung von Niederschlägen wird die Anlage von Dachbegrünungen bei Neubauten gefordert.

Dachbegrünungen sind zunächst nicht genehmigungspflichtig, jedoch kann bei genutzten Dachflächen eine Genehmigung erforderlich werden (Sicherstellung der Absturzsicherung, Dachlasten usw.). Bei Baudenkmälern ist in jedem Fall eine Genehmigung der Denkmalschutzbehörde einzuholen. Überdies müssen die brandschutztechnischen Vorgaben (→ Abb. 3.8.5) berücksichtigt werden.

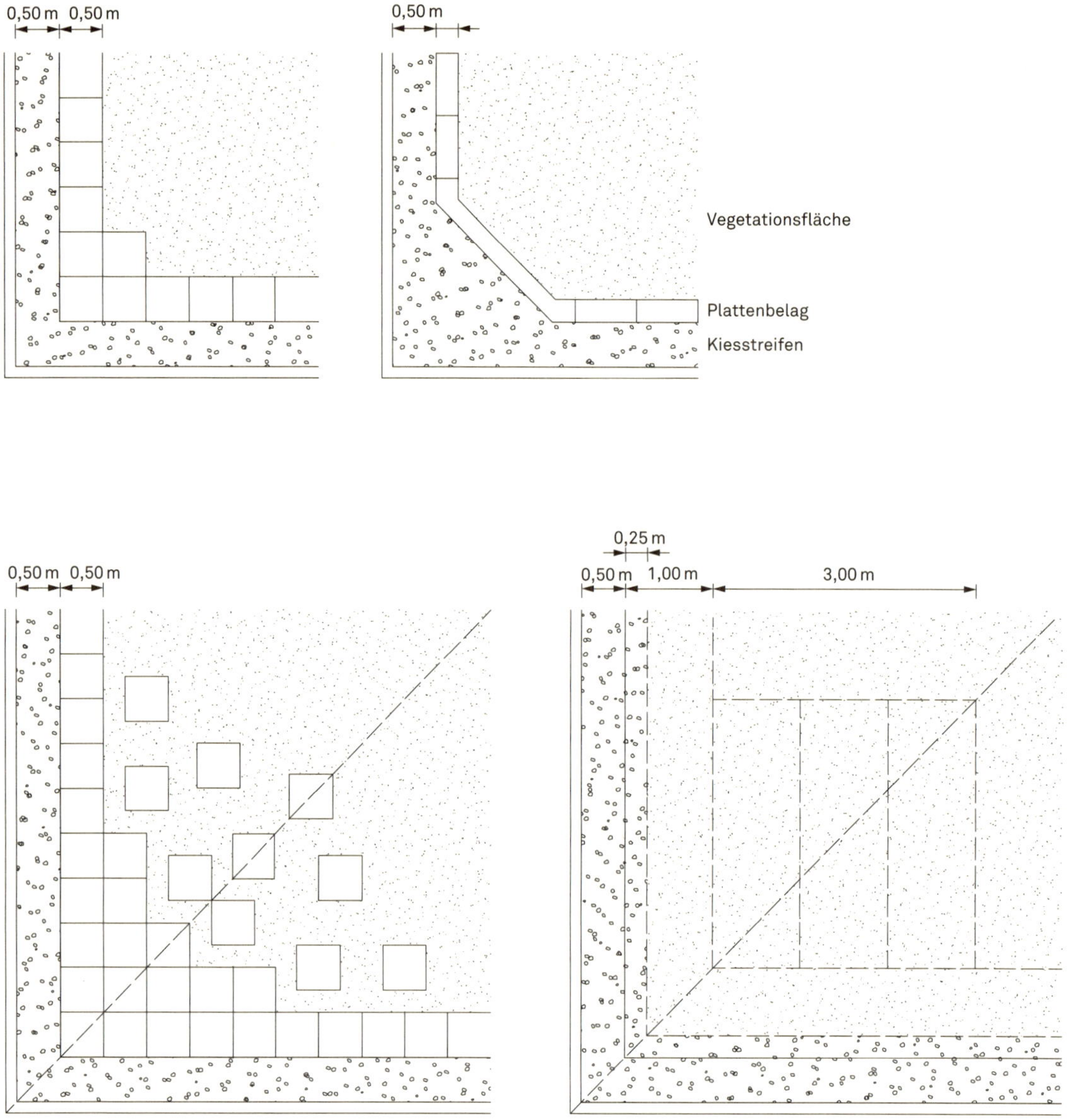

Abb. 3.11.3 Maßnahmen zur Sicherung der Eckbereiche

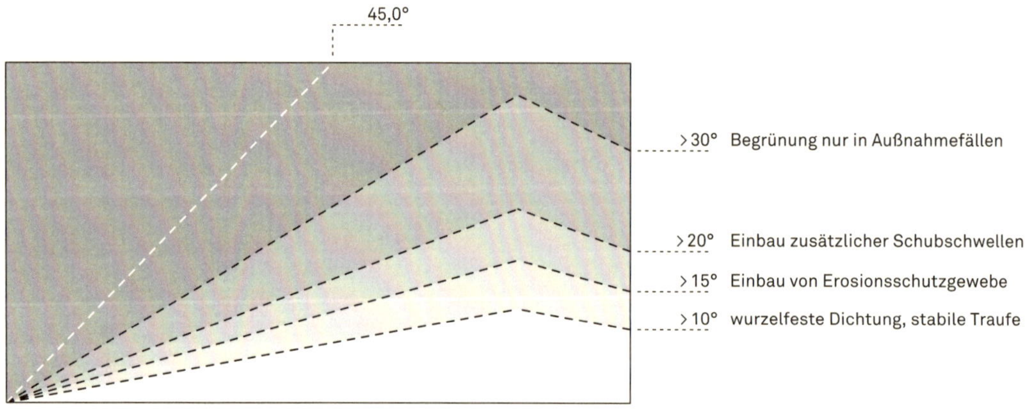

Abb. 3.11.4 Sicherungsmaßnahmen bei zunehmender Dachneigung

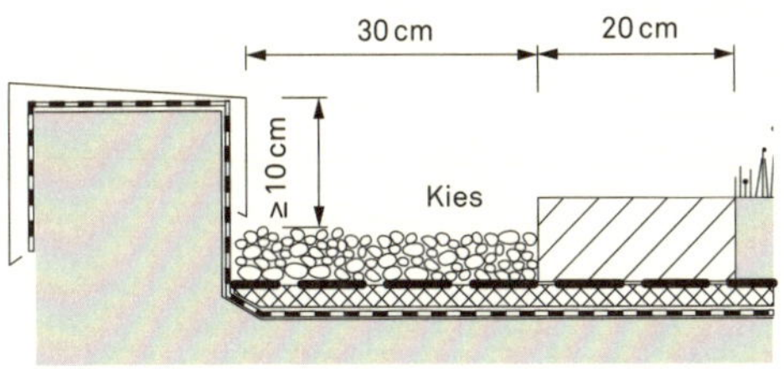

Abstandsstreifen zum Dachrand

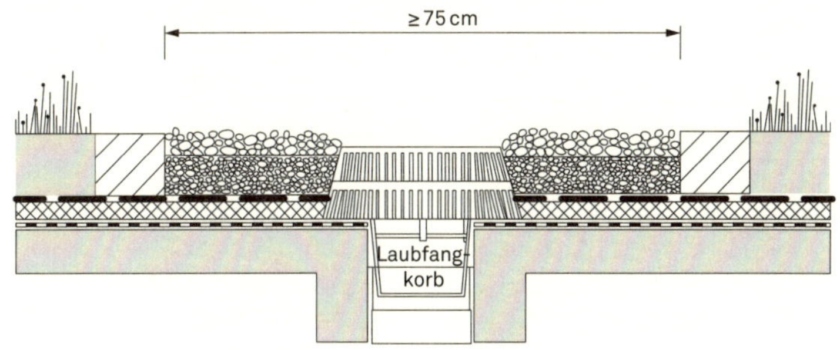

vegetationsfreier Abstandsstreifen um einen Dachablauf

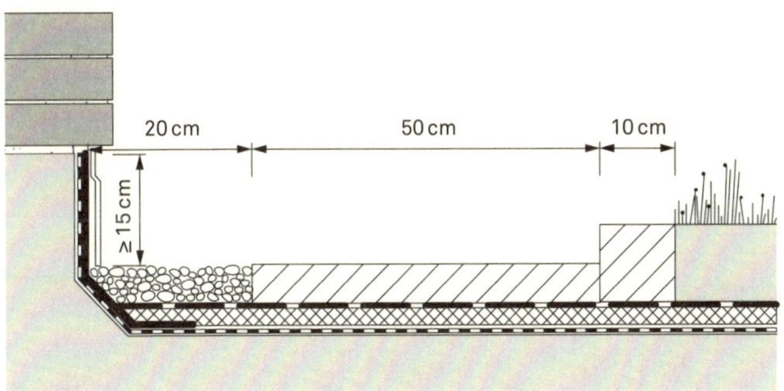

Schutzstreifen an aufgehendem Mauerwerk

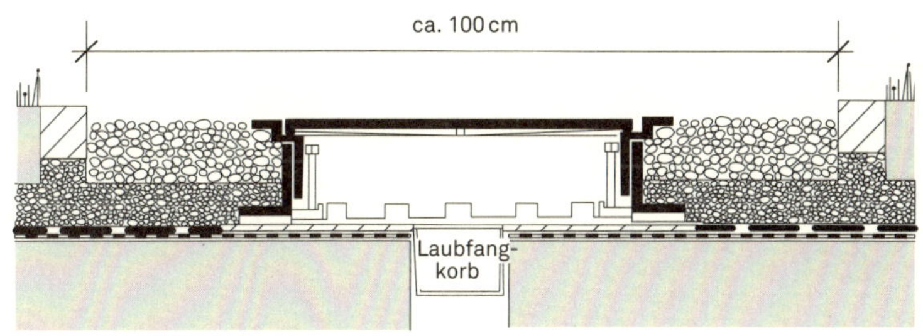

Dachablauf

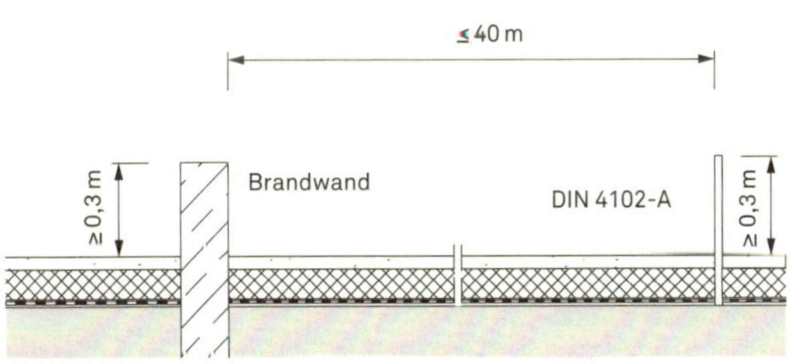

Brandschutz durch aufgehende Wände im Abstand von ≤ 40 m gem. DIN 4102-A

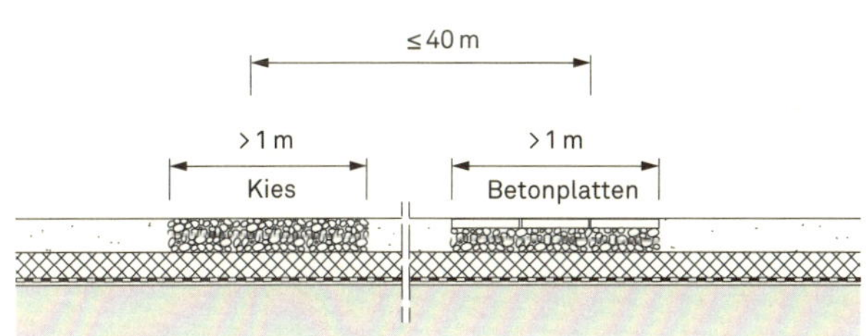

oder im Abstand von ≤ 40 m ein Streifen aus Kies oder Betonplatten

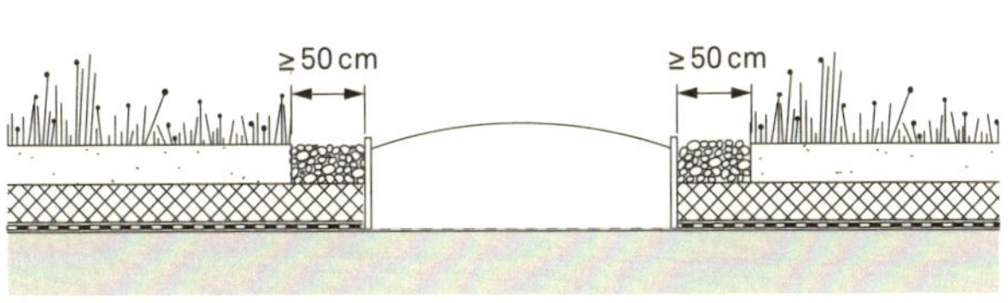

Streifen aus Kies oder Betonplatten um Dachöffnungen (z. B. Lichtkuppeln)

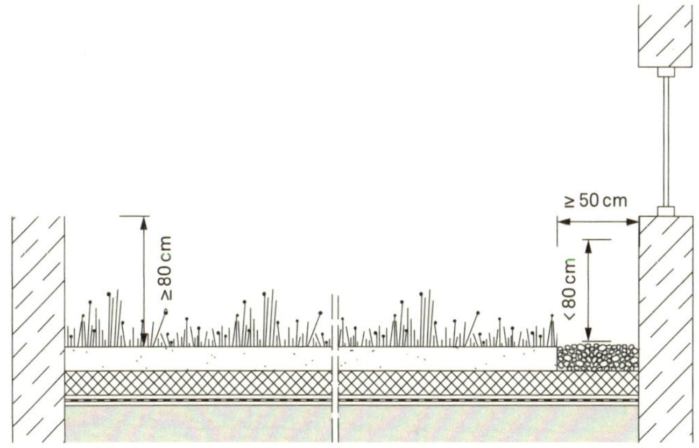

Streifen aus Kies oder Betonplatten vor aufgehenden Wänden mit Brüstungshöhe der Fenster < 80 cm.

Abb. 3.11.5 Mindestabstände zu aufgehenden Bauteilen und Randabschlüssen

3 Elemente
3.12 Vertikalbegrünung

3.12 Vertikalbegrünung

Die Vertikalbegrünung umfasst die Kultivierung von Kletterpflanzen entlang eines Ranksystems oder eines Spaliers, bei Selbstklimmern auch direkt an einem Bauwerk oder an einem Gehölz. Außerdem können begrünte Töpfe bzw. Trogsysteme entlang einer Fassade angeordnet werden. Eine Art Weiterentwicklung und Synthese aus diesen Systemen stellen fassadengebundene Pflanzsysteme (auch „lebendige Wände") dar, bei denen Pflanzen in Substratmatten oder Taschen gesetzt werden und auf diese Weise eine flächige Begrünung an einer Gebäudewand erzeugt wird. Es werden verschiedene patentierte Systeme angeboten. Durch regelmäßige Benetzung poröser Oberflächen können außerdem Begrünungen mit Moosen oder Flechten entstehen.

Für die Auswahl des jeweiligen Systems und des Pflanzenmaterials ist es relevant, ob gestalterisch eine Teil- oder eine Vollbegrünung, ein freies Wachstum oder eine geometrische Anordnung bzw. Entwicklung der Pflanzen gewünscht ist.

Der Ausbreitungsdrang von Kletterpflanzen ist im Allgemeinen sehr groß. Insbesondere Selbstklimmer suchen sich ihren Weg entlang einer Fassade selbst. Ihr Wachstum wirkt daher häufig unregelmäßig, bis eine Fläche komplett bewachsen ist. Einige Arten wie beispielsweise Efeu lassen sich aber durch regelmäßigen Schnitt gut formieren. Mittels Kletterhilfen leitet man den Wuchs von Schlingern, rankenden Pflanzen und Spreizklimmern gezielt in die jeweilige Richtung, wobei durch überhängende Triebe häufig ein gewisses Maß an „Unregelmäßigkeit" bestehen bleibt. Kletterhilfen können zur Teil- oder Vollbegrünung eingesetzt werden. Sollen bestimmte Höhen erreicht werden, bieten sich Arten mit entsprechendem Höhenwachstum, vor allem aber schnellwüchsige Arten an.

Fassadengebundene Pflanzsysteme eignen sich für eine gezielte Begrünung von Wänden oder Mauern und bieten die Möglichkeit für eine flächenhafte Gestaltung ornamentaler Bilder. Da hierfür überwiegend Stauden bzw. krautartige Pflanzen zum Einsatz kommen, können diese auch sehr viel gezielter zur Gestaltung von Flächen eingesetzt werden, als das bei Kletterpflanzen möglich ist.

Auch der Einsatz von Spalierobst stellt eine eher formale Gestaltungsvariante dar, da sich durch das Beschneiden und Festbinden der Triebe und Äste ein stark formalisierender Charakter ergibt.

Standort

Grundsätzlich gilt es, die Windverhältnisse am Standort zu berücksichtigen. Insbesondere für freistehende Rankgerüste sind durch starke Winde beeinträchtigte Lagen zu meiden.

Für wärmeliebende Arten, insbesondere auch für Obstsorten, kann die wärmespeichernde Wirkung von Wänden ausgenutzt werden. Vor allem die schräg einfallende Sonnenstrahlung im Frühjahr und im Herbst fängt sich an Wänden besonders gut, sodass ideale Wachstumsbedingungen geschaffen werden.

Um eine ausreichende Wasser- und Nährstoffversorgung zu gewährleisten, ist vor allem vor Mauern auf eine ausreichende Größe der Pflanzfläche zu achten. Liegt die Pflanzfläche im Rasen, sollte ein etwa 1 m² großer Bereich von Rasensoden freigehalten werden.

Bei freihängenden Pflanzbehältern muss im Winter die Frostgefahr berücksichtigt werden. Ein für die kalte Jahreszeit individuell angebrachter Schutz ist sehr aufwendig, weshalb es sich empfiehlt, die Tröge mit einer Dämmschicht zu versehen.

Sobald Pflanzen nicht im Erdreich gepflanzt werden, sind künstliche Bewässerungsmaßnahmen erforderlich. Für fassadengebundene Systeme und für Pflanzgefäße ergibt sich dadurch ein höherer Betriebs- und Unterhaltungsaufwand. → Tab. 3.12.3

Klassifikationen

Pflanzen

Bei der vertikalen Begrünung kann man folgende Pflanzengruppen nach ihrer Verwendung und den entsprechenden Eigenschaften unterscheiden: ein- und mehrjährige Kletterpflanzen, Spalierpflanzen, Pflanzen für fassadengebundene Systeme (Stauden, Kräuter und kleinwüchsige Gehölze) sowie geschnittene Heckenpflanzen.

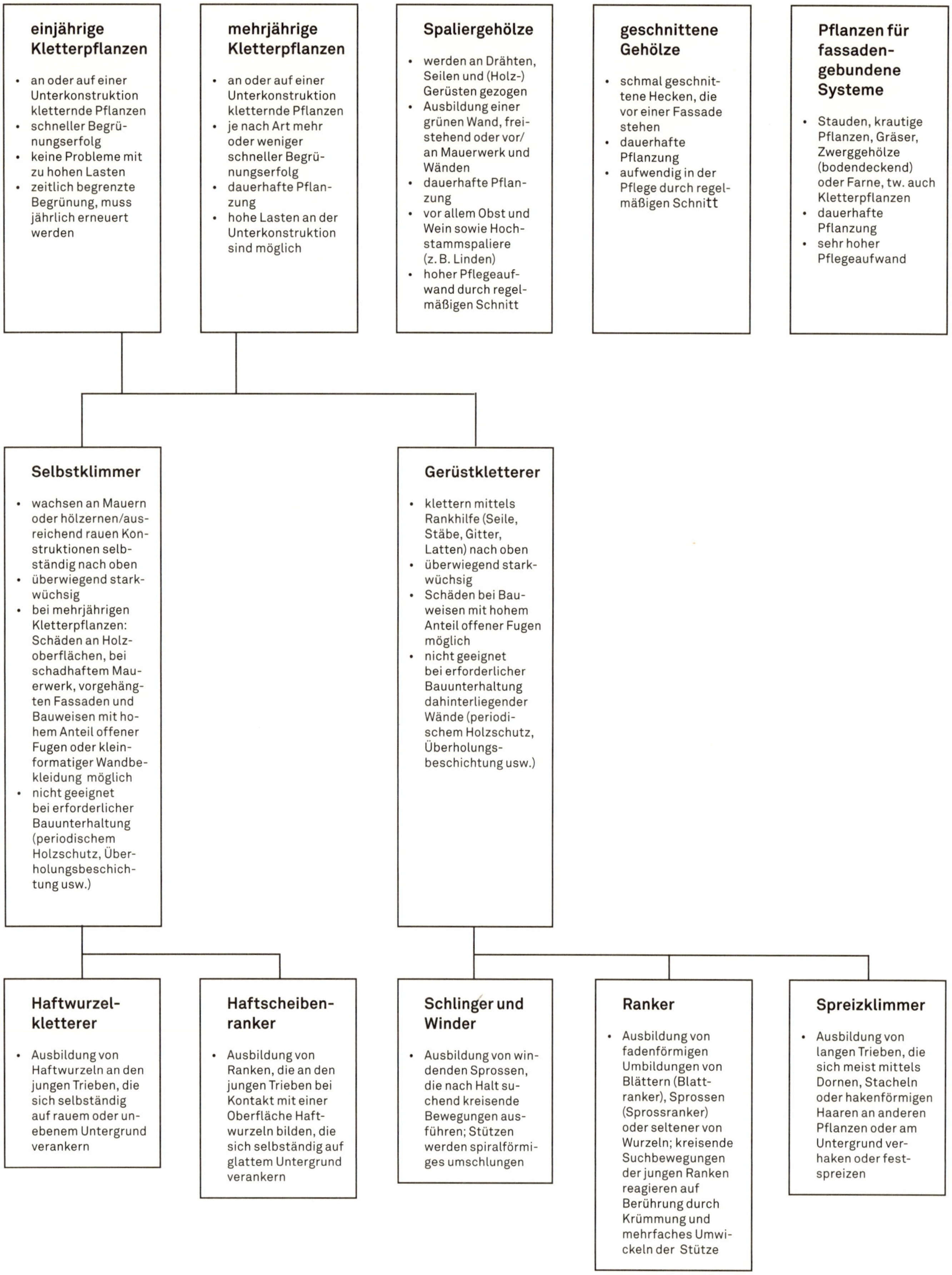

Abb. 3.12.1 Pflanzengruppen für die vertikale Begrünung

Abmessungen und Kennwerte

Kletterhilfen und Spaliere

Kletterhilfen können linear oder flächig ausgebildet werden. Darüber hinaus unterscheiden sie sich in der Ausrichtung (horizontal, vertikal oder diagonal), den Abständen zwischen den einzelnen Verstrebungen sowie dem Profildurchmesser der Kletterhilfe. Durch die Abstände der Verstrebungen voneinander und von der Wand ergibt sich die jeweilige Eignung der unterschiedlichen Arten an Gerüstkletterern.

Unter Spalier versteht man eine Rankkonstruktion, an der die Pflanzen gezogen und in der Regel auch festgebunden werden, um sie zu führen bzw. in eine bestimmte Form zu bringen. Die Pflanzen müssen dazu regelmäßig nach einem bestimmten Prinzip beschnitten und ihre Triebe entlang der gewünschten Richtung ausgerichtet und festgebunden werden. Neben Obstgehölzen können auch andere Laubgehölze gezogen werden, wie beispielsweise Hainbuchen. Von den Baumschulen werden auch Hochstammspaliere angeboten.

Insbesondere bei der Verwendung von Obstgehölzen wird das Spalier vor einer Mauer platziert, um die abstrahlende Wärme der Wand auszunutzen und die Erträge zu steigern. Nicht jedes Obst eignet sich aufgrund seiner Wuchseigenschaften für jede Art von Kultur. Je nach Wahl der Sorte oder Art können sich unterschiedliche Abstände für die Latten bzw. Verspannungen und bei den Spalierformen ergeben. Am besten geeignet sind Apfel, Aprikose, Birne und Pfirsich. → Tab. 3.12.2

linear	breitlinear	breitlinear, richtungskombiniert	flächig orthogonal	flächig diagonal
senkrecht oder waagerecht				
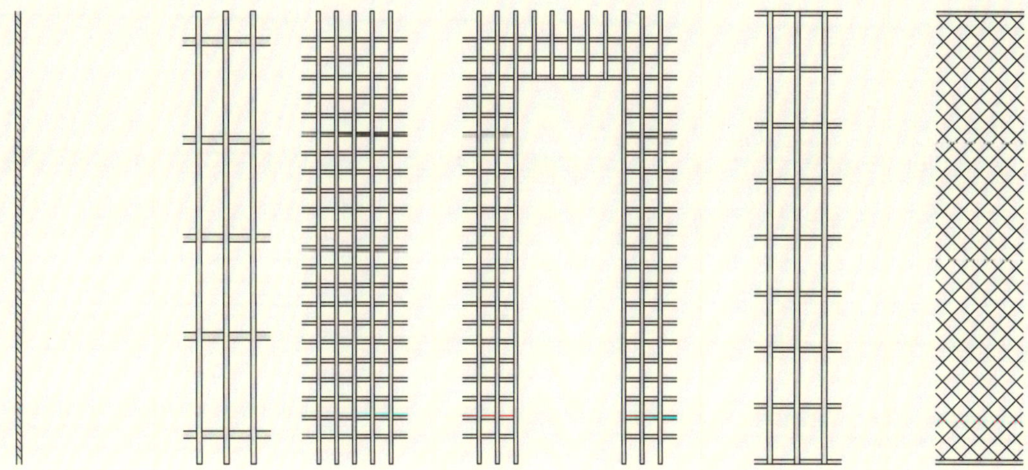				
Seile, Stangen, Rohre	Stäbe, Latten oder schmale Gitter	Seile, Stäbe, Latten oder schmale Gitter	Netze und Stab- und Lattengitter, ggf. ausgesteift durch Rohre und Balken bzw. durch Randverstärkung	
Lastkonzentration auf ein Profil, keine Querstabilisierung, besonders geeignet für Schlinger und Winder, Verjüngung in der Regel nur durch Totalrückschnitt möglich, gut geeignet für schnell in die Höhe wachsende Arten, z. B. Hopfen (Humulus lupulus)	Lastverteilung möglich, Querstabilisierung je nach Material, Feldweite und Breite		Lastverteilung und Querstabilisierung in der Regel optimal, besonders für Ranker und Spreizklimmer geeignet	

Abb. 3.12.2 Grundformen von Kletterhilfen für Gerüstkletterer

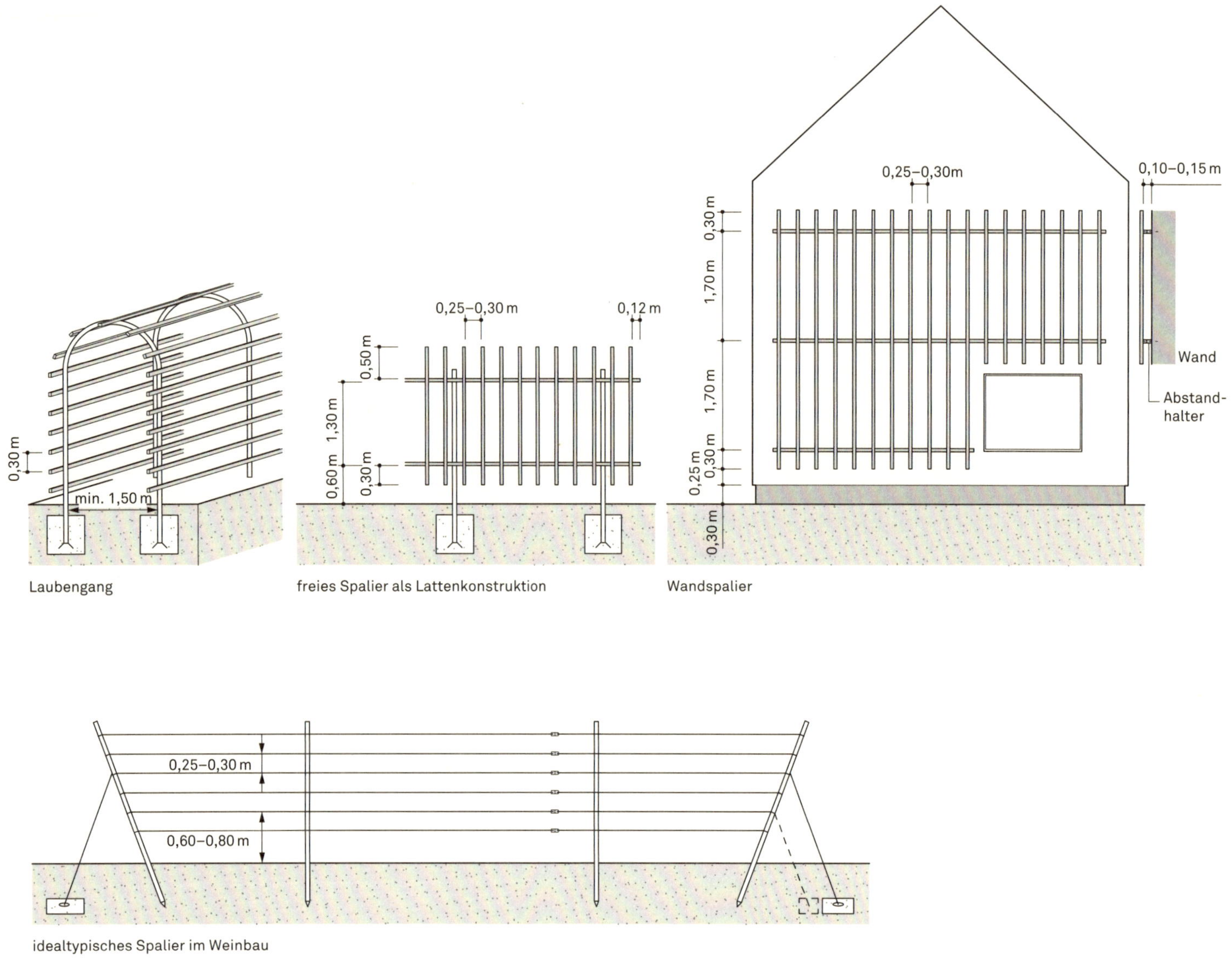

Abb. 3.12.3 Wandspalier und freistehende Spaliere

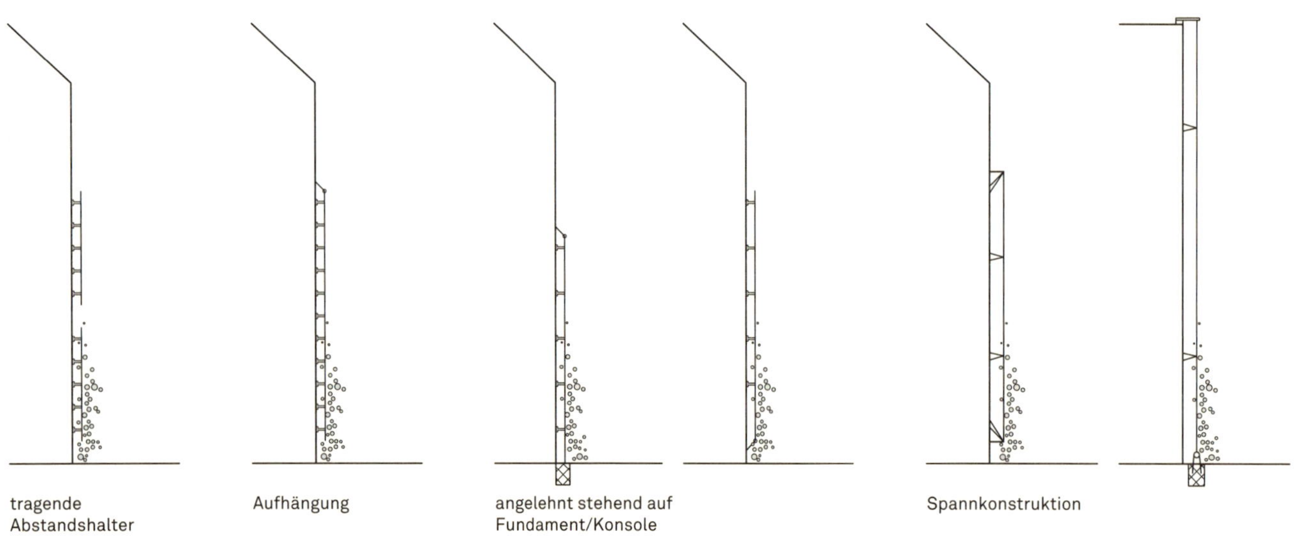

Abb. 3.12.4 Verankerung von Ranksystemen an der Mauer

Botanischer und deutscher Name	Mittlere Wuchshöhe (kletternd)	Wuchsbreite (= sinnvolle Breite der Kletterhilfe soweit erforderlich)	Wuchs (jährlicher Zuwachs unter üblichen Bedingungen)				Max. Triebdurchmesser am Wurzelhals/Wandabstand der Kletterhilfe	Profilstärke der Kletterhilfe	Lichtanspruch	Laub	Besonderheiten
			>200 cm	100–200 cm	50–100 cm	<50 cm			So = Sonne, HS = Halbschatten, S = Schatten	sommergrün (s) / immergrün (i)	
Selbstklimmer											
Haftwurzelkletterer											
Campsis radicans (Amerikanische Klettertrompete)	6–12 m	6–10 m	x	x			bis 20 cm	–	So	s	anfangs langsamwüchsig, nach 3–5 Jahren schnellwüchsig, lichtfliehende Triebe, geschützter Standort
Campsis radicans ‚Flava' (Gelbe Klettertrompete)	4–5 m, in günstigen Lagen bis 8 m	4 m		x			–	–	So	s	dicht, mit überhängenden Zweigen
Campsis tagliabuana ‚Mme. Galen' (Großblütige Klettertrompete)	3–5 (9) m	5–6 m	x		x	x	bis 10 cm	–	So	s	langsamwüchsig, Triebe weit überhängend, wenig haftend, empfehlenswert sind Kletterhilfen, an denen die langen Triebe angeheftet werden können, lichtfliehende Triebe, geschützter Standort
Euonymus fortunei radicans (Immergrüne Kriechspindel)	0,5–0,8 m	0,8–1,2 m				x	bis 10 cm	–	HS	i	
Euonymus fortunei ‚Vegetus' (Immergrüne Kriechspindel ‚Vegetus')	2–6 m	1–4 m 1–1,5 m				x	bis 10 cm	–	So–HS	i	
Euonymus fortunei in Sorten (Immergrüne Kriechspindel)	3–5 m					x	bis 10 cm	–	HS–S	i	
Hedera colchica (Persischer Efeu)	6–8 m in günstigen Lagen 10–20 m	bis 10 m		x	x		bis 15 cm	–	HS–S	i	lichtfliehende Triebe, verlangt geschützten Standort
Hedera helix (Gewöhnlicher Efeu)	10–20 m (–30 m)	2–15 m		x	x			–	So–S	i	Haftwurzeln an der lichtabgewandten Seite dringen in feinste Risse und Poren ein (0,2 mm) und verankern sich dort
Hedera helix ‚Woerner' (Gewöhnlicher Efeu ‚Woerner')	10–15 m	5 m und mehr		x				–	So–S	i	
Hedera helix hibernica (Irischer Efeu)	5–20 m	über 5 m 4–10 m		x				–	So–S	i	starkwüchsig, jedoch bevorzugt kriechend und mattenförmig
Hydrangea petiolaris (Kletter-Hortensie)	10–12 m 10–20 m	2–6 m 8–12 m				x		–	So–S	s	mit lockeren, überhängenden Zweigen, als ältere Pflanze andeutungsweise schlingend, die ersten drei bis fünf Jahre sehr schwachwüchsig, Jahrestrieb: 5–10 cm
Haftscheibenranker											
Parthenocissus quinquefolia ‚Engelmannii' (Engelmanns-Wein)	15–18 m 10–15 m	3–4 m		x	x		bis 20 cm	–	So–S	s	starkwüchsig, auch schleppenartig überhängend
Parthenocissus tricuspidata ‚Veitchii' (Jungfernrebe)	15–18 m 20–25 m			x				–	So–HS	s	sehr starkwüchsig, mattenartig dicht

Tab. 3.12.1 Eigenschaften von mehrjährigen Kletterpflanzen

Botanischer und deutscher Name	Mittlere Wuchshöhe (kletternd)	Wuchsbreite (= sinnvolle Breite der Kletterhilfe soweit erforderlich)	Wuchs (jährlicher Zuwachs unter üblichen Bedingungen)				Max. Triebdurchmesser am Wurzelhals/Wandabstand der Kletterhilfe	Profilstärke der Kletterhilfe	Lichtanspruch	Laub	Besonderheiten
			>200 cm	100–200 cm	50–100 cm	<50 cm			So = Sonne, HS = Halbschatten, S = Schatten	sommergrün (s) / immergrün (i)	
Gerüstkletterer											
Schlinger, Winder											
Actinidia arguta (Scharfzähniger Strahlengriffel)	5–12 m	5–6 m	x	x	x		bis 15 cm	bis 3,5 cm	So–HS	s	sehr fest verankernd
Actinidia chinensis (Chinesischer Strahlengriffel, Kiwi)	8–10 m	6–8 m	x	x	x		bis 20 cm	bis 4,0 cm	So–HS	s	verlangt geschützten Standort
Actinidia kolomikta (Rosa Strahlengriffel)	2–(6) m	3–5 m		x	x		bis 3 cm	bis 3,5 cm	So	s	langsamwüchsig
Akebia quinata (Fünfblättrige Akebie)	4–(10) m	2–4 m 6–8 m		x			bis 5 cm	bis 3 cm	So–HS	s	auch schleppenartig überhängend wachsend (etwa 2 m lang)
Aristolochia macrophylla (Großblättrige Pfeifenwinde)	8–10 m	1–8 m 4–6 m	x	x			bis 10 cm	2 (3) cm	So–HS	s	anfangs sehr langsam wachsend, ab dem 3. bis 5. Jahr starkwüchsig, verlangt ausreichende Bodenfeuchtigkeit
Celastrus orbiculatus (Chinesischer Baumwürger)	8–12 (15) m	2–6 m 8–10 m	x	x		bis ca. 4. Nur bis 10 cm	bis 16 cm	Jungpflanzen: 1–2 cm, für ältere Pflanzen: bis 7,5 cm	So–HS	s	umschlungene Bäume bis ca. 20 cm Durchmesser können durch starkes Dickenwachstum stranguliert werden, mit lockeren bis 2 m ausgreifenden Zweigen, auch schleppenartig überhängend (2–3 m lang)
Humulus lupulus (Hopfen)	3–6 m 5–6 m	8–12 m 1–2 m	x				bis 2 cm	bis 2,0 cm	So–HS	s	Staude, zieht nach jeder Vegetationsperiode ein, oberflächliche Pflanzenteile sterben ab, Wuchsleistung in der Vegetationsperiode pro Woche zwischen 0,5–1 m, starker Ausbreitungsdrang
Lonicera japonica repens (Kriechende Heckenkirsche)	2–5 (10) m					x	bis 2 cm	bis 2,0 cm	So–HS	s	in milden Lagen halbimmergrün
Lonicera brownii ‚Dropmore Scarlet' (Trompeten-Geißblatt)	2–5 m	0,5–1 m			x	x	bis 2 cm	0,5–1,5 cm	S	s	in milden Lagen halbimmergrün
Lonicera caprifolium (Echtes Geißblatt)	2–5 (8) m	0,5–2 m			x		bis 2 cm	0,5–3 cm	So–HS	s	
Lonicera heckrottii (Feuer-Geißblatt)	2–6 m	2–3 m Zweige bis 1,5 m weit ausgreifend			x	x	bis 2 cm	0,2–1 cm	HS	s	nur schwach windend, eher locker strauchig wachsend,
Lonicera henryi (Immergrünes Geißblatt)	5–8 m	1–2 m		x			bis 4 cm	1–3 cm	HS–S So–HS	i	auch schleppenartig überhängend (2–3 m lang)
Lonicera periclymenum (Wald-Geißblatt)	1–3 (6) m				x		bis 2 cm	bis 2,0 cm	So–HS	s	starkwüchsig, strangulierend

Tab. 3.12.1 Eigenschaften von mehrjährigen Kletterpflanzen

Botanischer und deutscher Name	Mittlere Wuchshöhe (kletternd)	Wuchsbreite (= sinnvolle Breite der Kletterhilfe soweit erforderlich)	Wuchs (jährlicher Zuwachs unter üblichen Bedingungen)				Max. Triebdurchmesser am Wurzelhals/Wandabstand der Kletterhilfe	Profilstärke der Kletterhilfe	Lichtanspruch	Laub	Besonderheiten
			>200 cm	100–200 cm	50–100 cm	<50 cm			So = Sonne, HS = Halbschatten, S = Schatten	sommergrün (s) / immergrün (i)	
Lonicera x tellmanniana (Gold-Geißblatt)	4–6 m	1–4 m		x			bis 3 cm	0,5–3 cm	HS–S So–HS		Seitenzweige waagerecht abstehend, geschützter Standort
Polygonum aubertii (Schling-Knöterich)	8–15 (20) m	5–10 m	x					1–5 cm	So–HS	s	dicht und mattenartig, an zu dünnen Stützen sich selbst strangulierend
Wisteria floribunda (Japanischer Blauregen)	6–8 m Höhe und mehr		x	x			bis 25 cm	bis 7,5 cm	So–HS	s	mächtiger Schlinger mit extrem starkem Dickenwachstum, labile Stützen und Verankerungen zerdrückend und herausreißend
Wisteria sinensis (Chinesischer Blauregen)	6–15 m	2–10 m 8–30 m	x				bis 50 cm	2–10 cm	So	s	an zu dünnen Stützen sich selbst strangulierend, kleinere Bäume strangulierend, Regenfallrohre zusammendrückend, lichtfliehende Triebe, geschützter Standort
Ranker											
Clematis alpina in Sorten (Alpen-Weinrebe)	1,5–2 m 3–3 m	1–3 m				x	bis 3 cm	0,2–0,5 cm	HS–S	s	dünne, spinnwebartige Triebe, verlangt kühle Lagen
Clematis Hybriden in Sorten (Waldreben-Hybriden)	je nach Sorte 2–3 m oder 3–4 m	1–2 m						0,2–0,5 cm		s	im ungeschnittenen Zustand nur im oberen Drittel dicht verzweigt und blühend, schleppenartig überhängend
Clematis makropetala in Sorten (Anemonen-Waldrebe)	2–3,5 m	2–2,5 m			x			bis 0,7 cm	So–HS	s	teilweise dicht und mattenartig, dünne, bogige, gelegentlich überhängende Triebe
Clematis montana in Sorten (Berg-Waldrebe)	3–6 m (–11 m)	2–4 m			x			0,2–1 cm			
Clematis montana ‚Rubens' (Berg-Waldrebe ‚Rubens')	3–6 (10) m	2–4 m	x				bis 5 cm	0,2–1 cm	So–HS	s	geschützter Standort
Clematis orientalis ‚Orange Peel' (Orient-Waldrebe)	4–6 m (selten bis 8 m),				x		bis 5 cm		So	s	dicht mattenartig und zum Teil starkwüchsig in Baumkronen kletternd
Clematis tangutica (Gold-Waldrebe)	4–6 m	2–4 m		x	x		bis 5 cm	0,2–0,5 cm	So–S	s	dicht und spinnenwebartig verzweigt, trockenheitsverträglich
Clematis texensis in Sorten (Scharlach-Waldrebe)	1–1,5 (2,5) m									s	rankender Halbstrauch, spinnwebartig über andere Pflanzen kletternd
Clematis vitalba (Gewöhnliche Waldrebe)	5–15 (30) m	2–8 m	x				bis 15 cm	0,2–1 cm	So–HS	s	undurchdringlich mattenartig wachsend, vereinzelt bis 500 cm
Clematis viticella in Sorten (Italienische Waldrebe)	2–5 m	2–3 m			x			0,2–0,5 cm	So–HS	s	auch schleppenartig überhängend (bis 2 m lang)
Cobaea scandens (Glocken-Rebe)											
Vitis coignetiae (Scharlach-Wein)	6–8 m, in Bäumen bis zu 25 m hoch kletternd	10–12 m			x			3 cm	So–HS	s	bis zu 30 m² lückenlos bedeckend, schnellwüchsig, Ranken bis zu 25 cm lang, umklammernd

Botanischer und deutscher Name	Mittlere Wuchshöhe (kletternd)	Wuchsbreite (= sinnvolle Breite der Kletterhilfe soweit erforderlich)	Wuchs (jährlicher Zuwachs unter üblichen Bedingungen)				Max. Triebdurchmesser am Wurzelhals/Wandabstand der Kletterhilfe	Profilstärke der Kletterhilfe	Lichtanspruch	Laub	Besonderheiten
			> 200 cm	100–200 cm	50–100 cm	< 50 cm			So = Sonne, HS = Halbschatten, S = Schatten	sommergrün (s) / immergrün (i)	
Parthenocissus quinquefolia (inserta) (Wilder Wein)	6–10 (15) m	1–4 m	x		x		bis 20 cm	bis 1,3 cm	So–HS	s	auch schleppenartig überhängend, bildet auch Haftscheiben aus
Spreizklimmer											
Jasminum nudiflorum (Winter-Jasmin)	2–3 (5) m	2–3 m			x		bis 3 cm	–	So–HS	s	auch schleppenartig überhängend, dann 2–5 m lang, 2–3 m breit, verträgt Formschnitt als Hecke
Rosa arvensis (Feld-Rose)	0,5–2 m	1–2 m			x			–	So–HS	s	zum Teil mit dünnen, kriechenden, bewurzelnden Trieben und zum Teil kletternd
Kletterrosen	2–3 (6) m 2–6 m				x		bis 20 cm	–	So–HS	s	meist aufrecht wachsend, Winterhärte sortenabhängig
Rubus fruticosus (Brombeere)	0,5–3 (4) m	2–3 m		x	x		bis 4 cm	–	So–S	s	
Rubus henryi (Immergrüne Kletter-Brombeere)	2–4 m			x			bis 2 cm	–	HS–S	i	Triebe neigen zu Schlingen

Tab. 3.12.1 Eigenschaften von mehrjährigen Kletterpflanzen

Art	Fächerspalier	Senkrechter Schnurbaum/Kordon	Einfacher waagerechter Schnurbaum/Kordon	Zweiarmiger waagerechter Schnurbaum/Kordon	Schräger Schnurbaum/Kordon	U-Form	Doppelte U-Form	Spindel	Schräge/Einfache Palmette	Verrier-Palmette	Waagerechte/Wechsel-Palmette	Kesselbaum	V-förmige Hecke	Laubenspalier/Pergolen	Abstand der Leitäste
Apfel	(x)	s	x	x	x	x	x	x	x	(x)	x	x	x	(x)	im Mittel 30 cm
Aprikose	x					(x)									
Birne	(x)	s	s	s	x	x	x	x	x	x	x	x	x	x	im Mittel 30 cm
Feige	x														
Kiwi (Actinidia)	x		x								x			x	50–60 cm
Pfirsich	x					x									50–60 cm
Pflaume	x								(x)	(x)					
Süßkirsche	s									s					
Sauerkirsche	x		(x)		(x)				s						
Wein	x	x	x	x							x			x	25–35 cm

x = gut geeignet, (x) = bedingt geeignet oder nur einzelne Sorten, s = geeignet für schwachwüchsige Sorten

Tab. 3.12.2 Verwendungsmöglichkeiten von Spalierpflanzen

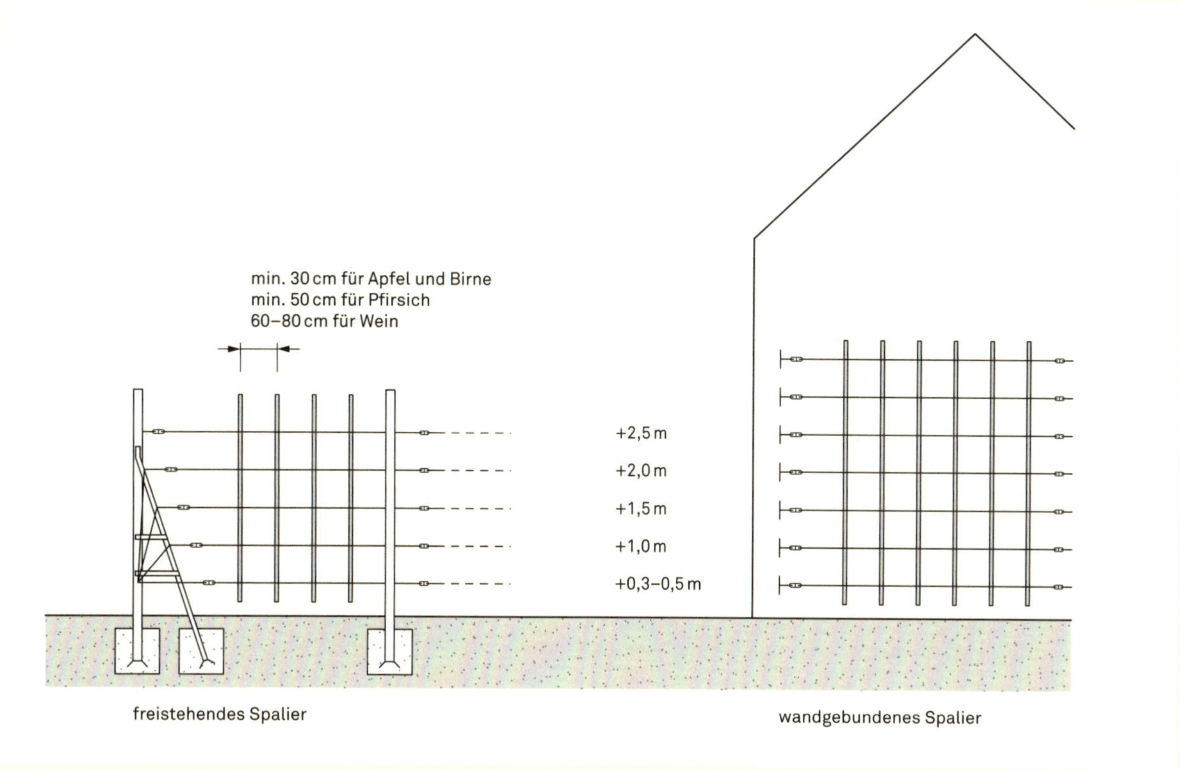

Abb. 3.12.5 Freistehende und wandgebundene Spaliere für Obst

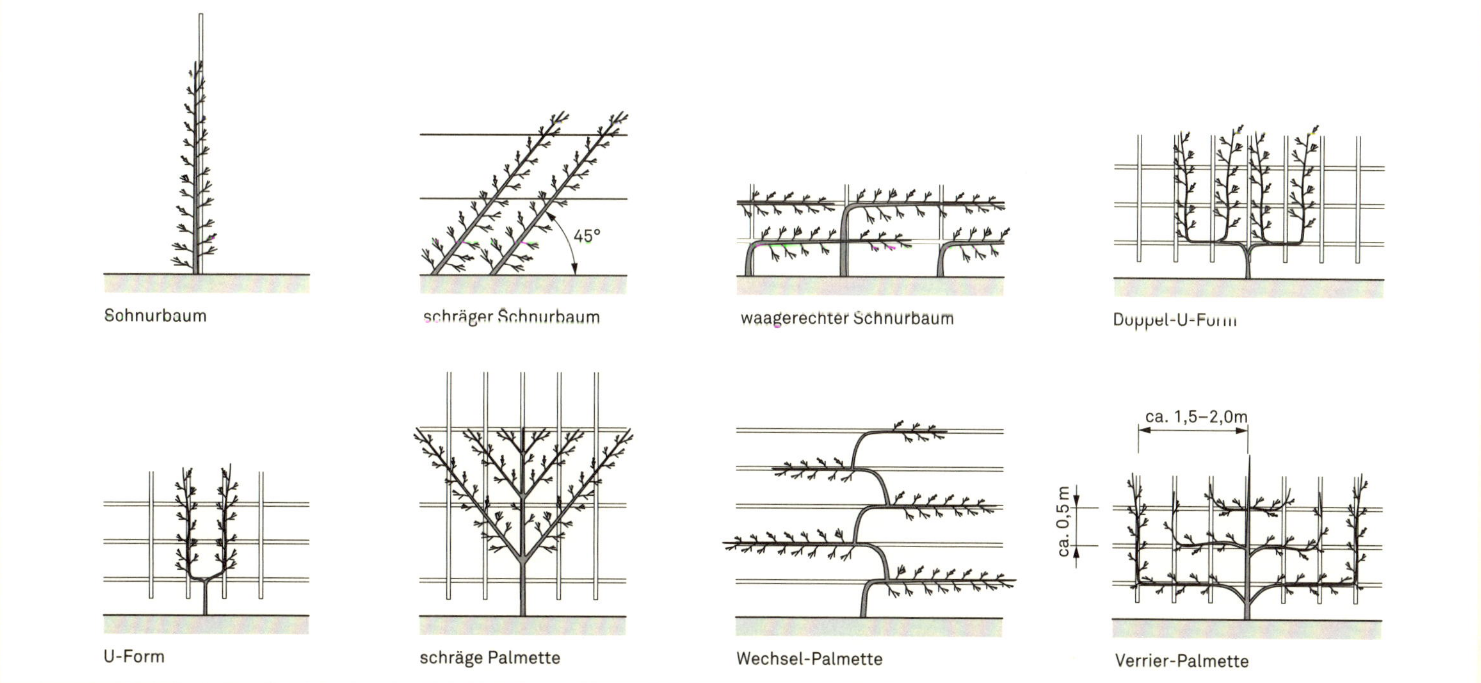

Abb. 3.12.6 Auswahl an Spalier-/Erziehungsformen

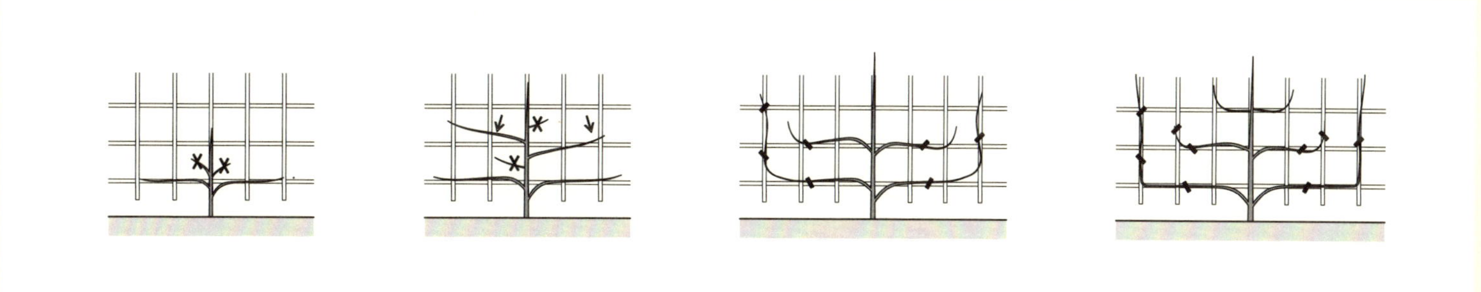

Abb. 3.12.7 Phasenweise Erziehung eines Obstgehölzes zu einer Verrier-Palmette

Fassadengebundene Pflanzsysteme

Fassadengebundene Pflanzsysteme stellen im Grunde in der Vertikalen installierte Pflanzbehälter dar, die durch ein mehr oder weniger aufwendiges Tragsystem an der Fassade befestigt sind. Als Pflanzgefäße kommen taschen- und trogartige Behältersysteme zum Einsatz. Durch den begrenzten Wurzelraum wird die Verwendung besonders wasserspeichernder Substrate und/oder die Installation eines Bewässerungssystems erforderlich. In der Regel finden keine Kletterpflanzen, sondern „normale" Stauden, Gräser oder auch Kleinsträucher Verwendung, die je nach System bis zu einer Neigung von 90° eingesetzt werden.

Eine Sonderform der Fassadenbegrünung stellen Mooswände dar, die ohne Substrate auskommen: Ein raues Trägermaterial (poröser Naturstein o. ä.) bildet die Grundlage für einen Bewuchs aus Moosen und ggf. Flechten.

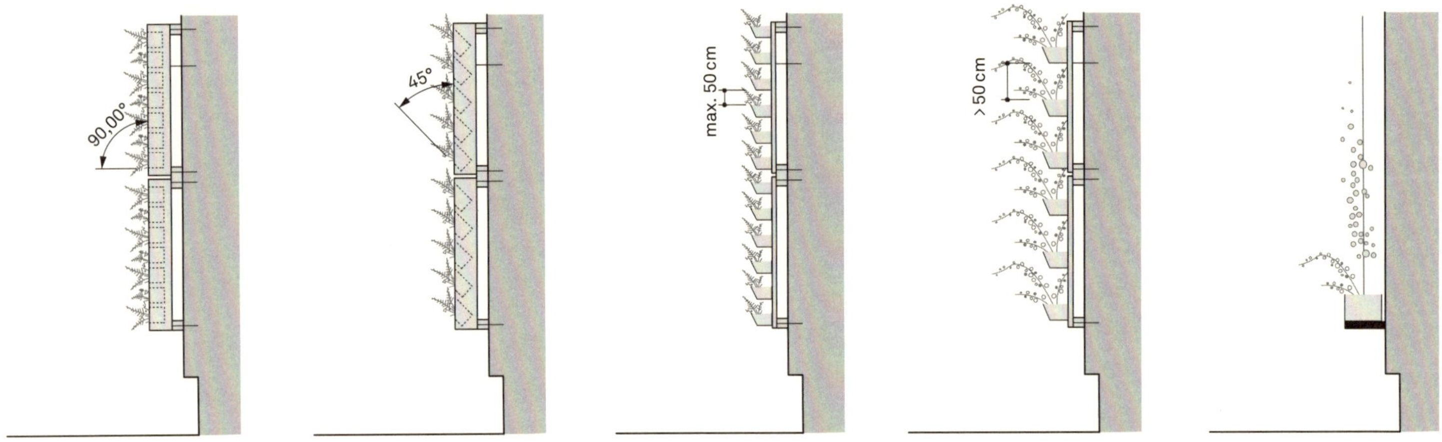

Abb. 3.12.8 Prinzipien fassadengebundener Pflanzsysteme

Tab. 3.12.3 Übersicht über bodengebundene und fassadengebundene Begrünungssysteme hinsichtlich Materialverwendung und Unterhaltungsaufwand

Art	Material/Bauweise			Unterhaltungsaufwand			
	Trägersysteme	Geeignete Fassade	Art der Pflanzen	Wartung	Bewässerung	Pflegegänge	Begrünungsdauer
Bodengebundene Begrünungssysteme							
Starre Kletterhilfe, flächig	Gerüste und Gitter: z. B. Stahlrahmen und -stäbe, Stabstahlgitter, Holzlattenkonstruktionen und Wandspaliere	gut geeignet: • Massivkonstruktion, • Wärmedämmverbund (nach statischem Eignungstest, Wärmebrücken bei unsachgemäßer Verarbeitung möglich) nicht geeignet: • vorgehängte, hinterlüftete Fassade bei Pflanzen mit negativem Phototropismus (z. B. Haftwurzeln des Efeu)	Gerüstkletterer	Mittel, alle 5–10 Jahre	bei Bedarf	bei Bedarf	>3 Jahre
Starre Kletterhilfe, linear	Stabförmige/lineare Konstruktionen z. B. aus Stahlrohr oder Stabstahl		Gerüstkletterer	Mittel, alle 5–10 Jahre	bei Bedarf	bei Bedarf	1–2 Jahre
Flexible Kletterhilfe, flächig	(Stahldraht-)Netze und Seilverspannungen		Gerüstkletterer	Mittel, alle 5–10 Jahre	bei Bedarf	bei Bedarf	>3 Jahre
Flexible Kletterhilfe, linear	(Stahldraht-)Netze und Seilverspannungen		Gerüstkletterer	Mittel, alle 5–10 Jahre	bei Bedarf	bei Bedarf	>3 Jahre
Ohne Kletterhilfe	Mauern und Wände		Selbstklimmer	Mittel, alle 5–10 Jahre	bei Bedarf	bei Bedarf	>3 Jahre

Art	Material/Bauweise			Unterhaltungsaufwand			
	Trägersysteme	Geeignete Fassade	Art der Pflanzen	Wartung	Bewässerung	Pflegegänge	Begrünungsdauer
Fassadengebundene Begrünungssysteme							
Vollflächiger Vegetationsträger, Pflanzenausrichtung 90°	Vegetationsträger auf Montageplatte, sichtbares Oberflächenmaterial: Metall, Vlies, Geotextil und/oder Kunststoff	gut geeignet: • vorgehängte, hinterlüftete Fassade • bei Massivkonstruktionen ist nachträglich Hinterlüftung einzubauen • Wärmedämmverbund nach statischem Eignungstest (Wärmebrücken bei unsachgemäßer Verarbeitung)	gut geeignet: • Gräser, Stauden, Kräuter mäßig geeignet: • Kletterpflanzen (Neigung zum Verwachsen) • Gehölze (beschränkter Wurzelraum)	sehr hoch, <3 Jahre	hoch, täglich	hoch, 1–2 Pflegegänge/Jahr	sofort bzw. kurzfristige Flächendeckung erreichbar
Vollflächiger Vegetationsträger, Pflanzenausrichtung <90° (z. B. 45°)			gut geeignet: • Gräser, Stauden, Kräuter und Sedum mäßig geeignet: • Kletterpflanzen (Neigung zum Verwachsen) • Gehölze (beschränkter Wurzelraum)	sehr hoch, <3 Jahre	hoch–sehr hoch, täglich bis mehrmals täglich	sehr hoch, >2 Pflegegänge/Jahr	1–2 Jahre
Teilflächiger Vegetationsträger, linear, ≤50cm zwischen Pflanzebenen			gut geeignet: • Gräser, Stauden, Kräuter und Sedum mäßig geeignet: • Kletterpflanzen (Neigung zum Verwachsen) • Gehölze (beschränkter Wurzelraum)	hoch, 3–5 Jahre	mittel, 1–4 mal wöchentlich	hoch, 1–2 Pflegegänge/Jahr	1–2 Jahre
Teilflächiger Vegetationsträger, linear, >50cm zwischen Pflanzebenen			sehr gut geeignet: • Kletterpflanzen gut geeignet: • bodendeckende/überhängende Gehölze (Flächendeckung erschwert)	sehr hoch, <3 Jahre	mittel, 1–4 mal wöchentlich	hoch, 1–2 Pflegegänge/Jahr	2–3 Jahre
Teilflächiger Vegetationsträger, punktuell	Pflanztröge (Beton, Stahl, Kunststoff) auf Trägergerüst/Montageplatte, mit und ohne Kletterhilfe	gut geeignet: • Massivkonstruktion • Wärmedämmverbund (nach statischem Eignungstest, Wärmebrücken bei unsachgemäßer Verarbeitung möglich) bedingt geeignet: • vorgehängte, hinterlüftete Fassade, bei Pflanzen mit negativem Phototropismus nicht geeignet	sehr gut geeignet: • Kletterpflanzen geeignet: • bodendeckende/überhängende Gehölze mäßig geeignet: • Gräser, Stauden, Kräuter und Sedum	sehr hoch, <3 Jahre	hoch, täglich	hoch, 1–2 Pflegegänge/Jahr	2–3 Jahre

Bau- und genehmigungsrechtliche Hinweise

Vorgaben über eine erforderliche Fassadenbegrünung können im Rahmen der Bauleitplanung gemacht werden. Fassadenbegrünungen sind grundsätzlich nicht genehmigungspflichtig, die Ausnahme bilden Baudenkmäler.

4 Typologien
4.1 Gärten

4.1 Gärten

Gärten im Sinne dieses Kapitels umfassen Haus- und Nutzgärten, die eine private oder halböffentliche Nutzung haben und in folgende Arten unterschieden werden können:

- **Hausgarten/Wohnungsgarten: Privatgarten mit direktem räumlich-funktionalen Bezug zum Wohnhaus oder zur Wohnung**
- **Mietergarten: anmietbarer Garten, der dem Mieter oder einer Mietergemeinschaft zur Nutzung überlassen wird und der sich im unmittelbaren Wohnumfeld befindet; als Wohnungsgarten hat er einen direkten Zugang zum Garten.**
- **Kleingarten: ein zur gärtnerischen und Erholungsnutzung pachtbares Grundstück, meist in Wohnortnähe. Nach deutschem Recht wird zwischen Kleingärten und Dauerkleingärten unterschieden: Dauerkleingärten sind im Bebauungsplan als solche festgesetzt, woraus sich für den Nutzer ein Pachtanspruch auf unbefristete Zeit ergibt.**
- **Freizeit- und Wochenendgarten: Nutzung überwiegend am Wochenende, größere Grundstücke und bebaute Flächen sind zulässig, Strom- und Wasserversorgung sind erlaubt, keine Vorgaben für Anbauflächen an Obst und Gemüse etc., planungsrechtlich gelten diese Gärten als „Sondergebiete, die der Erholung dienen".**
- **Eigentümergarten: im Eigentum des Nutzers befindlicher Garten, der – wie die Freizeit- oder Wochenendgärten – nicht den rechtlichen Bestimmungen eines Kleingartens unterliegt, aber ähnlich genutzt wird.**
- **Arbeitnehmergarten: liegen in der Regel auf dem Gelände des jeweiligen Unternehmens und werden dem Nutzer per Arbeitsvertrag für dessen Dauer überlassen.**
- **Grabeland: darf laut Kleingartengesetz nur mit einjährigen Pflanzen bestellt und nicht bebaut werden (keine Laube o. ä.). Die Verpachtung erfolgt meist nur für jeweils ein Jahr.**

Standort

Räumliche Struktur bei Haus- und Wohnungsgärten

Bei Haus- und Wohnungsgärten steht der räumlich-funktionale Bezug zum Wohnhaus oder zur Wohnung im Vordergrund. Der Freiraum wird zum erweiterten Wohnraum und kann bei entsprechender Größe auch Freizeitraum und Nutzgarten sein.

Die Anordnung einer Terrasse im Anschluss an die Wohnräume stellt einen vermittelnden Übergangsbereich zwischen Haus und Garten dar und bietet auch viele funktionale Vorteile. Dazu gehört neben der schnellen Erreichbarkeit vom Haus die Ausnutzung der Gebäudemauern als wärmespeicherndes Element sowie als Wind- und Sichtschutz. Außerdem kann eine Überdachung in das Gebäude integriert werden. Auf eine zusätzliche Erschließung der Terrasse kann dann verzichtet werden. Der Standort der Terrasse sollte allerdings auch oder gerade im Hausgarten eine gute Exposition aufweisen, die üblicherweise – und soweit möglich – nach Südwesten ausgerichtet ist.

Bieten der Garten und der Wohnungsgrundriss die Möglichkeit, eine zweite Terrasse anzulegen, können Sitzbereiche für unterschiedliche Tageszeiten gestaltet werden. Gebäudeausrichtung und Lage des Hauses auf dem Grundstück stellen hierbei wesentliche Rahmenbedingungen dar. → Abb. 4.1.1

Die Ausstattung eines Haus- oder Wohnungsgartens hängt von der Lage, Gartengröße und den individuellen Bedürfnissen bzw. Anforderungen ab. → Tab. 4.1.2

Räumliche Struktur von Kleingärten

In der Regel sind Kleingärten mit einer Laube ausgestattet, der eine Terrasse direkt zugeordnet ist. In manchen Regionen überwiegt aber auch die rein gärtnerische Nutzung, sodass hier oft nur einfache Geräteschuppen zum Einsatz kommen.

Die Platzierung der Laube sollte optimalerweise, insbesondere wenn ein Freisitz direkt daran angeschlossen werden soll, in Nordost-Stellung erfolgen, da auf diese Weise die beste Ausnutzung der Nachmittagssonne erreicht wird. Hierdurch kommt es aber unter Umständen zu einer ungünstigen Ausrichtung der Laube, dann nämlich, wenn der Standort zu nahe an den Weg rückt. Der Eingangsbereich ist vor allem bei Endgrundstücken beengt und kaum einsehbar. Dies kann aber gleichzeitig zur Steigerung der Privatsphäre auf der Parzelle beitragen. Die Anordnung der Lauben kann auch zentral erfolgen, geht aber mit Nachteilen für die Flächenausnutzung und die Gestaltungsfreiheit auf der Parzelle einher. → Abb. 4.1.3

Ein Anschluss an die Kanalisation ist in Kleingartenanlagen laut Kleingartengesetz nicht zwingend vorgesehen, gewährleistet ist nur ein Wasseranschluss zur Bewässerung. Daher bietet sich nicht überall die Anschlussmöglichkeit für ein Waschbecken oder eine Toilette in der Laube. In jedem Fall sind im Grundriss ein Aufenthaltsraum und ein Abstellraum (oder Schrank) vorzusehen. Optimalerweise wird außerdem die Anlage eines überdachten Freisitzes geplant.

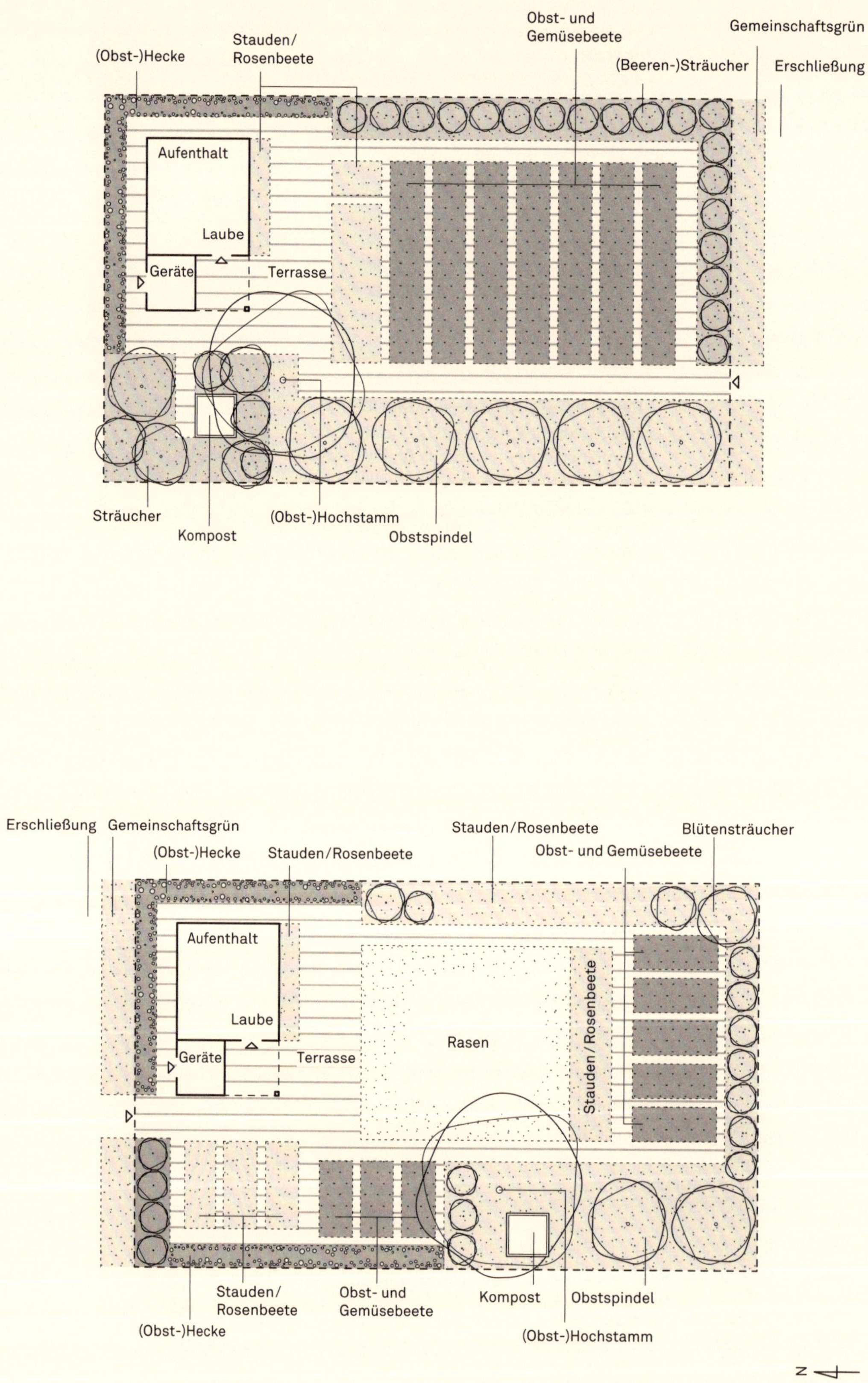

Abb. 4.1.1 Grundriss von Kleingartenparzellen und Lauben (max. 24 m² Grundfläche), beispielhaft

Räumliche Struktur von Kleingartenanlagen

Kleingärten oder Schrebergärten dienen in erster Linie der nicht erwerbsmäßigen gärtnerischen Nutzung sowie der Erholung. Entsprechend wird auch in vielen Kleingartengesetzen und -ordnungen eine Begrenzung anderer Nutzungen sowie des Versiegelungsgrades o.ä. vorgeschrieben.

Kleingärten gehören immer zu einer Kleingartenanlage mit gemeinsamer Erschließung sowie Gemeinschaftsfreiräumen und ggf. einem Vereinsheim. Eine öffentliche Durchwegung ist nicht immer vorhanden, sollte aber vorgesehen werden. Insbesondere bei größeren Anlagen können dadurch Barrierewirkungen vermieden und die Kleingärten besser in den städtischen Raum integriert werden.

Kleingärten erfüllen wichtige soziale, aber auch klimatische und ökologische Funktionen. In innerstädtischen Lagen dienen sie in besonderem Maße der Verbesserung der kleinklimatischen Verhältnisse, wirken positiv auf den Wasserhaushalt, sind Lebensraum für Flora und Fauna und tragen zum Luftaustausch sowie zur Vernetzung von Lebensräumen bei.

Bei der Anlage einer Kleingartenanlage sollten folgende Gemeinschaftseinrichtungen berücksichtigt werden:

- Erschließungswege
- Vereinsheim
- Müllplatz
- Lagerhütte und/oder -platz
- Fahrradstellplätze
- Parkplätze, je nach Erreichbarkeit mit öffentlichen Verkehrsmitteln
- ggf. Spielbereich für Kinder
- ggf. Rahmenpflanzung
- öffentliche Durchwegung/kleiner Grünzug

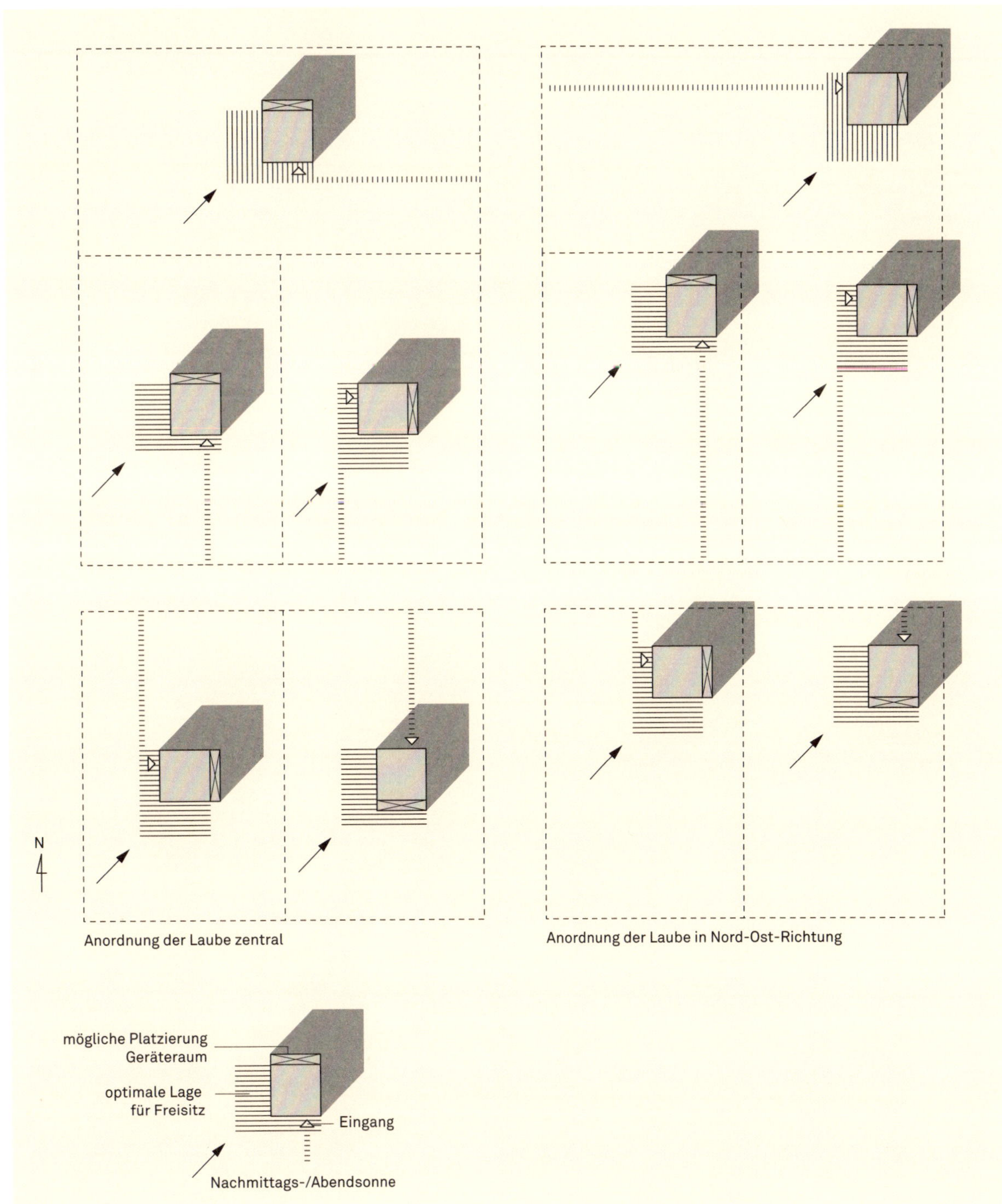

Abb. 4.1.2 Lage von Laube und Freisitz auf der Parzelle

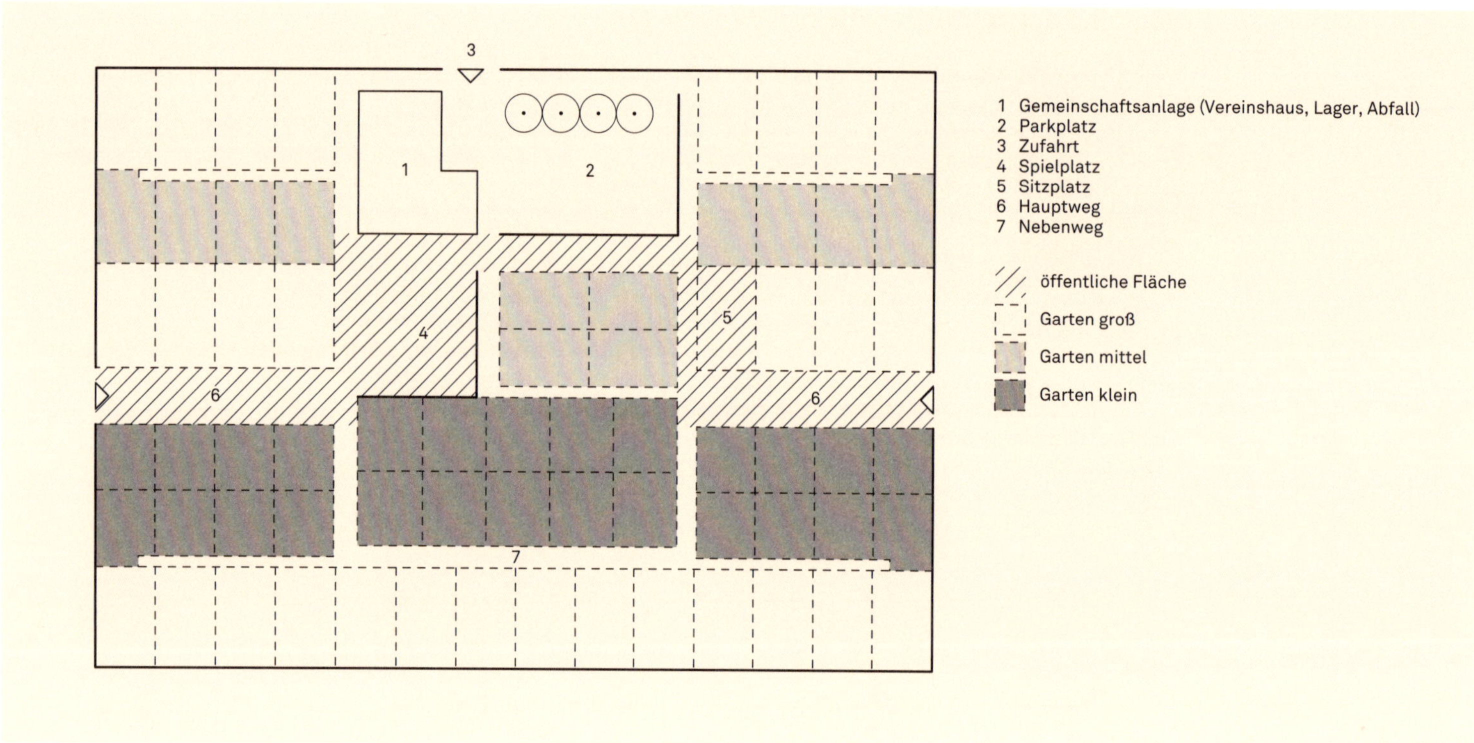

Abb. 4.1.3 Funktionsplan für eine Dauerkleingartenanlage

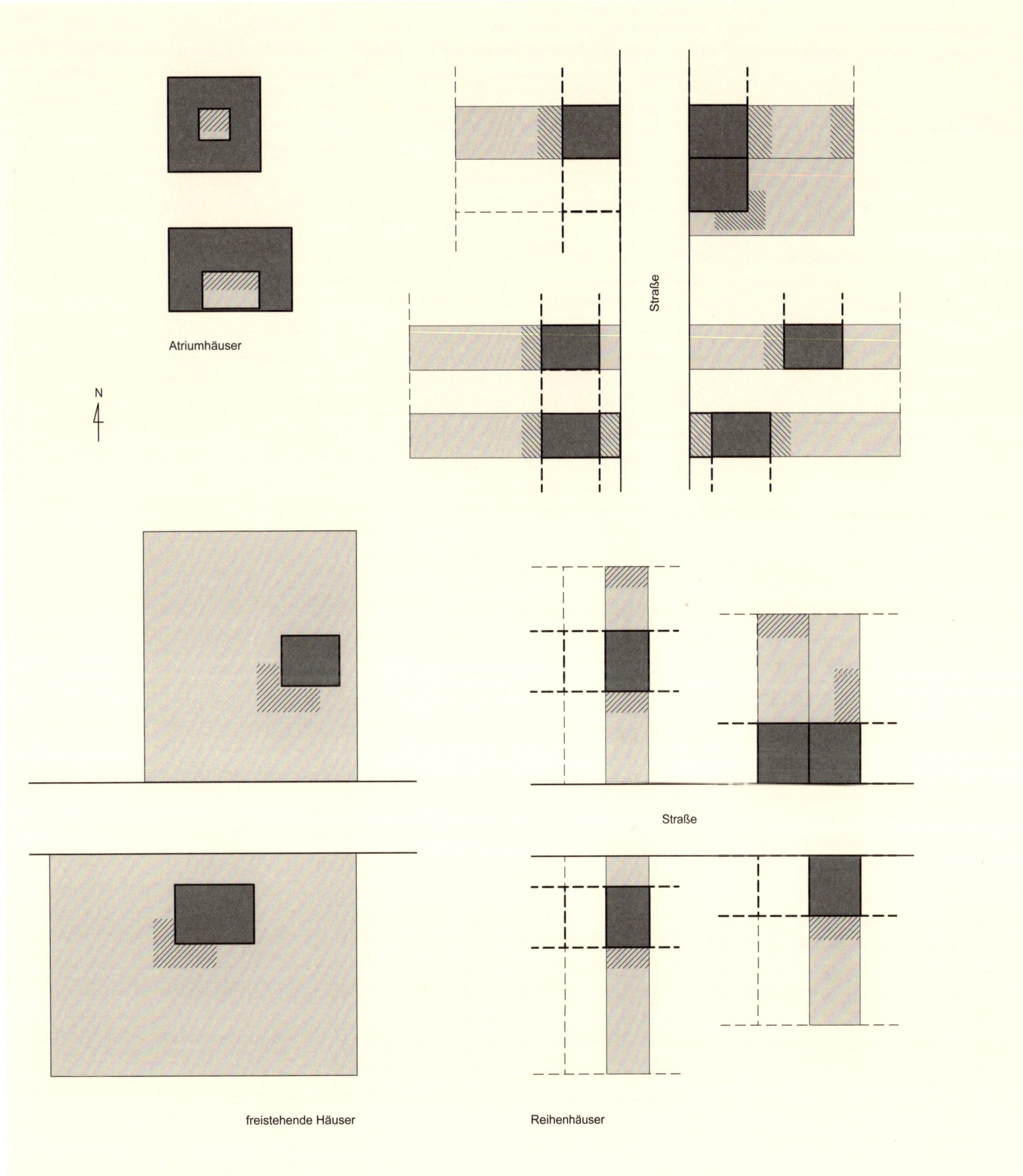

Abb. 4.1.4 Anordnung von Terrassen und Freisitzen (graue Schraffur) bei unterschiedlichen Haustypen

Abmessungen und Kennwerte

Größen von Haus- und Wohnungsgärten

Die Gartengröße kann von sehr kleinen Wohnungsgärten bis zu parkartigen Anlagen variieren. Auch wenn erst ab einer Fläche von etwa 300 m² und/oder einer Breite von 8–9 m ein ausreichendes Maß an Privatheit und Gestaltungsmöglichkeiten erreichbar ist, lassen sich selbst auf kleinstem Raum noch Gärten gestalten. Auf die Anlage einer Rasenfläche, die erst ab einer bestimmten Größe ein gestalterisch wirkungsvolles Element darstellt und den Pflegeaufwand rechtfertigt, sollte bei kleinen Gärten zugunsten einer großzügigen Terrasse und rahmender Bepflanzung verzichtet werden.

Die Größe eines Gartens wirkt sich auf den Gestaltungsspielraum sowie auf Art und Umfang der Ausstattung einer Gartenanlage aus. Wegebreiten und Terrassenflächen müssen sich proportional an den Größenverhältnissen und Nutzungsmöglichkeiten orientieren, die durch das Gebäude vorgegeben sind. Während viele Flächenmaße variabel sind, sollten bestimmte Mindestgrößen berücksichtigt werden. Andere Maße orientieren sich an der gewünschten Nutzung des Gartens. → Tab. 4.1.2

Die Gehölzauswahl sollte die Gartengröße einbeziehen, sodass im Regelfall nur klein- bis mittelkronige Bäume infrage kommen. Grundstücke mit einer Größe von weit über 1000 m² vertragen auch großkronige Gehölze. Aber auch hier sollte die Auswahl sehr bewusst erfolgen. Bei frei wachsenden Hecken oder Solitärgehölzen sind ebenfalls die endgültigen Wuchsbreiten zu berücksichtigen.

Abmessungen von Kleingärten

Die Parzellengröße von Kleingärten variiert von Land zu Land und bewegt sich im Mittel zwischen 250 und 400 m² oder auch größer. Bei Parzellengrößen von weniger als 300 m² kann die akustisch-optische Privatheit eingeschränkt sein (vgl. Richter 1981, 133). Dies ist aber auch von der Aufteilung, Lage von Laube und Freisitz sowie Bepflanzung der Parzelle abhängig.

Für eine gute räumliche Ausnutzung der Flächen sollte ein Zuschnitt der Parzelle von annähernd 1:1,6 – also in den Proportionen des Goldenen Schnittes – angestrebt werden. Daraus ergeben sich Maße von beispielsweise 15 × 24 m (360 m²) oder 14 × 22,5 m (315 m²). Die Laube muss einen seitlichen Grenzabstand zur Nachbarparzelle aufweisen (je nach Verordnung 1–1,5 m oder mehr). Die Grundfläche von Lauben bzw. die bebaute Fläche pro Parzelle darf in Deutschland 24 m² nicht überschreiten, in Wien wird die Größe mit 16–50m² begrenzt – je nach Nutzung.

Tab. 4.1.1 Typische Grundstücks- und Gartengrößen von Einfamilienhäusern

Haustyp	Geschosse*	Größe des Grundstücks*	Abmessungen des Grundstücks, beispielhaft	Grundfläche des Hauses*	Durchschnittliche Gartengröße
Freistehendes Einfamilienhaus	1	400–600 m²	z. B. 16 × 30 m	120–140 m²	260 m²
Freistehendes Einfamilienhaus	2	350 m²	z. B. 16 × 22 m	70 m²	280 m²
Doppelhaushälfte	2	300–350 m²	z. B. 13 × 30 m	120 m²	180–220 m²
Reihenhaus, Standard	2	200–250 m²	z. B. 8 × 28 m	100 m²	100–130 m²
Reihenhaus, klein	2–3	150 m²	z. B. 6 × 25 m	80 m²	70 m²
Atrium-/Gartenhofhaus	1	180 m²	z. B. 15 × 13 m	130 m²	50 m²

* Orientierungswerte – aufgrund von Vorgaben aus dem Bebauungsplan (Geschossflächen- und Grundflächenzahl) kann das Maß der baulichen Nutzung und damit die bebaubare Fläche eines Grundstücks beschränkt werden.

Tab. 4.1.2 Abmessungen und Anforderungen für die Anlage von Kleingärten in verschiedenen Ländern/Städten

Land/Region	Parzellengröße	Bebaute Fläche	Erschließung der Kleingartenanlage (AT: Aufschließung)	Einfriedung
Deutschland	≤400 m²	≤24 m² einschl. überdachtem Freisitz	–	–
Berlin		Zusätzlich zur Laube zulässig: • mobile Gerätebox, 1,50 m × 1,00 m und ca. 1,30 Höhe • Gewächshaus 12 m², h = 2,2 m • Versiegelung bis max. 6 % der Freiflächen (ausgenommen Laube und umlaufender Streifen von 0,8 m)	Ausführung in wassergebundenen Decken, Schotterrasen oder Rasengitterplatten	≤1,25 m hoch (Zaun oder Hecke)
Österreich	120–650 m²	–	–	–
Wien	≥250 m², ≥10 m breit	• 16 m² bei Lauben auf vorübergehend kleingärtnerisch genutzten Flächen • 35 m² bei Kleingartenhäusern in Kleingartengebieten • 50 m² bei Kleingartenwohnhäusern, im Fall der Widmung des Kleingartengebiets für ganzjähriges Wohnen • zzgl. 5 m² für überdachte Fahrradständer	Nebenwege: 1,20 m breit; Hauptwege: 3 m breit, 10 m Kurvenradius	1–2 m hoch
Niederösterreich	–	–	Nebenwege 2 m breit, Hauptwege: 3 m breit	–
Frankreich	Im Mittel 250 m²	–	–	–

Gartenräume und Erschließung	Empfohlene Mindestgrößen	Bevorzugte Lage	Sonstiges
Haupterschließung	1,20–1,50 m breit	–	–
Weg mit „Schubkarrenbreite“	0,90 m breit	–	–
Zufahrt	2,00 m breit	–	–
Stellfläche für einen Pkw	2,60 × 5,00 m (je nach Fahrzeug auch größer), bei seitlichen Hindernissen Mindestbreite: 2,90 m	In Straßen- und Eingangsnähe	Standort unter Bäumen mit Fruchtfall oder Abscheidungen vermeiden
Carport	3,00 × 5,00 m (Außenmaß bei offener Bauweise), Durchfahrtsbreite min. 2,50 m, Durchfahrtshöhe ca. 2,15 m	–	–
Stellfläche für ein Fahrrad	1,90 × 0,80 m	In Kombination mit Pkw-Stellplatz und/oder in Eingangsnähe	–
Müllplatz	→ Kap. 3.5	In Straßennähe, max. geforderten Abstand zur Straße berücksichtigen → Kap. 3.5	Entfällt bei Wohnanlagen mit zentralem Müllplatz
Terrasse	12 m²	Südwesten/Westen → Abb. 4.1.1	Sichtschutz berücksichtigen, Gefälle 1–2 %, Standort unter Bäumen mit Fruchtfall oder Abscheidungen vermeiden
Zusätzliche Terrasse/Sitzplatz	5 m²	Osten/Südosten	
Nutzbarer (begehbarer) Gartenhof/Atrium	25–40 m², je nach Gebäudehöhe und Lichteinfall	Nicht zu hohe Mauern	Keine Rasenflächen, nur bei größeren Höfen und entsprechender Pflegemöglichkeit sinnvoll
Baumpflanzungen	–	Mindestabstand vom Nachbargrundstück berücksichtigen → Tab. 3.10.3	Kleinkronige Bäume wählen, mittel- bis kronige Bäume nur bei ausreichend großen Gärten
Sichtschutz und Einfriedungen (Zäune/Hecken)	–	Grenzabstände von Hecken berücksichtigen → Tab. 3.6.3	Zulässige Höhen von Einfriedungen berücksichtigen → Tab. 3.6.4
Rosenbeet	–	Überwiegend sonnige und luftige Standorte, nicht unter Bäumen	Wasserzapfstelle in ausreichender Entfernung
Staudenbeete und Rabatten	–	Je nach Pflanzenauswahl sonnig bis schattig	
Gemüsegarten	50 m² für Selbstversorger/Person	Überwiegend sonnig	
Gemüse- und Obstgarten (inkl. Baumobst)	130 m² für Selbstversorger/Person	Überwiegend sonnig	
Kräutergarten	–	Überwiegend sonnig, küchennah	–
Hochbeete	Höhe und Abmessungen variabel, unterfahrbare Hochbeete: • unterfahrbare Höhe 52 cm: ideal für Kinderrollstühle • unterfahrbare Höhe 65 cm: ideal für normale Rollstühle • unterfahrbare Höhe 78 cm: ideal für höhere (Elektro-)Rollstühle	Sonnig bis halbschattig	–
Kompostanlage	4 m² (2 Kompostbehälter mit etwa 1 m² Grundfläche und Zuwegung)	Halbschattig	Ein Kompostbehälter dient der aktuellen Befüllung, einer dem Ausreifen des Komposts
Sandkasten/Spielbereich für Kinder	nach Bedarf	Morgensonne fördert das Abtrocknen der Sand-/ und Spielflächen	–
Wasserspiel/Teichanlagen	→ Kap. 3.9	Überwiegend sonnig, Terrassennähe	Wasserzapfstelle in ausreichender Entfernung
Gartenpavillon	–	Erforderlichen Grenzabstand gem. Bauordnung berücksichtigen	–

Tab. 4.1.3 Mindestgrößen und Anforderungen an die Ausstattung und Erschließung von Gärten

Wegebreiten
→ 3.3 Wege und Straßen

Größe von Sitzplätzen
→ 3.7 Sitzplätze

Einfriedungen
→ 3.6 Einfriedungen und Geländer

Gehölzauswahl
→ 3.10 Gehölze

4 Typologien

4.2 Freiräume an Schulen und Kindergärten

4.2 Freiräume an Schulen und Kindergärten

An Freiräume von Schulen und Kindergärten werden hohe Anforderungen gestellt. Neben den funktionalen Erfordernissen, die aus dem Schul- und Kindergartenbetrieb entstehen, muss hier auch den vielschichtigen Bedürfnissen der Kinder und Jugendlichen selbst Rechnung getragen werden. In Anbetracht einer Aufenthaltsdauer von mehreren Stunden in den Außenanlagen der Kindergärten und auch auf dem Schulhof im Rahmen des Ganztagsschulbetriebs sind die Erwartungen an den Freiraum – als Ausgleich zum Innenraum – aus pädagogischer Sicht groß. Differenziert gestaltete und nutzbare Außenräume tragen dazu bei, körperlichen und sozialen Defiziten bei Kindern und Jugendlichen vorzubeugen oder sie zu mindern. Die Berücksichtigung entwicklungsspezifischer Bewegungsansprüche sollte daher bei der Planung von Freiflächen für Kinder und Jugendliche die Regel sein.

Bewegung ist ein Grundbedürfnis, das insbesondere im Sinne einer gesunden Entwicklung des kindlichen Körpers weitestgehend frei ausgelebt werden sollte. Erst die Bewegung ermöglicht es Kindern und Jugendlichen, ihre körperlichen Stärken und Schwächen in vollem Maße zu erfahren, materielle und räumliche Situationen ihrer Umwelt zu verstehen und soziale Kontakte zu knüpfen und auszuleben. Bewegung bildet daher für Kinder und Jugendliche eine wichtige Grundlage, um die eigene Persönlichkeit zu entwickeln und ein geistig-intellektuelles Verständnis von der Umwelt zu erlangen. Ergänzend sollten im Außenraum Angebote vorgesehen werden, die den Tast- und Geruchssinn sowie die visuelle Wahrnehmung fördern helfen.

Über die funktionalen Mindestanforderungen hinaus können auf dem Schulgelände neben dem eigentlichen Pausenhof eine Spielwiese, ein Freiluftklassenzimmer, ein Schulgarten, eine Teichanlage, Klettermöglichkeiten und weitere Sport- und Ballspielplätze zusätzliche Nutzungs- und Aufenthaltsqualitäten schaffen. Dabei sind Zonen der Bewegung deutlich von Zonen der Ruhe zu unterscheiden und Unterschiede in den Jahrgangsstufen durch eine altersgemäße Anpassung der jeweiligen Zone anzugleichen. Durch gezielt eingesetzte Maßnahmen werden unterschiedliche Formen der Sinneswahrnehmung gefördert. → Tab. 4.2.1

Art der Sinneswahrnehmung	Förderung
Tasten	Materialunterschiede, Oberflächenunterschiede, Bodenstrukturen, Wuchsformen von Pflanzen, Verwendung von Wasser
Gleichgewicht	Schaukeln, Wippen, Rutschen, Schwingen/Rotieren, Balancieren
Bewegung	Klettern, Krabbeln, Hängen/Hangeln
Sehen	Farbkontraste, Farbwechsel, Formen
Riechen	Duft von Blüten, Blättern und Früchten
Raumwahrnehmung	Höhenunterschiede, schräge Flächen, Verstecke, Bepflanzung, Überdachungen, Wände

Tab. 4.2.1 Auswahl an Maßnahmen zur Stärkung der Sinneswahrnehmung

Standort

Ausstattungselemente und Einbauten

Ausstattungselemente und Einbauten (liegende Baumstämme, Findlinge u. a.) sind auf dem Schul- und Kitagelände stand- und kippsicher einzubauen. Wie bei Spielplätzen, ist das Umfeld von Spielgeräten mit einem entsprechend stoßdämpfenden Untergrund auszustatten. Scharfe Kanten (z. B. an Steinquadern) müssen gefast oder leicht gerundet sein. → Kap. 4.3

Müllbehälter

Insbesondere in und an Kindergärten ist der Standort von Müllbehältern außerhalb der Reichweite von Kindern zu wählen.

Beleuchtung

Auf dem Gelände von Schulen und Kindergärten sind notwendige Erschließungswege, Hindernisse und Treppen mit mindestens 5 Lux (Nennbeleuchtungsstärke nach DIN 5035-2, 1990-09) zu beleuchten.

Fahrrad- und Kraftfahrzeugsverkehr

Der Verkehr von Kraftfahrzeugen auf Pausenhofflächen ist während der Schulzeit grundsätzlich zu vermeiden. So sind etwa Pausenhof und Parkplatz räumlich zu trennen und „unvermeidbarer Verkehr" mithilfe von Beschilderungen auf Schrittgeschwindigkeit zu beschränken. Ausgänge von Schulgrundstücken sind – beispielsweise durch Geländer oder Pflanzstreifen – zum Straßenverkehr hin abzugrenzen. Für Kindergärten und dazugehörende Freiflächen gelten dieselben Bestimmungen.

Befinden sich Haltestellen für Busse auf dem Gelände, sind diese mit einem ausreichend bemessenen Wartebereich zu versehen; dabei werden 0,5 m² pro wartender Person zugrunde gelegt. Das Erreichen des Wartebereichs ist ohne Fahrspurüberquerung sicherzustellen, der Wartebereich selbst deutlich von der Pausenhoffläche abzutrennen.

Fahrradstellplätze sind gesondert oder seitlich von Pausenhofflächen anzuordnen. Dabei ist auf eine sichere Ausführung der Fahrradständer (z. B. Verwendung von gerundeten Profilen) sowie der Zugangswege zu achten. Erforderliche Rampen sollten in diesem Zusammenhang höchstens eine Neigung von 25 % aufweisen. Bei einer Neigung von über 10 % sind zusätzlich Stufen vorzusehen (vgl. GUV-V S 1 – Unfallverhütungsvorschrift Schulen).

Pflanzenverwendung

Pflanzen sollten sich gut als Spielmaterial und zur Anregung der Sinne eignen. Es ist unbedingt zu beachten, dass Giftpflanzen im Aufenthaltsbereich von Kindern zu vermeiden sind. Neben den stark giftigen Pflanzen gibt es auch eine Anzahl schwach giftiger Pflanzen, deren Früchte zum Verzehr anregen und so häufig zu Vergiftungserscheinungen führen. Giftpflanzen und zum „Spielen" geeignete Pflanzen → Kap. 4.3

Abmessungen und Kennwerte

Anforderungen an Ausstattung und Größe

Trotz der zunehmenden Bedeutung von Freianlagen an Schulen und Kindergärten existieren nicht überall eindeutige Vorgaben an Flächengrößen sowie für eine naturnahe oder für eine den Bewegungsansprüchen angemessene Gestaltung des Geländes.

Grundlegende Richtwerte für die Größe der Freiflächen an Schulen finden sich entweder in den Schulverordnungen der Länder oder sie werden vom Kreis / der kreisfreien Stadt festgelegt. Sie orientieren sich in Deutschland teilweise noch an der – inzwischen ersatzlos zurückgenommenen – DIN 18031 „Hygiene im Schulbau", die im Bedarfsfall weiterhin zugrunde gelegt werden kann. Einige Schulverordnungen bleiben jedoch unter dem hier geforderten Wert von 5 m² je Schüler/Schülerin. Größe und Vielfältigkeit einer Anlage orientieren sich bei Schulen außerdem an der Zügigkeit einer Schule (Anzahl der Parallelklassen pro Jahrgangsstufe) sowie der Aufenthaltsdauer und -intensität. → Tab. 4.2.2

Bei der Bemessung der Außenanlagen von Kindergärten wird ein Richtwert von 10 m² pro Kind zugrunde gelegt. Einzelne Länder fordern hier auch größere Flächen oder einen Mindestwert für die Gesamtfläche der Außenanlagen. → Tab. 2.2.1

Bundesland/Schulart	Allgemeine Anforderungen	Schule 1 Zug	2 Züge*	3 Züge**	4 Züge	5 Züge	6 Züge	Kita
Allgemeiner Richtwert:								
• Geländebedarf (inkl. Gebäude, aber ohne Sportfreianlagen)	20 m² je Schüler/Schülerin							
• Pausenfläche	• 5 m² je Schüler/Schülerin							
Bayern (Schulbauverordnung – 1994)								
• Pausenhof	• 3 m² je Schüler/Schülerin							
• geschlossene Pausenfläche								
• Sport- und Freisportflächen	• bei verbindlichem Sportunterricht in unmittelbarer Nähe		0,5 m²	0,4 m²				Ausreichend groß
Berlin (Musterraumprogramm – 2010) Grundschulen								
• Pausenfläche Kl. 1 mit Buddelplatz und Spielgeräten			540 m² – 900 m²	810 m² – 1350 m²	1080 m² – 1800 m²			
• Pausenfläche Kl. 2–6 mit Turn- und Spielgeräten			1500 m²	2250 m²	3000 m²			
• Schulgarten	400 m²							
• Spielfeld 27 × 45 m	1363 m²							
• 75 m Laufbahn (95 m brutto), 3 Bahnen	550 m²							
• Weitsprung 35 m Anlauf (brutto), 3 Bahnen, Grube 5,55 × 8,00 m	288 m²							
• Gymnastikwiese	400 m²							
Berlin Integrierte Sekundarschule (Ganztagsbetrieb)								
• Pausenfläche	5 m²/Schüler				2400 m²	3000 m²	3600 m²	
• Schulgarten (Nutzgarten, Biotop)	4760 m²				480 m²	600 m²	720 m²	
• Spielfeld 52 × 79 m (brutto)								
• 100 m Laufbahn (120 m brutto), 4 Bahnen	962 m²							
• Weitsprung 45 m Anlauf (brutto), 3 Bahnen, Grube 5,55 × 9,00 m	350 m²							K.V.
• Hochsprungkissen 4 × 6 m (neben dem Spielfeld)	40 m²							
• Kugelstoßen Abwurfsektor 34,92°, 20 m Schenkellänge	Ca. 200 m²							
• Gymnastikwiese	400 m²							
Berlin Integrierte Sekundarschule mit gymnasialer Oberstufe (Ganztagsbetrieb)								
• Pausenfläche	5 m²/Schüler				3300 m²	4125 m²	4950 m²	
• Schulgarten (Nutzgarten, Biotop)					480 m²	600 m²	720 m²	
• Spielfeld 52 × 79 m (brutto)	4760 m²							
• 100 m Laufbahn (120 m brutto), 4 Bahnen	962 m²							
• Weitsprung 45 m Anlauf (brutto), 3 Bahnen, Grube 5,55 × 9,00 m	350 m²							
• Hochsprungkissen 4 × 6 m (neben dem Spielfeld)	40 m²							
• Kugelstoßen Abwurfsektor 34,92°, 20 m Schenkellänge	Ca. 200 m²							
• Gymnastikwiese	400 m²							

Tab. 4.2.2 Anforderungen an Größe und Ausstattung der Außenanlagen bei Schulen und Kindergärten – Auswahl

Bundesland/Schulart	Allgemeine Anforderungen	Schule 1 Zug	2 Züge*	3 Züge**	4 Züge	5 Züge	6 Züge	Kita
Berlin Gymnasium (Regelform/Ganztagsbetrieb)								
• Pausenfläche	5 m^2/Schüler			2550 m^2	3400 m^2	4250 m^2		
• Schülerarbeitsgärten	30 m^2/Klasse			360 m^2	480 m^2	600 m^2		
• Spielfeld 52 × 79 m (brutto)	4760 m^2							
• 100 m Laufbahn (120 m brutto), 4 Bahnen	962 m^2							K.V.
• Weitsprung 45 m Anlauf (brutto), 3 Bahnen, Grube 5,55 × 9,00 m	350 m^2							
• Hochsprungkissen 4 × 6 m (neben dem Spielfeld)	40 m^2							
• Kugelstoßen, Abwurfsektor 34,92°, 20 m Schenkellänge	Ca. 200 m^2							
• Gymnastikwiese	400 m^2							
Berlin: Fahrradständer/Kfz-Stellplätze für Behinderte	gemäß AV Stellplätze							
Hessen	Individuelle Regelungen durch die Kreise bzw. kreisfreien Städte							6 m^2/Kind
Mecklenburg-Vorpommern								2,5 m^2/Kind
Niedersachsen								Eingruppig 200 m^2, sonst 10 m^2/Kind
Rheinland-Pfalz (Verwaltungsvorschrift – 2010)								
• Pausenhof	5 m^2 je Schüler/Schülerin, mind. 400 m^2							K.V.
Saarland								≥5 m^2/Kind
Sachsen (Raumprogrammempfehlung – 1993) Grundschule								
• Pausenfläche mit Turn- und Spielgeräten		600 m^2	1200 m^2	1800 m^2	2400 m^2			
• Schulgarten		150 m^2	300 m^2	360 m^2	480 m^2			
• Spielfeld		1 ×	1 ×	1 ×	1 ×			
• 100 m Laufbahn, 4 Bahnen		–	–	600 m^2	600 m^2			
• Weitsprunganlage, 3 Bahnen		–	–	300 m^2	300 m^2			
• Gymnastikwiese		400 m^2	400 m^2	400 m^2	400 m^2			10 m^2/Kind
Sachsen Gymnasien								
• Sportspielfeld				1 ×	1 ×	1 ×		
• 100 m Laufbahn, 4 Bahnen				750 m^2	750 m^2	750 m^2		
• Weitsprunganlage, 3 Bahnen				480 m^2	480 m^2	480 m^2		
• Kugelstoßanlage 10 × 15 m				150 m^2	150 m^2	150 m^2		
• Gymnastikwiese				400 m^2	400 m^2	400 m^2		
Schleswig-Holstein								≥300 m^2, 10 m^2/Kind
Thüringen								10 m^2/Kind
Wien, Östereich		8-/12-/24-klassige Schulen						
• Pausenfläche außen		500/800/1500 m^2						
• Spiel- und Sportfläche		1700/2000/3500 m^2						
• Pkw-Stellpl., Müll		270/370/700 m^2						
• Restflächen (Abstandsflächen, Wege, u. ä.)		230/330/500m^2						

K.V. = Keine Vorgaben * ≤400 m^2 ** ≥400 m^2

Anthropometrische Werte

Der Vergleich der Körpermaße von Kindern und Jugendlichen unterschiedlichen Alters mit denen der betreuenden Personen verdeutlicht, mit welch unterschiedlichen Anforderungen bei der Planung für Schul- und Kindergartenkinder zu rechnen ist. Sowohl der Bewegungsspielraum der Kinder als auch der des Lehr- und Betreuungspersonals muss dabei berücksichtigt werden. Ziel ist hierbei also auch die Umsetzung einer größtmöglichen Spanne an Bewegungs(spiel)räumen. → Tab. 4.2.3

Treppen und Stufen

Treppen müssen der jeweiligen Nutzung angemessen und sicher ausgeführt sein.

In der Unfallverhütungsvorschrift Schulen (GUV-V S1) wird bei Treppen in und an Schulen ein Steigungsverhältnis gem. DIN 18065-1 von 2s + a = 59–65 cm gefordert. In Schulen soll die Steigung jedoch nicht mehr als 17 cm und der Auftritt mindestens 28 cm betragen. → Kap. 3.2

Für Freitreppen (Treppen in den Außenanlagen, die nicht der unmittelbaren Erschließung des Gebäudes dienen) und für Treppen in Kindergärten werden Steigungen von 14–16 cm mit einem Auftritt von 32–30 cm empfohlen (vgl. GUV-I 561 sowie Merkblatt „Sichere Schulen und Kindergärten"). Die Öffnungsweite von offenen Stufen darf 11 cm – bei Nutzung durch Kinder unter 3 Jahren 8,9 cm – nicht überschreiten.

Treppenstufen sind von angrenzenden Verkehrsflächen deutlich abzuheben. Neben Markierungen und/oder Beleuchtung sind insbesondere Einzelstufen – wenn sie nicht ganz vermieden werden können – durch kontrastierende Farben oder eine andere Materialstruktur hervorzuheben.

Sicherung höhergelegener Aufenthaltsbereiche

Aufenthaltsbereiche innerhalb des Schulgeländes mit einer Höhendifferenz von 0,30–1,00 m gegenüber einer anderen Fläche, müssen durch eine Umwehrung oder durch Bänke, Pflanzstreifen oder -tröge gesichert sein beziehungsweise mit einer deutlichen Kennzeichnung/Markierung versehen werden.

Bei einer Höhendifferenz von über 1,00 m ist die Absturzkante durch eine mindestens 1,00 m hohe Umwehrung zu schützen (vgl. DIN 58125). Ergänzende Bestimmungen zu Absturzsicherungen finden sich beispielsweise in den Bauordnungen der Länder. → Kap. 3.6

In Kindergärten sind Aufenthaltsflächen bereits ab einer Höhendifferenz von 20 cm durch Pflanzstreifen oder -tröge, Bänke, Geländerbügel oder Brüstungselemente zu schützen, wenn Kleinkinder unter 3 Jahren den Bereich nutzen. → Abb. 4.2.1 Im Übrigen gelten die Regelungen für Plattformen und Podeste von Spielgeräten (→ Tab. 4.3.5).

Wasseranlagen

Bei der Gestaltung von Wasseranlagen im Bereich von Schulhöfen und Kindergärten ist darauf zu achten, dass die Wassertiefe höchstens 1,20 m beträgt. Eine mindestens 1,00 m breite Flachwasserzone mit einer Wassertiefe von maximal 0,40 m sollte vorgesehen werden.

In Kindergärten sind Wasseranlagen oder Feuchtbiotope bis zu einer Tiefe von 0,40 m durch eine mindestens 1,00 m breite, trittsichere Uferzone abzutrennen. Wird eine Wassertiefe von 0,40 m überschritten, ist die Anlage durch Einfriedungen zu sichern. Diese dürfen Kindern keinen Anreiz zum Überklettern bieten (z. B. durch Querstreben).

Kleinkinder können bereits in nur wenigen Zentimeter tiefem Wasser ertrinken. Um derartigen Risiken vorzubeugen, sollten Wasseranlagen in Einrichtungen für Kinder unter 3 Jahre vermieden bzw. unzugänglich abgegrenzt werden. Wasserspielplätze mit Matschflächen oder Quellsteinen sind möglich, wenn keine tiefen Pfützen entstehen können.

Einfriedungen

An Zäunen, Gittern und Mauern als Einfriedungen von Schul- und Kindergartengeländen dürfen keine „spitzen, scharfkantigen und hervorspringenden Teile oder Stacheldraht angebracht werden". Dabei müssen Einfriedungen von Kindergärten eine Mindesthöhe von 1 m aufweisen und dürfen nicht zum Klettern einladen. Öffnungen an Einfriedungen und Geländern dürfen eine maximale Weite von 11 cm, bei Nutzung durch Kleinkinder maximal 8,9 cm, aufweisen.

Eingänge sind so zu wählen, dass sie abschließbar und im Falle von fließendem Verkehr durch Kinderhand nicht zu öffnen sind.

	3 Jahre	4 Jahre	5 Jahre	6 Jahre	12 Jahre	Frauen (16–60 Jahre)	Männer (16–60 Jahre)
Körpergröße	92–111	101–118	106–126	111–129	139–168	152–176	160–189
Reichweite nach oben	105–127	107–136	121–144	127–151	162–199	171–209	188–226
Reichweite nach vorne	42	48	52	57	k.A.	k.A.	k.A.
Sitzhöhe	19–28	23–30	25–32	25–33	36–42	35–43	40–48
Sitzbreite	19–23	20–25	21–26	21–28	26–36	34–45	33–39
Augenhöhe	85–99	87–108	96–113	98–120	126–154	139–166	150–175
Kopfbreite	12,4–14,2	12,8–14,5	13,1–15,0	13,2–15,2	13,6–15,5	13,7–16	14,3–16,9
Handdicke	1,8–2,3	1,9–2,3	1,9–2,4	1,9–2,4	2,2–3	2,1–3,2	2,3–3,4
Griffumfang der Hand	7,5–8,3	8–8,9	8–9,4	8,1–10,3	10–13	10,7–15,9	11,9–15,6
Fußlänge	14,9–17,3	14,9–19	16,1–19,7	16,4–20,9	21–26,6	22,1–26,4	24–28,1
Fußbreite	5,8–7,1	5,9–7,5	6,5–7,6	6,5–7,9	7,8–9,9	9–10,7	9,3–10,7

Tab. 4.2.3 Anthropometrische Werte von Kindern und Erwachsenen (Quelle: Unfallkasse Hessen, 2013/DIN 33 402) (Alle Angaben in cm)

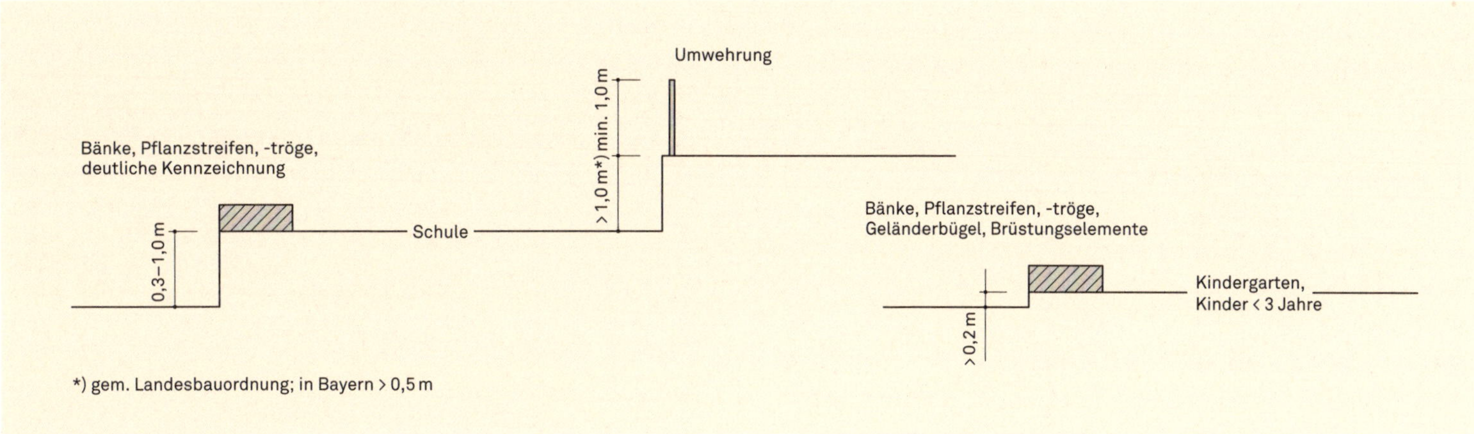

Abb. 4.2.1 Absturzhöhen und deren Sicherung in Schulen (links) und Kindergärten (rechts)

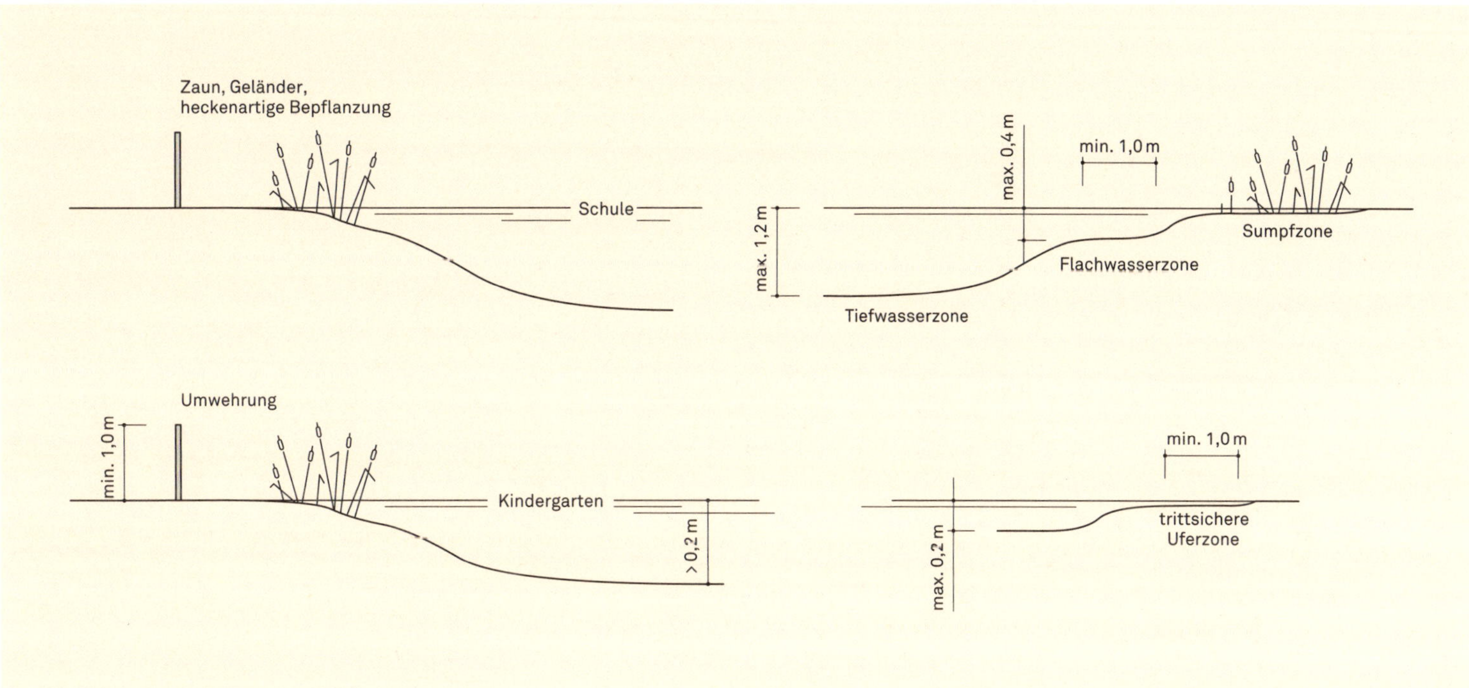

Abb. 4.2.2 Anforderungen an Wasseranlagen auf Schulhöfen und im Außenbereich von Kindergärten

Anforderungen an Spielgeräte und Spielplatzböden
→ 4.3 Spielräume und Spielplätze

Treppen
→ 3.2 Höhenplanung, Treppen und Rampen

4 Typologien
4.3 Spielräume und Spielplätze

4.3 Spielräume und Spielplätze

Spielplätze fördern und fordern die Entwicklungsphasen von Kindern und Jugendlichen und bieten darüber hinaus der ganzen Familie einen Bewegungs- und Erlebnisraum. Aber auch Spiel- und Trainingsgeräte, die insbesondere auf die Bedürfnisse älterer Menschen ausgerichtet sind, finden zunehmend Verwendung und kommen in öffentlichen Freianlagen vermehrt zum Einsatz. Wo möglich, sollten von allen Altersgruppen gleichermaßen nutzbare Spielgeräte eingebaut werden, um eine größtmögliche Flexibilität und Nutzbarkeit zu erzielen. Die ‚universelle' Schaukel stellt in dieser Hinsicht ein nach wie vor auch von Erwachsenen gern genutztes Beispiel dar.

Da sich in der Stadt nicht so viele Entfaltungsmöglichkeiten im Freiraum bieten wie in der freien Natur, ist es gerade hier erforderlich, durch bewusste Gestaltung und das Anlegen von Spielplätzen das Freizeitangebot zu steigern. Über die eigentlichen Spielplätze hinaus sollten Spielräume das Angebot erweitern, die zum freien Spielen anregen und sich in den städtischen Freiraum beiläufig integrieren lassen. Dazu können auch eine Förderung naturnaher Erlebnisräume oder eine Erweiterung der Spielmöglichkeiten auf den Straßenraum durch Verkehrsberuhigung in Wohngebieten zählen.

Gefragt sind auch neue Konzeptionen für Spielplätze, da herkömmliche Gerätespielplätze die Bedürfnisse an einen spannungsreichen Freiraum insbesondere bei älteren Kindern nicht alleine befriedigen können. Häufig kann eine „kreative Unordnung" sogar mehr zum Entdecken und Verändern beitragen. Und die Vernetzung vorhandener Spielbereiche zu einem zusammenhängenden System kann einer ‚Verinselung' entgegenwirken. Das lokale Schul- und Fußwegenetz kann beispielsweise über ‚Streifräume' und ‚Spielwege' erschlossen werden und so als bespielbarer Raum zusätzliche Funktionen übernehmen.

Bei der Entwicklung altersgerechter Spielplatz- und Spielraumkonzepte sollten die jeweiligen altersspezifischen Bedürfnisse Berücksichtigung finden.

Abb. 4.3.1 Universelles Spielgerät – die Schaukel

Standort

Durch ausreichende Abstände zur angrenzenden Bebauung und durch die Zonierung kann bei der Anlage von Spielplätzen eine Beeinträchtigung benachbarter Wohnbebauung und anderer lärmschutzbedürftiger Nutzungen (z. B. Krankenhäuser und Pflegeanstalten) minimiert werden. Anforderungen an Mindestabstände können von den Kommunen in einer Spielplatzverordnung oder -satzung festgeschrieben werden. Für wohnungsnahe Kinderspielplätze werden in der Regel Mindestabstände von 10 m zu Fenstern von Aufenthaltsräumen gefordert. Die Spielplatzverordnung von Wien beispielsweise sieht bei Kleinkinderspielplätzen 5 m Mindestabstand zu Wohn- und Schlafräumen und 15 m bei Kinder- und Jugendspielplätzen vor. Jugendspielbereiche sind vorzugsweise am Rand einer Wohnanlage anzuordnen. Sind Skateanlagen oder Bolzplätze vorgesehen, sollten entsprechend große Abstände eingeplant werden. → Tab. 4.4.2

Spielplätze sollten windgeschützt sein und ein ausgewogenes Verhältnis von sonnigen und halbschattigen Bereichen aufweisen, wobei die lokalen Klimafaktoren zu berücksichtigen sind. Um ein schnelles Abtrocknen und Erwärmen von Sandspielflächen zu ermöglichen, sollten die Spielflächen im Bereich der Morgensonne, in jedem Fall aber nicht im Vollschatten liegen. Insbesondere in den Mittagsstunden sind halbschattige Plätze, zum Beispiel unter Bäumen, empfehlenswert.

Die Ausrichtung einer Rutschfläche sollte aufgrund der Gefahr einer Überhitzung nie gegen Süden erfolgen. Plansch- und Badeflächen sollten hingegen ganztägig von der Sonne beschienen sein.

Alter in Jahren	Bedürfnisse	Art des Spiels	Objekte	Tätigkeiten
Bis 4	Sammlung von Erfahrungen mit Materialien und Oberflächen	Funktions-, Fiktions-, Illusions-, einfache Konstruktions-, individuelle und gemeinsame Experimental-, Bewegungsspiele, Gleichgewichtsübungen	Eigener Körper, alle möglichen Gegenstände und Personen	Schaufeln, füllen, leeren, graben, werfen, gießen, planschen, kneten, rodeln, rutschen, kriechen, sich verstecken
4–6	Sammlung von Erfahrungen mit Materialien und Personen	Rollen- und Konstruktions-, Sand-, Bewegungsspiele, Gleichgewichtsübungen	Eigene Person und Partner, Gegenstände	Bauen von Burgen, Straßen und Brücken, durch Gegenstände kriechen, sich verstecken, laufen, rodeln, rutschen, klettern, schaukeln usw.
6–10	Sammlung von Erfahrungen mit Materialien und Personen, austoben und erlernen von Regeln	Miteinander- und Regel-, Konstruktions-, Funktions-, Bewegungs-, Rollenspiele, bildnerische und ruhige Spiele	Andere Personen, Gegenstände und Situationen, Gesellschaftsspiele	Basteln, werken, hämmern, zimmern, zerlegen, zusammensetzen, Dämme bauen, Indianer und Cowboy spielen, malen, Brettspiele
10–14	Sammlung von Erfahrungen mit Materialien und Personen, konstruieren und gestalten	Bandenspiele, Übernahme sozialer Rollen, Funktions- und Konstruktionsspiele, Bewegungsspiele, Regelspiele	Erweiterung des für die 6- bis 10-Jährigen angegebenen Personenkreises und der für sie angegebenen Situationen	Erweiterung der für die 6- bis 10-Jährigen angegebenen Tätigkeiten

Tab. 4.3.1 Altersspezifische Bedürfnisse von Kindern und Jugendlichen (Quelle: Dittrich, 1974)

Abmessungen und Kennwerte

Orientierungswerte für Spielflächen

Die Angaben zu erforderlichen Flächen für Spielplätze im Bereich von Ortschaften und Städten variieren je nach Land und Kommune; teilweise gibt es auch keine dezidierten Vorgaben. In jedem Fall sind die jeweiligen Bau- und sonstigen Verordnungen zu beachten. Für die übergeordnete städtebauliche Planung existieren Orientierungswerte, die in Deutschland auf der DIN 18034-1 beruhen und auf die Richtlinien für die Schaffung von Erholungs-, Spiel- und Sportanlagen der Deutschen Olympischen Gesellschaft (DOG) von 1976 zurückgehen. Insbesondere für den Neubau von Wohnanlagen existieren in vielen Ländern oder Kommunen Regelungen zu wohnungsnahen Spielplätzen. → Tab. 4.3.2

Der Flächenbedarf der unterschiedlichen Spielgeräte und Spielbereiche bestimmt die erforderliche Spielplatzgröße. Bei eingeschränktem Platzangebot können nur bestimmte Spielgeräte und -bereiche zum Einsatz kommen. → Tab. 4.3.3

Art/Hauptnutzergruppe	Städtebaulicher Orientierungswert	Richtmaße je Spielplatz	Standort, Entfernung
Spielplätze im Stadtraum			
Wohnungsnah / Kleinkinder bis 6 Jahre	0,5 m²/Einwohner nutzbare Spielfläche, 0,75 m²/Einwohner Bruttofläche 2 m²/Einwohner (ÖNORM 2607)	40–50 m² nutzbare Spielfläche, 60–225 m² Bruttofläche	Max. fußläufige Entfernung von den Wohnungen: 100 m
Wohnviertelspielplatz / Kinder 6–12 Jahre		450–800 m² nutzbare Spielfläche, 675–1200 m² Bruttofläche	Max. fußläufige Entfernung von den Wohnungen: 400 m
Dorf-, Stadtteil-, Ortsteilspielplatz / Kinder und Jugendliche ab 12 Jahre		600–3000 m² nutzbare Spielfläche, 800–3750 m² Bruttofläche	Max. fußläufige Entfernung von den Wohnungen: 800–1000 m
Familien/Erwachsene	1,5 m²/Einwohner Bruttofläche	≥1500 m² nutzbare Fläche, ≥2250 m² Bruttofläche	Max. fußläufige Entfernung von den Wohnungen: 800–1000 m
Spielplätze in Wohnanlagen (je nach Bauordnung, Gemeindeverordnung oder Satzung unterschiedlich geregelt)			
Spielflächen für Kleinkinder, in Berlin ab 75 Wohnungen auch für größere Kinder geeignet	Ab 3 (teilweise 4 oder 5) Wohnungen sind 4–6 m² nutzbare Spielfläche pro Wohnung anzulegen	Mind. 25 m² groß; Berlin: 50 m², Oberösterreich: 100 m²	Max. fußläufige Entfernung von den Wohnungen: 100 (50) m

Tab. 4.3.2 Orientierungswerte: Mindestbedarf an Spielplatzflächen, die einschlägigen Richtlinien bzw. Bauordnungen sind zu beachten (Quellen: DOG-Richtlinien, DIN 18034-1, Landesbauordnungen, ÖNORM B 2607)

Spielbereich	Mindestgröße inkl. Sicherheits- und Bewegungsflächen	Anlage, Ausstattung
Sandspiel	20–35 m²	Sandkiste, Sandmulde, Spieltisch
Einzelgeräte	6–20 m²	Federwippe, Wippe, Spielhaus, Balancierbalken
Einzelgeräte	20–30 m²	Schaukel, Rutsche, Balancierstation, Kletter- und Seilspielgerät, Wasserspiel
Gerätekombinationen	70–100 m²	Themenspielanlage, Kletter-Rutschen-Kombination, Wasserspielkombination
Spiele an mehreren Geräten	150–500 m²	Rutschen, Wippen, Schaukeln, Kletter- und Hangelgeräte, Balancierbalken
Abenteuerspielplatz	600–800 m²	(Themen-)Spielkombination mit umliegenden Gehölzflächen
Ball-, Lauf- und Bewegungsspiele	800–1300 m²	Kleine Spielfelder, Geländemodellierung und Kletterwand, Fitnessparcours
Spiele im und am Wasser	200–500 m²	Planschbecken, Wasserspiele
Skateparks	250–400 m²	Pools, Halfpipes, Quarterpipes etc.

Tab. 4.3.3 Mindestgrößen für unterschiedliche Spielbereiche im öffentlichen Raum (Quelle: Gälzer, 2001, ergänzt)

Fall- und Freiräume

Spielgeräte sind so aufzustellen, dass Überschneidungen von Hauptlaufrichtungen und Gerätespielbereichen sowie Behinderungen in Schwingbereichen vermieden werden. Nach EN 1176-1 umfasst dieser ‚Freiraum' alle Bereiche, die durch die Spielbewegungen verursacht und als Zwangsbewegungen nicht gestoppt werden können. Neben diesen Sicherheitsräumen müssen noch die Fallräume berücksichtigt werden, die ein Nutzer bei einem Fall vom Gerät theoretisch benötigen würde.

Bei Fallhöhen bis 1,5 m beträgt die Fallraumbreite mindestens 1,5 m, bis zu einer Fallhöhe von 0,6 m werden keine Anforderungen an den Bodenbelag gestellt. Bei Fallhöhen zwischen 1,5 und 3,0 m wird der Fallraum berechnet und beträgt max. 2,5 m. Der Berechnung findet auf Basis folgender Formel statt:

Fallraum = freie Fallhöhe (= Höhe der Spielebene) × 2/3 + 0,5 m

Bei Schaukeln ergibt sich der Fallraum aus der Länge der Schaukelabhängung (Abstand zwischen Drehgelenk und OK-Schaukelsitz) × 0,867 + 2,25 m. Bei Karussells beträgt der Fallraum mindestens 2,0 m.

Die Bodenfreiheit unter Schaukelsitzen muss in Ruhestellung mindestens 35 cm betragen. Bei Reifensitzen (und Vogelnestern) muss die Bodenfreiheit zumindest 40 cm betragen.

Freie Fallhöhe	Fallraumbreite/Breite der Aufprallfläche	Bodenbelag
≤0,6 m	1,5 m	Ohne stoßdämpfende Anforderungen
≤1,5 m	1,5 m	Fallschutz → Tab. 4.3.5
Formel zur Berechnung der freien Fallhöhe × 2/3 + 0,5 m		
1,65 m	1,6 m	Fallschutz → Tab. 4.3.5
1,8 m	1,7 m	
2,0 m	1,83 m	
2,5 m	2,16 m	
3,0 m	2,5 m	

Tab. 4.3.4 Fallraumbreite in Abhängigkeit von der Fallhöhe

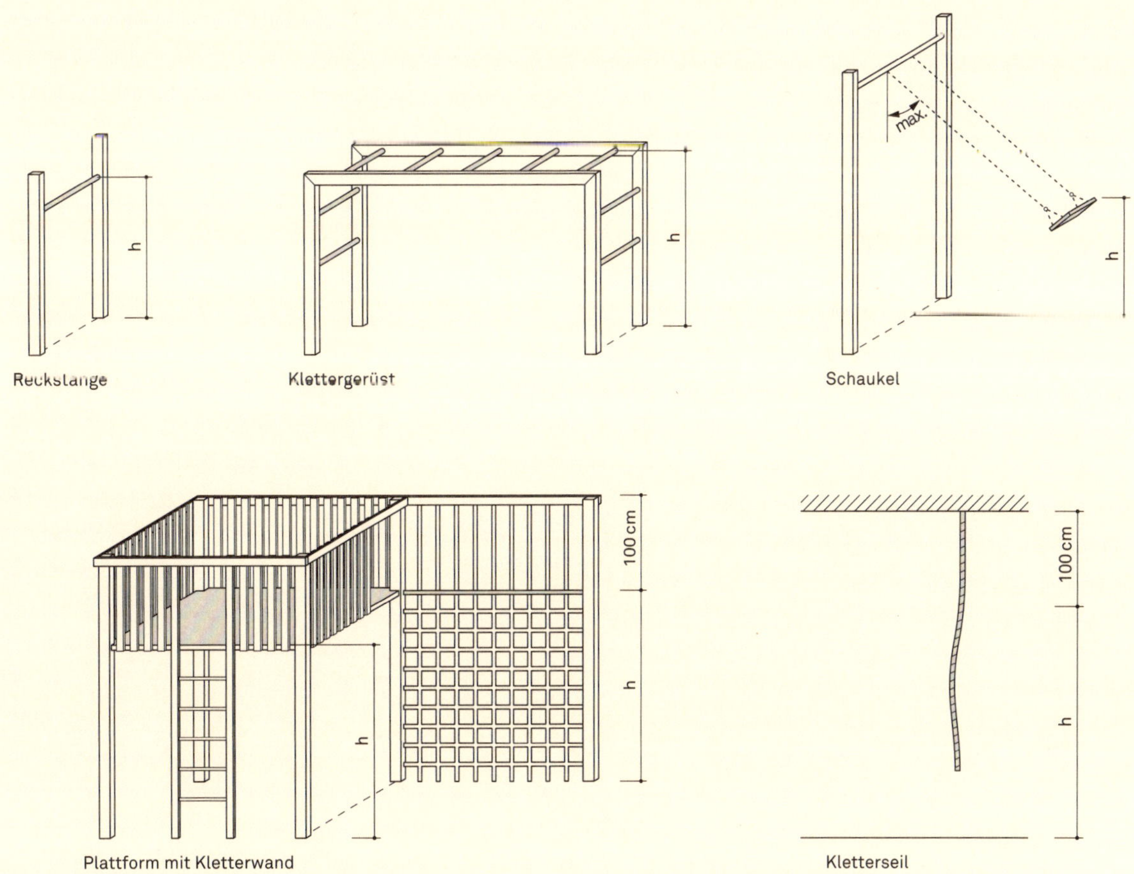

h = freie Fallhöhe = max. 3 m, Wahl des Fallschutzbodens gem. Tab. 4.3.5

Abb. 4.3.2 Beispiele für die Definition der Fallhöhen (h) bei typischen Spielgeräten nach EN 1176-1

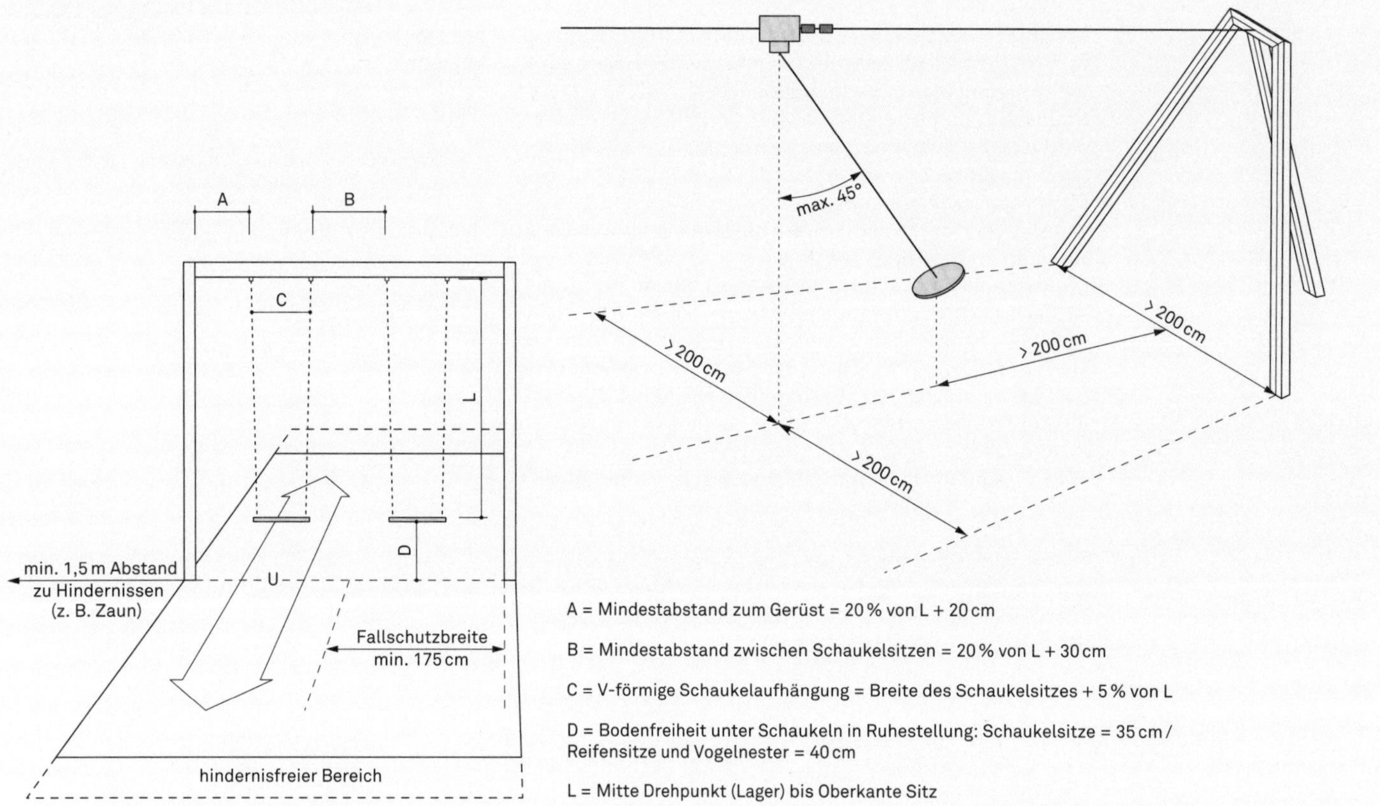

U = 2 × (L × 0,867 + 225 cm) stoßdämpfender Untergrund (loses Material); bei stoßdämpfendem Boden (Fallschutzplatten) gilt: 2 × (L × 0,867 + 175 cm) zzgl. beidseitig 50 cm als hindernisfreier Bereich

Abb. 4.3.3 Beispiele für Mindestabstände bei Schaukeln und Seilbahnen nach EN 1176-1

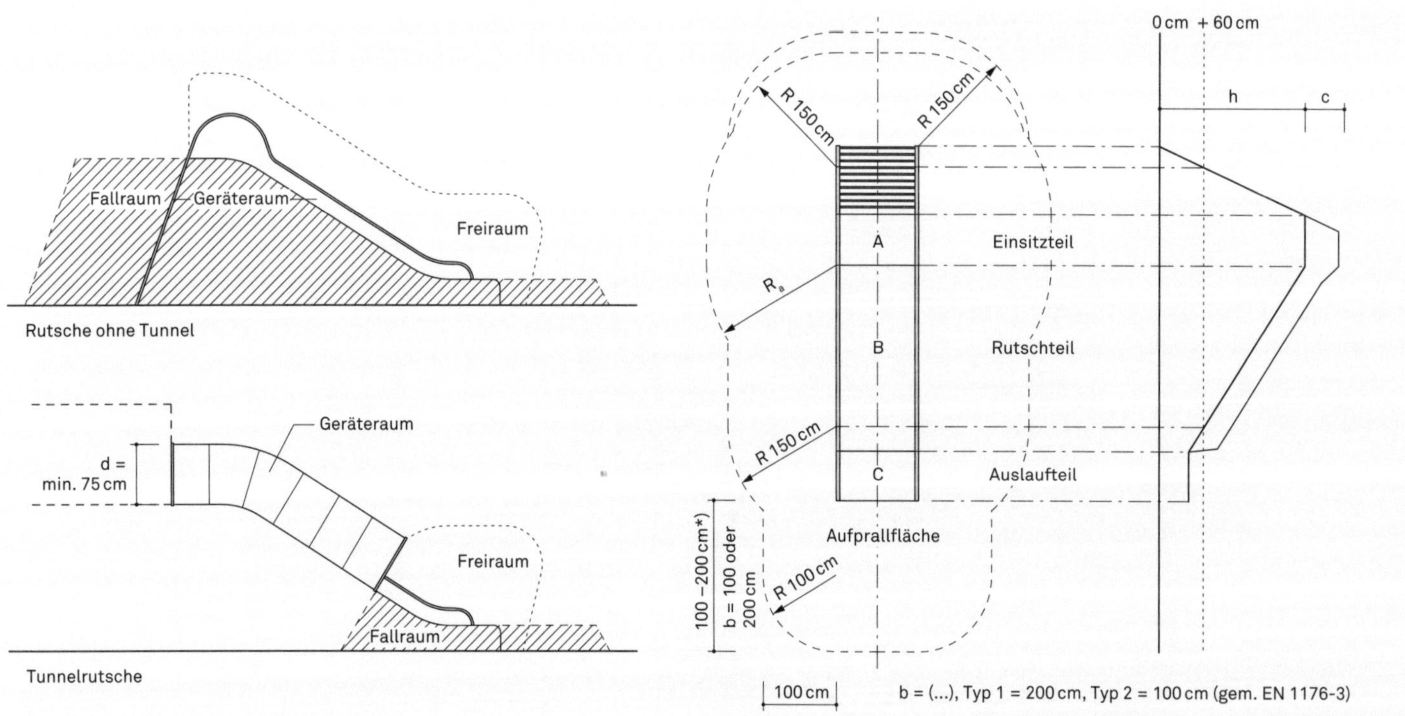

a = der Radius richtet sich nach der freien Fallhöhe h
b = die Länge der Aufprallfläche ist abhängig vom Typ des Auslaufteils (gem. EN 1176-3)
c = die Höhe der Seitenbegrenzung richtet sich nach der freien Fallhöhe h
(z. B. bei einer freien Fallhöhe h > 2,5 m ist c = min. 50 cm

Abb. 4.3.4 Beispiel für Fallräume und Freiräume bei Rutschen

Absturzsicherung und Fallschutz

Auf Plattformen und Podesten an Spielgeräten sind – abhängig von der möglichen Fallhöhe – Maßnahmen zur Absturzsicherheit in Form von Geländern oder Brüstungen zu treffen. Bei der Konstruktion von solchen Geländern und Brüstungen ist darauf zu achten, dass sie nicht zum Hochklettern und Aufsitzen verleiten. Für Spielgeräte gelten die Angaben der → Tab. 4.3.5.

In Wien beispielsweise sollen auf Spielplätzen an absturzgefährlichen Stellen generell Geländer mit einer Höhe von mindestens 1,10 m errichtet werden. Ist das Geländer auf einem Sockel von mehr als 0,25 m Höhe angebracht, beträgt die Höhe inkl. Sockel 1,25 m.

In Abhängigkeit von der freien Fallhöhe werden an Böden unter Spielplatzgeräten unterschiedliche Anforderungen gestellt. Bei Geräten, bei denen der Benutzer eine gezwungene Bewegung ausführt (z. B. Schaukeln, Rutschen, Wippen, Seilbahnen, Karussells etc.), wird der stoßdämpfende Untergrund für die gesamte Aufprallfläche gefordert. Die Anforderungen gelten sowohl für ortsfeste als auch für ortsveränderliche Kinderspielgeräte.

Fallschutzplatten wirken durch ihre gut haftende Oberfläche als Stopper. Bei schräg oder horizontal verlaufenden Stürzen kommt es daher leicht zu Gelenk- und Bänderverletzungen. Lockere Materialien wie Kies oder Rindenmulch ermöglichen, dass der Fuß eine optimale Belastungsposition einnimmt. Fallschutzflächen sollten durch abgesenkte, teichartige Gruben eingefasst werden, da so das falldämpfende Material immer in die Grube zurückfällt, was den Pflegeaufwand verringert. Der Randbereich sollte verdichtet werden. Wichtig ist, dass der Grubenboden eine gute Entwässerung hat, damit sich kein Regenwasser in der Grube sammelt.

Plattform- bzw. Podesthöhe (h)	Absturzsicherung an Spielgeräten		Bodenbelag
	Für jedes Alter leicht zugänglich (EU)	Nicht leicht zugänglich für Kinder bis 3 Jahre/für alle Altersgruppen in D*	
h < 0,6 m	Keine Anforderungen	Keine Anforderungen	Keine Anforderungen (in D)
0,6 ≥ h < 1,0 m		Keine Anforderungen	Ungebundener Boden
1,0 ≥ h < 2,0 m	Brüstung (geschlossene Absturzsicherung) erforderlich, Höhe ≥ 0,7 m	Geländer erforderlich, mit einer Höhe von ≥ 0,6 m bis 0,85 m	Stoßdämpfender Untergrund (bis 1,5 m Rasen) → Tab. 4.3.6
2,0 m ≥ h < 3,0 m		Brüstung erforderlich, Höhe ≥ 0,7 m	Stoßdämpfender Untergrund → Tab. 4.3.6

* Aufgrund der gesetzlichen Aufsichtspflicht für Kinder bis 3 Jahre in Deutschland abweichende Regelung

Tab. 4.3.5 Erforderliche Absturzsicherungen an Plattformen/Podesten von Spielgeräten

Bodenmaterial	Max. Fallhöhe gem. EN 1176-1:2008-08					Anmerkungen
	≤ 60 cm	≤ 100 cm	≤ 150 cm	≤ 200 cm	≤ 300 cm	
Beton, Stein, bitumengebundene Böden	Nur in D zulässig					Sollte nur in Ausnahmefällen Verwendung finden; nicht bei Geräten, die eine erzwungene Bewegung auf den Körper des Nutzers erzeugen wie Rutschen, Schaukeln oder Karussells
Oberboden	×	×				Kein festgetretener, ausgetrockneter Boden, nicht barrierefrei
Rasen	×	×	In D zulässig (geschlossene Grasnarbe vorausgesetzt)			Nationale Regelungen und regionale klimatische Verhältnisse sind zu beachten, Flächen sind vor Austrocknung zu schützen, nicht barrierefrei
Holzschnitzel (Korngröße 5–30 mm)						Sind auf einen wasserabführenden Untergrund aufzubringen, nicht barrierefrei
Rindenmulch (Korngröße 20–80 mm)	Schichtdicke ≥ 20 cm zzgl. 10 cm, um den Wegspieleffekt zu kompensieren				Schichtdicke ≥ 30 cm, zzgl. 10 cm, um den Wegspieleffekt zu kompensieren	Sind auf einen wasserabführenden Untergrund aufzubringen, nicht barrierefrei
Sand (Korngröße 0,2–2 mm)						Ohne schluffige oder tonige Anteile, empfehlenswerte Korngrößen: 1/5 mm, nicht barrierefrei
Kies (Korngröße 2–8 mm)						
Andere Materialien (z. B. Fallschutzplatten, Kunststoffbeläge)	Mit entsprechender HIC-Prüfung gem. EN 1177					HIC = Head Injury Criterion

Tab. 4.3.6 Fallhöhen in Abhängigkeit vom Bodenmaterial

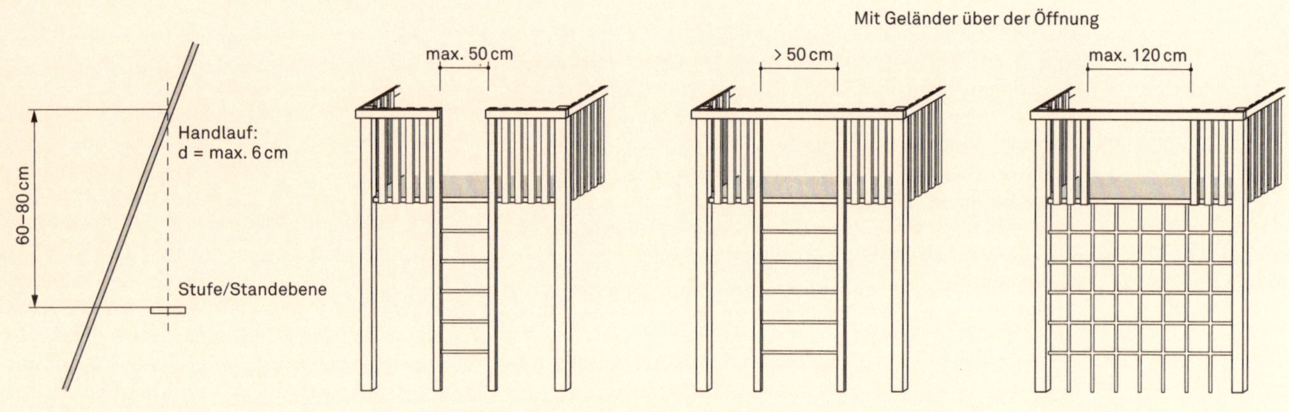

Abb. 4.3.5 Anforderungen an Handläufe und Geländer

Konstruktionshinweise

Unter anderem gibt die EN 1176-1 eine Reihe sicherheitstechnischer Anforderungen für die Konstruktion von Spielgeräten vor. Einige mit Relevanz für die Planungsphase seien hier genannt:

- Die Werkstoffe für Kinderspielgeräte müssen eine splitterfreie Oberfläche aufweisen. Geräte aus Holz lassen sich aufgrund der natürlichen Beschaffenheit des Materials nicht völlig splitterfrei herstellen. Hier ist darauf zu achten, dass die Oberfläche im Spiel- und Berührungsbereich möglichst splitterarm ausgeführt ist. Schaukelsitze aus Holz sind nicht zulässig.
- Öffnungen (an Leitern, Kletternetzen etc.) sind entweder < 8,9 cm oder > 23 cm auszuführen.
- Kriechröhren und Tunnelrutschen müssen einen Innendurchmesser von ≥ 75 cm besitzen, bei Tunneln mit Steigungen von mehr als 15° sind Vorrichtungen zum Klettern vorzusehen.
- Scharfkantige und in Kopf- oder Beinhöhe überstehende Verbindungselemente sind auszuschließen.
- Ecken und Kanten, die mehr als 8 mm vorstehen, sind mit einem Radius von mindestens 3 mm abzurunden (gilt auch für die Kanten von Natursteinblöcken im Bereich von Spielplätzen). Bei überstehenden Teilen, die weniger als 8 mm frei herausragen, müssen ebenfalls alle Kanten abgerundet sein.
- Um Stoßverletzungen bei aufschwingenden und beweglichen Teilen so gering wie möglich zu halten, ist bei der Auswahl und Formgebung des Materials folgendes einzuhalten: starke Abrundungen der betreffenden Geräteelemente, Verwendung von Materialien mit dämpfenden Eigenschaften (z. B. Pkw-Reifen) oder sonstige Abpolsterungen.

Bei Spielgeräten und Anlagen für Kleinkinder bis 3 Jahre sollten weitergehende Maßnahmen berücksichtigt werden (vgl. Unfallkasse Baden-Württemberg: Kinder unter drei Jahren sicher betreuen):

- Öffnungsspalten, in die Finger geraten können, dürfen in keiner Stellung zwischen 4 mm und 25 mm liegen (Vermeidung von Quetschgefahr).
- Fangstellen für den Kopf sind nicht zulässig, daher dürfen Öffnungen maximal 89 mm betragen (kleine Prüfkörper mit 89 mm Durchmesser sind zu verwenden).
- Bei Absturzhöhen über 60 cm sind Brüstungen vorzusehen.
- Treppen sind ab der ersten Stufe mit Handläufen zu versehen.

Um Kindern bis zu einem Alter von drei Jahren den Zugang zu Spielgeräten zu erschweren, die für ältere Kinder vorgesehen sind, bieten sich außerdem verschiedene Maßnahmen an:

- Die erste Sprosse einer Leiter liegt mehr als 40 cm über dem Boden.
- Es gibt keine Treppen beziehungsweise keinen ebenen Zugang zum Gerät.
- Es gibt keine Rampen, deren Neigung kleiner als 38° ist.
- Zu terrassenförmigen Plattformen besteht eine Höhendifferenz von mindestens 60 cm, sodass diese nicht bestiegen werden können.

Klassifikationen

Giftpflanzen

Im Umfeld von Spielplätzen und von Aufenthaltsbereichen, die häufig von Kindern besucht werden, sollten giftige Pflanzen keine Verwendung finden. → Tab. 4.3.7 und 4.3.8 Auch schwach giftige Pflanzen können – wenn sie in großen Mengen konsumiert werden – zu Vergiftungserscheinungen führen. Insbesondere im Umfeld von Spiel- und Aufenthaltsbereichen kleiner Kinder sollte auf diese Arten verzichtet werden. → Tab. 4.3.9

Botanischer Name	Deutscher Name	Giftige Teile	Giftigkeit	Bemerkung	Quelle
Ailanthus altissima	Götterbaum	Rinde, Samen	*	Bitter	5
Andromeda polifolia	Rosmarinheide	Blätter, Blüten	**		2, 3
Aralia elata	Japanische Aralie	Rinde, Samen	*	Widerlich bitter-süß	5
Aristolochia macrophylla	Amerikanische Pfeifenwinde	Ganze Pflanze	*		5
Berberis in Arten und Sorten	Berberitzen	Wurzel, Rinde	*	Blätter und rotfrüchtige Typen harmlos	5
Buxus sempervirens in Sorten	Gewöhnlicher Buchsbaum	Blätter, Früchte	**		5
Celastrus orbiculatus	Rundblättriger Baumwürger	Ganze Pflanze	*	Beeren bitter-süß	5
Chamaecyparis in Arten und Sorten	Scheinzypresse	Ganze Pflanze	*	Bitter-aromatisch	5
Clematis in Arten und Sorten	Waldreben	Ganze Pflanze	*		5
Colutea arborescens	Gelber Blasenstrauch	Blätter, Samen	*	Bitter	5
Cytisus scoparius	Besenginster	Blätter, Samen (ganze Pflanze[5])	*	Schoten leicht bohnenartig	1, 2, 5
Daphne mezereum	Echter Seidelbast	Alle Teile (einschl. Samen der roten Beeren)	***	Giftig für alle Daphne-Arten; laut DIN 18034 nicht im Bereich von zum Spielen ausgewiesenen Flächen pflanzen; pfeffrig-scharf	1, 2, 3, 5, 6
Euonymus europaeus	Gewöhnliches Pfaffenhütchen	Alle Teile, v. a. die roten Früchte	**	Gilt für alle Euonymus-Arten außer den nicht fruchtenden; laut DIN 18034 nicht im Bereich von zum Spielen ausgewiesenen Flächen pflanzen	1, 2, 3, 6
Genista tinctoria	Färber-Ginster	Samen	** – *	Gilt für alle Genista-Arten; bitter	3, 5
Gleditsia triacanthos in Sorten	Amerikanische Gleditschie	Nur Blätter	*	Samen, Früchte essbar	5
Hedera helix	Gemeiner Efeu	Blätter, besonders die (reifen) Beeren	** – *	Beeren papierartig trocken, bitter-brennend	1, 2, 3, 5
Ilex aquifolium	Europäische Stechpalme	Rote Früchte	**	Beeren herb	1, 2, 3, 5, 6
Juniperus x media	Chin. Schmuck-Wacholder	Ganze Pflanze	***!	Beeren würzig, pfeffrig scharf	5
Juniperus horizontalis	Kriechwacholder	Ganze Pflanze	***	bitteraromatischer Geschmack	5

*** sehr stark giftig ** stark giftig * giftig (*) wenig giftig

1 Giftpflanzen – Beschauen, nicht kauen (Bundesverband der Unfallkassen, 2001) 2 Giftige Pflanzen an Kinderspielplätzen (Verband Garten- und Landschaftsbau Rheinland, 1974) 3 Liste giftiger Pflanzenarten (Bundesministerium für Umwelt, Naturschutz und Reaktorsicherheit, 2000) 4 Wege zum Naturverständnis – Pflanzenverwendung in Kindergärten und kinderfreundlichen Anlagen (Landwirtschaftskammer NRW, 2002) 5 Lorenz von Ehren, Baumschulkatalog (CD): Planungshilfen – Eigenschaften + Verwendungsmöglichkeiten unserer Gehölze, Bearbeitung: Peter Kiermeier, ohne Jahr 6 Nach DIN 18034

Botanischer Name	Deutscher Name	Giftige Teile	Giftigkeit	Bemerkung	Quelle
Juniperus sabina	Sadebaum	Ganze Pflanze, am stärksten die jungen Triebe	** – ***!)	Beeren bitter-würzig	1, 2, 3, 5
Juniperus virginiana	Virginischer Wacholder	Ganze Pflanze	***!	Beeren bitter-würzig	1, 2, 3, 5
Laburnum anagyroides	Gemeiner Goldregen	Ganze Pflanze, v. a. die Samen	** – ***!	Wurzeln süß, Früchte bohnenähnlich; laut DIN 18034 nicht im Bereich von zum Spielen ausgewiesenen Flächen pflanzen	1, 2, 3, 5, 6
Ligustrum vulgare	Gewöhnlicher Liguster	Ganze Pflanze	*	Früchte anhaltend widerlich, bitter-süß	1, 2, 5
Liriodendron tulipifera	Tulpenbaum	Ganze Pflanze	*	Früchte leicht aromatisch-bitter	5
Lonicera nigra	Schwarze Heckenkirsche	Schwarze Beeren	(*)	Andere beerentragende Lonicera-Arten erlaubt	1, 2, 5
Lonicera xylosteum	Rote Heckenkirsche	Rote Beeren	(*)	Andere beerentragende Lonicera-Arten erlaubt	1, 2, 5
Lycium barbarum	Gemeiner Bocksdorn	Ganze Pflanze	**	In Süddeutschland oft verwildert	2, 5
Mahonia aquifolium	Gewöhnliche Mahonie	Ganze Pflanze, außer Beeren	*		1, 5
Nerium oleander	Oleander	Ganze Pflanze	**		1, 3
Pachysandra terminalis	Japanischer Ysander	Ganze Pflanze	*		
Prunus laurocerasus	Lorbeerkirsche	Ganze Pflanze, insb. Samen, Blätter	** – *	Fruchtfleisch ungiftig	
Prunus serotina	Spätblühende Traubenkirsche	Ganze Pflanze, ausgenommen Kirschen	*		5
Rhamnus frangula	Faulbaum	Rinde, Beeren	** – *	Beeren bitter-süß	1, 2, 3, 5
Robinia pseudoacacia	Robinie (Falsche Akazie)	Ganze Pflanze	**	Rinde und Wurzeln angenehm süßlich	1, 2, 5
Sambucus racemosa	Traubenholunder	Früchte	(*)	Selten gepflanzt	2, 5
Taxus baccata (in Arten und Sorten)	Europäische Eibe	Nadeln, zerbissener Samen	***!	Auch andere Taxus-Arten; Taxus media ist stark beerentragend	1, 2, 3, 5
Thuja occidentalis	Abendländischer Lebensbaum	Ganze Pflanze, v. a. Zweigspitzen und Zapfen	***!		1, 2, 3, 5
Thuja orientalis	Morgenländischer Lebensbaum	Ganze Pflanze, v. a. Zweigspitzen und Zapfen	***!		1, 2, 3, 5

*** sehr stark giftig ** stark giftig * giftig (*) wenig giftig

1 Giftpflanzen – Beschauen, nicht kauen (Bundesverband der Unfallkassen, 2001) 2 Giftige Pflanzen an Kinderspielplätzen (Verband Garten- und Landschaftsbau Rheinland, 1974) 3 Liste giftiger Pflanzenarten (Bundesministerium für Umwelt, Naturschutz und Reaktorsicherheit, 2000) 4 Wege zum Naturverständnis – Pflanzenverwendung in Kindergärten und kinderfreundlichen Anlagen (Landwirtschaftskammer NRW, 2002) 5 Lorenz von Ehren, Baumschulkatalog (CD): Planungshilfen – Eigenschaften + Verwendungsmöglichkeiten unserer Gehölze, Bearbeitung: Peter Kiermeier, ohne Jahr 6 Nach DIN 18034

Tab. 4.3.7 Gehölze mit giftigen und sehr giftigen Inhaltsstoffen, die nicht in der Nähe der Aufenthaltsbereiche von Kindern gepflanzt werden sollten

Botanischer Name	Deutscher Name	Giftige Organe	Giftigkeit	Bemerkung	Quelle
Aconitum napellus	Blauer Eisenhut	Ganze Pflanze, v. a. Wurzeln, Samen	***		1, 2, 3
Aconitum vulparia	Gelber Eisenhut	Ganze Pflanze, v. a. Wurzeln, Samen	***		1, 2
Arum maculatum	Gefleckter Aronstab	Alle frischen Pflanzenteile, Frucht	**		1, 2, 3
Atropa belladonna	Tollkirsche	Ganze Pflanze, v. a. Wurzeln, Samen	***		1, 3
Brugmansia spec.	Engelstrompete, alle Arten	Ganze Pflanze, besonders während der Blüte	***		3
Bryonia alba	Schwarzbeerige Zaunrübe	Ganze Pflanze, einschl. Beeren	**		1, 2, 3
Bryonia dioica	Rotbeerige Zaunrübe	Ganze Pflanze, einschl. Beeren	**		1, 2, 3
Cicuta virosa	Wasserschierling	Alle frischen Pflanzenteile, v. a. Samen und Wurzeln	***		1, 3
Colchicum autumnale	Herbstzeitlose	Ganze Pflanze, v. a. Samen	***		1, 2, 3
Conium maculatum	Gefleckter Schierling	Ganze Pflanze, v. a. Früchte	***		1, 3
Convallaria majalis	Maiglöckchen	Ganze Pflanzen + Beeren	**		1, 2, 3
Datura stramonium	Gemeiner Stechapfel	Ganze Pflanze, v. a. Wurzel, Samen	***		1, 2, 3
Digitalis lanata	Wolliger Fingerhut	Blätter, Blüten, Samen	**		2, 3
Digitalis purpurea	Roter Fingerhut	Ganze Pflanze	**		1, 2, 3
Euphorbia cyparissias	Zypressen-Wolfsmilch	Ganze Pflanze (durch Milchsaft)	**		1
Euphorbia peplus	Garten-Wolfsmilch	Ganze Pflanze (durch Milchsaft)	**		1
Euphorbia spec.	Wolfsmilch-Arten	Milchsaft	**	Reizungen an Augen, Haut und Schleimhäuten	3
Fritillaria imperialis	Kaiserkrone	Zwiebel	**		3
Helleborus niger	Christrose	Ganze Pflanze			1, 2
Heracleum mantegazzianum	Riesen-Bärenklau	Stengelsaft	**	In Verbindung mit Licht Hautverbrennungen	1, 3
Heracleum sphondylium	Wiesen-Bärenklau	Stengelsaft	**	In Verbindung mit Licht Hautverbrennungen	1, 3
Hyoscyamus niger	Schwarzes Bilsenkraut	Ganze Pflanze, v. a. Samen	***		1, 3
Lactuca virosa	Gift-Lattich	Milchsaft	**		3
Lantana camara	Wandelröschen	Beeren, Kraut	**		3
Lupinus angustifolius	Blaue Lupine	Samen			1
Lupinus luteus	Gelbe Lupine	Samen			1
Nicotiana tabacum	Virginischer Tabak	Ganze Pflanze, Samen	***		1
Nicotiana spec.	Tabak-Arten	Ganze Pflanze	***		3
Papaver somniferum	Schlafmohn	Unreife Kapseln, Milchsaft	**		3

Tab. 4.3.8 Krautige Pflanzen mit giftigen und sehr giftigen Inhaltsstoffen, die nicht in der Nähe der Aufenthaltsbereiche von Kindern gepflanzt werden sollten

*** sehr stark giftig ** stark giftig

1 Giftpflanzen – Beschauen, nicht kauen (Bundesverband der Unfallkassen, 2001) 2 Giftige Pflanzen an Kinderspielplätzen (Verband Garten- und Landschaftsbau Rheinland, 1974) 3 Liste giftiger Pflanzenarten (Bundesministerium für Umwelt, Naturschutz und Reaktorsicherheit, 2000) 4 Wege zum Naturverständnis – Pflanzenverwendung in Kindergärten und kinderfreundlichen Anlagen (Landwirtschaftskammer NRW, 2002) 5 Lorenz von Ehren, Baumschulkatalog (CD): Planungshilfen – Eigenschaften + Verwendungsmöglichkeiten unserer Gehölze, Bearbeitung: Peter Kiermeier, ohne Jahr 6 Nach DIN 18034

Botanischer Name	Deutscher Name	Giftige Organe	Giftigkeit	Bemerkung	Quelle
Phaseolus coccineus	Feuerbohne	Rohe Bohnen	**		1, 2, 3
Phaseolus vulgaris	Gartenbohne	Rohe Bohnen	**		1, 2
Phytolacca americana	Amerikanische Kermesbeere	Ganze Pflanze	**		3
Ranunculus acris	Scharfer Hahnenfuß (Butterblume)	Ganze Pflanze			1
Ranunculus sceleratus	Gift-Hahnenfuß	Ganze Pflanze	**		3
Sambucus ebulus	Lattich (Zwergholunder)	V.a. Frucht		Pflanze hier nicht im Handel	2
Solanum dulcamara	Bittersüßer Nachtschatten	Ganze Pflanze, unreife Beeren; reife Beeren enthalten nur noch Spuren giftiger Stoffe	**		1, 2, 3
Solanum nigrum	Schwarzer Nachtschatten	Ganze Pflanze einschl. unreife Beeren	**	Reife Beeren enthalten nur noch Spuren giftiger Stoffe	1, 2, 3
Solanum tuberosum	Kartoffel	Alle oberirdischen Pflanzenteile, einschl. der grünen Beeren, der Kartoffelkeime und der grün gefärbten Knollenteile	**		1,3
Urginea maritima	Weiße Meerzwiebel	Zwiebel	**		3
Veratrum album	Weißer Germer	Ganze Pflanze	**		3

*** sehr stark giftig ** stark giftig

1 Giftpflanzen – Beschauen, nicht kauen (Bundesverband der Unfallkassen, 2001) 2 Giftige Pflanzen an Kinderspielplätzen (Verband Garten- und Landschaftsbau Rheinland, 1974) 3 Liste giftiger Pflanzenarten (Bundesministerium für Umwelt, Naturschutz und Reaktorsicherheit, 2000) 4 Wege zum Naturverständnis – Pflanzenverwendung in Kindergärten und kinderfreundlichen Anlagen (Landwirtschaftskammer NRW, 2002) 5 Lorenz von Ehren, Baumschulkatalog (CD): Planungshilfen – Eigenschaften + Verwendungsmöglichkeiten unserer Gehölze, Bearbeitung: Peter Kiermeier, ohne Jahr 6 Nach DIN 18034

Tab. 4.3.8 Krautige Pflanzen mit giftigen und sehr giftigen Inhaltsstoffen, die nicht in der Nähe der Aufenthaltsbereiche von Kindern gepflanzt werden sollten

Botanischer Name	Deutscher Name	Giftige Organe	Bemerkung	Quelle
Aesculus hippocastanum	Gewöhnliche Rosskastanie	Kastanie, besonders unreife Früchte	Zusammenziehend, herb	1, 5
Cotoneaster-Arten	Zwergmispel	Ganze Pflanze		1
Pyracantha coccinea	Europäischer Feuerdorn	Schwach giftig; Früchte ungiftig		1
Sorbus aucuparia	Eberesche (Vogelbeere)	Schwach giftig: nur die frischen Früchte	Die Varietät ‚Edulis' (essbare Vogelbeere) kann auch roh gegessen werden	1
Symphoricarpos albus	Gewöhnliche Schneebeere	Beeren		1, 2, 5
Viburnum lantana	Wolliger Schneeball	Rinde, Blätter, schwarze Beeren	Beeren bitter-süß, gekocht problemlos	1, 2, 5
Viburnum opulus	Gemeiner Schneeball	Rinde, Blätter, rote Beeren	Beeren bitter-süß, gekocht problemlos	1, 2, 5

1 Giftpflanzen – Beschauen, nicht kauen (Bundesverband der Unfallkassen, 2001) 2 Giftige Pflanzen an Kinderspielplätzen (Verband Garten- und Landschaftsbau Rheinland, 1974) 5 Lorenz von Ehren, Baumschulkatalog (CD): Planungshilfen – Eigenschaften + Verwendungsmöglichkeiten unserer Gehölze, Bearbeitung: Peter Kiermeier, ohne Jahr

Tab. 4.3.9 Schwach giftige Gehölze, bei denen es häufig zu Vergiftungsfällen kommt

Pflanzen mit besonderer Eignung

Die Qualität von Spielräumen kann durch eine gezielte Pflanzenverwendung gesteigert werden. Beerenobst, Obst- und Nussgehölze sowie Duftpflanzen oder Pflanzen mit besonderer Laubfärbung und -form können die Sinne anregen und als Spielmaterial dienen. Darüber hinaus eignen sich einige Gehölze, wie z. B. Weiden, besonders gut für Bastelarbeiten oder die Konstruktion einfacher „Bauwerke". Als Einfassung von Spielbereichen bieten sich vor allem robuste Pflanzenarten an. Sträucher mit Stacheln und Dornen sollten jedoch nicht verwendet werden. → Tab. 4.3.10

Botanischer Name	Deutscher Name	Eignung als Spielmaterial	robuste Arten
Acer campestre	Feldahorn	Frucht als Nasenzwicker	xx
Amelanchier ovalis	Gewöhnliche Felsenbirne		x
Buddleja alternifolia	Sommerflieder		x (potenziell invasive Art, nicht am Siedlungsrand bzw. in der freien Landschaft geeignet)
Carpinus betulus	Hainbuche		x
Cornus mas	Kornelkirsche		x
Cornus sanguinea	Roter Hartriegel		xx
Corylus avellana	Strauchhasel	Material für Pfeil und Bogen; Nüsse essbar	xx
Fraxinus excelsior	Gemeine Esche	Zur Herstellung von Pfeifen geeignet	
Rosa spec.	Wildrosen	Kerne der Hagebutten als Juckpulver	
Salix caprea	Salweide	Steckhölzer zur Anlage von Weidentunneln, Weidenzelten und ähnlichen „lebenden Bauwerken"	xx
Salix purpurea	Purpurweide		
Salix viminalis	Korbweide		
Salix repens	Kriechweide		
Sambucus nigra	Schwarzer Holunder	Zur Herstellung von Pfeifen, Blasrohren sowie Pfeilspitzen für Pfeil und Bogen geeignet; wegen der im Rohzustand schwach giftigen Beeren nur mit Einschränkung zu empfehlen	x
Staphylea pinnata	Gemeine Pimpernuss		
Symphoricarpos albus	Gewöhnliche Schneebeere	Knallerbsen; wegen der schwach giftigen Beeren nur mit Einschränkung zu empfehlen	
Syringa vulgaris	Gemeiner Flieder		x
Tilia cordata/Tilia platyphyllos	Winterlinde/Sommerlinde	Gutes Schnitzholz	
Viburnum lantana	Wolliger Schneeball		

Tab. 4.3.10 Gehölze zum Einsatz in Spielräumen (Quelle: Wege zum Naturverständnis. Pflanzenverwendung in Kindergärten und kinderfreundlichen Anlagen (Landwirtschaftskammer NRW, 2002))

Bau- und genehmigungsrechtliche Hinweise

Die Notwendigkeit und die geforderten Größen von Spielplätzen beim Bau von Wohnanlagen sind überwiegend in den (Landes-)Bauordnungen geregelt.

Kinderspielgeräte unterliegen dem Gerätesicherheitsgesetz. Sie müssen regelmäßig überprüft, gewartet und instandgesetzt werden. Dies gilt besonders für Geräte, die ganzjährig im Freien stehen oder starken Verschleißbeanspruchungen ausgesetzt sind. Neben routinemäßigen Sichtprüfungen sind nach Maßgabe des Herstellers regelmäßig Funktions- und Stabilitätskontrollen durchzuführen. Dazu kommt die jährliche Hauptinspektion durch eine sachkundige Person.

Abmessungen von Sportanlagen

→ 4.4 Sportanlagen für Sondereinrichtungen wie Skateanlagen, Kletterfelsen etc.

4 Typologien
4.4 Sportanlagen

4.4 Sportanlagen

Grundlage für die Planung ist die Frage nach der Art der zu realisierenden Sportanlage: Je nachdem, ob es sich um eine Anlage für Freizeit, Schulen oder Vereine handelt, ergeben sich andere Anforderungen an Abmessungen und Ausstattung.

Wenn die Wettkampfbestimmungen der jeweiligen Sportfachverbände für die Abmessungen zugrunde gelegt werden, kann die Anlage für Wettkämpfe genutzt werden. Für reine Freizeitsporteinrichtungen oder Schulsportanlagen ist dies nicht unbedingt erforderlich. Hier kann es zugunsten der Angebotsvielfalt oder bei Platzmangel sinnvoll sein, auf Abmessungen zurückzugreifen, die von den Wettkampfbestimmungen abweichen. Kombinationsanlagen, bei denen eine Überlagerung und ein Nebeneinander verschiedener Sportarten auf kleinstem Raum gegeben sind, bieten sich vor allem für Freizeit- und Schulsport an. Sie werden meistens mit Leichtathletikelementen wie Hoch- und Weitsprunganlagen kombiniert.

Standort

Ausrichtung

Eine Nord-Süd-Ausrichtung stellt in der Regel die optimale Ausrichtung von Spielfeldern und Laufbahnen dar. Der Blendungseffekt der Sportler ist von Süden durch die hochstehende Sonne als deutlich geringer einzustufen, als dies bei einer Ost-West-Ausrichtung – und der dann tiefer stehenden Sonne – der Fall ist. Für den Fall, dass die räumlichen Bedingungen eine entsprechende Positionierung nicht zulassen, können abweichende Ausrichtungen möglichst unter Berücksichtigung der Hauptnutzungszeit vorgesehen werden. Sportanlagen, bei denen häufig mit Publikum zu rechnen ist, können auch nach den Hauptzeiten der Wettkämpfe ausgerichtet werden, um die Blendfreiheit der Mehrzahl der Zuschauer zu gewährleisten.

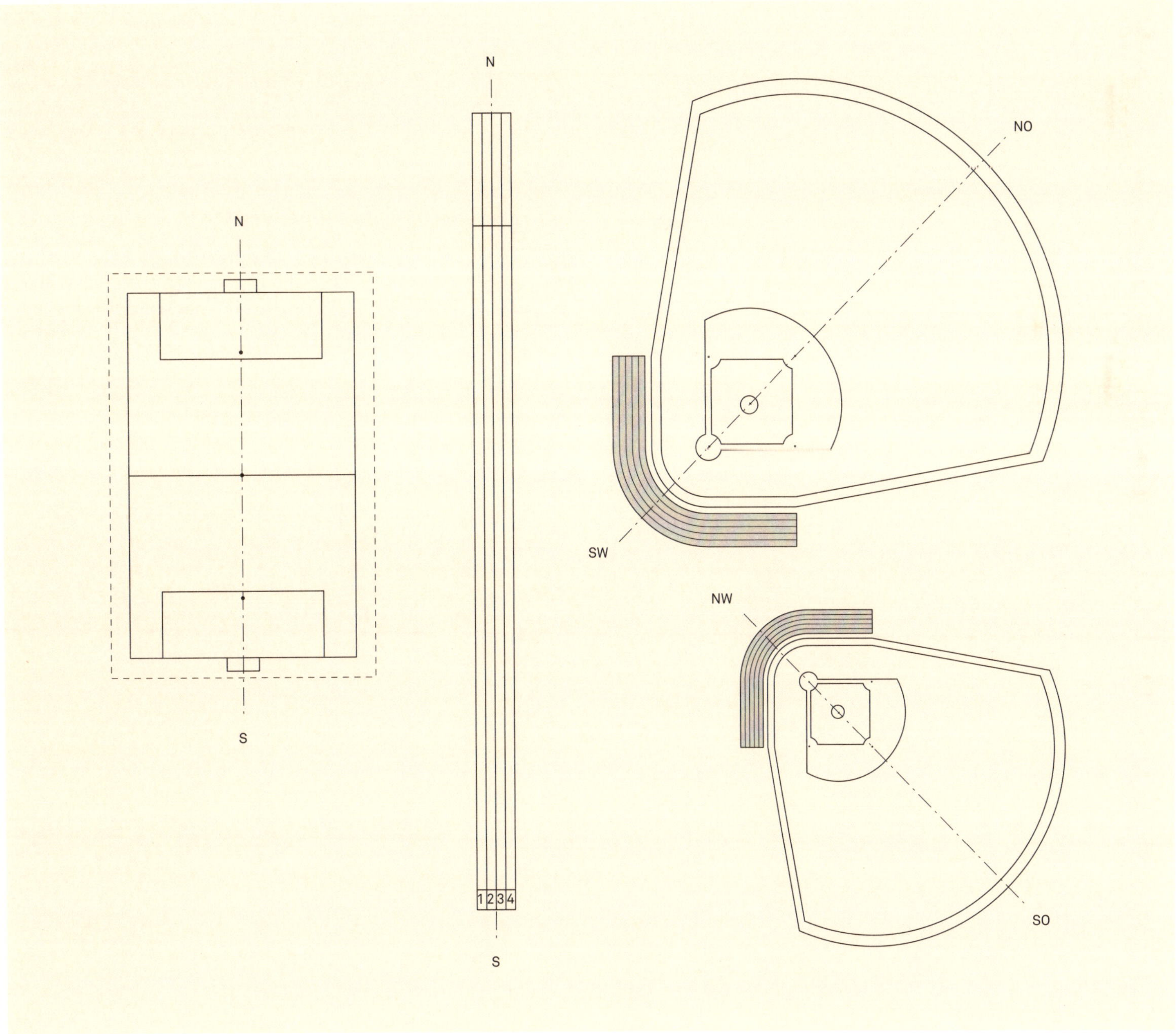

Abb. 4.4.1 Ausrichtung von Sportanlagen

Einfriedung

Die Notwendigkeit eines Zauns ist von den standörtlichen Gegebenheiten und der Art der Nutzung abhängig. Insbesondere wenn bei Ballspielen wie Fußball, Volleyball oder Tennis mit hoch fliegenden Bällen zu rechnen ist, sind Ballfangzäune zu errichten. Situationsbedingt können bei Freizeitanlagen Ballfangzäune im Bereich der Tore bzw. an der Stirnseite ausreichend sein. Liegt die Fläche in beengten Verhältnissen, in einer Hanglage oder in unmittelbarer Nachbarschaft von Straßen oder durch andere Gruppen genutzten Flächen, sind Ballfangzäune immer erforderlich. Die Höhe sollte 4 m (ausnahmsweise auch 3 m) an Längsseiten und 6 m an Stirnseiten / im Bereich von Toren nicht unterschreiten. Grenzen viel befahrene Bundesstraßen und Autobahnen sowie Vorbehaltsstraßen (Hauptverkehrswege, durch ÖPNV genutzte Straßen, Straßen mit Bündelungsfunktion usw.) an diese Spielfelder, sind Ballfangzäune grundsätzlich mit 6 m Höhe vorzusehen. Um das Gefahren- und Konfliktpotenzial zu minimieren, sollte generell bei benachbarten Verkehrsflächen jeder Art oder bei direkt angrenzenden Privatgrundstücken eine entsprechend hohe Einfriedung in Betracht gezogen werden.

Eine vollständige Umfriedung wird dann notwendig, wenn ein geregelter Einlass zu Wettkämpfen gewünscht ist oder wenn die Anlage vor fremdem Zutritt geschützt werden soll.

Sportart/Spielfeld	Farbe*	Linienbreite in mm
Fußball	Weiß	120
Hockey	Gelb, weiß	75
American Football	Blau, weiß	50
Badminton	Grün	40
Basketball	Schwarz	50
Kleinfeldfußball	Orange	50
Handball	Weiß	50
Kleinfeldhockey	Weiß	50
Volleyball	Blau	50
Tennis	Weiß	50
Leichtathletik	Weiß	50

* Kann in Abhängigkeit von der Grundfarbe des Sportbelags variieren

Tab. 4.4.1 Empfehlung für Markierungen von Sportfeldern auf Kunstrasen und Allwetterplätzen/Kombinationsanlagen gem. DIN 18035-1, ergänzt

Abmessungen und Kennwerte

Spielfeldmarkierung

Die Farben der Spielfeldmarkierungen werden von den jeweiligen Sportfachverbänden festgelegt. In der Regel werden die Markierungen auf Rasenplätzen in Weiß ausgeführt. Für einige Sportarten, die im Außenraum nicht oder nicht nur auf Rasen ausgeübt werden, und bei Mehrfachmarkierungen kommen auch andere Farben zum Einsatz. Auf Kombinationsanlagen können die Spielfelder auf diese Weise gut unterschieden werden. Empfehlungen für die Markierung von Sportanlagen sind in der Tab. 4.4.1 wiedergegeben.

Lärmschutzmaßnahmen

Von Sportanlagen können enorme Lärmemissionen ausgehen. Daher sind entsprechende Mindestabstände zu angrenzenden Immissionsorten einzuhalten.

Sportart	Nutzungszeiten	Mindestabstand gemessen vom Rand der Anlage zur schutzbedürftigen Bebauung in einem		
		reinen Wohngebiet	allgemeinen Wohngebiet	Mischgebiet (Wohnen und Gewerbe)
Beachvolleyball	Ganztags	75m	50m	35m
	Tags außerhalb der Ruhezeiten	50m	35m	20m
	Tags 6 h außerhalb der Ruhezeiten	45m	25m	15m
Beachvolleyball mit Schiedsrichter	Ganztags	105m	70m	45m
	Tags außerhalb der Ruhezeiten	70m	45m	30m
	Tags 6h außerhalb der Ruhezeiten	60m	40m	25m
Bolzplatz	Ganztags	155m	100m	65m
	Tags außerhalb der Ruhezeiten	100m	65m	45m
	Tags 6h außerhalb der Ruhezeiten	80m	55m	40m
Inlineskater-Hockey	Ganztags	290m	175m	105m
	Tags außerhalb der Ruhezeiten	175m	105m	70m
	Tags 6 h außerhalb der Ruhezeiten	145m	90m	60m
Streetball	Ganztags	75m	50m	35m
	Tags außerhalb der Ruhezeiten	50m	35m	20m
	Tags 6h außerhalb der Ruhezeiten	45m	25m	15m
Halfpipe oder Minipipe	Ganztags	260m	160m	100m
	Tags außerhalb der Ruhezeiten	160m	100m	70m
Kleine Skateanlage (Berücksichtigung von Bank, Funbox, Coping Ramp, Flatland)	Ganztags	210m	130m	80m
	Tags außerhalb der Ruhezeiten	130m	80m	60m
Große Skateanlagen (Berücksichtigung von Bank, Funbox, Coping Ramp, Minipipe, Rail, Curb, Olliebox, Flatland)	Ganztags	360m	210m	130m
	Tags außerhalb der Ruhezeiten	210m	130m	80m

Tab. 4.4.2 Mindestabstände von Sportanlagen zum Immissionsort (Quelle: Bayerisches Landesamt für Umwelt (LfU): Geräusche von Trendsportanlagen, Teil 1 und 2 (2005))

Feldgrößen Ballsportarten

American Football

Sportart	Spielfeld	Sicherheitsabstand		Gesamt	Linien	Belag
		Längsseite	Stirnseite		Breite/Farbe	
American Football	53,33 × 120 yd 48,46 × 109,73 m	12 ft 3,66 m	12 ft 3,66 m	61 × 127 yd 55,78 × 117,04 m	Weiß	Rasen

Tab. 4.4.3 American Football

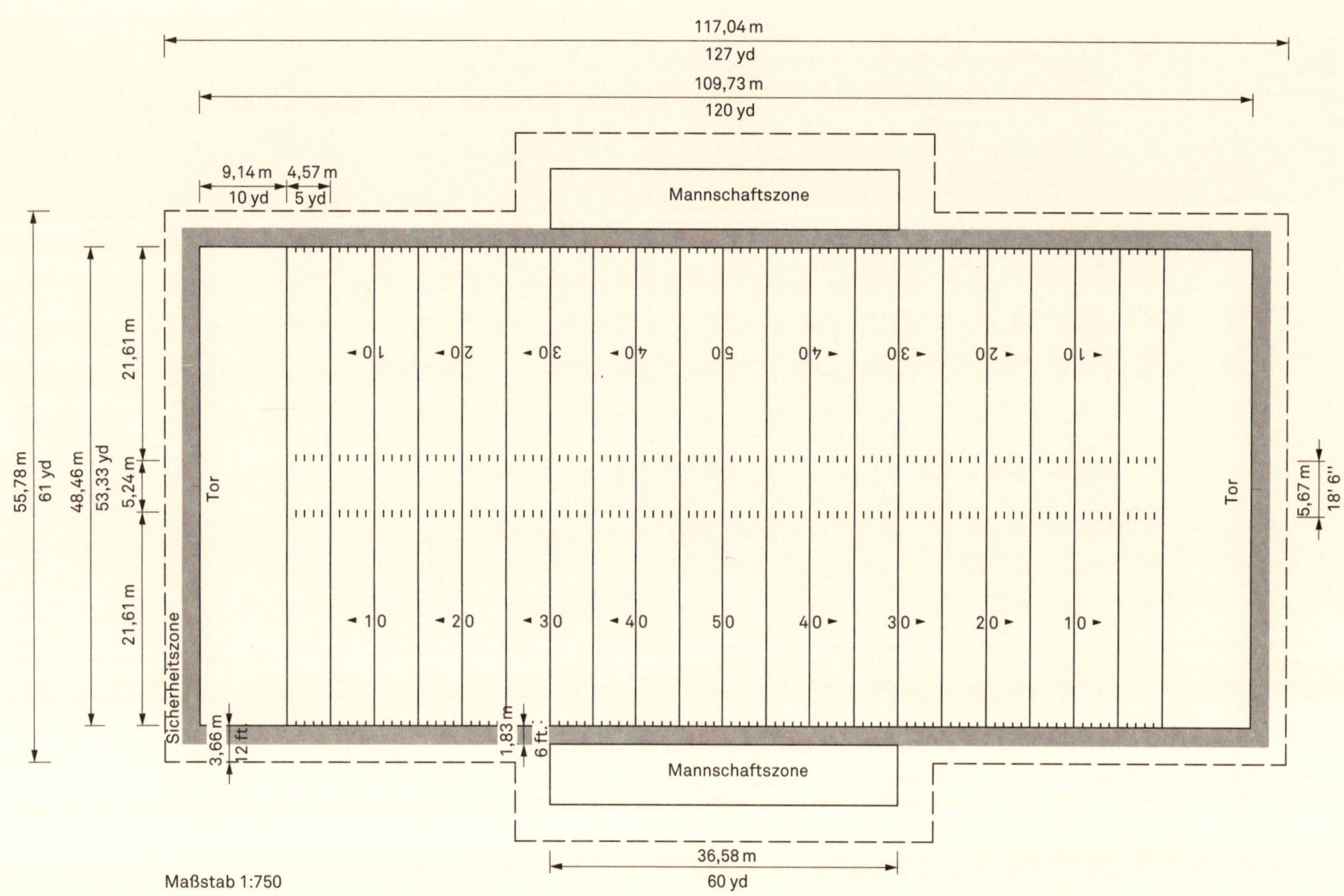

Abb. 4.4.2 American Football

Baseball und Softball

Das Baseballfeld ist in seinen äußeren Grenzen nicht rechtwinklig, sodass die Gesamtgröße nur einen annähernden Wert angibt. Die Länge der Seitenlinie stellt einen Mindestwert dar. Die Länge der Seitenlinien wird mit mindestens 98 m angegeben, soweit es sich um ein wettkampftaugliches Spielfeld nach den Regularien der International Baseball Federation (IBAF) handelt. Da dieser Wert auch größer sein kann (bis etwa 120 m), kann die Gesamtgröße deutlich variieren. Die bevorzugte Ausrichtung des Spielfeldes sollte entlang der Mittelachse (Home Plate bis Centerfield) von Südwesten nach Nordosten verlaufen. Im Ausnahmefall kann auch eine Ausrichtung von Nordwesten nach Südosten erfolgen.

Softball stellt eine Variante des Baseballs dar, bei dem auf einem kleineren Feld gespielt wird.

Tab. 4.4.4 Baseball und Softball

Sportart	Spielfeld	Gesamt	Linien Breite/Farbe	Belag
Baseball	Länge der Seitenlinien (Foul lines) mind. 98 m, diagonaler Abstand Schlagmal bis tiefster Punkt des Außenfeldes (Home Plate bis Centerfield) mind. 122 m	ca. 132 × 132 m	7,62 cm (3")/ weiß	Rasen und Tenne/wassergebundene Decke („dirt")
Softball	Länge der Seitenlinien (Foul lines) ebenso wie der diagonale Abstand Schlagmal bis tiefster Punkt des Außenfeldes (Home Plate bis Centerfield) mind. 67,06 m	ca. 4800 m²	7,62 cm (3")/ weiß	Rasen und Tenne/wassergebundene Decke („dirt")

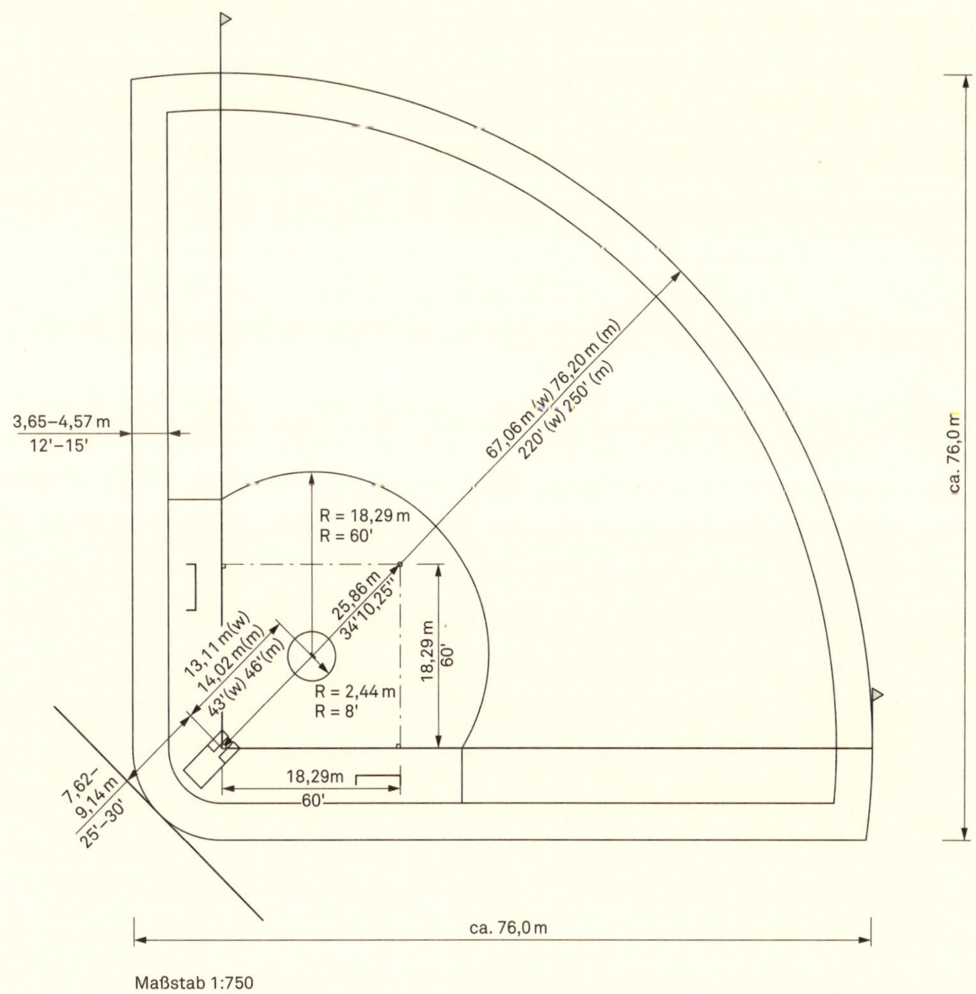

Abb. 4.4.3 Softball

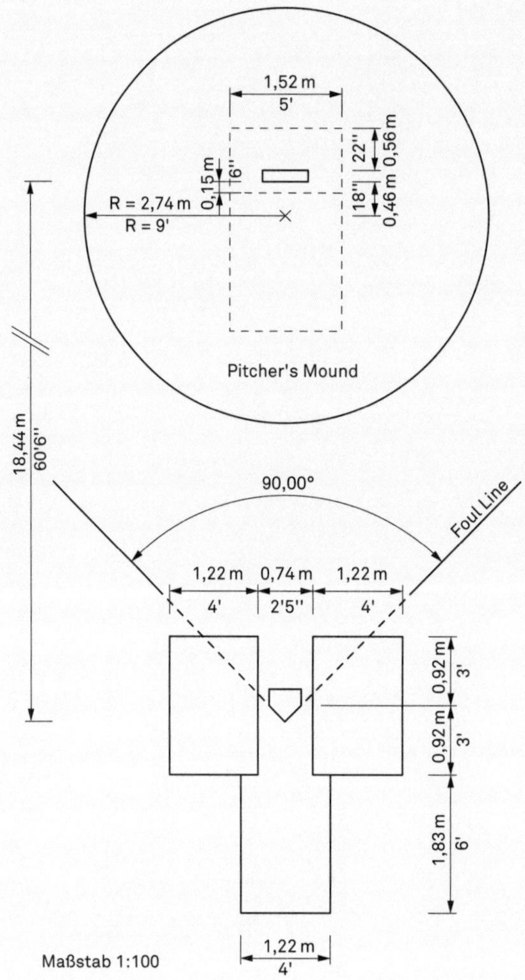

Abb. 4.4.4 Baseball Detail

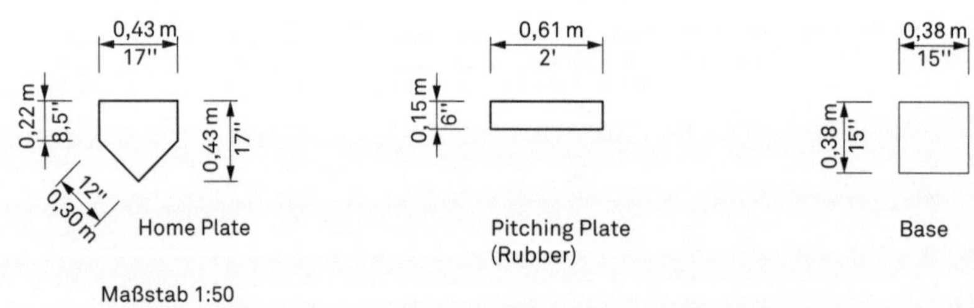

Abb. 4.4.5 Baseball Detail

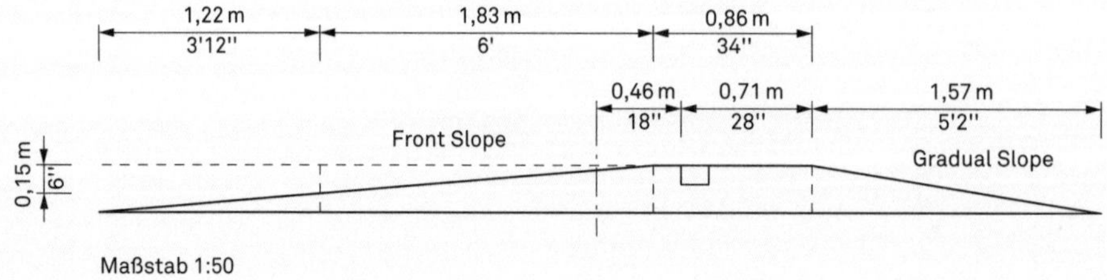

Abb. 4.4.6 Baseball Detail
Pitcher's Mound (Schnitt)

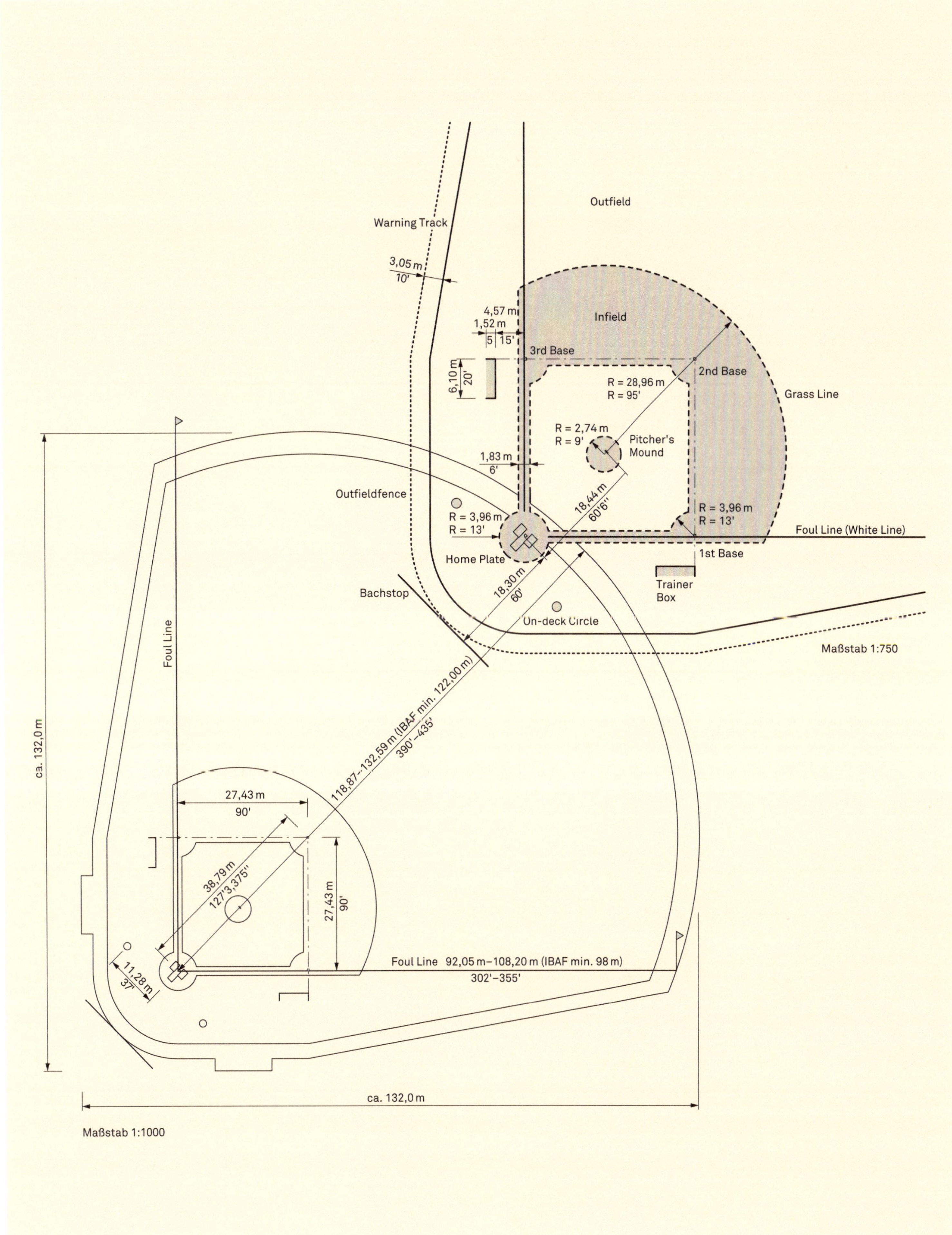

Abb. 4.4.7 Baseball

Basketball

Basketball wird als Wettkampfsport überwiegend in der Halle gespielt. Im Außenraum wird Basketball in erster Linie als Freizeitsport oder im Rahmen vom Schulsport ausgeübt. Eine Variante von Basketball ist Streetball, das typischerweise draußen gespielt wird. Das Spiel ist freier in den Regularien und Spielfeldabmessungen. Da es auf nur einen Korb gespielt werden kann, sind die Abmessungen des Spielfelds geringer.

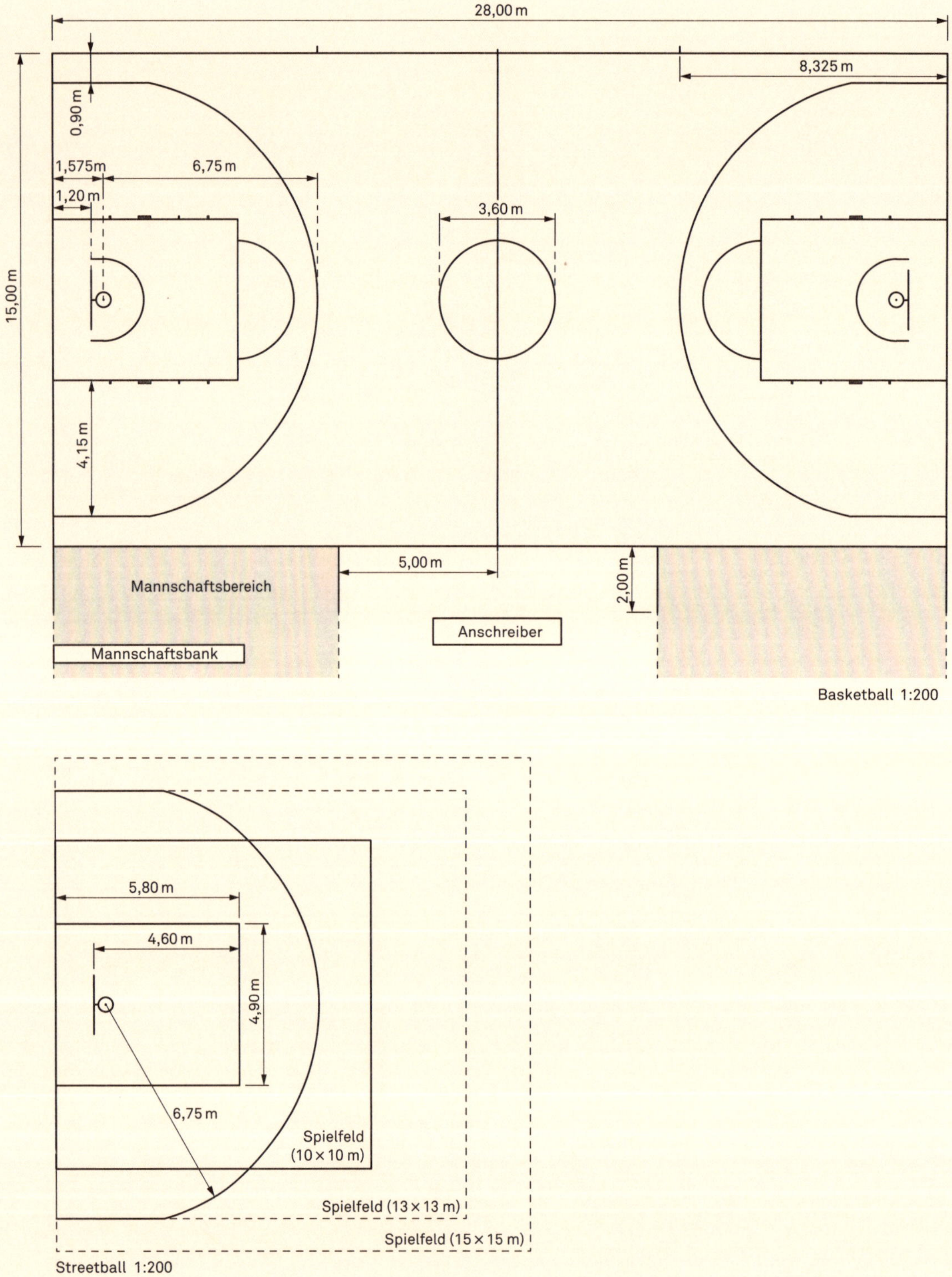

Abb. 4.4.8 Basketball und Streetball

Tab. 4.4.5 Basketball und Streetball

Sportart	Spielfeld	Sicherheitsabstand		Gesamt	Linien	Korb	Belag
		Längsseite	Stirnseite		Breite/Farbe		
Basketball	28 × 15 m	2 m	2 m	32 × 19 m	5 cm/ schwarz, weiß	Ø 0,45 m h 3,05 m	Kunststoff
Streetball	10 × 10 m 13 × 13 m 15 × 15 m	≥ 1 m	≥ 1 m	12 × 12 m 15 × 15 m 17 × 17 m	5 cm/weiß	Ø 0,45 m h 3,05 m	Asphalt, Beton Tartan (Pflaster)

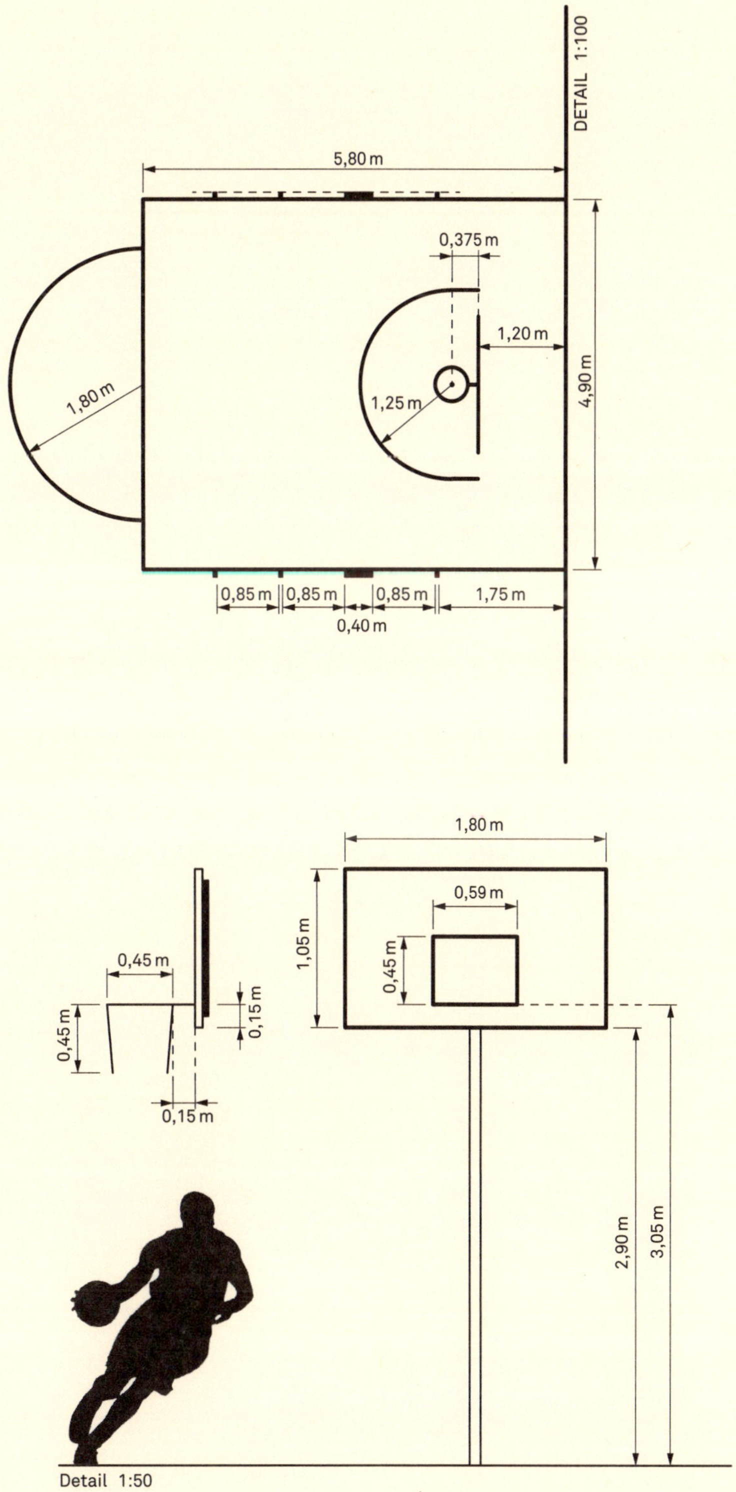

Fußball

Sportart	Spielfeld	Sicherheitsabstand		Gesamt	Linie	Tor	Belag
		Längsseite	Stirnseite		Breite/Farbe	Breite/Höhe	
Wettkampf (FIFA)	90–120 m × 45–90 m	3	3	96–126 m × 51–96 m	12 cm/weiß	7,32 m/2,44 m	Rasen Kunstrasen*
Wettkampf international (FIFA)	100–110 m × 64–75 m	3	3	106–116 m × 70–81 m		7,32 m/2,44 m	Rasen Kunstrasen*
Breitensport/ Standard bei umlaufender 400 m-Bahn	105 × 68 (–70) m	1	2	109 × 70 (–72) m		7,32 m/2,44 m	Rasen Kunstrasen Tartan Tenne
Kleinspielfeld	55 × 35 m	3	3	61 × 41 m		5,00 m/2,00 m	Rasen Kunstrasen Tartan Tenne
Minispielfeld (Freizeit)	20 × 13 m	Spielfeldgrenze wird durch eine Bande gebildet, umlaufend sind Erschließungsflächen zu berücksichtigen		20 × 13	–		Kunststoffrasen gefüllt mit Gummigranulat
Bolzplatz	Keine Vorgabe	–	–	–	–	Je nach Spielfeldgröße	Rasen Kunstrasen Tartan Tenne Sand

* Den Qualitätsanforderungen der FIFA entsprechend

Tab. 4.4.6 Fußball

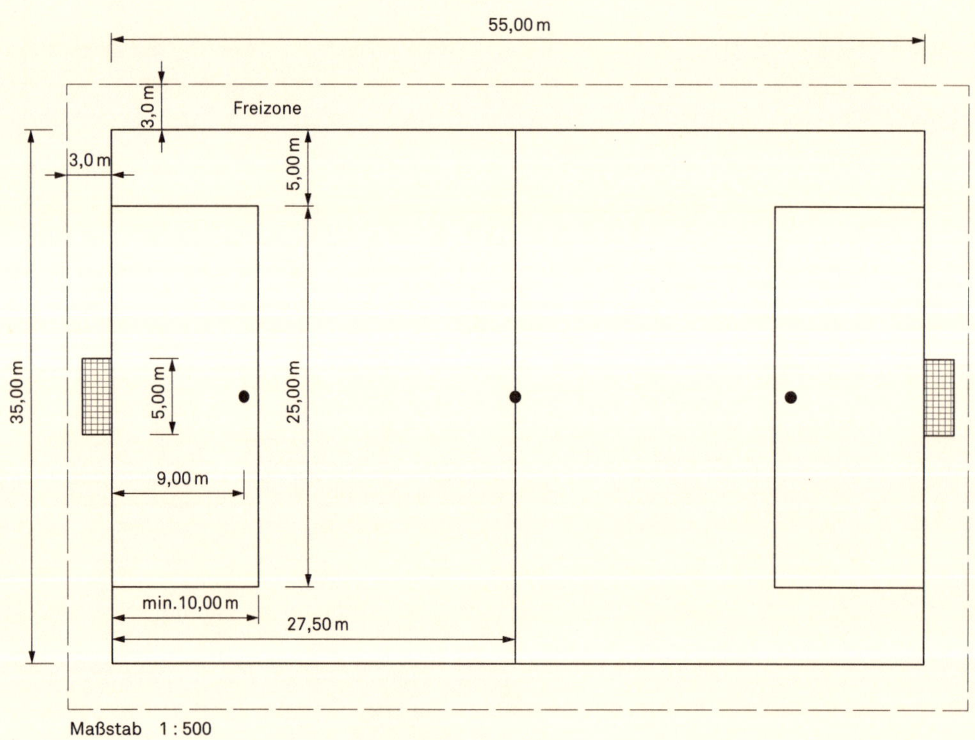

Abb. 4.4.9 Fußball (Kleinspielfeld)

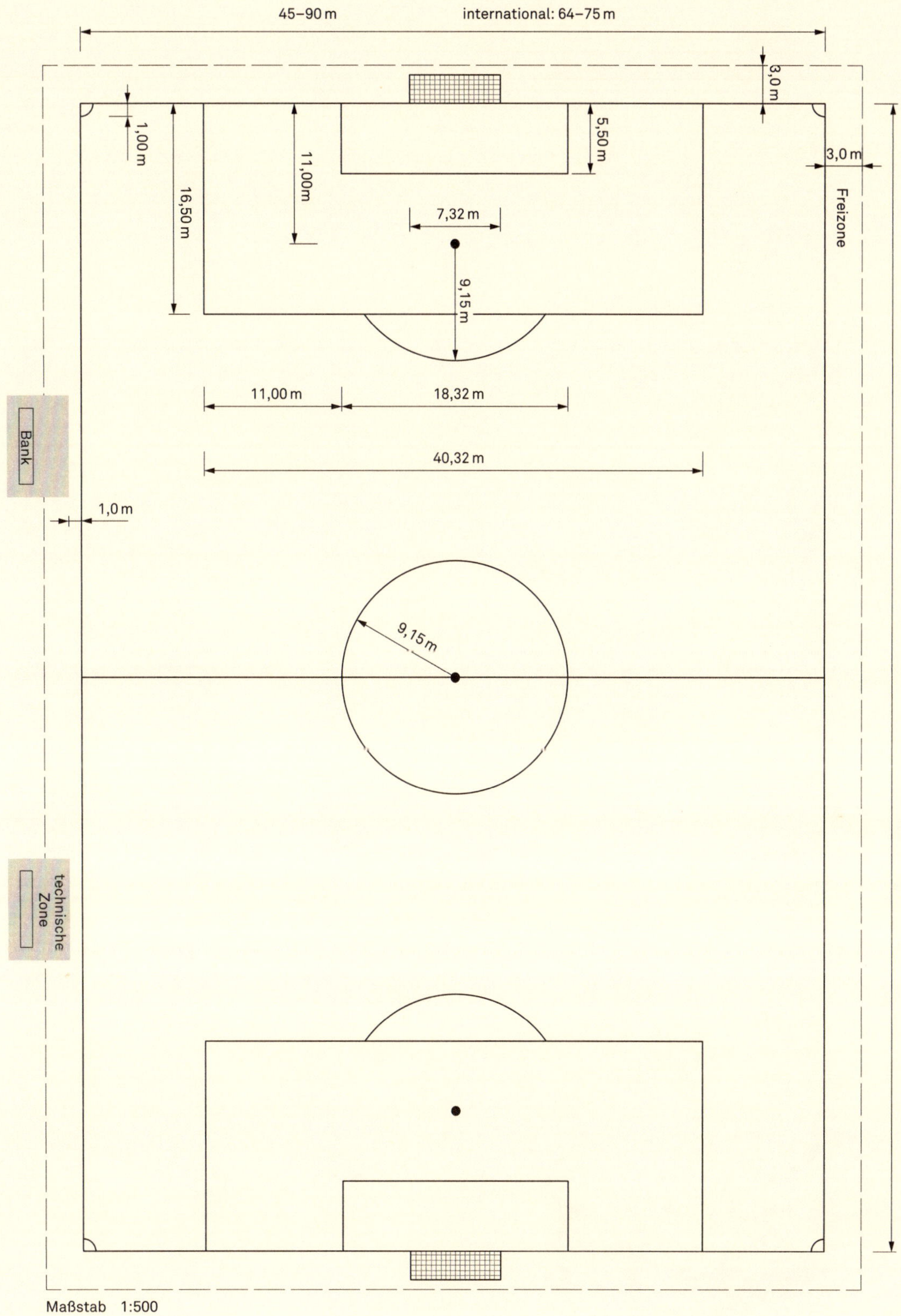

Abb. 4.4.10 Fußball (FIFA)

Handball

Handball wird wettkampfmäßig nur in der Halle gespielt. Im Rahmen des Schulsports, zu Trainingszwecken oder für den Freizeitsport können Spielfelder auch im Freiraum angeboten werden.

Tab. 4.4.7 Handball

Sportart	Spielfeld	Sicherheitsabstand Längsseite	Sicherheitsabstand Stirnseite	Gesamt	Linien Breite/Farbe	Tor Breite × Höhe	Belag
Wettkampf (IHF)	40 × 20 m	≥1	≥2 m	44 × 22 m	5 cm/weiß	3,00 × 2,00 m	Kunststoff, Kunstrasen ohne Gummigranulat-Füllung

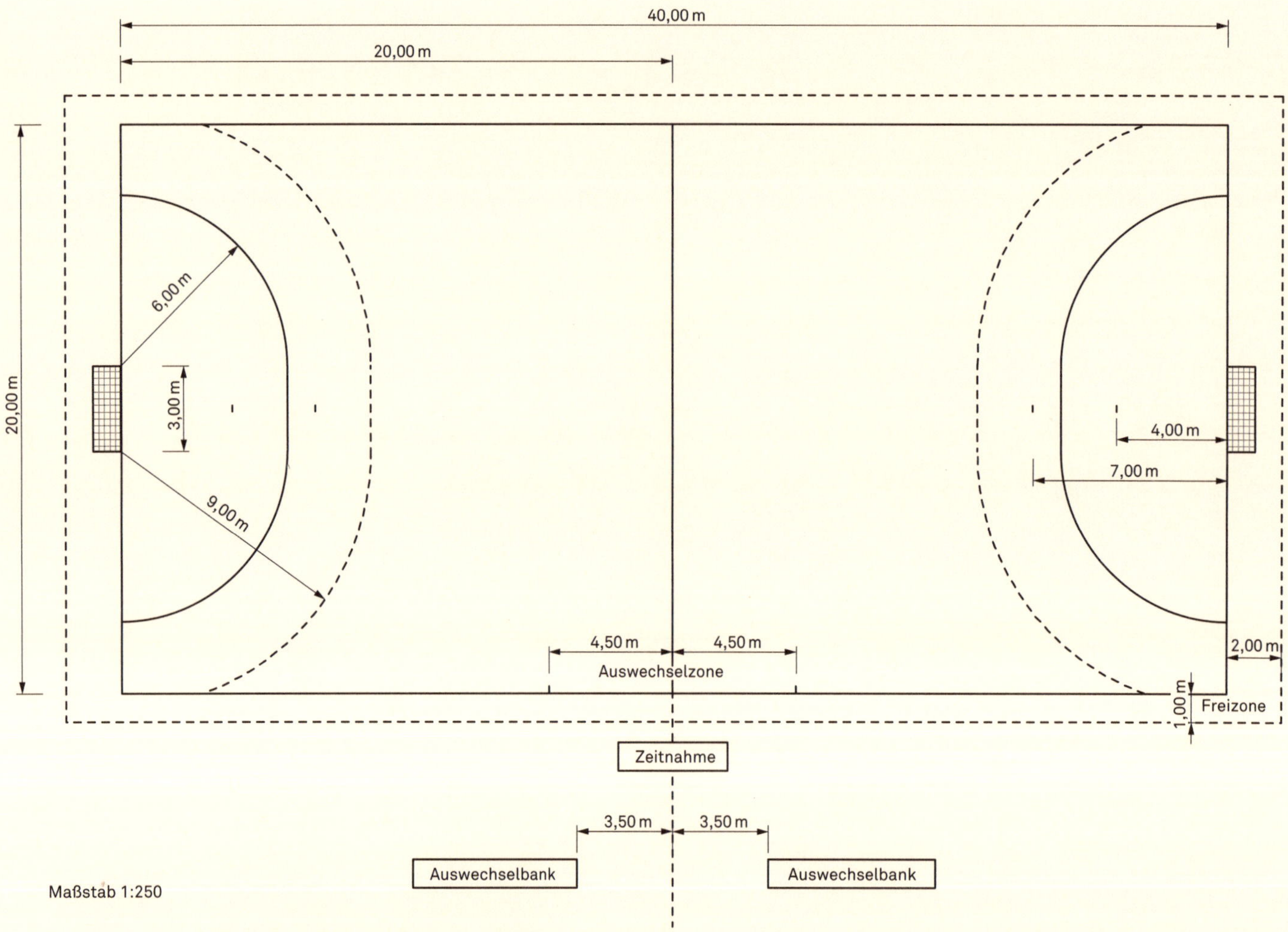

Maßstab 1:250

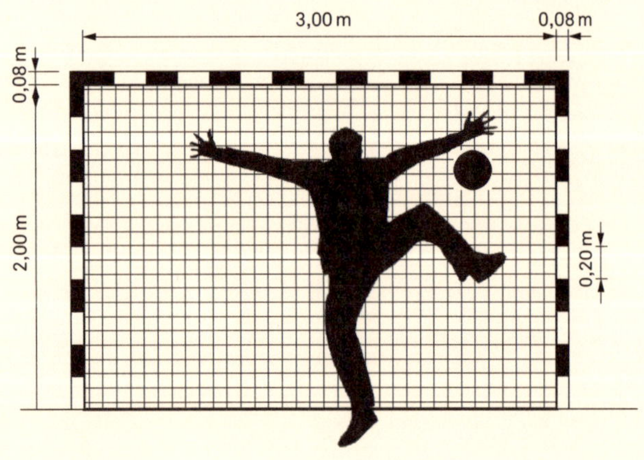

Maßstab 1:50

Abb. 4.4.11 Handball

Hockey

Sportart	Spielfeld	Sicherheitsabstand		Gesamt	Linien	Tor	Belag
		Längsseite	Stirnseite		Breite/Farbe	Breite × Höhe (Innenmaß)	
Feldhockey	91,4 × 55 m	2	4	99,40 × 59,00 m	7,5 cm/ gelb oder weiß	3,66 × 2,14 m	Rasen Kunstrasen
Inlineskater-Hockey	60–40 × 30–20 m (Verhältnis 2:1)	– Ohne – Bandenhöhe: 1,20–1,22 m, darüber Schutzglas mit 1,60–2,00 m Höhe		–	4–10 cm	1,70 × 1,05 m (max. 1,83 x 1,22 m)	Beton, Feinasphalt
Eishockey (IIHF)	60–61 × 29–30 m	– Ohne – Bandenhöhe: 0,80–1,22 m		–	30 cm-Linien in Blau (blaue Linie) und Rot (Mittellinie), 5 cm-Linie in Blau (Anspielpunkt und -kreis) und Rot (sonstige)	1,83 × 1,22 m	Eis

Tab. 4.4.8 Hockey

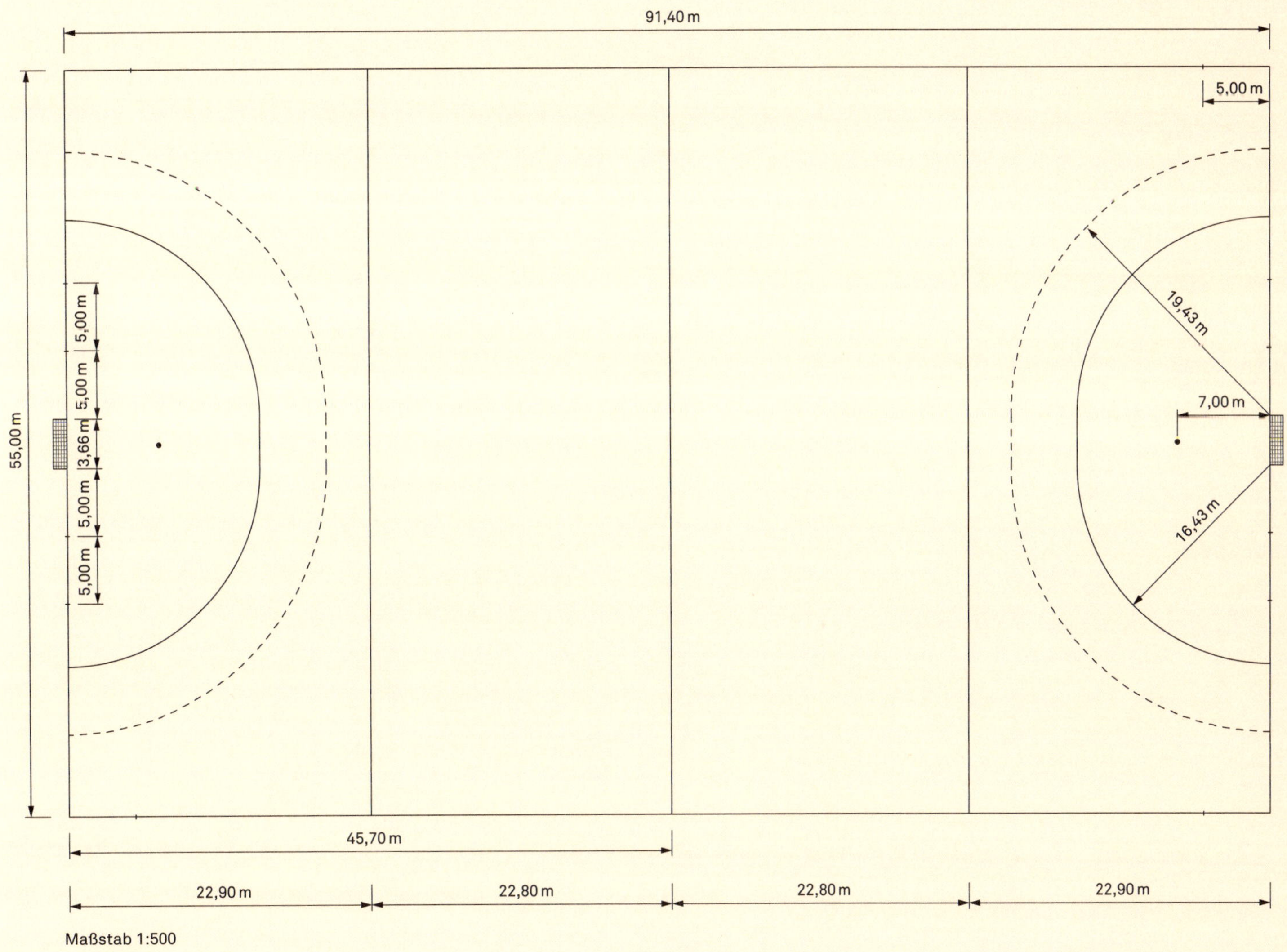

Abb. 4.4.12 Feldhockey

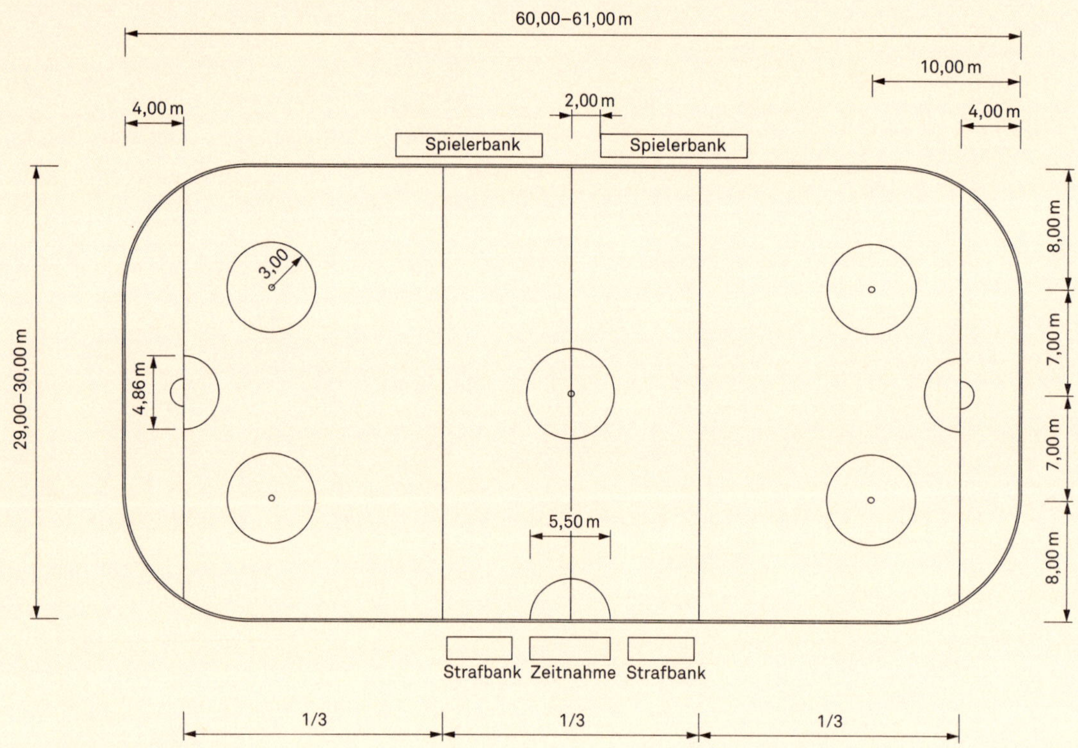

Maßstab 1:500

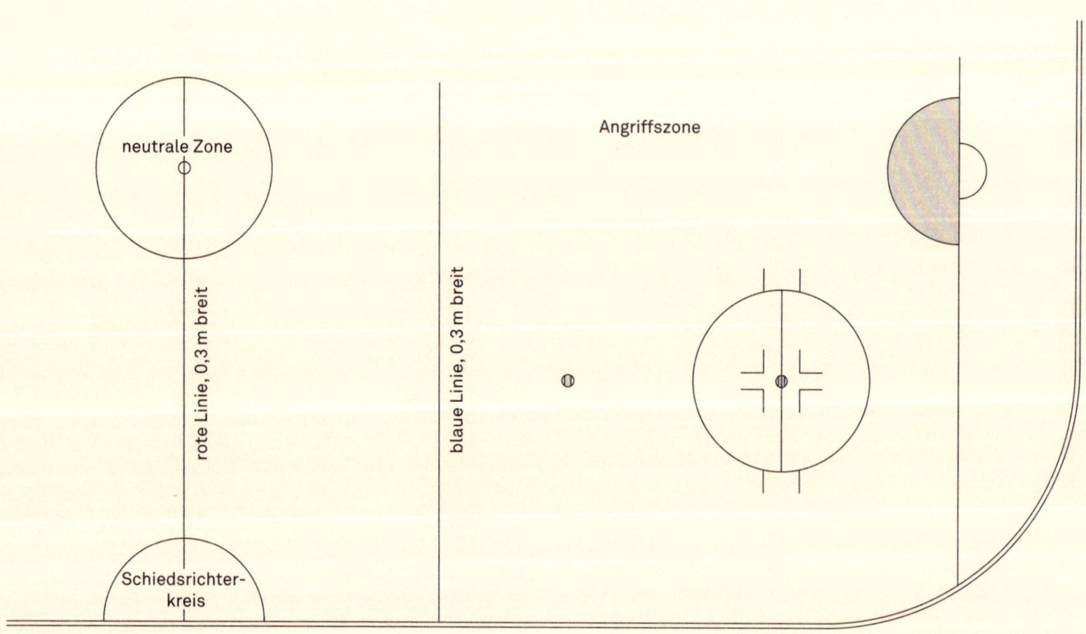

Maßstab 1:250

Abb. 4.4.13 Eishockey

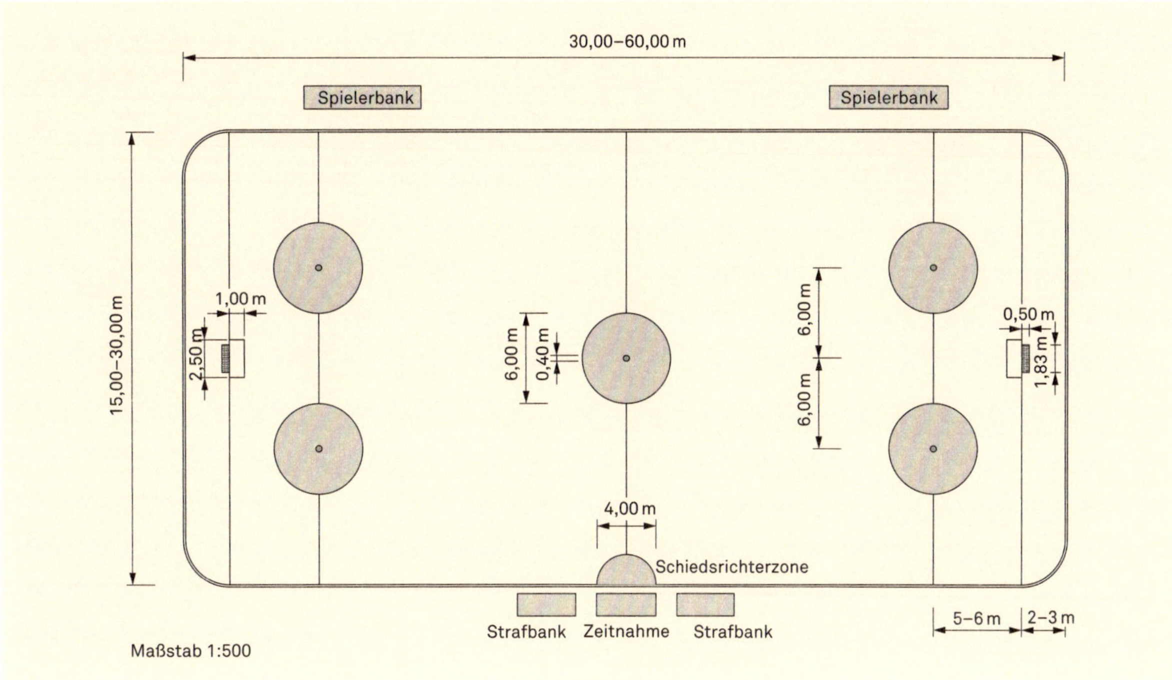

Abb. 4.4.14 Inlineskater-Hockey

Korbball

Sportart	Spielfeld	Freizone		Gesamt	Linien	Korb	Belag
		Längsseite	Stirnseite		Breite	Breite/Höhe	
Wettkampf/ Breitensport Korbball	24 × 60 m	1 m	2 m	26 × 62 m	3–5 cm	Ø 0,55 m/ 2,50 m	Rasen

Tab. 4.4.9 Korbball

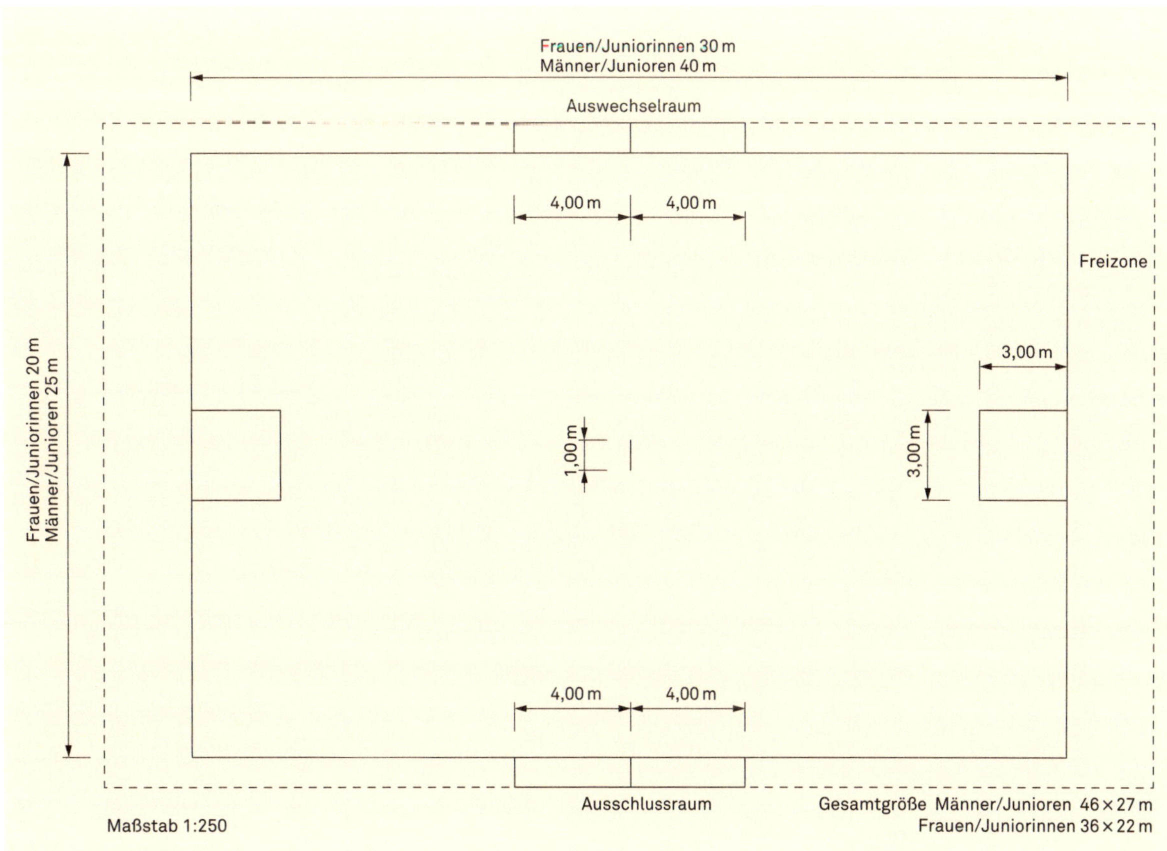

Abb. 4.4.15 Korbball

Sportart	Spielfeld	Sicherheitsabstand		Gesamt	Tor	Belag
		Längsseite	Stirnseite		Breite/Höhe	
Rugby Union	Max. 70 × 100 m	2 m	12–22 m (Breite der Malfelder)	73 × 144 m	5,60 m/3,00 m	Rasen sowie Tenne, Kunstrasen oder Schnee (gem. IRB)

Tab. 4.4.10 Rubgy

Rugby

Der Begriff umfasst eine Gruppe verschiedener Rugby-Sportarten. Die geläufigsten Rugby-Arten sind Rugby Union und Rugby League.

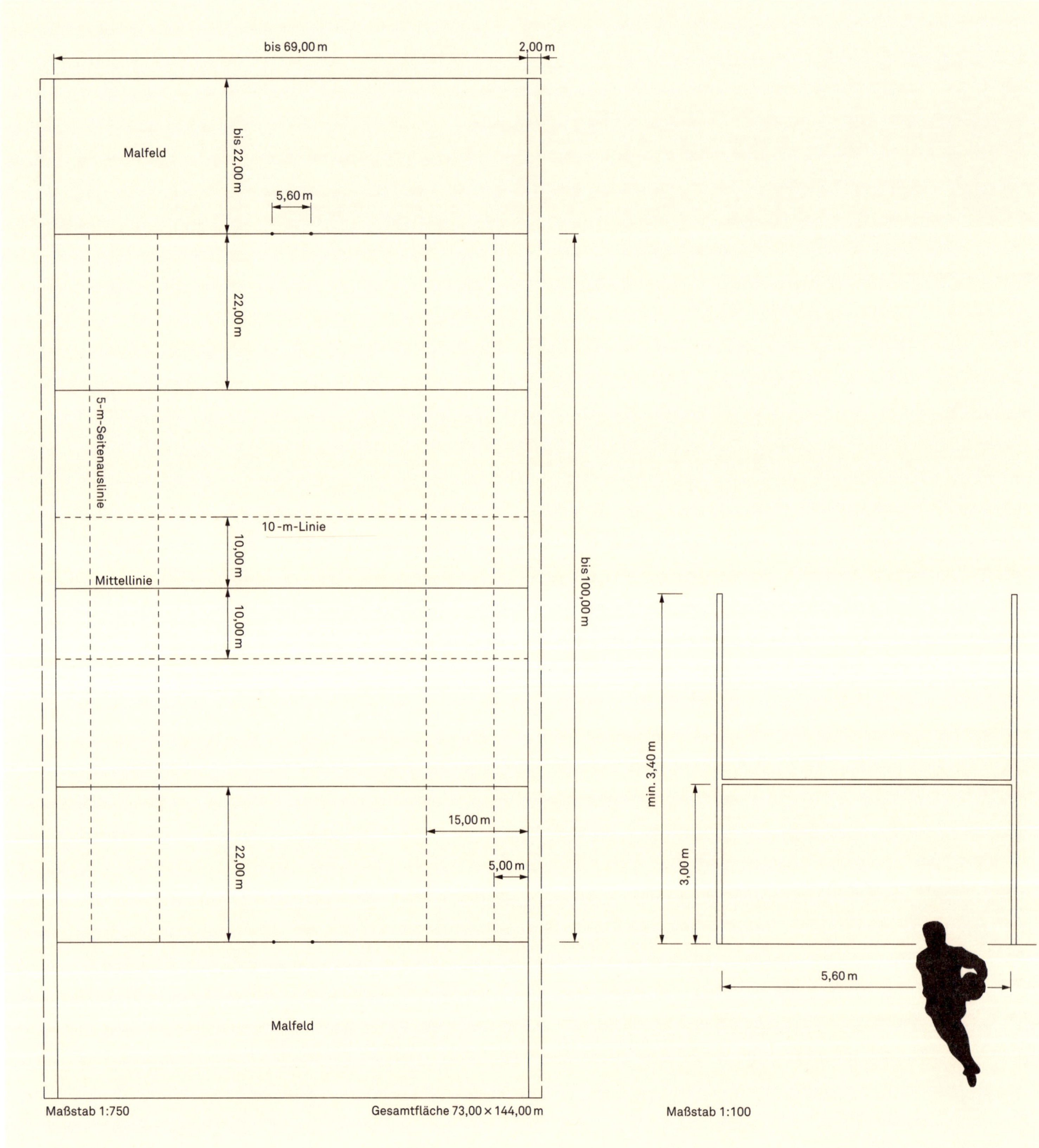

Abb. 4.4.16 Rugby (links) und Rugby Detail Tor (rechts)

Rückschlagspiele

Badminton

Badminton wird wettkampfmäßig nur in der Halle gespielt. Im Rahmen des Schulsports, zu Trainingszwecken oder für den Freizeitsport können Spielfelder auch im Freiraum angeboten werden.

Sportart	Spielfeld	Sicherheitsabstand		Gesamt	Linien	Netzhöhe	Belag
		Längsseite	Stirnseite		Breite/Farbe		
Badminton	6,10 × 13,40 m	0,3 m	1,3 m	6,70 × 16,00 m (bei Doppelspielfeldern 14,00 × 16,00 m)	4 cm/ weiß, gelb oder grün (auf Kombinationsspielfeldern)	1,52 m	Kunststoff (Beton, Asphalt)

Tab. 4.4.11 Badminton

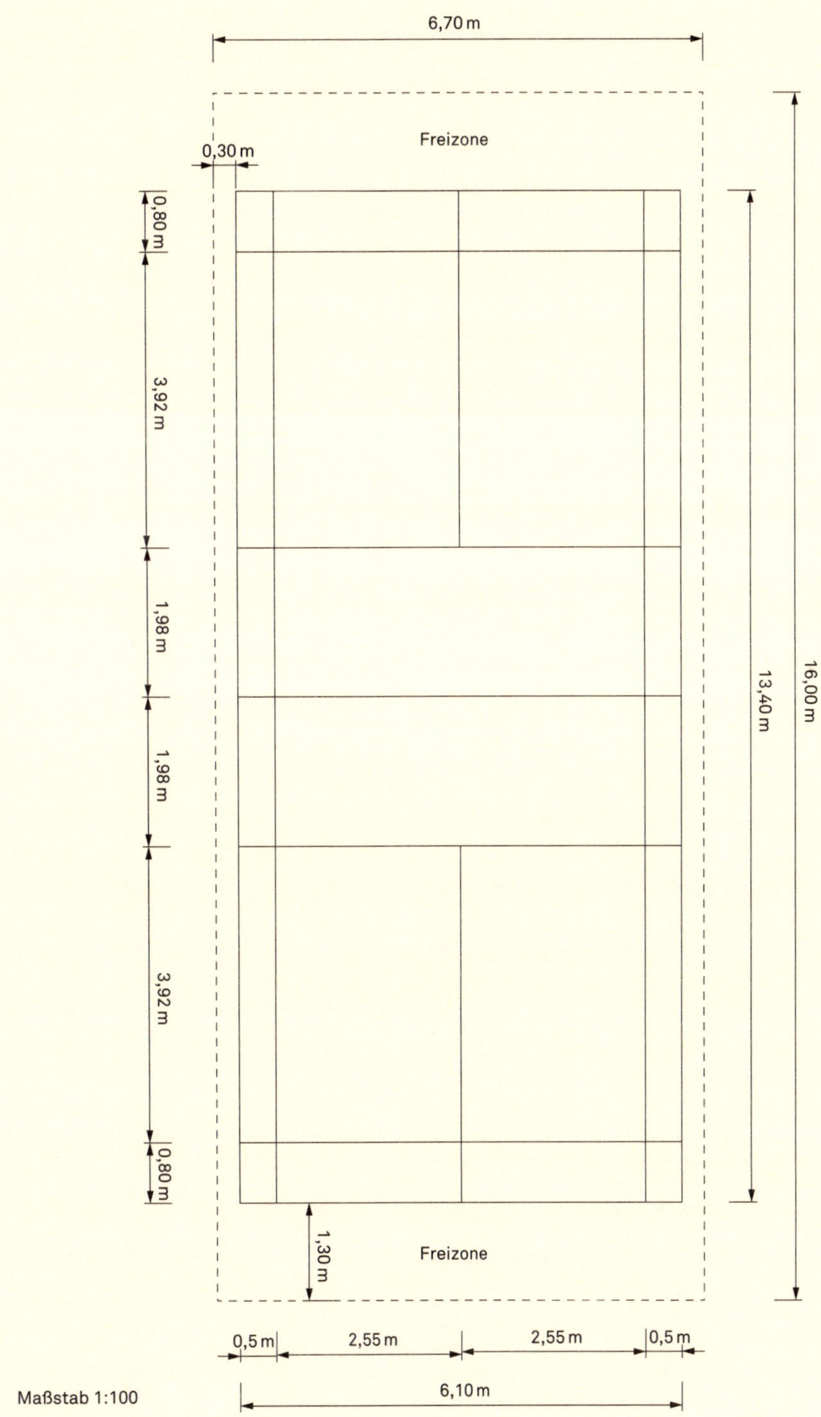

Abb. 4.4.17 Badminton

Tennis

Sportart	Spielfeld	Sicherheitsabstand		Gesamt	Linien	Netzhöhe	Belag
		Längsseite	Stirnseite		Breite/Farbe		
Tennis	10,97 × 23,77 m	3,66 m	6,40–8,00 m	Einzelfeld 18,27 × 36,57–39,77 m Doppelfeld 33,82 × 36,57–39,77 m	5 cm/weiß	0,91 m	Rasen, Tartan, Sand, Kunstrasen

Tab. 4.4.12 Tennis

Abb. 4.4.18 Tennis: Einzelfeld und Mehrfachanlage

Tischtennis

Tischtennis wird wettkampfmäßig nur in der Halle gespielt. Im Freiraum werden Spieltische daher nur im Rahmen des Freizeitsports oder auf Schulhöfen zum Einsatz kommen. Der Spielraum muss daher auch nicht den Wettkampfbedingungen (international: 14 x 7 m, regional bspw. 10 x 5 m) entsprechen. Über erforderliche Sicherheitsabstände gibt es keine geregelten Werte.

Tab. 4.4.13 Tischtennis

Sportart	Spielfeld	Sicherheitsabstand		Gesamt	Netzhöhe	Belag
	Länge x Breite x Höhe	Längsseite	Stirnseite			
Breitensport	2,74 x 1,52 x 0,76 m (Maße Tischtennisplatte)	2 m	3 m	5,52 x 6,80 m (Doppelspielfeld: 9,02 x 6,80 m)	15,25 cm	Asphalt, Steinbelag (Naturboden)

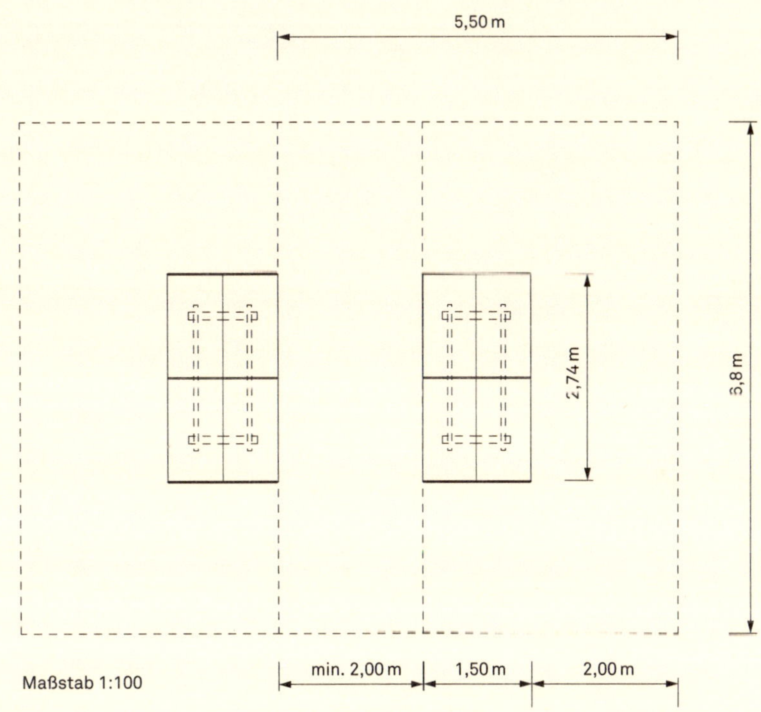

Abb. 4.4.19 Tischtennis

Faustball

Sportart	Spielfeld	Sicherheitsabstand		Gesamt	Linien	Leinen-/Netzhöhe	Belag
		Längsseite	Stirnseite		Breite/Farbe	Frauen/Männer	
Wettkampf/ Breitensport	50 × 20 m	8 m	6 m	26 × 58 m	5 cm/frei	1,90 m/2,00 m	Rasen
Kleinfeld-faustball	18 × 9 m	–	–	–	5 cm/frei	1,60–2,00 m	Rasen

Tab. 4.4.14 Faustball

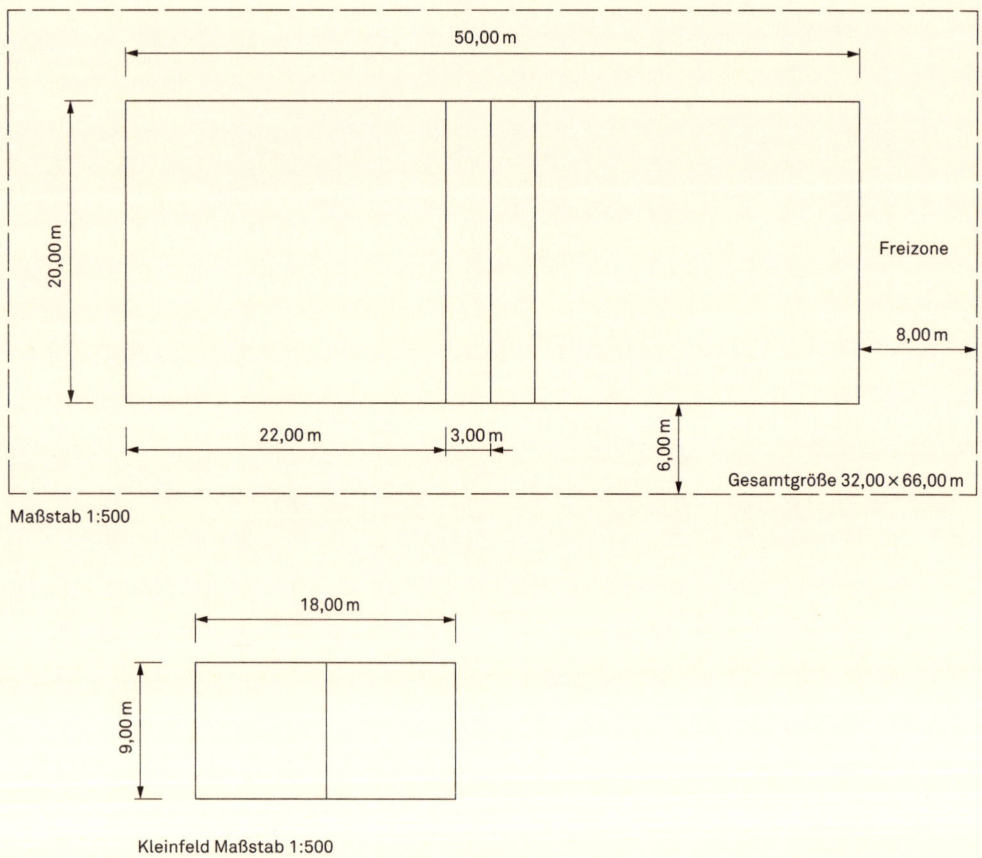

Abb. 4.4.20 Faustball

Ringtennis

Tab. 4.4.15 Ringtennis

Sportart	Spielfeld	Sicherheitsabstand		Gesamt	Netzhöhe	Belag
		Längsseite	Stirnseite			
International	5,50 × 12,20 m	2 m	2 m	9,50 × 16,20 m	1,55 m	–

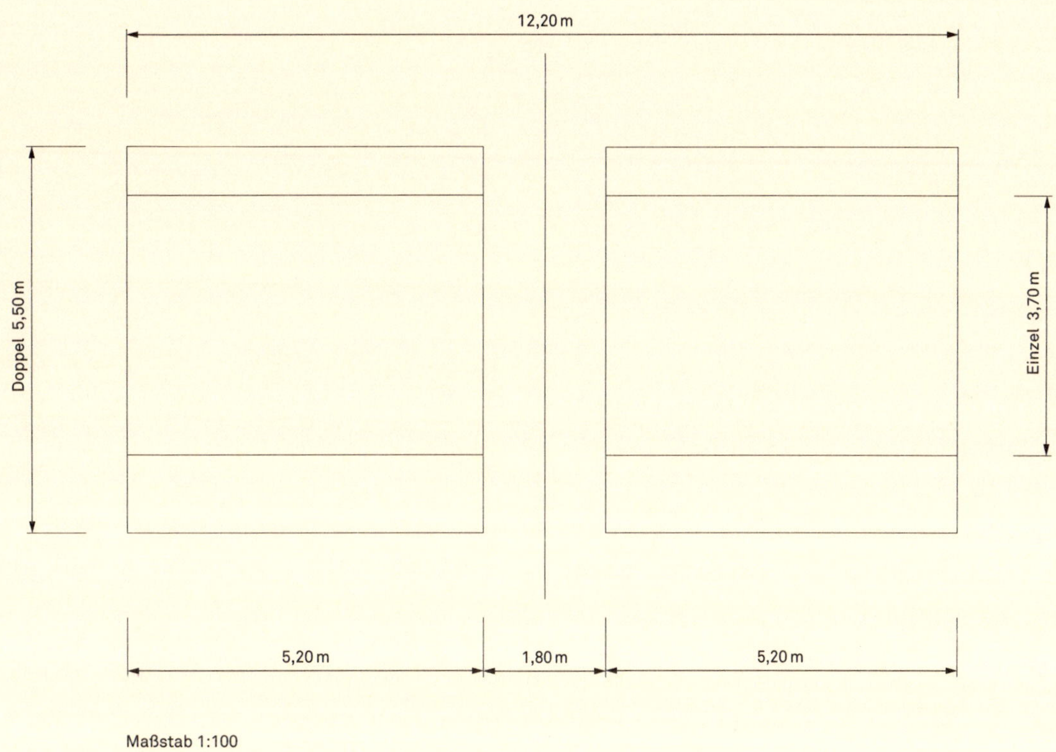

Abb. 4.4.21 Ringtennis

Volleyball

Volleyball wird wettkampfmäßig nur in der Halle gespielt. Im Rahmen des Schulsports, zu Trainingszwecken oder für den Freizeitsport können Spielfelder auch im Freiraum angeboten werden.

Sportart	Spielfeld	Sicherheitsabstand Längsseite	Sicherheitsabstand Stirnseite	Gesamt	Netzhöhe Frauen/Männer	Netzlänge	Belag
Wettkampf	18 x 9 m	≥5 m	≥8 m	34 x 19 m	2,24 m/2,43 m	9,5–10 m	Kunststoff
Breitensport	18 x 9 m	≥3 m	≥3 m	24 x 15 m	2,24 m/2,43 m	9,5–10 m	Kunststoff

Tab. 4.4.16 Volleyball

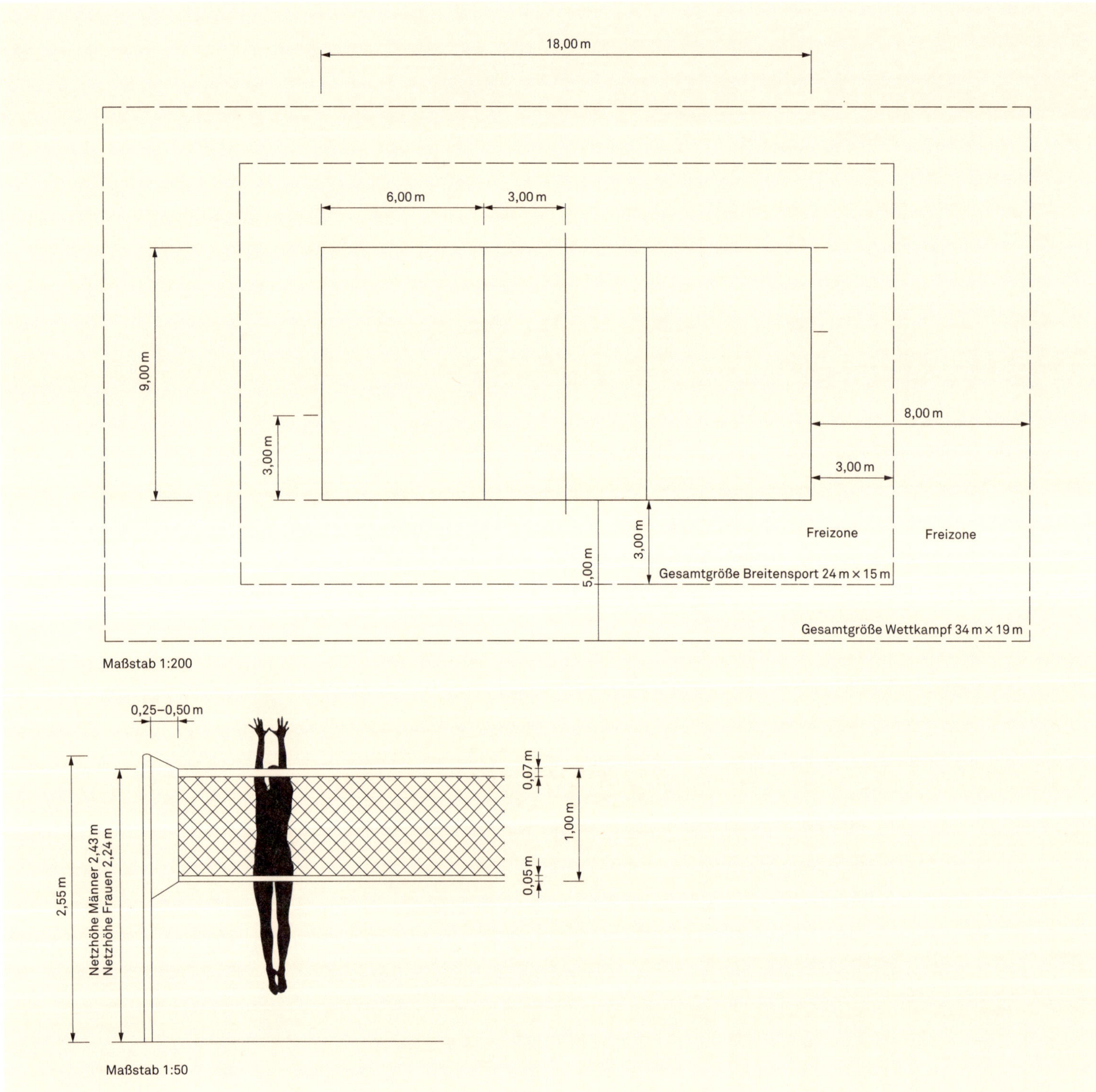

Abb. 4.4.22 Volleyball

Beachsportarten

Bei den Beachsportarten sollte Sand mit einer Korngröße von 0,063–2,0 mm (Kornabstufung von 0,1–1,25 mm), bei einer Einbaustärke von im Mittel 40 cm bis unter das Netz sind mindestens 45 cm und im Randbereich mindestens 35 cm vorzusehen.

Bei wasserundurchlässigem Untergrund ist eine Entwässerung einzuplanen. Ein Wasseranschluss in Spielfeldnähe ist für die Befeuchtung des Sandes in Trockenperioden sinnvoll und für Wettkampfanlagen unbedingt erforderlich.

Die Spielfeldmarkierung erfolgt über kontrastreiche Spielfeldleinen von 5 cm Breite.

Sportart	Spielfeld	Sicherheitsabstand		Gesamt	Korb/Tor	Netzhöhe	Belag
		Längsseite	Stirnseite		Breite × Höhe		
Beach-Badminton							
Wettkampf	12 × 5 m (Beachminton 12,3 × 3,8 m)	1 m	2 m	16 × 7 m		1,55 m	Sand
Breitensport	12 × 5 m	1 m	2 m	16 × 7 m		1,55 m	Sand
Beach-Basketball							
Wettkampf	12 m Korbbrett-abstand	–	–	–	3,05 m		Sand*
Breitensport	15 × 8 m	1 m	–	15 × 10 m	3,05 m		Sand*
Beach-Handball							
Wettkampf	27 × 12 m	3 m	3 m	33 × 18 m	3 × 2 m		Sand
Breitensport	27 × 12 m	1,5 m	1 m	29 × 15 m	3 × 2 m		Sand
Beach-Paletta (Beachball)	5,5 × 6 m	–	–	5,5 × 6 m		1,85 m	Sand
Beach-Rugby	30–50 × 20–35 m	...	...	...			Sand
Beach-Soccer (Strandvariante des Fußballs)							
Wettkampf	37 × 28 m	2 m	2 m	41 × 32 m	5,5 × 2,2 m		Sand
Breitensport	35–37 × 26–28 m	2 m	2 m	37–28 × 39–30 m	5,5 × 2,2 m 3 × 2 m (Fun/Jugend)		Sand
Beachtennis	Einzel: 18 × 6 m Doppel: 18 × 9 m	3 m	3 m	24 × 12 m 24 × 15 m		1,50 m	Sand
Mit Paddles	16–20 × 8–9 m					Netz 1,70–1,85 m Seitenlinien-breite 2,5–5 cm Grundlinien-breite ≤ 10 cm	Sand
Mit Tennis-schlägern	18 × 6 m (Einzel) 18 × 9 m (Doppel)	–	–	–		1,60 m	
Beach-Volleyball							
Wettkampf • national • international	16 × 8 (9) m	5 m 5–6 m	5–6 m	26 × 18 m 26–28 × 18–20 m		2,24 m 2,43 m (8,5 m lang)	Sand
Breitensport	16 × 8 m	3 m	3 m	22 × 15 m		2,24 m 2,43 m (8,5 m lang)	Sand

* gestampft, geglättet und wenn nötig befeuchtet

Tab. 4.4.17 Beachsportarten

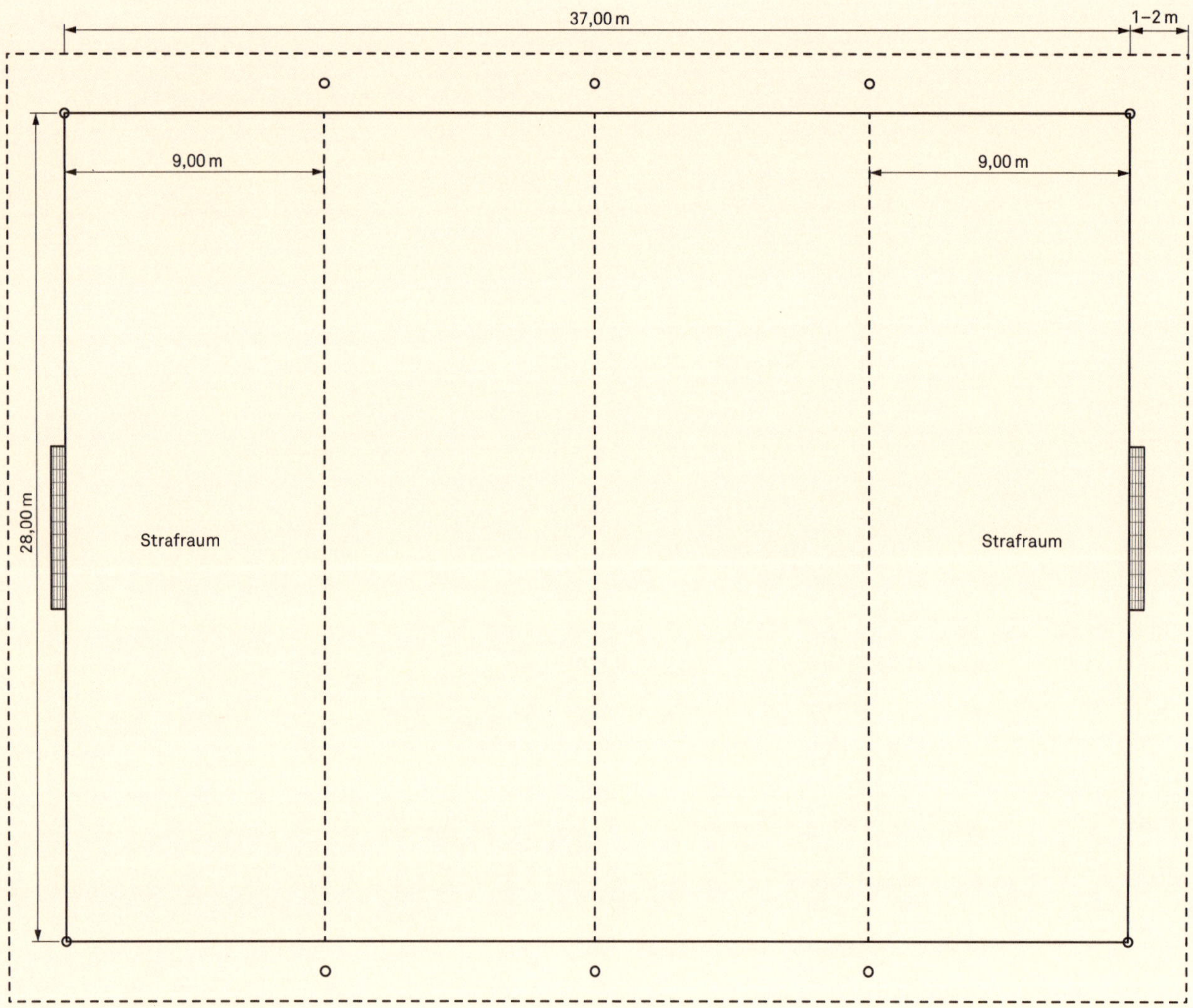

Beach-Soccer Wettkampf Maßstab 1:250

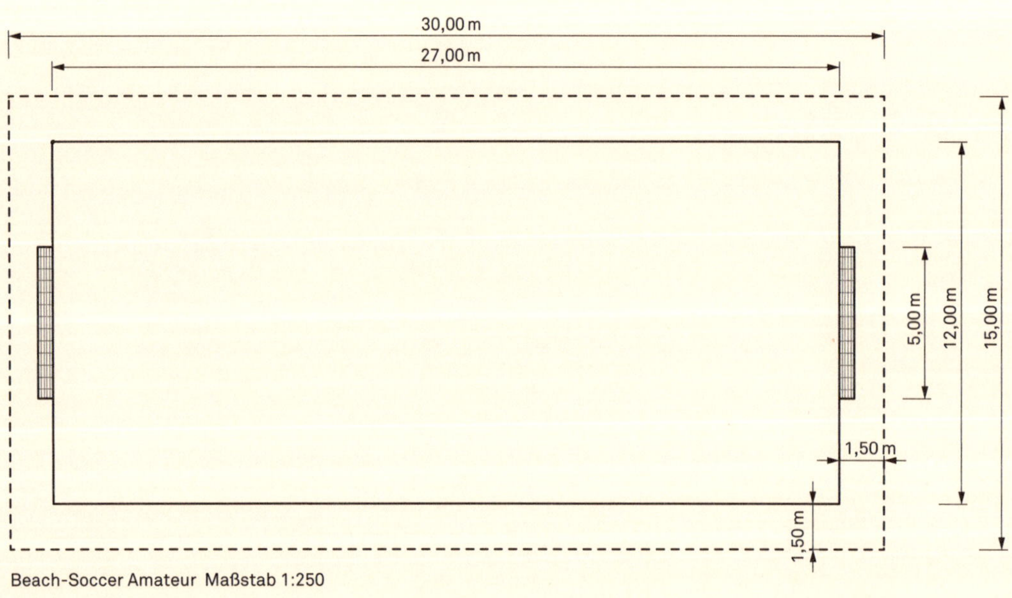

Beach-Soccer Amateur Maßstab 1:250

Abb. 4.4.23 Beachsportarten

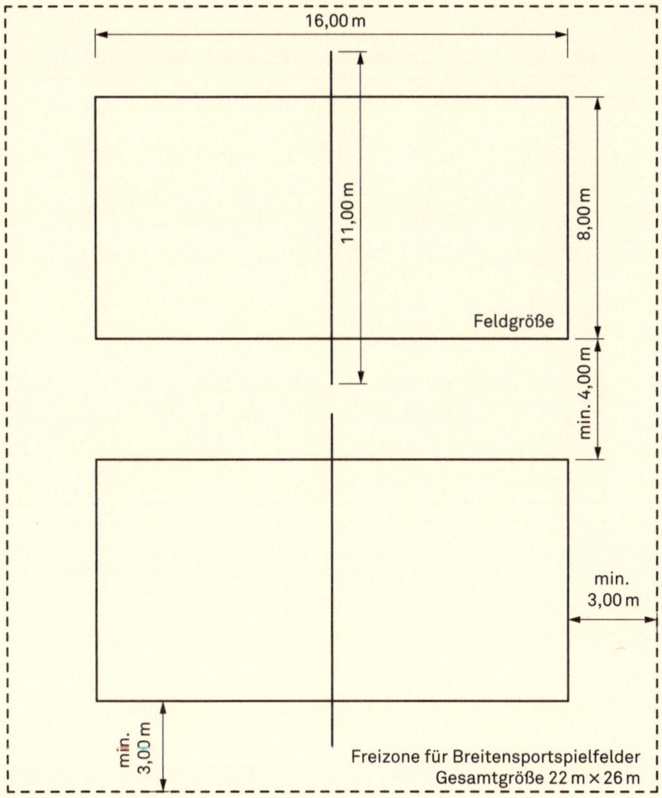

Beach-Volleyballanlage Breitensport Maßstab 1:200

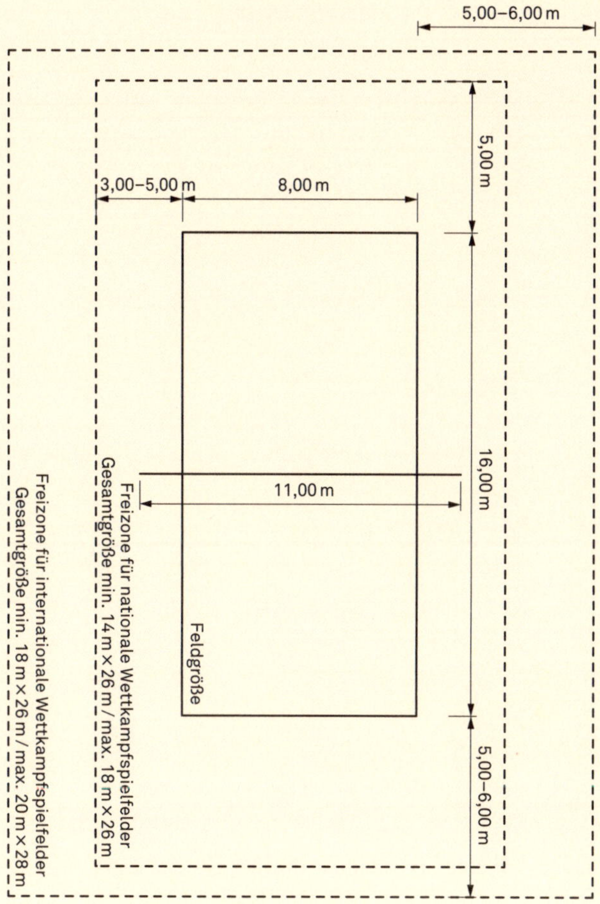

Beach-Volleyball Wettkampf Maßstab 1:200

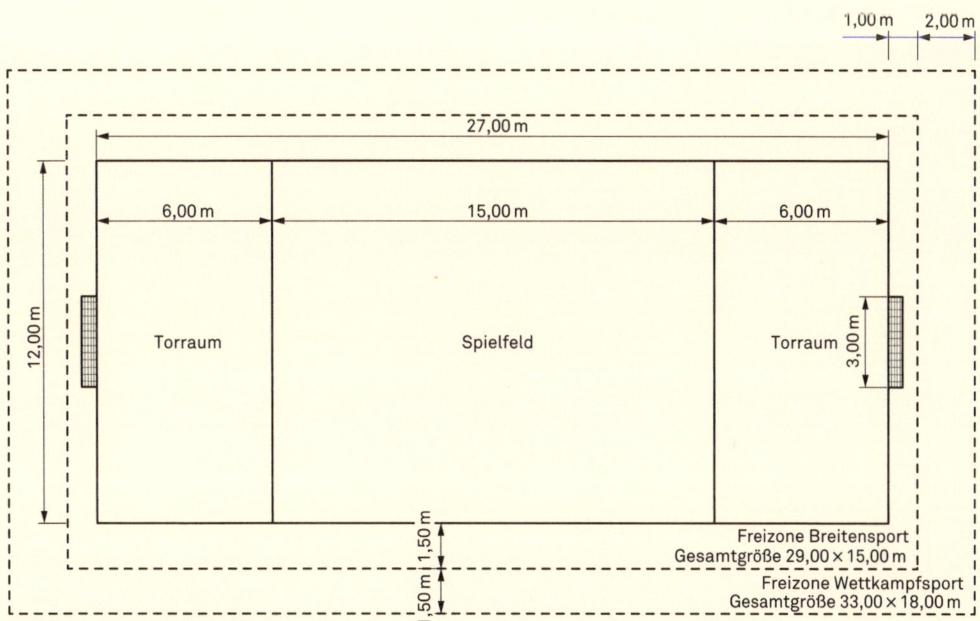

Beach-Handball Maßstab 1:200

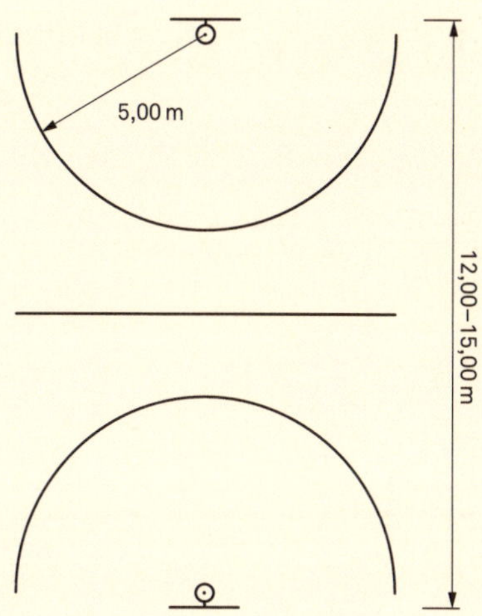

Beach-Basketball Maßstab 1:200

Leichtathletik

Laufbahnen

Sportart	Länge			Breite Einzelbahn	Sicherheitszone an äußerer Laufbahn
	Startraum	Laufstrecke	Auslauf		
Kurzstreckenbahn	3m	110m	17m	1,22m	0,28m
Rundbahn	–	400m	17m	1,22m	0,28m

Tab. 4.4.18 Laufbahnen

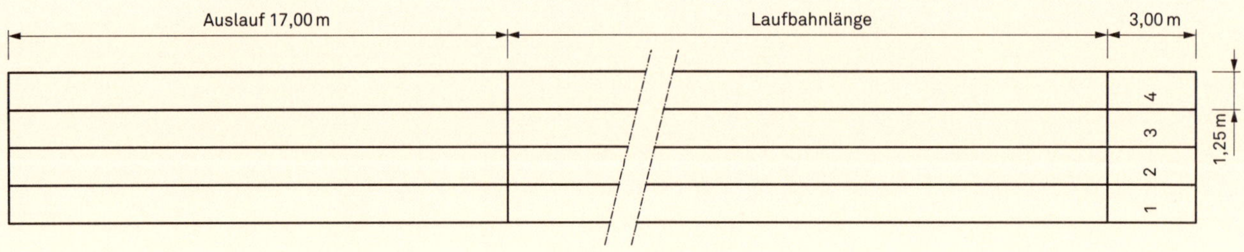

Abb. 4.4.24 Laufbahn

Sprunganlagen

Sprunganlage	Anlauf		Grube bzw. Kissen	
	Länge	Breite Einzel-/Mehrfachanlagen	Länge	Breite
Weitsprung	≥45m, Absprungbalken ≥2m vor der Grube (1m bei Hochleistungssport)	1,22m/2,00m	Grube ≥8m (9m bei Hochleistungssport)	2,75m
Dreisprung	≥45m, Absprungbalken ≥11m vor der Grube	1,22m/2,00m	Grube ≥8m (für Jugendliche ≥9m, für Spitzensportler ≥13m)	2,75m
Stabhochsprung	≥45m	1,22m/2,00m	Kissen ≥5m	≥5m
Hochsprung	Halbkreis mit r ≥18m		Kissen 4m	5–6m

Tab. 4.4.19 Sprunganlage

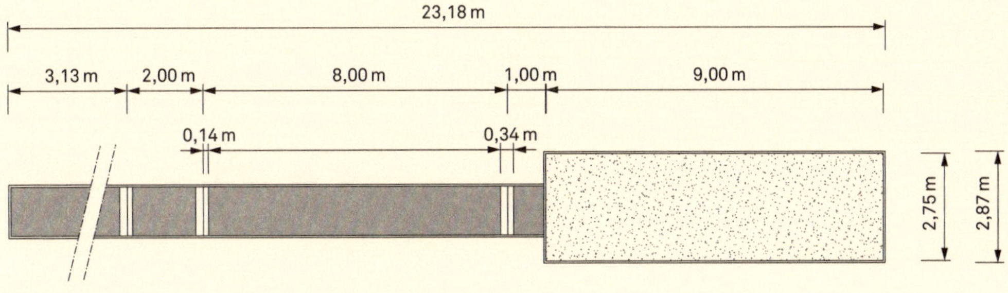

Weitsprung Einzelanlaufbahn Maßstab 1:200

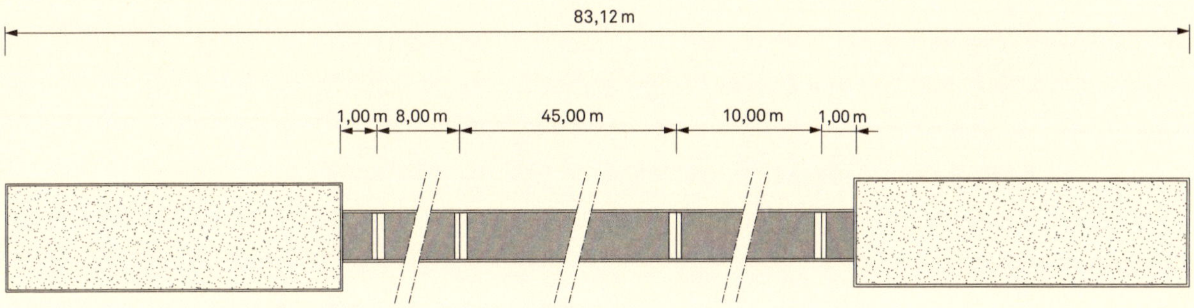

Weitsprung Einzelanlaufbahn zweiseitig Maßstab 1:200

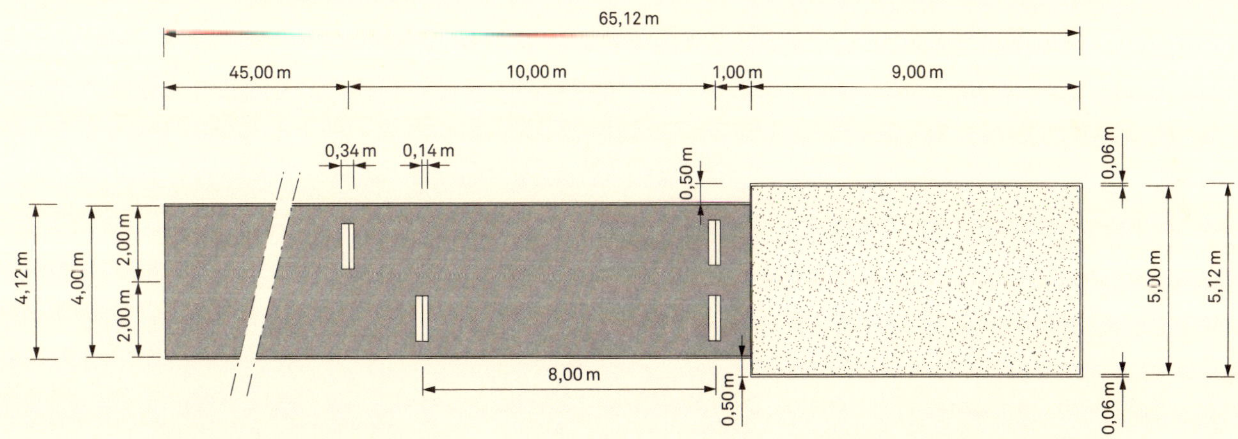

Weitsprung Doppelanlaufbahn Maßstab 1:200

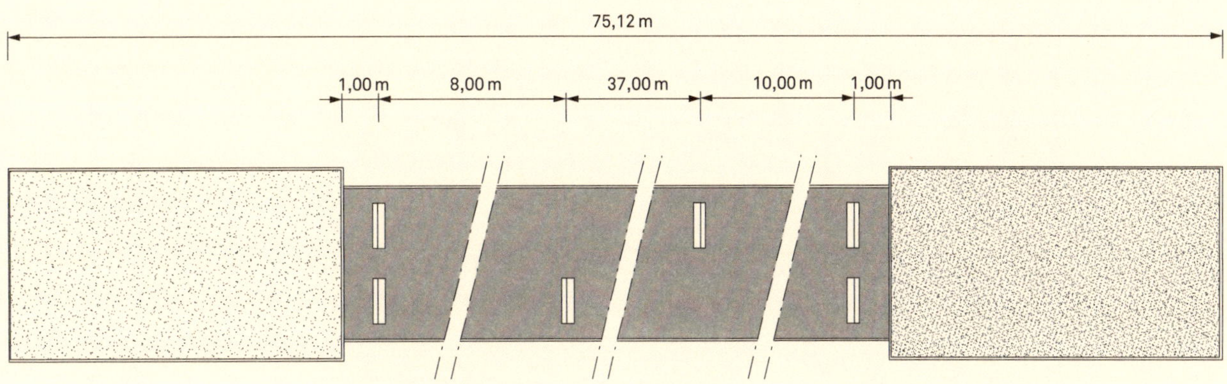

Weitsprung Doppelanlaufbahn zweiseitig Maßstab 1:200

Abb. 4.4.25 Weitsprunganlagen

Wurf- und Stoßanlagen

Sportart	Abwurf- oder Abstoßfläche	Auftreffsektor	
		Winkel	Länge
Diskuswurf	Kreisring d = 2,50 m	40°	80 m
Hammerwurf	Kreisring d = 2,50 m	40°	80 m
Speerwurf	Anlauflänge = 36,50 m (mind. 30,00 m) Anlaufbreite = 4 m	29°	100 m
Kugelstoßen	Kreisring d = 2,135 m	40°	25 m

Tab. 4.4.20 Wurf- und Stoßanlagen

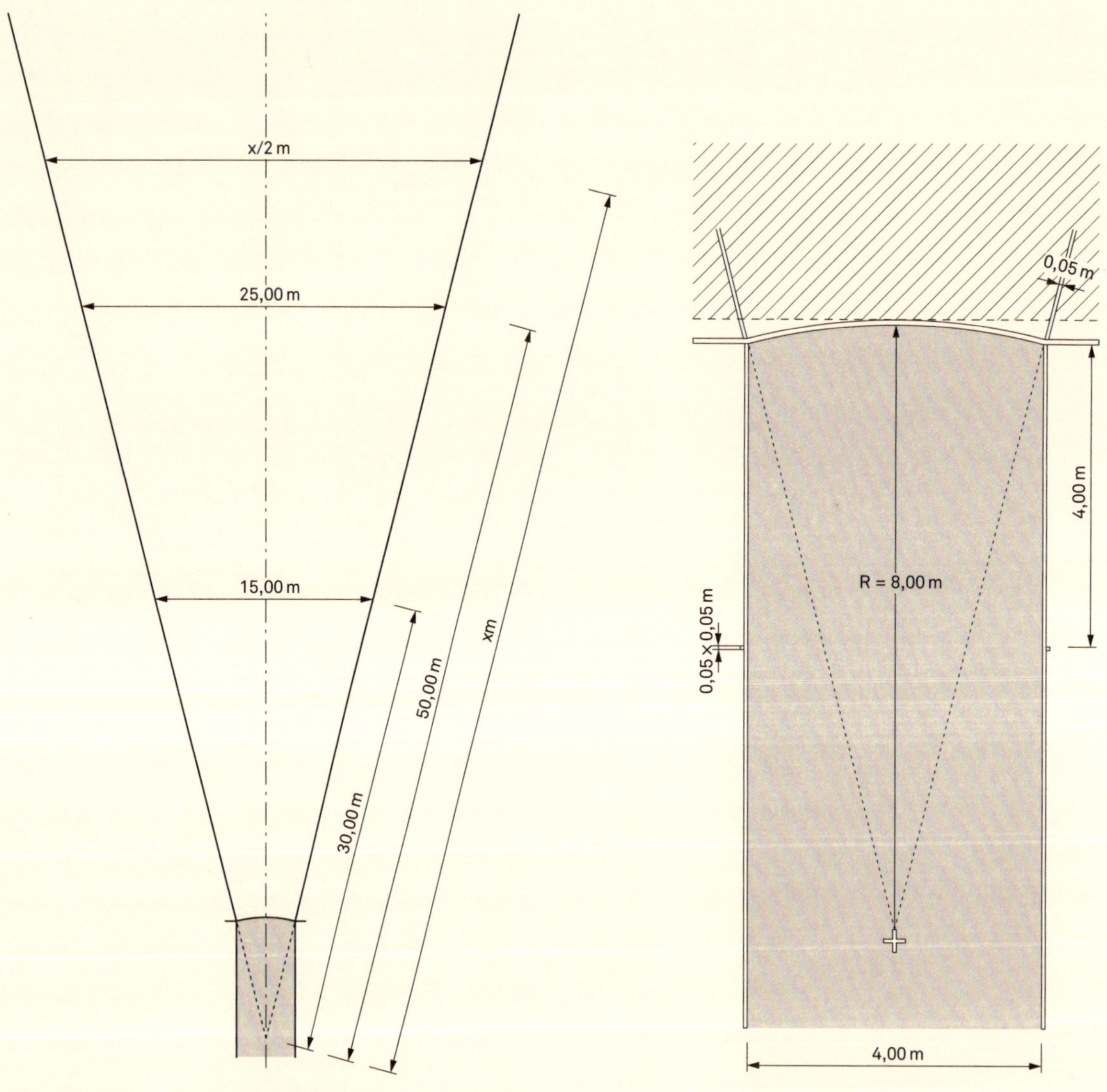

Speerwurfsektor
Maßstab 1:500

Speerwurf: Anlauf und Sektor Detail
Maßstab 1:100

Abb. 4.4.26 Speerwurf

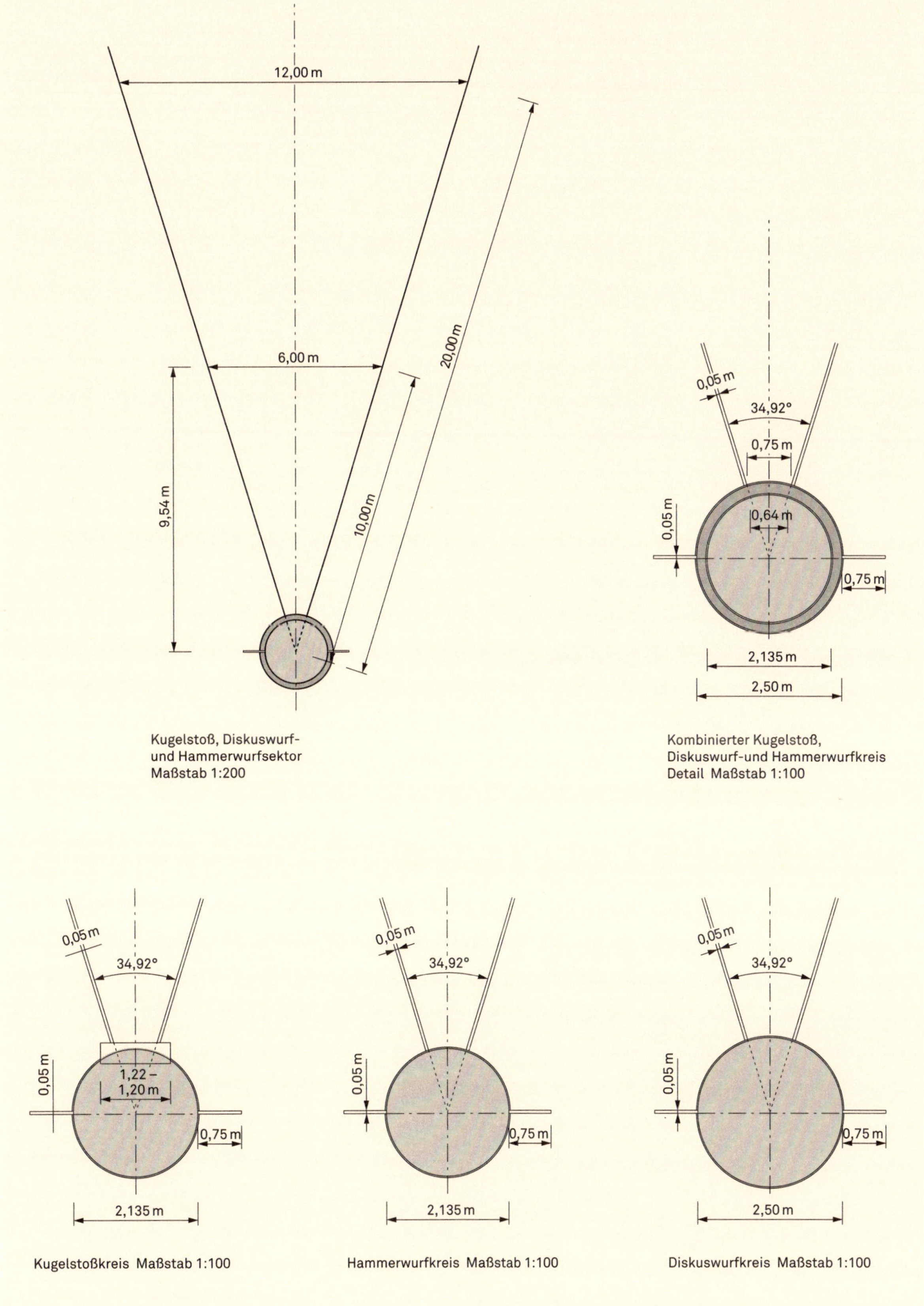

Kugelstoß, Diskuswurf- und Hammerwurfsektor Maßstab 1:200

Kombinierter Kugelstoß, Diskuswurf-und Hammerwurfkreis Detail Maßstab 1:100

Kugelstoßkreis Maßstab 1:100

Hammerwurfkreis Maßstab 1:100

Diskuswurfkreis Maßstab 1:100

Abb. 4.4.27 Wurf- und Stoßanlagen

Kombinationsanlagen

Wettkampfanlagen

Kampfbahnen zum Laufen, Springen oder Werfen werden häufig in einer Wettkampfanlage zusammengefasst und mit einem Großspielfeld kombiniert. Man unterscheidet 4 Typen (nach DIN 18035-1). Anlagen, die den folgenden Anforderungen entsprechen, sind wettkampftauglich.

	Typ A	B	C	D
Eignung	Nationale Meisterschaften, nationale und internationale Großveranstaltungen und Länderkämpfe	Regionale Meisterschaften, bestimmte Länderkämpfe, lokale Veranstaltungen	Lokale Veranstaltungen bis Kreisebene und Schulsport	Kleinere Einzugsbereiche und Schulsport
Ausstattung				
Großspielfeld	68 × 105 m	68 × 105 m	68 × 105 m	68 × 105 m
Kleinspielfeld				27 × 45 m mit angebauter Sprunggrube
Rundbahn	8 Einzelbahnen	6 Einzelbahnen	4 Einzelbahnen	–
Kurzstreckenbahn	8 Einzelbahnen	6–7 Einzelbahnen	6 Einzelbahnen	6 Einzelbahnen
Hindernisgerade mit Wassergraben	x	x	–	–
Speerwurfanlaufbahn	2	2	1	1
Kombinierter Diskus-/ Hammerwurfkreis	x	x	1	Optional
Hochsprunganlagen	2 (Kissen 5 × 3 m)	2	1	1
Kugelstoßkreis	2	1	–	1
Speerwurfanlaufbahn	2	2	1	1
Weit- und Dreisprung	Zweifachanlage	Dreifachanlage	Dreifachanlage	Dreifachanlage
Stabhochsprunganlage mit beidseitigem Anlauf	1 (40 m + 5 m Anlauf; 5 × 5 m Kissen)	–	–	–
Stabhochsprunganlage	2 (je 40 m + 5 m Anlauf; 5 × 5 m Kissen)	1	1	–
Kugelstoßkreis	2	1	Kugelstoßanlage 3	Kugelstoßanlage 2
Kombinierter Diskus-/ Hammerwurfkreis	2	1	1	1

Tab. 4.4.21 Wettkampfanlagen

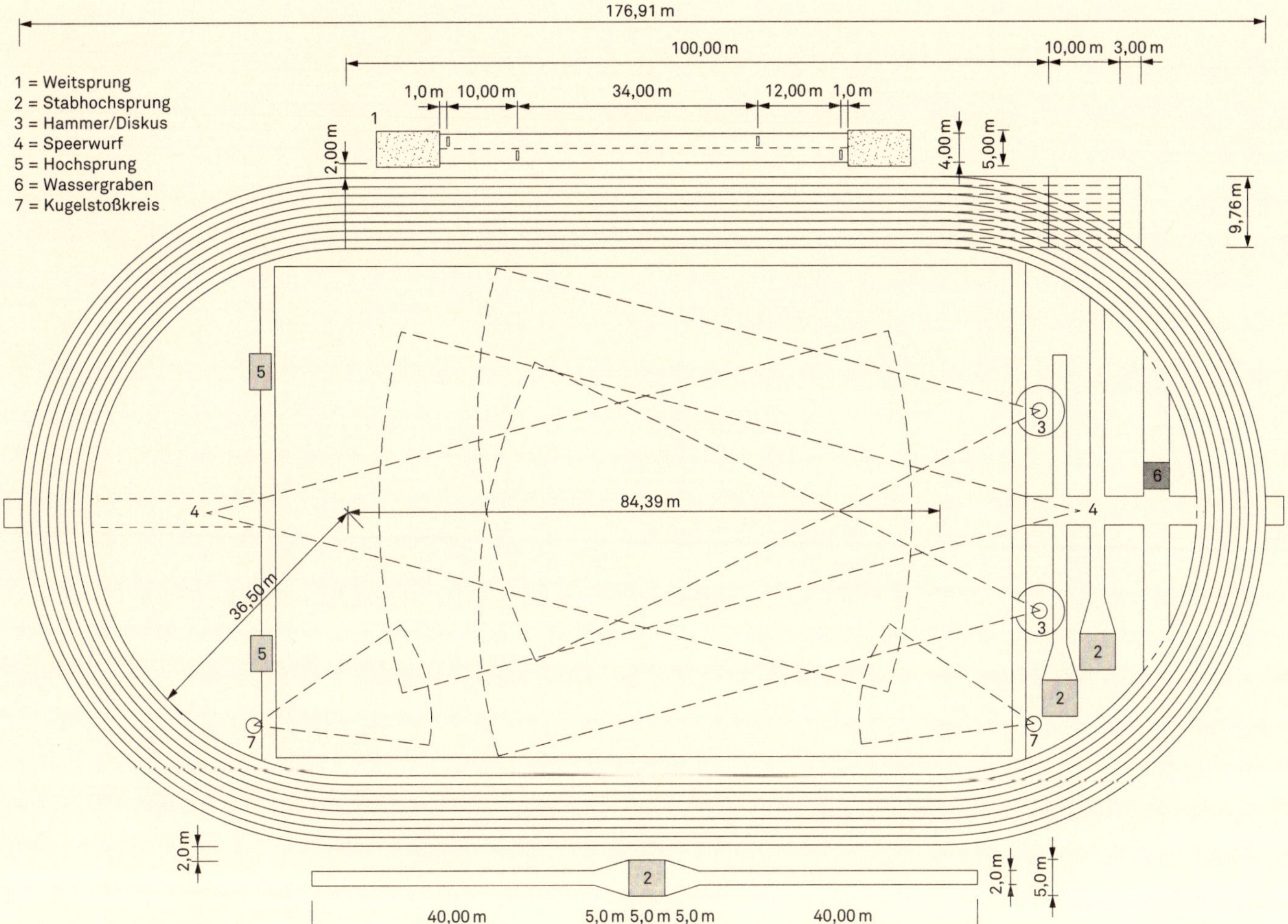

Kampfbahn Typ A Maßstab 1:1000

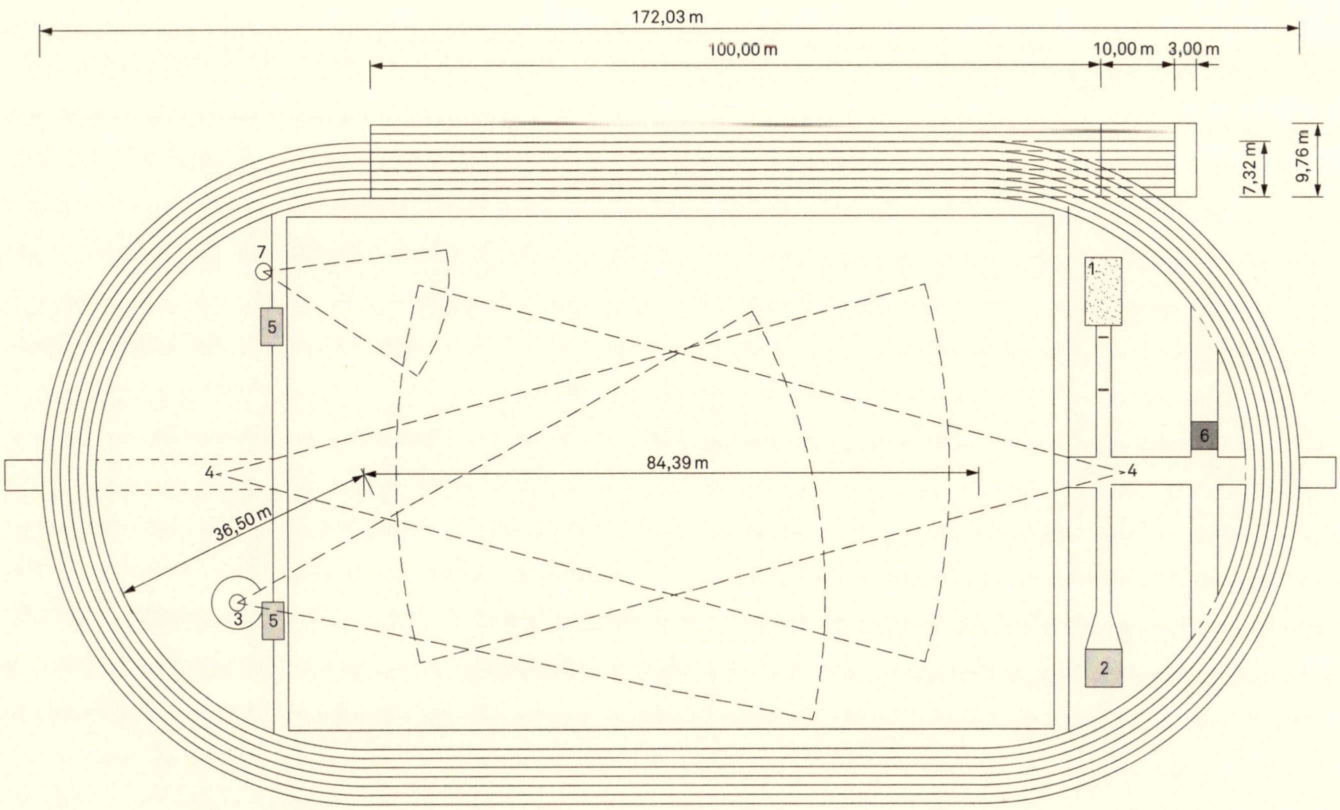

Kampfbahn Typ B Maßstab 1:1000

Abb. 4.4.28 Kampfbahn Typ A und B

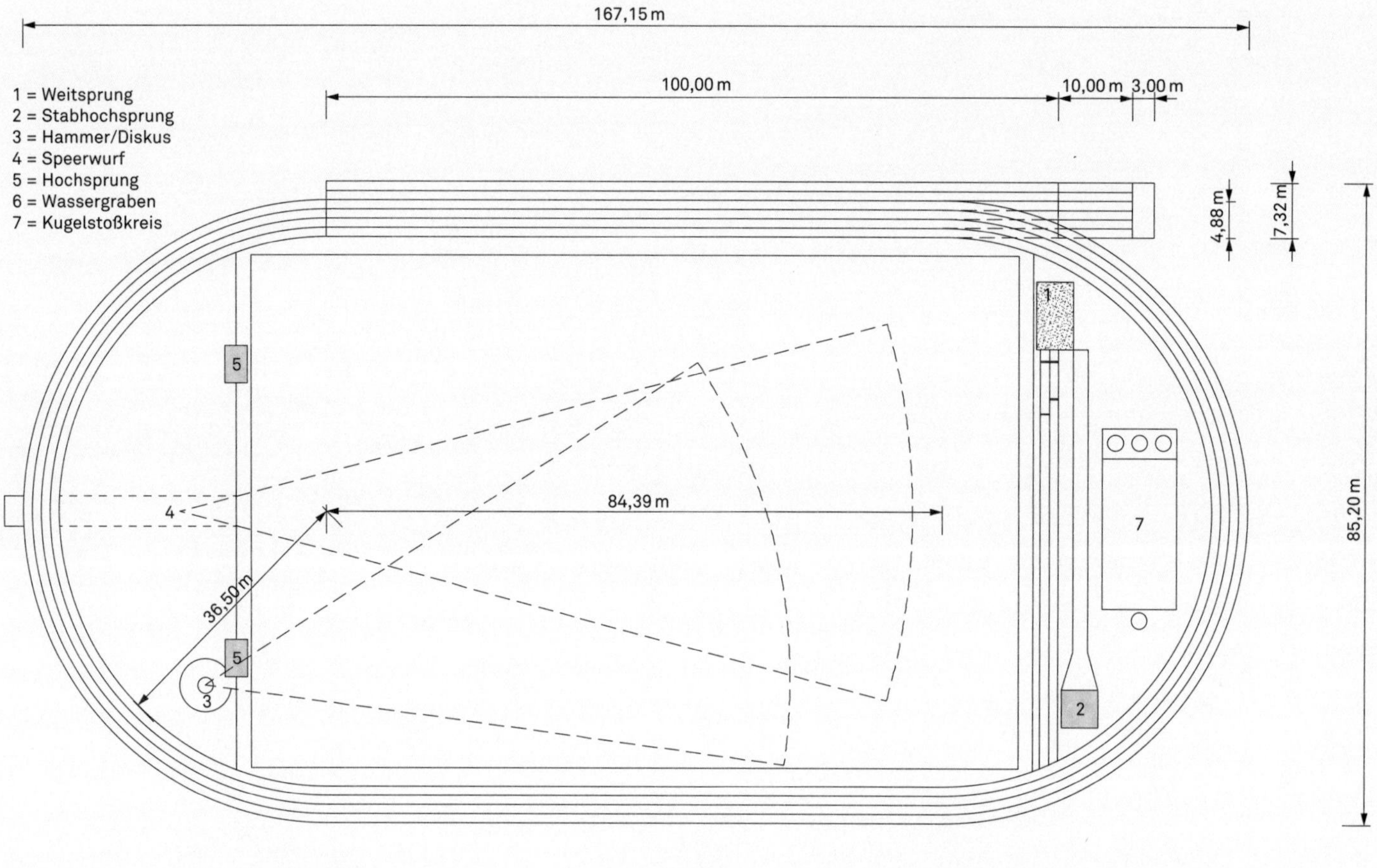

Kampfbahn Typ C Maßstab 1:1000

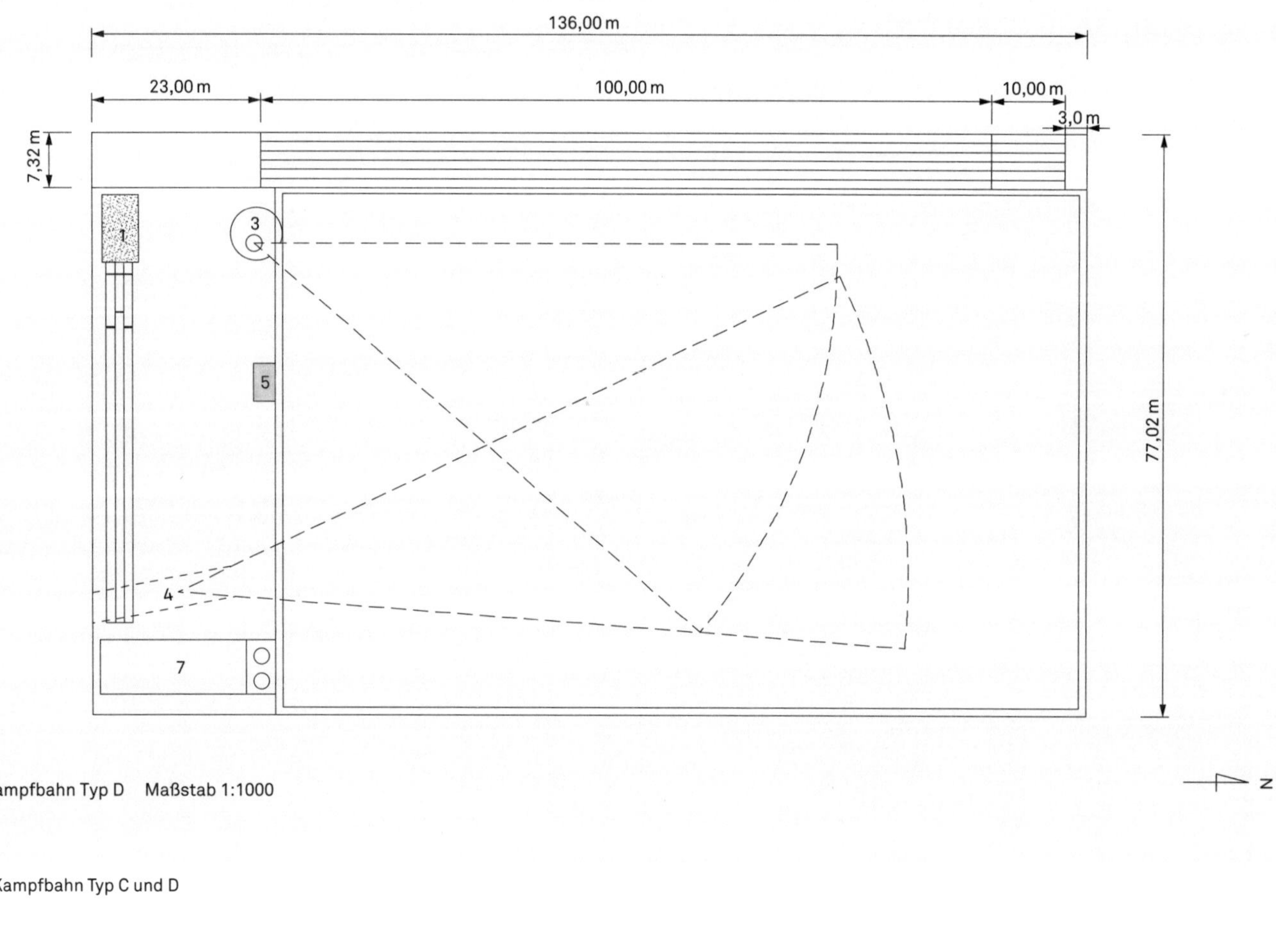

Kampfbahn Typ D Maßstab 1:1000

Abb. 4.4.29 Kampfbahn Typ C und D

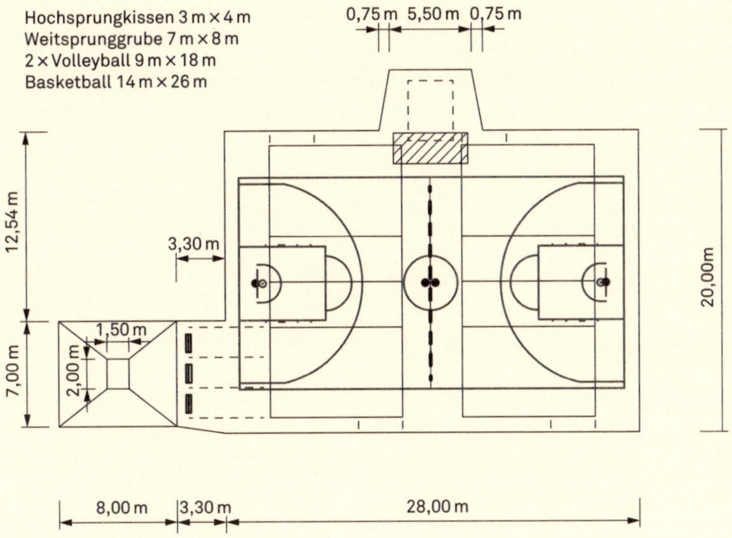

Kombinationsanlage C Maßstab 1:500

Abb. 4.4.30 Kombinationsanlage C

Kleinspielfelder und Kombinationsanlagen/ Allwetterplätze

Insbesondere im Schulsport oder für den Freizeitbereich sollten Spielfeldkombinationen ein möglichst vielfältiges Angebot aufweisen, das zu großer Flexibilität in der Nutzung beiträgt. Die einzelnen Spielfelder und Leichtathletikelemente sind überwiegend nicht für Wettkämpfe geeignet, können aber zu Trainingszwecken und im Schulsport genutzt werden.

Kombinationsanlage	Flächenbedarf für Allwettterplatz, Hoch- und Weitsprunganlage inkl. Abstandsflächen	Flächenbedarf, gesamt (Aussenabmessung)
A	27,00 × 45,00 m + Hochsprung 8,00 × 5,00 m + Weitsprung 10,00 × 7,00 m = 1325 m²	32,00 × 55,00 m = 1760 m²
B	28,00 × 44,00 m + Hochsprung 8,00 × 4,00 m + Weitsprung 10,00 × 7,00 m = 1334 m²	32,00 × 54,00 m = 1728 m²
C	20,00 × 28,00 m + Hochsprung 8,00 × 4,00 m + Weitsprung 10,00 × 7,00 m = 662 m²	20,00 × 39,30 m = 786 m²

Tab. 4.4.22 Kombinationsanlagen

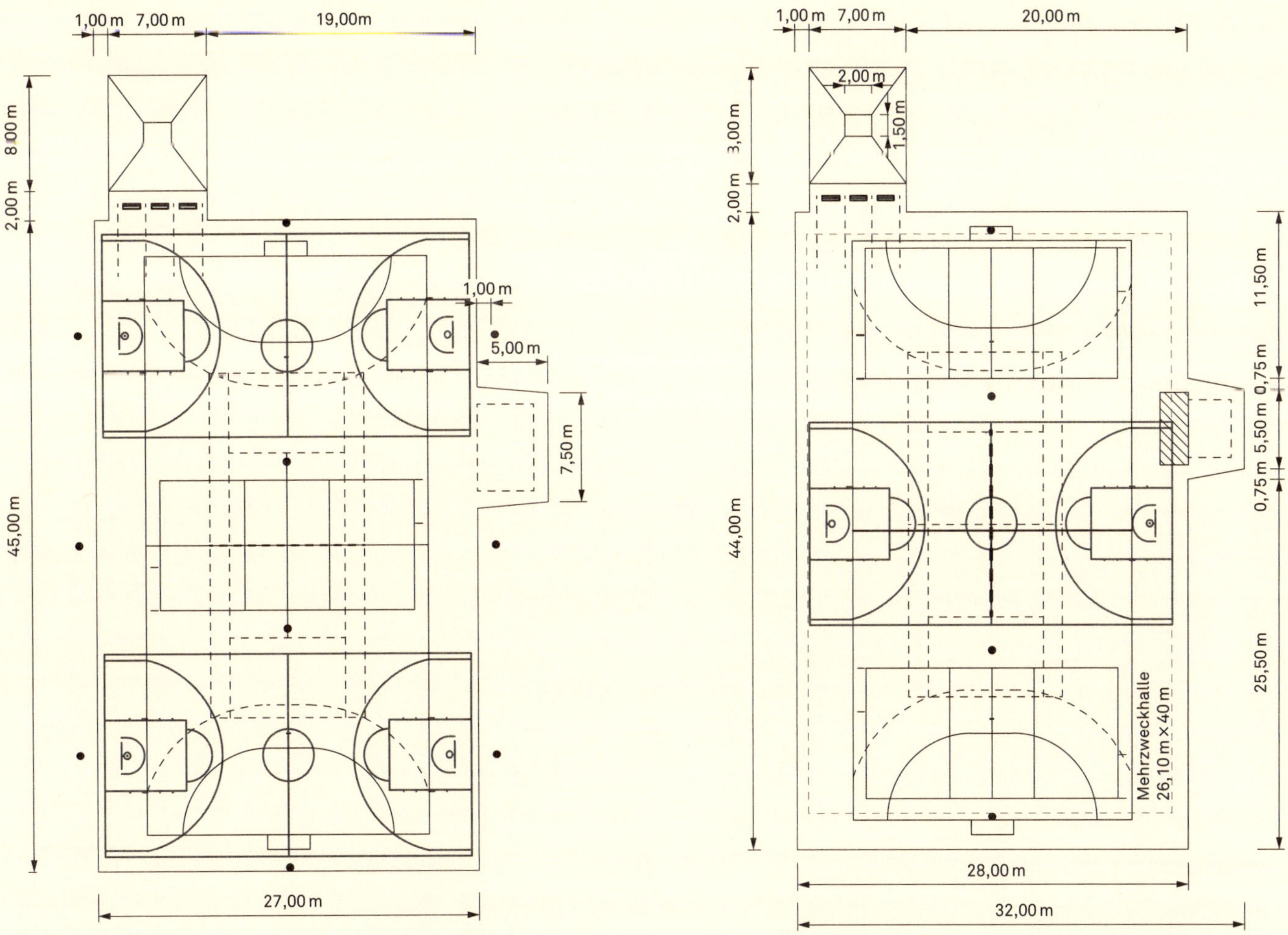

Kombinationsanlage A
Maßstab 1:500

Hochsprungkissen 3 m × 4 m
Weitsprunggrube 7 m × 8 m
Volleyball 9 m × 1 8m
2 × Basketball 14 m × 26 m
Handball 20 m × 40 m
Tennis 10,97 m × 23,77 m

Kombinationsanlage B
Maßstab 1:500

Hochsprungkissen 3m × 4m
Weitsprunggrube 7m × 8m
2 × Volleyball 9m × 18m
Basketball 14m × 26m
Handball 20m × 40m
Tennis 10,97m × 23,77m

Abb. 4.4.31 Kombinationsanlagen A und B

Präzisionssportarten/ Geschicklichkeitsspiele

Bahnengolf

Es gibt fünf verschiedene Versionen von Bahnengolf: Minigolf, Miniaturgolf, Cobigolf, Sterngolf und Filzgolf. Diese unterscheiden sich insbesondere durch den Belag bzw. die Materialität der Bahnen und die Abmessungen. Bei Cobigolf kommen zu den eigentlichen Hindernissen noch 1 Tor (Kleincobigolf) bzw. 2 Tore (Großcobigolf) hinzu, die durchspielt werden müssen.

Sportart	Spielbahnen		Erforderliche Gesamtfläche	Belag
	Anzahl Bahnen	Bahn Länge × Breite		
Miniaturgolf	18 (aus 28 unterschiedlichen Vorgaben)	6,25 × 0,9 m, Zielkreis Ø 1,4 m	≥800 m²	Eternitplatten
Minigolf	18 (aus 28 unterschiedlichen Vorgaben)	12,00 × 1,25 m, Zielkreis bis Ø 2,50 m; 1 Weitschlagpiste 25 m	≥1200 m²	Beton
Großcobigolf	16–17	Genormte Spielbahnen, Länge je 12,50 m; 1 oder 2 Freischlagbahnen, Länge je ca. 27,00 m	≥1200 m²	Beton
Kleincobigolf	16–17	Länge je 6,25 m; 1 oder 2 Freischlagbahnen, Länge je ca. 14 m	≥800 m²	Eternitplatten
Sterngolf	18	8 × 1 m, Zielkreis bis Ø 2,00 m	≥800 m²	Beton
Filzgolf	18	6,00 (16 m)–18,00 m, 0,90 m Breite, Zielkreis (Achteck) Ø 1,60–2,40 m	≥1200 m²	Wetterfester Filzbelag

Tab. 4.4.23 Bahnengolf

Miniaturgolf

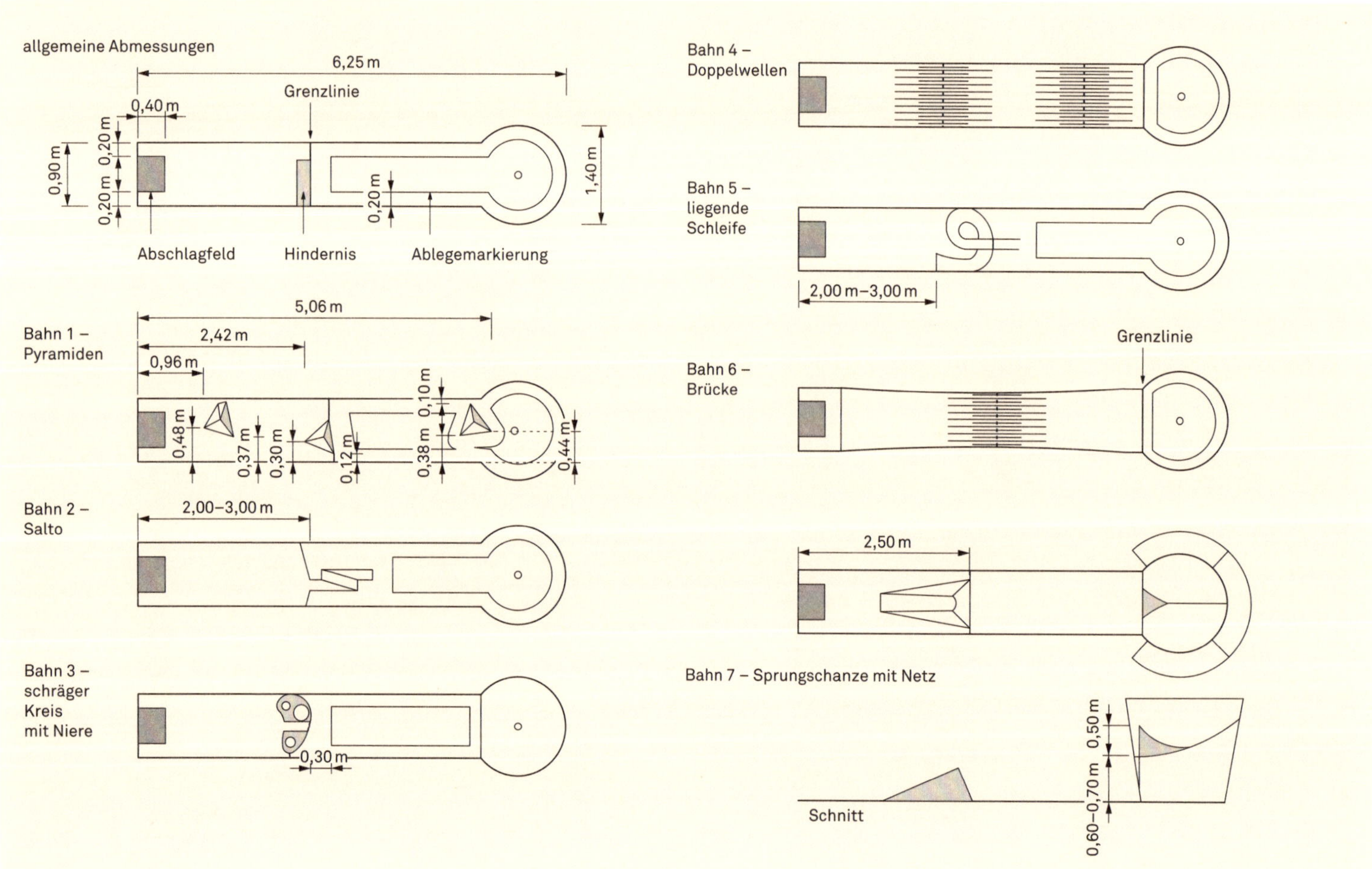

Abb. 4.4.32 Miniaturgolf

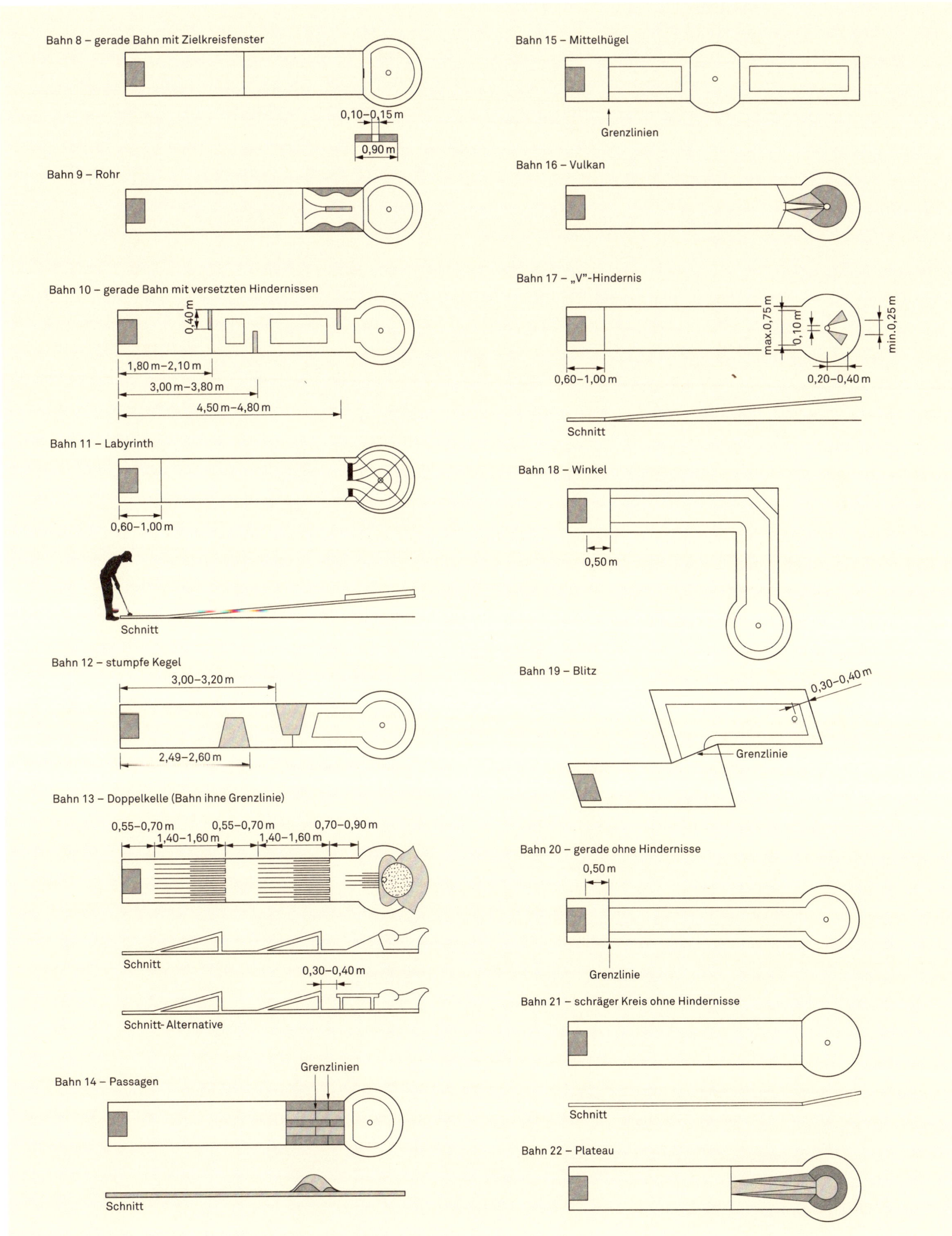
Bahn 8 – gerade Bahn mit Zielkreisfenster
0,10–0,15 m
0,90 m
Bahn 9 – Rohr
Bahn 10 – gerade Bahn mit versetzten Hindernissen
0,40 m
1,80 m–2,10 m
3,00 m–3,80 m
4,50 m–4,80 m
Bahn 11 – Labyrinth
0,60–1,00 m
Schnitt
Bahn 12 – stumpfe Kegel
3,00–3,20 m
2,49–2,60 m
Bahn 13 – Doppelkelle (Bahn ihne Grenzlinie)
0,55–0,70 m
0,55–0,70 m
0,70–0,90 m
1,40–1,60 m
1,40–1,60 m
Schnitt
0,30–0,40 m
Schnitt-Alternative
Bahn 14 – Passagen
Grenzlinien
Schnitt
Bahn 15 – Mittelhügel
Grenzlinien
Bahn 16 – Vulkan
Bahn 17 – „V"-Hindernis
max.0,75 m
0,10 m
min.0,25 m
0,60–1,00 m
0,20–0,40 m
Schnitt
Bahn 18 – Winkel
0,50 m
Bahn 19 – Blitz
0,30–0,40 m
Grenzlinie
Bahn 20 – gerade ohne Hindernisse
0,50 m
Grenzlinie
Bahn 21 – schräger Kreis ohne Hindernisse
Schnitt
Bahn 22 – Plateau

Minigolf

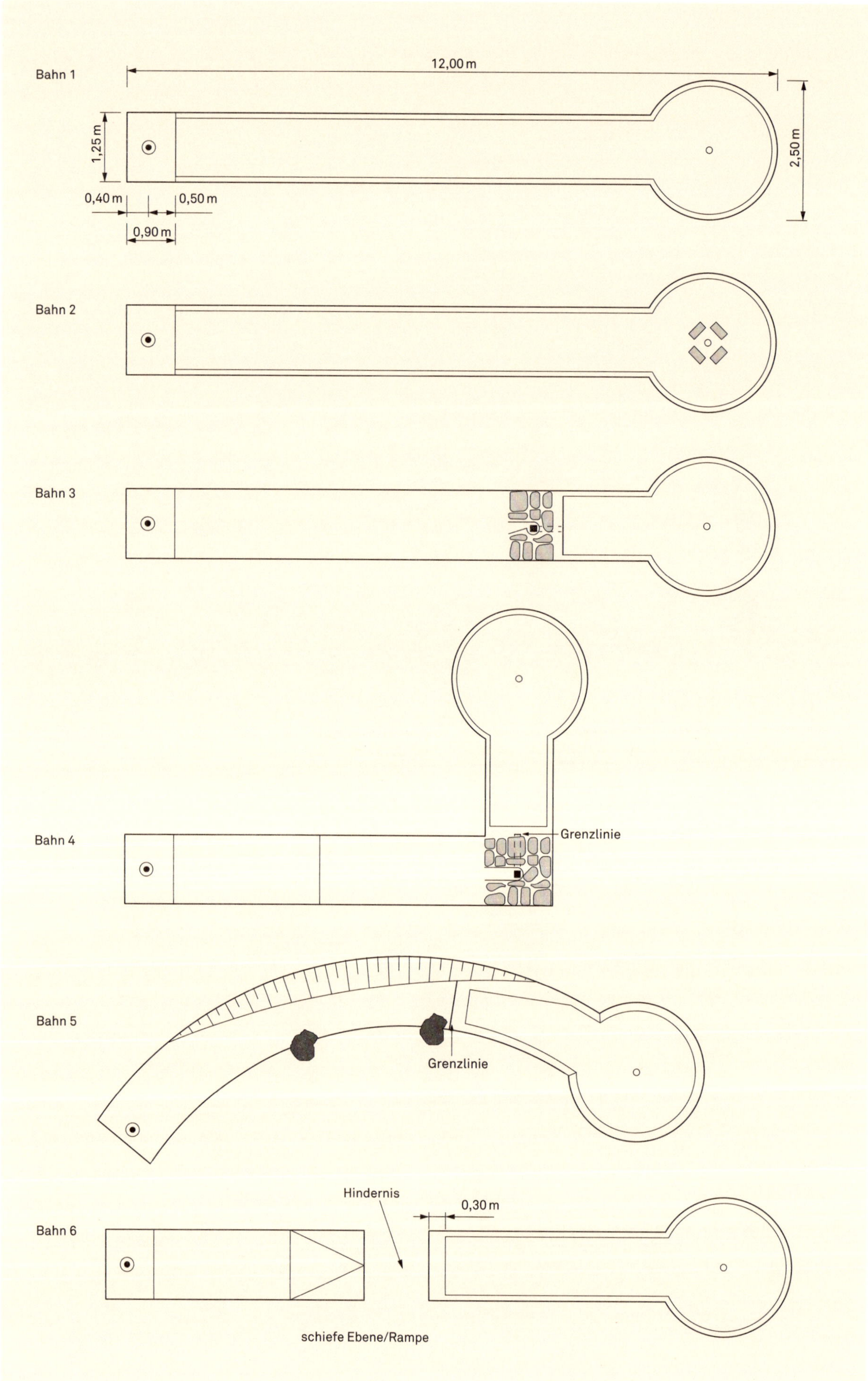

Abb. 4.4.33 Minigolf

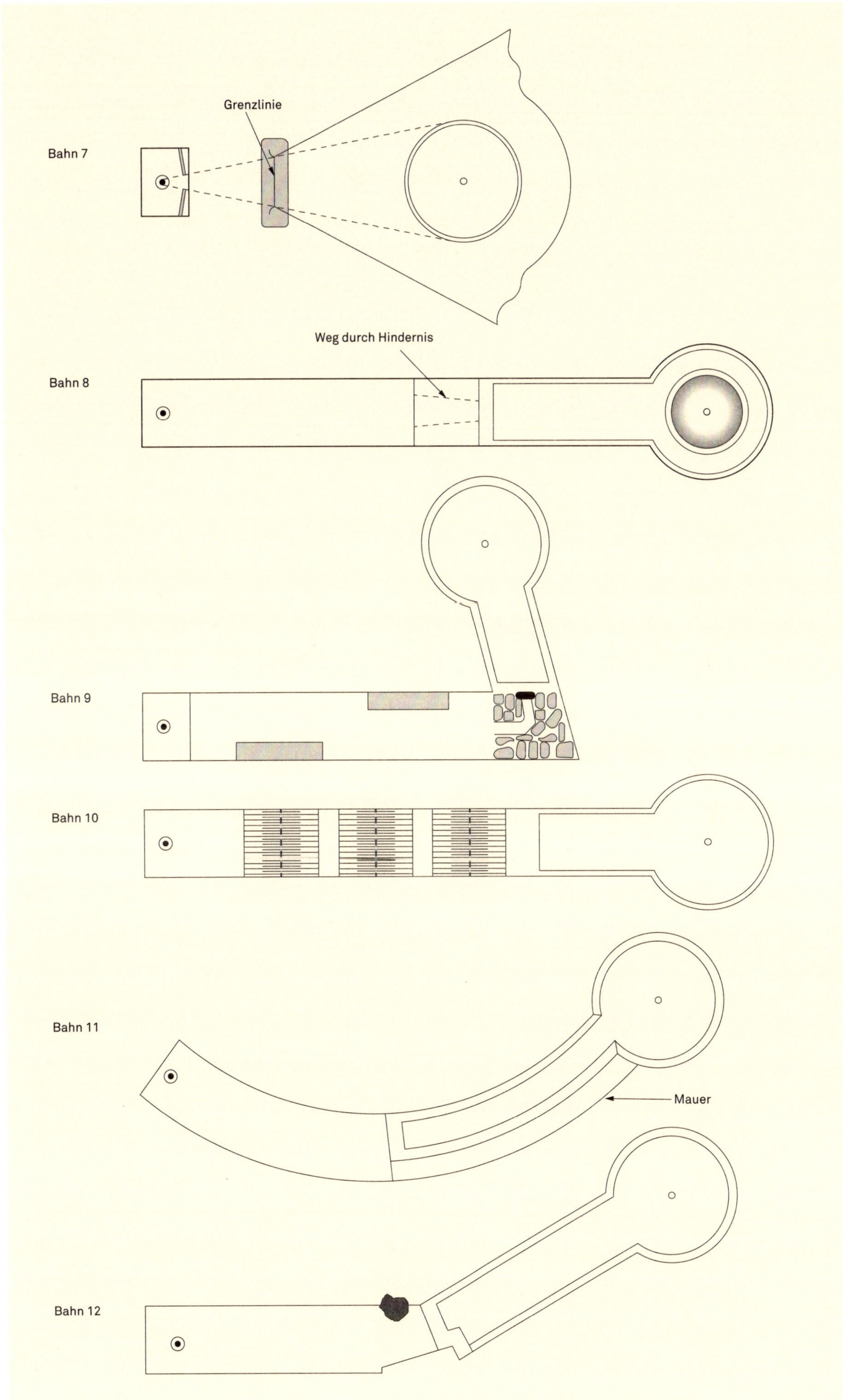
Bahn 7
Grenzlinie
Bahn 8
Weg durch Hindernis
Bahn 9
Bahn 10
Bahn 11
Mauer
Bahn 12

Minigolf

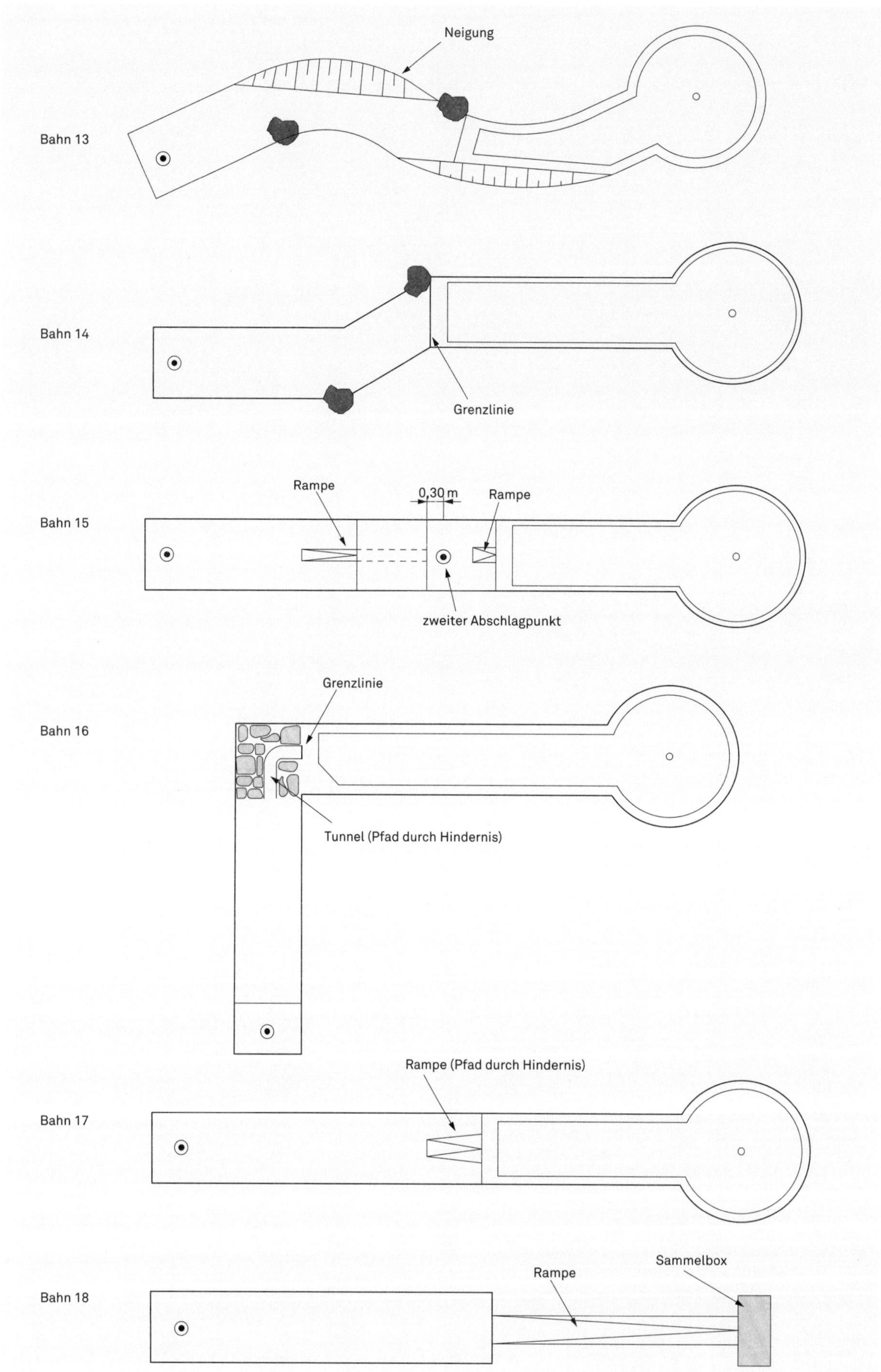

Abb. 4.4.33 Minigolf

Krocket

Tab. 4.4.24 Krocket

Sportart	Spielfeld	Sicherheitsabstand		Belag
		Längsseite	Stirnseite	
Full-Size-Krocket	25,6 x 32 m (28 x 35 yds)	–	–	Rasen
Short-Krocket	15 x 22 m	–	–	Rasen

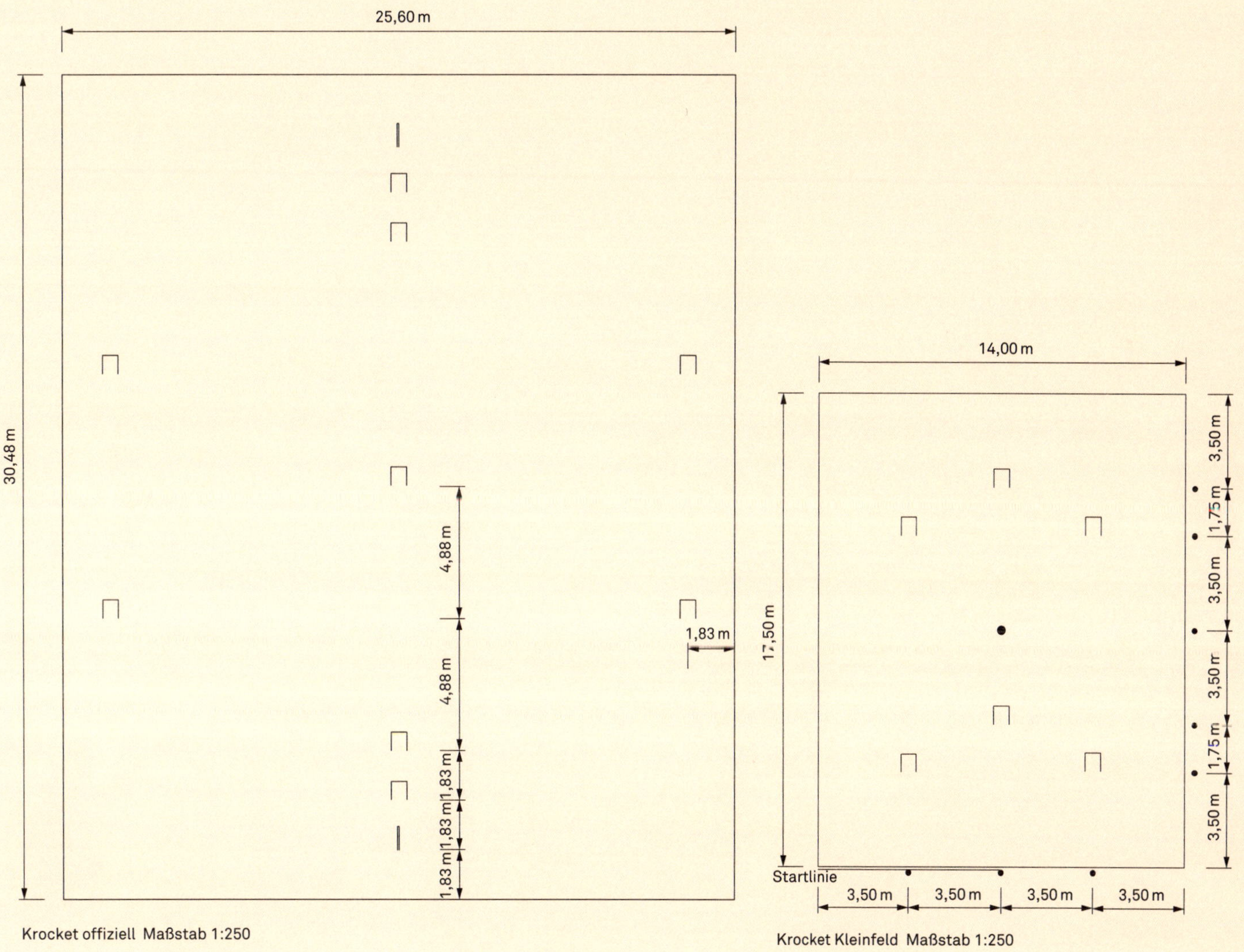

Abb. 4.4.34 Krocket

Kugelspiele

Die verschiedenen Kugelspiele sind eng miteinander verwandt. Sie ähneln sich vom Grundprinzip und unterscheiden sich insbesondere im Material und Gewicht der Bälle (meist als „Kugeln“ bezeichnet) und in unterschiedlich ausdifferenzierten Spielregeln. So werden das Boule Lyonnaise und das Jeu Provençal beispielsweise mit Anlauf gespielt.

Zu den populärsten Kugelspielen gehört jedoch Pétanque, das in Deutschland oft als Boule bezeichnet wird. Es ist wie das Jeu Provençal eine abgewandelte Spielvariante des Boule Lyonnaise. Die Spiele können auf entsprechenden, abgesteckten Plätzen gespielt werden oder auch frei im Gelände sowie auf Plätzen („Terrain libre“). Barrieren werden – falls erforderlich – mindestens 1 m außerhalb des Ausbereichs angeordnet. Die Spiele können auf jedem Bodenbelag gespielt werden, geeignete Untergründe sind beispielsweise wassergebundene Decken und verdichtete Sand-Splitt-Gemische.

Sportart		Spielfeld/ Bahn	Abstand zu seitlichen Barrieren	Belag
Pétanque (in Deutschland oft als Boule bezeichnet)	Internationaler/nationaler Wettkampf	Mind. 15 × 4 m		Jeder Boden, vorzugsweise wassergebundene Decken und verdichtete Sand-Splitt-Gemische
	Sonstige Wettkämpfe und Breitensport	Mind. 12 × 3 m (12 × 5 m Doppelbahn) oder Terrain libre		
Boule Lyonnaise		27,50 × 4,00 (2,50) m		Jeder Boden
Jeu Provençal		24 × 4 m oder Terrain libre	1,50 m	Jeder Boden
Boccia		26,50 × 4,50 m		Spezieller Belag, üblicherweise auf Natursandbahnen
Bowls		31–40 × 4,3–5,8 m		Rasen

Tab. 4.4.25 Kugelspiele

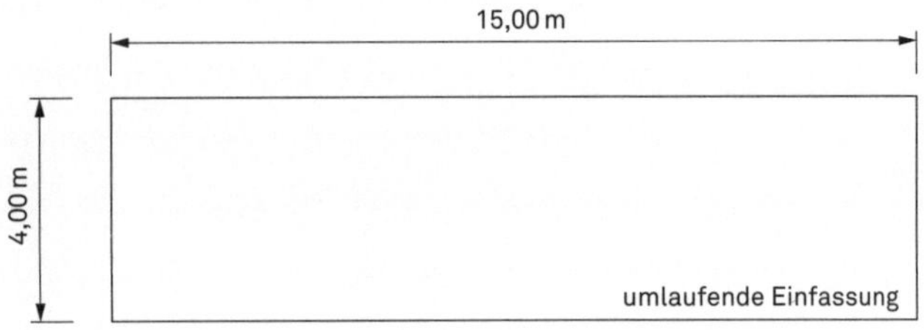

Pétanque international Maßstab 1:200

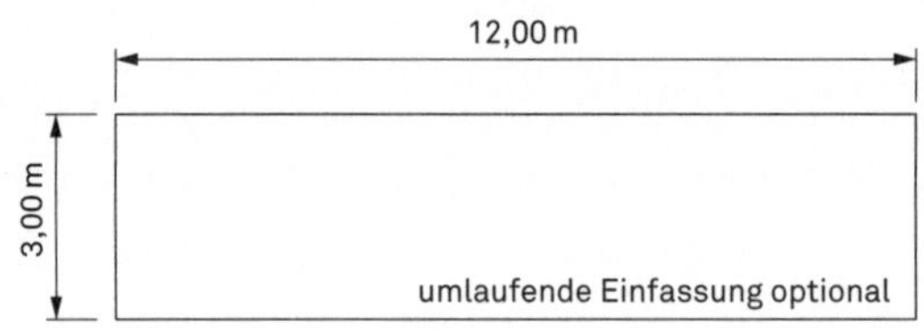

Pétanque Breitensport Maßstab 1:200
Doppelbahn: 12 m × 5 m

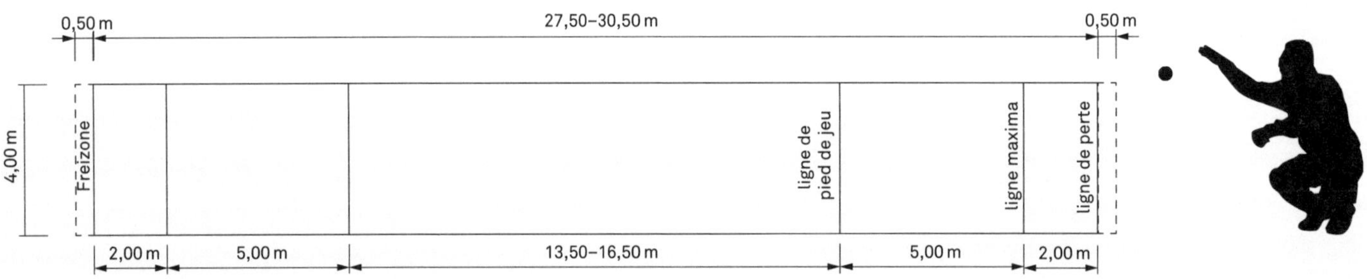

Boule Lyonnaise Maßstab 1:200

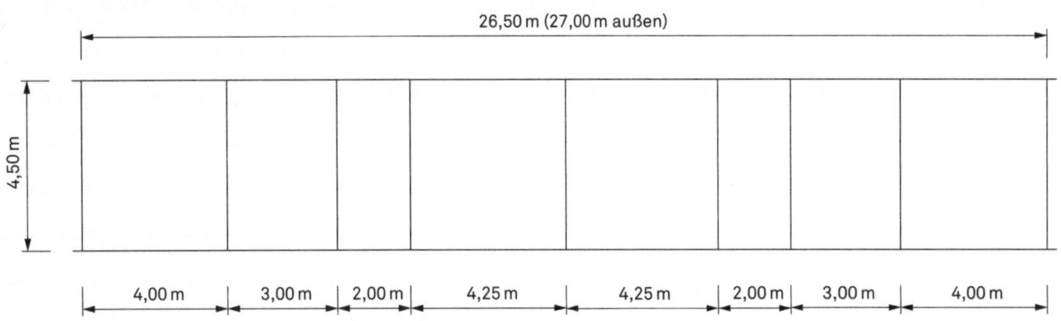

Boccia Maßstab 1:200

Abb. 4.4.35 Kugelspiele

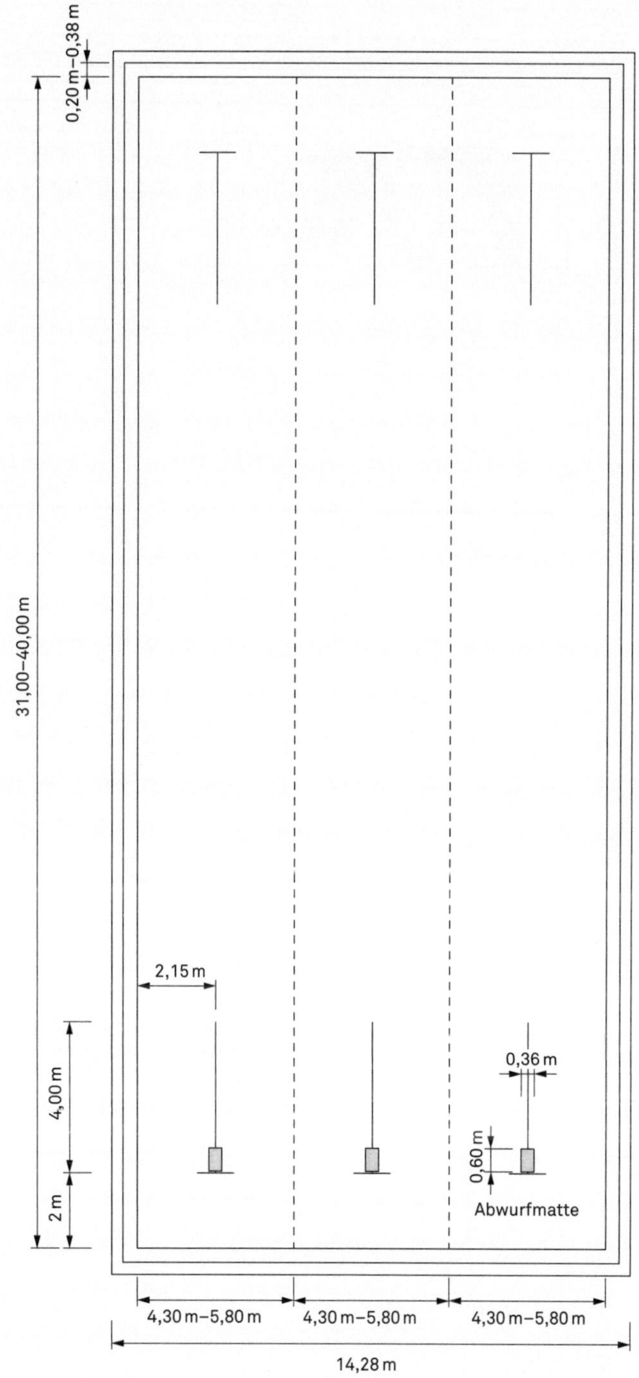

Maßstab 1:200

Abb. 4.4.36 Bowls mit drei Bahnen

Curling

Sportart	Spielfeld	Sicherheitsabstand		Gesamt	Belag
		Längsseite	Stirnseite		
Curling	45,72 × 5,00 m (mind. 44,50 × 4,42 m)	–	–	45,72 × 5,00 m (mind. 44,50 × 4,42 m)	Eis

Tab. 4.4.26 Curling

Abb. 4.4.37 Curling

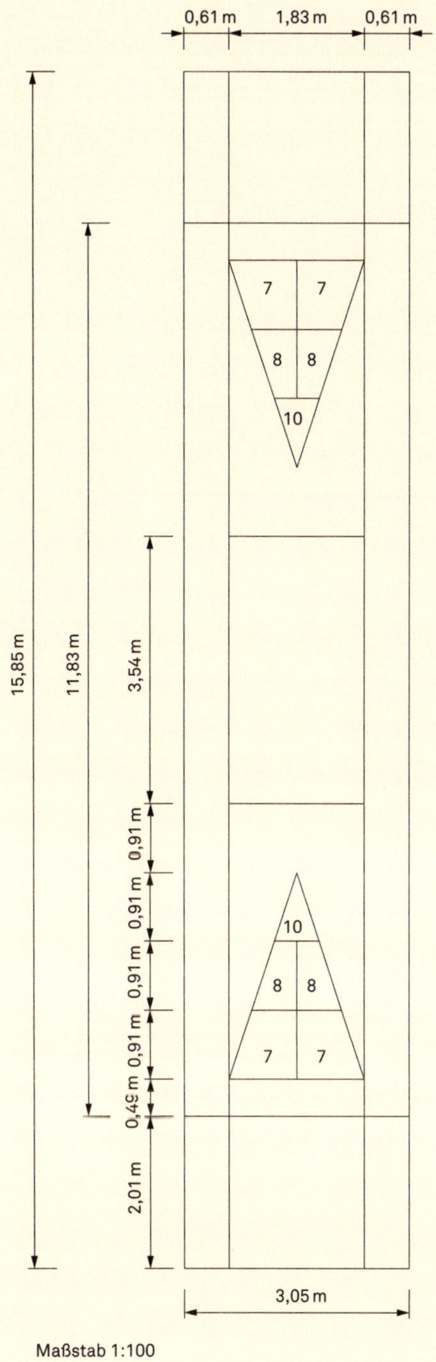

Abb. 4.4.38 Shuffleboard

Shuffleboard

Sportart	Spielfeld	Freizone		Gesamt	Belag
		Längsseite	Stirnseite		
Shuffleboard	15,85 × 1,83 m	–	–	–	Beton, demontierbare Kunststoffbahnen

Tab. 4.4.27 Shuffleboard

Stocksport

Tab. 4.4.28 Stocksport

Sportart	Spielfeld	Freizone		Gesamt	Belag
		Längsseite	Stirnseite		
Mannschaftsspiel	28 × 3 m	0,6 m	≥ 1 m	30 × 4,2 m	Eis, Asphalt, Beton
Weitenwettbewerb	Länge = 150 m, 300 m oder mehr	–	–	–	Eis, Asphalt, Beton

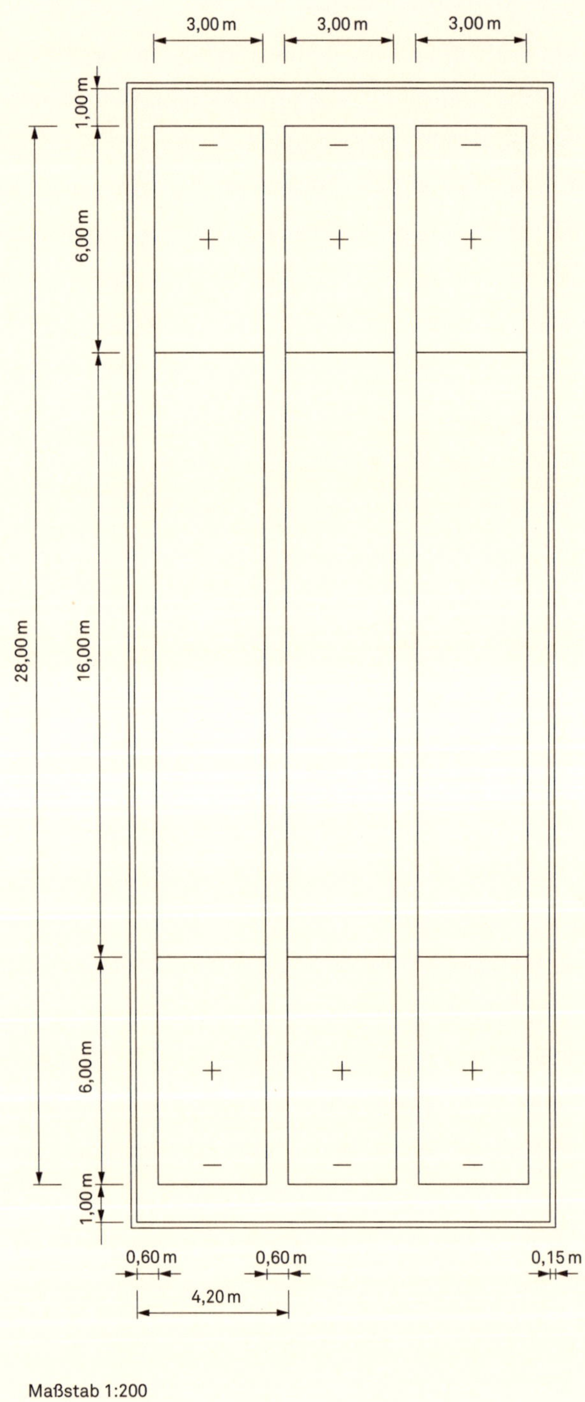

Abb. 4.4.39 Sommerstocksport, Mannschaftsspiel

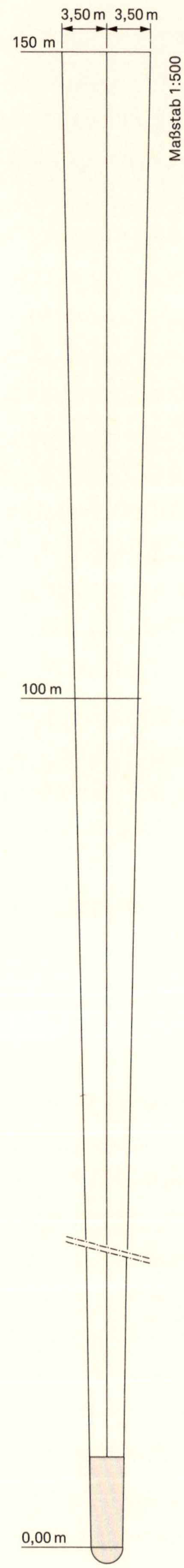

Abb. 4.4.40 Sommerstocksport, Weitenwettbewerb

Trendsportarten/Funsportarten

Frisbeesport

Sportart	Spielfeld/ Bahn	Abstand/Endzone	Gesamt	Korb/Tor Breite/Höhe	Belag
Disc-Golf	40–250 m Bahnlänge	–	18 Bahnen	–	Wird frei im Gelände/ auf Rasen gespielt
Ultimate	37 x 64 m	Stirnseite 18 m	37 x 100 m	–	Rasen
Goaltimate	Ø 55	–	–	5,5 m/max. 3,4 m, halbkreisförmig	Rasen
Double Disc Court (DDC)	2 x 13 x 13 m	Abstand der Felder 17 m	13 x 43 m	–	
Discathon	–	–	1 km Rundkurs	–	...

Tab. 4.4.29 Frisbeesport

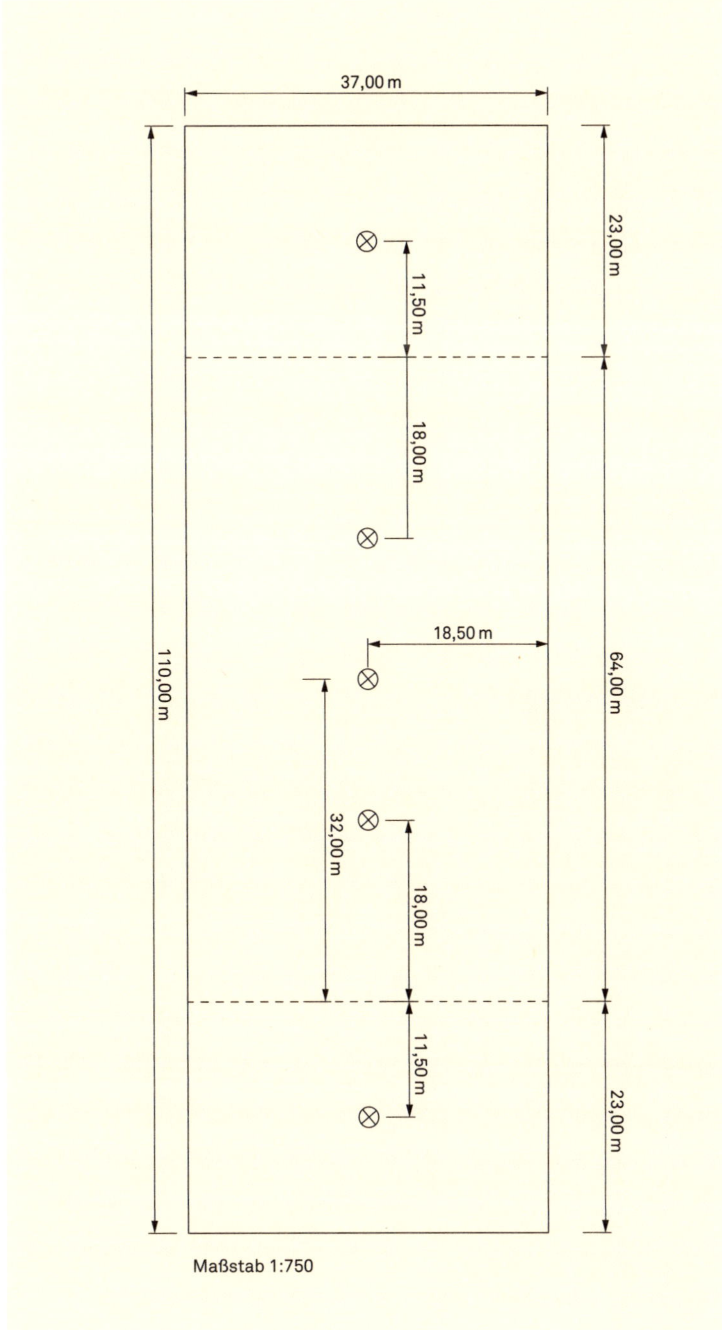

Abb. 4.4.41 Ultimate Frisbee

Skateparks

Skateparks können gleichermaßen mit Skateboards, BMX-Bikes und Inlineskates befahren werden. Jedoch können sich je nach Nutzungsschwerpunkt unterschiedliche Anforderungen an Abmessung und Proportionen innerhalb der Anlage ergeben, sodass nach Bedarf Skateparks mit unterschiedlichem Charakter und Schwerpunkt entstehen können.

Eine „Plaza" erinnert mit ihrer Ausstattung an einen urbanen Platz und dessen Elemente, darunter Grundelemente wie Rails, Ledges, Curbs und Benches, außerdem Funboxen, Single Ramps, Miniramps oder Floatramps. Die Geräte können hintereinander befahren werden und ergeben in ihrer Folge sogenannte Lines.

Mini- und Halfpipes stellen in einem Skatepark eher eigenständige Elemente dar, die auch für sich und nicht im Zusammenhang befahren werden.

Eine Sonderform ist das Poolskating, entstanden aus dem Befahren von leergepumpten Swimmingpools in den USA. Die Pools (auch Bowls genannt) werden in Anlehnung an diese Schwimmbecken gestaltet, bei denen Wand und Boden als Kurve ausgebildet sind. Pools werden durch Hips, Elevators, Vulcanos oder Mellows ergänzt. Sie bilden als eigenständiges Skateelement eine eigene Anlage oder können einem größeren Skatepark angegliedert werden.

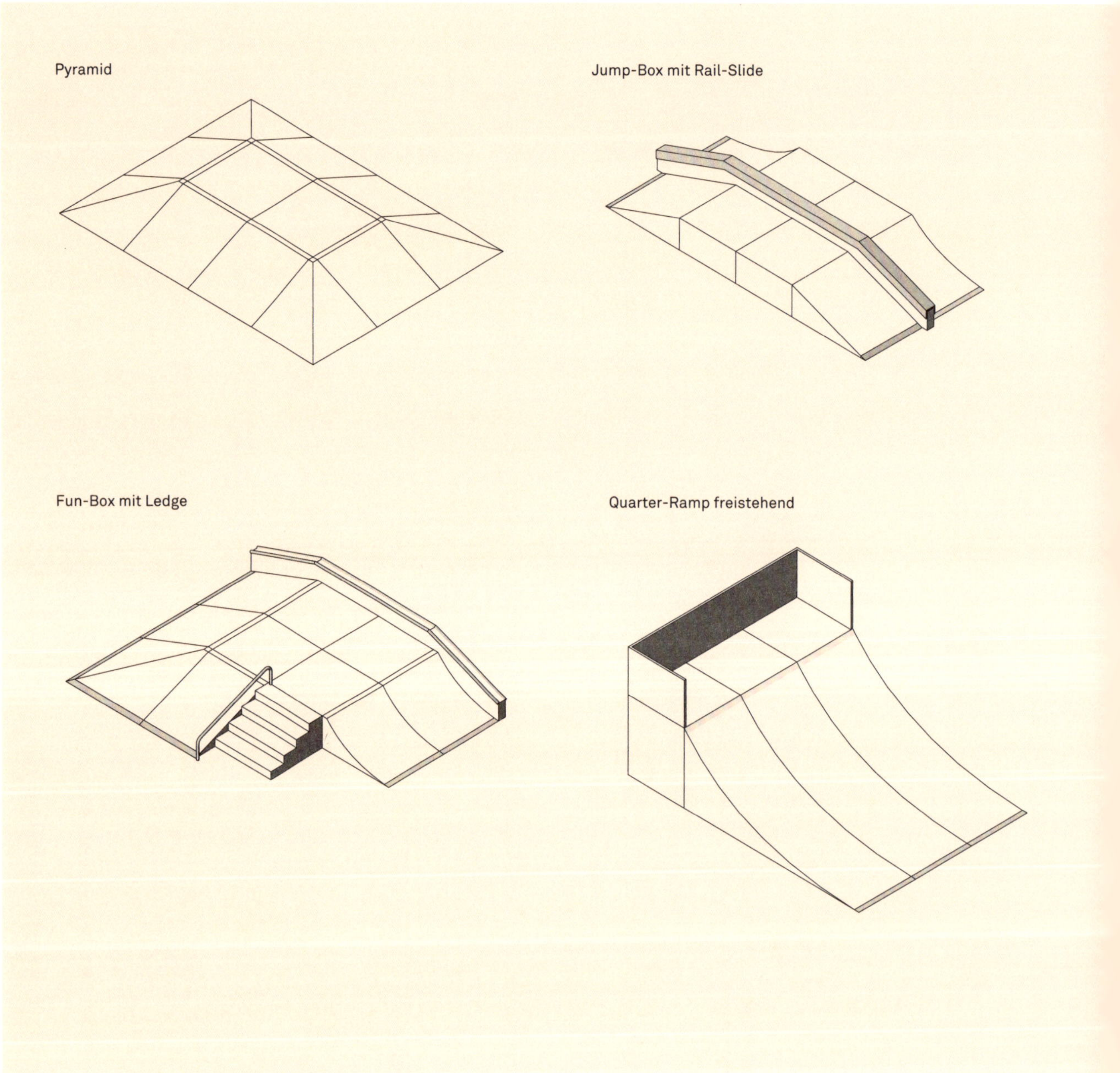

Abb. 4.4.42 Skateanlagen

Skateanlagen	Mindestgrößen	Durchschnittsgrößen
Skatepark	Etwa 350 m²	1000 m²
Pools/Bowls	Etwa 100 m² (ohne Table)	400 m²
BMX-Wettkampf-bahn	Länge: 300–400 m Breite: 5–10 m Abstand zwischen parallel verlaufen-den Bahnen mind. 0,5 m	

Tab. 4.4.30 Skateanlagen

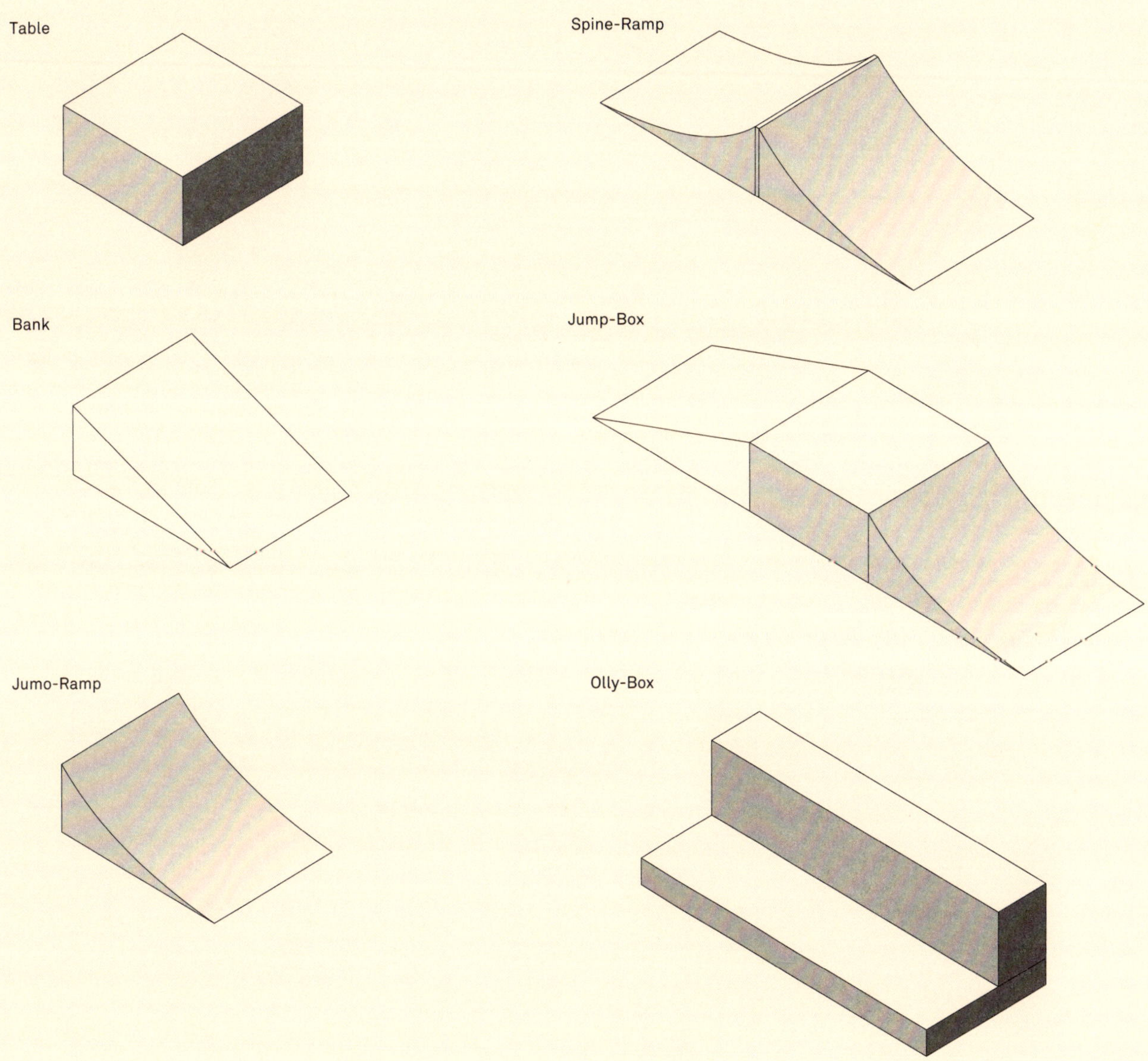

Klettersport

Beim Klettersport wird zwischen freiem Klettern ohne Sicherung (Bouldern) und dem Klettern mit Seilsicherung unterschieden. Grundsätzlich gilt, dass bis zu einer Tritthöhe von 3 m ohne Seilsicherung geklettert (gebouldert) werden kann.

Fuß-/Tritthöhe = freie Fallhöhe über OK-Boden	Sicherheitsbereich	Bodenbelag im Sicherheitsbereich	Sonstige Anforderungen
Boulderwände			
≤0,60 m	–	–	
>0,60–1,0 m	2,0 m	Ungebunden (Rasen/Oberboden)	
>1,0–3,0 m	2,0 m	Nicht bindiger Sand, Rundkornkies (4–8 mm), Holzspäne, Rindenmulch oder Fallschutzplatten	
Kletterwand mit Seilsicherung			
>3,0 m			Mind. 2 m hohe Einzäunung des Geländes/der Kletterwand gegen unbefugtes Betreten oder Griffelemente erst ab einer Höhe von 2,50 m

Tab. 4.4.31 Klettersport

Reit- und Fahrsport

Beim Reitsport kann zwischen verschiedenen Disziplinen unterschieden werden. Dressur-, Spring-, Vielseitigkeitsreiten (früher Military) und Westernreiten sind die bekanntesten.

Um die Einsatzmöglichkeiten des Reitplatzes flexibel zu halten, ist es empfehlenswert, die Größe von 20 × 40 Metern anzustreben (erforderlich auch für die Durchführung von Abzeichenprüfungen). Für den privaten Trainingsgebrauch sind 15 × 30 Meter in der Regel ausreichend, wenn nicht gerade Reining geritten oder ein Springparcours aufgebaut werden soll. Hier muss ein größeres Platzangebot eingeplant werden.

Für dressurmäßigen Fahrsport oder Hindernisfahren sind Reitplätze nur bedingt geeignet, da der Belag meist zu weich für Kutsche und Gespann ist. Ebene Grasplätze oder Plätze mit verdichtetem Belag sind aus Sicherheitsgründen mit Einzäunung und barrierefreier Zufahrt auszustatten.

Zu bedenken ist außerdem, ob der Reit- oder Fahrplatz nur für das Training oder auch für Turniere genutzt werden soll, da dann eventuell Tribünen und Zuschauerareale einzuplanen sind und außerdem aufgrund der unterschiedlichen Disziplinen, die in der Regel auf dem Platz ausgetragen werden, wieder gesonderte Anforderungen notwendig werden.

Für Pferderennen und Wettkämpfe im Islandpferdesport sind gesonderte Anlagen erforderlich.

Sportart/Reitplätze	Bahnenmaße	Belag
Reitplatz allgemein	min. 20 × 40 m	
Dressurreiten	Dressurviereck Klassen A–L: 20 × 40 m Internationale Wettbewerbe: Klassen M–S: 20 × 60 m	Quarzsand, Sandgemische, z. B. Mischung aus Sand und Sägespänen/Vlieshäcksel
Springreiten	Training: Gesamtgröße: ≥ 3000 m² Springprüfung: 25 × 50 m	
Westernreiten	min. 20 × 40 m, optimal 30 × 60 m	
Longierzirkel	Durchmesser mind. 12 m, besser 15 m	
Round Pen	Durchmesser mind. 15 m, optimal 18–20 m	
Fahren	Turnierplatz 40 × 80 m	
Islandpferde-Wettkampfbahn	Bahn 6 × 250 m, Ovalbahn 46 × 79,44 m/46 × 110,70 m	

Tab. 4.4.32 Reitsport

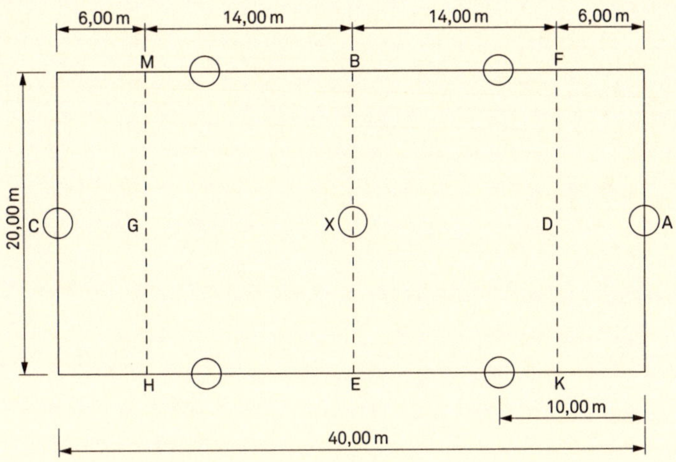

Dressurviereck 20 × 40 m Maßstab 1:250

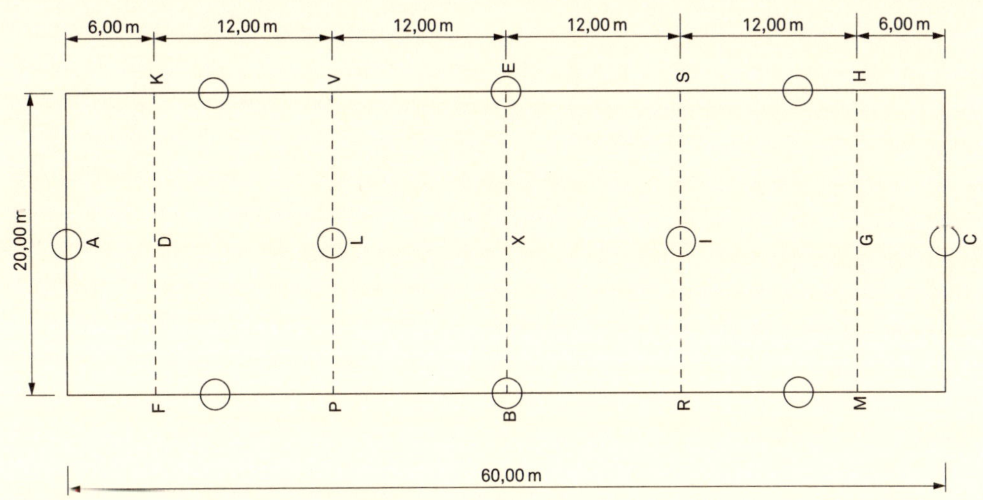

Dressurviereck 20 × 60 m Maßstab 1:500

Abb. 4.4.43 Gängige Reitplatzgrößen/Dressurvierecke

4 Typologien
4.5 Beckenbäder, Badeteiche, Wassertretanlagen

4.5 Beckenbäder, Badeteiche, Wassertretanlagen

Freibäder können sowohl als herkömmliche Beckenbäder/Chlorbäder als auch in Form von Schwimm- und Badeteichen (in Österreich auch als Kleinbadeteiche bezeichnet) angelegt werden. Einen wesentlichen Unterschied stellt dabei die Form der Wasserreinigung bzw. Wasseraufbereitung dar. Im Chlorbad erfolgt diese durch überwiegend chemische Verfahrenstechniken. Den zentralen Punkt stellt dabei neben verschiedenen Reinigungsstufen die Chlorung des Wassers dar, meistens durch Zufuhr von Chlorgas. Ziel aller Verfahrensarten ist es, das Wasser zu reinigen und Keimfreiheit herzustellen. Grundlage dafür ist in Deutschland die DIN 19643, in der auch die zulässigen Grenzwerte für das Beckenwasser definiert sind. Moderne Verfahrensweisen zielen auf umweltschonende Methoden der Wasseraufbereitung und auf die Minimierung des Chlorverbrauchs.

Auch in Schwimm- und Badeteichen zielt die Wasseraufbereitung darauf ab, das Wasser in einen weitestgehend keimfreien Zustand zu versetzen. → Abb. 4.5.1 Durch die schwerpunktmäßig biotechnische Aufbereitung und den Verzicht auf die Desinfektion des Wassers wird ein ökologisches Gleichgewicht etabliert, das in der Lage ist, eine entsprechende Wasserqualität herzustellen. Eine sofortige und vollständige Keimfreiheit kann dabei aber nicht immer gewährleistet werden, da die Abbauprozesse naturgemäß mit Verzögerungen einhergehen. Die Grenzwerte für das Wasser in Schwimm- und Badeteichen liegen daher höher als bei Chlorbädern.

Die biotechnische Reinigung erfolgt einerseits durch pflanzengebundene Verfahren mithilfe von Repositionspflanzen, die sich außerhalb des Nutzungsbereichs in einem gesonderten Becken befinden bzw. bei kleinen Anlagen auch in einem abgetrennten Bereich im selben Becken (Einkammersystem). Zusätzlich kommen bodengebundene Verfahren zum Einsatz, bei denen mittels spezieller Substrate (Kies-Sand-Filter) mikrobielle Lebensgemeinschaften gefördert werden, die zur Wasseraufbereitung beitragen. Beide Verfahren werden üblicherweise kombiniert.

Ganz ohne Technik kommen Badeteiche nur aus, wenn es sich um Einkammersysteme im privaten Bereich handelt. In öffentlichen Anlagen ist das Umwälzen des Wassers vom Schwimm- in den Aufbereitungsbereich die Regel. Schachtanlagen und ggf. Funktionsräume für die Pumpe und Filteranlagen werden dann erforderlich.

Als eine Form der Kneipp'schen Anwendungen finden sich Wassertretanlagen sowohl in Kurparks als auch an natürlichen Bachläufen am Rande von Wanderwegen. Sie erweitern das Angebot von (gesundheitsfördernden) Freizeitangeboten in öffentlichen Freiflächen. Die Anlagen kommen jedoch meistens nicht ohne regelmäßige Pflege aus, sodass eine Errichtung nur dann sinnvoll ist, wenn diese gewährleistet ist. Im Regelfall ist mit zwei Reinigungsgängen pro Woche zu rechnen. An Bachläufen kann durch die natürliche Strömung auf eine regelmäßige Reinigung oftmals verzichtet werden.

Die Kneipp'schen Anwendungen regen den Kreislauf und die Durchblutung an und sollen venenkräftigend, stoffwechselanregend und abhärtend wirken. Wichtig ist hierfür eine maximale Wassertemperatur von 15–17 °C.

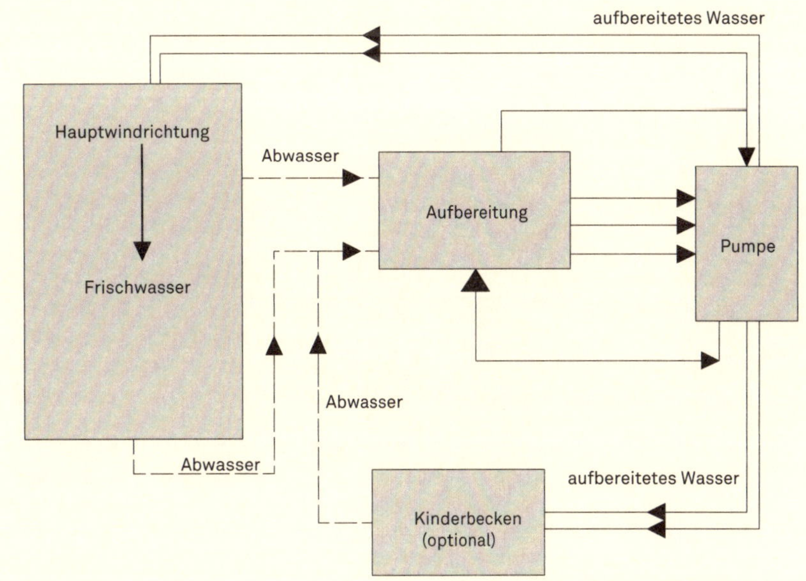

Abb. 4.5.1 Prinzip Wasserkreislauf in Badeteichen

Standort

Freibäder und Badeteiche

Bei der Standortwahl sollten neben einer verkehrsgünstigen Lage auch die Verfügbarkeit von Versorgungseinrichtungen wie Elektrizität, Frischwasser- und Abwasseranschlüsse gegeben sein. Weitere Kriterien sind die Geländeneigung – wobei sich ein leichtes Gefälle anbietet und große Höhenunterschiede einen konstruktiven und technischen Mehraufwand bedeuten – und ein tragfähiger Baugrund. Standorte in Überschwemmungs- und Sumpfgebieten sind nicht geeignet.

Die unmittelbare Nachbarschaft von Friedhöfen oder Krankenhäusern sollte vermieden und die Nähe zu Wohngebieten oder anderen lärmkritischen Bereichen sorgfältig geprüft werden. Bei der Anlage selbst sind die Belange der Barrierefreiheit zu berücksichtigen.

Eine windgeschützte Lage und ein überwiegend sonniger Standort sind für alle Bäder optimal. Leichter Wind wirkt sich bei Badeteichen allerdings positiv auf die Durchströmungsleistung aus. Des Weiteren sind Bäume im direkten Umfeld der Wasserfläche generell zu vermeiden, um Einträge durch Laub, Blüten oder Früchte zu minimieren. Dabei ist zu beachten, dass in der Hauptwindrichtung mit einem verstärkten Eintrag zu rechnen ist.

Wassertretanlagen

Die erforderliche Maximaltemperatur von 15–17 °C für Kneipp'sche Anwendungen ist an Wasserläufen meist durch den natürlichen Wasserdurchfluss gewährleistet. In stehenden Gewässern sowie in künstlichen Anlagen kann dieser insbesondere bei starker Sonneneinstrahlung, meist nur durch (stetige) Frischwasserzufuhr erreicht werden. Die Standortwahl entscheidet somit auch über Bauweise und den technischen Aufwand einer Anlage.

Um eine gesundheitliche Gefährdung durch falsche Anwendung zu verhindern, sind unbedingt entsprechende Hinweise zur Benutzung (u. a. ausreichende Erwärmung des Körpers vor der Anwendung, insbesondere der Füße und Beine) an der Anlage anzubringen.

Abmessungen und Kennwerte

Freibäder

Flächenbedarf und -aufteilung

Die erforderliche Größe eines öffentlichen Freibades richtet sich nach der Bedarfsplanung der Kommune, der Anzahl und der Größe der bereits vorhandenen (Frei-)Bäder, der Art des Bades (Schwerpunkt schwimmerische Nutzung oder „Spaßbad oder Naturerlebnisbad") sowie dem – daraus teilweise resultierenden – Einzugsgebiet. Als Berechnungsgrundlage kann entsprechend der Einwohnerzahl des Einzugsbereichs die erforderlich Wasserfläche mit 0,05–0,15 m² pro Einwohner angenommen werden.

Je 1 m² nutzbarer Wasserfläche ist mit einer Grundstücksfläche der Anlage von 10–16 m² zu planen. Für Schwimm- und Badeteichanlagen gelten auch 5–15 m² als ausreichend.

Bei Schwimm- und Badeteichen stellt die Nennbesucherzahl einen weiteren wichtigen Grenzwert dar. Dieser beschreibt die maximal zulässige Anzahl von Besuchern an einem Tag. Diese Besucherzahl darf nur an Einzeltagen überschritten werden – und auch nur, solange die Höchstwerte für hygienisch-mikrobiologische Parameter nicht übertroffen werden.

Die Ermittlung der Nennbesucherzahl erfolgt mit folgender Formel (gem. FLL-Richtlinie, 2006). Hierbei ist jedoch zu beachten, dass diese von verschiedensten Faktoren abhängig ist, die Einfluss auf die Wasserqualität haben.

$$N = 1/k\,(V_T + V_F + A \cdot q)\ [\text{Person/d}]$$

N = Nennbesucherzahl
k = Personenbezogener Verdünnungsfaktor in m³/Person
V_T = Regenerationsfähiges Wasservolumen des Nutzungsbereichs in m³/d
V_F = Tägliche Füllwassernachspeidung in m³/d
A = Fläche des Aufbereitungsbereichs in m²
q = Beschickung des Aufbereitungsbereichs mit Rohwasser in m³/m² × d
d = Tag

Hierbei gelten folgende Erläuterungen für die jeweiligen Variablen:

- k = 10
- V_T = Schwimmbeckenvolumen inkl. Filtervolumen, soweit im Schwimmbereich vorhanden
- V_F = Zufuhr von Frischwasser zum Ausgleich von Wasserverlusten, wie Verdunstung (10–50 m³/Tag) und Austrag durch Badegäste (0,75 l je Gast und Badegang), sowie zur Kühlung des Wassers an heißen Tagen
- A = Die Fläche des Aufbereitungsbereichs entspricht allen Bereichen der biologischen, physikalischen und physikalisch-chemischen Aufbereitung, die für den Badebetrieb gesperrt sind.
- q = Wassermenge aus dem Nutzungsbereich, die pro Tag durch Umwälzung in den Aufbereitungsbereich gepumpt wird

Öffentliche Schwimmteiche sollten eine Größe von 500 m² nicht unterschreiten. Für private Schwimmteiche ergibt sich die Mindestgröße des Wasserbeckens aus der Art des Schwimmteichtyps (→ Tab. 4.5.10).

Bei der Planung von öffentlichen Anlagen muss für die verschiedenen Funktions- und Nutzungsbereiche ein Bedarf gemäß Tab. 4.5.1 angenommen werden. Als Wetterschutz sind im Bereich der Freiflächen oder des Funktionsgebäudes außerdem Areale mit einer Überdachung als Unterstellfläche vorzusehen. Der Flächenbedarf für das Funktionsgebäude richtet sich nach dem Raumbedarf gemäß Tab. 4.5.2 und 4.5.3.

Für die Erschließung ist in öffentlichen Anlagen eine Mindestbreite von 2,50 m für Hauptwege vorzusehen. Umgangsflächen sind um den Beckenbereich herum bzw. bei Badeteichen im Bereich der Wasserzugänge anzuordnen, um den Eintrag von Bodenmaterial oder Rasen zu minimieren. Bei Chlorbädern erfolgt der Zugang zum Nutzungsbereich in der Regel über ein Durchschreitebecken mit Dusche. Bei Badeteichen kann dieser auch durch Duschen im Zugangsbereich zum Wasser ersetzt werden; das Duschwasser darf jedoch nicht in das Wasserbecken entwässert werden (geregelte Ableitung über einen Ablauf). Die erforderlichen Mindestabstände und sonstige Anforderungen ergeben sich aus Tab. 4.5.4 und Abb. 4.5.3.

Nutzung	Fläche/Flächenanteil
Liege-, Spiel- und Erholungsflächen	50 % der Grundstücksfläche
Verhältnis Liege- zu Spielfläche	2:1 bis 3:1
	Je 1000 m² Nutzungsbereich
Eingangsvorplatz	100 m²
Überdachte Eingangszone einschließlich Kassen- bzw. Kontrollanlage	50 m²
Sandspiel/-kasten	≥ 100 m²
Spielbereich	≥ 300 m²
Wasserspielbereich	≥ 100 m²

Tab. 4.5.1 Flächenbedarf in Freianlagen – Orientierungswerte (in Anlehnung an die KOK-Richtlinien)

Nutzung	Fläche
Aufsichtsraum (bei Bedarf)	≥ 10 m²
Sanitätsraum	≥ 8 m²
Schwimmmeister- und Sanitätsraum	≥ 14 m²
Lager- und Geräteräume (nach Bedarf)	20–30 m² (empfohlen 50–80 m²)

Tab. 4.5.2 Flächenbedarf im Gebäude

Ausstattung	Je 1000 m² Nutzungsbereich	
Umkleideplätze (Kabinen)	≥ 5 , davon 4 als Wechselkabinen einschl. 1 Kabine für Familien und Behinderte und 1 sichtgeschützter Ankleideplatz auf der Liegefläche	± 20 %
Umkleideplätze in Sammelumkleideräumen	Mind. 2 mit je 10 m Banklänge	
Garderobenschränke	50	
Schließfächer für Wertsachen	10	
Fußwasch- und Auswringstellen	2 Zapfstellen	
Wärme- und Aufenthaltsraum	30–100 m²	
Toiletten	Damen: 3 Sitze; Herren: 1 Sitz und 3 Stände, davon ein Stand kindgerecht	
Duschen	Mind. 2 Warmwasserduschen jeweils für Damen und Herren	

Tab. 4.5.3 Infrastrukturelle Ausstattung bei Schwimmteichanlagen (Quelle: FLL 2003)

Bereiche	Anforderungen Mindestbreite/-abstand
Allgemeine Umgangsflächen	Breite ≥ 2,50 m
Bäder mit Durchschreitebecken	
An Zugangsstellen	Breite ≥ 3,00 m
An der Startsockelseite	Breite ≥ 3,00 m
Hinter Beckentreppen zum Nichtschwimmerbereich / zu Wasserrutschen	Breite ≥ 3,00 m
Bei Sprunganlagen	Breite ≥ 5,00 m
Zwischen zwei Beckenbereichen	Addition der Einzelmaße
Bäder ohne Durchschreitebecken, Duschen im Zugangsbereich (Variante bei Badeteichen)	
Standort der Duschen	Abstand vom Teichzugang < 2,00 m Befestigte Fläche um die Dusche ≥ 2,00 m in alle Richtungen
Zugänge	Trichterförmige Aufweitung zu den angrenzenden Nutzflächen

Tab. 4.5.4 Anforderungen an Zugänge und Umgangsflächen

Gesamtwasserfläche	Grundstücksfläche ohne Stellflächen	Beckenarten	Beispiel für Beckengröße	Wasserflächen	Sprunganlagen
Bis 1500 m²	15000–24000 m²	Schwimmerbecken Springerbecken Nichtschwimmer Planschbecken	16,66 × 25,00 m 12,50 × 11,75 m 750 m² ca. 100 m²	417 m² 147 m² 750 m² 100 m²	1-Meter-Brett + 1-Meter-Plattform + 3-Meter-Plattform + 5-Meter-Plattform
Bis 3000 m²	30000–48000 m²	Schwimmerbecken Springerbecken Nichtschwimmer Planschbecken	25,00 × 50,00 m 18,35 × 15,00 m 1500 m² ca. 200 m²	1250 m² 275 m² 1500 m² 200 m²	1-Meter-Brett + 3-Meter-Brett + 1-Meter- + 3-Meter- + 5-Meter- + 7,50-Meter- + 10-Meter-Plattform

Tab. 4.5.5 Beispielhafte Zonierung der Wasserfläche in unterschiedliche Nutzungsbereiche

Beckenart	Größe (Länge × Breite)	Wassertiefe	Schwimmbahnen-zahl u. sonstiges	Wasser-temperatur*	Anmerkungen
Schwimmerbecken	25,00 × 12,50 m 25,00 × 16,66 m 50,00 × 16,66 m 50,00 × 21,00 m 50,00 × 25,00 m	Mind. 1,80 m (nach DIN 19643 gelten Becken mit Wassertiefen > 1,35 m als Schwimmerbecken)	5 6 6 8 10	23 °C – 25 °C	Beckenraststufe 0,10–0,15 m breit; bei 1,20–1,35 m unter OK der höchstmöglichen Wassertiefe
Nichtschwimmerbecken	Form beliebig 600–1500 m²	0,50/0,60–1,35 m 0,50–1,10 m 0,90–1,35 m Max. Bodengefälle 10 %	Bei Schulschwimmen: 2 m breit bei zwei parallelen Seiten	23 °C – 25 °C	
Planschbecken	Form beliebig 80–200 m²	0–0,30/0,50/0,60 m/ oder 0,10/0,20/0,30–0,6 m	Bodengefälle 5–10 %	24 °C – 26 °C	
Wellenbecken	Beliebig, jedoch mind.: 12,50 × 33,00 m	Zum Ende auslaufend: 0,00 oder 0,15/0,30 m, im tiefen Bereich: 2,00 m, nach Nutzungsart: 1,80 m; 1,35 m	Wellenhöhe 0,60–1,00 m	23 °C – 25 °C	
Springerbecken	Nach Ausführung der Sprunganlage	3,40–5,00 m	Bei 20 m u. 25 m für Training möglich	23 °C – 25 °C	
Lehrschwimmbecken (Sonderform des Nichtschwimmerbeckens)	12,50 × 8,00 m 16,66 × 10,00 m	0,50/0,60–1,35 m zu empfehlen: 0,80–1,20 m	Maximales Bodengefälle 10 %	23 °C – 25 °C	
Durchschreitebecken	6,00 × 3,00/4,00 m ca. 3,00 × 3,00 m	0,15 m in der Mitte, 0,10 m am Ein- und Austritt	Muldenform Kastenform	–	Kann bei Schwimmteichen durch Duschen in weniger als 2 m Entfernung vom Zugang ersetzt werden
Mindestgrößen für Schwimmbecken privater Anlagen	2,25 × 5,25 m 4,25 × 8,00/9,00 m	–	–	–	Kleinstes einbahniges Schwimmbecken (2 Schwimmstöße, 1–2 Personen) Mittleres Schwimmbecken zweibahnig (3–4 Schwimmstöße), kleinstes Becken für Startsprung von der Kopfseite

* Wassertemperatur: bei Schwimmteichen gilt ein Maximalwert von 23 °C

Tab. 4.5.6 Orientierungswerte für Wasserbecken nach Nutzungsbereichen

Breite × Länge	Wassertiefe	Sprunganlagen: Bretter, Podeste
10,60 × 12,50 m	3,80 m	1-Meter-Brett und 3-Meter-Brett, 5-Meter-Plattform
12,50 × 11,75 m	3,80 m	1-Meter-Brett und 3-Meter-Brett, 1-Meter-, 3-Meter- und 5-Meter-Plattform
16,90 × 11,75 m	3,80 m	2 × 1-Meter-Brett und 3-Meter-Brett, 1-Meter-, 3-Meter- und 5-Meter-Plattform
18,35 × 15,00 m	4,50–5,00 m	1-Meter-Brett und 3-Meter-Brett, 1-Meter-, 3-Meter-, 5-Meter-, 7,5-Meter- und 10-Meter-Plattform
	4,50–5,00 m	2 × 1-Meter-Brett und 3-Meter-Brett, 1-Meter-, 3-Meter-, 5-Meter-, 7,5-Meter- und 10-Meter-Plattform

Tab. 4.5.7 Abmessungen von Springerbecken

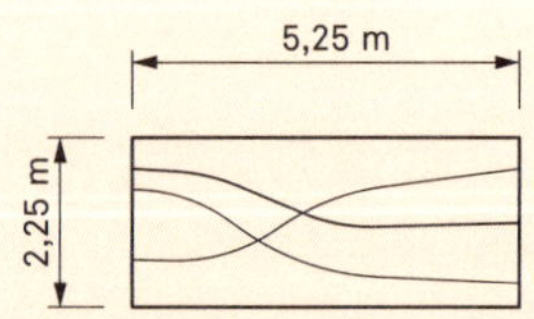

einbahniges Schwimmbecken für 1–2 Personen, 2 Schwimmstöße möglich

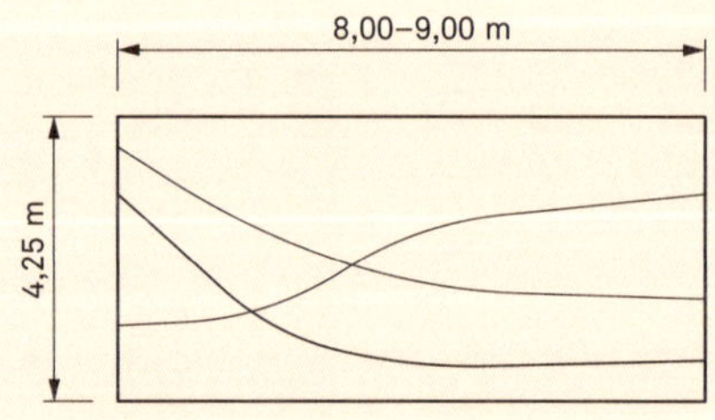

zweibahniges Schwimmbecken für 4–5 Personen, 3–4 Schwimmstöße und Startsprung von der Kopfseite möglich

Abb. 4.5.2 Platzbedarf bei Schwimmbecken in privaten Anlagen

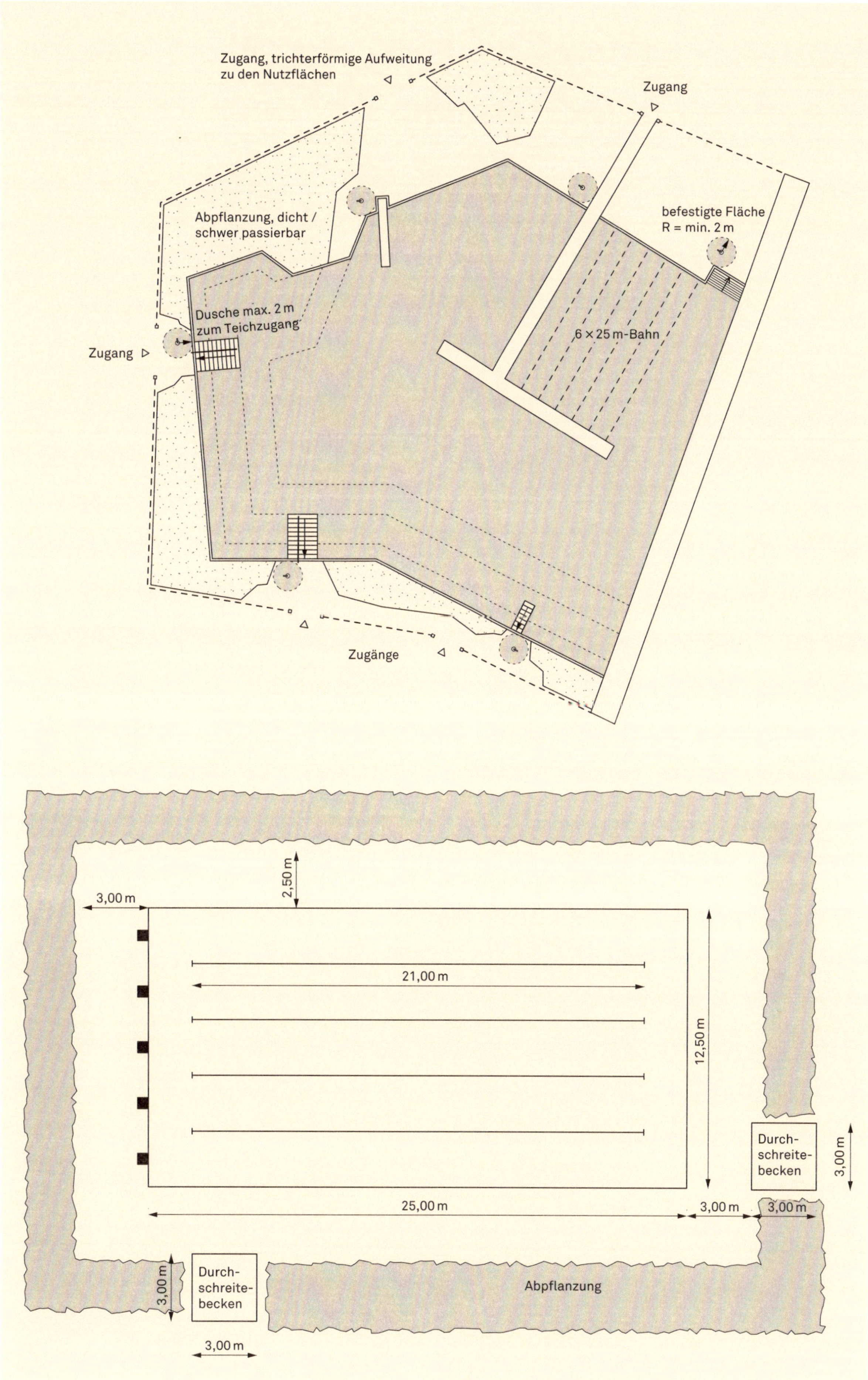

Abb. 4.5.3 Abmessungen für Schwimmbecken und Teiche einschließlich der Umgangsflächen, Beispiel mit 25-m-Bahn (Maße in Anlehnung an die KOK-Richtlinien)

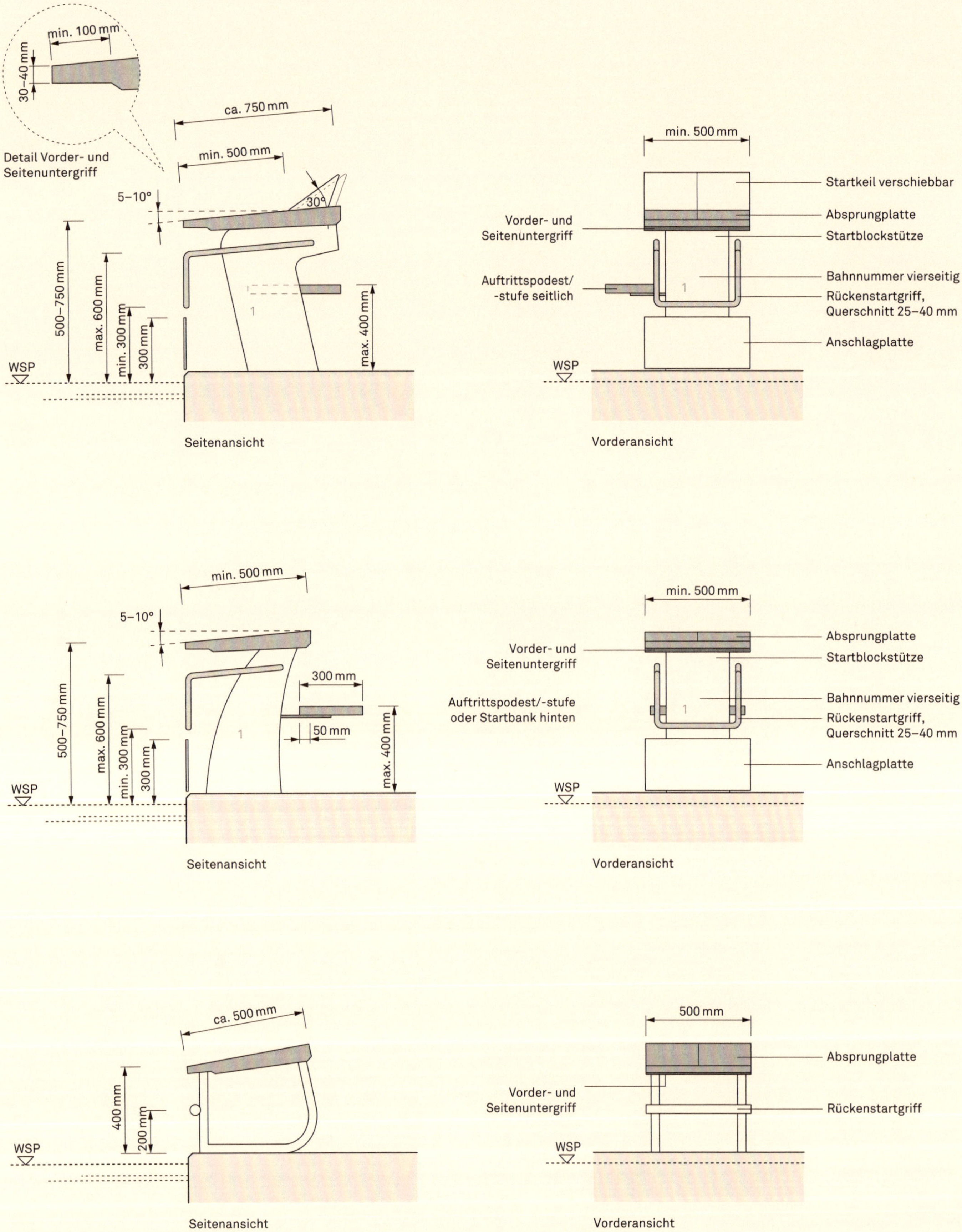

Abb. 4.5.4 Abmessungen Sprungsockel – Wettbewerb

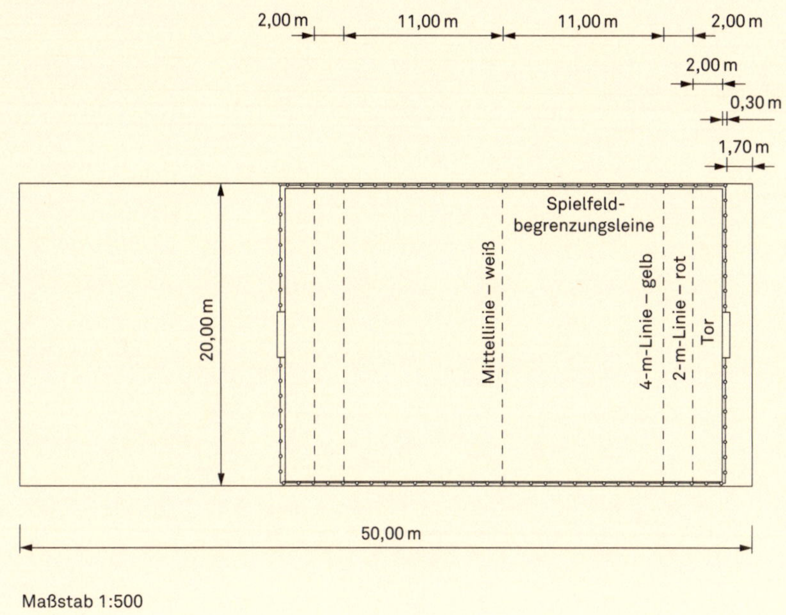

Abb. 4.5.5 Abmessungen für ein Wasserballspielfeld

Sprungbereich

Für Sprungbretter und Sprungplattformen gelten die definierten Sicherheitsabstände der EN 13451-10. Für die bei Schwimmteichen üblichen Sprungfelsen gelten die Sicherheitsabstände von Sprungplattformen entsprechend. Auch die Grenzwerte nach oben sind zu beachten, zum Beispiel, wenn Bäume in unmittelbarer Nachbarschaft stehen.

Tab. 4.5.8 Mindestmaße von Sprungbrettanlagen und Plattformen

Mindestmaße von Sprungbrettanlagen nach DIN EN 13451-10

Typ	Höhe der Sprungbretter über dem Wasserspiegel*	Mindestbenutzbare Breite	Länge, die für den Springer reserviert ist**	Lotrechte zur Beckenwand mindestens
1	1,0 m ≤ h ≤ 1,05 m	0,50 m	Die gesamte Länge des Sprungbretts	1,50 m
	3,0 m	0,50 m	Die gesamte Länge des Sprungbretts	1,50 m
2	< 1,0 m	0,48–0,60 m	Die gesamte Länge des Sprungbretts	= Höhe über dem Wasserspiegel

* Grenzabmaße der Höhe ab Wasserspiegel ** Mindestabstand ab der Lotrechten

Tab. 4.5.9 Mindestmaße von Sprungbrettanlagen und Plattformen

Mindestmaße von Plattformen nach DIN EN 13451-10

Höhe der Plattform über dem Wasserspiegel*	Mindestbenutzbare Breite	Länge, die für den Springer reserviert ist**	Lotrechte zur Beckenwand mindestens
1,0 m	0,6 m	0,75 m	0,75 m
3,0 m	0,6 m	1,25 m	1,25 m
5,0 m	1,5 m	1,25 m	1,25 m
7,5 m	1,5 m	1,50 m	1,50 m
10,0 m	2 m	1,50 m	1,50 m

* Grenzabmaße der Höhe ab Wasserspiegel ** Mindestabstand ab der Lotrechten

	Maße für Sprunganlagen	1-m-Brett 4,80/0,50 m	3-m-Brett 4,80/0,50 m	1-m-Plattform 4,50/0,60 m	3-m-Plattform 5,00/0,60	5-m-Plattform 6,00/1,50 m	7,50-m-Plattform 6,00/1,50 m	10-m-Plattform 6,00/2,00 m
A	6,00 m	5,00 m	6,00 m	6,00 m	8,00 m	12,00 m	1,50 m	1,50 m
A-A	Von Vorderkante obere Absprungstelle zurück zur Vorderkante der unteren Absprungstelle	–	–	–	–	1,25 m	1,25 m	1,25 m
B	Von Achse Absprungstelle seitlich zur Beckenwand	2,50 m	3,50 m	2,30 m	2,80 m	4,25 m	4,50 m	5,25 m
C	Von Achse zu Achse	1,90 m	1,90 m	–	–	2,10 m	2,10 bzw. 2,45 m	3,13 bzw. 2,65 m
D	Von Vorderkante Absprungstelle zur vorderen Beckenwand	9,00 m	10,25 m	8,00 m	9,50 m	10,25 m	11,00 m	13,50 m
E	Von Oberkante Absprungstelle zur Unterkante Decke	5,00 m	5,00 m	3,00 m	3,00 m	3,00 m	3,20 m	3,40 m
F	Raum, in dem das Maß „E“ nach hinten und zu beiden Seiten der Achse der Absprungstelle einzuhalten ist	3,40 m	3,80 m	3,40 m	3,40 m	3,80 m	4,10 m	4,50 m
G	Raum, in dem das Maß „E“ nach vorn ab Vorderkante Absprungstelle einzuhalten ist	5,00 m	5,00 m	5,00 m	5,00 m	5,00 m	5,00 m	6,00 m
H	Wassertiefe unter den Absprungstellen	3,40 m	3,80 m	3,40 m	3,40 m	3,80 m	4,10 m	4,50 m
J	Abstand ab Vorderkante Absprungstelle nach vorn	6,00 m	6,00 m	5,00 m	6,00 m	6,00 m	8,00 m	12,00 m
K	Wassertiefe in Abstand zu „J“	3,30 m	3,70 m	3,30 m	3,30 m	3,70 m	4,00 m	4,25 m
L	Abstand seitlich der Achse der Absprungstelle	2,25 m	3,25 m	2,05 m	2,55 m	3,75 m	3,75 m	4,50 m
M	Wassertiefe in Abstand zu „L“	3,30 m	3,70 m	3,30 m	3,30 m	3,70 m	4,00 m	4,25 m

Tab. 4.5.10 Mindestmaße von Sprungbrettanlagen und Plattformen

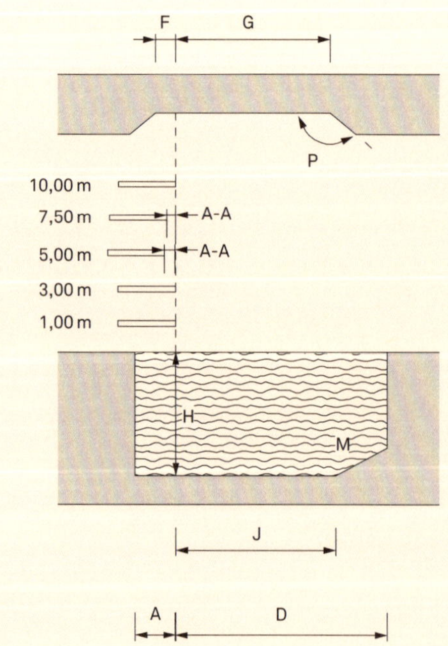

Abb. 4.5.6 Sicherheitsabstände bei Sprunganlagen, Bezeichnung der Abstandsmaße

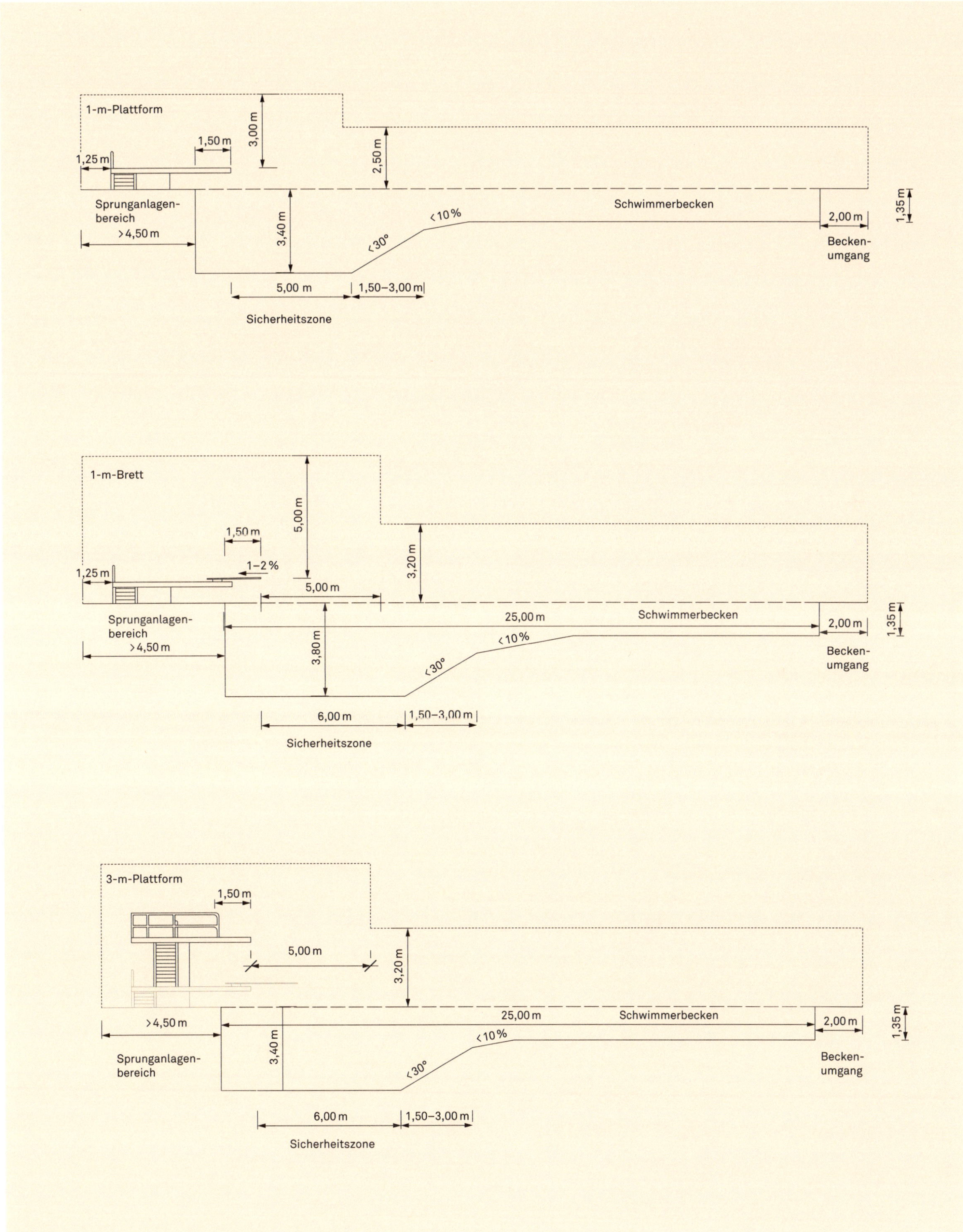

Abb. 4.5.7 Sicherheitsabstände bei Sprunganlagen, Abstandsmaße bei unterschiedlichen Brett- und Plattformen

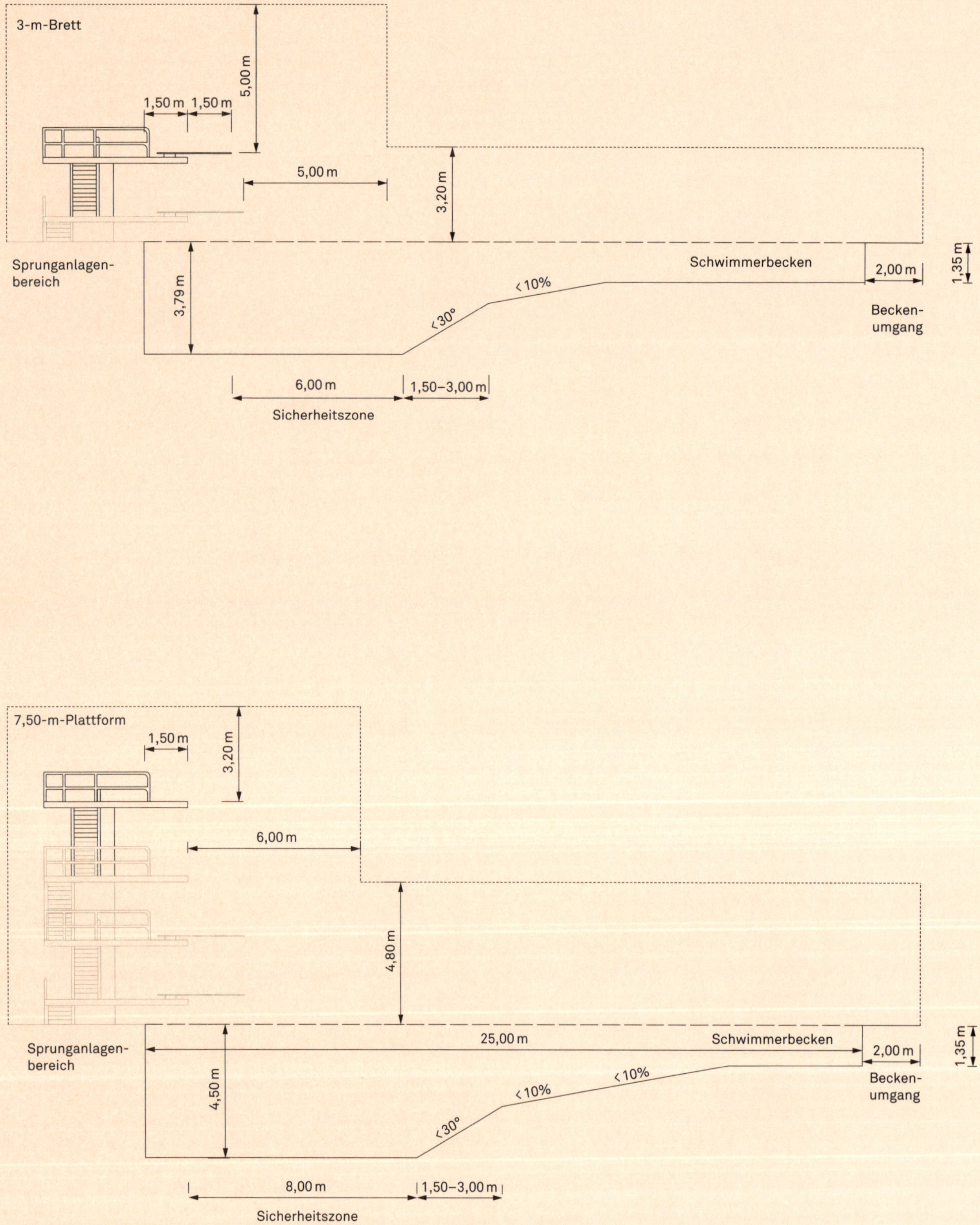

Abb. 4.5.7 Sicherheitsabstände bei Sprunganlagen, Abstandsmaße bei unterschiedlichen Brett- und Plattformen

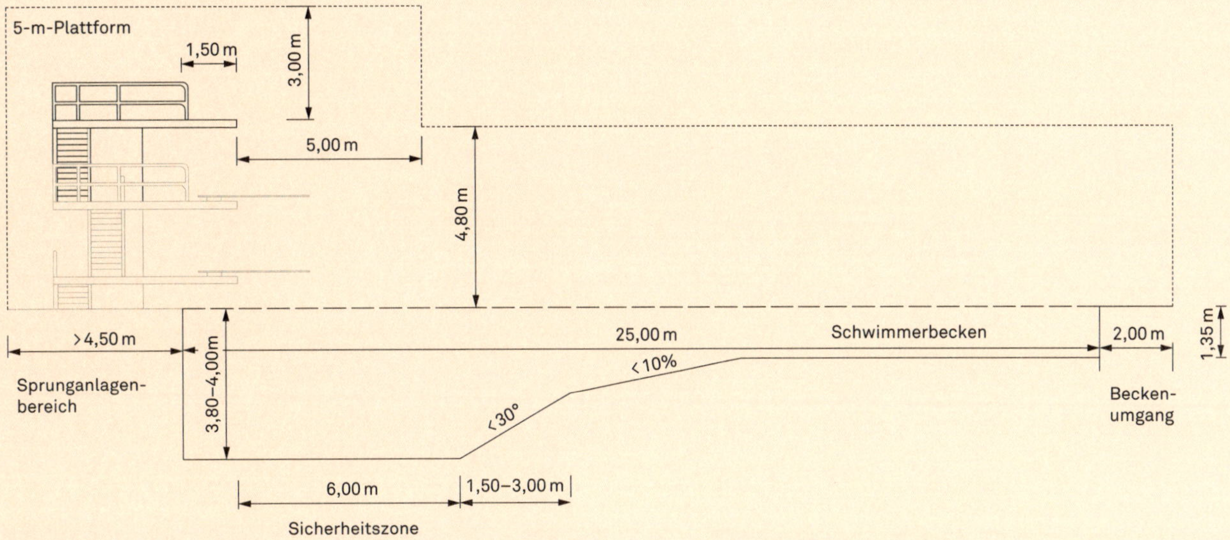

5-m-Plattform
1,50 m
3,00 m
5,00 m
4,80 m
>4,50 m
Sprunganlagen-
bereich
3,80–4,00 m
25,00 m
Schwimmerbecken
2,00 m
1,35 m
<10%
<30°
Becken-
umgang
6,00 m
1,50–3,00 m
Sicherheitszone

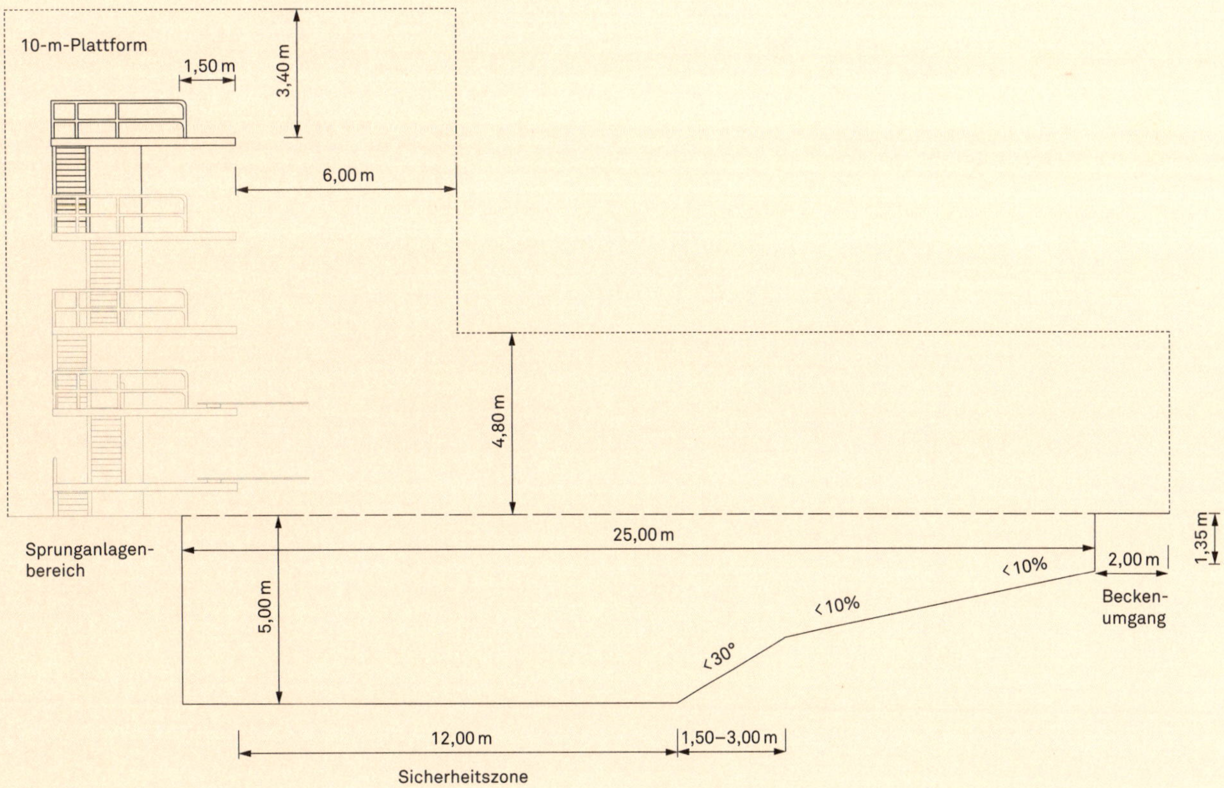

10-m-Plattform
1,50 m
3,40 m
6,00 m
4,80 m
Sprunganlagen-
bereich
25,00 m
5,00 m
<10%
2,00 m
1,35 m
Becken-
umgang
<10%
<30°
12,00 m
1,50–3,00 m
Sicherheitszone

Schwimm- und Badeteiche

Bei Schwimm- und Badeteichen ist zwischen Nutzungs- und Aufbereitungsbereich zu unterscheiden. Beide Bereiche sind grundsätzlich voneinander zu trennen. Bei kleinen Anlagen im Privatgarten können die Bereiche im selben Becken angeordnet werden; die Aufbereitungsbereiche sollten aber auch hier nicht betreten werden. In größeren Anlagen oder bei einem Ansteigen der Nutzungsintensität sollte auch bei privaten Teichen eine bauliche Trennung erfolgen. Durch eine Trennung beider Bereiche voneinander ist die Wasserreinigung effektiver und somit auch platzsparender. Bei öffentlichen Anlagen muss die Aufbereitungszone in jedem Fall vom Nutzungsbereich getrennt werden. Dies kann durch bauliche Mittel innerhalb eines Beckens erfolgen oder durch die Trennung in zwei räumlich getrennte Becken, was insbesondere bei größeren Anlagen vorteilhaft ist.

	Schwimmteichtyp				
Merkmale	**Typ I**	**Typ II**	**Typ III**	**Typ IV**	**Typ V**
Ziel der Technik	–	Pflegeerleichterung	Verbesserung der Aufbereitung, Qualitätsoptimierung und Funktionsstabilisierung des Wassers, Pflegeerleichterung		
Aufbereitungsbereich – Regelausführung	• Nicht gezielt durchströmte Pflanzzone • Freiwasser		• (Bepflanzte,) gezielt durchströmte Filterzone • Freiwasser, ggf. nicht gezielt durchströmte Pflanzzone		• (Bepflanzte,) gezielt durchströmte Filterzone und ggf. • Freiwasser und nicht gezielt durchströmte Pflanzzone
Funktionsweise der technischen Ausstattung					
Durchströmung	Natürliche Zirkulation	Oberflächenströmung	Oberflächenströmung und durchströmter Aufbereitungsbereich		
Wasserreinigung	Pflanzen, Zooplankton, Mikroorganismen	Pflanzen, Zooplankton, Mikroorganismen; zunehmende Unterstützung durch hydraulische/technische Einrichtungen			
Empfohlene Richtwerte für Mindestgrößen nach Nutzung					
Privat genutzte Schwimmteiche (3–4 Personen)	$\geq 120\ m^2$	$\geq 100\ m^2$	$\geq 80\ m^2$	$\geq 60\ m^2$	$\geq 50\ m^2$
Öffentlich genutzte Schwimmteiche	Nicht geeignet				$\geq 500\ m^2$ (Größe entsprechend der Nennbesucherzahl)
Davon Aufbereitungsbereich	≥60 %	≥50 %	≥40 %	≥40 %	≥40 % (bei optimierter Aufbereitung auch ≥30 %)
Wassertiefe im Nutzungsbereich	≥65 % mit mind. 2 m Tiefe		≥60 % mit mind. 2 m Tiefe (durch entsprechenden technischen Aufwand reduzierbar auf ≥40 %)	≥40 % mit mind. 2 m Tiefe	Je nach Situation; bei öffentlichen Bädern ≥40 % mit mind. 2 m Tiefe
Wartungs- und Pflegeaufwand					
Wartung baulicher und technischer Anlagen	gering	→			hoch
Pflege der Vegetations- und Wasserflächen	hoch	←			gering

Tab. 4.5.11 Merkmale von Schwimmteichtypen gem. Abb. 4.5.7 (Quelle: FLL 2006, verändert und ergänzt)

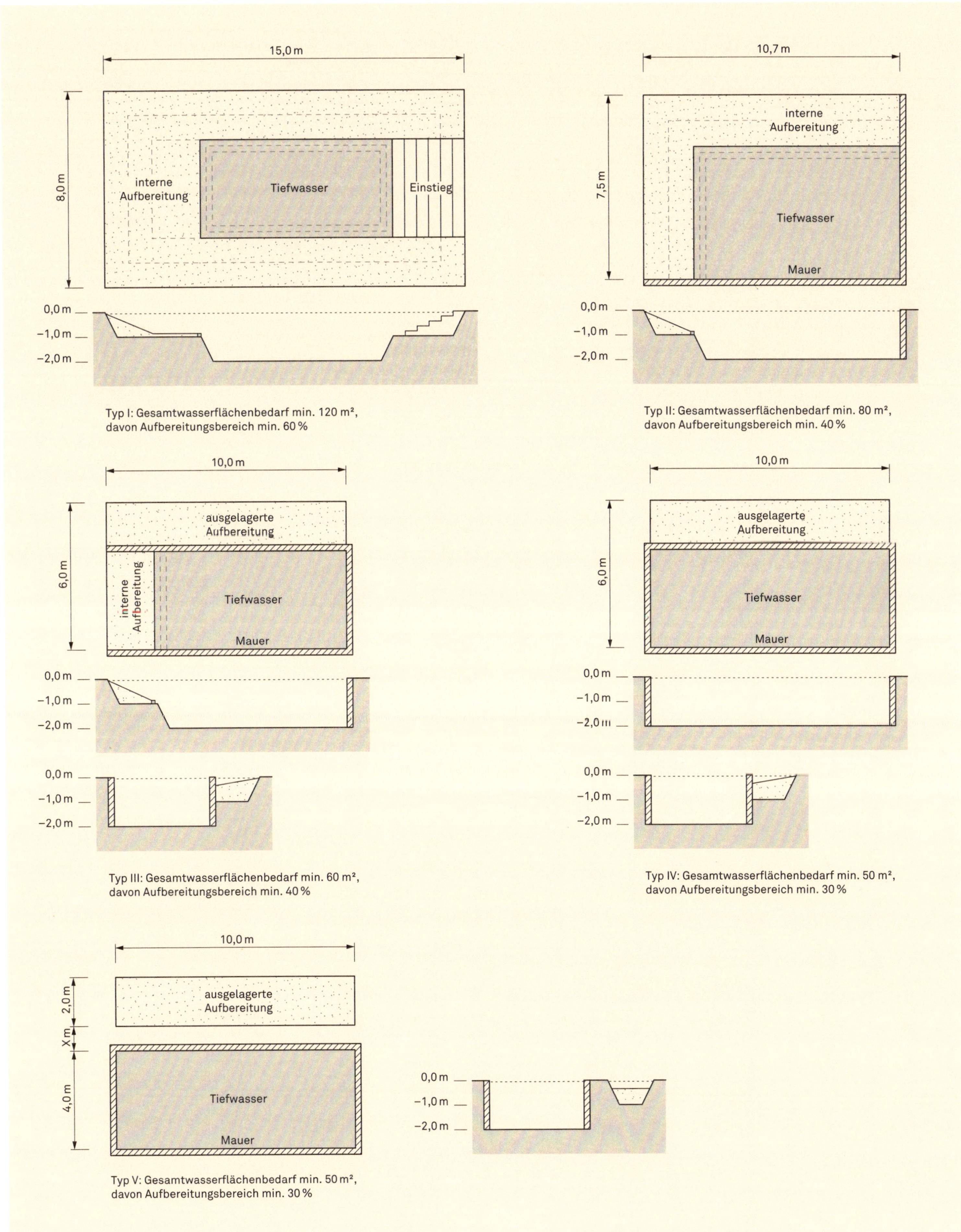

Typ I: Gesamtwasserflächenbedarf min. 120 m², davon Aufbereitungsbereich min. 60 %

Typ II: Gesamtwasserflächenbedarf min. 80 m², davon Aufbereitungsbereich min. 40 %

Typ III: Gesamtwasserflächenbedarf min. 60 m², davon Aufbereitungsbereich min. 40 %

Typ IV: Gesamtwasserflächenbedarf min. 50 m², davon Aufbereitungsbereich min. 30 %

Typ V: Gesamtwasserflächenbedarf min. 50 m², davon Aufbereitungsbereich min. 30 %

Abb. 4.5.8 Prinzip Schwimm- und Badeteiche mit integriertem und getrenntem Regenerationsbereich (Quelle: FLL 2003, verändert)

Parameter	Werte
pH-Wert	6,0–9,0
Säurekapazität $K_{S4,4}$	≥2 mmol/l
Gesamtphosphor	≤0,01 mg/l P
Leitfähigkeit	≤1000 µS/cm bei 20 °C
Nitrat	<50,0 mg/l
Ammonium	<0,5 mg/l
Eisen	<0,2 mg/l
Mangan	<0,05 mg/l
Härte	>1 mmol/l

Tab. 4.5.12 Chemische Anforderungen an das Füllwasser für öffentliche Schwimmteiche

Wasserqualität

Die Wasserqualität des Füllwassers, sowohl für die Erstbefüllung als auch für den Ausgleich von Wasserverlusten und die Kühlung im Sommer, unterliegt bestimmten Anforderungen. Selbst bei guter Trinkwasserqualität ist es möglich, dass der Phosphor-Anteil zu hoch liegt und für das biologische Gleichgewicht im Schwimmteich ungeeignet ist. Das Wasser muss dann – sofern möglich – vorab aufbereitet werden. Für das Beckenwasser selbst gelten ebenfalls Grenzwerte (gem. FLL/ Richtlinien für Planung, Bau, Instandhaltung und Betrieb von Freibädern mit biologischer Wasseraufbereitung (Schwimm- und Badeteiche)), die im Badebetrieb nicht überschritten werden dürfen. → Tab. 4.5.12 Für die Minderung der Einträge ins Beckenwasser durch Badegäste müssen an den Zugängen Durchschreitebecken und Duschen vorgesehen werden. → Abb. 4.5.3 und 4.5.8

Parameter	Höchstwert Beckenwasser im Chlorbad[1]	Höchstwert Beckenwasser in Schwimmteichen (Kleinbadeteichen)[2]
Hygienisch-mikrobiologische Parameter		
Escherichia coli KbE/100 ml	Nicht nachweisbar in 100 ml	100
Enterokokken KbE/100 ml		50
Pseudomonas aeruginosa KbE/100 ml	Nicht nachweisbar in 100 ml	10
Chemische Leitwerte		
pH-Wert	6,5 bis 7,6	6,0–8,5 (in Ausnahmefällen auch 9,0)
Nitrat-Konzentration	≤20 mg/l	≤30 mg/l

1 Gem. DIN 19643 2 Gem. Bäderhygieneverordnung Österreich und FLL-Richtlinie für öffentliche Schwimm- und Badeteichanlagen/EG-Richtlinie über die Qualität von Badegewässern

Tab. 4.5.13 Vergleich der Grenzwerte ausgewählter Parameter von Chlorbädern und Schwimm- und Badeteichen (Kleinbadeteiche)

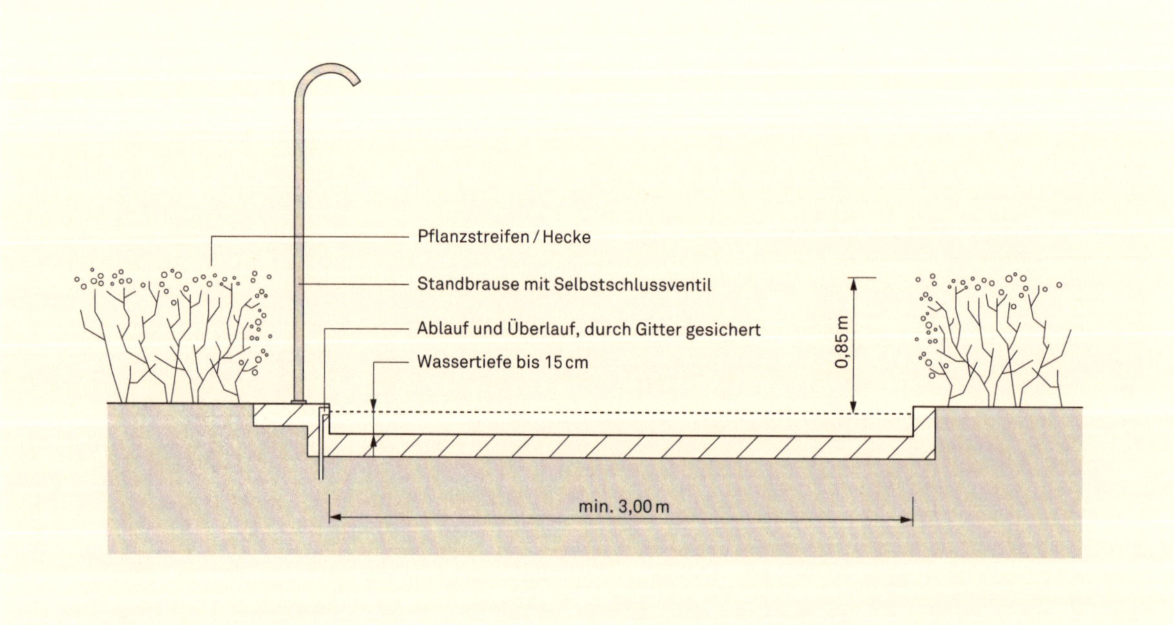

Abb. 4.5.9 Durchschreitebecken

Beckenrand

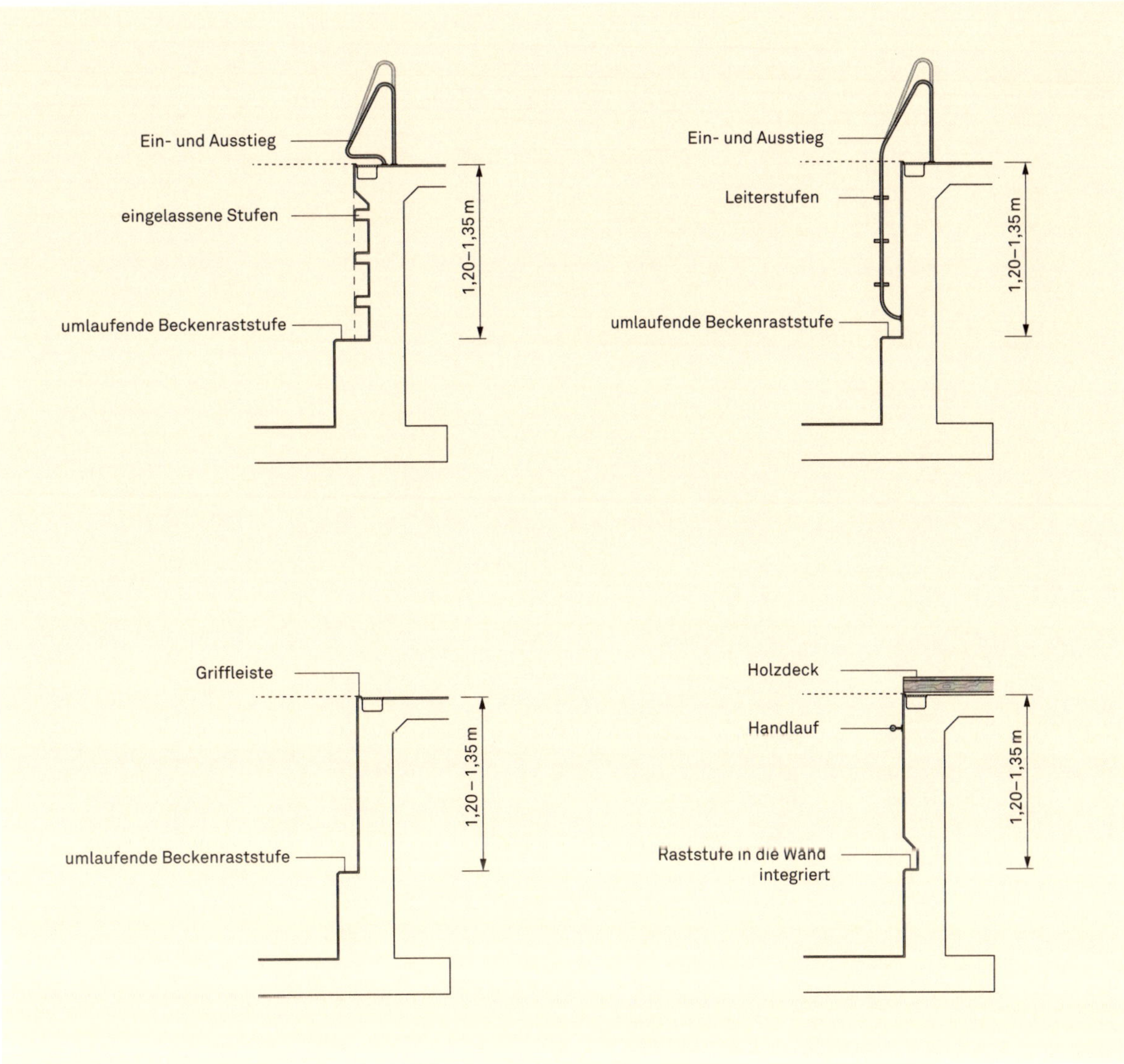

Abb. 4.5.10 Beckenraststufe mit und ohne Ausstieg

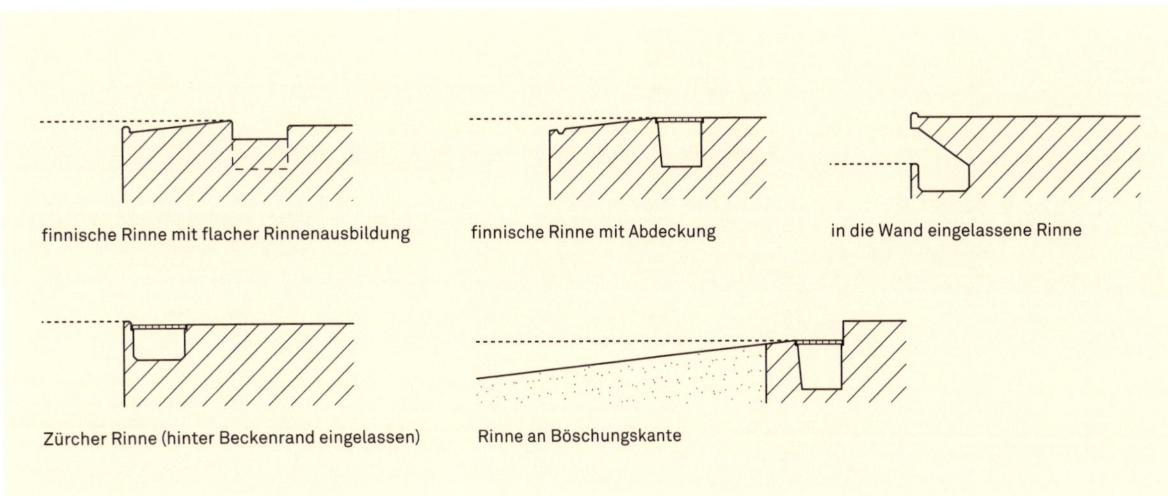

Abb. 4.5.11 Randabschlüsse mit Überlaufrinne

Wassertretanlagen

Wassertretanlagen haben einen durchschnittlichen Inhalt von 7 m³. Die Mindestabmessungen betragen 1,30 × 3,60 m bei einer Tiefe von 0,60 m. Die tatsächliche Wassertiefe sollte 0,40–0,45 m betragen.

Bei zu erwartender hoher Frequentierung sollte eine zweiläufige Anlage mit 2,20 m Breite und – sofern zwei Aus-/Eintrittsstufen geplant werden – mindestens 6,00 m Länge geplant werden.

Der Boden sollte ein Gefälle von 0,5–1 % haben und alle begehbaren Bereiche sollten rutschsicher ausgeführt werden, z. B. als raue (sandgestrahlte) Betonoberfläche, sägerauer Naturstein oder rutschhemmende Bodenfliesen. Die Ein- und Austrittsstufen sollten ein Steigungsverhältnis von 15 × 30 cm nicht unterschreiten.

Der durchschnittliche Flächenbedarf beträgt für die Anlage selbst im Mittel 20–60 m². Inklusive Nebenflächen, wie Zuwegung, Ruhebänken, Ablageflächen, Aufenthaltsbereichen und Pflanzflächen zur räumlich-landschaftlichen Einbindung, sollten 300 m² oder mehr zur Verfügung stehen. Anlagen im Privatgarten oder bei Nutzung vorhandener Quellen oder Bachläufe, z. B. entlang von Wanderwegen, benötigen weniger Fläche.

Je nach Wassertemperatur des Zulaufs sowie Lage in der Sonne oder im Schatten variiert die erforderliche Zulaufmenge. 0,5–5 Liter pro Minute sind zur Erreichung der maximalen Temperatur unter 15–17 °C erforderlich.

Das Abwasser kann als Restwasser dem nächsten Vorfluter zugeleitet werden.

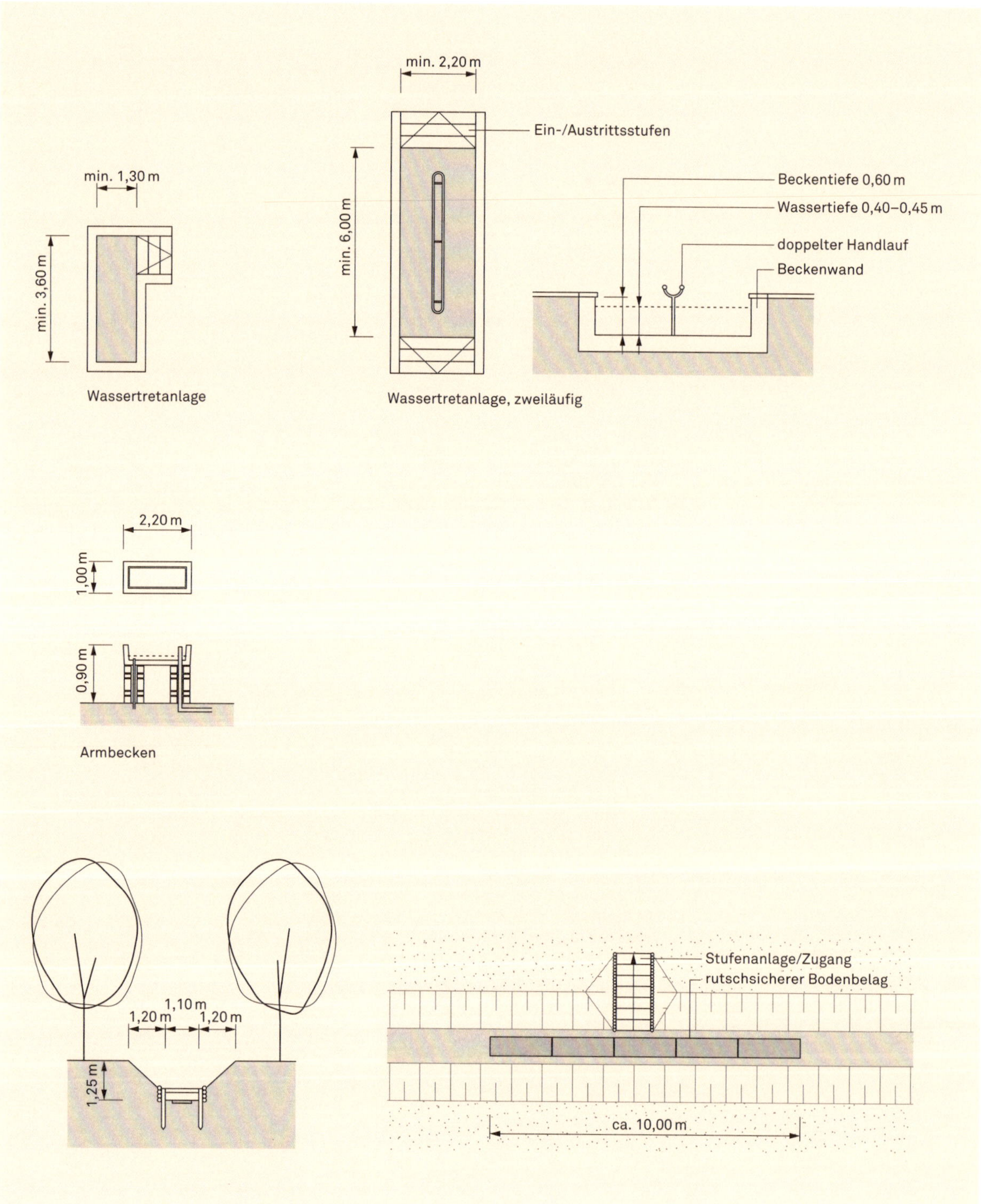

Abb. 4.5.12 Abmessungen von Wassertretanlagen und Armbecken

Bau- und genehmigungsrechtliche Hinweise

Für die Nutzung von Quell- oder Grundwasser zur Befüllung der Becken mit Frischwasser sowie für die Einleitung von Wasser in einen natürlichen Vorfluter ist eine wasserrechtliche Erlaubnis erforderlich.

Wasserbecken mit einem Volumen von mehr als 100 m^3 sind in Deutschland genehmigungspflichtig. In Außenbereichen gelten ggf. abweichende Regelungen.

4 Typologien
4.6 Campingplätze

4.6 Campingplätze

Bei Campingplätzen wird zwischen Durchgangs-, Ferien- und Dauercampinganlagen unterschieden; die Differenzierung wird vor allem durch die Länge des Aufenthalts des überwiegenden Teils der Gäste bestimmt. Dauercampingplätze zeichnen sich durch größere und parzellierte Standplätze aus, während Ferien- und Durchgangscampingplätze auch freie Standplätze auf Zeltwiesen aufweisen. In der Mehrzahl der Fälle werden beide Standplatztypen miteinander kombiniert. Parzellen sind für Wohnwagen und größere Zelte, meist in Verbindung mit einer Stellfläche für das Fahrzeug direkt vor Ort, geeignet, Flächen ohne Parzellierung besonders für Zelte ohne mitgeführte Pkw. Im letzteren Fall werden gesonderte Sammelstellplätze am Rand der Anlage ausgewiesen. Bei Zeltwiesen ist insgesamt mit einer geringeren Erschließungsfläche zu rechnen.

Räumliche Struktur und Standort

Das Gelände muss grundsätzlichen Anforderungen genügen, damit es für eine Nutzung als Campingplatz geeignet ist. Ein ebenes oder leicht abfallendes Gelände stellt ideale Voraussetzungen dar. In den Bergen müssen terrassierte Flächen ausreichender Größe vorhanden sein. Der Untergrund sollte einen guten Wasserabzug, keine Mulden und keine Staunässe aufweisen; Lehmboden ist als Standort ungeeignet. Für eine geregelte Entwässerung der Standflächen ist in jedem Fall Sorge zu tragen.

Insbesondere bei einer Hanglage sind Gefahren durch den Abfluss von Oberflächenwasser zu beachten und entsprechende Maßnahmen zu prüfen. Wasserlagen sind nur möglich, wenn eine Gefahr durch Hochwasser ausgeschlossen werden kann. In den Bergen sind durch Hangrutschungen oder Lawinen gefährdete Gebiete ebenfalls als nicht geeignet einzustufen.

In der Nähe von Hauptverkehrsstraßen sind bei Bedarf Lärmschutzmaßnahmen vorzusehen.

Je nach vorherrschendem Klima können die Anforderungen an den Standort zwar variieren, grundsätzlich ist aber ein sonniger Platz zu bevorzugen; Schattenhänge o. ä. sind zu vermeiden. In den Sommermonaten und insbesondere in südlichen Ländern bzw. in warmen Klimaten sollte ausreichend Schatten, durch Baumbestand oder Schattierungsanlagen, vorhanden sein. Morgensonne kann günstig sein, um das Abtrocknen des Morgentaus zu beschleunigen. Der Standort sollte außerdem möglichst windgeschützt liegen. Heckenpflanzungen können zusätzlich als Sicht- und Windschutzmaßnahme angepflanzt werden.

Das Gelände sollte funktional-strukturell in zwei Bereiche gegliedert werden: zum einen in den Eingangsbereich mit lärmintensiven Funktionsbereichen wie Zufahrt, Pkw-Stellplätze, Rezeption, gastronomische Einrichtungen und Läden, Spielplätze und andere Freizeiteinrichtungen, Müllsammelplatz sowie sanitäre Anlagen. Der andere Bereich sollte den Standplätzen vorbehalten sein.

Camping- und Zeltplätze sind durch mindestens 5 m breite Brandgassen in einzelne Brandabschnitte zu unterteilen. Je nach Land ist eine Brandgasse nach jeweils zehn aneinandergereihten Standplätzen oder 2000 m² Fläche sowie zu angrenzenden, baulich genutzten Grundstucken vorzusehen. Die Bereiche sind von baulichen Anlagen, Gegenständen und Unterholz freizuhalten.

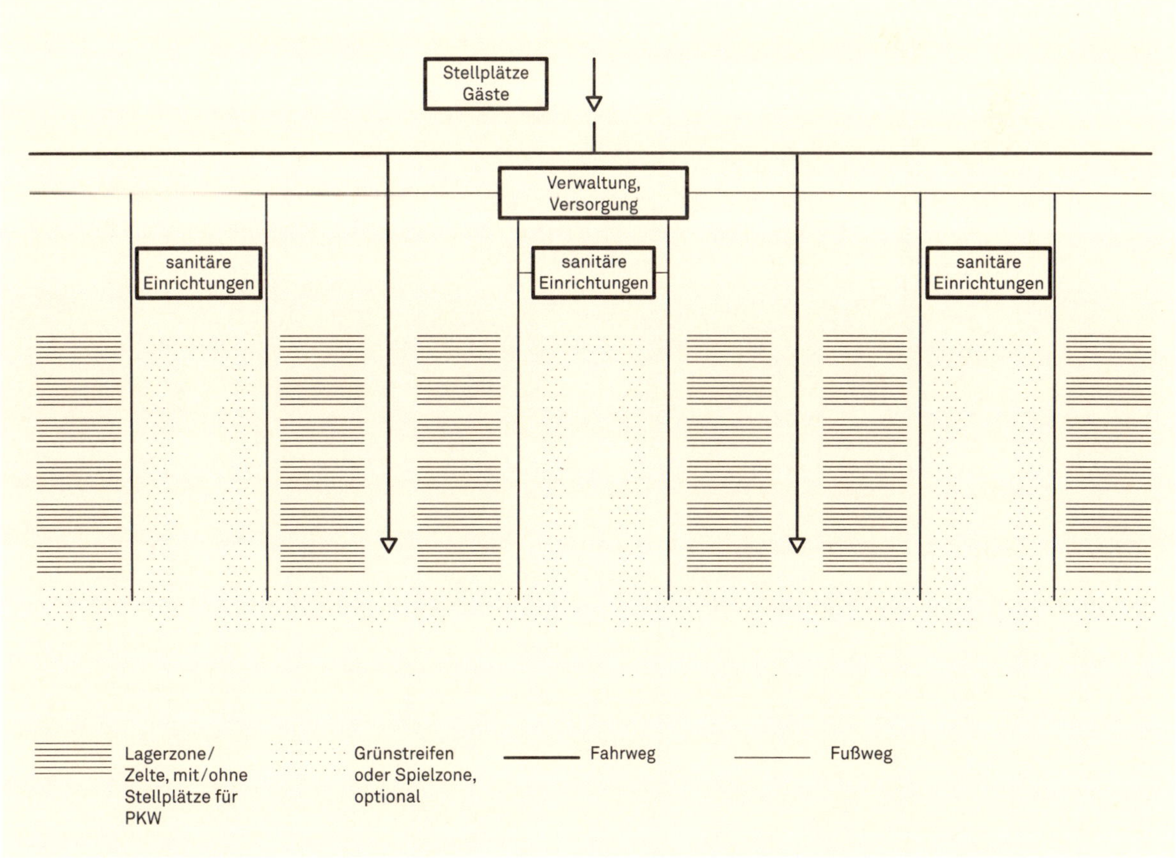

Abb. 4.6.1 Funktionsdiagramme eines Campingplatzes

Abmessungen und Kennwerte

Als Bemessungsgrundlage können die folgenden Flächenannahmen pro Zelt und Caravan inkl. Nutz- und Abstandsflächen sowie für die Erschließung herangezogen werden. Die Versorgungs- und Erschließungsflächen können pauschal mit 50–100 % den eigentlichen Standflächen hinzugerechnet werden. → Tab. 4.6.1

Art der Nutzung	Platzbedarf/Abmessung
Standplätze	
Kleine Zelte auf Campingwiese	40 m²
Große Zelte	80 m²
Durchschnittlicher Platzbedarf je Standfläche bei Campingwiesen	60–80 m²
Parzellierter Standplatz für Caravan oder großes Zelt mit Pkw-Unterbringung	100–120 m² (mind. 75 m² *)
Parzellierter Standplatz mit Pkw-Unterbringung auf Sammelstellplatz	mind. 65 m² *
Parzellierter Standplatz inkl. Nebenflächen (Wege und Abpflanzungen)	140 m²
Erschließung	
Zufahrten und Hauptwege	5,5 m breit
Nebenwege	3–4 m breit
Fahrwege mit Richtungsverkehr	3 m breit
Stichwege bis 100 m Länge	3 m breit
Erschließungsflächen gesamt	
Versorgungs- und Erschließungsflächen	50–100 % der eigentlichen Standflächen

* gem. Campingplatzverordnung Bayern

Tab. 4.6.1 Richtwerte für den Platzbedarf auf Campingplätzen

		Je 100 Standplätze	Je 200 Standplätze
Wascheinrichtungen	Waschplätze Männer	8 Waschplätze, davon 2 in Einzelzellen	Zusätzlich 1 Waschplatz und 1 Dusche behindertengerecht, geeignet für Rollstuhlfahrer
		4 Duschen als Einzelzellen	
	Waschplätze Frauen	8 Waschplätze, davon 2 in Einzelzellen	
		4 Duschen als Einzelzellen	
	Toiletten Männer	4 Toiletten und 4 Urinale	Zusätzlich 1 Toilette behindertengerecht, geeignet für Rollstuhlfahrer
	Toiletten Frauen	8 Toiletten	
Geschirrspül- und Wäschewascheinrichtungen		2 Geschirrspülbecken und ein Wäschewaschbecken oder eine Waschmaschine	Zugänglichkeit der Anlage für Behinderte ist sicherzustellen
Trinkwasserzapfstellen		4, auf dem Gelände zweckmäßig verteilt	

Tab. 4.6.2 Sanitäre Einrichtungen auf Campingplätzen (Richtwerte in Anlehnung an die Campingplatzverordnung von Baden-Württemberg/Bayern)

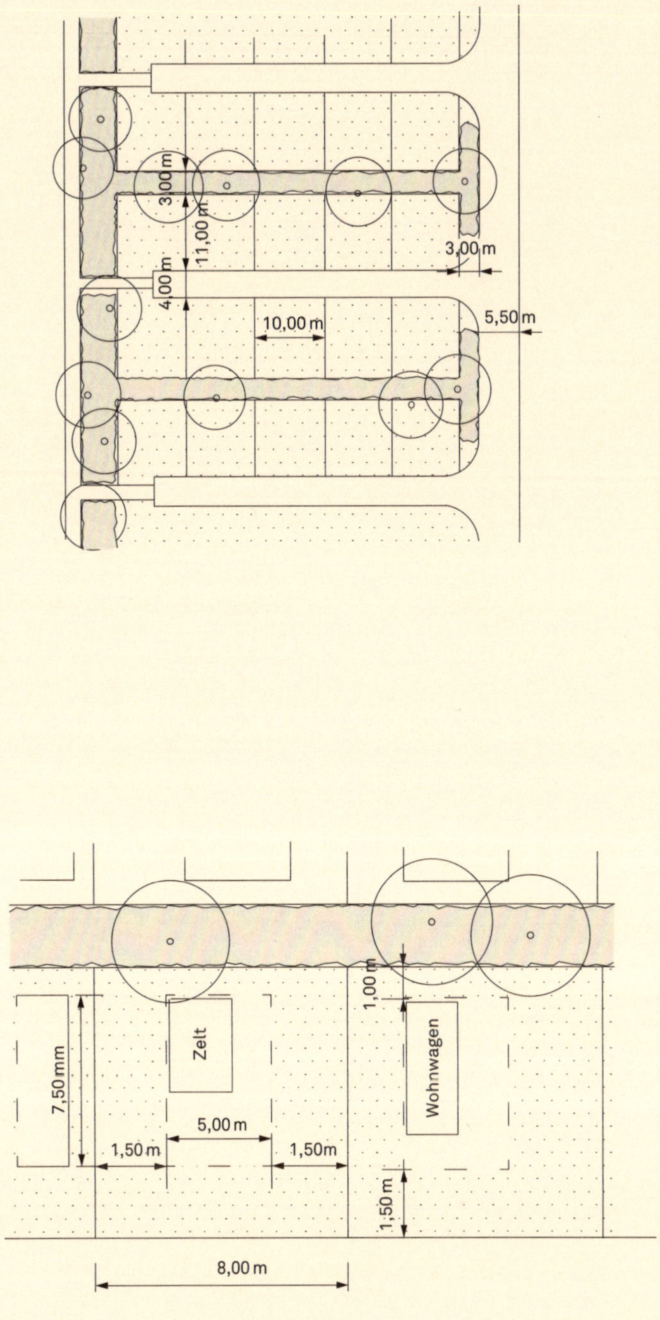

80m² Standfläche für Zelt/Wohnwagen

Abb. 4.6.2 Abmessungen parzellierter Standplätze

4 Typologien

4.7 Freilichtbühnen und Tribünen

4.7 Freilichtbühnen und Tribünen

Freilichtbühnen und tribünenartig oder im Halbrund angeordnete Sitzstufen in Freianlagen können für unterschiedliche Zwecke angelegt werden. Reine Stufenanlagen bilden häufig einen Sitzbereich, der beispielsweise in Schulen als Klassenzimmer im Freien oder in einer Parkanlage als einfacher Treffpunkt genutzt werden kann. Größere Anlagen werden oftmals für spezifische Nutzungen angelegt und dann eventuell auch mit einer überdachten oder offenen Bühne (auch „Szenenfläche" genannt) ausgestattet. Bei der Planung von Freilichtbühnen, die als Veranstaltungsort (Theater, Freiluftkino usw.) dienen sollen, oder bei Tribünen an Sportanlagen müssen bestimmte Anforderungen eingehalten werden. In der Regel sind diese in einer Versammlungsstättenverordnung geregelt. Landes-, orts- oder nutzungsspezifische Sonderregelungen sind dabei zu berücksichtigen. Die Anforderungen an Versammlungsstätten müssen für gewöhnlich berücksichtigt werden, wenn der Besucherbereich mehr als 1000 Personen umfasst.

Der Gestaltungsspielraum ist bei kleineren Anlagen wenig eingeschränkt. Es gelten nur die allgemeingültigen Anforderungen beispielsweise an Absturzhöhen einzuhalten.

Räumliche Struktur und Standort

Die Ausrichtung einer Freilichtbühne erfolgt in Abhängigkeit von der überwiegenden Nutzung tagsüber oder in den Abendstunden. Im Allgemeinen wird eine Ausrichtung in Nord-Süd-Richtung – mit den Sitztribünen im Süden und der Blickrichtung nach Norden – die besten Ergebnisse erzielen. Je nach topografischer Lage und Erschließungsmöglichkeiten kann die Bühne entsprechend ins Gelände eingepasst werden.

Art und Umfang der erforderlichen Infrastruktur und Ausstattung ist von der Größe und Nutzung der Anlage abhängig und kann daher variieren. Toiletten und Verkaufswagen können durch temporäre bzw. mobile Anlagen ersetzt werden, wenn die Nutzung zeitlich begrenzt oder eine dauerhafte Einrichtung nicht möglich ist.

Zu prüfen sind die Bereitstellung sowie die Art und der Umfang folgender Infrastruktureinrichtungen sowie Ausstattungselemente:

Mindestanforderungen
- Toiletten/Toilettenwagen (Anzahl → Tab. 4.7.1)
- Rettungswege, ggf. Feuerwehrstellplatz
- Stromversorgung/Beleuchtung

weitere Anforderungen
- Zufahrt für Anlieferung der Bühnentechnik, erforderliche Belastung
- FOH-Platz für Ton- und Bühnentechnik
- Kassenhäuschen
- gastronomische Einrichtungen, Händlerbereiche
- Fahrradstellplätze, Pkw-Stellplätze inkl. Behindertenstellplätze
- Überdachung der Bühne und des Zuschauerbereichs
- Lärmschutz/seitliche Rahmung durch Gehölzpflanzungen
- Stehplätze zusätzlich zum Sitzplatzbereich
- Art der Einfriedung
- Nebeneingänge
- Verwaltungsgebäude inkl. Garderoben, Kassenräumen und Sanitäreinrichtungen

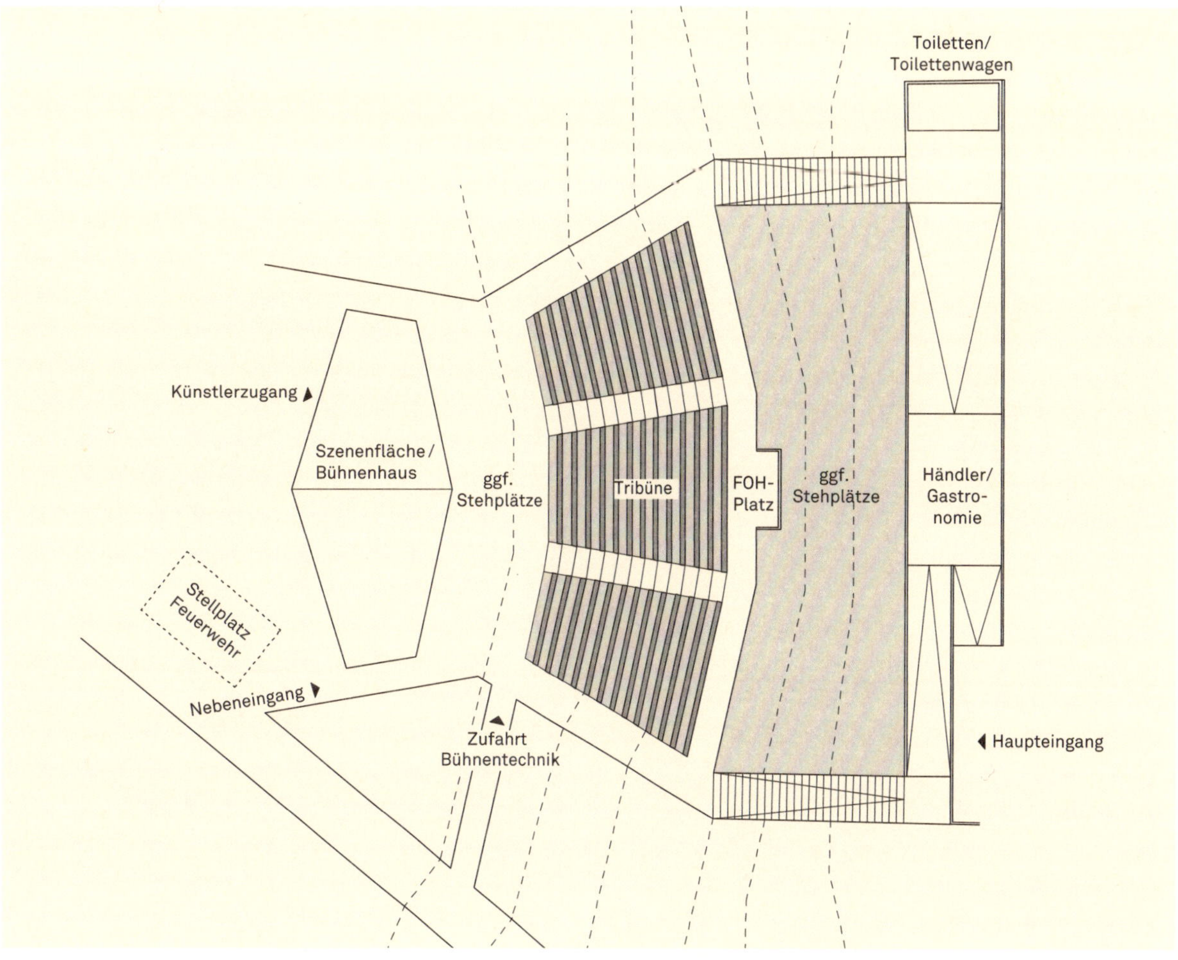

Abb. 4.7.1 Funktions- und Raumprogramm einer Freilichtbühne

Abmessungen und Kennwerte

Tribünen und Sitzreihen

Für die Bemessung von Freilichtbühnen und Tribünen, die eine Szenenfläche (Bühne) über 20 m² Größe und einen Besucherbereich für mehr als 1000 Personen aufweisen, sowie von Sportstadien mit mehr als 5000 Besuchern gilt in Deutschland die Versammlungsstättenverordnung. Diese gibt Grenz- bzw. Orientierungswerte vor, die als erste Richtwerte für derartige Anlagen herangezogen werden können. Die konkreten Vorgaben sind dann den jeweils gültigen Verordnungen der jeweiligen Länder zu entnehmen. Weitere Anforderungen können darin vorgegeben sein.

Überschlägig kann die Besucheranzahl einer Versammlungsstätte wie folgt bemessen werden:

- für Sitzplätze an Tischen 1 Besucher je Quadratmeter Grundfläche,
- für Sitzplätze in Reihen 2 Besucher je Quadratmeter Grundfläche,
- für Stehplätze 2 Besucher je laufendem Meter Stufenreihe.

Folgende Anforderungen werden an Abmessungen von Sitzplätzen gestellt, sofern sie unter die Versammlungsstättenverordnung fallen:

- In Reihen angeordnete Sitzplätze müssen unverrückbar sein.
- Vorübergehend aufgestellte Stühle müssen fest miteinander verbunden sein.
- Sitzplatzreihen von Tribünen von Versammlungsstätten mit mehr als 5000 Besucherplätzen müssen unverrückbare Einzelsitze haben.
- Sitzplätze müssen mindestens 0,50 m breit und sollten mindestens 0,40 m tief sowie max. 0,45 m hoch sein.
- Zwischen den Reihen muss eine lichte Durchgangsbreite von mindestens 0,40 m (Bayern 0,45 m) vorhanden sein (Stufentiefe gesamt 0,80/0,85 m).

Daraus ergibt sich bei Tribünen ein Platzbedarf von 0,50 × 0,80 m = 0,4 m² je Platzbereich. Im VIP-Bereich von Sportanlagen können diese Werte auf einen Abstand von 0,55–0,60 m und eine Stufentiefe von 1,00 m erhöht werden. Für mehr Komfort insbesondere bei Tribünen, die keine fest montierten Einzelsitze erfordern (unter 5000 Besucher), können größere Abmessungen vorgesehen werden. → Abb. 4.7.2

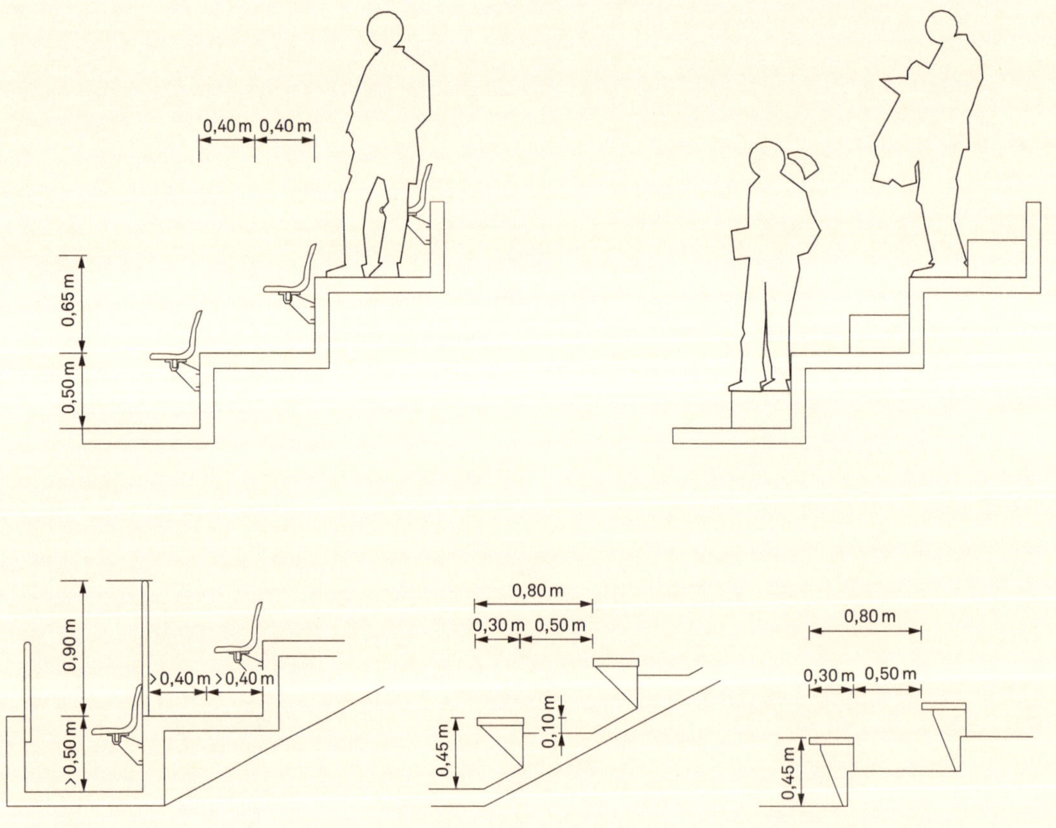

Bei Stufenhöhen > 0,50 m sind Absturzsicherungen mit min. 0,90 m vorzusehen.

schräge Stahlbetondecke mit Stufen in Aufbeton

Bei Stufenhöhen von < 50 cm sind keine Absturzsicherungen notwendig.

Abb. 4.7.2 Umwehrungen und Abmessungen von Sitzreihen und von Stehplätzen bei Versammlungsstätten im Freien

Sitzplätze im Freien dürfen in Blöcken mit maximal 30 Reihen hintereinander angeordnet werden.

Wege hinter und seitlich der Blöcke müssen mindestens 1,20 m breit sein. Die Breite der Fluchtwege beträgt 1,20 m je 600 Besucher. Von jedem Seitengang dürfen je Seite höchstens 20 Sitzplätze angeordnet sein. Daraus ergibt sich eine maximal zulässige Zahl von 40 Sitzplätzen zwischen zwei Seitengängen (vgl. Muster-Versammlungsstättenverordnung). → Abb. 4.7.4

Für Fluchtwege von unüberdachten Tribünen gilt eine Entfernung von max. 60 m von jedem Sitzplatz bis zum Ausgang, von überdachten Tribünen bis 5 m lichter Höhe und von einer Bühne beträgt die Entfernung max. 30 m. Die Entfernung kann bei größerer lichter Höhe über 5 m Höhe um jeweils 5 m Entfernung je 2,5 m zusätzlicher Höhe bis max. 60 m verlängert werden. Sobald eine Überdachung vorhanden ist, müssen weitergehende Anforderungen des Brandschutzes berücksichtigt werden.

Versammlungsstätten mit regelmäßig mehreren Veranstaltungen hintereinander müssen eine Wartefläche für mindestens die Hälfte der größtmöglichen Besucherzahl nachweisen. Dabei ist für 4 Personen je 1 m² zugrunde zu legen.

Bei Tribünengeschossen, die mehr als 800 Besucher umfassen, sind jeweils eigene Rettungswege vorzusehen, die mit nicht mehr als 30 m von jedem Platz bis zum Ausgang führen.

Die Anzahl der Besuchertoiletten ergibt sich aus Tab. 4.7.1. Die Anlagen können nach Bedarf dauerhaft in Gebäuden untergebracht oder temporär durch Toilettenwagen zur Verfügung gestellt werden.

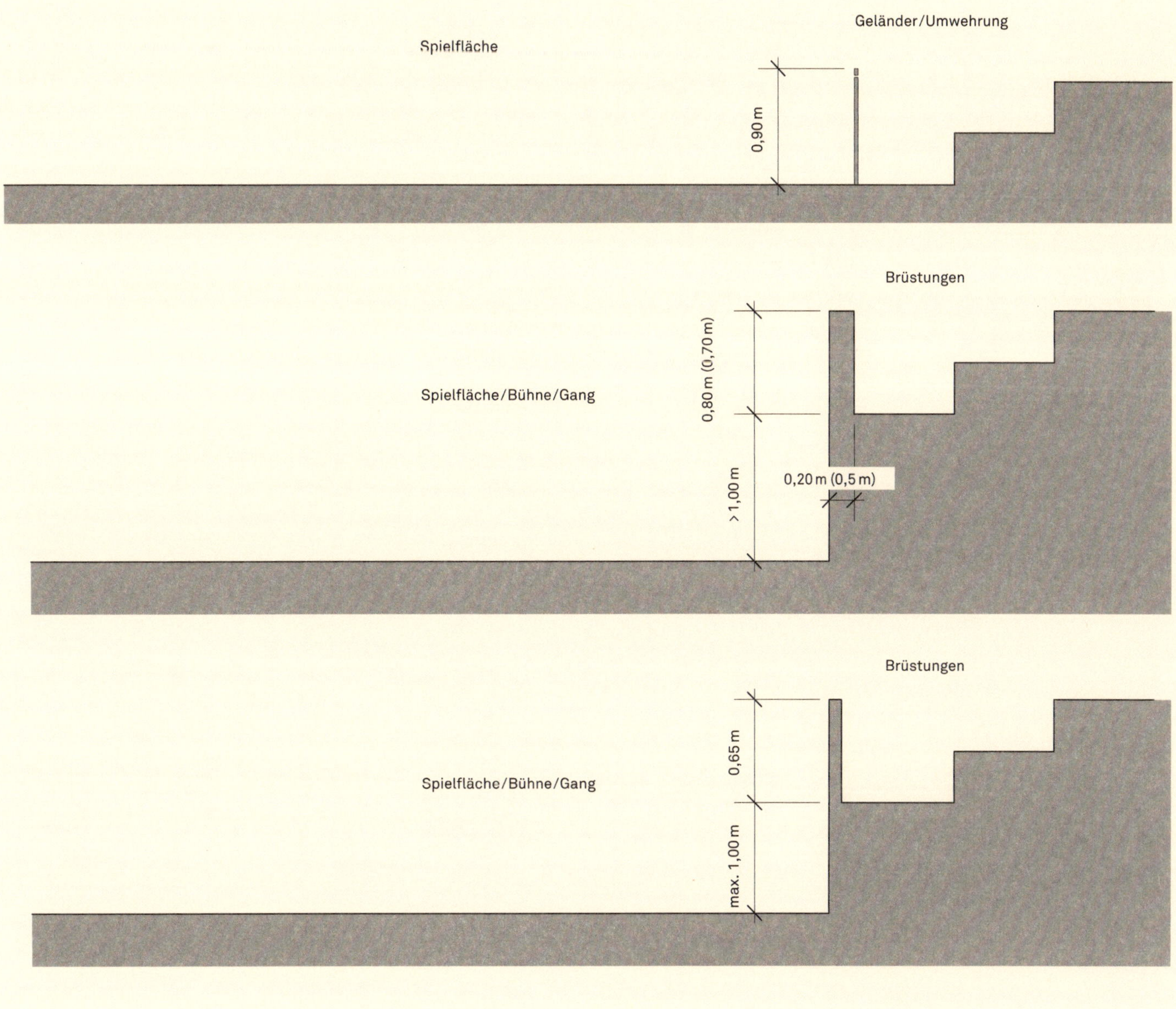

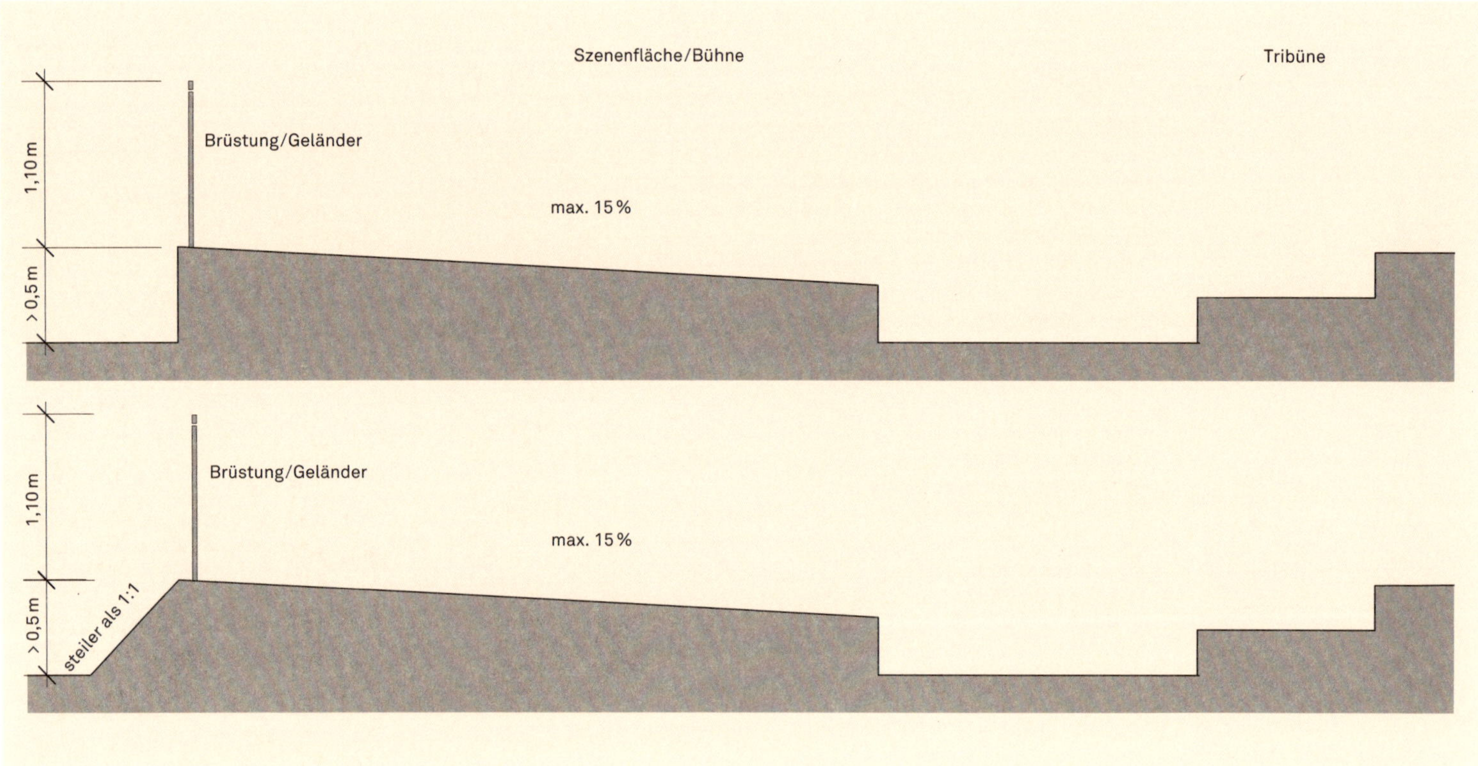

Abb. 4.7.3 Umwehrungen bei Szenen- und Spielflächen

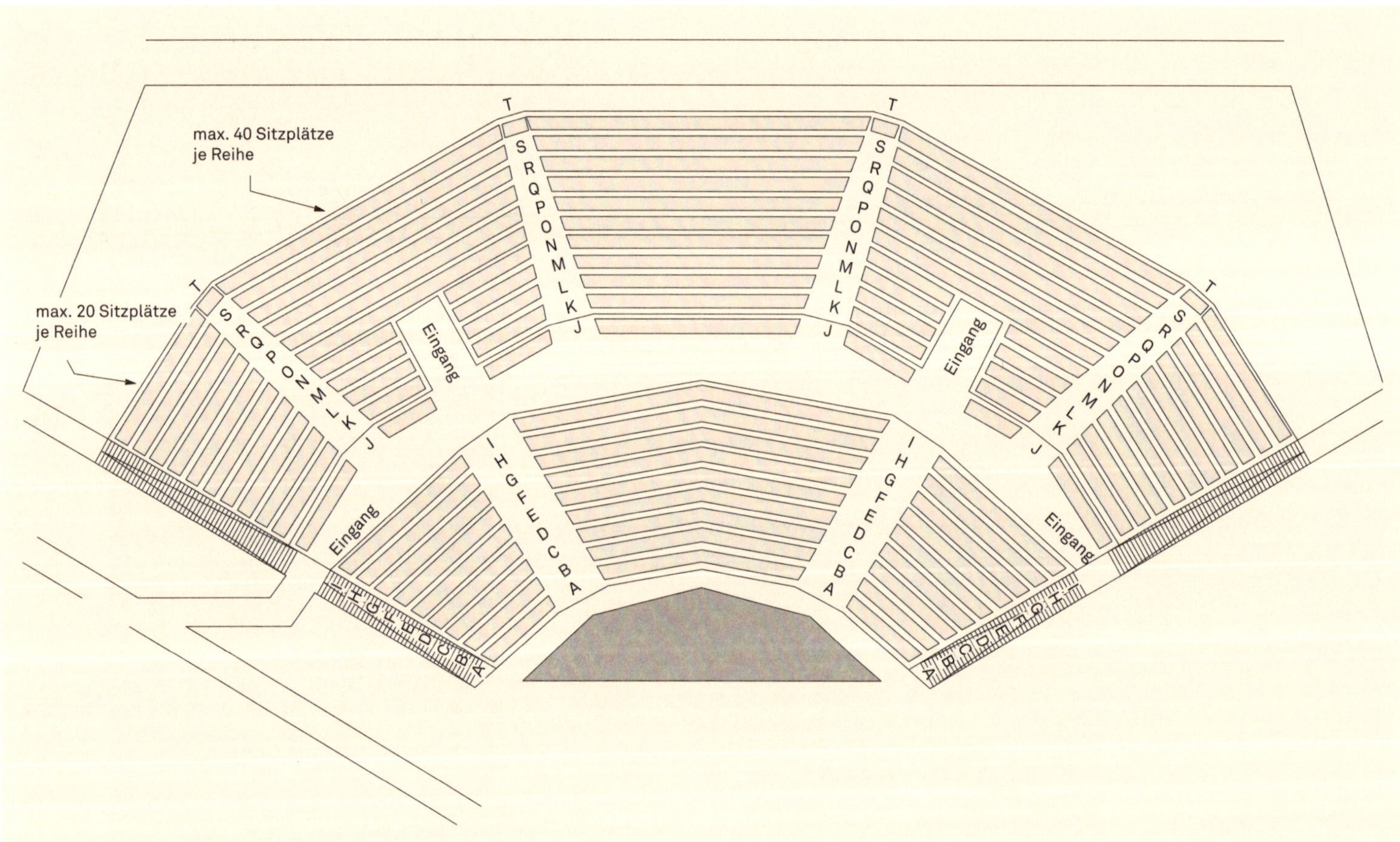

Abb. 4.7.4 Beispiel für die Organisation der Sitzblöcke und Erschließungswege

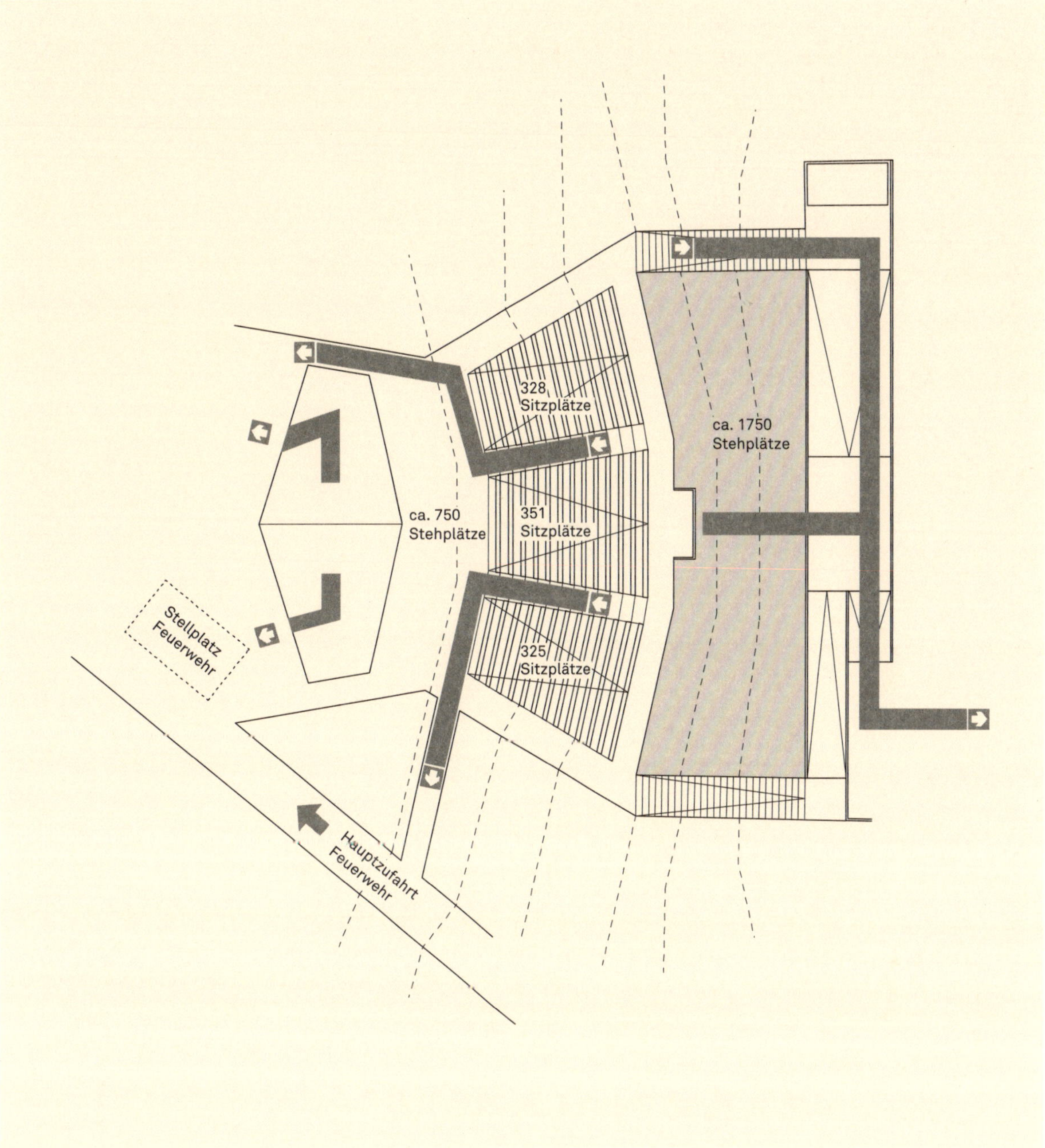

Abb. 4.7.5 Fluchtwegeplan am Beispiel der Freilichtbühne Spremberg

Tab. 4.7.1 Anzahl Besuchertoiletten (gem. Muster-Versammlungsstättenverordnung)

Besucherplätze	Für Frauen	Für Männer		Rollstuhlgerechte Toiletten
	Toilettenbecken	Toilettenbecken	Urinalbecken	
Bis 1000 Gäste				Mind. eine Toilette je 10 Plätze für Rollstuhlbenutzer
Je 100 Gäste	1,2	0,8	1,2	
Über 1000 Gäste				
Je weitere 100 Gäste	0,8	0,4	0,6	
Über 20 000 Gäste				
Je weitere 100 Gäste	0,4	0,3	0,6	

5 Nachschlagewerk

5.1 Maße und Einheiten

Längeneinheiten

Um Abmessungen von Objekten oder Distanzen unmittelbar vergleichbar und kommunizierbar zu machen, ist die Verwendung eines (einheitlichen) Maßsystems erforderlich. Bei Freiräumen, Gebäuden und Gegenständen, die für den Menschen oder seinen Ansprüchen entsprechend geschaffen werden, liegt ein Bezug zum menschlichen Körper nahe. Lange galten daher menschliche Glieder als Maßstab für das Längenmaß. Dabei wurden die Längen von Spann, Elle, Fuß, Schritt usw. als Maßeinheiten herangezogen. Und schon damals stellte man Größenverhältnisse der Gliedmaße, wie Spann = ½ Elle, Elle = 2 Fuß usw., zueinander fest. Wegen einer unüberschaubaren Vielfalt an Maßsystemen wurden im 19. Jahrhundert die körperbezogenen Maßeinheiten durch ein künstlich entwickeltes Maßsystem abgelöst. Das sogenannte metrische Einheitensystem bezog sich dabei auf den zehnmillionsten Teil des Erdquadranten. Das metrische Einheitensystem ist Teil des Système International d'Unités mit der international einheitlich verwendeten Abkürzung SI; es wurde 1799 zuerst in Frankreich eingeführt. Heute ist es weltweit gültig. Ausnahmen stellen nur Liberia, Myanmar und die USA dar, wo es noch nicht verbindlich etabliert wurde und nur teilweise Verwendung findet. Die angloamerikanischen Längeneinheiten, die auf das englische Maßsystem zurückgehen, wurden 1959 mit inch, foot, yard und mile einheitlich definiert. → Tab. 5.1.1 und Abb. 5.1.1

Über jede Art von Maßsystem hinaus und insbesondere beim Arbeiten in verschiedenen Maßstäben gewinnt die Bezugsgröße Mensch an Bedeutung. So wird das Ausmaß eines Baumes oder Gebäudes, der Abstand zwischen zwei Pfosten oder die Höhe eines Klettergerüstes erst deutlich erkennbar, wenn ein Vergleich zum menschlichen Körper gegeben ist.

Flächengrößen

Um die Flächeninhalt einer Fläche zu beschreiben, werden ein Vielfaches oder Teile der Grundeinheit des Quadratmeter: 1 m² verwendet. 1 m² entspricht dem Flächeninhalt eines Quadrats von 1 m Seitenlänge. Je nach Anwendungszweck kommen größere oder kleinere Flächeneinheiten zur Anwendung (mm², dm², m², km² etc.). Weitere übliche Flächenmaße sind Ar (1 a = 100 m²) und Hektar (1 ha = 10000 m²).

Winkelmaße

Bei der Planung und Ausführung baulicher Anlagen finden nicht nur Längenmaße, sondern auch Winkelmaße oder Verhältniszahlen Verwendung. Der Vollwinkel beträgt beim Gradmaß (°) 360°, ein Viertelwinkel hat also 90°. Beim geodätischen Winkelmaß (gon), das im Vermessungswesen zum Einsatz kommt, beträgt ein Vollwinkel 400 gon und ein Viertelwinkel 100 gon. → Abb. 5.1.3

Bei Steigungen erfolgt die Angabe zum Gefälle einer Fläche häufig in Prozent (%). Die Steigung errechnet sich aus dem Verhältnis der Höhe zur zurückgelegten Strecke. Eine Steigung von 100 % bedeutet einen Steigungswinkel von 45°. Prozentangaben über 45 % sind weniger gebräuchlich. → Abb. 5.1.4

Einheit Englisch	Deutsch	Abk.	Größe	Meter
inch*	Zoll	in., "		0,0254
foot*	Fuß	ft., '	12 inch	0,3048
yard*	Schritt	yd.	3 feet	0,9144
mile (statute mile)*	Meile	mi., m.	8 furlong 1760 yard 5280 feet	1609,344
league	Wegstunde	lea., l.	3 mile	4828,032
link	Kettenglied	li., l., lnk.	0,04 rod 7,92 inch	0,201168
rod, pole, perch	Rute	rd., p.	198 inch	5,0292
chain	Kette(nlänge)	ch.	4 rod	20,1168
furlong	Achtelmeile, Furchenlänge	fur.	10 chain	201,168

* heutige angloamerikanische Längenmaße

Tab. 5.1.1 Längenmaße des englischen Maßsystems und deren Äquivalente in Metern

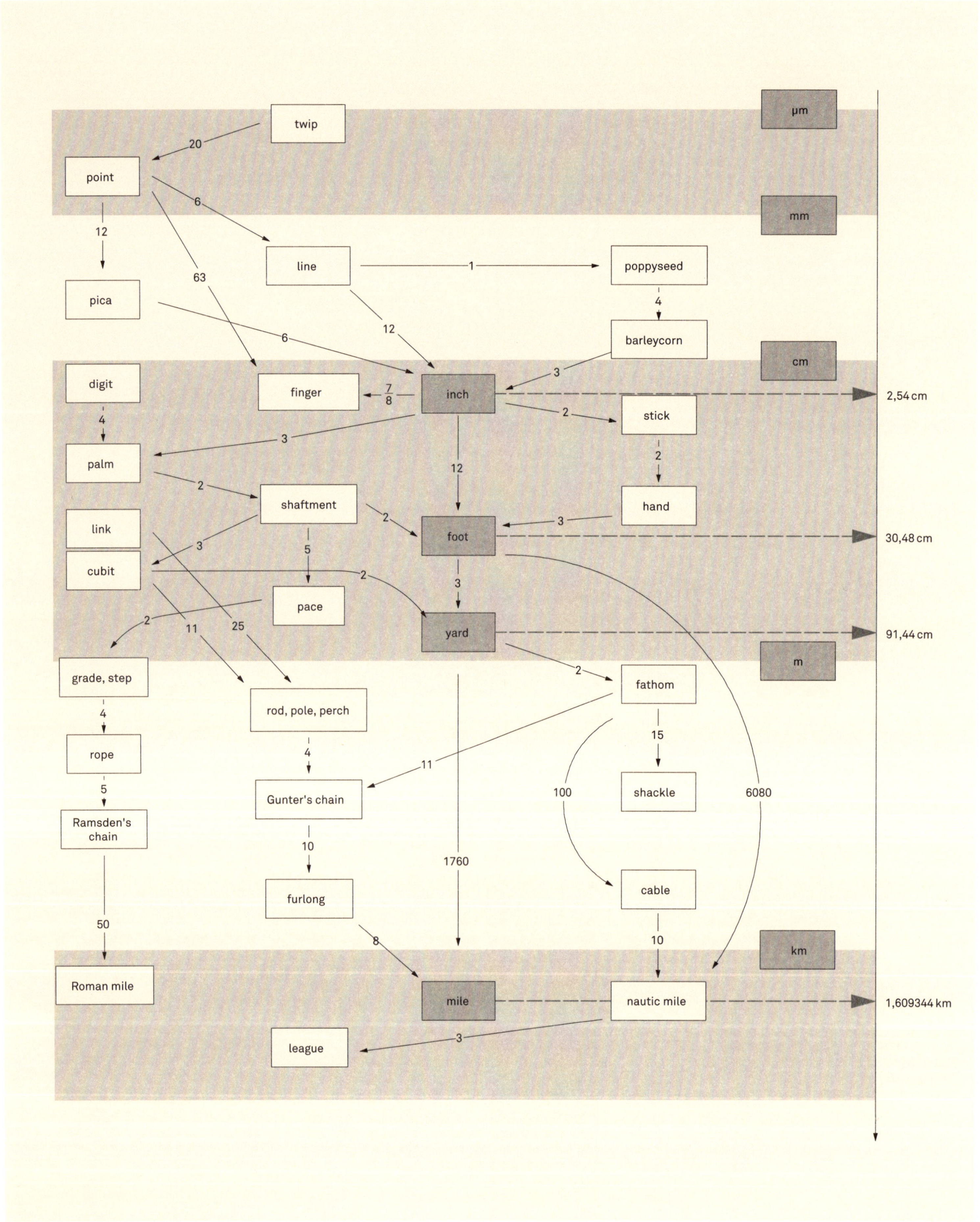

Abb. 5.1.1 Verschiedene, überwiegend veraltete Längenmaße des angloamerikanischen (englischen) Maßsystems und das metrische Einheitensystem. Grau hinterlegt sind das aktuelle angloamerikanische Maßsystem und das metrische Einheitensystem.

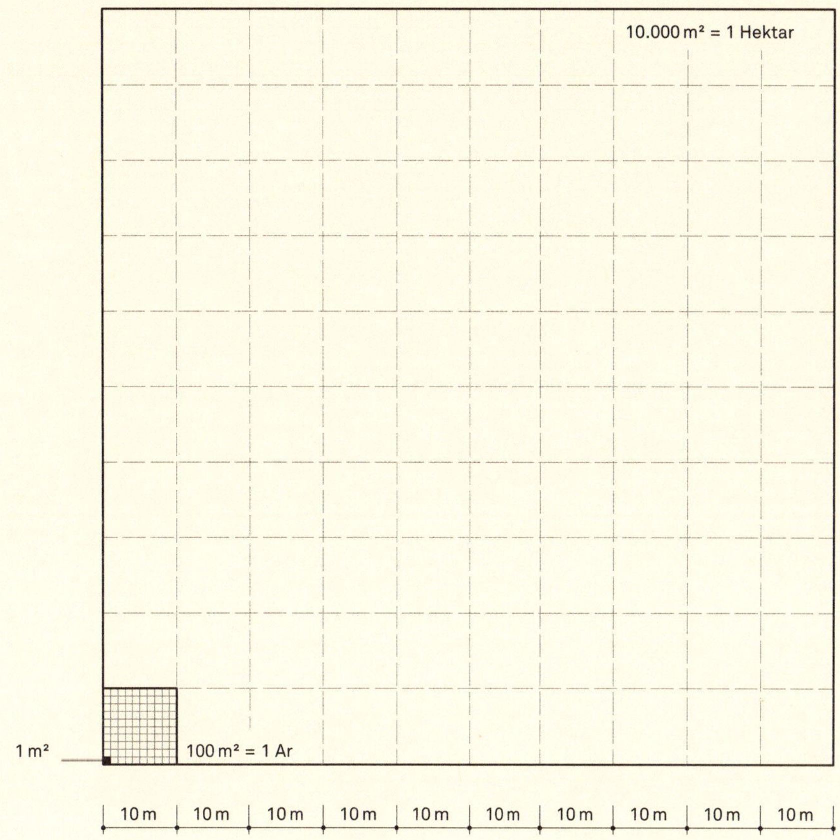

Abb. 5.1.2 Flächengrößen

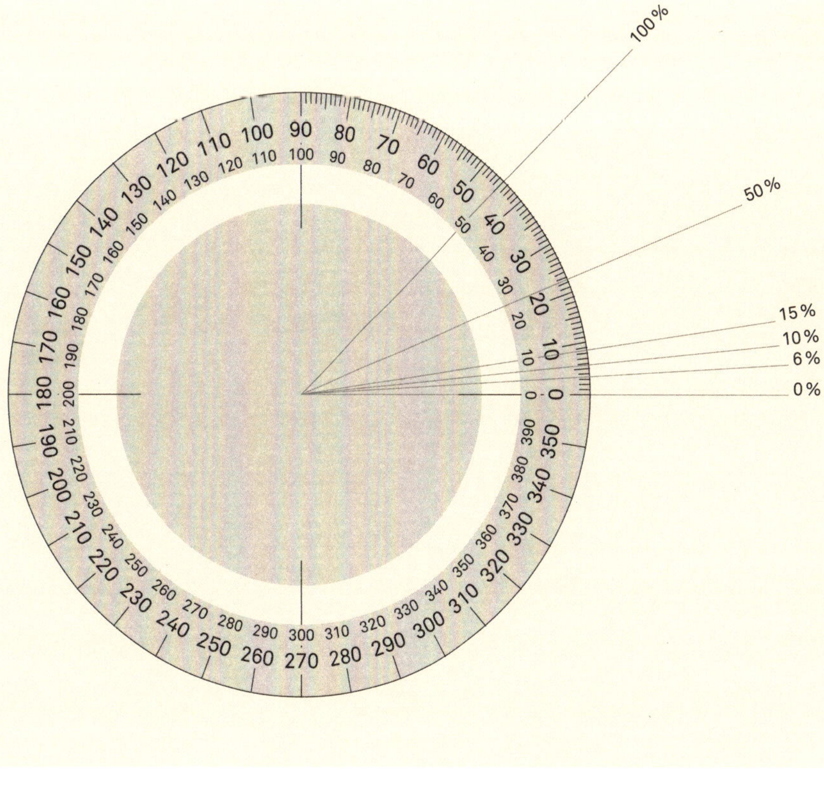

Abb. 5.1.3 Gradmaße (außen), geodätisches Winkelmaß (innen) und Prozentangaben

Gradmaß	Geodätisches Winkelmaß	Geodätisches Winkelmaß	Gradmaß
0°	0 gon	1 gon	1,8°
1°	1,111 gon	2 gon	2,7°
2°	2,222 gon	3 gon	3,6°
3°	3,333 gon	4 gon	4,5°
4°	4,444 gon	5 gon	5,4°
5°	5,555 gon	6 gon	6,3°
6°	6,666 gon	8 gon	7,2°
8°	8,888 gon	10 gon	9°
10°	11,111 gon	15 gon	13,5°
15°	16,666 gon	20 gon	18°
20°	22,222 gon	30 gon	27°
30°	33,333 gon	40 gon	36°
40°	44,444 gon	60 gon	54°
45°	50 gon	70 gon	63°
50°	55,555 gon	80 gon	72°
60°	66,666 gon	90 gon	81°
70°	77,777 gon	150 gon	135°
80°	88,888 gon	175 gon	157,5°
90°	100 gon	250 gon	225°
100°	111,111 gon	275 gon	247,5°
180°	200 gon	350 gon	315°
270°	300 gon	375 gon	337,5°
360°	400 gon	400 gon	360°

Tab. 5.1.2 Gegenüberstellung der Winkelmaße – Gradmaß und geodätisches Maß

Gradmaß	Prozent	Verhältniszahl
0°	0%	0
3,4°	6%	1:16,6
5,7°	10%	1:10
8,53°	15%	1:6,6
11,31°	20%	1:5
15°	26,795%	1:4
18,42°	33,3%	1:3
24,22°	40%	1:2,5
26,6°	50%	1:2
33,66°	66,6%	1:1,5
45°	100%	1:1

Tab. 5.1.3 Gegenüberstellung von Steigungsangaben in Grad, in Prozent und als Verhältniszahl

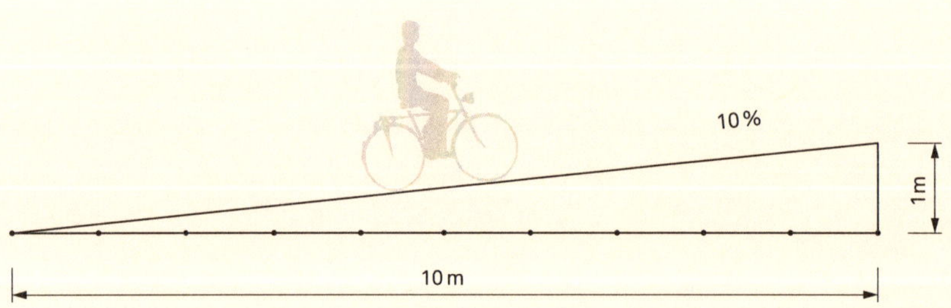

$$1:10 = \frac{1}{10} = 0{,}1 = 10\,\%$$

Abb. 5.1.4 Ermittlung der Steigung / des Gefälles

Ästhetische Bezugsgrößen

Schon früh galten Maß- bzw. Zahlenverhältnisse als ästhetische Bezugsgrößen für den Menschen und sein Schaffen. Beispiele wie das Pythagoreische Rechteck, geometrische Formen von Kreis, Triangel und Dreieck oder das Teilungsverhältnis des Goldenen Schnittes fanden dabei großen Anklang in der Baukunst. In der formalen Übertragung auf Baukörper und Flächen sollen diese Vollkommenheit, Schönheit und Harmonie hervorrufen. Mit einem auf dem Goldenen Schnitt und den Proportionen des Menschen basierenden Proportionssystem versuchte auch Le Corbusier um die Mitte des 20. Jahrhunderts, ein harmonisches und den menschlichen Bedürfnissen gerecht werdendes Maßsystem – den „Modulor" – zu entwickeln.

Der Goldene Schnitt ergibt sich, wenn eine Strecke in einem Verhältnis so geteilt wird, dass sich der größere Teil der Strecke zum kleineren Teil der Strecke so verhält wie die gesamte Strecke zum größeren Teil. Die Ermittlung der Streckenteilung erfolgt auf rechnerischem oder geometrischem Wege. Das Seitenverhältnis lässt sich mit der Zahl $\Phi = 1{,}6180339$ ausdrücken oder mit einem annähernden Seitenverhältnis von 8:5. Die Maßverhältnisse des Goldenen Schnittes finden sich auch in unterschiedlichen geometrischen Formen wieder.

Ein annähernd ähnliches Ergebnis erhält man bei der Verwendung der Fibonacci-Folge. Beginnend mit den Zahlen 0, 1 und 2 wird jede weitere Zahl der Reihe durch die Summe ihrer beiden Vorgänger gebildet. Er ergibt sich folgende Reihung:

0 – 1 – 2 – 3 – 5 – 8 – 13 – 21 – 34 – 55 – 89 – 144 – 233 – 377 – 610 – 987 – 1.597 ...).

Dabei strebt, die Folge aufsteigend, der jeweilige Quotient aus einer Zahl durch die jeweils kleinere gen $\Phi = 1{,}61803$.

Verdeutlicht man dieses Verhältnis in einer Zeichnung, ergibt sich daraus die Teilung eines zweidimensionalen Raumes im Verhältnis des Goldenen Schnittes. Ein solches Teilungsverhältnis bzw. eine Zahlenfolge wie die von Fibonacci finden sich häufig in der Natur wieder.

Le Corbusier ordnete die Zahlenfolge der Fibonacci-Reihe den menschlichen Proportionen zu, die er mehrfach anpasste. Ausgehend von einer Körpergröße von 1,83 m – mit ausgestrecktem Arm 2,26 m – entwickelte er letztendlich zwei Zahlenreihen (rote und blaue Reihe), die die Grundlage für praktisch anwendbare Maße darstellen sollten.
→ Tab. 5.1.4 und Abb. 2.1.1

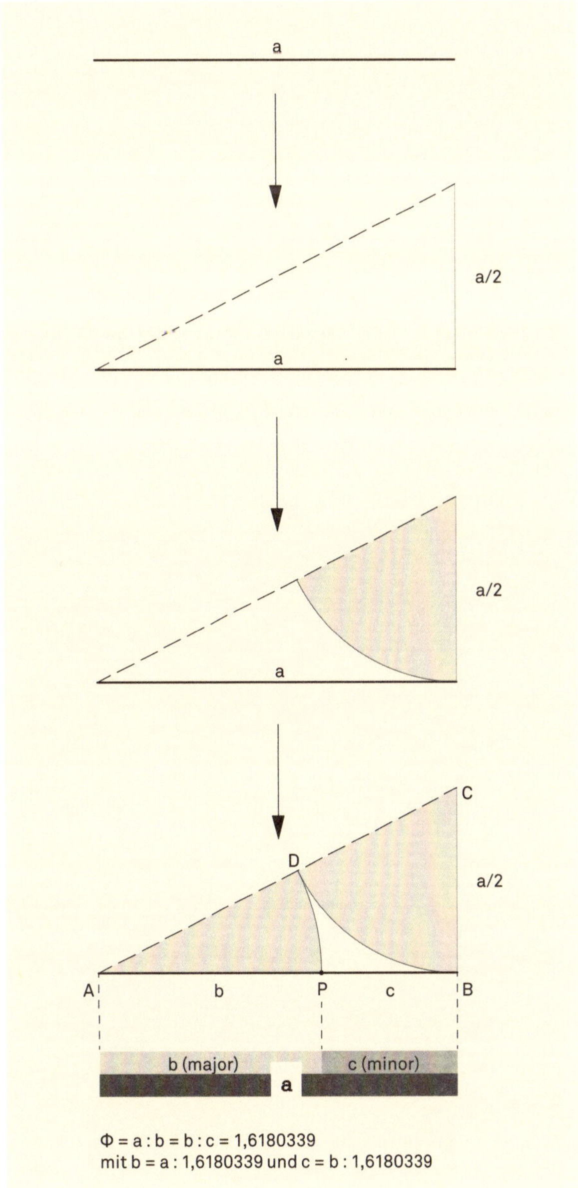

Abb. 5.1.5 Goldener Schnitt: Ermittlung der Seitenverhältnisse, ausgehend von der bekannten Größe a. Ermittlung des „goldenen" Schnittpunts P durch Konstruktion einer Senkrechten mit a/2 und eines Kreisbogens um C mit Radius |CB| sowie um A mit Radius |AD|.

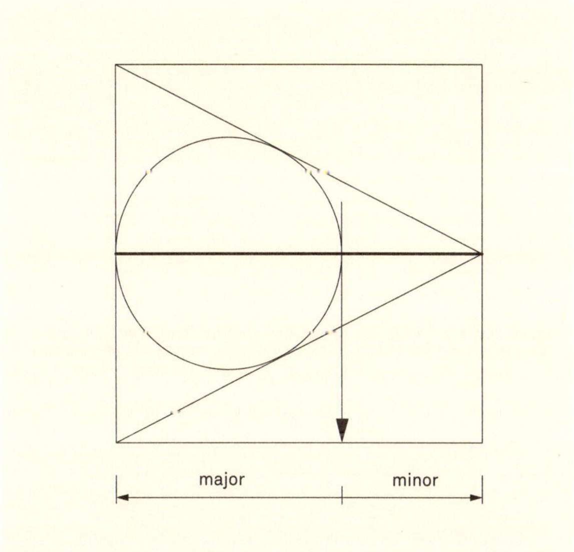

Abb. 5.1.6 Zusammenhang zwischen den geometrischen Formen Quadrat, Dreieck und Kreis

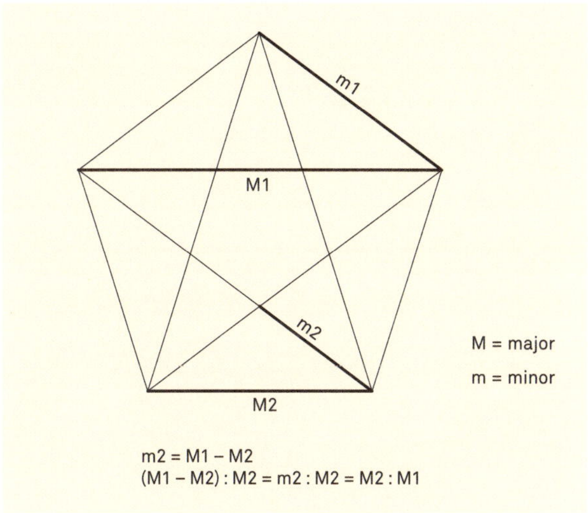

Abb. 5.1.7 Maßverhältnisse des Goldenen Schnitts im Fünfeck

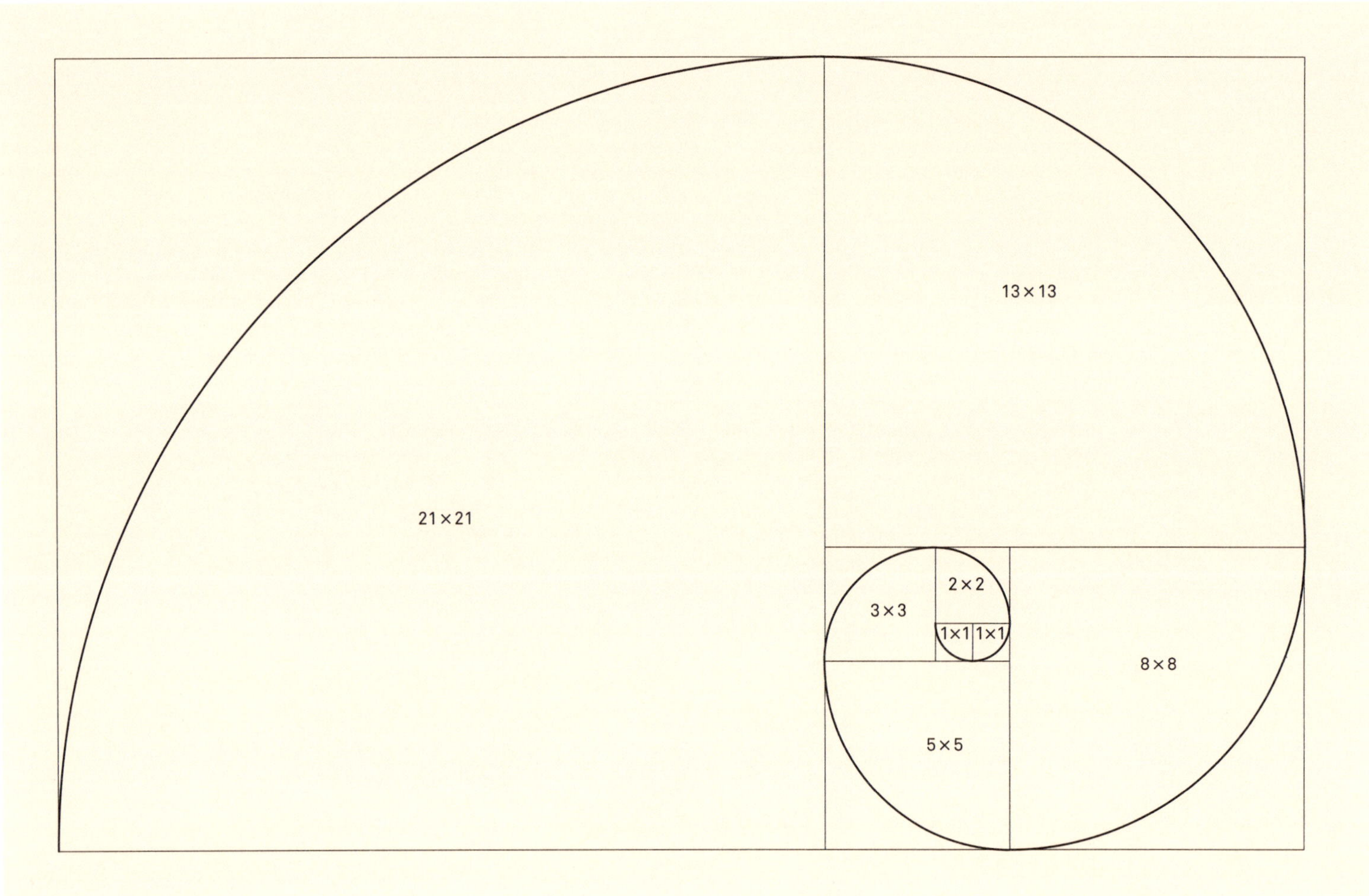

Abb. 5.1.8 Flächenhafte Darstellung der Fibonacci-Reihe

Rote Reihe (m)	952,80	588,86	363,94	224,92	139,01	85,91	53,10	32,81	20,28	12,53	7,74	4,79	2,96	1,83	1,13	0,70	0,43	0,26	0,16	0,10	0,06	0,04	0,02	0,01
Blaue Reihe (m)	1177,73	727,88	449,85	278,02	171,83	106,19	65,63	40,56	25,07	15,49	9,57	5,92	3,66	2,26	1,40	0,86	0,53	0,33	0,20	0,12	0,08	0,04	0,03	0,01

Tab. 5.1.4 Rote und blaue Reihe des Modulor nach Le Corbusier. Die Werte ergeben multipliziert mit 1,618... den jeweils nächsthöheren Wert. Die markierten Zahlen ergeben Anhaltswerte für das Sitzen (0,26 und 0,43 m), die Höhe von Armstützen im Sitzen und Stehen (0,70, 0,86, 1,13 und 1,40 m) sowie die Bezugsgröße im Stehen mit ausgestreckter und ohne ausgestreckte Hand (1,83 und 2,2 m)

Städtebauliche Kennwerte

Städtebauliche Kennwerte beschreiben Art und Umfang der baulichen Nutzung eines Bau- oder auch Sanierungsgebiets. Sie definieren die geplanten bzw. erforderlichen öffentlichen Verkehrs- und Freiflächen sowie das Maß der Gemeinbedarfsflächen. Für das einzelne Baugrundstück geben sie Art und Umfang der möglichen baulichen Nutzung an, wobei die Grundflächenzahl (GRZ) den maximal überbaubaren Flächenanteil und die Geschossflächenzahl (GFZ) das Verhältnis der gesamten Bruttogeschossfläche zur Grundstücksfläche definiert. → Tab. 5.1.5

Die unterschiedlichen Arten der baulichen Nutzung werden gemäß Baunutzungsverordnung §1 (2) zugewiesen. Für diese sind bestimmte Grenzwerte definiert, die im Normalfall eingehalten werden müssen. → Tab. 5.1.6

Neben der Art der baulichen Nutzung, der GRZ und der GFZ können für die weitere Konkretisierung im Bebauungsplan zusätzliche Festlegungen getroffen werden. So geben Baulinien und Baugrenzen an, bis zu welcher Grenze ein Grundstück überhaupt bebaut werden kann. Während die Baugrenze mit dem Gebäude nicht überschritten werden darf, aber nicht zwingend berührt werden muss, stellt die Baulinie eine Grenze dar, bis zu der gezwungenermaßen gebaut werden muss. Oftmals wird so die Bauflucht zur Straßenseite definiert. Vorgaben zur Dachneigung, zur Anzahl der Vollgeschosse oder zu einer geschlossenen oder offenen Bauweise können hinzugefügt werden. In offener Bauweise (Kennzeichnung mit „o“) müssen Einzel-, Doppel-, oder Reihenhäuser gebaut werden, die eine Gesamtlänge von maximal 50 m erreichen dürfen. Bei der geschlossenen Bauweise („g“) werden die seitlichen Außenwände der Gebäude direkt auf die Grenze gebaut, sodass sich die Wände der Häuser berühren. → Abb. 5.1.10

Begriff	Abkürzung	Erläuterung
Bruttobauland	BBL	Summe aller Baugrundstücke einschließlich der zugehörigen (öffentlichen) Grün-, Verkehrs- und Wasserflächen
Nettobauland	NBL	Bezeichnet die nach Abzug aller öffentlichen Flächen verbleibende Grundstücksfläche (Baugrundstück)
Bruttowohnbauland		Summe aller Wohngrundstücksflächen (Nettowohnbauland) und Summe aller Gemeindebedarfsflächen in einem bestimmten ausgewiesenen Wohnbaugebiet, wobei stets nur dasjenige Land für Gemeinschaftsanlagen einzubeziehen ist, das für die Lebensfunktionen der betrachteten städtebaulichen Einheit selbst nötig ist (je nach Größenordnung für Wohngruppe, Wohnquartier, Wohngemeinde, Stadtteil usw.).
Nettowohnbauland		Bruttowohnbaugebiet minus Abzugsflächen wie Verkehrsflächen, öffentliche Grünflächen und sonstige Gemeinbedarfsflächen
Grundflächenzahl	GRZ	Gibt den überbaubaren Flächenanteil eines Baugrundstücks (Nettobauland) an. Abhängig vom Gebietscharakter schwanken diese zwischen 0,1 (10 %) und 1,0 (100 %). → Tab. 5.1.6 Aufgrund baurechtlicher Bestimmungen, die die überbaubare Grundstücksfläche festlegen (Baulinie, Baugrenze, Bebauungstiefe, Abstandsfläche/Bauwich, zulässige Geschosshöhe → Abb. 5.1.10), kann die zulässige GRZ u. U. nicht erreicht werden.
Geschossflächenzahl	GFZ	Gibt das Verhältnis der gesamten Bruttogeschossfläche aller Vollgeschosse (ohne Keller und Dach, sofern dieses kein Vollgeschoss ist) zur Grundstücksfläche (Netto(wohn-)bauland) an (BauNVO §20). NBL x GFZ = zulässige Summe der Geschossfläche Nebenanlagen (Balkone, Loggien, Terrassen sowie bauliche Anlagen, soweit sie nach Landesrecht in den Abstandsflächen – seitlicher Grenzabstand und sonstige Abstandsflächen – zulässig sind oder zugelassen werden können) bleiben unberücksichtigt. Die Verteilung der Geschossfläche bleibt dabei offen, jedoch darf die zulässige GRZ nicht überschritten werden.
Baumassenzahl	BMZ	m^3 umbauten Raums je m^2 Grundstücksfläche (BauNVO § 21)
Öffentliche Verkehrsflächen	ÖVF	Beinhalten alle von der Gemeinde geplanten, gebauten und unterhaltenen Straßen, Gehwege und Stellplätze. In der Regel umfasst ihr Anteil 10 bis 20 % vom Bruttobauland.
Öffentliche Freiflächen	ÖFF	Beinhalten alle von der Gemeinde geplanten, gebauten und unterhaltenen Parks, Grünflächen und Plätze. In der Regel umfasst ihr Anteil 10 bis 20 % vom Bruttobauland.
Öffentliche Flächen für den Gemeindebedarf	ÖGF	Bezeichnet Grundstücksflächen, die für Schulen, Kindertagesstätten etc. ausgewiesen sind

Tab. 5.1.5 Begriffe städtebaulicher Kennwerte

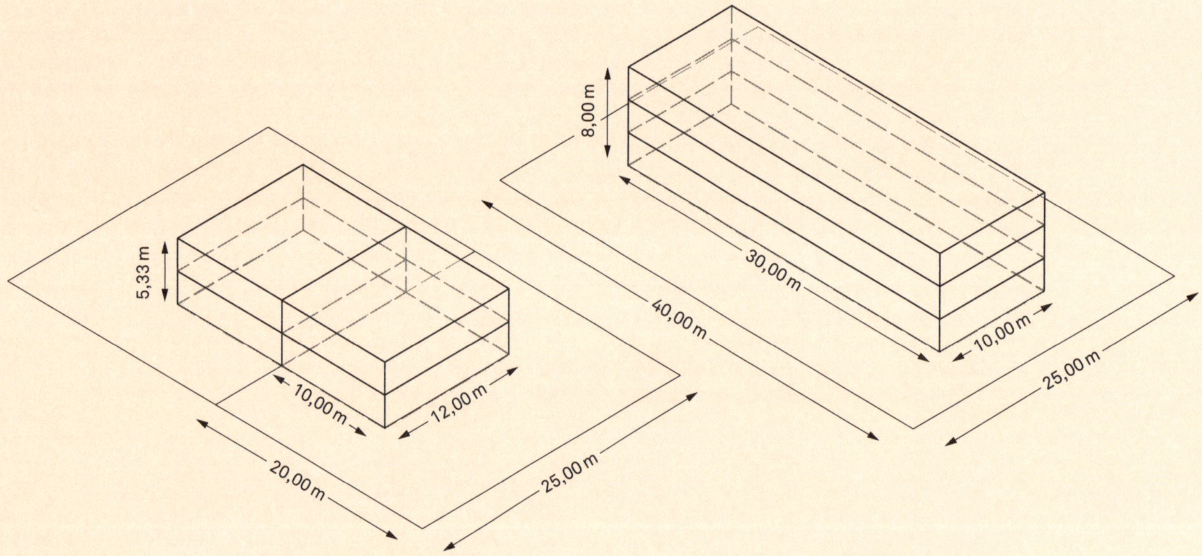

	Beispiel 1: Doppelhaushälfte	Beispiel 2: Geschosswohnungsbau
Grundflächenzahl (GRZ) = bebaute Grundstücksfläche/ Grundstücksfläche	GRZ = 10 × 12 / 25 × 20 = 120 / 500 = 0,24	GRZ = 10 × 30 / 25 × 40 = 300 / 1000 = 0,3
Geschossflächenzahl (GFZ) = Bruttogeschossfläche/ Grundstücksfläche	GFZ = 10 × 12 × 2 / 25 × 20 = 240 / 500 = 0,48	GFZ = 10 x 30 × 3 / 25 × 40 = 900 / 1000 = 0,9
BMZ = Baumasse in m³ / Grundstücksfläche	BMZ = 10 × 12 × 5,33 / 25 × 20 = 640 / 500 = 1,28	BMZ = 10 × 30 × 8 / 25 × 40 = 2400 / 1000 = 2,4

Abb. 5.1.9 Darstellung der GRZ, GFZ und BMZ anhand von zwei Bebauungsbeispielen

Tab. 5.1.6 Obergrenzen für die Bestimmung des Maßes der baulichen Nutzung (gem. Baunutzungsverordnung § 17)

Baugebiet	Grundflächenzahl (GRZ)	Geschossflächenzahl (GFZ)	Baumassenzahl (BMZ)
In Kleinsiedlungsgebieten (WS)	0,2	0,4	–
In reinen Wohngebieten (WR) allgemeinen Wohngebieten (WA) Ferienhausgebieten	0,4	1,2	–
In besonderen Wohngebieten (WB)	0,6	1,6	–
In Dorfgebieten (MD) Mischgebieten (MI)	0,6	1,2	–
In Kerngebieten (MK)	1,0	3,0	–
In Gewerbegebieten (GE) Industriegebieten (GI) sonstigen Sondergebieten	0,8	2,4	10,0
in Wochenendhausgebieten	0,2	0,2	–

Die Grenzwerte „können aus städtebaulichen Gründen überschritten werden, wenn die Überschreitung durch Umstände ausgeglichen ist oder durch Maßnahmen ausgeglichen wird, durch die sichergestellt ist, dass die allgemeinen Anforderungen an gesunde Wohn- und Arbeitsverhältnisse nicht beeinträchtigt werden und nachteilige Auswirkungen auf die Umwelt vermieden werden" (außer Wochenendhausgebiete und Ferienhausgebiete) (vgl. BauNVO § 17).

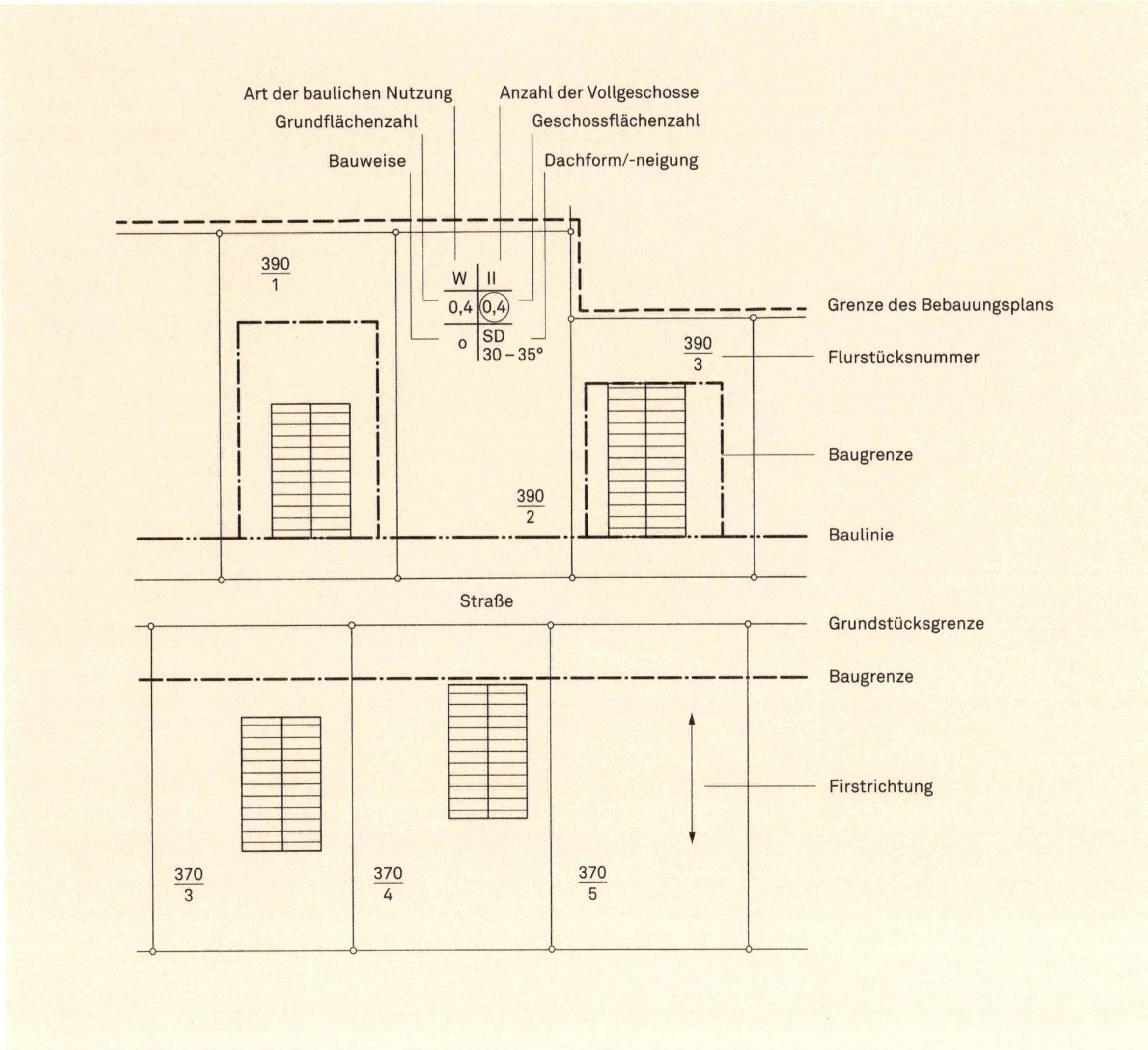

Abb. 5.1.10 Darstellung baurechtlicher Grenzmaße und Einheiten

5.2 Regelwerke

Kapitel 2.1 Grundmaße des Menschen

Regelwerk	Titel	Ausgabe
Normen / technische Regelwerke		
DIN 18040-3	Barrierefreies Bauen – Planungsgrundlagen, Teil 3: Öffentlicher Verkehrs- und Freiraum	Entwurf: 2013–05
DIN 33402-2	Ergonomie – Körpermaße des Menschen, Teil 2: Werte	2005–12

Kapitel 2.2 Bedarfsgrößen

Regelwerk	Titel	Ausgabe
Normen / technische Regelwerke		
DIN 18034	Spielplätze und Freiräume zum Spielen – Anforderungen für Planung, Bau und Betrieb	2012–09

Kapitel 3.2 Höhenplanung Treppen, Rampen

Regelwerk	Titel	Ausgabe
Normen / technische Regelwerke		
DIN EN 1433	Entwässerungsrinnen für Verkehrsflächen – Klassifizierung, Bau- und Prüfungssätze, Kennzeichnung und Beurteilung der Konformität; Deutsche Fassung EN 1433:2002 + AC:2004 + A1:2005	2005–09
DIN 18024-1	Barrierefreies Bauen – Teil 1: Straßen, Plätze, Wege, öffentliche Verkehrs- und Grünanlagen sowie Spielplätze; Planungsgrundlagen	1998–01
DIN 18035-4	Sportplätze – Teil 4: Rasenflächen	2012–01
DIN 18035-5	Sportplätze – Teil 5: Tennenflächen	2007–08
DIN 18040-1	Barrierefreies Bauen – Planungsgrundlagen, Teil 1: Öffentlich zugängliche Gebäude	2010–10
DIN 18065	Gebäudetreppen – Begriffe, Messregeln, Hauptmaße	2011–06
DIN 18318	Verkehrswegearbeiten – Pflasterdecken und Plattenbeläge in ungebundener Ausführung, Einfassungen	2010–04
DIN 32984	Bodenindikatoren im öffentlichen Verkehrsraum	2011–11
ÖNORM B 5371 (AT)	Treppen, Geländer und Brüstungen in Gebäuden und von Außenanlagen – Abmessungen	2010–09
DBSU (ES)	Documento Básico de Seguridad de Utilización	2006
Unfallkassen / Beratungsstellen für Unfallverhütung		
BGI/GUV-I 561	Deutsche Gesetzliche Unfallversicherung (DGUV): Treppen	2010
bfu (CH)	Beratungsstelle für Unfallverhütung: Treppen	2009
Forschungsgesellschaft für Straßen- und Verkehrswesen (FGSV)		
ERA 10	Empfehlungen für Radverkehrsanlagen	2010
RAS-EW	Richtlinie für die Anlage von Straßen, Teil: Entwässerung	2005
RASt 06	Richtlinien für die Anlage von Stadtstraßen	2006

Kapitel 3.3 Wege und Straßen

Regelwerk	Titel	Ausgabe
Normen/technische Regelwerke		
DIN EN 1433	Entwässerungsrinnen für Verkehrsflächen – Klassifizierung, Bau- und Prüfungssätze, Kennzeichnung und Beurteilung der Konformität; Deutsche Fassung EN 1433:2002 + AC:2004 + A1:2005	2005–09
DIN 14090	Flächen für die Feuerwehr auf Grundstücken	2003–05
DIN 18024-1	Barrierefreies Bauen, Teil 1: Straßen, Plätze, Wege, öffentliche Verkehrs- und Grünanlagen sowie Spielplätze; Planungsgrundlagen	1998–01
DIN 18040-1	Barrierefreies Bauen – Planungsgrundlagen, Teil 1: Öffentlich zugängliche Gebäude	2010–10
DIN 18318	Verkehrswegearbeiten – Pflasterdecken und Plattenbeläge in ungebundener Ausführung, Einfassungen	2010–04
DIN 32984	Bodenindikatoren im öffentlichen Verkehrsraum	2011–11
DIN 51130	Prüfung von Bodenbelägen – Bestimmung der rutschhemmenden Eigenschaft – Arbeitsräume und Arbeitsbereiche mit Rutschgefahr – Begehungsverfahren – Schiefe Ebene	2010–10
Forschungsgesellschaft für Straßen- und Verkehrswesen (FGSV)		
EFA	Empfehlungen für Fußgängerverkehrsanlagen	2008
ERA 10	Empfehlungen für Radverkehrsanlagen	2010
RAS-EW	Richtlinien für die Anlage von Straßen, Teil: Entwässerung	2005
RASt 06	Richtlinien für die Anlage von Stadtstraßen	2006
Forschungsgesellschaft Landschaftsentwicklung Landschaftsbau e. V. (FLL)		
FLL	Empfehlungen für Planung, Bau und Instandhaltung von Reitplätzen im Freien	2007
FLL	Begrünbare Flächenbefestigungen	2008
Berufsgenossenschaften/Unfallkassen/Beratungsstellen für Unfallverhütung		
BGR 181	Fußböden in Arbeitsräumen und Arbeitsbereichen mit Rutschgefahr	2003
Bfu-Fachdoku 2.032 (CH)	Anforderungsliste Bodenbeläge	2012
Bfu-Fachdoku 2.027	Bodenbeläge	2011
GUV-I 8527	Bodenbeläge für nassbelastete Barfußbereiche	Fassung Juli 1999–7, aktualisiert 2010–10
Bauministerkonferenz – ARGEBAU		
MRFlFw	Richtlinien über Flächen für die Feuerwehr	Fassung 2007–02, geändert 2009–10

Kapitel 3.4 Stellplatzanlagen für Kraftfahrzeuge und Fahrräder

Regelwerk	Titel	Ausgabe
Normen/technische Regelwerke		
DIN 18024-1	Barrierefreies Bauen, Teil 1: Straßen, Plätze, Wege, öffentliche Verkehrs- und Grünanlagen sowie Spielplätze; Planungsgrundlagen	1998–01
Forschungsgesellschaft für Straßen- und Verkehrswesen (FGSV)		
EAR 05	Empfehlungen für Anlagen des ruhenden Verkehrs	2005
ERA 10	Empfehlungen für Radverkehrsanlagen	2010
–	Hinweise zum Fahrradparken	2012
RASt 06	Richtlinien für die Anlage von Stadtstraßen	2006

Kapitel 3.5 Müllplätze

Regelwerk	Titel	Ausgabe
Normen / technische Regelwerke		
ÖNORM S 2025	Aufstellplätze für Abfallsammelbehälter, Abmessungen	2010
VDI 2160	Abfallsammlung in Gebäuden und auf Grundstücken – Anforderungen an Behälter, Standplätze und Transportwege	2010
Berufsgenossenschaften / Unfallkassen / Beratungsstellen für Unfallverhütung		
GUV-V C 27	Unfallverhütungsvorschrift – Müllbeseitigung	Aktualisierte Fassung 1997/1999

Kapitel 3.6 Einfriedungen und Geländer

Regelwerk	Titel	Ausgabe
Normen / technische Regelwerke		
DIN 18040-1	Barrierefreies Bauen – Planungsgrundlagen, Teil 1: Öffentlich zugängliche Gebäude	2010–10
DIN 18065	Gebäudetreppen	2011–06
ÖNORM B 5371	Treppen, Geländer und Brüstungen in Gebäuden und von Außenanlagen – Abmessungen	2010–09
SIA-Norm 358	Geländer und Brüstungen	2010
Im 4.1.1	Sechste Allgemeine Verwaltungsvorschrift zum Bundes-Immissionsschutzgesetz (Technische Anleitung zum Schutz gegen Lärm – TA Lärm)	1998
VDI 3770	Emissionskennwerte von Schallquellen. Sport- und Freizeitanlagen	2012–09
ZTV-ING	Zusätzliche Technische Vertragsbedingungen und Richtlinien für Ingenieurbauten, Teil 8: Bauwerksausstattung	2010–04
Berufsgenossenschaften / Unfallkassen / Beratungsstellen für Unfallverhütung		
BGI/GUV-I 561	Deutsche Gesetzliche Unfallversicherung (DGUV): Treppen	2010
bfu	Fachbroschüre Geländer und Brüstungen	2010
bfu – Merkblatt 9401	Geländer und Brüstungen	2004–03
Forschungsgesellschaft für Straßen- und Verkehrswesen (FGSV)		
ERA 10	Empfehlungen für Radverkehrsanlagen	2010
RAS-EW	Richtlinien für die Anlage von Straßen, Teil: Entwässerung	2005
RASt 06	Richtlinien für die Anlage von Stadtstraßen	2006

Kapitel 3.7 Sitzplätze

Regelwerk	Titel	Ausgabe
Normen / technische Regelwerke		
DIN 33402-2	Ergonomie – Körpermaße des Menschen, Teil 2: Werte	2005–12
Bauministerkonferenz – ARGEBAU		
MVStättV	Versammlungsstättenverordnung	2005–06

Kapitel 3.8 Beleuchtung

Regelwerk	Titel	Ausgabe
Normen/technische Regelwerke		
CEN/TR 13201-1	Road lighting, Part 1: Selection of lighting classes	2004–07
DIN EN 12193	Licht und Beleuchtung – Sportstättenbeleuchtung	2008–04
DIN 13201-1	Straßenbeleuchtung, Teil 1: Auswahl der Beleuchtungsklassen	2005–11
DIN EN 13201-2	Straßenbeleuchtung, Teil 2: Gütemerkmale	2004–04
DIN EN 13201-3	Straßenbeleuchtung, Teil 3: Berechnung der Gütemerkmale	2004–04
ÖNORM CEN/ TR 13201-1	Straßenbeleuchtung, Teil 1: Auswahl der Beleuchtungsklassen	2005–09
ÖNORM CEN/ TR 13201-2	Straßenbeleuchtung, Teil 2: Gütemerkmale	2004–02
OENORM EN 13201-3	Straßenbeleuchtung, Teil 3: Berechnung der Gütemerkmale	2004–02
ÖNORM EN 12193	Licht und Beleuchtung – Sportstättenbeleuchtung	2008–04
ÖNORM O-1051	Straßenbeleuchtung, Beleuchtung von Konfliktzonen	2007–07
SN EN 13201-2	Straßenbeleuchtung, Teil 2: Gütemerkmale	2004–03
SN EN 13201-3	Straßenbeleuchtung, Teil 3: Berechnung der Gütemerkmale	2004–01
SLG 202	Öffentliche Beleuchtung: Straßenbeleuchtung. Ergänzungen zu SN TR 13201-1 und SN EN 13201-2 bis -4	2005
SLG 301	Beleuchtung von Sportanlagen / Eclairage des installations sportives: Grundlagen	2009
SLG 302	Beleuchtung von Sportanlagen / Eclairage des installations sportives: Fussballplätze und Stadien für Fussball und Leichtathletik / Eclairage des terrains de football et des stades de football et d'athlétisme	2011
SLG 303	Beleuchtung von Sportanlagen / Eclairage des installations sportives: Freianlagen (Rasen-, Allwetterplätze, Leichtathletik u. ä.) / Installations de plein-air (gazon, places tous temps, athlétisme léger etc.)	2005

Kapitel 3.9 Wasseranlagen

Regelwerk	Titel	Ausgabe
Normen/technische Regelwerke		
DIN 1986-100	Entwässerungsanlagen für Gebäude und Grundstücke, Teil 100: Bestimmungen in Verbindung mit DIN EN 752 und DIN EN 12056	2008–05
DIN 18035-2	Sportplätze, Teil 2: Bewässerung	2003–07
DWA-Regelwerke		
DWA-A 117	Bemessung von Regenrückhalteräumen	2013–12, korrigierter Stand: 2014–02
DWA-A 138	Planung, Bau und Betrieb von Anlagen zur Versickerung von Niederschlagswasser	2005–04
DWA-Kommentar zu DWA-A 138	Kommentar zum Regelwerk: Planung, Bau und Betrieb von Anlagen zur Versickerung von Niederschlagswasser	2008–08

Kapitel 3.10 Gehölze

Regelwerk	Titel	Ausgabe
Normen / technische Regelwerke		
DIN 18915	Vegetationstechnik im Landschaftsbau – Bodenarbeiten	2002–08
DIN 18916	Vegetationstechnik im Landschaftsbau – Pflanzen und Pflanzarbeiten	2002–08
DIN 18920	Vegetationstechnik im Landschaftsbau – Schutz von Bäumen, Pflanzenbeständen und Vegetationsflächen bei Baumaßnahmen	2002–08; Norm-Entwurf von 2013–10
ZTV-Vegtra-Mü	Zusätzliche Technische Vorschriften für die Herstellung und Anwendung verbesserter Vegetationstragschichten (Hrsg.: Landeshauptstadt München, Baureferat HA Gartenbau)	2008
Forschungsgesellschaft für Straßen- und Verkehrswesen (FGSV)		
RAS-LP 4	Richtlinie für die Anlage von Straßen, Teil: Landschaftspflege, Abschnitt 4: Schutz von Bäumen, Vegetationsbeständen und Tieren bei Baumaßnahmen	1999
RASt 06	Richtlinien für die Anlage von Stadtstraßen	2006
FLL – Forschungsgesellschaft Landschaftsentwicklung Landschaftsbau e. V.		
FLL	Empfehlungen für Baumpflanzungen, Teil 2: Standortvorbereitungen für Neupflanzungen, Pflanzgruben und Wurzelraumerweiterung, Bauweisen und Substrate	2010
DVGW – Deutscher Verein des Gas- und Wasserfaches e. V.		
W 400-1; TRWV	Technische Regeln Wasserverteilungsanlagen (TRWV), Teil 1: Planung	2004–10
GW 125	Bäume, unterirdische Leitungen und Kanäle	2013–02

Kapitel 3.11 Begrünung unterbauter Fläche

Regelwerk	Titel	Ausgabe
Normen / technische Regelwerke		
DIN 18195	Bauwerksabdichtungen	2011–12
DIN 18195 – Beiblatt 1	Bauwerksabdichtungen, Beiblatt 1: Beispiele für die Anordnung der Abdichtung	2011–03
DIN 18531-1	Dachabdichtungen – Abdichtungen für nicht genutzte Dächer, Teil 1: Begriffe, Anforderungen, Planungsgrundsätze	2010–05
DIN 1055-4	Einwirkungen auf Tragwerke, Teil 4: Windlasten	zurückgezogen
DIN EN 1991-1/NA	Nationaler Anhang – National festgelegte Parameter, Eurocode 1: Einwirkungen auf Tragwerke, Teil 1–4: Allgemeine Einwirkungen – Windlasten	2010–12 Ersatz für DIN 1055–4
OENORM L 1131	Gartengestaltung und Landschaftsbau – Begrünung von Dächern und Decken auf Bauwerken. Anforderungen an Planung, Ausführung und Erhaltung	2010–06
FLL – Forschungsgesellschaft Landschaftsentwicklung Landschaftsbau e. V.		
FLL	Richtlinie für die Planung, Ausführung und Pflege von Dachbegrünungen – Dachbegrünungsrichtlinie	2008
FLL	Empfehlungen zu Planung und Bau von Verkehrsflächen auf Bauwerken	2005

Kapitel 3.12 Vertikale Begrünung

Regelwerk	Titel	Ausgabe
FLL – Forschungsgesellschaft Landschaftsentwicklung Landschaftsbau e. V.		
FLL	Fassadenbegrünungsrichtlinie – Richtlinie für die Planung, Ausführung und Pflege von Fassadenbegrünungen mit Kletterpflanzen	2000

Kapitel 4.2 Schulhöfe und Kindergärten

Regelwerk	Titel	Ausgabe
Normen/technische Regelwerke		
DIN 18024-1	Barrierefreies Bauen, Teil 1: Straßen, Plätze, Wege, öffentliche Verkehrs- und Grünanlagen sowie Spielplätze; Planungsgrundlagen	1998–01
DIN 18040-1	Barrierefreies Bauen – Planungsgrundlagen, Teil 1: Öffentlich zugängliche Gebäude	2010–10
DIN 18318	Verkehrswegearbeiten – Pflasterdecken und Plattenbeläge in ungebundener Ausführung, Einfassungen	2010–04
DIN 33402-2	Ergonomie – Körpermaße des Menschen, Teil 2: Werte	2005–12
ÖNORM B 5371	Treppen, Geländer und Brüstungen in Gebäuden und von Außenanlagen – Abmessungen	2010–09
Berufsgenossenschaften/Unfallkassen/Beratungsstellen für Unfallverhütung		
GUV-SI 8011	Richtig sitzen in der Schule – Mindestanforderungen an Tische und Stühle in allgemeinbildenden Schulen	1999
GUV-SI 8018	Giftpflanzen – Beschauen, nicht kauen	2003
GUV-SR 2001	Richtlinien für Schulen – Bau und Ausrüstung	1987
GUV-V S 1	Unfallverhütungsvorschrift – Schulen	2002
GUV-V S 2	Unfallverhütungsvorschrift – Kindertageseinrichtungen	2009
BG/GUV-SR S2	Regel Kindertageseinrichtungen	2009
Schriftenreihe der Unfallkasse Hessen Band 8	Kindertagesstätten sicher gestalten – Leitfaden für Bauherren, Architekten und Planungsämter zur sicherheitsgerechten Gestaltung von Kindertageseinrichtungen	2013
Prävention in NRW 51	Die sichere Kindertageseinrichtung – Arbeitshilfe zur Planung und Gestaltung	2013
Prävention in NRW 40	Sicher bilden und betreuen – Gestaltung von Bewegungs- und Bildungsräumen für Kinder unter drei Jahren	2011
BGI/GUV-I 561	Deutsche Gesetzliche Unfallversicherung (DGUV): Treppen	2010
Unfallkasse BW	Kinder unter drei Jahren sicher betreuen – Sichere und kindgerechte Gestaltung von Kinderkrippen	
CH – bfu	Beratungsstelle für Unfallverhütung: Treppen	2009
Forschungsgesellschaft für Straßen- und Verkehrswesen (FGSV)		
ERA 10	Empfehlungen für Radverkehrsanlagen	2010
RAS-EW	Richtlinien für die Anlage von Straßen, Teil: Entwässerung	2005
RASt 06	Richtlinien für die Anlage von Stadtstraßen	2006

Kapitel 4.3 Spielplätze

Regelwerk	Titel	Ausgabe
Normen/technische Regelwerke		
DIN 18024-1	Barrierefreies Bauen, Teil 1: Straßen, Plätze, Wege, öffentliche Verkehrs- und Grünanlagen sowie Spielplätze; Planungsgrundlagen	1998–01
DIN EN 1176-1 Ber 1 und 2	Spielplatzgeräte und Spielplatzböden, Teil 1: Allgemeine und sicherheitstechnische Anforderungen und Prüfverfahren	2008–10 2008–12
DIN EN 1176-2 Ber 1	Spielplatzgeräte und Spielplatzböden, Teil 2: Zusätzliche besondere sicherheitstechnische Anforderungen und Prüfverfahren für Schaukeln	2008–08 2008–12
DIN EN 1176-3 Ber 1	Spielplatzgeräte und Spielplatzböden, Teil 3: Zusätzliche besondere sicherheitstechnische Anforderungen und Prüfverfahren für Rutschen	2008–08 2008–12
DIN EN 1176-4 Ber 1	Spielplatzgeräte und Spielplatzböden, Teil 4: Zusätzliche besondere sicherheitstechnische Anforderungen und Prüfverfahren für Seilbahnen	2008–10 2008–12
DIN EN 1176-5 Ber 1	Spielplatzgeräte und Spielplatzböden, Teil 5: Zusätzliche besondere sicherheitstechnische Anforderungen und Prüfverfahren für Karussells	2008–08 2008–12
DIN EN 1176-6 Ber 1	Spielplatzgeräte und Spielplatzböden, Teil 6: Zusätzliche besondere sicherheitstechnische Anforderungen und Prüfverfahren für Wippgeräte	2008–08 2008–12
DIN EN 1176-7 Ber 1	Spielplatzgeräte und Spielplatzböden, Teil 7: Anleitung für Installation, Inspektion, Wartung und Betrieb	2008–08 2008–12
DIN EN 1176-10	Spielplatzgeräte und Spielplatzböden, Teil 10: Zusätzliche besondere sicherheitstechnische Anforderungen und Prüfverfahren für vollständig umschlossene Spielgeräte	2008–10
DIN EN 1176-11	Spielplatzgeräte und Spielplatzböden, Teil 11: Zusätzliche besondere sicherheitstechnische Anforderungen und Prüfverfahren für Raumnetze	2008–08
DIN EN 1176 Beiblatt 1	Spielplatzgeräte – Sicherheitstechnische Anforderungen, Beiblatt 1 und Prüfverfahren; Erläuterungen	2009–01
DIN EN 1177 Ber 1	Stoßdämpfende Spielplatzböden – Bestimmung der kritischen Fallhöhe	2008–08 2008–12
DIN 18 034	Spielplätze und Freiräume zum Spielen – Anforderungen und Hinweise für die Planung und den Betrieb	1999–12
DIN 33 942	Barrierefreie Spielplatzgeräte – Sicherheitstechnische Anforderungen und Prüfverfahren	2002–08
ÖNORM B 5371	Treppen, Geländer und Brüstungen in Gebäuden und von Außenanlagen – Abmessungen	2010–09
Berufsgenossenschaften/Unfallkassen/Beratungsstellen für Unfallverhütung		
GUV-SI 8018	Giftpflanzen – Beschauen, nicht kauen	2003
BGI/GUV-I 561	Deutsche Gesetzliche Unfallversicherung (DGUV): Treppen	2010
CH – bfu	Beratungsstelle für Unfallverhütung: Treppen	2009
Forschungsgesellschaft für Straßen- und Verkehrswesen (FGSV)		
ERA 10	Empfehlungen für Radverkehrsanlagen	2010
RAS-EW	Richtlinien für die Anlage von Straßen, Teil: Entwässerung	2005
RASt 06	Richtlinien für die Anlage von Stadtstraßen	2006

Kapitel 4.4 Sportanlagen

Regelwerk	Titel	Ausgabe
Normen/technische Regelwerke		
DIN 18035-1	Sportplätze, Teil 1: Freianlagen für Spiele und Leichtathletik, Planung und Maße	2003–02
DIN 18035-2	Sportplätze, Teil 2: Bewässerung	2003–07
DIN 18035-3	Sportplätze, Teil 3: Entwässerung	2006–09
DIN 18035-4	Sportplätze, Teil 4: Rasenflächen	2012–01
DIN 18035-5	Sportplätze, Teil 5: Tennenflächen	2007–08
Sonstige		
Regelwerke der jeweiligen Sportverbände		

Kapitel 4.5 Freibäder, Badeteiche, Wassertretanlagen

Regelwerk	Titel	Ausgabe
Normen/technische Regelwerke		
DIN EN 15288-1	Schwimmbäder, Teil 1: Sicherheitstechnische Anforderungen an Planung und Bau	2008/a1:2010
DIN EN 13451-1	Schwimmbadgeräte, Teil 1: Allgemeine sicherheitstechnische Anforderungen und Prüfverfahren	2011–01
DIN EN 13451-2	Schwimmbadgeräte, Teil 2: Zusätzliche besondere sicherheitstechnische Anforderungen und Prüfverfahren für Leitern, Treppenleitern und Griffbögen	2013–10
DIN EN 13451-3	Schwimmbadgeräte, Teil 3: Zusätzliche besondere sicherheitstechnische Anforderungen und Prüfverfahren für Ein- und Ausläufe sowie Wasser-Luftattraktionen	2013–09
DIN EN 13451-4	Schwimmbadgeräte, Teil 4: Zusätzliche besondere sicherheitstechnische Anforderungen und Prüfverfahren für Startblöcke	2001–07
DIN EN 13451-5	Schwimmbadgeräte, Teil 5: Zusätzliche besondere sicherheitstechnische Anforderungen und Prüfverfahren für Schwimmbahnleinen	2001–07
DIN EN 13451-6	Schwimmbadgeräte, Teil 6: Zusätzliche besondere sicherheitstechnische Anforderungen und Prüfverfahren für Anschlagplatten	2001–07
DIN EN 13451-7	Schwimmbadgeräte, Teil 7: Zusätzliche besondere sicherheitstechnische Anforderungen und Prüfverfahren für Wasserballtore	2001–07
DIN EN 13451-10	Schwimmbadgeräte, Teil 10: Zusätzliche besondere sicherheitstechnische Anforderungen und Prüfverfahren für Sprungplattformen, Sprungbretter und zugehörige Geräte	2004–08 Neu ab: 2014–05
DIN EN 13451-11	Schwimmbadgeräte, Teil 11: Zusätzliche besondere sicherheitstechnische Anforderungen und Prüfverfahren für höhenverstellbare Zwischenböden und bewegliche Beckenabtrennungen	2004–04 Neu ab: 2014–05
DIN EN 1069 Ber. 1	Wasserrutschen, Teil 1: Sicherheitstechnische Anforderungen und Prüfverfahren	2010–12 2012–06
DIN 19643	Aufbereitung von Schwimm- und Badebeckenwasser – Teil 1	2012–11
Berufsgenossenschaften/Unfallkassen/Beratungsstellen für Unfallverhütung		
GUV-R 1/111	Sicherheitsregeln für Bäder	Aktualisierte Fassung Juni 2005
GUV-I 8527	Bodenbeläge für nassbelastete Barfußbereiche	Fassung Juli 1999–7, aktualisiert 2010–10
FLL – Forschungsgesellschaft Landschaftsentwicklung Landschaftsbau e. V.		
FLL-Richtlinie	Richtlinien für Planung, Bau, Instandhaltung und Betrieb von Freibädern mit biologischer Wasseraufbereitung	2011
FLL	Empfehlungen für Planung, Bau und Instandhaltung von privaten Schwimm- und Badeteichen	2006

Regelwerk	Titel	Ausgabe
Sonstige		
BHygV 2012	Österreichische Bäderhygieneverordnung 2012 – Verordnung des Bundesministers für Gesundheit über Hygiene in Bädern, Warmsprudelwannen (Whirlwannen), Saunaanlagen, Warmluft- und Dampfbädern und Kleinbadeteichen	2012

Kapitel 4.6 Campingplätze

Regelwerk	Titel	Ausgabe
Normen/technische Regelwerke		
DIN 18024-1	Barrierefreies Bauen, Teil 1: Straßen, Plätze, Wege, öffentliche Verkehrs- und Grünanlagen sowie Spielplätze; Planungsgrundlagen	1998-01

Kapitel 4.7 Freilichtbühnen und Tribünen

Regelwerk	Titel	Ausgabe
Normen/technische Regelwerke		
DIN 14090	Flächen für die Feuerwehr auf Grundstücken	2003-05
DIN 18024-1	Barrierefreies Bauen, Teil 1: Straßen, Plätze, Wege, öffentliche Verkehrs- und Grünanlagen sowie Spielplätze; Planungsgrundlagen	1998-01
DIN 18040-1	Barrierefreies Bauen – Planungsgrundlagen, Teil 1: Öffentlich zugängliche Gebäude	2010-10
DIN EN 13200-1	Zuschaueranlagen, Teil 1: Allgemeine Merkmale für Zuschauerplätze; Anordnung von Zuschauerplätzen – Anforderungen	2012-11
DIN EN 13200-3	Zuschaueranlagen, Teil 3: Abschrankungen – Anforderungen	2006-03
Bauministerkonferenz – ARGEBAU		
MVStättV	Versammlungsstättenverordnung	2005-06

5.3 Literatur

Allgemeine Literatur (Auswahl)

Bielefeld, Bert; Skiba, Isabella: *Basics Technisches Zeichnen*, 2., überarb. Auflage, Basel 2009

Brandl, Wolfgang; Schegk, Ingrid: *Baukonstruktionslehre für Landschaftsarchitekten*, Stuttgart 2009

Lay, Björn-Holger u. a.: *Bauen mit Grün. Die Bau- und Vegetationstechnik des Garten- und Landschaftsbaus*. 4. Auflage, Stuttgart 2010

Erhardt, Walter u. a.: *Der große Zander. Enzyklopädie der Pflanzennamen. Band 1: Familien und Gattungen – Band 2: Arten und Sorten*, Stuttgart 2008

Gälzer, Ralph: *Grünplanung für Städte*, Stuttgart 2001

Lay, Björn-Holger (Hrsg.) u. a.: *Lehr – Taschenbuch für den Garten-, Landschafts- und Sportplatzbau*. 7., neu bearb. Auflage, Stuttgart 2013

Heiss, Oliver; Degenhart, Christine; Ebe Johann: *Barrierefreies Bauen: Ein Handbuch für universelles Gestalten im Innen- und Außenraum (Detail Praxis)*, München 2009

Lohrer, Axel: *Basics Entwurfselement Wasser*, Basel 2008

Loidl, Hans; Bernard, Stefan: Freiräum(en): *Entwerfen als Landschaftsarchitektur*, Basel 2014

Margolis, Liat; Robinson, Alexander: Living Systems. *Innovative Materialien und Technologien für die Landschaftsarchitektur*, Basel 2007

Neufert, Ernst: *Neufert Bauentwurfslehre*, Wiesbaden, 2012.

Petschek, Peter: *Geländemodellierung: Landscaping-SMART 3D Maschinensteuerung Regenwasser-management*, Basel 2014

Petschek, Peter; Gass, Siegfried (Hrsg.): *Schatten konstruieren: Zelte, Pergolen, Seile, Pflanzen*, Basel 2011

Richter, Gerhard: Handbuch Stadtgrün: *Landschaftsarchitektur im städtischen Freiraum*, München 1981

Skiba, Isabella; Züger, Rahel: *Basics Barrierefrei planen*, Basel 2009

Steenbergen, Clemens. *Composing Landscapes: Analysis, Typology and Experiments for Design*, Basel 2009

Wöhrle, Regine Ellen; Wöhrle, Hans-Jörg: *Basics Entwurfselement Pflanze*, Basel 2008

Zimmermann, Astrid (Hrsg.): *Landschaft konstruieren. Materialien, Techniken, Bauelemente*. 2. Auflage, Basel 2011

Kapitel 2.1 Grundmaße des Menschen

Bogardus, Emory S.: „Measuring Social Distances", in: *Journal of Applied Sociology* 9 (1925): 299–308

Bundesministerium für Gesundheit: *Handbuch für Planer und Praktiker*, Bad Homburg 1996

Edward T. Hall: *Die Sprache des Raumes*, Düsseldorf 1976 (Original: *The Hidden Dimension*, 1966)

Hansestadt Hamburg: *Landschaftsprogramm einschließlich Artenschutzprogramm*, Hamburg 1997

Hansestadt Hamburg: *Musterflächenprogramm für allgemeinbildende Schulen in Hamburg*, Hamburg 2011

Gehl, Jan: *Leben zwischen Häusern. Konzepte für den öffentlichen Raum*, Berlin 2011 (engl. Ausgabe: *Life Between Buildings*, 1987; Originalausgabe: *Livet mellem husene*, 1971)

Le Corbusier: *Le Modulor. Essai sur une mesure harmonique, à l'échelle humaine applicable universellement, à l'architecture et à la mécanique*, Boulogne (Sein) 1952

Stolzenberg, H.; Kahl, H.; Bergmann, K. E.: „Körpermaße bei Kindern und Jugendlichen in Deutschland", in: *Bundesgesundheitsblatt – Gesundheitsforschung – Gesundheitsschutz*, 50, 2007, 5/6

Kapitel 2.2 Bedarfsgrößen

Gälzer, Ralph: *Grünplanung für Städte*, Stuttgart 2001

Richter, Gerhard: Handbuch Stadtgrün: *Landschaftsarchitektur im städtischen Freiraum*, München 1981

Kapitel 3.1 Klima und Exposition

Flemming, Günther: *Wald – Wetter – Klima*, Berlin 1987

Häckel, Hans: *Das Gartenklima*, Stuttgart 1989

Häckel, Hans: *Meteorologie*, Stuttgart 2012

Horbert, Manfred: *Klimatologische Aspekte der Stadt- und Landschaftsplanung*, Berlin 2000 (= Schriftenreihe Landschaftsentwicklung und Umweltforschung der TU Berlin; 113)

Twarowski, Mieczyslaw: *Sonne und Architektur*, München 1962

Wirtschaftsministerium Baden-Württemberg in Zusammenarbeit mit dem Amt für Umweltschutz, Abt. Stadtklimatologie, der Landeshauptstadt Stuttgart: *Städtebauliche Klimafibel*, Stuttgart 2007

Kapitel 3.2 Höhenplanung Treppen, Rampen

Deutsche Verkehrswacht e. V.: *Skate & Roll – Inline-Skaten – aber sicher*, Meckenheim 2002

Gargulla, Nadja; Geskes, Christof: *Treppen und Rampen in der Landschaftsarchitektur*, Stuttgart 2007

Harris, Charles und Dines, Nicholas: *Time-Saver Standards for Landscape Architecture. Design and Construction Data*, New York u. a. 1998

Land Salzburg, Abteilung Soziales: *Barrierefrei Bauen*, Salzburg 2008

Mader, Günter: *Freiraumplanung: Hausgärten, Grünanlagen, Stadtlandschaften*, München 2004

Mader, Günter: „Treppenbau, Teil 1: Kleine Mathematik des Treppenbaus", in: *DEGA Galabau*, H. 45, 2002

Mahabadi, Mehdi; Meyer, Alexandra: *Treppen im Freiraum. Planungs- und Baugrundsätze*, Stuttgart 2006

Mahabadi, Mehdi: *Regenwasserversickerung, Regenwassernutzung. Planungsgrundsätze und Bauweisen*, Stuttgart 2012

Ministerium für Bau und Verkehr des Landes Sachsen-Anhalt: *Empfehlungen für den Bau und die Unterhaltung von straßenbegleitenden Radverkehrsanlagen in Sachsen-Anhalt*, Magdeburg 1998

Kapitel 3.3 Wege und Straßen

De Groot, Rik: Ontwerpwijzer fietsverkeer, Ede 2006 (= Publicatie; 230)

Deutsche Verkehrswacht e. V.: *Skate & Roll: Inline-Skaten – aber sicher*, Meckenheim 2002

Deutscher Blinden- und Sehbehindertenverband e. V.: *Erkennbarkeit des unteren Aufmerksamkeitsfeldes und der letzten Trittstufenmarkierung bei Treppen*, Ausarbeitung vom 01.07.2013. www.dbsv.org (zuletzt aufgerufen: 07.04.2014)

Gerlach, Jürgen u. a.: „Sinn und Unsinn von Shared Space – Zur Versachlichung einer populären Gestaltungsphilosophie", in: *Straßenverkehrstechnik 2*, 2008 (Teil 1) und 03, 2008 (Teil 2)

Kalwitzki, Klaus-Peter: „Shared Space – Den Raum miteinander teilen. Von einer Exkursion nach Drachten und Haren/NL", in: *Verkehrszeichen* 03, 2007

Robatsch, Klaus: „Geschwindigkeiten, Bremsweg und Breitenbedarf von Inline-Skatern“, in: *Zeitschrift für Verkehrssicherheit*, 44, 1998
Senatsverwaltung für Stadtentwicklung, Berlin: *Fußverkehrsstrategie für Berlin –Ziele, Maßnahmen, Modellprojekte*, Berlin 2011

Kapitel 3.4 Stellplatzanlagen für Kraftfahrzeuge und Fahrräder

The Danish Cyclists Federation: *Bicycle parking manual*, Kopenhagen 2008
Schuster, Andreas; Sattler, Josef; Hoffmann, Stephan: „Benötigen wir ein neues Pkw-Bemessungsfahrzeug für den Entwurf von Anlagen des ruhenden Verkehrs?“, in: *Straßenverkehrstechnik*, 56, 2012, H. 1
Senatsverwaltung für Stadtentwicklung Berlin: *Fahrradparken in Berlin – Leitfaden für die Planung*, Berlin 2008

Kapitel 3.5 Müllplätze

Abfallwirtschaftsbetrieb München: *Müllräume und Müllbehälter-Standplätze – Vorschriften und Hinweise*, München 2011
Bauordnung Wien, LGBl. Nr. 11/1930, zuletzt geändert durch das Gesetz LGBl. Nr. 46/2013
Berliner Stadtreinigung: *Grundlagen für die Gestaltung von Standorten und Transportwegen für Abfallbehälter*, Berlin 2011
Gesetz über die Vermeidung und Behandlung von Abfällen und die Einhebung einer hierfür erforderlichen Abgabe im Gebiete des Landes Wien (Wiener Abfallwirtschaftsgesetz), LGBl. für Wien Nr. 13/1994, zuletzt geändert durch das Gesetz LGBl. für Wien Nr. 31/2013
Stadt Zürich, ERZ Entsorgung + Recycling Zürich: *Wegleitung II: Kostenloser, neuer Kunststoffcontainer*, Zürich 2008

Kapitel 3.6 Einfriedungen und Geländer

Bayerisches Landesamt für Umwelt (Hrsg.)/ Dr. Katharina Stroh (LfU): *Lärm – Straße und Schiene*, http://www.lfu.bayern.de/umweltwissen/index.htm (zuletzt aufgerufen: 07.04.2014)
Mader, Günter; Zimmermann, Elke: *Zäune und Tore aus Holz und Metall*, München 2006
Wirtschaftsministerium Baden-Württemberg: *Städtebauliche Lärmfibel Online*, Stuttgart 2007: http://www.staedtebauliche-laermfibel.de (zuletzt abgerufen: 07.04.2014)

Kapitel 3.7 Sitzplätze

Beucker, Nicolas; Zurnatzis, Monika: *Stadtmobiliar für Senioren – Ausstattungskriterien für eine altengerechte Stadt. Studienbericht 2011*, http://socialdesign.hs-niederrhein.de (zuletzt aufgerufen: 07.04.2014)

Kapitel 3.8 Beleuchtung

Deutsche Lichttechnische Gesellschaft (LiTG) e. V. „Fachausschuss Außenbeleuchtung“ (LiTG); Steck, Bernhard: *Zur Einwirkung von Außenbeleuchtungsanlagen auf nachtaktive Insekten*, Berlin 1997 (= LiTG-Publikation; 15)
Deutsche Lichttechnische Gesellschaft (LiTG) e. V. „Fachausschuss Außenbeleuchtung“ (LiTG); Eckert, Martin: Straßenbeleuchtung und Sicherheit, Berlin 1998 (= LiTG-Publikation; 17)
Ris, Hans Rudolf: *Beleuchtungstechnik für Praktiker*, Berlin 2008
TRILUX-LENZE GmbH + Co KG: *Licht für Europas Straßen – Beleuchtung von Straßen, Wegen und Plätzen nach DIN EN 13 201*, Arnsberg 2005

Kapitel 3.9 Wasseranlagen

Deutscher Wetterdienst – Institut für Technisch-Wissenschaftliche Hydrologie (Hrsg.): *KOSTRA-DWD 2000: koordinierte Starkniederschlags-Regionalisierungs-Auswertungen*, Offenbach 2006
Hansen, Richard; Stahl, Friedrich: *Die Stauden und ihre Lebensbereiche in Gärten und Grünanlagen*, Stuttgart 1997
Lomer, Wolfgang (Hrsg.): *Garten- und Landschaftsbau*, Stuttgart 2001 (= Der Gärtner; 4)
Mahabadi, Mehdi; Rohlfing, Inés M.: *Schwimm- und Badeteichanlagen. Planungs- und Baugrundsätze*, Stuttgart 2005
Niesel, Alfred (Hrsg.): *Grünflächen-Pflegemanagement – dynamische Pflege von Grün*, Stuttgart 2006

Kapitel 3.10 Gehölze

Deutsche Gartenamtsleiterkonferenz (GALK), Arbeitskreis Stadtbäume: *GALK-Straßenbaumliste*, Stand 29.10.2013. Aktuelle Liste abrufbar unter: http://www.galk.de/
Florineth, Florin: *Pflanzen statt Beton*, Berlin 2012
Gaida, Wolfgang; Grothe, Helmut: *Gehölze. Handbuch für Planung und Ausführung*, Berlin 2000
Roloff, Andreas: *Bäume in der Stadt: Besonderheiten, Funktion, Nutzen, Arten, Risiken*, Stuttgart 2013

Kapitel 3.11 Begrünung unterbauter Fläche

Kaltenbach, Frank: „Lebende Wände, vertikale Gärten – vom Blumentopf zur grünen Systemfassade“, in: Detail, 2008, 12
Köhler, Manfred; Barth, Georg; Brandwein, Thorwald; Gast, Dagmar: *Fassaden- und Dachbegrünung*, Stuttgart 1993
Krupka, Bernd: *Dachbegrünung. Pflanzen- und Vegetationsanwendung an Bauwerken*, Stuttgart 1992
Zentralverband des Deutschen Dachdeckerhandwerks – ZDVH (Hrsg.): Fachregel für Abdichtungen – Flachdachrichtlinien, Köln 10/2008, geändert Dez. 2011
ZinCo GmbH (Hrsg.): *Planungshilfe „Das grüne Dach“. Standardwerk für Planung und Ausführung genutzter Dachflächen*, Untersingen 1998
ZinCo GmbH (Hrsg.): *Planungshilfe Geh- und Fahrbeläge auf Dächern und Decken*, Untersingen o. J.

Kapitel 3.12 Vertikale Begrünung

Beccaletto, Jacques; Retournard, Denis: *Obstgehölze erziehen und formen: Spaliere, Kordons, Palmetten*, Stuttgart 2007
Beltz, Heinrich: *Spalierobst im Garten – Sorten, Pflege, Schnitt*, München 2012

Großmann, Gerd; Wackwitz, Wolf-Dietmar: *Spalierobst*, Stuttgart 1998
Gunkel, Rita: *Fassadenbegrünung – Kletterpflanzen und Klettergerüste*, Stuttgart 2004
Köhler, Manfred; Barth, Georg; Brandwein, Thorwald; Gast, Dagmar: *Fassaden- und Dachbegrünung*, Stuttgart 1993
Magistrat der Stadt Wien, Programm für umweltgerechte Leistungen „ÖkoKauf Wien" (Hrsg.): *Leitfaden Fassadenbegrünung*, Wien 2013
Petschek, Peter; Gass, Siegfried: *Schatten konstruieren: Zelte, Pergolen, Seile, Pflanzen*, Basel 2011

Kapitel 4.1 Gärten

Bundeskleingartengesetz (Deutschland), 28. Februar 1983, zuletzt geändert 19.9.2006
Bundesgesetz über die Regelung des Kleingartenwesens (Kleingartengesetz). (Österreich), 16. Dezember 1958, zuletzt geändert durch: BGBl. I Nr. 98/2001
Wiener Kleingartengesetz, LGBl. für Wien Nr. 57/1996, zuletzt geändert durch das Gesetz LGBl. für Wien Nr. 35/2013
Gälzer, Ralph: *Grünplanung für Städte*, Stuttgart 2001
Prinz, Dieter: *Städtebau*. Band 1: *Städtebauliches Entwerfen*, Stuttgart 1995
Richter, Gerhard: *Handbuch Stadtgrün: Landschaftsarchitektur im Städtischen Freiraum*, München 1981
Senatsverwaltung für Stadtentwicklung Berlin: *Das bunte Grün – Kleingärten in Berlin*, Berlin 2010

Kapitel 4.2 Schulhöfe und Kindergärten

ILA – Institut für Landschaftsarchitektur, Universität für Bodenkultur Wien: *Schul:FREI – Empfehlungen für Schulfreiräume*, Wien 2004, http://www.schulfreiraum.com/ (zuletzt aufgerufen: 07.04.2014)
Sekretariat der Kultusministerkonferenz, Zentralstelle für Normungsfragen und Wirtschaftlichkeit im Bildungswesen (ZNWB): *Arbeitshilfen zum Schulbau*, Berlin 2008

Kapitel 4.3 Spielplätze

Bundesministerium für Umwelt, Naturschutz und Reaktorsicherheit: *Liste giftiger Pflanzenarten*, 2000
Landwirtschaftskammer Nordrhein-Westfalen: *Wege zum Naturverständnis – Pflanzenverwendung in Kindergärten und kinderfreundlichen Anlagen*, 2002
Dittrich, Gerhard (Hrsg.): *Kinderspielplätze: Analysen, empirische Befunde und Planungsempfehlungen*, Stuttgart 1974
Lorenz von Ehren – Baumschule: *Planungshilfen – Eigenschaften + Verwendungsmöglichkeiten unserer Gehölze*: http://lve-baumschule.de siehe Service/Planungshilfen
Natur- und Umweltschutzakademie des Landes NRW (Hrsg.): *Naturspielräume für Kinder – eine Arbeitshilfe zur Gestaltung naturnaher Spielräume an Kindergärten und anderswo*, Recklinghausen 1999
Verordnung der Wiener Landesregierung, mit der nähere Vorschriften für Kleinkinderspielplätze, Kinder- und Jugendspielplätze und Kinder- und Jugendspielräume erlassen werden (Spielplatzverordnung), 1993
Satzung über die Beschaffenheit und Größe privater Spielplätze für Kleinkinder (Spielplatzsatzung), 14.01.1986
Verband Garten- und Landschaftsbau Rheinland: *Giftige Pflanzen an Kinderspielplätzen*, 1974

Kapitel 4.4 Sportanlagen

Bayerisches Landesamt für Umwelt (LfU): *Geräusche von Trendsportanlagen*, Teil 1 und 2, 2005
Forschungsgesellschaft Landschaftsentwicklung Landschaftsbau (FLL), in Kooperation mit der deutschen Reiterlichen Vereinigung (FN): *Empfehlungen für Planung, Bau und Instandhaltung von Reitplätzen*, 2014
Stürzebecher, Peter; Ulrich, Sigrid: *Architektur für Sport: Neue Konzepte, internationale Projekte für Sport und Freizeit*, München 2001
Forschungsgesellschaft Landschaftsentwicklung Landschaftsbau (FLL), in Kooperation mit der deutschen Reiterlichen Vereinigung (FN): *Empfehlungen für Planung, Bau und Instandhaltung von Reitplätzen* im Freien

Kapitel 4.5 Freibäder, Badeteiche, Wassertretanlagen

Deutsche Gesellschaft für das Badewesen: *Merkblatt 94.05 Verkehrssicherungs- und Aufsichtspflicht in öffentlichen Bädern während des Badebetriebs*, 2008
Deutsche Gesellschaft für das Badewesen: Merkblatt 94.12 Verkehrssicherungs- und Aufsichtspflicht in öffentlichen Naturbädern während des Badebetrieb, 2014
Deutscher Schwimm-Verband e.V.: *Bau- und Ausstattungsanforderungen für wettkampfgerechte Schwimmsportstätten*, 2012
Koordinierungskreis Bäder: *Richtlinien für den Bäderbau (KOK-Richtlinien)*, 2013
Mahabadi, Mehdi; Rohlfing, Inés M.: *Schwimm- und Badeteichanlagen. Planungs- und Baugrundsätze*, Stuttgart 2008
Baumhauer, Jörg; Schmidt, Carsten: *Schwimmteichbau: Handbuch für Planung, Technik und Betrieb*; Berlin 2008

Kapitel 4.6 Campingplätze

Gälzer, Ralph: *Grünplanung für Städte*, Stuttgart 2001
Richter, Gerhard: *Handbuch Stadtgrün: Landschaftsarchitektur im Städtischen Freiraum*, München 1981

5.4 Index

V

W

Z

Abbildungsnachweis

Die Auszüge aus deutschen und internationalen Normen sind wiedergegeben mit Erlaubnis des DIN Deutschen Institut für Normung e. V. Maßgebend für das Anwenden der DIN-Norm ist deren Fassung mit dem neuesten Ausgabedatum, die bei der Beuth Verlag GmbH, Burggrafenstraße 6, 10787 Berlin, erhältlich ist.

Alle Fotografien: Astrid Zimmermann, soweit im Folgenden nicht anders angegeben. Alle Zeichnungen wurden für das Buch erstellt nach Vorlagen von Astrid Zimmermann oder nach Vorlagen folgender Autoren/Publikationen:

Umschlagabbildung: Annette Gref
Tab. 1.1 Europäisches Institut Design für Alle in Deutschland e. V. (EDAD) / Fürst Donnersmarck-Stiftung zu Berlin: ECA für Verwaltungen – Europäisches Konzept für Zugänglichkeit, S. 16
Abb. 2.1.5 und Abb. 2.1.6 sinngemäß übertragen nach Gehl, Jan: Life Between Buildings, 1987, S. 62 ff.
Abb. 2.1.3 L. Michow & Sohn GmbH, Hamburg
Abb. 2.1.9 nach Hall, Edward: The Hidden Dimension, 1966, S. 126
Abb. 2.1.10 sinngemäß übertragen nach Gehl, Jan: Life Between Buildings, 1987, S. 62 ff.
Abb. 2.1.12 nach Stadt Graz: Barrierefreies Bauen für alle, 2006, S. 7
Tab. 2.1.1 Bundesministerium für Gesundheit: Verbesserung von visuellen Informationen im öffentlichen Raum, 1996, S. 32
Abb. 3.1.2 nach Heinze, W. / Schreiber, D.: Eine neue Kartierung der Winterhärtezonen für Gehölze in Mitteleuropa. In: Mitteilungen der Deutschen Dendrologischen Gesellschaft 75, 1984, S. 11–56
Abb. 3.1.5 nach Ministère de l'Équipement: L'Aménagement des espaces verts, 1992, S. 104 und Flemming, Günther: Wald – Wetter – Klima, 1987, S. 73
Abb. 3.1.6 Flemming, Günther: Wald – Wetter – Klima, 1987, S. 45/54
Abb. 3.1.7 nach Gehl, Jan: Life Between Buildings, 1987, S. 176; Gandemer, J.: Wind Environment around Buildings: Aerodynamic Concepts Proceedings, 4. International Conference on Wind Effects on Buildings and Structures, 1977, S. 423–432; Häckel, Hans: Das Gartenklima, 1989, S. 94
Abb. 3.1.8 Häckel, Hans: Das Gartenklima, 1989, S. 25
Tab. 3.1.1 Häckel, Hans: Das Gartenklima, 1989, S. 36
Tab. 3.1.2 Twarowski, Mieczyslaw: Sonne und Architektur, 1962, S. 143 ff.
Abb. 3.1.15 und Abb. 3.1.17 Häckel, Hans: Das Gartenklima, 1989, S. 20
Abb. 3.2.13 DIN 32984:2011-10 und Ingenieurbüro – Barrierefreies Planen und Bauen Fulda: www.barrierefrei-mobilitaet.de, Treppengestaltung
Abb. 3.2.9 Land Salzburg: barrierefrei bauen, 2008, S. 45
Abb. 3.2.15 und Abb. 3.2.16: DIN 18040-1:2010-10 (verändert)
Abb. 3.2.18 EAR 05, S. 40
Abb. 3.3.3 RASt 06
Tab. 3.3.5 RASt 06
Abb. 3.3.5 RASt 06 und DIN 32984:2011-10
Abb. 3.3.11 ERA 10
Abb. 3.3.14 ERA 10
Abb. 3.3.15 DIN 32984:2011-10
Abb. 3.3.17 RASt 06
Tab. 3.3.12 RASt 06
Tab. 3.3.14 RASt 06
Tab. 3.3.15 Ingenieurbüro – Barrierefreies Planen und Bauen Fulda: www.barrierefrei-mobilitaet.de
Abb. 3.3.23–25 RASt 06
Abb. 3.3.29–31 Muster-Richtlinien über Flächen für die Feuerwehr, 2007/ DIN 14090:2003-05
Abb. 3.4.1 Danish Cycling Federation: Bicycle Parking Manual, 2008 (verändert)
Abb. 3.4.5–7 EAR 05
Abb. 3.4.8–9 EAR 05
Tab. 3.4.3–4 EAR 05
Abb. 3.4.11–16 EAR 05
Abb. 3.5.2–3 RASt 06
Abb. 3.6.5–6 Bayerisches Landesamt für Umwelt 2008: Lärm – Straße und Schiene, 2008 und Wirtschaftsministerium Baden-Württemberg: Städtebauliche Lärmfibel Online, Stand: 26.11.2007
Abb. 3.6.7 DIN 18065:2011-06 (ergänzt)
Abb. 3.8.4–12 DIN 13201-1:2005-11 (deutsche Fassung von DIN 13201-1:2005-11)
Tab. 3.8.13 EN 12464-2
Abb. 3.8.4–12 DIN 13201-1:2005-11 (deutsche Fassung von DIN 13201-1:2005-11)
Tab. 3.8.16 EN 13201-2:2003
Tab. 3.8.17 DIN EN 12193: 2008-04
Tab. 3.9.2 DWA-A 138 – Planung, Bau und Betrieb von Anlagen zur Versickerung von Niederschlagswasser
Abb. 3.9.5–6 DWA-A 138 – Planung, Bau und Betrieb von Anlagen zur Versickerung von Niederschlagswasser
Tab. 3.9.7 DIN 18035-2:2003-07
Abb. 3.10.2–3 FLL – Empfehlungen für Baumpflanzungen – Teil 2, 2010
Tab. 3.10.4 Straßenbaumliste der Deutschen Gartenamtsleiterkonferenz (GALK) und KLimaArtenMatrix für Stadtbaumarten
Tab. 3.10.5 Wurzelwuchsverhalten der Straßenbäume (ergänzt), download unter: www.greenmax.eu; letztmalig abgerufen am 18.08.2014
Abb. 3.10.5–6 RAS-LP 4 Richtlinie für die Anlage von Straßen, Teil: Landschaftspflege, Abschnitt 4: Schutz von Bäumen, Vegetationsbeständen und Tieren bei Baumaßnahmen, 1999
Abb. 3.10.8 FLL – Empfehlungen für Baumpflanzungen – Teil 2, 2010
Tab. 3.11.1 ZinCo GmbH (Hrsg.): Planungshilfe „Das grüne Dach". Standardwerk für Planung und Ausführung genutzter Dachflächen, Untersingen 1998
Tab. 3.11.1 ZinCo GmbH (Hrsg.): Planungshilfe „Das grüne Dach". Standardwerk für Planung und Ausführung genutzter Dachflächen, Untersingen 1998
Abb. 3.11.2 und Tab. 3.11.3 ZinCo GmbH (Hrsg.): Planungshilfe „Das grüne Dach". Standardwerk für Planung und Ausführung genutzter Dachflächen, Untersingen 1998
Abb. 3.11.3 Krupka, Bernd: Dachbegrünung. Pflanzen- und Vegetationsanwendung an Bauwerken, Stuttgart 1992
Abb. 3.11.5 ZinCo GmbH (Hrsg.): Planungshilfe „Das grüne Dach". Standardwerk für Planung und Ausführung genutzter Dachflächen, Untersingen 1998
Abb. 4.3.2–3, EN 1176-1:2008
Abb. 4.3.4 EN 1176-3:2008
Abb. 4.3.5, EN 1176-1:2008
Tab. 4.3.5–6 EN 1176-1:2008
Tab. 4.4.1 gem. DIN 18035-1: 2003-02, ergänzt
Tab. 4.5.9–10 DIN EN 13451-10
Abb. 4.5.6 DIN EN 13451-10
Abb. 4.5.8 FLL – FLL-Richtlinie Richtlinien für Planung, Bau, Instandhaltung und Betrieb von Freibädern mit biologischer Wasseraufbereitung, 2010

Sitzhöhen: nach Stadt Graz: Barrierefreies Bauen für alle, 2006, S. 24, 47

Impressum

Autorin
Dipl.-Ing. Astrid Zimmermann

Mitarbeit
Recherche/inhaltliche Konzeption: Rike Kirstein
Zeichnungen: Rike Kirstein, Andreas König, Stefan Wolf, Christian Zimmermann, Christian Schellhorn

Bildredaktion
Astrid Zimmermann

Buchkonzept, Redaktion, Projektkoordination
Annette Gref, Katharina Kulke

Lektorat
Katharina Kulke, Ilka Backmeister-Collacott

Layoutentwurf und Covergestaltung
Hug & Eberlein

Satz
Sven Schrape

Die Erstellung bzw. das Endlayout aller CAD-Zeichnungen erfolgte mit dem Programm Vectorworks Landschaft Vectorworks. LANDSCHAFT

Die in dem Buch enthaltenen technischen Empfehlungen reflektieren den aktuellen Stand der Technik, bedürfen aber ausdrücklich der expliziten Abstimmung durch die verantwortlichen Fachplaner mit den geltenden und aktuellen Gesetzen, Vorschriften und Normen des jeweiligen Landes. Autor und Verlag können in keiner Weise für den Entwurf, die Planung oder die Ausführung von fehlerhaften Umsetzungen haftbar gemacht werden.

Dank: An dieser Stelle möchte ich allen Institutionen und Einzelpersonen danken, die zum Gelingen der Publikation beigetragen haben.
Besonderer Dank gilt dabei Annette Gref und Katharina Kulke für die konzeptionelle und inhaltliche Begleitung. Für fachliche Diskussionen, Recherchearbeiten und sonstige Unterstützung sei außerdem Thilo Folkerts, Ulrike Zimmermann, Inge Zimmermann, Gabriele Schneider und dem Fachgebiet Landschaftsbau-Objektbau an der TU Berlin/Prof. Cordula Loidl-Reisch besondere Dank ausgesprochen.

Library of Congress Cataloging-in-Publication data
A CIP catalog record for this book has been applied for at the Library of Congress.

Bibliografische Information der Deutschen Nationalbibliothek
Die Deutsche Nationalbibliothek verzeichnet diese Publikation in der Deutschen Nationalbibliografie; detaillierte bibliografische Daten sind im Internet über http://dnb.dnb.de abrufbar.

Dieses Buch ist auch in englischer Sprache erschienen (ISBN 978-3-0346-0760-5, Hardcover; ISBN 978-3-0346-0761-2, Softcover).

Postfach 44, 4009 Basel, Schweiz
Ein Unternehmen von Walter de Gruyter GmbH, Berlin/Boston

Gedruckt auf säurefreiem Papier, hergestellt aus chlorfrei gebleichtem Zellstoff. TCF ∞

Printed in Germany

ISBN 978-3-0346-0758-2 (Hardcover)
ISBN 978-3-0346-0759-9 (Softcover)

9 8 7 6 5 4 3 2 1 www.birkhauser.com